精益工程视频讲堂（CAD/CAM/CAE）

AutoCAD 2012 机械制图

谢龙汉 编著

清华大学出版社

北 京

内容简介

本书基于 AutoCAD 2012 中文版编写而成，在全书 12 讲和 3 个附录的篇幅中依次介绍了 AutoCAD 2012 的基本绘图方法、基本编辑方法、图块的应用、标注方法、文字与表格的创建与处理、零件图和装配图的绘制、轴测图与三维实体的创建与渲染。书中除第 1 讲外，其他各讲以“实例・模仿→功能讲解→实例・操作→实例・练习”为表述方式，通过适量的典型实例操作和重点知识相结合的方法，对 AutoCAD 2012 的机械制图相关功能进行讲解。在讲解中力求操作紧扣、语言简洁，避免冗长的解释说明，使读者能够快速了解 AutoCAD 的使用方法和操作步骤。在绘制机械样图的过程中，本书严格遵照国家标准机械制图的要求，使读者在练习过程中不仅能够掌握 AutoCAD 2012 的基本应用，而且对机械制图的常用国家标准也有所认识，从而在学完本书之后就能够绘制出合格的机械图纸。本书语言简练、功能使用全面且层次递进，同时配有全程操作视频，包括详细的功能操作讲解和实例操作过程讲解。因此，读者可以通过观看视频来学习。

本书可作为 AutoCAD 2012 初学者入门和提高的学习宝典，也可作为各大中专院校及教育、培训机构的专业 CAD 教材，还可作为从事机械设计、工程制图及 CAD/CAE/CAM 等领域专业人员的实用参考书。

图书在版编目（CIP）数据

AutoCAD 2012 机械制图/谢龙汉编著. —北京：清华大学出版社，2013.1（2022.2重印）
（精益工程视频讲堂　CAD/CAM/CAE）
ISBN 978-7-302-30277-3

I. ①A…　II. ①谢…　III. ①机械制图-AutoCAD 软件　IV. ①TH126

中国版本图书馆 CIP 数据核字（2012）第 234126 号

责任编辑：钟志芳
封面设计：刘　超
版式设计：文森时代
责任校对：张莹莹
责任印制：杨　艳

出版发行：清华大学出版社
　　网　　址：http://www.tup.com.cn，http://www.wqbook.com
　　地　　址：北京清华大学学研大厦 A 座　　**邮　　编：**100084
　　社 总 机：010-62770175　　**邮　　购：**010-62786544
　　投稿与读者服务：010-62776969，c-service@tup.tsinghua.edu.cn
　　质 量 反 馈：010-62772015，zhiliang@tup.tsinghua.edu.cn
印 装 者：天津鑫丰华印务有限公司
经　　销：全国新华书店
开　　本：185mm×260mm　　**印　　张：**18.75　　**字　　数：**432 千字
（附 DVD 光盘 1 张）
版　　次：2013 年 1 月第 1 版　　**印　　次：**2022 年 2 月第 9 次印刷
定　　价：55.00 元

产品编号：048821-02

腾龙科技
Tenlong Tech

腾龙科技

主编： 谢龙汉

编委： 林　伟　魏艳光　林木议　郑　晓　吴　苗
林树财　林伟洁　王悦阳　辛　栋　刘艳龙
伍凤仪　张　磊　刘平安　鲁　力　张桂东
邓　奕　马双宝　王　杰　刘江涛　陈仁越
彭国之　光　耀　姜玲莲　姚健娣　赵新宇
莫　衍　朱小远　彭　勇　潘晓烨　耿　煜
刘新东　尚　涛　张炯明　李　翔　朱红钧
李宏磊　唐培培　刘文超　刘新让　林元华
蔡明京

前 言

丰田汽车的“精益生产”精神，造就了丰田汽车王国，也直接影响了日本的整个工业体系，包括笔者曾经工作过的本田汽车公司。精益生产的精髓是“精简”和“效率”，简单地说，只有精简的组织结构，才能达到最大的生产效率。开发设计阶段是其中的关键环节。产品设计开发是一个复杂、繁琐、反复的过程，只有合理组织设计过程，使用合理的设计方法，才能最大限度地提高设计开发效率。因此，将精益生产的理念运用于设计开发阶段具有重要的现实意义。本丛书所提出的“精益工程”，包括精益设计（针对设计领域）、精益制造（针对数控加工领域）和精益分析（针对工程分析）。其主要理念是：功能简洁必要、组织紧凑合理、学习高效方便。众所周知，计算机辅助设计软件都包含许多繁杂的功能，而有效功能只是针对某些特定用途，因此这些繁杂功能扰乱了读者。如果把所有功能都罗列到书中，那么读者浪费的不仅是金钱，还有学习时间。

AutoCAD 是一种功能强大的绘图软件，广泛应用于航空航天、机械制造等领域，可以说是机械等工程领域技术人员必备的工具。本书精选机械制图领域相关知识点进行详细讲解，并以丰富的案例、全视频讲解等方式进行全方位教学。

本书的特色

本书中除第 1 讲外，其他各讲以“实例 • 模仿→功能讲解→实例 • 操作→实例 • 练习”为过程，通过适量的典型实例操作和重点知识讲解相结合的方式，对 AutoCAD 2012 基础、常用的功能进行讲解。在讲解中力求紧扣操作、语言简洁、形象直观，避免冗长的解释说明，省略对不常用功能的讲解，使读者能够快速了解 AutoCAD 的使用方法和操作步骤。

在书中机械样图的绘制过程中，遵照机械制图国家标准的要求，使读者在练习的过程中不仅能够掌握 AutoCAD 2012 的基本操作，而且能够对机械制图的常用国家标准有所认识，从而在学完本书之后便能绘制出合格的工程图纸。

本书提供了全部实例的操作录像，读者可以按照书中列出的视频文件，从光盘中打开相应的视频直接观看学习，这样学习起来更轻松。视频包含语音讲解，可以用 Windows Media Player 等常用播放器观看。如果无法播放，可安装光盘中的 tscc.exe 插件。

本书内容

本书共 12 讲，后加 3 个附录。讲解中有大量图片，形象直观，便于读者模仿操作和学习。另附有光盘，包含本书的教学视频及实例讲解的 DWG 文件，方便读者自学。

第 1 讲为 AutoCAD 2012 基础讲解，对 AutoCAD 软件进行简要介绍，并对 AutoCAD 2012 版本的新功能进行说明。然后对绘图环境的基本设置、图形文件操作、图层设置等操作进行讲解。通过对这一讲的学习，读者能够对 AutoCAD 形成初步的认识。

第 2、3、4 讲对图形的基本绘制方法和基本编辑方法进行讲解。通过对这 3 讲的学习，读者可以掌握简单图形的绘制方法。

第 5、6、7 讲对 AutoCAD 2012 中的图案填充、图块应用及尺寸标注进行讲解。通过对这 3 讲的学习，读者可以具备绘制较复杂平面图形的能力。

第 8、9、10 讲对 AutoCAD 在机械制图中的应用进行讲解。包括文本标注、表格创建、零件图及装配图的绘制。通过对这 3 讲的学习，读者可以具备绘制基本的机械图纸的能力。

第 11、12 讲对轴测图和三维造型的基本操作进行讲解。使读者通过对这两讲的学习，具备基本的绘制轴测图和三维造型的能力。

本书附有 3 个附录，其内容为 AutoCAD 2012 的安装、打印出图及常用命令集，供有需要的读者参考。

本书读者对象

本书具有操作性强、指导性强、语言简练等特点，可作为 AutoCAD 初学者入门和提高的学习教程，也可作为各大中专院校及教育、培训机构的 AutoCAD 教材，还可供从事机械设计、工程制图等领域的人员参考使用。

学习建议

建议读者按照图书编排的先后次序学习 AutoCAD 软件。从第 2 讲开始，读者可以首先浏览“实例·模仿”，然后打开该案例的光盘视频仔细观看，再根据实例的操作步骤在 AutoCAD 中一步步进行操作。如果遇到操作困难的地方，可以再次观看视频功能讲解部分，也可以先观看每一节的视频，然后动手进行操作。对于“实例·操作”部分，建议读者首先直接根据书中的操作步骤进行操作，完成后再观看视频以加深印象，并解决自己动手操作中所遇到的问题。对于“实例·练习”部分，建议读者根据案例的要求自行练习，遇到不懂的地方再查看书中操作步骤或观看操作视频。

本书由谢龙汉完成，同时腾龙工作室的林伟、魏艳光、林木议、郑晓、吴苗、林树财、林伟洁、蔡明京、彭国之、李宏磊、辛栋、刘艳龙、光耀、姜玲莲、姚健娣也参与了部分内容的编写。感谢您选用本书进行学习，恳请您将对本书的意见和建议告诉我们，电子邮箱地址为 xielonghan@yahoo.com.cn。

祝您学习愉快！

谢龙汉
华南理工大学

目 录

第 1 讲　AutoCAD 2012 基础操作

本讲首先简要地介绍了软件 AutoCAD 及 AutoCAD 2012 的新功能，然后从启动与退出、软件界面及功能、绘图环境基本设置、图形文件操作、图层设置等方面介绍 AutoCAD 2012 版本的基础操作，为以后各讲的学习奠定基础。

本讲内容

- AutoCAD 简介及 2012 版新功能
- AutoCAD 2012 的启动与退出
- AutoCAD 2012 软件界面及功能
- 绘图环境基本设置
- 图形文件操作
- 图层设置
- 坐标系
- 图形显示与控制

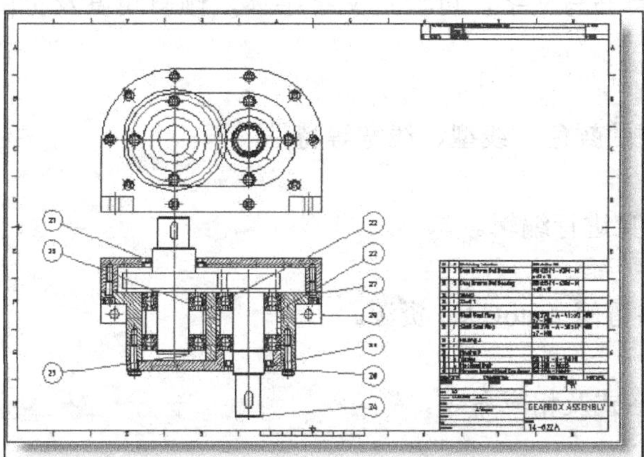

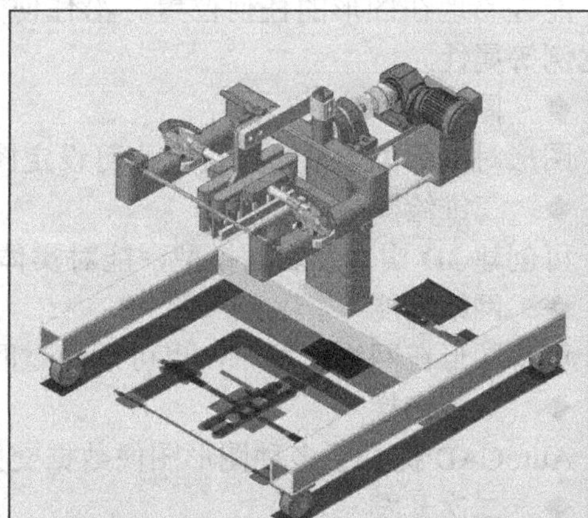

1.1　AutoCAD 简介及 2012 版新功能

AutoCAD（Auto Computer Aided Design）是美国 Autodesk 公司开发的计算机辅助设计软件，用于二维绘图、详细绘制、设计文档和基本三维设计，现已经成为国际上应用广泛的绘图工具。

1. AutoCAD 软件的特点

- 具有完善的图形绘制功能。
- 有强大的图形编辑功能。
- 可以采用多种方式进行二次开发或用户定制。
- 可以进行多种图形格式的转换，具有较强的数据交换能力。

◆ 支持多种硬件设备。

◆ 支持多种操作平台。

◆ 具有通用性、易用性。

2. AutoCAD 软件的基本功能

◆ 平面绘图功能

能以多种方式创建直线、圆、椭圆、多边形、样条曲线等基本的图形对象。

◆ 绘图辅助工具

AutoCAD 提供了正交、对象捕捉、极轴追踪、捕捉追踪等绘图辅助工具。正交功能使用户可以很方便地绘制水平、垂直直线，对象捕捉功能方便用户拾取几何对象上的特殊点，追踪功能使画斜线及沿不同方向定位点变得更加容易。

◆ 编辑图形

AutoCAD 具有强大的编辑功能，可以移动、复制、旋转、阵列、拉伸、延长、修剪、缩放对象等。

◆ 标注尺寸

可以创建多种类型尺寸，标注外观可以自行设定。

◆ 书写文字

能轻易地在图形的任何位置、沿任何方向书写文字，可设定文字字体、倾斜角度及宽度缩放比例等属性。

◆ 图层管理功能

图形对象都位于某一图层上，可设定图层的颜色、线型、线宽等特性。

◆ 三维绘图

可创建 3D 实体及表面模型，能对实体本身进行编辑。

◆ 网络功能

可将图形在网络上发布，也可以通过网络访问 AutoCAD 资源。

◆ 数据交换

AutoCAD 提供了多种图形图像数据交换格式及相应命令。

◆ 二次开发

AutoCAD 允许用户定制菜单和工具栏，并能利用内嵌语言 Autolisp、Visual Lisp、VBA、ADS、ARX 等进行二次开发。

3. AutoCAD 2012 常用新功能

◆ 参数化绘图功能

参数化绘图功能通过基于设计意图的约束图形对象能极大地提高绘图工作效率。几何及尺寸约束能够让对象间特定的关系和尺寸保持不变。

◆ 动态块对几何及尺寸约束的支持

该功能可以基于块属性表来驱动块尺寸，甚至可以在不保存或退出块编辑器的情况下测试块。

◆ 光滑网线

此功能能够创建自由形式和流畅的 3D 模型。

◆ 子对象选择过滤器

可以限制子对象选择为面、边或顶点。

◆ PDF 输出

提供了灵活、高质量的输出。可以把 TureType 字体输出为文本而不是图片，定义包括层信息在内的混合选项，并可以自动预览输出的 PDF。

◆ PDF 覆盖

该功能可以通过与附加其他的外部参照（如 DWG、DWF、DGN 及图形文件）一样的方式，在 AutoCAD 图形中附加一个 PDF 文件，并且可以利用熟悉的对象捕捉来捕捉 PDF 文件中几何体的关键点。

◆ 填充

填充功能变得更加强大和灵活，能够夹点编辑非关联填充对象。

◆ 多引线

多引线功能提供了更多的灵活性，可以对多引线的不同部分设置属性，对多引线的样式设置垂直附件等。

◆ 查找和替换

查找和替换功能能够搜索到一个高亮的文本对象，可以快速创建包含高亮对象的选择集。

◆ 尺寸功能

增强了尺寸功能，提供了更多对尺寸文本的显示和位置的控制功能。

◆ 颜色选择

颜色选择可以在 AutoCAD 颜色索引器中更容易被看到，可以在层下拉列表中直接改变层的颜色。

◆ 测量工具

能够测量所选对象的距离、半径、角度、面积或体积。

◆ 反转工具

可以反转直线、多段线、样条线和螺旋线的方向。

◆ 样条线和多段线编辑工具

该工具可以把样条线转换为多段线。

◆ 视口旋转功能

该功能可以控制一个布局中视口的旋转角度。

◆ 图纸集

可以设置哪些图纸或部分应该被包含在发布操作中，图纸列表表格比以前更加灵活。

◆ 3D 打印功能

可以通过互联网连接将 3D AutoCAD 图形直接输出到支持 STL 的打印机。

1.2 AutoCAD 2012 的启动与退出

1. AutoCAD 2012 的启动

安装好 AutoCAD 2012 之后，双击桌面上的快捷方式图标即可启动 AutoCAD 2012 软件，进入软件界面。

也可以通过“开始”菜单的方式启动 AutoCAD 2012 软件。在 Windows 系统下，其操作方式为：选择“开始”→“所有程序”→Autodesk→AutoCAD 2012-Simplified Chinese→AutoCAD 2012 命令。

2. AutoCAD 2012 的退出

退出 AutoCAD 2012 有 3 种方式：

◆ 单击 AutoCAD 2012 操作界面右上角的“关闭 X ”按钮。
◆ 在菜单栏中选择“文件”→“退出”命令。
◆ 通过在命令行中输入命令的方式，即在命令行中输入“quit”命令后按 Enter 键。

1.3 AutoCAD 2012 软件界面及功能

启动 AutoCAD 2012 之后，可以看到的工作界面如图 1-1 所示。工作界面包含应用程序菜单、快速访问工具栏、标题栏、信息中心、功能区、命令行、信息中心和状态栏。其中功能区包含名称、面板和选项卡 3 部分。十字光标所在区域为工作区域，所有图形的绘制及编辑等操作都在此区域完成。

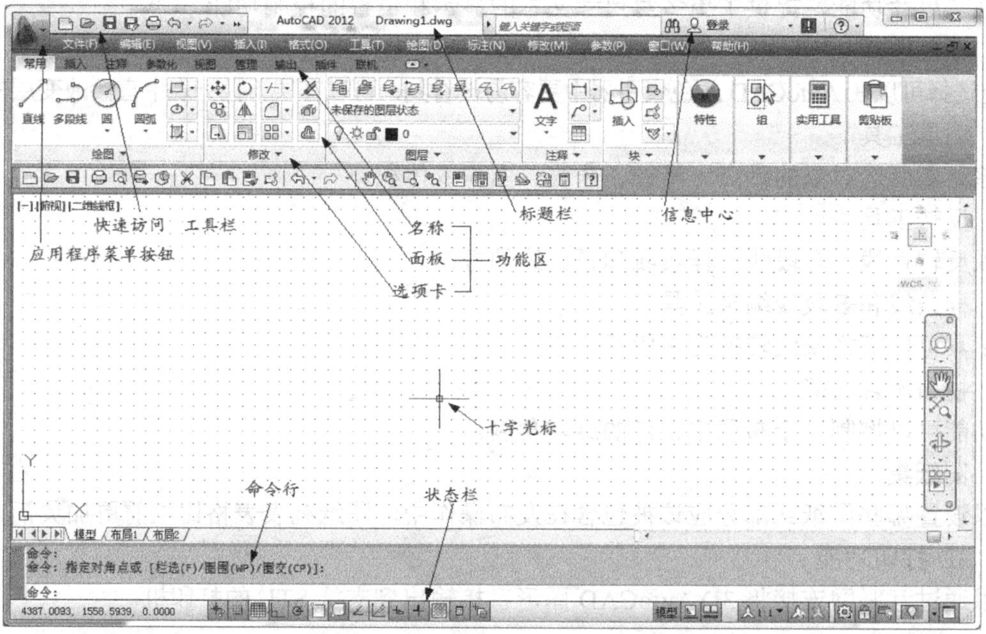

图 1-1 AutoCAD 2012 工作界面

1. 应用程序菜单按钮

应用程序菜单按钮即为 AutoCAD 界面左上角的图标，单击之后即可弹出如图 1-2 所示的应用程序菜单。通过应用程序菜单可以方便地访问公用工具，可以新建、打开、保存、打印和发布 AutoCAD 文件，将当前图形作为电子邮件附件发送，制作电子传送集。此外，还可执行图形维护，如查询和清理，并关闭图形。

在应用程序菜单的上面有一个搜索工具，可以查询快速访问工具、应用程序菜单以及当前加载的功能区以定位命令、功能区面板名称和其他功能区控件。

通过应用程序菜单上面的按钮可以访问最近打开的文档，在“最近使用的文档”列表中有一个选项，除了可按大小、类型和规则列表排序外，还可按照日期排序。

2. 快速访问工具栏

快速访问工具栏存储有常用的命令，如新建、打开、保存、放弃、重做和打印等。另外，单击快速访问工具栏右端的下拉符号可以弹出下拉菜单，其中有更多的常用命令，如图 1-3 所示。

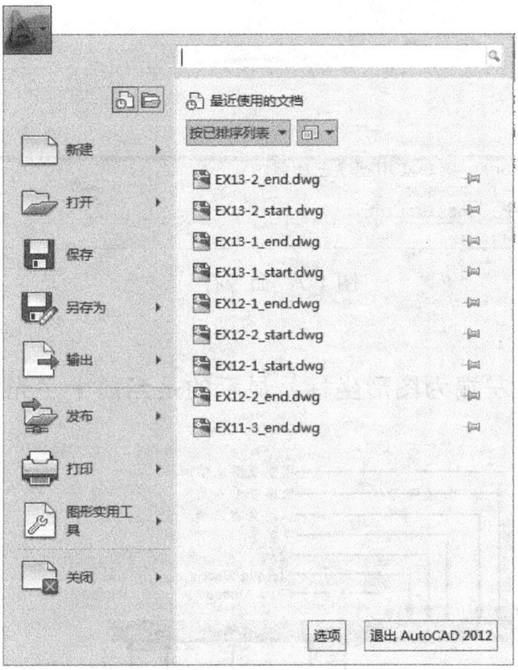

图 1-2 应用程序菜单

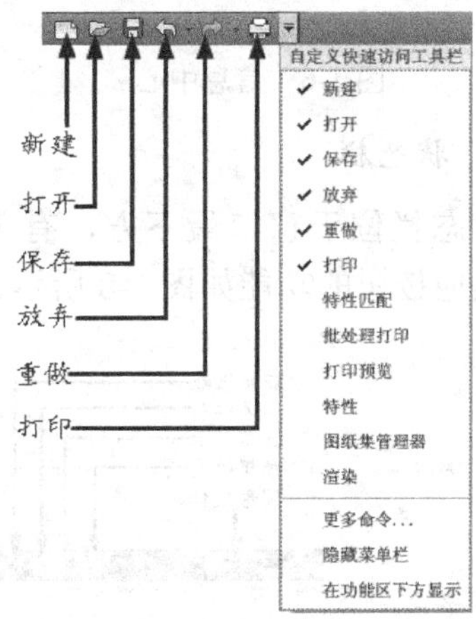

图 1-3 快速访问工具栏

3. 功能区

功能区是一个包含 AutoCAD 2012 常用功能的一个选项板，由名称、面板和选项卡 3 部分组成，如图 1-4 所示。其中，面板中有多种功能的按钮，在这里可以通过单击选择所需要的功能。单击选项卡右侧的倒三角符号可以使各个选项卡中的隐藏功能得以显示。

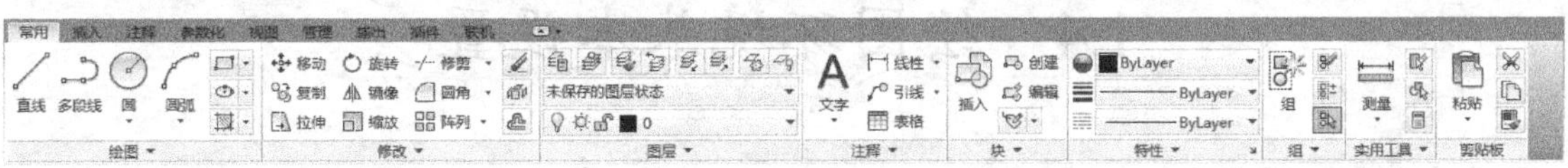

图 1-4 功能区

4. 标题栏

标题栏中的显示内容分为两部分：前半部分为软件版本，即 AutoCAD 2012；后半部分为当前打开的文件名，如图 1-5 所示。

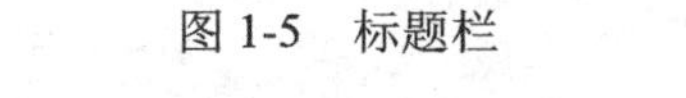

图 1-5 标题栏

5. 信息中心

信息中心位于标题栏的右侧，其中包含搜索、速博应用中心、通信中心、收藏夹和帮助 5 个功能，如图 1-6 所示。

6. 命令行

命令行位于窗口的下部，用户可以通过在命令行中输入命令来实现 AutoCAD 的功能，如图 1-7 所示。用户通过菜单或者工具栏执行命令的过程也在此区域显示。

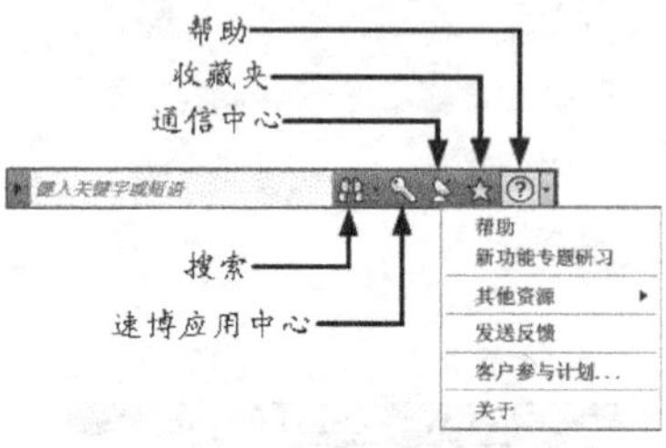

图 1-6　信息中心

图 1-7　命令行

7. 状态栏

状态栏位于窗口最下方，有多种功能。最左端为图形坐标，显示的是当前十字光标的坐标，其他按钮的功能如图 1-8 所示。

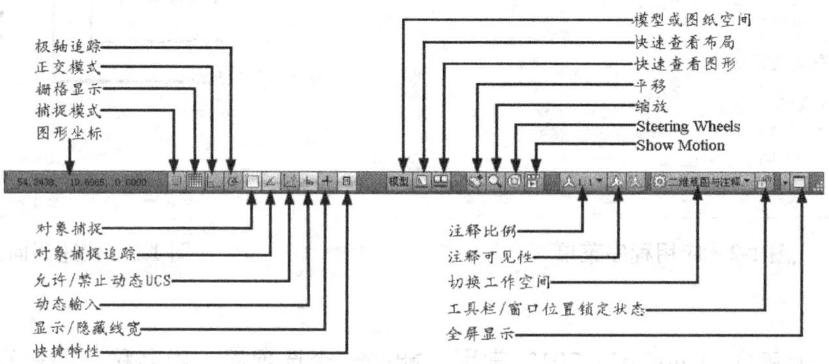

图 1-8　状态栏

1.4　绘图环境基本设置

通常情况下，用户在 AutoCAD 2012 的默认环境下工作。但是在某些情况下，用户对绘图环境进行必要的设置可以提高绘图效率。

1.4.1　系统参数设置

设置系统参数是通过“选项”对话框进行的，如图 1-9 所示。可以通过两种方式打开“选项”对话框。

◆　菜单：“工具”→“选项”。

◆ 命令行：输入“options”。

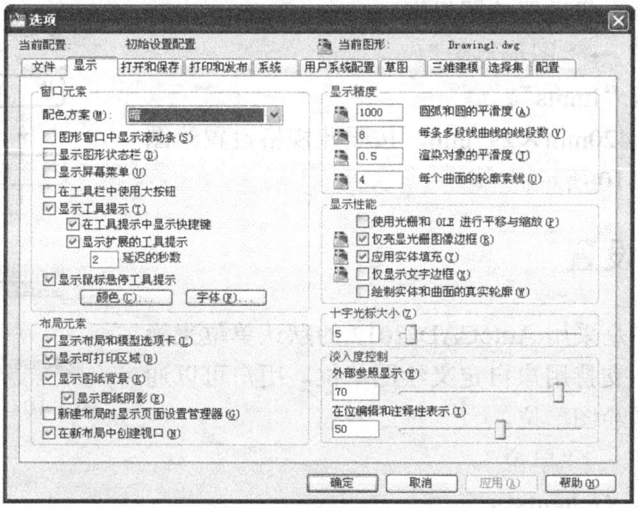

图 1-9 “选项”对话框

“选项”对话框由“文件”、“显示”、“打开和保存”、“打印和发布”、“系统”、“用户系统配置”、“草图”、“三维建模”、“选择集”和“配置”10 个选项卡组成，各个选项卡的主要功能如下。

- ◆ “文件”选项卡：指定文件夹，以供 AutoCAD 查找当前文件夹中所不存在的文字字体、插件、线型等项目。
- ◆ “显示”选项卡：用于设置窗口元素、布局元素、显示精度、显示性能、十字光标大小等显示属性。
- ◆ “打开和保存”选项卡：用于设置默认情况下文件保存的格式、是否自动保存文件以及自动保存时间间隔等属性。
- ◆ “打印和发布”选项卡：用于设置 AutoCAD 的输出设备。在默认情况下，输出设备为 Windows 打印机。但是通常需要用户添加绘图仪，以完成较大幅面图形的输出。
- ◆ “系统”选项卡：用于设置当前三维图形的显示属性、当前定点设备、布局生成选项等功能。
- ◆ “用户系统配置”选项卡：用于设置是否使用快捷菜单、插入比例、坐标输入优先级、字段等选项。
- ◆ “草图”选项卡：用于设置自动捕捉、自动追踪、对象捕捉选项靶框大小等属性。
- ◆ “三维建模”选项卡：用于设置三维十字光标、显示 UCS 图标、动态输入、三维对象和三维导航等属性。
- ◆ “选择集”选项卡：用于设置选择集模式、拾取框大小及夹点颜色和大小等属性。
- ◆ “配置”选项卡：用于实现系统配置文件的新建、重命名、输入、输出及删除等操作。

1.4.2 绘图界限设置

绘图界限是在绘图空间中的一个假想的矩形绘图区域。如果打开了图形的边界检验功能，一旦绘制的图形超出了绘图界限，系统将发出提示。

可以通过以下两种方式设置绘图界限。

◆ 菜单：“格式”→“图形界限”。

◆ 命令行：输入“limits”。

A3 图纸的规格为 420mm×297mm，按照此规格设置绘图界限的操作步骤如图 1-10 所示。

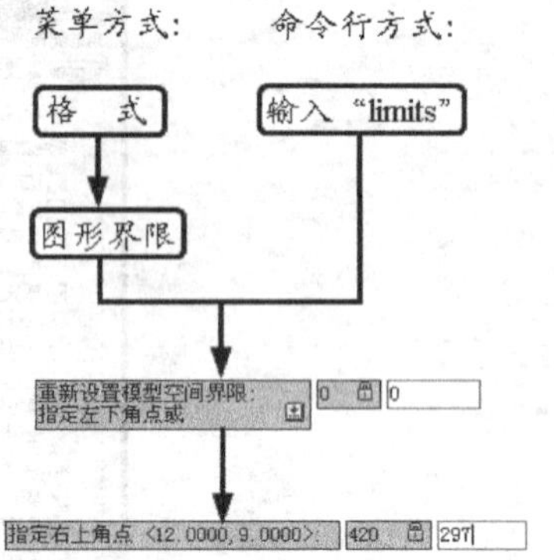

图 1-10　设置绘图界限的两种方式

1.4.3　绘图单位设置

通常情况下，用户是采用 AutoCAD 2012 的默认单位来绘图的。AutoCAD 2012 支持用户自定义绘图单位。用户可以通过以下两种方式来设置绘图单位。

◆ 菜单：“格式”→“单位”。

◆ 命令行：输入“ddunits”。

执行上述操作之后弹出“图形单位”对话框，如图 1-11 所示。可以在该对话框中对图形单位进行设置。

（1）长度

在“长度”选项组中可以设置图形的长度单位类型和精度。长度单位的默认类型为“小数”，精度的默认值为小数点之后 4 位数。

（2）角度

在“角度”选项组中可以设置角度的单位类型和精度。角度单位的默认类型为“十进制度数”，精度默认为小数点之后两位数。

（3）插入时的缩放单位

用于设置缩放插入内容的单位，可以选择的单位有毫米、英寸、码、厘米和米等。

（4）方向

单击“图形单位”对话框中的“方向”按钮，即可弹出“方向控制”对话框，如图 1-12 所示，可以在该对话框中设置基准角度方向。AutoCAD 2012 中默认的基准角度方向为正东方向。

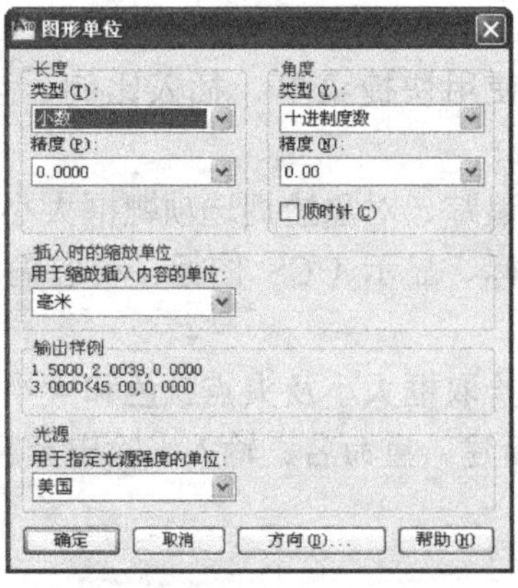

图 1-11　“图形单位”对话框

图 1-12　“方向控制”对话框

（5）光源

“光源”选项组用于设置当前图形中光源强度的单位，包括“国际”、“美国”和“常规”3种测量单位。

1.5 图形文件操作

1.5.1 新建图形

新建图形是绘制新图形的开始，在 AutoCAD 2012 中，有 4 种方式来创建新图形。

- 菜单：“文件”→“新建”。
- 工具栏：单击快速访问工具栏中的“新建”按钮。
- 命令行：输入“qnew”。
- 快捷键：按 Ctrl+N 键。

执行以上操作后，会打开“选择样板”对话框，如图 1-13 所示。

图 1-13 “选择样板”对话框

打开对话框之后，用户可以选择合适的样板，并可以在右侧的“预览”栏中看到样板的预览图像。用户选择样板之后，单击“打开”按钮即可按照选择的样板创建新的图形。

1.5.2 保存图形

用户在完成或者部分完成图形绘制之后需要进行图形的保存。图形的保存有以下 4 种方式。

- 菜单：“文件”→“保存”。
- 工具栏：单击快速访问工具栏中的“保存”按钮。
- 命令行：输入“qsave”。
- 快捷键：按 Ctrl+S 键。

通过执行上述步骤，可以对图形进行保存。若当前图形文件已经保存过，则 AutoCAD 2012 会用当前的图形文件覆盖原有文件；如果图形尚未保存过，则弹出“图形另存为”对话框，如图 1-14 所示，在该对话框中可以进行保存位置、名称、保存文件类型等的设置。

图 1-14 “图形另存为”对话框

完成保存各个选项的设置之后，单击“保存”按钮即可完成图形文件的保存。

提示：建议用户新建图形之后，接着执行“保存”命令。由于 AutoCAD 2012 的自动保存是默认打开的，这样可以减小因断电、死机、操作失误造成的损失。

1.5.3 打开图形

对于已有的图形文件，可以通过以下方式执行图形的打开操作。

- 菜单：“文件”→“打开”。
- 工具栏：单击快速访问工具栏中的“打开”按钮。
- 命令行：输入“open”。
- 快捷键：按 Ctrl+O 键。

执行以上操作后，打开“选择文件”对话框，如图 1-15 所示，可以通过浏览选择要打开的文件，然后单击“打开”按钮即可实现对文件的打开。

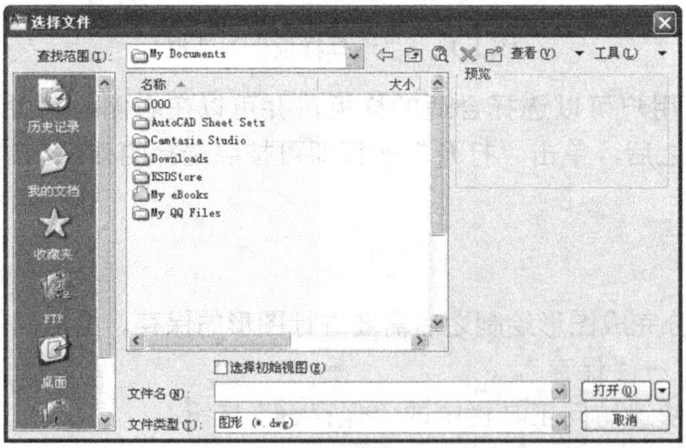

图 1-15 “选择文件”对话框

1.5.4 关闭图形

完成图形的绘制之后，可以单击右上角的“关闭当前图形”按钮关闭当前图形而不退出

AutoCAD 2012。“关闭当前图形”按钮的具体位置如图 1-16 所示。

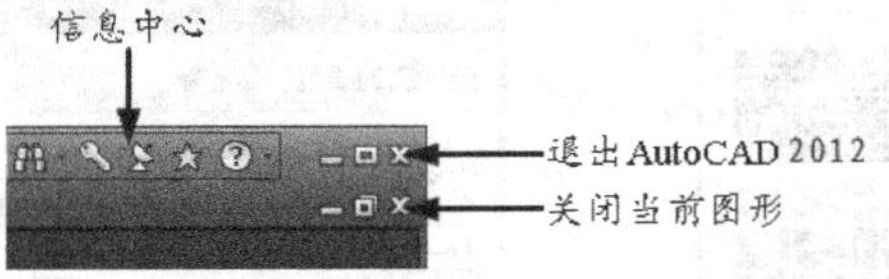

图 1-16　“关闭当前图形”按钮

1.6 图层设置

AutoCAD 中的图层工具可以让用户方便地管理图形。图层相当于一层“透明纸”，用户可以在不同的图层上绘制图形，最后相当于把多层绘有不同图形的透明纸叠放在一起，从而组成完整的图形。

用户对图层的管理通过“图层特性管理器”来实现，如图 1-17 所示。可以通过以下方式打开“图层特性管理器”。

◆ 功能区：“常用”→“图层”→“图层特性”。
◆ 菜单：“格式”→“图层”。
◆ 命令行：输入“layer”。

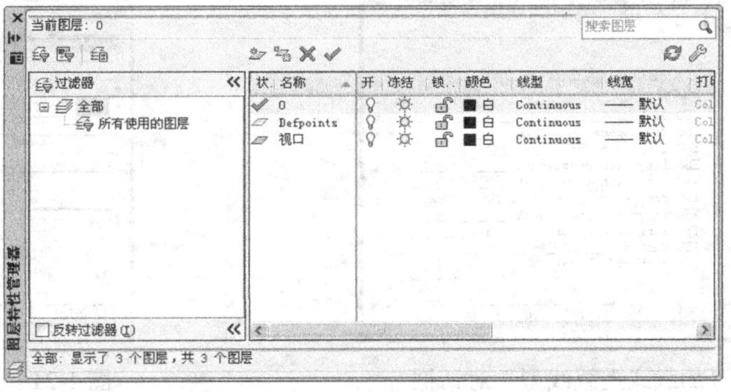

图 1-17　图层特性管理器

1. 新建图层

单击“新建图层”按钮，即可创建一个新图层，并可以对该图层重命名。

2. 图层颜色设置

为了区分不同的图层，对图层设置颜色是必要的。AutoCAD 默认的图层颜色为白色，可以在“图层特性管理器”中单击■白按钮，然后在弹出的“选择颜色”对话框中选择需要的颜色，如图 1-18 所示。

3. 图层线型设置

在绘图时会用到不同的线型。不同的图层可以设置不同的线型，也可以设置相同的线型。AutoCAD 中系统默认的线型是 Continuous，也就是连续直线。可以单击 Continuous 按钮，然后在弹出的“选择线型”对话框中进行线型设置，如图 1-19 所示。

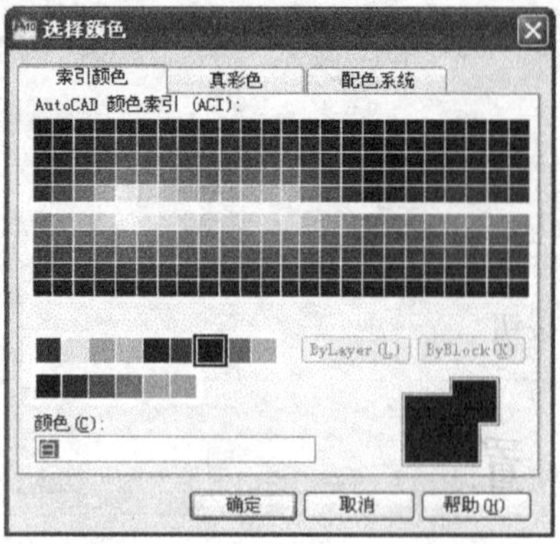

图 1-18 “选择颜色”对话框

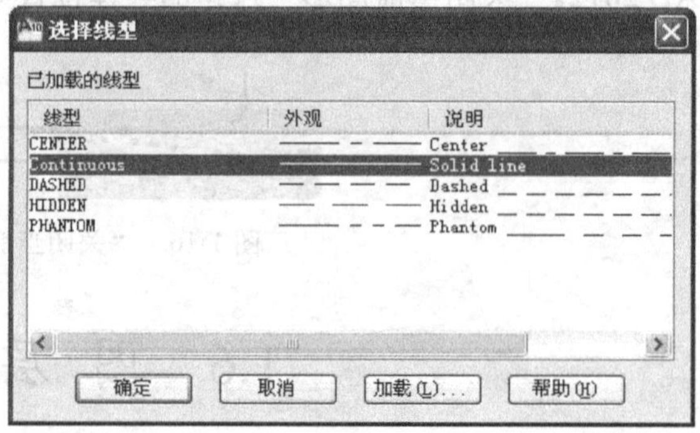

图 1-19 “选择线型”对话框

如果“选择线型”对话框中没有所需要的线型，可以单击“加载”按钮，然后在弹出的“加载或重载线型”对话框中找到所需要的线型，如图 1-20 所示，选定之后单击“确定”按钮便可将该线型加载入“选择线型”对话框，然后再选择该线型即可。

4. 图层线宽的设置

在绘图中，常需要用到不同宽度的线条，AutoCAD 中的默认线宽为 0，所以有必要对线宽进行设置。可以单击 —— 默认 按钮，在弹出的“线宽”对话框中进行线宽的设置，如图 1-21 所示。

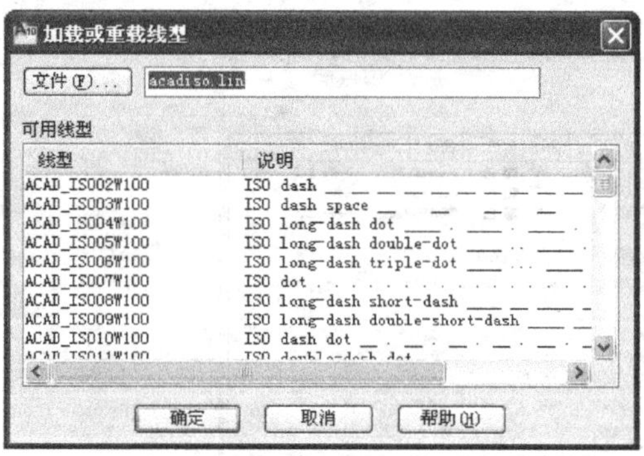

图 1-20 “加载或重载线型”对话框

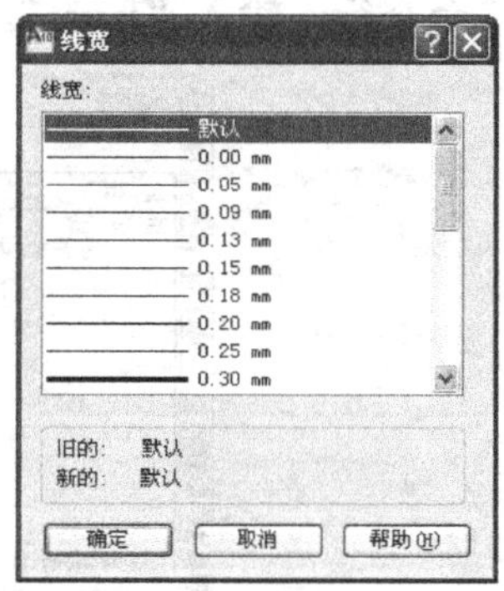

图 1-21 “线宽”对话框

5. 图层的其他特性

- 打开/关闭：在对话框中以灯泡的颜色来表示图层的开关。在默认状态下，所有图层都处于打开的状态，此时灯泡颜色为黄色，这种状态下，图层可以使用和输出；单击灯泡可以切换图层到关闭状态，此时灯泡颜色为灰色，这种状态下，图层不能使用和输出。
- 冻结/解冻：打开的图层，系统默认状态为解冻，显示的图标为“太阳”，该状态下，图层可以显示、打印输出和编辑。单击太阳图标可以将图层转换到冻结状态，显示的图标为“雪花”，该状态下，图层不能显示、打印输出和编辑。
- 锁定/解锁：在绘制复杂图形过程中，为了在绘制其他图层时不影响该图层，可以将该图层锁定，锁定后显示为。锁定不会影响到图层的显示。单击“锁定”按钮可以将图层切换到解锁状态，此时显示图标为。

◆ 打印样式：用来确定图层的打印样式。如果是彩色的图层，则无法更改样式。

◆ 打印：用来设定哪些图层可以打印。可以打印的图层以🖨图标显示，单击该图标可以将图层设置为不能打印，这时以🖨图标显示。打印功能只对可见图层、没有冻结的图层、没有锁定的图层和没有关闭的图层有效。

1.7 坐 标 系

在 AutoCAD 绘图过程中，所绘制的任何一个元素都是以坐标系为参照的。AutoCAD 2012 中坐标显示在状态栏的左端。AutoCAD 中的坐标系包括世界坐标系（WCS）和用户坐标系（UCS）两种。掌握坐标系的使用方法，可以提高绘图效率和精度。

1. 世界坐标系

进入 AutoCAD 2012 绘图时，系统自动进入世界坐标系的第一象限，其左下角坐标为（0，0，0）。在绘图中，如果需要精确定位一个点时，需要采用键盘输入坐标值的方式。常用的输入方式有绝对坐标、绝对极坐标、相对坐标和相对极坐标 4 种。

◆ 绝对坐标：绝对坐标是以坐标原点（0，0，0）为基点定位所有的点。各个点之间没有相对关系，只与坐标零点有关。用户可以输入（X，Y，Z）坐标来定义一个点的位置。如果 Z 坐标为 0，则可以省略。

◆ 绝对极坐标：以坐标原点（0，0，0）为极点定位所有的点，通过输入相对于极点的距离和角度来定义点的位置。AutoCAD 2012 中默认的角度正方向为逆时针方向。用户输入格式为“距离<角度”。

◆ 相对坐标：以某一点相对于另一已知点的相对坐标位置来定义该点的位置。假设该点相对于已知点的坐标增量为（ΔX，ΔY，ΔZ），则用户的输入格式为（@ΔX，ΔY，ΔZ）。

◆ 相对极坐标：以某一点为参考极点，输入相对于极点的距离和角度来定义另一个点的位置。输入格式为“距离<角度”。

2. 用户坐标系

在用户绘图中，经常需要改变坐标系的原点和方向，用户坐标系可以满足此需求。用户坐标系的位置和方向都有很大的灵活性，用户可以根据需求进行设置。有 3 种方式可以启动用户坐标系命令。

◆ 功能区：“视图”→“坐标”→UCS ⊾。

◆ 菜单：“工具”→“新建 UCS”。

◆ 命令行：输入“UCS”。

新建 UCS 的步骤如下：

（1）通过以上 3 种方式中的一种开始执行 UCS 命令。

（2）在弹出的“指定 UCS 的原点或”输入框中输入用户坐标系原点的世界坐标值。

（3）在弹出的“指定 X 轴上的点或〈接受〉”输入框中输入该点相对于 UCS 原点的相对极坐标，即可指定新用户坐标系的方向。如果不进行输入，可直接按 Enter 键，则用户新建的 UCS 方向不发生变化。

新建 UCS 的操作步骤如图 1-22 所示。

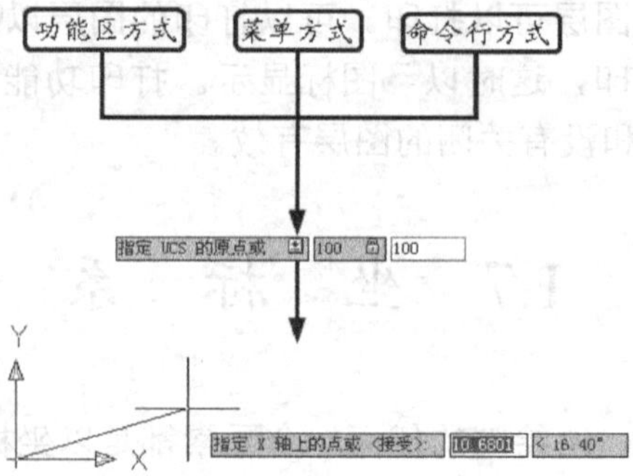

图 1-22　新建 UCS 的操作步骤

1.8　图形显示与控制

图形的显示与控制是 AutoCAD 绘图的基础，通过对图形的显示与控制选项的设置，用户可以通过多种方式观察图形对象。

1.8.1　图形的平移与缩放

1．图形的平移

使用图形的“平移”命令时，图形的显示比例不变，只是发生平移，从而使用户可以更方便地观察。平移的操作方法有以下 4 种。

◆　功能区：“视图”→“导航”→“平移”。
◆　菜单：“视图”→“平移”。
◆　命令行：输入“pan”。
◆　按住鼠标左键拖动。

常用的平移有实时平移和定点平移两种。前者平移位置由鼠标的运动控制，而后者的平移位置通过制定基点或位移进行平移。

2．图形的缩放

通过图形的缩放功能用户可以更准确地观察图形，通过缩放可以显示图形的大小变化，但是图形的真实尺寸不变。

可以通过以下方法进行图形的缩放。

◆　功能区：“视图”→“导航”→“缩放”。
◆　菜单：“视图”→“缩放”。
◆　命令行：输入“zoom”。
◆　滚动鼠标滚轮。

图形缩放有以下几种方式。

◆　实时：执行该操作之后，鼠标指针变成，按住鼠标左键向上拖动能够使图形放大，反之能使图形缩小。

◆ 窗口：选择窗口缩放之后，通过制定要缩放矩形窗口两个对角点，可以使这个矩形窗口内的图形放大至整个屏幕。

◆ 动态：在动态缩放模式下，窗口显示一个带有叉号的矩形方框，单击鼠标左键，叉号消失，显示一个指向右方的箭头，拖动鼠标可以选择窗口的大小来确定选择区域的大小，然后按下 Enter 键缩放图形。

◆ 中心点：在中心点缩放模式下，用户输入比例因子或高度来显示一个新图形，所指定的点作为新图形的中心点。输入的值比默认值小，则会放大图形；反之，则会缩小图形。

◆ 对象：在对象缩放模式下，选择对象后，按 Enter 键，选择的对象会位于绘图区域的中心，并放大显示。

1.8.2 图形的重生成

图形的重生成可以使计算机重新计算图形各个元素上各点的位置，并且刷新显示。例如，原来绘制的很小的圆放大之后，显示的是多边形，通过执行“重生成”命令，可以使该圆的显示变得圆润。

可以通过以下两种方式来执行图形的“重生成”命令。

◆ 菜单：“视图”→“重生成”。

◆ 命令行：输入“regen”。

第 2 讲　基本图形的绘制

基本图形的绘制是 AutoCAD 绘图的基础。基本图形指的是由点、线组成的封闭或者不封闭的简单几何图形。常用的基本图形有直线、圆、多段线、矩形、正多边形等。本讲将对这些常用的基本图形的绘制进行讲解。

本讲内容

- 实例 · 模仿——旋转臂
- 绘制直线
- 绘制圆
- 绘制多段线
- 绘制矩形
- 绘制正多边形
- 实例 · 操作——扳手
- 实例 · 练习——联动曲轴

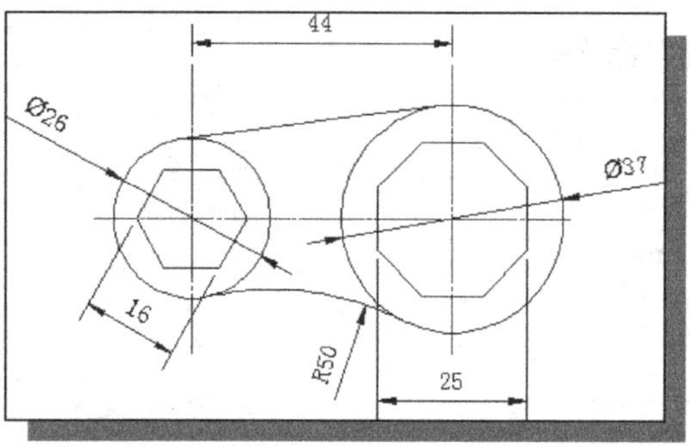

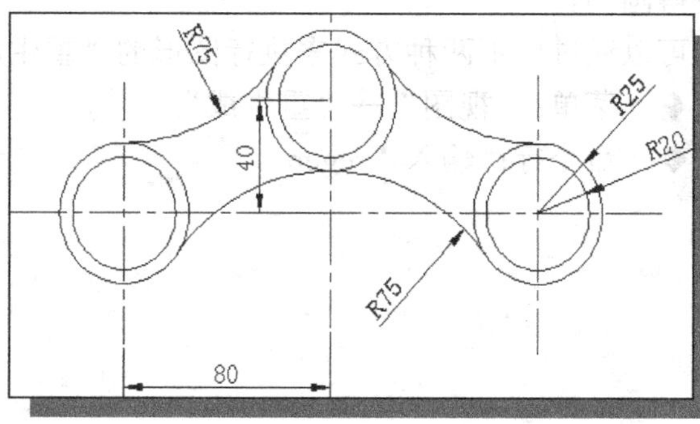

2.1　实例 · 模仿——旋转臂

旋转臂是非标准件，其结构和尺寸如图 2-1 所示。

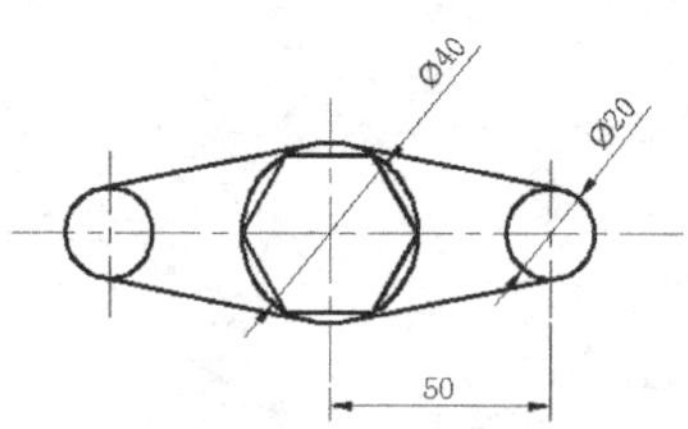

图 2-1　旋转臂

【思路分析】

该零件图由圆、正六边形、直线组成。绘制此图的方法是先绘制出 3 个圆，然后绘制切线连接部分，最后绘制内接的正六边形即可完成全图，如图 2-2 所示。

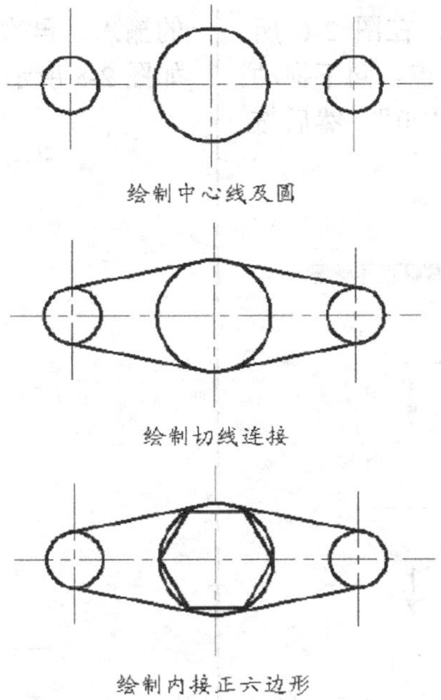

图 2-2　旋转臂绘制步骤

【光盘文件】

结果文件——参见附带光盘中的“END\Ch2\2-1.dwg”文件。

动画演示——参见附带光盘中的“AVI\Ch2\2-1.avi”文件。

【操作步骤】

（1）单击“图层特性”按钮，新建图层，如图 2-3 所示。

图 2-3　图层设置

（2）单击“正交”按钮，进入正交模式。

（3）单击“图层”面板中的“图层”下拉列表，切换“中心线”图层为当前图层，单击“直线”按钮，进入直线绘制状态，如图 2-4 所示。

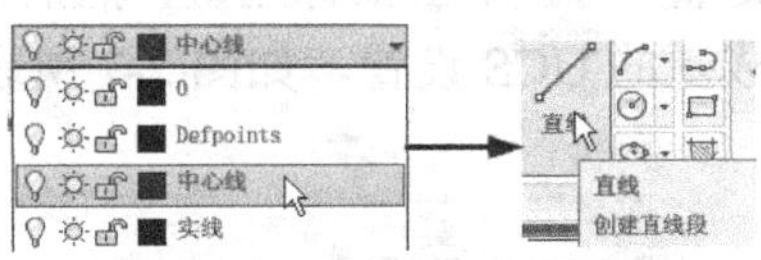

图 2-4　单击“直线”按钮

（4）在绘图区中单击鼠标，指定直线的第一点，然后向右拖动鼠标，并在弹出的输入框中输入直线长度“150”，按 Enter 键，完成输入。再次按 Enter 键，结束“直线”命令，完成水平中心线的绘制，如图 2-5 所示。

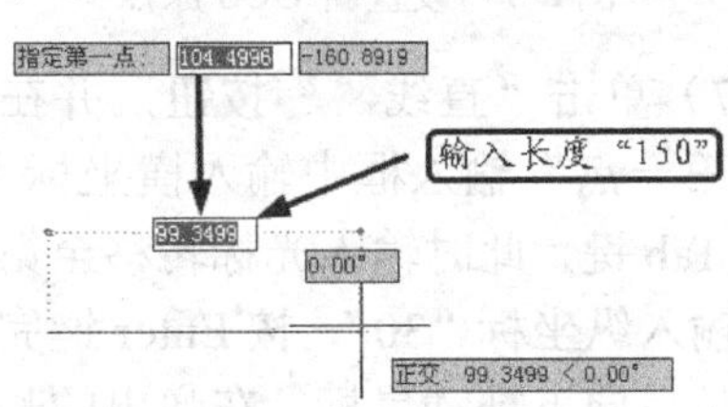

图 2-5　水平中心线的绘制

（5）单击“直线”按钮，在图 2-6 所示位置处单击，指定直线的第一点。向下拖动鼠标，并在长度输入框中输入“90”，然后按 Enter 键结束命令。

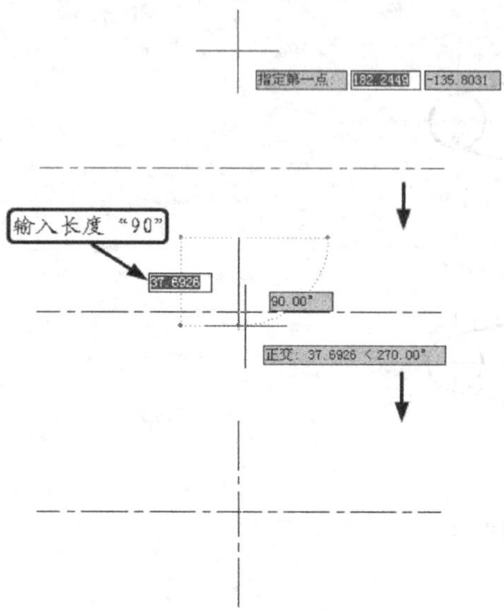

图 2-6　竖直中心线的绘制

（6）单击“视图”选项卡中“坐标”面板中的 UCS 按钮，然后将指针指向已绘制的两条中心线的交点处，当对象捕捉提示“垂足”或者“交点”时，单击鼠标左键，然后按 Enter 键。完成新的 UCS 设置，如图 2-7 所示。

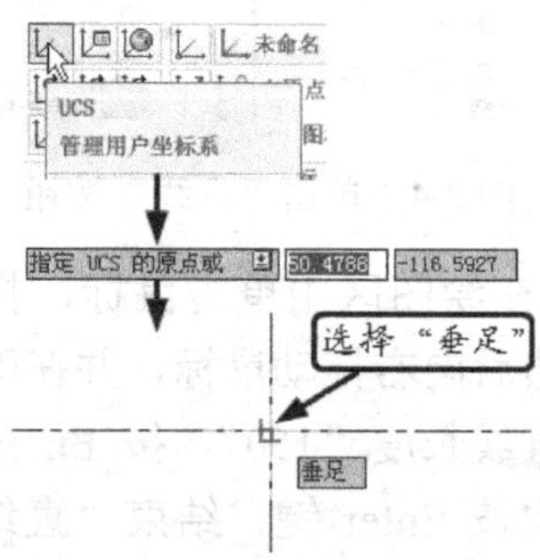

图 2-7　设置新 UCS 原点

（7）单击“直线”按钮，并在弹出的“指定第一点”输入框中输入横坐标“50”，然后按 Tab 键，此时输入光标转移至第二个输入框，输入纵坐标“30”，按 Enter 键完成第一点的定位。向下拖动鼠标，在弹出的长度输入框中输入“60”并按 Enter 键，完成线段长度的输入。再次按 Enter 键结束“直线”命令，如图 2-8 所示。

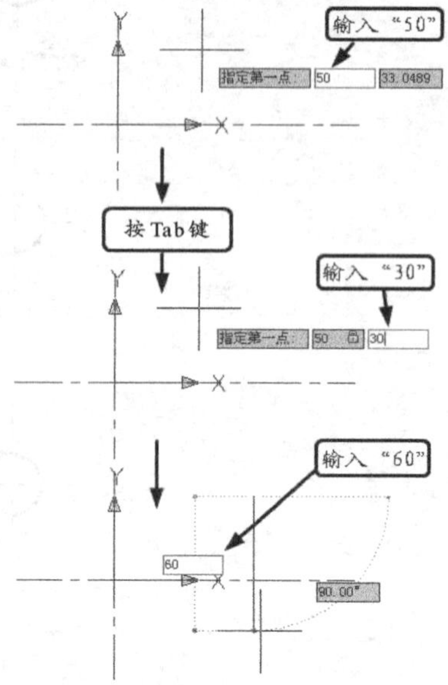

图 2-8　右侧竖直中心线的绘制

（8）用同样的方法，绘制左侧的中心线。

（9）切换图层到“实线”图层，单击“圆”按钮。移动十字光标到中间的竖直中心线和水平中心线交点位置，当对象捕捉提示“垂足”时单击鼠标左键，选定圆心。然后移动鼠标，在弹出的输入框中输入半径“20”并按 Enter 键，完成中间大圆的绘制，如图 2-9 所示。

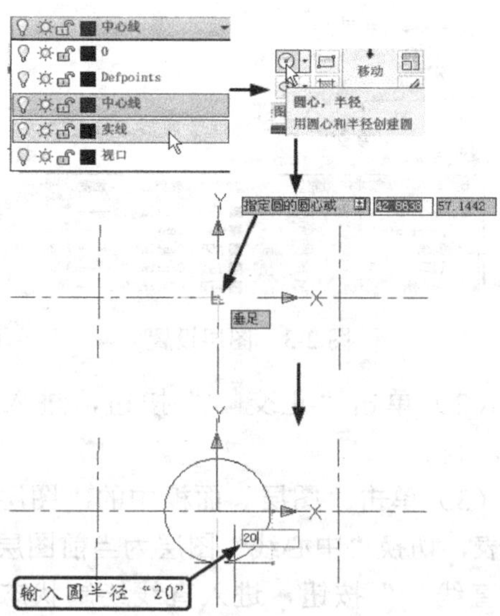

图 2-9　绘制中心大圆

（10）用同样的方法，完成两侧直径为 20 的小圆的绘制。

（11）用鼠标右键单击“对象捕捉”按钮，在弹出的快捷菜单中选择“设置”命令，如图 2-10 所示。

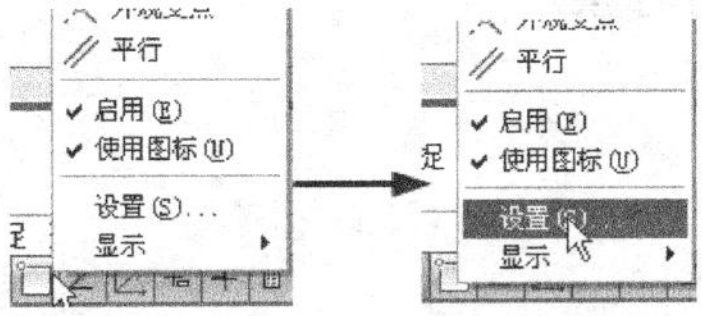

图 2-10　选择“设置”命令

（12）在弹出的对话框中进行对象捕捉设置，设置为只捕捉切点，如图 2-11 所示。

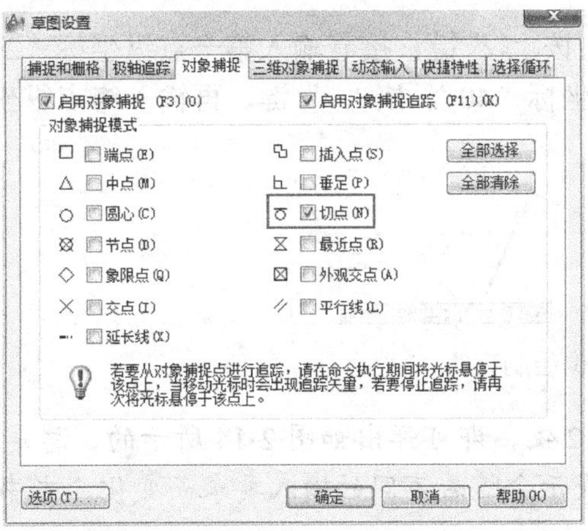

图 2-11　设置为只捕捉切点

（13）单击“直线”按钮，在弹出“指定第一点”提示时将十字光标移动到左侧小圆上，待出现“递延切点”提示时，单击鼠标左键。然后将十字光标移动到大圆鼠标左上部，出现“递延切点”提示时单击。最后按 Enter 键结束命令，如图 2-12 所示。

（14）重复“直线”命令，完成另外 3 条切线的绘制。

（15）用鼠标右键单击“对象捕捉”按钮，在弹出的快捷菜单中选择“设置”命令，将捕捉对象设置为交点和圆心。

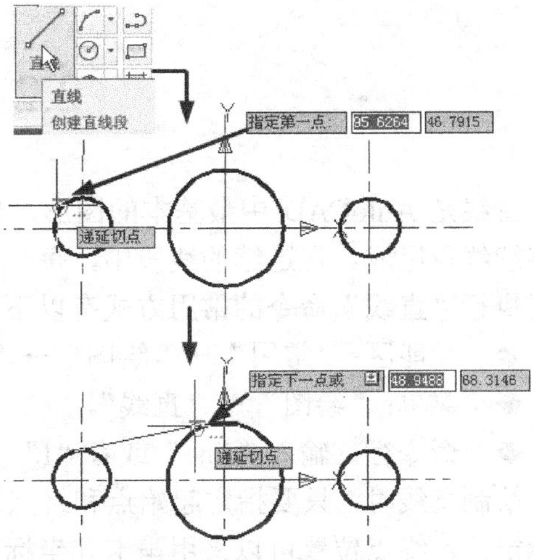

图 2-12　绘制左上切线

（16）单击“绘图”面板中的“正多边形”按钮，在弹出的输入框中输入边数“6”，然后利用对象捕捉选定圆心为正多边形的中心，并在弹出的菜单中选择“内接于圆”命令，然后将十字光标移到圆与水平中心线交点处。当对象捕捉提示“交点”时，单击鼠标选择交点。然后按 Enter 键，结束命令，完成正六边形的绘制，如图 2-13 所示。

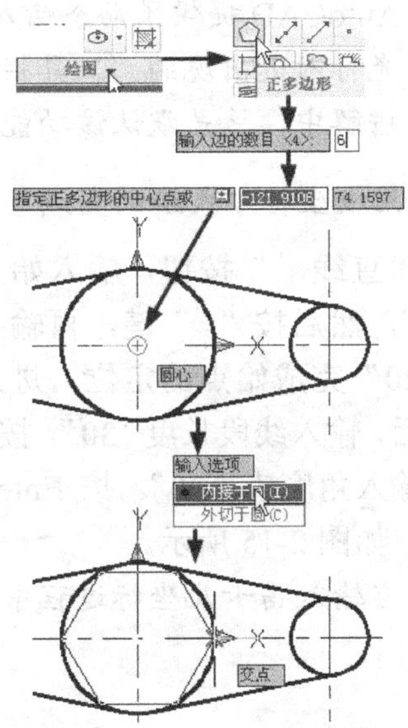

图 2-13　正六边形的绘制

提示：一个命令的操作完成之后，需要按 Enter 键来结束此命令；前一个命令结束之后，按 Enter 键可以对其进行重复；在命令执行中，按 Esc 键可以中止当前命令。

2.2 直　　线

直线是 AutoCAD 中最基本的图形，也是最常用的图形。可以由一条线段组成，也可以由多条连续线段组成。在连续的线段中，每一段都是一个独立的对象。

执行“直线”命令的常用方式有以下 3 种。

◆ 功能区：“常用”→“绘图”→“直线”。

◆ 菜单：“绘图”→“直线”。

◆ 命令行：输入“line”或者“l”。

绘制直线时，只要指定起始点和终点就可以绘制一条直线。起始点定位的常用方法为笛卡儿坐标定位，终点位置可以采用笛卡儿坐标来确定，也可以用极坐标等方式。

1. 采用笛卡儿坐标方式绘制直线

单击“直线”按钮，输入第一点横坐标“10”，按“,”键，接着输入第一点纵坐标“20”，完成始点定位。此时进入终点定位状态，输入终点横坐标“40”，按“,”键，再输入终点纵坐标“20”。按 Enter 键结束命令，如图 2-14 所示。

图 2-14　笛卡儿坐标定位绘制直线

提示：AutoCAD 提供了动态输入提示功能，按 F12 键，即可弹出如图 2-14 所示的、总是在光标附近出现的“工具栏提示”，并且该提示会随着不同的输入要求而变化。本书在讲解中，总是默认该功能是打开的。

2. 采用极坐标方式绘制直线

单击“直线”按钮，输入始点横坐标“10”，然后按“,”键，再输入纵坐标值“20”完成始点的定位。进入中点定位之后，输入线段长度“30”，按 Tab 键，然后输入角度值“20”。按 Enter 键结束命令，如图 2-15 所示。

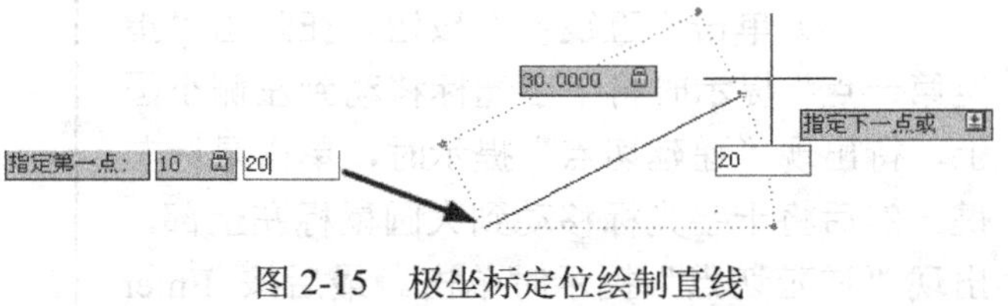

图 2-15　极坐标定位绘制直线

提示：在输入笛卡儿坐标过程中，逗号“,”只能在英文输入状态下输入。

2.3 圆

执行圆的绘制命令有以下几种方式。

◆ 功能区：“常用”→“绘图”→“圆”。

◆ 菜单："绘图"→"圆"。

◆ 命令行：输入"circle"。

圆的绘制方式有以下6种。

（1）圆心，半径——指定圆心和半径来确定圆的位置和大小。

单击"圆心，半径"按钮，输入圆心横坐标值"50"，按Tab键，输入圆心纵坐标值"50"，完成圆心的定位。在半径输入框中输入半径值"15"并按Enter键，即可完成圆心坐标为（50，50）、半径为15的圆的绘制，如图2-16所示。

（2）圆心，直径——指定圆心和直径来确定圆的位置和大小。

单击"圆心，半径"旁边的下拉列表符号，选择其中的"圆心，直径"命令。输入圆心坐标（50，50），在弹出的直径输入框中输入直径值"30"并按Enter键，即可完成圆心坐标为（50，50）、直径为30的圆的绘制，如图2-17所示。

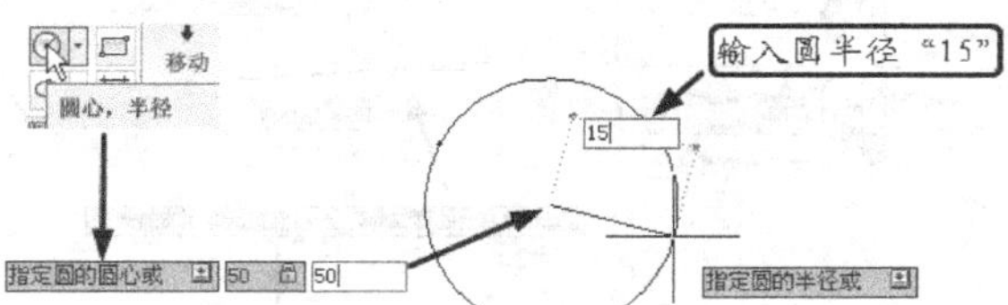

图2-16 "圆心，半径"方式绘制圆

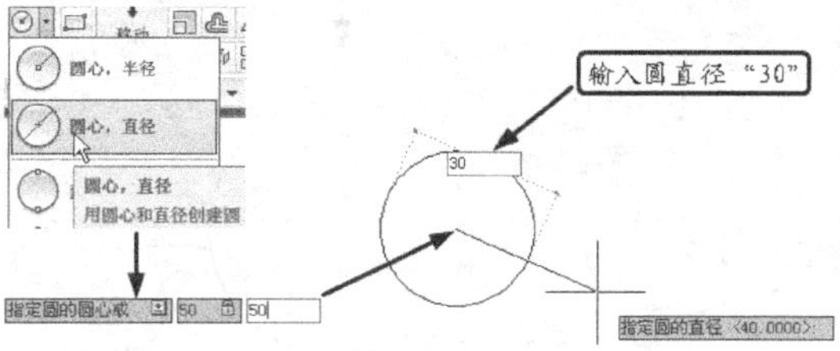

图2-17 "圆心，直径"方式绘制圆

（3）两点——以两点的连线为圆的直径来绘制圆。

单击"圆心，半径"旁边的下拉列表符号，选择"两点"命令。在弹出的"指定圆直径的第一个端点"输入框中输入坐标（50，50），然后在弹出的"指定圆直径的第二个端点"输入框中输入横坐标值"80"，再按"，"键并输入纵坐标值"80"，按Enter键，即可完成以（50，50）和（80，80）为直径的两端点的圆的绘制，如图2-18所示。

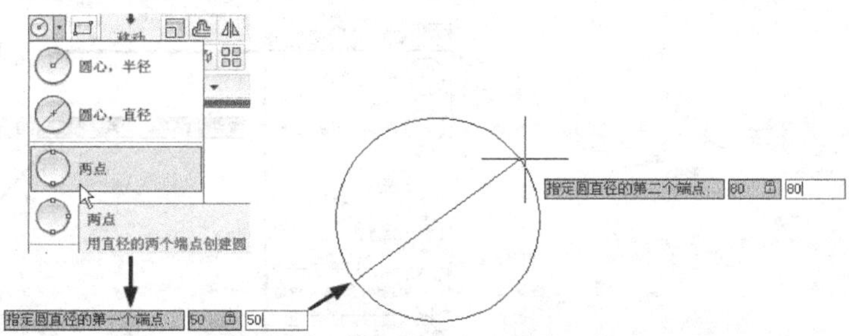

图2-18 "两点"方式绘制圆

（4）三点——指定圆上的三点来确定圆的位置和大小。

利用三点方式绘制圆，一般不单独使用，往往与对象捕捉配合使用。

单击"圆心，半径"旁边的下拉列表符号，选择"三点"命令。利用对象捕捉分别捕捉圆上三点，如图2-19所示，即可绘制出经过这三个点的圆。

（5）相切，相切，半径——用指定的半径创建与两个已有线条相切的圆。

单击"圆心，半径"旁边的下拉列表符号，选择"相切，相切，半径"命令。当弹出"指定对象与圆的第一个切点"时，利用对象捕捉，选取第一个递延切点。出现"指定对象与圆的第二个切点”时，捕捉第二个切点。然后在弹出的“指定圆的半径”输入框中输入半径值“10”，如图 2-20 所示。即可绘制出与两已有线条相切的、半径为 10 的圆，绘制结果如图 2-21 所示。

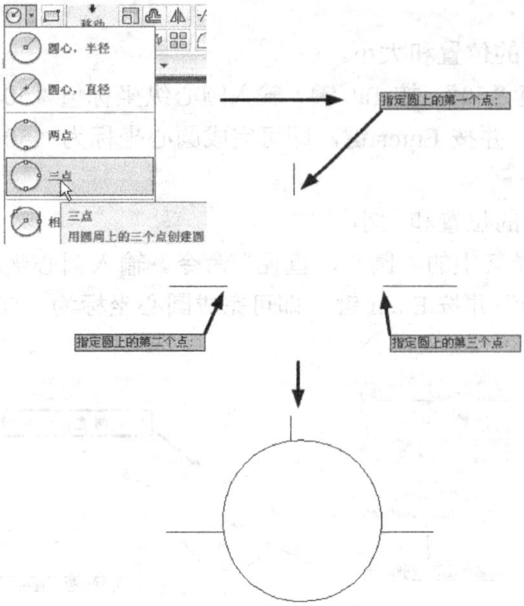

图 2-19　“三点”方式绘制圆

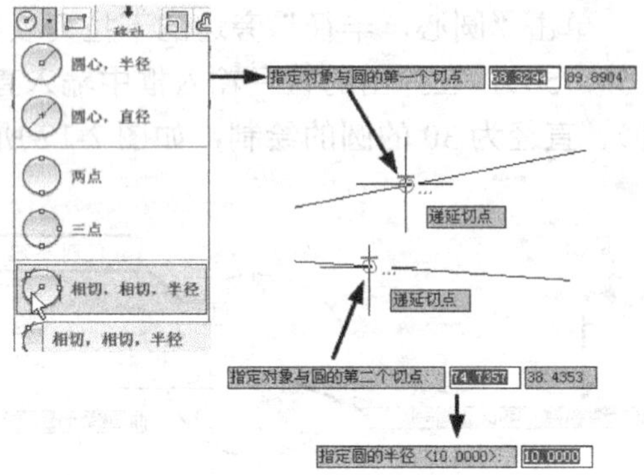

图 2-20　“相切，相切，半径”方式绘制圆

（6）相切，相切，相切——创建与 3 个对象相切的圆。

单击“圆心，半径”旁边的下拉列表符号，选择“相切，相切，相切”命令。当弹出“指定圆上的第一个点”时，利用对象捕捉选取第一个递延切点。出现“指定圆上的第二个点”时，捕捉第二个切点。弹出“指定圆上的第三个点”时捕捉第三个递延切点，即可完成与圆的绘制，如图 2-22 所示。

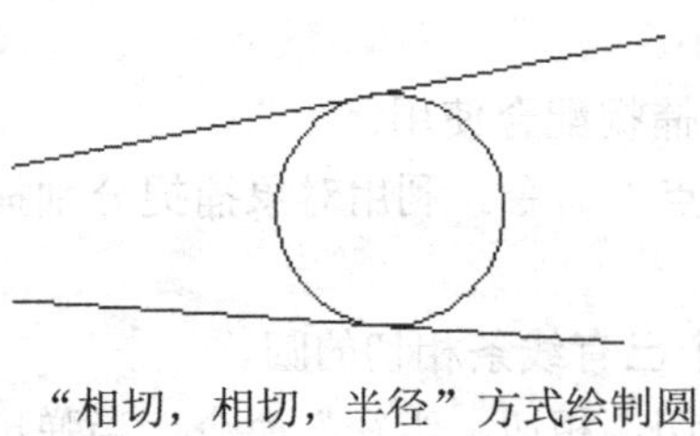

图 2-21　“相切，相切，半径”方式绘制圆的结果

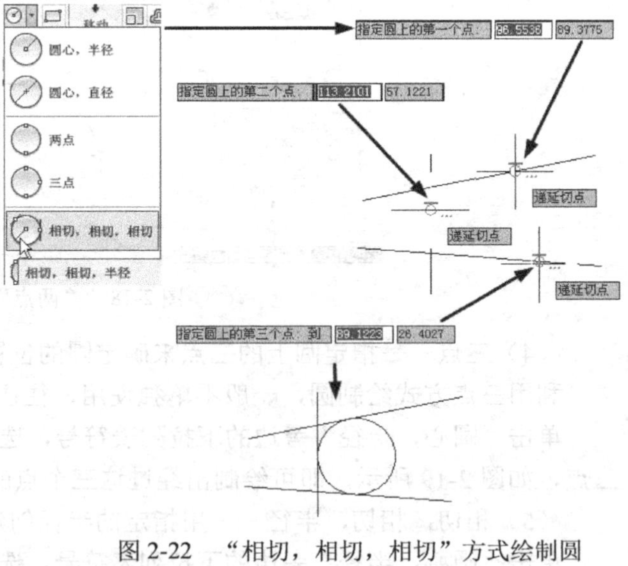

图 2-22　“相切，相切，相切”方式绘制圆

2.4 多段线

多段线是由多段直线或者圆弧连接成的单一对象。用户在多段线上的任一点单击，都可以选取整条多段线。用户还可以对其中不同的段落设置不同的线宽。

下面通过实例进行绘制多段线的讲解。

（1）单击“多段线”按钮，弹出“指定起点”提示后，输入起点横坐标值“0”，然后按“,”键，并输入纵坐标“0”，完成起点的定位。然后输入长度值“30”，按 Tab 键输入倾斜角度“90”，完成多段线第一段的绘制，如图 2-23 所示。

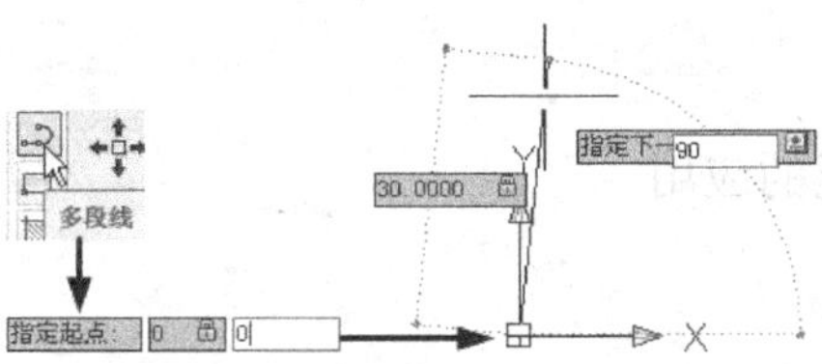

图 2-23　绘制第一段竖直直线

（2）向右拖动鼠标，输入长度值“20”，按 Tab 键，接着输入倾斜角度“0”，完成第二段的绘制，如图 2-24 所示。

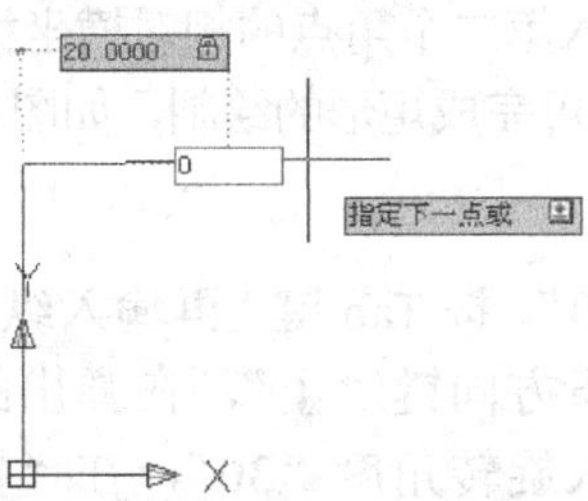

图 2-24　绘制第二段水平直线

（3）按下方向键“↓”，在弹出的菜单中选择“半宽”命令，在弹出的“指定起点半宽”输入框中输入“0”，在“指定端点半宽”输入框中输入“1”，完成宽度的指定。向下拖动鼠标，输入长度值“15”，按 Tab 键，接着输入倾斜角度“90”，完成第三段直线的绘制，如图 2-25 所示。

（4）按下方向键“↓”，在弹出的菜单中选择“宽度”命令，在弹出的“指定起点宽度”输入框中输入“2”，在“指定端点宽度”输入框中输入“0”，完成宽度的指定。向右拖动鼠标，输入长度值“20”，按 Tab 键，接着输入倾斜角度“0”，完成第四段直线的绘制，如图 2-26 所示。

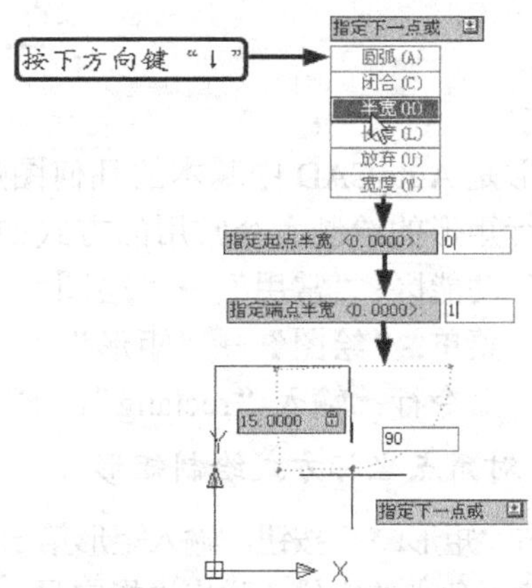

图 2-25　利用“半宽”方式绘制变宽度直线

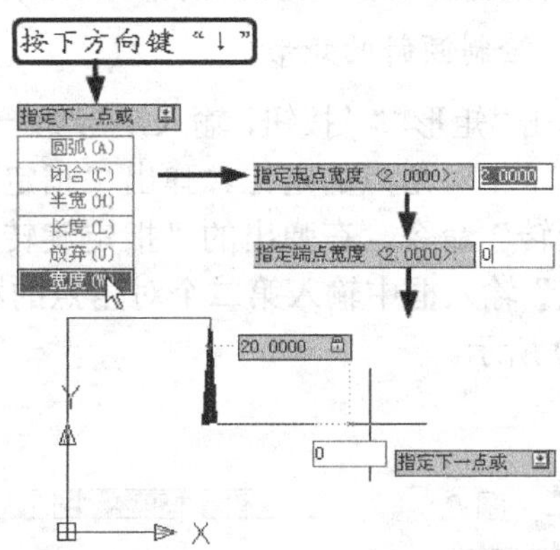

图 2-26　利用“宽度”方式绘制变宽度直线

（5）按下方向键“↓”，在弹出的菜单中选择“圆弧”命令，然后向下拖动鼠标，输入直径值“15”并按 Tab 键，接着输入倾斜角度“90”，完成圆弧的绘制，如图 2-27 所示。

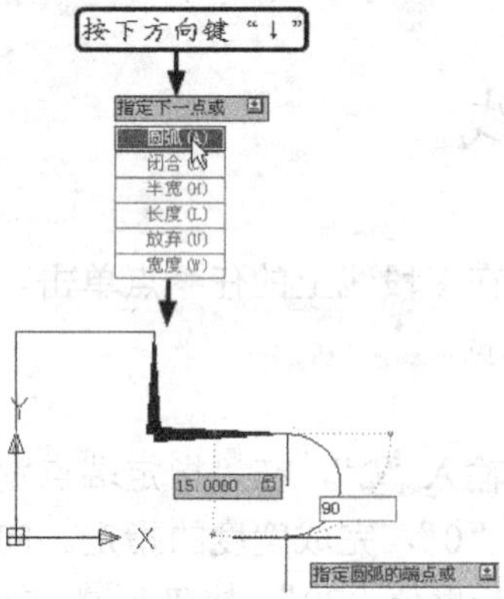

图 2-27 绘制圆弧

（6）按下方向键“↓”，在弹出的菜单中选择“闭合”命令，使多段线闭合，完成多段线的绘制，如图 2-28 所示。

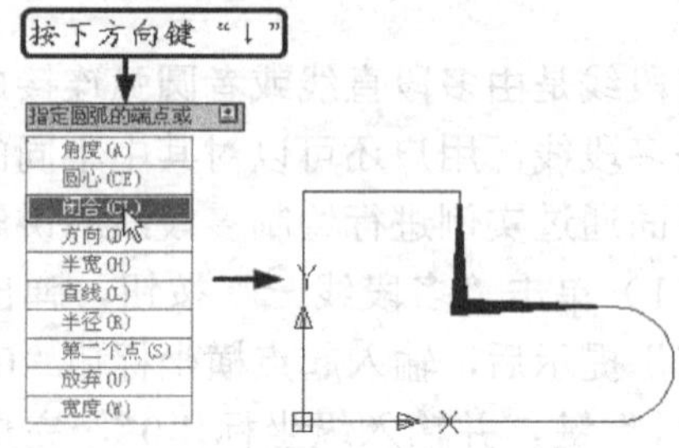

图 2-28 “闭合”命令及绘图结果

2.5 矩　　形

矩形是 AutoCAD 中基本的几何图形之一，有着广泛的应用。

执行矩形的绘制命令常用的方式如下。

◆ 功能区：“常用”→“绘图”→“矩形”。

◆ 菜单：“绘图”→“矩形”。

◆ 命令行：输入“rectang”。

1. 对角点坐标方式绘制矩形

单击“矩形□”按钮，输入矩形第一个对角点的横坐标“50”，按 Tab 键，再输入纵坐标“50”，完成第一个对角点的定位。弹出“指定另一个角点或”输入框，输入第二个角点的相对横坐标“30”，按 Tab 键，接着输入第二个角点的相对纵坐标“20”，按 Enter 键，即可完成矩形的绘制，如图 2-29 所示。

2. 绘制倾斜的矩形

单击“矩形□”按钮，输入矩形第一个对角点的横坐标“50”，按 Tab 键，再输入纵坐标“50”，完成第一个对角点的定位。弹出“指定另一个角点或”时按下方向键“↓”，在弹出的菜单中选择“旋转”命令，在弹出的“指定旋转角度或”输入框中输入旋转角度“30”，在“指定另一个角点或”输入框中输入第二个对角点的相对坐标（40，30）。按 Enter 键即可完成矩形的绘制，如图 2-30 所示。

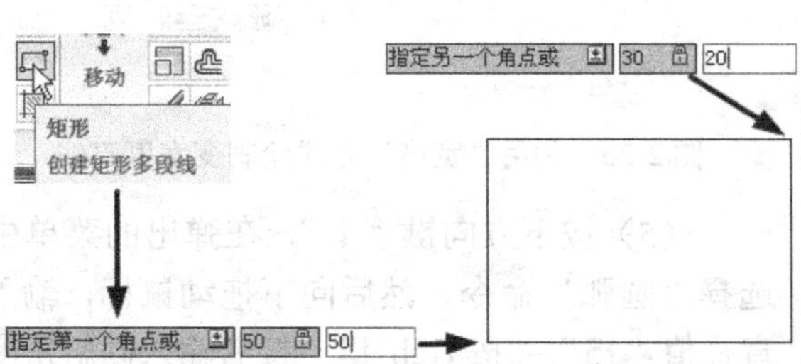

图 2-29 利用对角点坐标方式绘制矩形

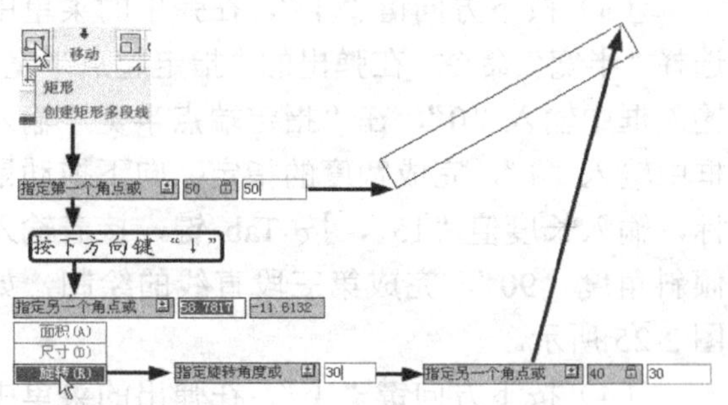

图 2-30 绘制倾斜矩形

2.6 正 多 边 形

正多边形是指正三角形、正方形、正五边形等几何图形。AutoCAD 中可以绘制出的正多边形的边数为 3～1024 条。

执行正多边形的绘制命令常用的方式如下。

◆ 功能区："常用" → "绘图" → "正多边形"。

◆ 菜单："绘图" → "正多边形"。

◆ 命令行：输入"polygon"。

正多边形的绘制有内接法和外切法两种，下面以正六边形为例进行讲解。

1. 内接法

单击"绘图"面板中的"正多边形⬠"按钮，在弹出的"输入边的数目"输入框中输入"6"，然后使用对象捕捉的方法，捕捉多边形外接圆的圆心。在弹出的"输入选项"菜单中选择"内接于圆"命令，移动鼠标，输入外接圆半径"15"，即可完成多边形的绘制，如图 2-31 所示。

2. 外切法

单击"绘图"面板中的"正多边形⬠"按钮，在弹出的"输入边的数目"输入框中输入"6"，然后使用对象捕捉的方法，捕捉已有圆的圆心为多边形外接圆的圆心。在弹出的"输入选项"菜单中选择"外切于圆"命令，移动鼠标，输入多边形相切的圆的半径"15"，即可完成多边形的绘制，如图 2-32 所示。

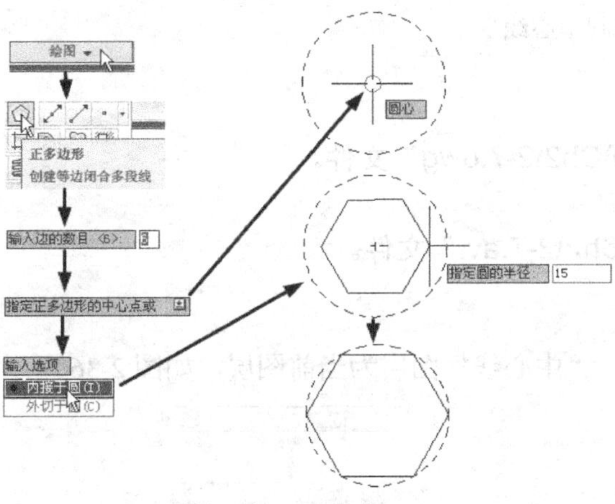

图 2-31 内接法绘制正六边形

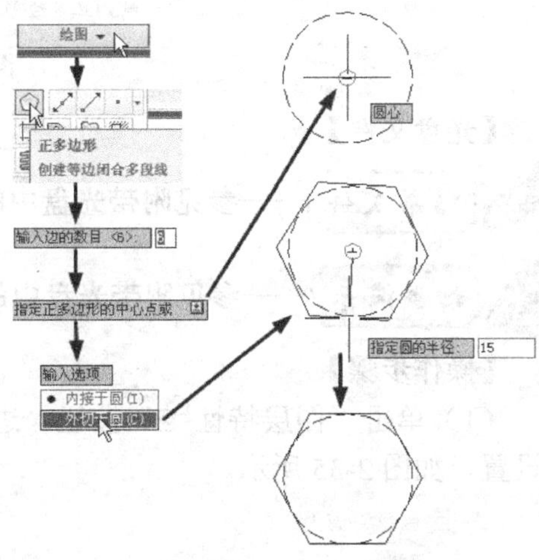

图 2-32 外切法绘制正六边形

2.7 实例・操作——扳手

扳手属于常见工件，结构比较简单，其结构及尺寸如图 2-33 所示。

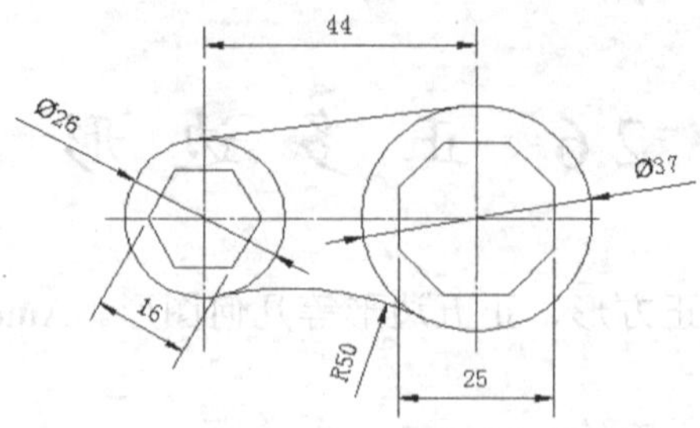

图 2-33　扳手

【思路分析】

扳手的轮廓由两个圆及其连接线组成，内部有两个正多边形。可以分 4 个步骤完成绘制：首先绘制中心线，再绘制两个圆，然后绘制两个正多边形，最后绘制直线连接及圆弧连接，如图 2-34 所示。

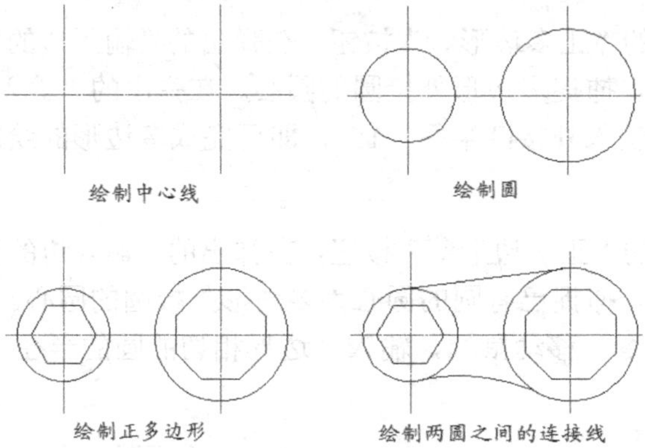

图 2-34　绘制中心线

【光盘文件】

结果文件——参见附带光盘中的“END\Ch2\2-7.dwg”文件。

动画演示——参见附带光盘中的“AVI\Ch2\2-7.avi”文件。

【操作步骤】

（1）单击“图层特性”按钮，进行图层设置，如图 2-35 所示。

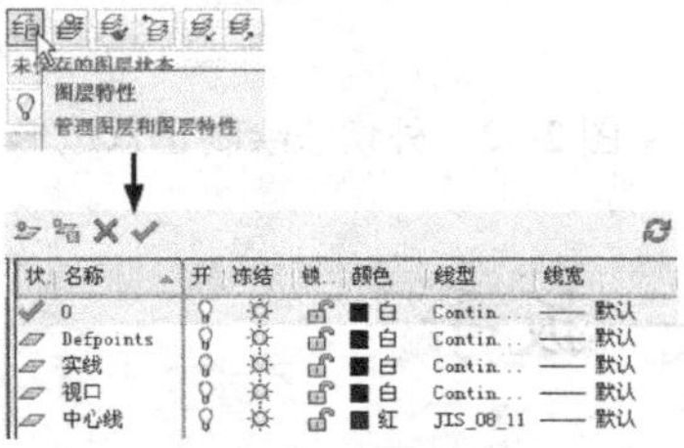

图 2-35　图层设置

（2）单击“图层”下拉列表，然后选择“中心线”图层为当前图层，如图 2-36 所示。

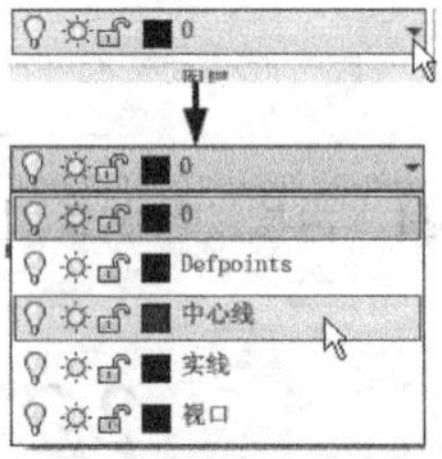

图 2-36　选择“中心线”图层为当前图层

（3）单击“直线”按钮，在弹出的“指定第一点”输入框中输入水平中心线左端点的横坐标“-20”，按 Tab 键，并输入纵坐标“0”，完成左端点的定位。在“指定下一点或”输入框中输入长度“85”，按 Tab 键，接着输入倾斜角度“0”，即可完成水平中心线的绘制，如图 2-37 所示。

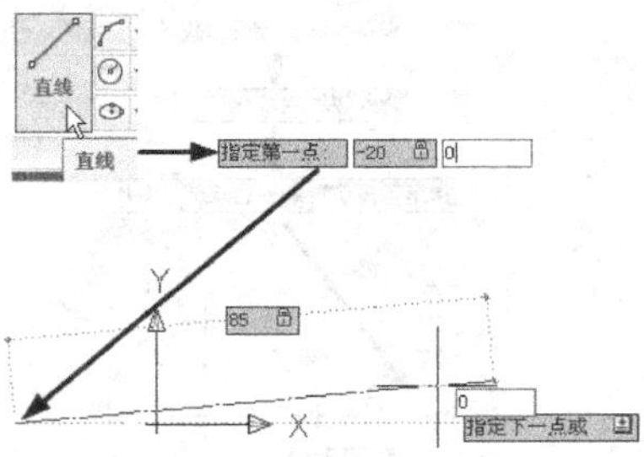

图 2-37　绘制水平中心线

（4）单击“直线 ”按钮，在弹出的“指定第一点”输入框中输入左侧竖直中心线上端点的横坐标“0”，然后按 Tab 键，并输入纵坐标“25”。在“指定下一点或”输入框中输入长度“50”，按 Tab 键，接着输入倾斜角度“90”，即可完成左侧竖直中心线的绘制，如图 2-38 所示。

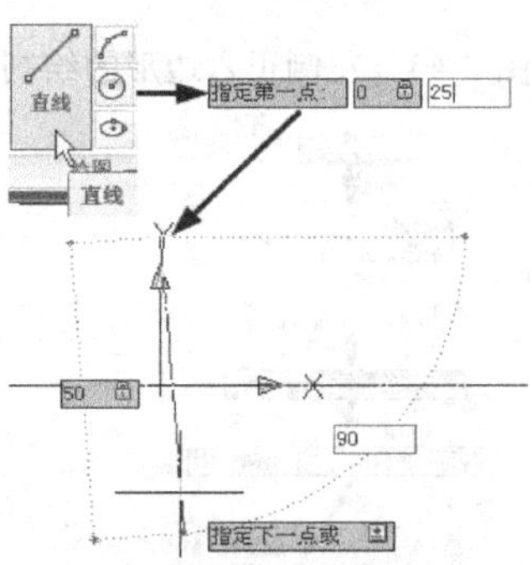

图 2-38　左侧竖直中心线的绘制

（5）单击“直线 ”按钮，在弹出的“指定第一点”输入框中输入右侧竖直中心线上端点的横坐标“44”，然后按 Tab 键，输入纵坐标“25”。然后在“指定下一点或”输入框中输入长度值“50”，按 Tab 键，接着输入倾斜角度“90”，即可完成右侧竖直中心线的绘制，如图 2-39 所示。

（6）单击“图层”下拉列表，然后选择“实线”图层为当前图层，如图 2-40 所示。

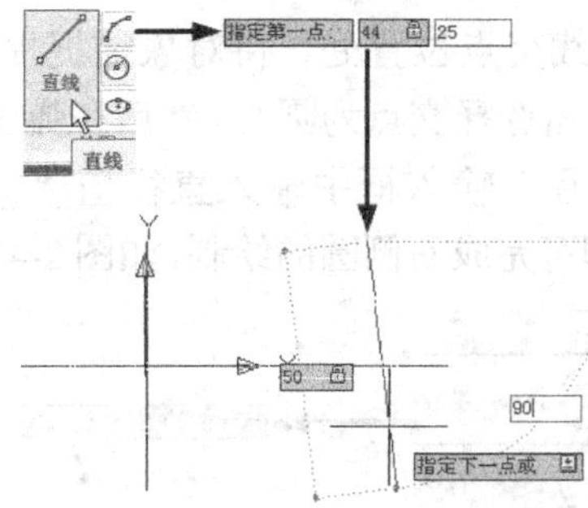

图 2-39　右侧竖直中心线的绘制

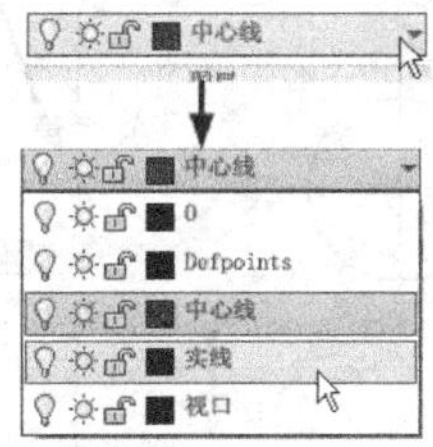

图 2-40　选择“实线”图层为当前图层

（7）单击“圆心，半径”旁边的下拉列表符号，选择“圆心，直径”命令。在弹出“指定圆的圆心或”提示时，将十字光标移动到左侧中心线交点位置，待对象捕捉提示“交点”时，单击选择交点为圆心，然后在弹出的“指定圆的直径”输入框中输入圆的直径“26”，按 Enter 键完成左侧圆的绘制，如图 2-41 所示。

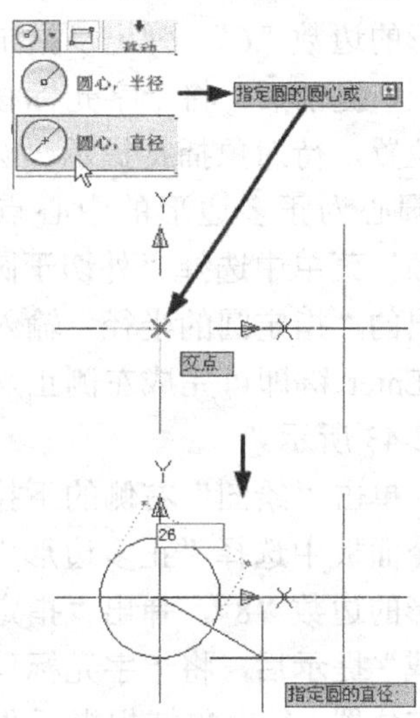

图 2-41　左侧圆的绘制

（8）单击“圆心，直径 ”按钮，弹出“指定圆的圆心或”提示时，将十字光标移至右边中心线交点位置处，待对象捕捉提示“交点”后，单击选择交点为圆心。然后在弹出的“指定圆的直径”输入框中输入直径值“37”，按 Enter 键即可完成右侧圆的绘制，如图 2-42 所示。

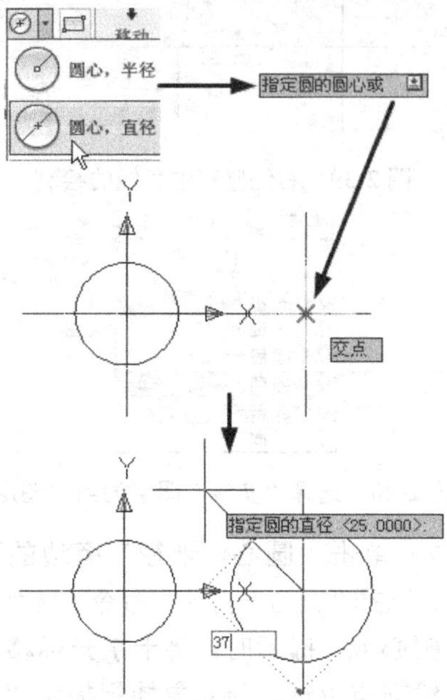

图 2-42　右侧圆的绘制

（9）单击“绘图”右侧的下拉列表，在弹出的命令面板中选择“正多边形”命令，输入正多边形的边数“6”，弹出“指定正多边形的中心点或”提示后，将十字光标移动到左侧圆的圆心位置，待对象捕捉提示“圆心”后，单击选择圆心为正多边形的中心点。然后在“输入选项”菜单中选择“外切于圆”命令，随后在弹出的“指定圆的半径”输入框中输入“8”，按 Enter 键即可完成左侧正六边形的绘制，如图 2-43 所示。

（10）单击“绘图”右侧的下拉列表，在弹出的命令面板中选择“正多边形”命令，输入正多边形的边数“8”，弹出“指定正多边形的中心点或”提示后，将十字光标移动到右侧中心线交点位置，待对象捕捉提示“交点”后，单击选择交点为正多边形的中心点。然后在“输入选项”菜单中选择“外切于圆”命令，随后在弹出的“指定圆的半径”输入框中输入“12.5”，按 Enter 键即可完成右侧正八边形的绘制，如图 2-44 所示。

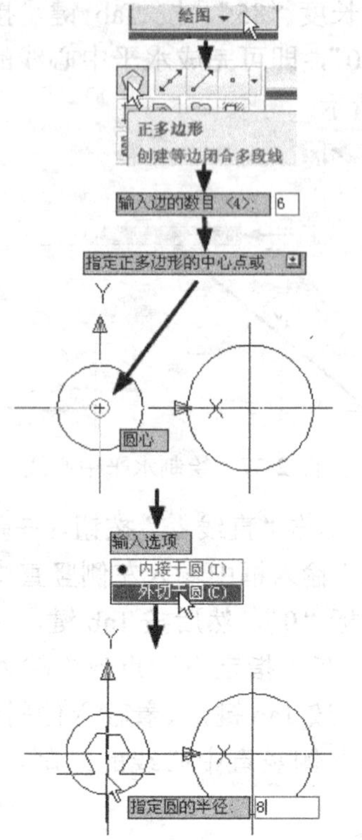

图 2-43　左侧正六边形的绘制

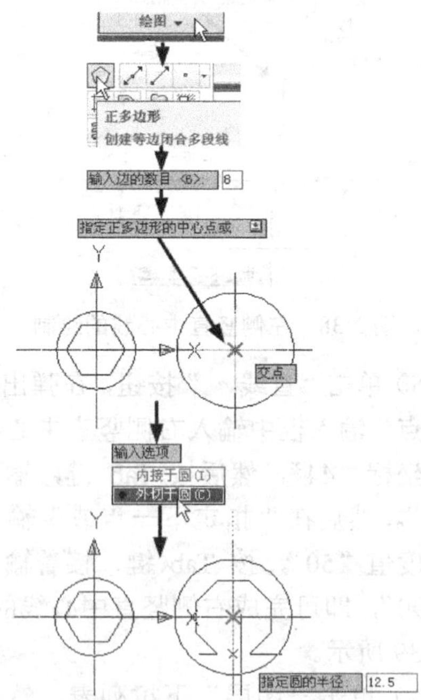

图 2-44　右侧正八边形的绘制

（11）单击“圆心，半径”旁边的下拉列表符号，选择“相切，相切，半径”命令。在弹出“指定对象与圆的第一个切点”提示时，将十字光标移至图中箭头所指的位置处，待对象捕捉提示“递延切点”之后，单击选定第一个切点。之后弹出“指定对象与圆的第二个切点”提示，移动十字光标到图中所指位置处，待对象捕捉提示“递延切点”之后，单击选择第二个切点。然后在弹出的“指定圆的半径”输入框中输入“50”即可完成连接圆的绘制，操作过程如图 2-45 所示。

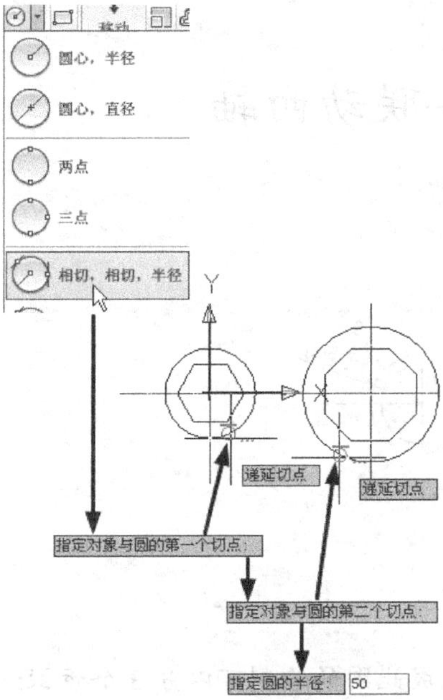

图 2-45　绘制连接圆

（12）单击“修剪”按钮，弹出“选择对象或〈全部选择〉”提示时单击两箭头所指的两圆上的点，然后按 Enter 键，弹出“选择要修剪的对象，或按住 Shift 键选择要延伸的对象，或”提示时单击大圆上箭头所指的位置，即可完成大圆多余部分的修剪，操作过程如图 2-46 所示。

（13）用鼠标右键单击“对象捕捉”按钮，在弹出的快捷菜单中选择“设置”命令，在弹出的对话框中设置为只捕捉切点，如图 2-47 所示。

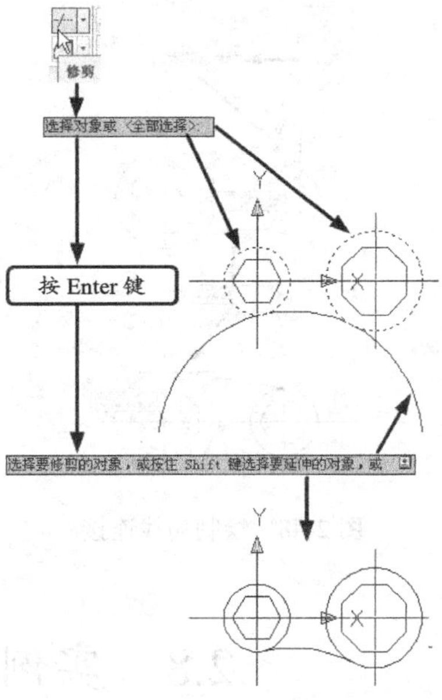

图 2-46　大圆多余部分的修剪

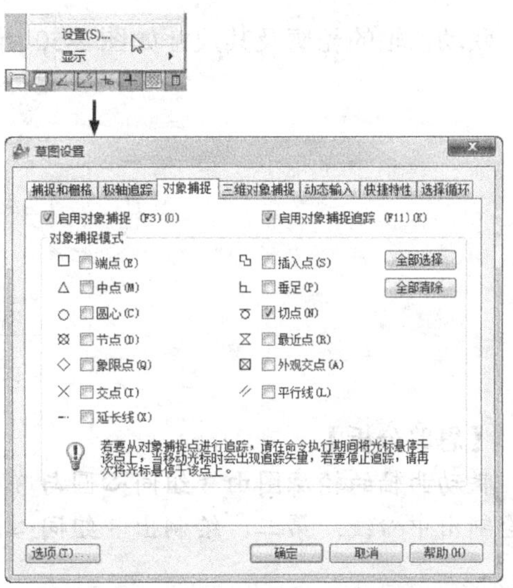

图 2-47　对象捕捉的设置

（14）单击“直线”按钮，弹出“指定第一点”提示时，移动十字光标至箭头所指的位置，待对象捕捉提示“递延切点”后单击选定直线起始点，然后待提示“指定下一点或”后，移动十字光标至右侧圆上箭头所指位置处，在对象捕捉提示“递延切点”后，单击选择直线终点。按 Enter 键完成切线连接的绘制，如图 2-48 所示。完成以上步骤之后，即可完成扳手的绘制，结果如图 2-49 所示。

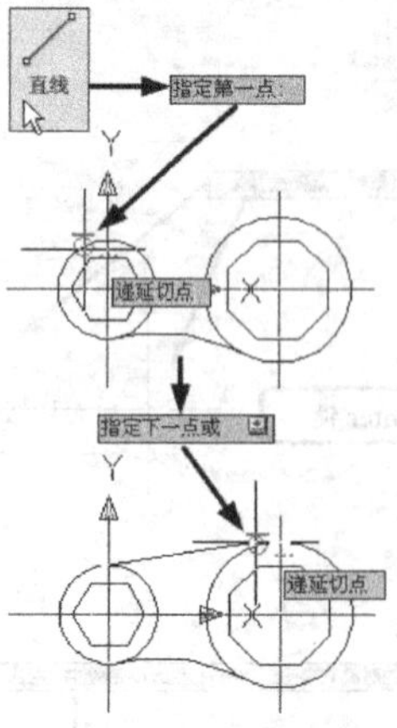

图 2-48　绘制切线连接

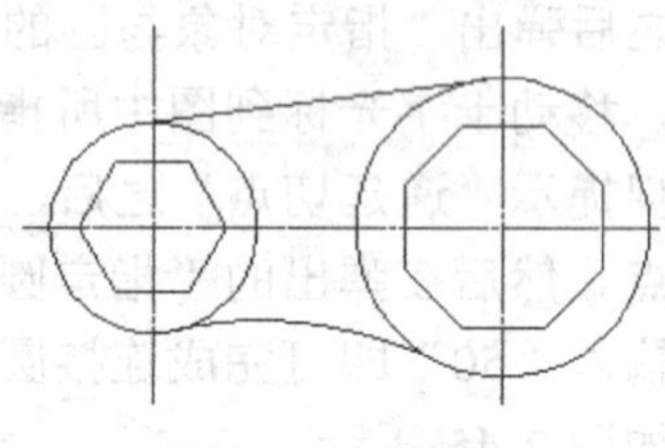

图 2-49　完成图

2.8　实例·练习——联动曲轴

联动曲轴的轮廓及其尺寸如图 2-50 所示。

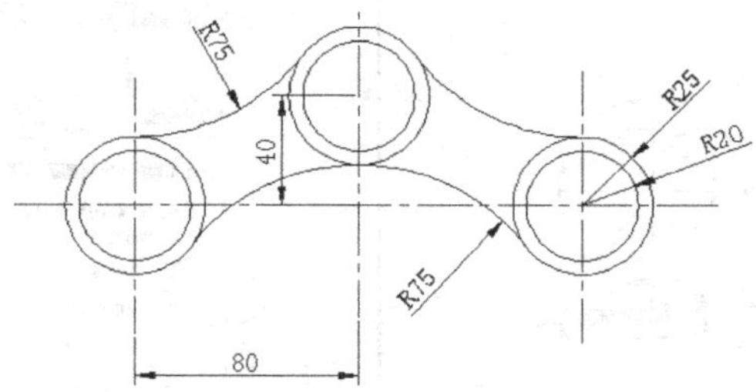

图 2-50　联动曲轴

【思路分析】

联动曲轴的轮廓图由 3 组同心圆与 3 个圆弧组成。完成此图的绘制可以分 3 个步骤：第一，先绘制出中心线；第二，绘制出 3 组同心圆；最后，绘制出连接圆弧，如图 2-51 所示。

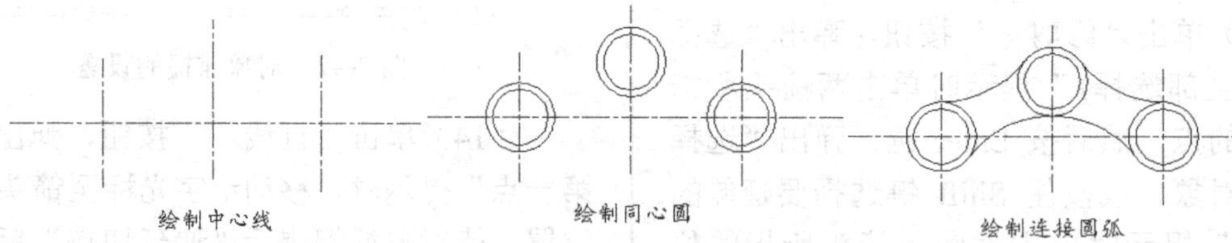

图 2-51　联动曲轴的绘制步骤

【光盘文件】

结果文件——参见附带光盘中的“END\Ch2\2-8.dwg”文件。

动画演示——参见附带光盘中的“AVI\Ch2\2-8.avi”文件。

【操作步骤】

（1）单击“图层特性”按钮，进行图层设置，如图 2-52 所示。

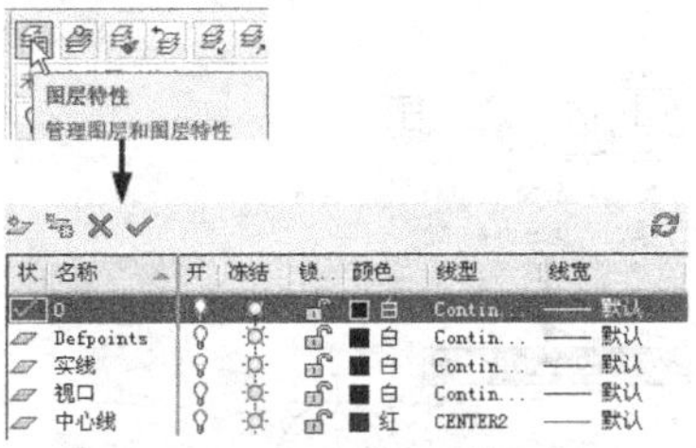

图 2-52　图层设置

（2）单击“图层”下拉列表，选择“中心线”图层为当前图层，如图 2-53 所示。

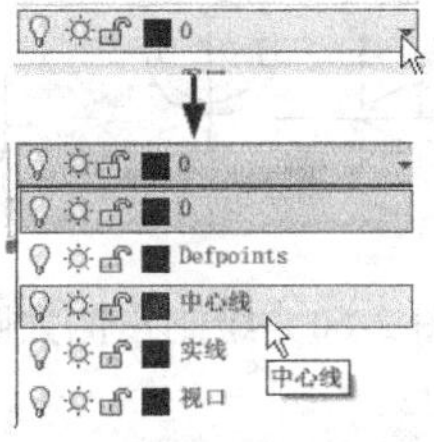

图 2-53　设置“中心线”图层为当前图层

（3）单击“直线”按钮，输入水平中心线左端点的横坐标“-140”，然后按“，”键，接着输入纵坐标“0”，完成左端点的定位。然后输入长度“280”，按 Tab 键，再输入倾斜角度“0”，按 Enter 键完成水平中心线的绘制，如图 2-54 所示。

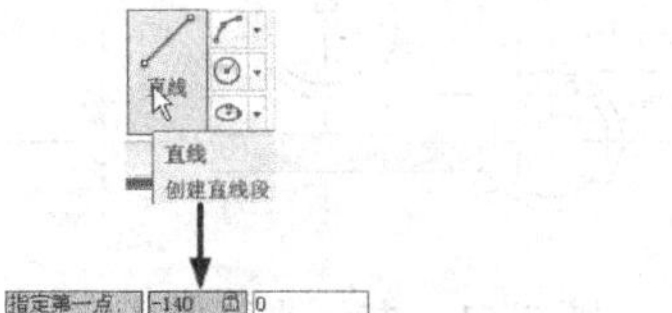

图 2-54　水平中心线的绘制过程

（4）单击“直线”按钮，输入中间竖直中心线上端点的横坐标“0”，再按“，”键，接着输入纵坐标“80”，完成上端点的定位。接着输入长度“110”和倾斜角度“90”，按 Enter 键完成下端点的定位，这样就完成了中间竖直中心线的绘制，如图 2-55 所示。

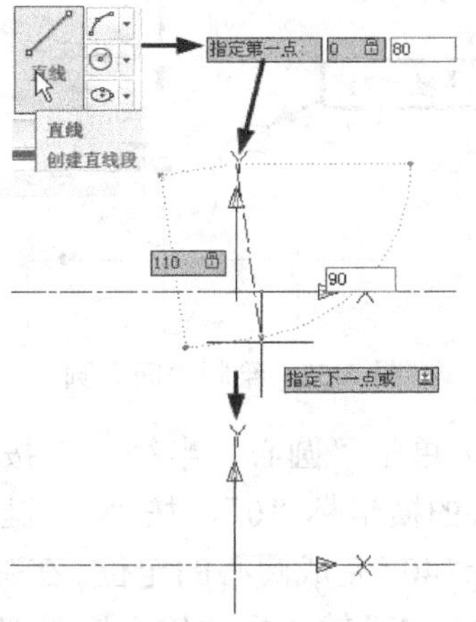

图 2-55　绘制中间竖直中心线

（5）用同样的方法完成两侧竖直中心线的绘制，左侧中心线的上端点的坐标为（-80，40），右侧中心线的上端点的坐标为（80，40）。左右中心线的长度均为 80，绘制完成的结果如图 2-56 所示。

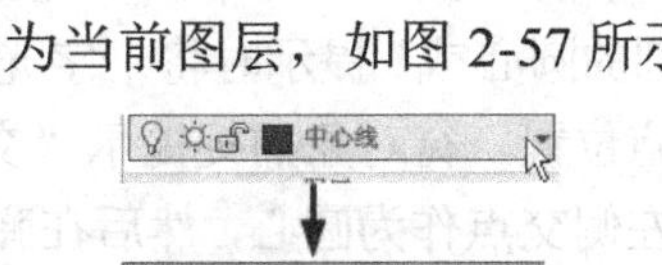

图 2-56　中心线

（6）单击“图层”下拉列表，选择“实线”图层为当前图层，如图 2-57 所示。

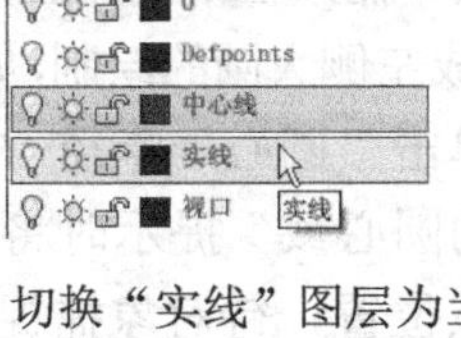

图 2-57　切换“实线”图层为当前图层

（7）单击“圆心，半径”按钮，然后输入圆心的横坐标“0”，按“，”键，接着输入纵坐标“40”完成圆心的定位。在弹出的“指定圆的半径或”输入框中输入圆的半径“25”，按Enter键完成中间大圆的绘制，如图2-58所示。

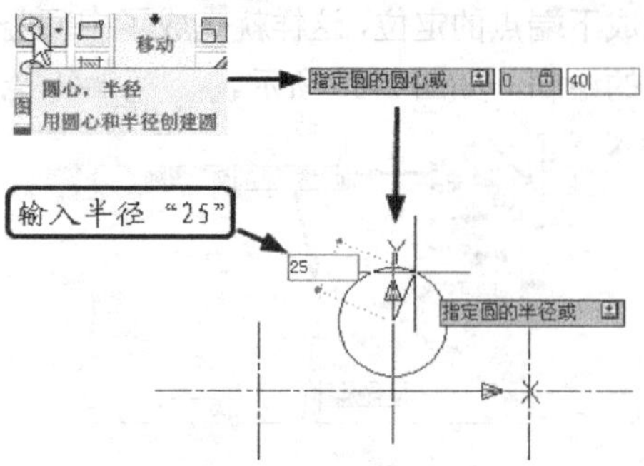

图 2-58　绘制中间大圆

（8）单击“圆心，半径”按钮，然后输入圆心的横坐标“0”，按“，”键，接着输入纵坐标“40”完成圆心的定位。在弹出的“指定圆的半径或”输入框中输入圆的半径“20”，按 Enter 键完成中间小圆的绘制，如图 2-59所示。

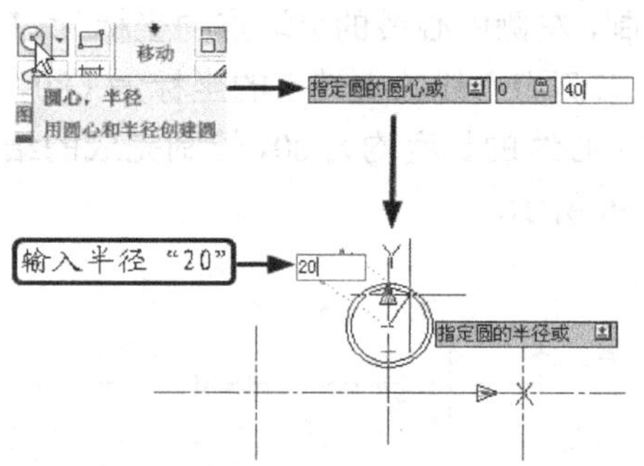

图 2-59　绘制中间小圆

（9）单击“圆心，半径”按钮，在弹出“指定圆的圆心或”提示时将十字光标移至左侧中心交点位置，待对象捕捉提示“交点”时，单击选定左侧交点作为圆心，然后在弹出的“指定圆的半径或”输入框中输入圆的半径“25”，按Enter键完成左侧大圆的绘制，如图2-60所示。

（10）单击“圆心，半径”按钮，在弹出“指定圆的圆心或”提示时将十字光标移至左侧中心交点位置，待对象捕捉提示“交点”时，单击选定左侧交点作为圆心，然后在弹出的“指定圆的半径或”输入框中输入圆的半径“20”，按Enter键完成左侧小圆的绘制，如图2-61所示。

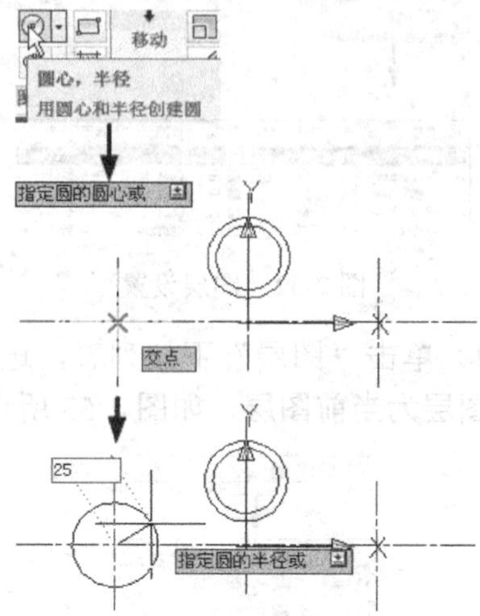

图 2-60　绘制左侧大圆

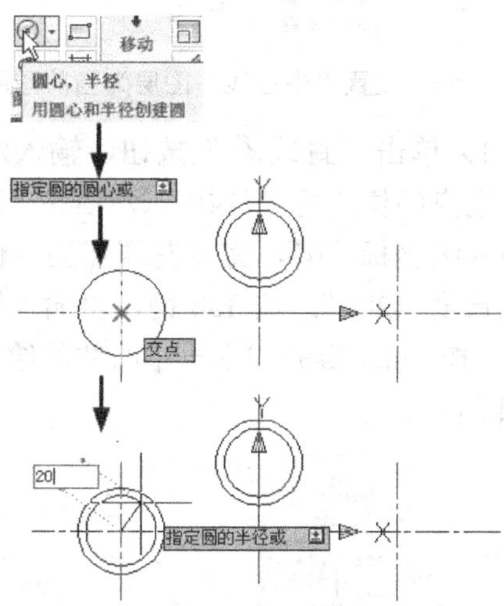

图 2-61　左侧小圆的绘制

（11）重复步骤（9）和步骤（10），绘制右侧同心圆，如图 2-62 所示。

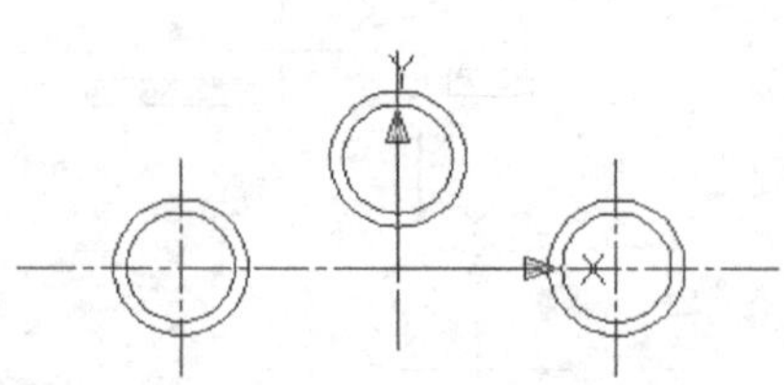

图 2-62　同心圆绘制完成

（12）单击“圆心，半径⊙”旁边的下拉列表符号，选择“相切，相切，相切”命令，如图 2-63 所示。

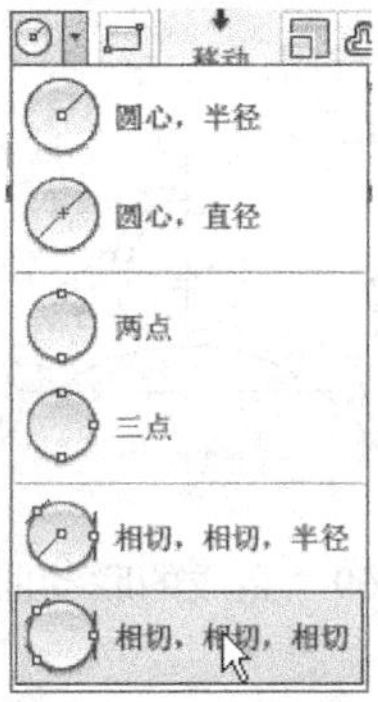

图 2-63　选择“相切，相切，相切”命令

然后依次选取 3 个与圆相切的点，即可完成与 3 个圆都相切的大圆的绘制，如图 2-64 所示。

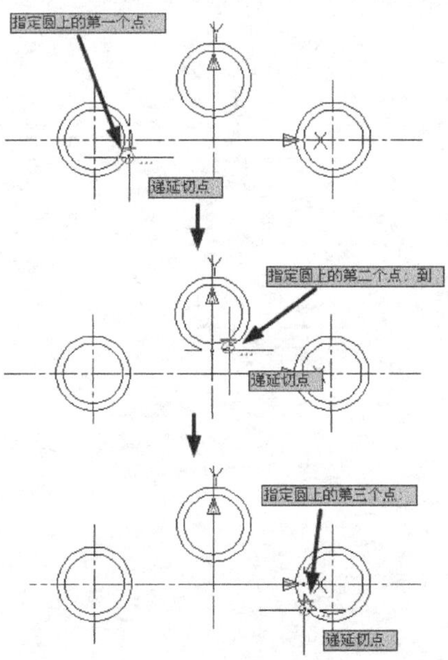

图 2-64　依次选取 3 个切点绘制圆

（13）单击“圆心，半径⊙”旁边的下拉列表符号，选择“相切，相切，半径”命令，如图 2-65 所示。

依次按照图中的顺序选择第一、第二个切点，在弹出的“指定圆的半径”输入框中输入“75”，按 Enter 键即可完成左上方圆的绘制，如图 2-66 所示。

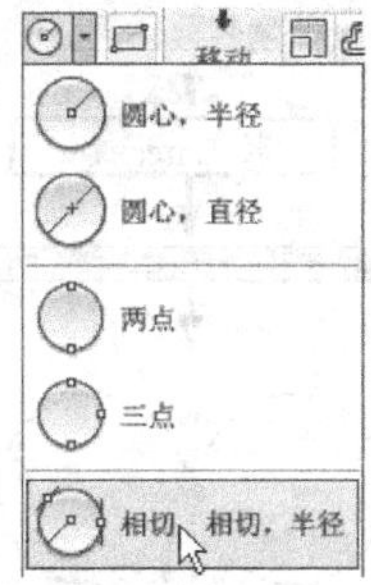

图 2-65　选择“相切，相切，半径”命令

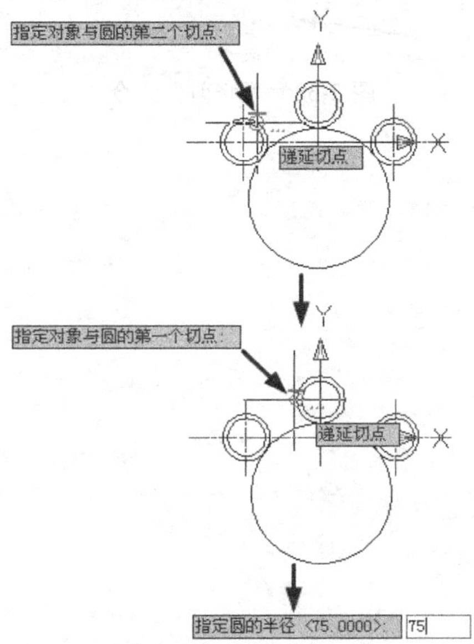

图 2-66　绘制左上方圆

（14）重复步骤（13）的操作，完成右上方圆的绘制，得到的结果如图 2-67 所示。

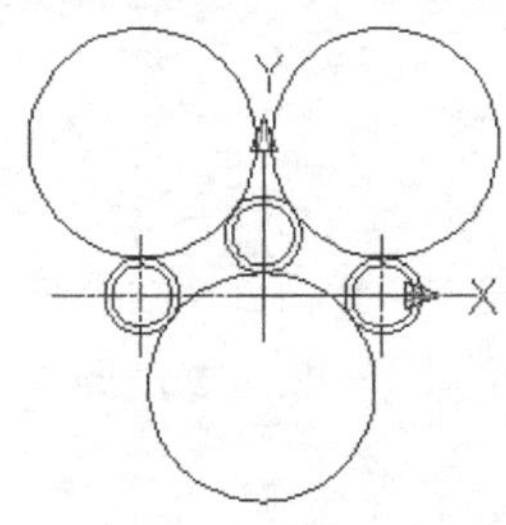

图 2-67　完成 3 个相切大圆的绘制

（15）单击“修剪⁄”按钮，弹出“选择对象或〈全部选择〉”提示后按 Enter 键。然后在弹出“选择要修剪的对象，或按住 Shift 键选择要延伸的对象，或”提示之后依次单击图 2-68 中 1、2、3 所指的位置，完成“修剪”命令。

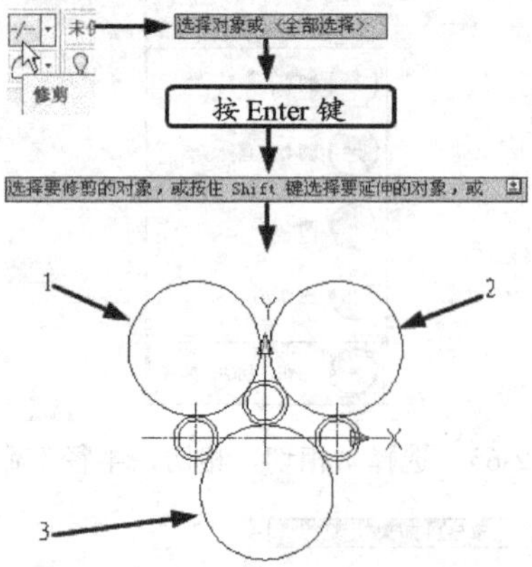

图 2-68 “修剪”命令

（16）完成修剪操作后，也就完成了联动曲轴图形的绘制，如图 2-69 所示。

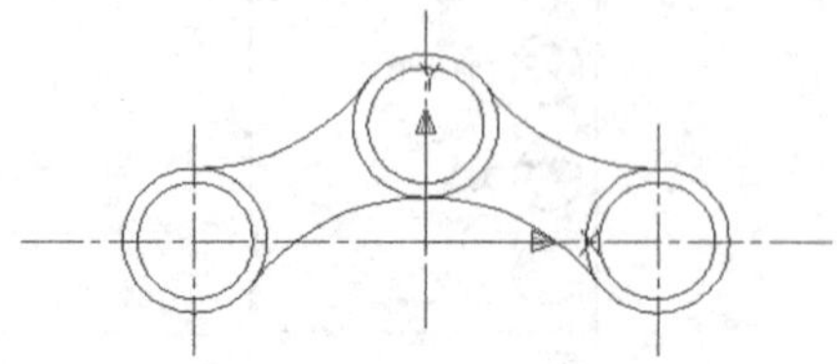

图 2-69 完成的联动曲轴图

第 3 讲　图形的修剪

使用基本绘图方法可以绘制出简单的二维图形，但是实际应用中的图形并非由简单图形直接组合而成，这时就需要使用“修剪”命令来对已绘出的基本图形进行编辑，从而使绘制出的图形转化为与实物特征相对应的形状。通过对本讲的学习，可以完成较复杂图形的绘制。

本讲内容

- 实例・模仿——底板
- 修剪
- 延伸
- 倒角
- 圆角
- 打断与打断于点
- 拉伸
- 实例・操作——固定板
- 实例・练习——吊钩

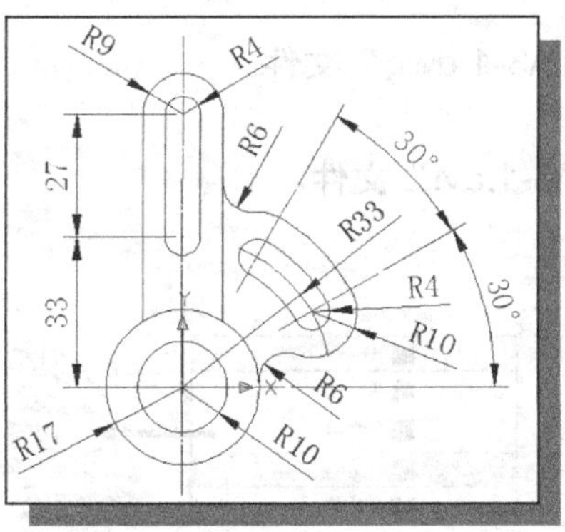

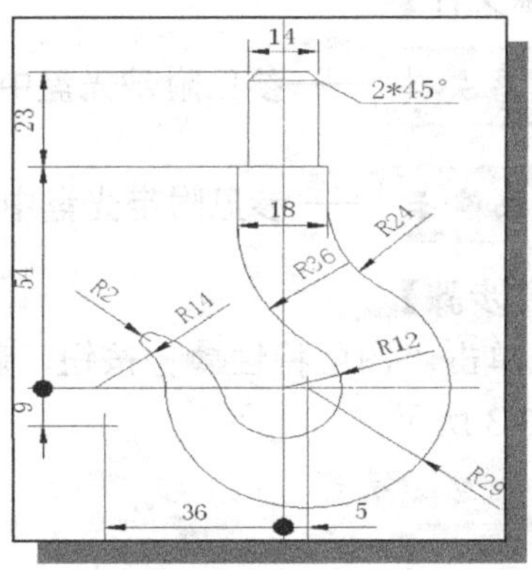

3.1　实例・模仿——底板

底板的尺寸如图 3-1 所示，在其绘制过程中使用到常用的“修剪”命令。

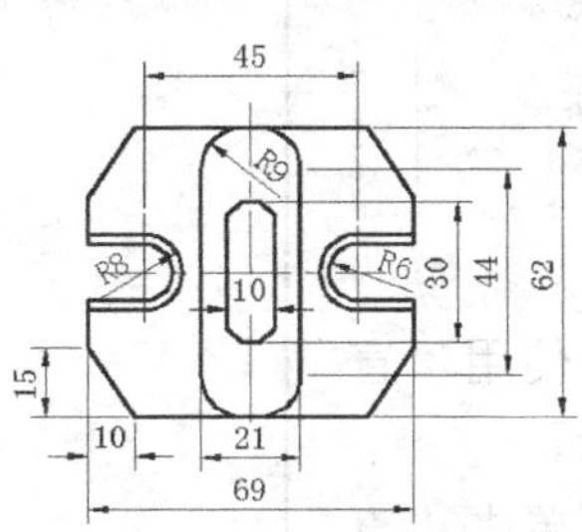

图 3-1　底板模型

【思路分析】

底板外观轮廓为矩形，两端有两个缺口，四角处均为倒角，中间有一突起结构，在突起中分布有一个槽。可以先绘制出主体轮廓，然后通过“修剪”、“倒角”、“圆角”和“打断”命令对其编辑，最终完成绘图，如图 3-2 所示。

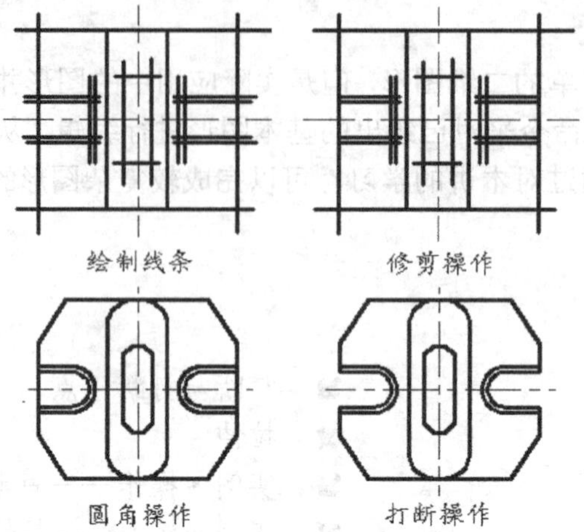

图 3-2　绘制底板的流程图

【光盘文件】

结果文件——参见附带光盘中的“END\Ch3\3-1.dwg”文件。

动画演示——参见附带光盘中的“AVI\Ch3\3-1.avi”文件。

【操作步骤】

（1）单击“图层特性”按钮，新建图层，如图 3-3 所示。

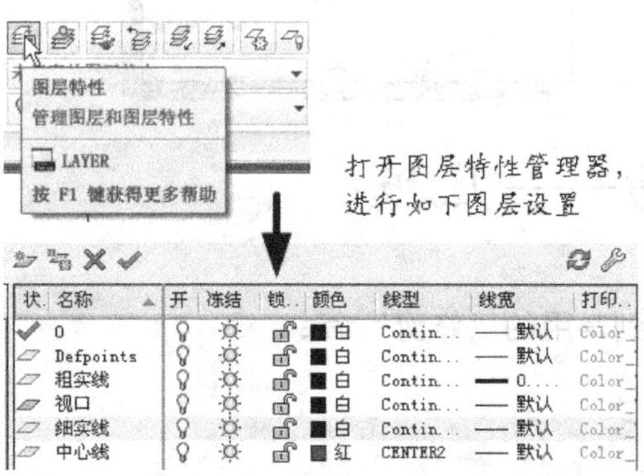

图 3-3　图层设置

（2）切换至“中心线”图层，使用“直线”命令绘制中心线，如图 3-4 所示。

（3）切换至“粗实线”图层，单击“直线”按钮，按照图 3-5 所示尺寸绘制线条。

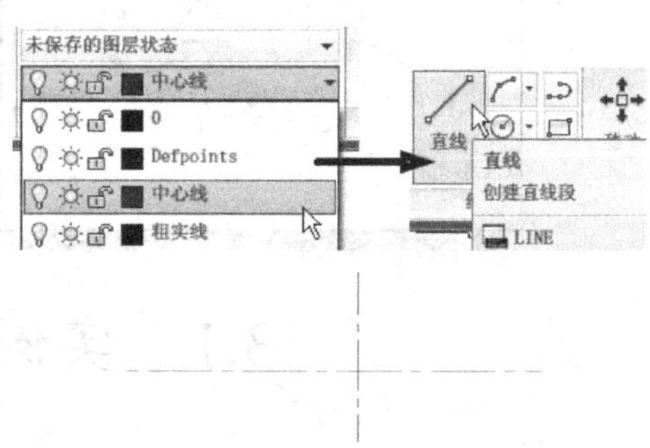

图 3-4　绘制中心线

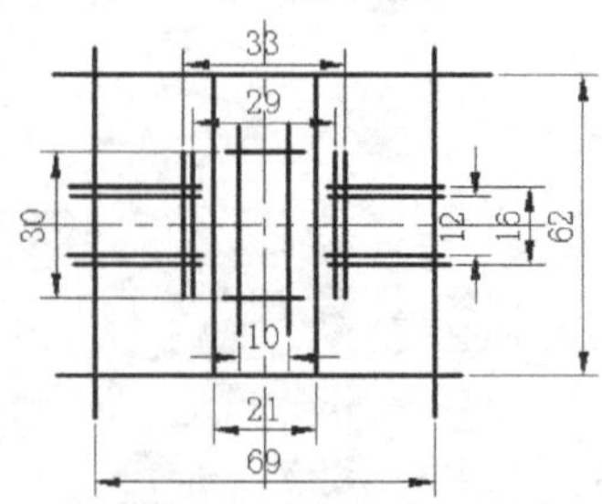

图 3-5　绘制线条

（4）单击“修剪”按钮，按 Enter 键后单击图 3-6 中箭头位置处的粗实线修剪掉粗实线的多余部分。

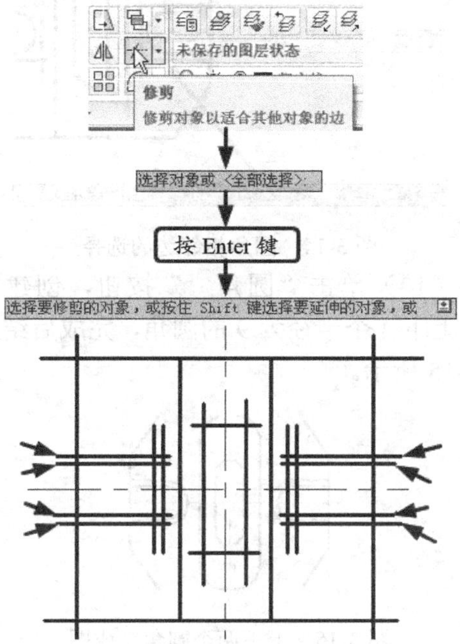

图 3-6　修剪操作

（5）单击“倒角”按钮，然后按下方向键“↓”，在弹出的菜单中选择“距离”命令，在弹出的输入框中分别输入“15”和“10”，如图 3-7 所示。

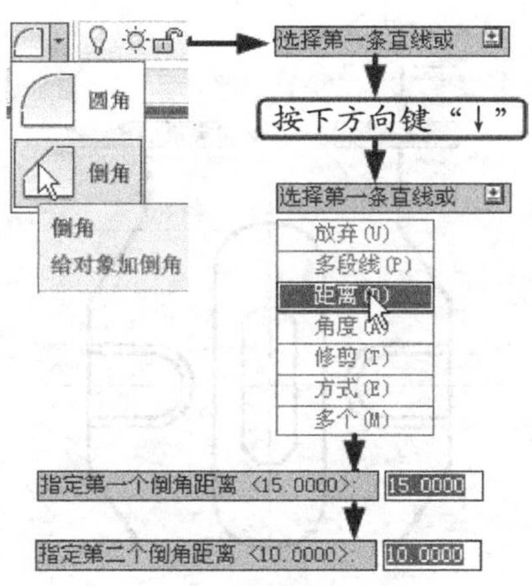

图 3-7　倒角参数设置

随后单击图 3-8 中箭头所指的粗实线，完成右上角倒角的创建。接着按 Enter 键重复“倒角”命令 3 次，创建其他 3 个相对称位置处的倒角。

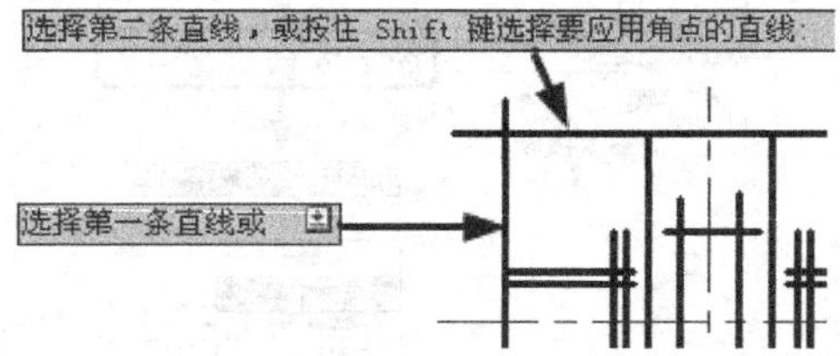

图 3-8　倒角相邻边选择操作

（6）单击“倒角”按钮，按下方向键“↓”，在弹出的菜单中选择“角度”命令，随后在弹出的输入框中分别输入“3”和“45”，如图 3-9 所示。

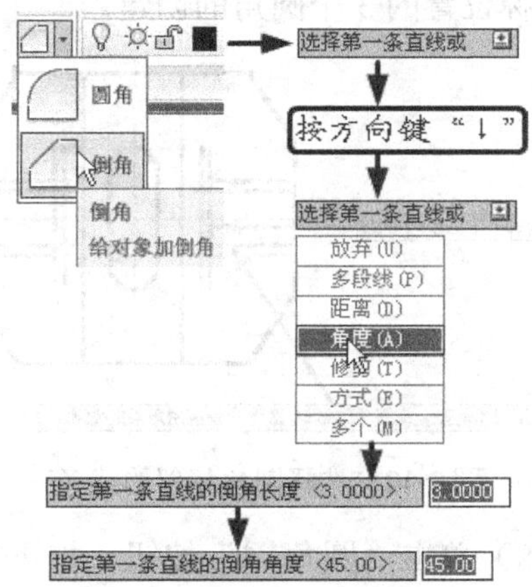

图 3-9　倒角参数的输入

然后单击图 3-10 箭头所指的粗实线，完成倒角的创建。按 Enter 键重复“倒角”命令，完成另外 3 个倒角的创建。

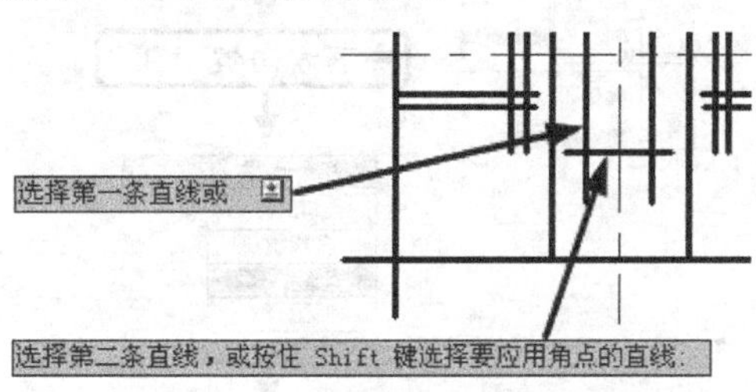

图 3-10　选择倒角相邻的线条

（7）单击“圆角”按钮，按下方向键“↓”，在弹出的菜单中选择“半径”命令，在弹出的“指定圆角半径”输入框中输入“6”

并按 Enter 键，如图 3-11 所示。

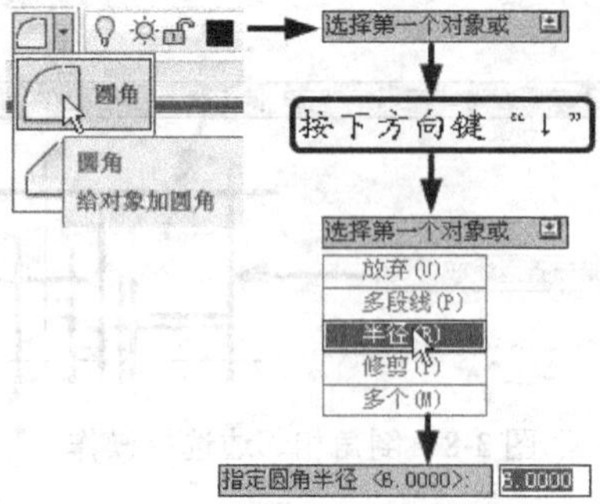

图 3-11　圆角参数的输入

单击图 3-12 中箭头所指的线条，创建第一个圆角。然后按 Enter 键重复“圆角”命令，完成对称位置的 3 个圆角的创建。

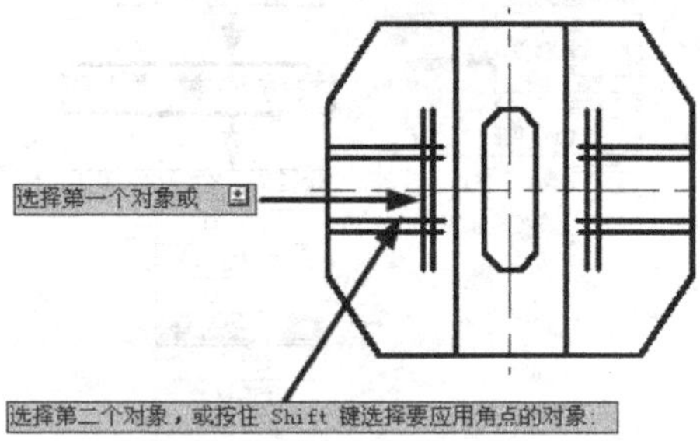

图 3-12　选择圆角相邻的线条

（8）单击“圆角”按钮，按下方向键“↓”，在弹出的菜单中选择“半径”命令，之后在弹出的输入框中输入“8”并按 Enter 键，如图 3-13 所示。

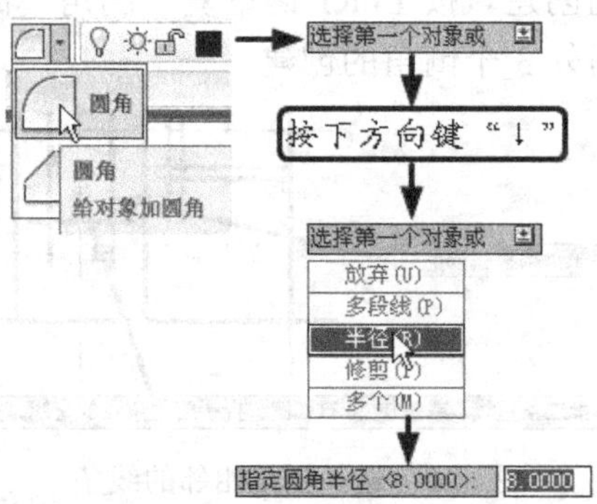

图 3-13　圆角参数设置

（9）选择图 3-14 中箭头所指线条，完成圆角的创建，按 Enter 键。重复“圆角”命令 3 次，完成对称位置处 3 个圆角的创建。

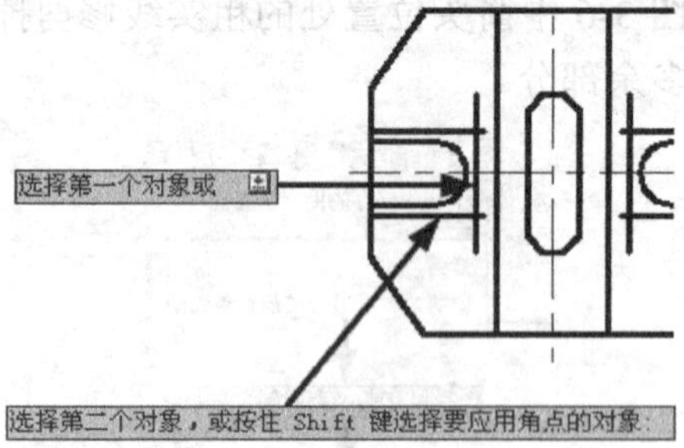

图 3-14　圆角相邻边的选择

（10）单击“圆角”按钮，创建中间部分上下 4 个半径为 9 的圆角，完成后结果如图 3-15 所示。

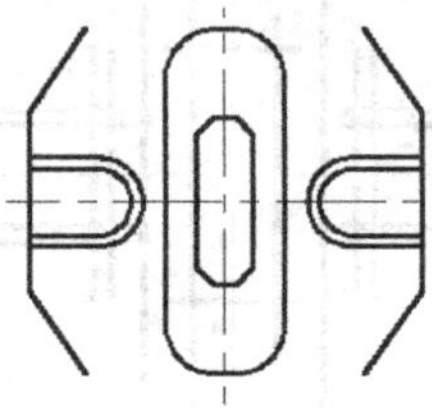

图 3-15　上下两个圆角完成图

（11）单击“直线”按钮，利用对象捕捉补充上方水平直线，如图 3-16 所示。重复“直线”命令，用同样的方式补充下方水平直线。

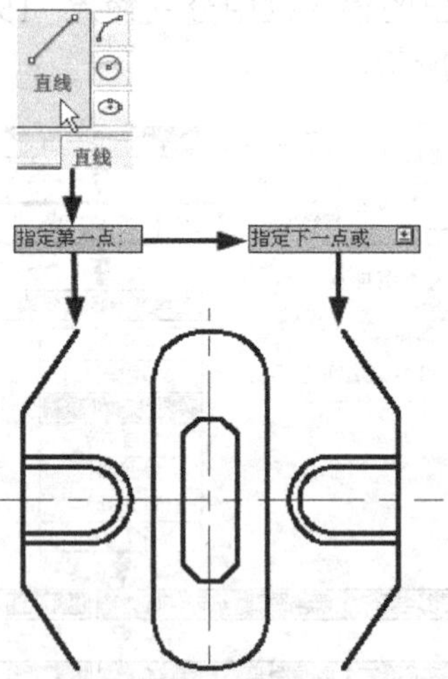

图 3-16　补充上下两条水平直线

（12）单击“修改”面板的下拉三角符号，单击“打断”按钮，之后依次单击图 3-17 中所示的两点，完成对该线段的打断。

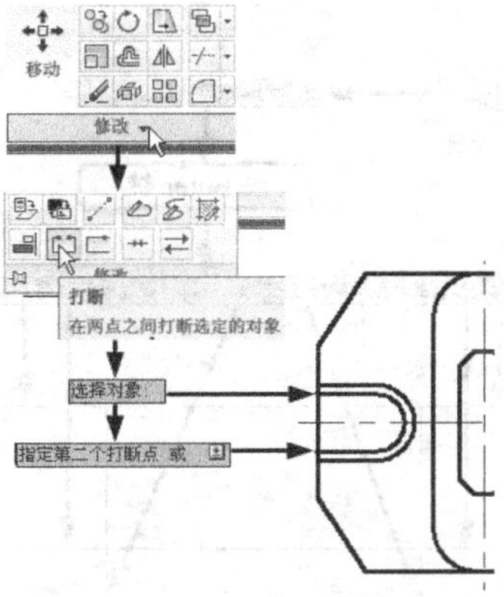

图 3-17　打断线段

（13）重复“打断”命令，完成对称位置处线段的打断。完成后即可得到最终图形，如图 3-18 所示。

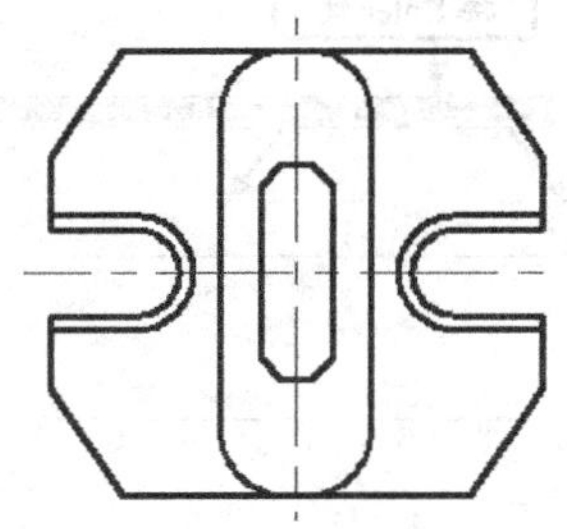

图 3-18　绘制结果

3.2 修　　剪

“修剪”命令可以将选定对象超出指定边界的线条剪切掉，修剪的对象可以是直线、射线、圆、圆弧、椭圆弧、多段线、构造线、样条曲线及图案填充等，可以作为边界的为直线、射线、圆弧、椭圆弧、多段线和构造线。

执行“修剪”命令的常用方式有以下几种。

◆　功能区：“常用”→“修改”→“修剪”。

◆　菜单：“修改”→“修剪”。

◆　命令行：输入“trim”或者“tr”。

1. 手动选择界限进行剪切的步骤

（1）单击“修剪”按钮，弹出“选择对象或〈全部选择〉”提示后，单击箭头所指的水平直线，然后按 Enter 键完成修剪界限的选择。

（2）弹出“选择要修剪的对象，或按住 Shift 键选择要延伸的对象，或”提示时，依次单击箭头所指两条竖直直线的上段，进行修剪对象的选定。

“修剪”命令完成之后，图形上部超出修剪界限的线条被剪掉，操作过程及操作结果如图 3-19 所示。

2. 自动选择界限进行剪切的步骤

自动选择修剪界限时，图中所有对象将会被选定为修剪界限，具体操作步骤如下：

（1）单击“修剪”按钮，弹出“选择对象或〈全部选择〉”提示后，直接按 Enter 键，完成修剪界限的选择，此时图中所有的对象均被选择为修剪界限。

（2）弹出“选择要修剪的对象，或按住 Shift 键选择要延伸的对象，或”提示时，依次单击图 3-19 中直线上箭头所指的部分，进行修剪对象的选定。

“修剪”命令完成之后，图形上部超出修剪界限的线条被剪掉，操作过程及操作结果如图 3-20 所示。

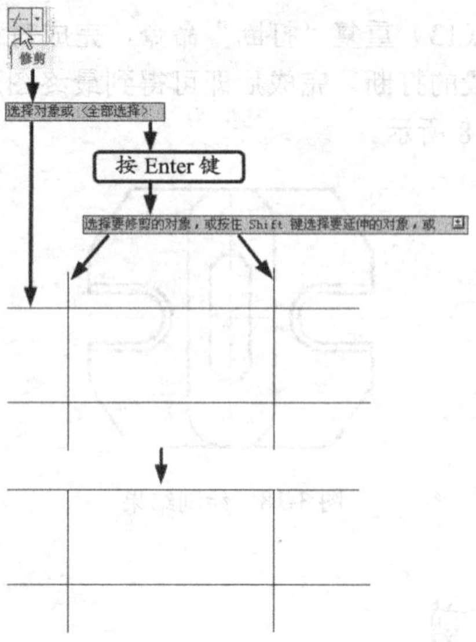

图 3-19　采用手动选择界限法执行“修剪”命令

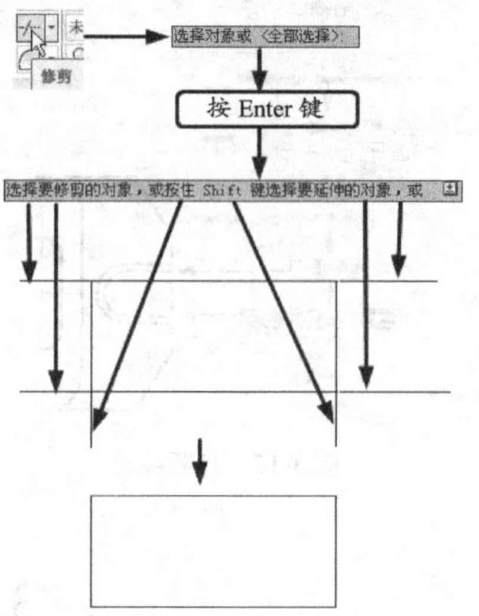

图 3-20　采用自动选择界限法执行“修剪”命令

3.3　延　　伸

“延伸”命令可以将选定对象延伸至指定的界限，延伸的对象可以是直线、射线、圆、圆弧、椭圆弧、多段线、构造线、样条曲线及图案填充等，可以作为边界的为直线、射线、圆弧、椭圆弧、多段线和构造线。

执行“延伸”命令的常用方式有以下几种。

◆　功能区：“常用”→“修改”→“延伸”。

◆　菜单：“修改”→“延伸”。

◆　命令行：输入“extend”或者“ex”。

1. 手动选择界限进行延伸的步骤

（1）单击“修剪”下拉列表，选择“延伸”命令，弹出“选择对象或〈全部选择〉”提示后，单击箭头所指的竖直直线，然后按 Enter 键，完成延伸界限的选择。

（2）弹出“选择要延伸的对象，或按住 Shift 键选择要修剪的对象，或”提示时，依次单击箭头所指两条竖直直线的右段，进行延伸对象的选定。

“延伸”命令完成之后，图形中部未达到延伸界限的线条将延伸至与界限相交，操作过程及结果如图 3-21 所示。

2. 自动选择界限进行延伸的步骤

采用自动选择界限法时，图中所有对象将会被选定为延伸界限，具体操作步骤如下。

（1）单击“修剪”按钮，弹出“选择对象或〈全部选择〉”提示后，直接按 Enter 键，完成延伸界限的选择。此时图中所有的对象均被选择为延伸界限。

（2）弹出“选择要延伸的对象，或按住 Shift 键选择要修剪的对象，或”提示时，依次单击箭头所指两条竖直直线的上段，进行延伸对象的选定。

“延伸”命令完成之后，图形上部超出延伸界限的线条被剪掉，操作过程及操作结果如图 3-22 所示。

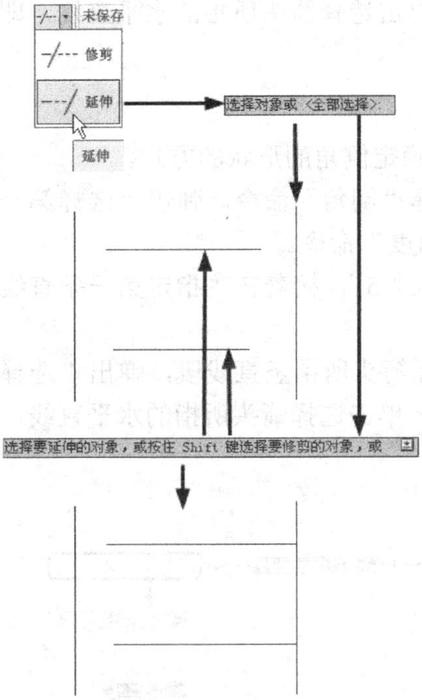

图 3-21　采用手动选择界限法执行“延伸”命令

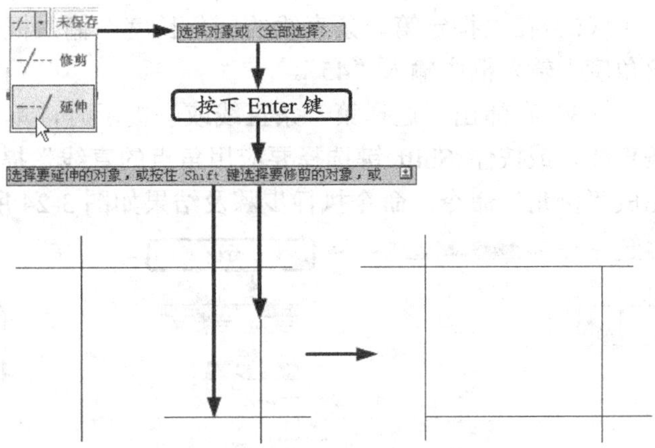

图 3-22　采用自动选择界限法执行“延伸”命令

提示： “修剪”命令和“延伸”命令可以同时使用，在修剪界限选定之后，弹出“选择要修剪的对象，或按住 Shift 键选择要延伸的对象，或”提示后，选择线条的同时按住 Shift 键，即可使选定的线条延伸到指定的界限。执行“延伸”命令时也是如此。

3.4 倒　　角

“倒角”命令是把两条相交线从相交处裁剪指定的长度，并用一条新线段连接两个剪切边的端点。

执行“倒角”命令的常用方式有以下几种。

◆ 功能区：“常用”→“修改”→“倒角”。

◆ 菜单：“修改”→“倒角”。

◆ 命令行：输入“chamfer”。

1. 以“距离方式”进行倒角

距离方式是通过指定倒角两侧裁切长度来确定倒角的形状的方式。

（1）单击“圆角”按钮右边的下拉三角符号，选择“倒角”命令。弹出“选择第一条直线或”提示时按下方向键“↓”，在弹出的菜单中选择“距离”命令。

（2）在“指定第一个倒角距离”输入框中输入“5”，接着在“指定第二个倒角距离”输入框中输入“3”。

（3）在弹出“选择第一条直线或”提示时单击选择箭头所指竖直线段，弹出“选择第二条直线，或按住 Shift 键选择要应用角点的直线”提示时，单击选择箭头所指的水平直线，即可完成“倒角”命令，命令执行步骤及结果如图 3-23 所示。

2. 以“角度方式”进行倒角

角度方式是通过指定倒角一侧裁切长度和倒角角度来确定倒角的形状的方式。

（1）单击“圆角”按钮右边的下拉三角符号，选择“倒角”命令。弹出“选择第一条直线或”提示时按下方向键“↓”，在弹出的菜单中选择“角度”命令。

（2）在“指定第一条直线的倒角长度”输入框中输入“5”，接着在“指定第一条直线的倒角角度”输入框中输入“45”。

（3）在弹出“选择第一条直线或”提示时，单击选择箭头所指竖直线段，弹出“选择第二条直线，或按住 Shift 键选择要应用角点的直线”提示时，单击选择箭头所指的水平直线，即可完成“倒角”命令，命令执行步骤及结果如图 3-24 所示。

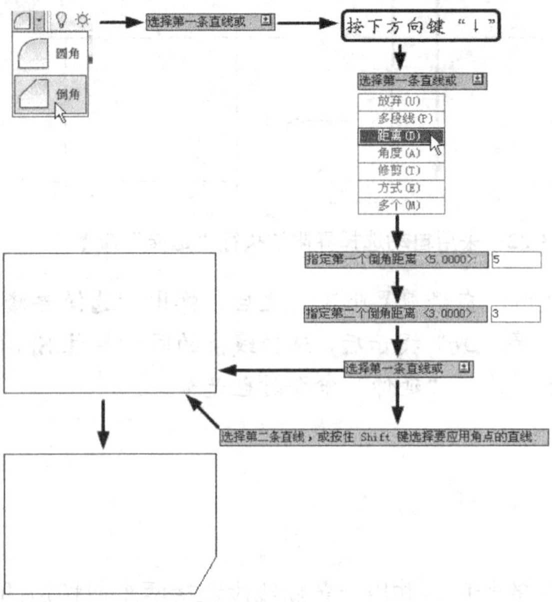

图 3-23　以“距离方式”进行倒角

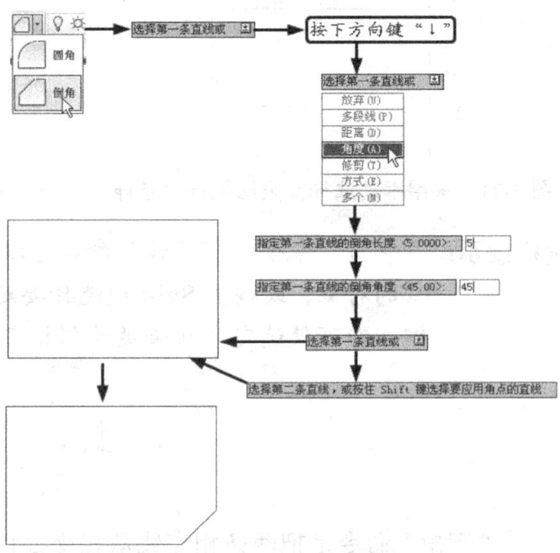

图 3-24　以“角度方式”进行倒角

3. 多段线选项说明

“多段线”命令用于将当前设置的倒角大小对整条多段线进行倒角，如果多段线包含的线段过短以至于无法容纳倒角距离，则不对这些线段倒角。

对多段线进行倒角的示意图如图 3-25 所示。

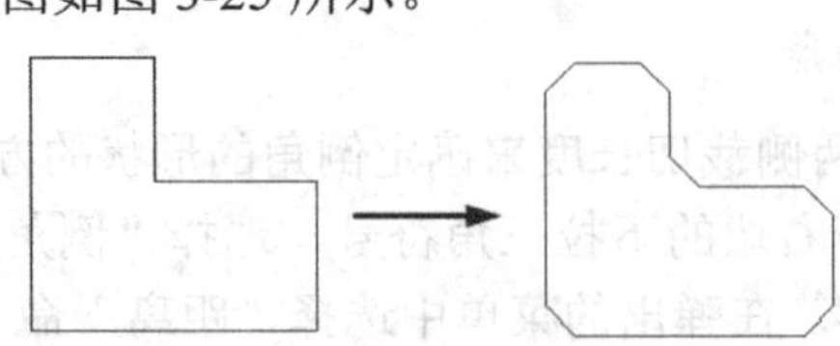

图 3-25　用“多段线”命令进行倒角

3.5 圆　角

“圆角”是机械制图中常用的编辑命令。其操作方式与“倒角”命令相似，不同之处是，“圆角”命令可以对两条平行直线进行圆角处理，圆角的半径是两条平行线距离的一半。

执行“圆角”命令的常用方式有以下几种。

- 功能区：“常用”→“修改”→“圆角”。
- 菜单：“修改”→“圆角”。
- 命令行：输入“fillet”。

“圆角”命令的执行步骤如下：

（1）单击“圆角”按钮，弹出提示“选择第一个对象或”，按下方向键“↓”，在弹出的菜单中选择“半径”命令。

（2）在弹出的“指定圆角半径”输入框中输入“5”。

（3）弹出“选择第一个对象或”提示时，单击选择箭头所指的竖直线，然后在弹出“选择第二个对象，或按住 Shift 键选择要应用角点的对象”提示时，单击选择箭头所指的水平线。即可完成“圆角”命令，命令的执行步骤和结果如图 3-26 所示。

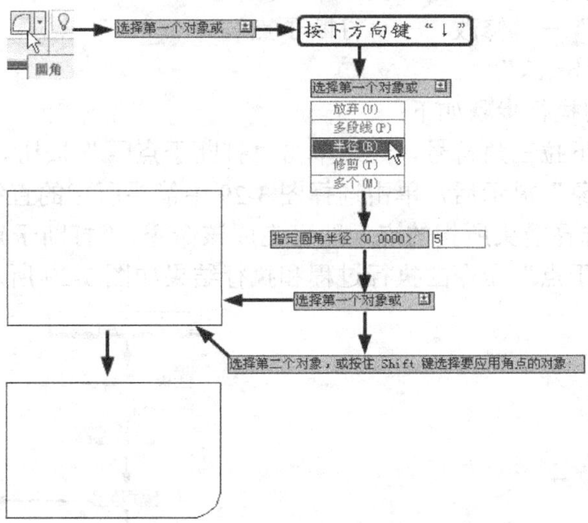

图 3-26　“圆角”命令的执行

“修剪”命令可设置是否采用修剪模式执行“倒角”命令，即倒角后是否还保留原来的边线。采用修剪模式和不采用修剪模式的效果如图 3-27 所示。

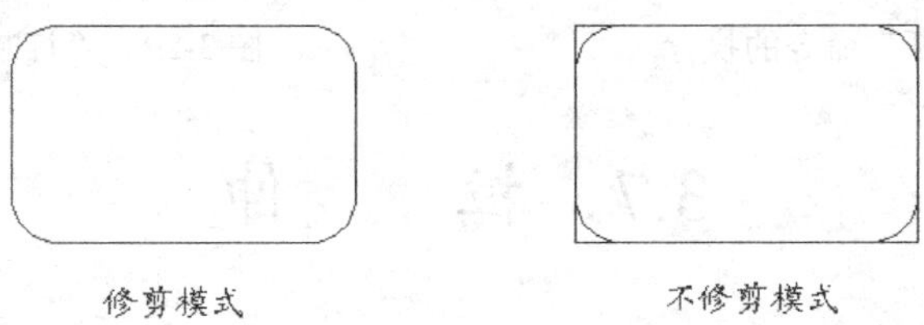

图 3-27　修剪模式与不修剪模式

3.6 打断与打断于点

“打断”命令可用于打断所选的对象，从而将所选的对象分成两部分，或者删除对象上的某一部分，该命令可作用于直线、射线、圆弧、椭圆弧、多段线和构造线。

执行“打断”命令的常用方式有以下几种。

- ◆ 功能区：“常用”→“修改”→“打断”。
- ◆ 菜单：“修改”→“打断”。
- ◆ 命令行：输入“break”。

“打断”命令的执行步骤如下。

（1）单击“修改”下拉三角符号，然后单击“打断”按钮。

（2）弹出“选择对象”提示后，单击图中箭头所指的点；在弹出“指定第二个打断点 或”提示后，单击选择矩形右上角点，即可完成打断命令。“打断”命令的执行步骤和结果如图 3-28 所示。

“打断于点”命令可以将对象在一处打断成两个对象，该命令是由“打断”命令衍生出来的一种形式。

执行“打断于点”命令的常用方式有以下几种。

- ◆ 功能区：“常用”→“修改”→“打断于点”。
- ◆ 命令行：输入“break”。

“打断于点”命令的执行步骤如下：

（1）单击“修改”下拉三角符号，然后单击“打断于点”按钮。

（2）弹出“选择对象”提示后，单击选择图 3-29 中箭头所指的直线；在弹出“指定第一个打断点”提示后，单击选择箭头所指的点，即可完成该命令。“打断于点”命令执行后，单条直线变为两条直线。“打断于点”命令的执行过程和执行结果如图 3-29 所示。

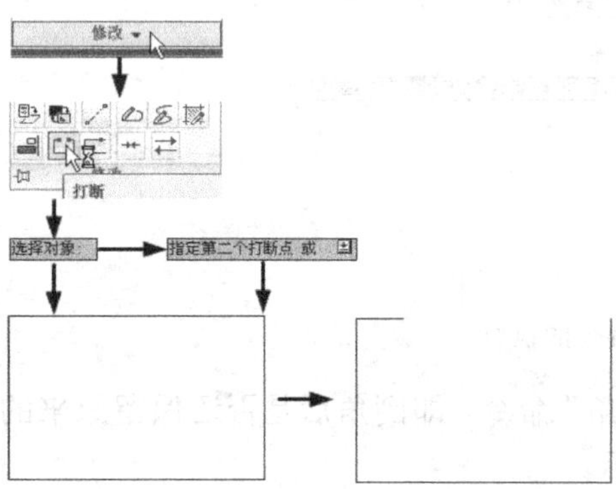

图 3-28 “打断”命令的执行

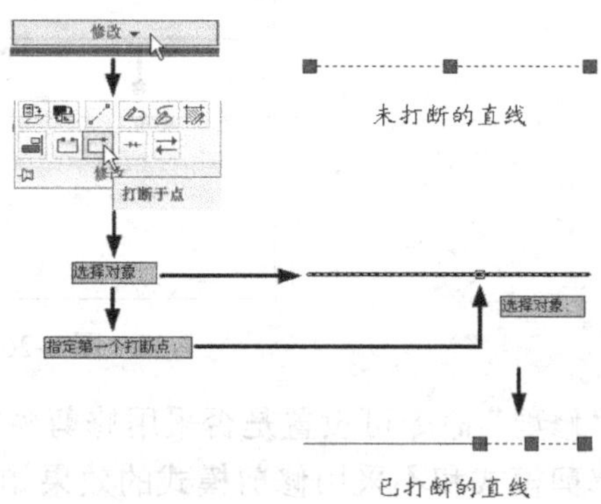

图 3-29 “打断于点”命令的执行

3.7 拉 伸

“拉伸”命令可以使选定部分被拉伸，而未选定部分保持不变。

执行“拉伸”命令的常用方式有以下几种。

◆ 功能区：“常用”→“修改”→“拉伸”。

◆ 菜单：“修改”→“拉伸”。

◆ 命令行：输入“stretch”。

“拉伸”命令的执行步骤如下：

（1）单击“修改”面板中的“拉伸”按钮。

（2）弹出“选择对象”提示时，将十字光标移动到图 3-30 中箭头所指的点处，按住鼠标左键，拖动至“指定对角点”箭头所指位置处，松开鼠标左键。按 Enter 键，完成对象的选定。

（3）弹出“指定基点或”提示后，将十字光标移动至矩形右上角位置，对象捕捉提示“端点”时，单击选定基点。弹出“指定第二个点或〈使用第一个点作为位移〉”提示后，将十字光标移动至箭头所指位置处，单击鼠标完成第二个点的选定，即可完成拉伸命令。“拉伸”命令的执行过程及结果如图 3-30 所示。

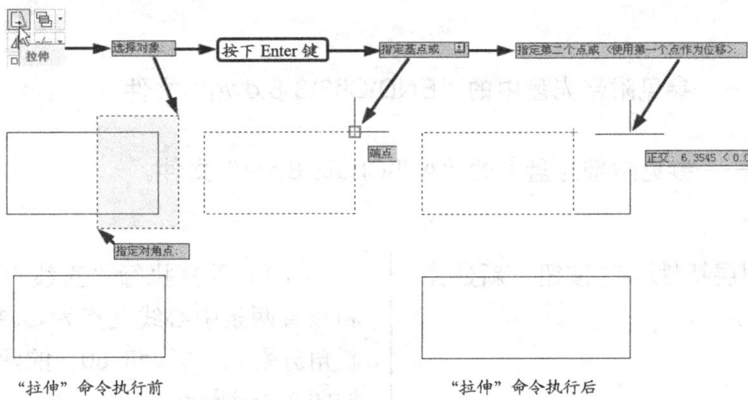

图 3-30 “拉伸”命令的执行

提示：利用拖动鼠标画矩形框的选择方法分两种，即框选和窗交。自左向右拖动画框为框选，框内颜色为蓝色，框内所包含的对象将被选定；自右向左拖动画框为窗交，框内颜色为绿色，被框所覆盖的所有对象（包含仅被部分覆盖的对象）都将被选定。

3.8 实例·操作——固定板

固定板的轮廓图及尺寸如图 3-31 所示。

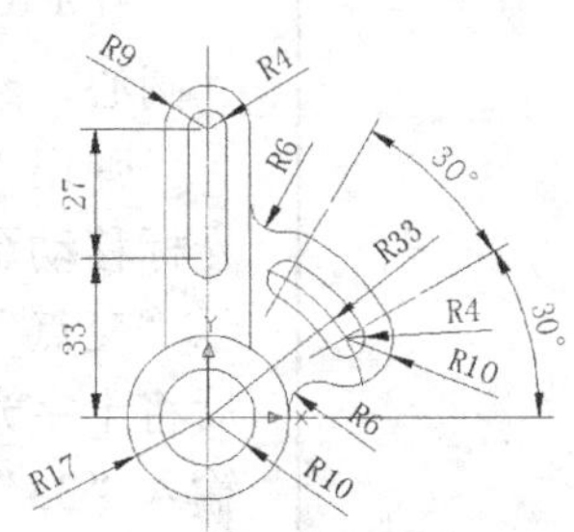

图 3-31 固定板

【思路分析】

固定板中有一个圆孔和一个异型孔。可以通过以下步骤绘制：首先绘制出中心线，然后绘制出轮廓线，最后通过执行“倒角”、“修剪”和“打断”命令修改图形，完成绘制，绘制过程如图 3-32 所示。

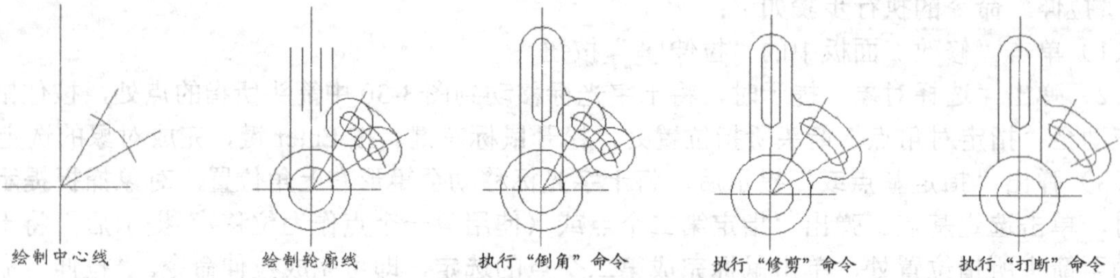

图 3-32　绘制固定板的流程图

【光盘文件】

结果文件——参见附带光盘中的“END\Ch3\3-8.dwg”文件。

动画演示——参见附带光盘中的“AVI\Ch3\3-8.avi”文件。

【操作步骤】

（1）单击“图层特性”按钮，新建图层，如图 3-33 所示。

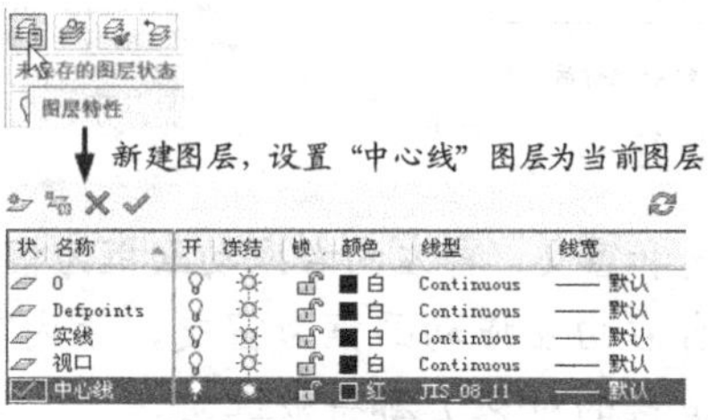

图 3-33　图层设置

（2）执行“直线”命令，绘制水平中心线和竖直中心线。竖直中心线的上端点坐标为（0，75），长度为 100；水平中心线的左端点坐标为（-25，0），长度为 50，如图 3-34 所示。

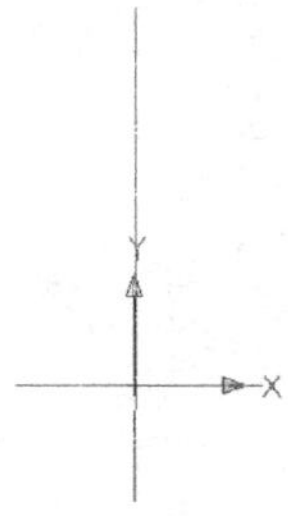

图 3-34　绘制水平和竖直中心线

（3）重复执行“直线”命令，绘制水平和竖直两条中心线交点为始端、长度为 45、倾斜角分别为 30°和 60°的两条倾斜中心线，如图 3-35 所示。

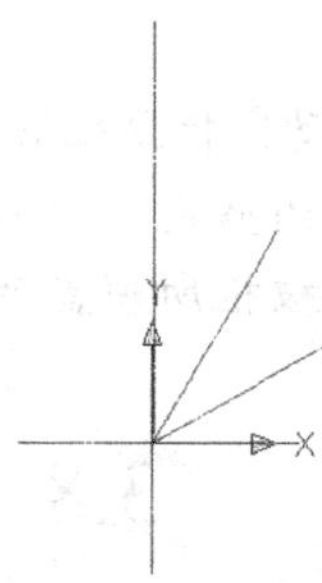

图 3-35　绘制倾斜中心线

（4）单击“圆弧”下拉列表符号，选择“圆心，起点，端点”命令，如图 3-36 所示。

弹出“指定圆弧的圆心”提示后，将十字光标移动至已有中心线交点处，待对象捕捉提示“交点”时，单击选择交点为圆弧圆心。然后将十字光标向右上方移动，在距离输入框中输入“33”，按 Tab 键后，在倾斜角度输入框中输入“15”。向左上方移动十字光标，在倾斜角度输入框中输入“75”，完成圆弧中心线的绘制，如图 3-37 所示。

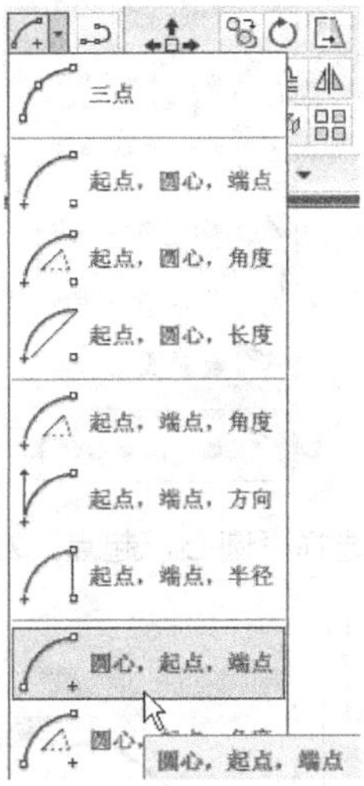

图 3-36　选择“圆心，起点，端点”命令

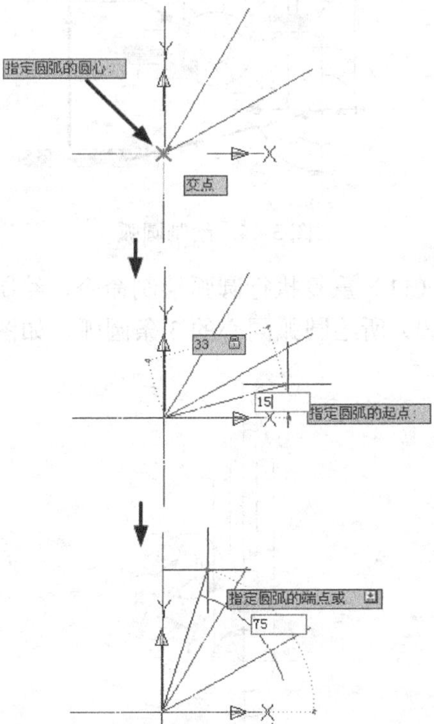

图 3-37　圆弧中心线的绘制

（5）单击“图层”下拉列表，设置“实线”图层为当前图层，如图 3-38 所示。

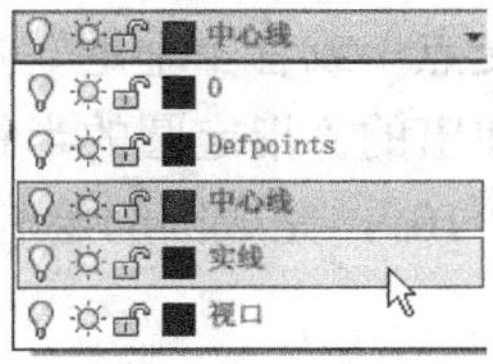

图 3-38　设置“实线”图层为当前图层

（6）单击“直线 ”按钮，在弹出的“指定第一点”输入框中输入横坐标“-9”，然后按 Tab 键，输入纵坐标“0”。在弹出的“指定下一点或”输入框中输入直线长度“60”，然后按 Tab 键，接着输入倾斜角度“90”，完成直线的绘制，如图 3-39 所示。

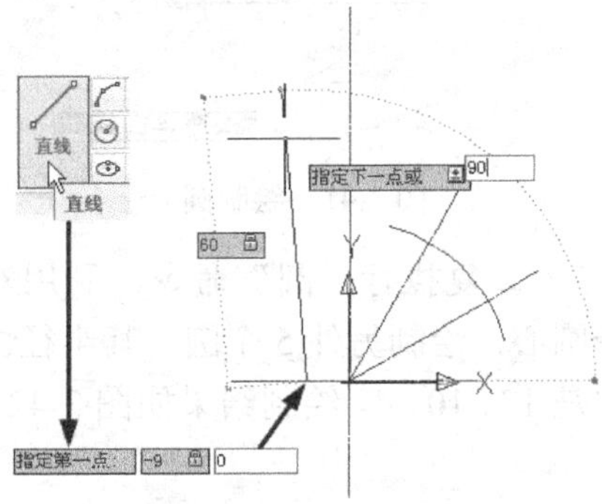

图 3-39　绘制直线

（7）重复执行“直线”命令，绘制另外两条较短竖直线和一条较长竖直线。两条较短竖直线的长度为 27，下端点坐标分别为（-4，33）和（4，33），较长直线的长度为 60，下端点坐标为（9，0），绘制结果如图 3-40 所示。

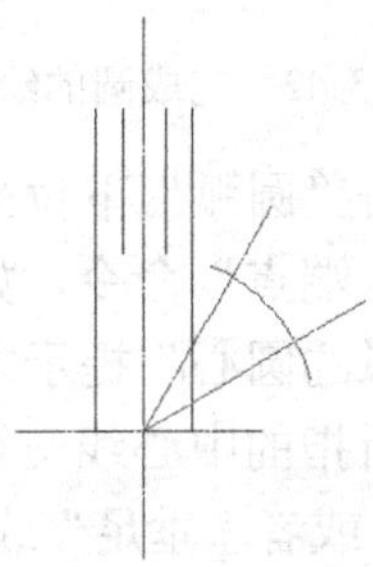

图 3-40　直线绘制完成

（8）单击“圆心，半径 ”按钮，在弹出“指定圆的圆心或”提示时，将十字光标移动至水平中心线和竖直中心线交点处，待对象

捕捉提示“交点”或者“垂足”时，选定该点为圆心。在弹出的“指定圆的半径或”输入框中输入半径“10”，完成圆的绘制，如图 3-41 所示。

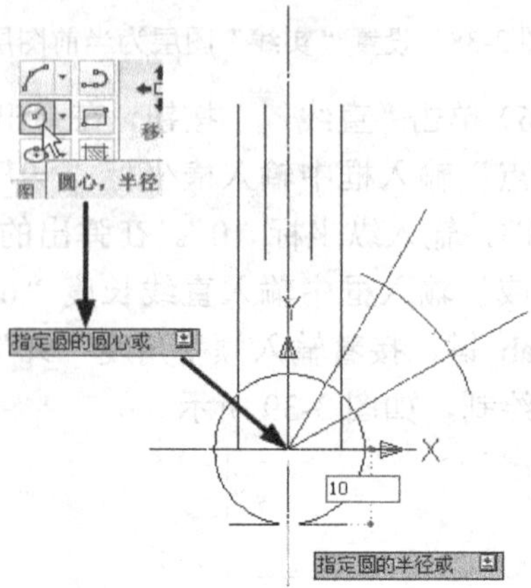

图 3-41　绘制圆

（9）重复执行“圆”命令，利用对象捕捉选择圆心，绘制另外 5 个圆，其半径由大到小依次是 17、10、4。绘制结果如图 3-42 所示。

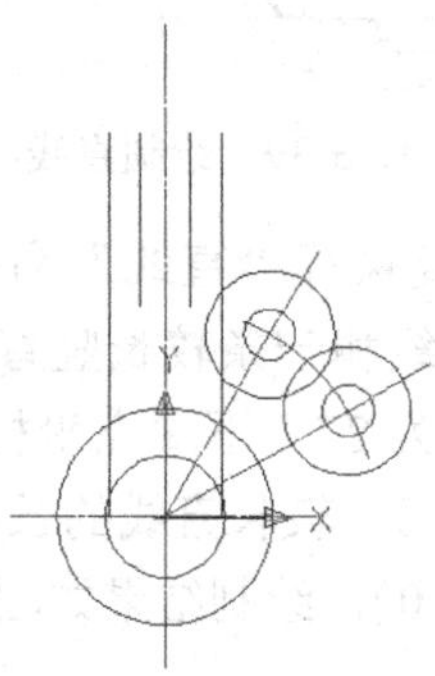

图 3-42　完成圆的绘制

（10）单击“圆弧”下拉列表符号，选择“圆心，起点，端点”命令，如图 3-43 所示。弹出“指定圆弧的圆心”提示之后，将十字光标移动到箭头所指的中心线交点处，待对象捕捉提示“交点”或者“垂足”或者“圆心”时，单击选为圆弧圆心。弹出“指定圆弧的起点”提示后，用对象捕捉选择箭头所指的交点为起点；弹出“指定圆弧的端点或”提示后，利用对象捕捉选定箭头所指交点为端点，完成圆弧的绘制，如图 3-44 所示。

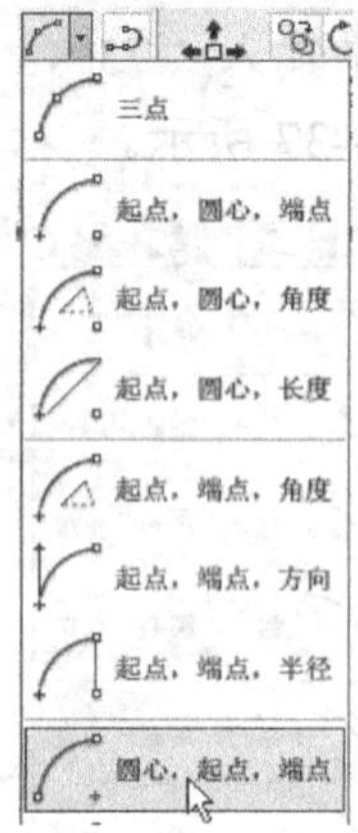

图 3-43　选择“圆心，起点，端点”命令

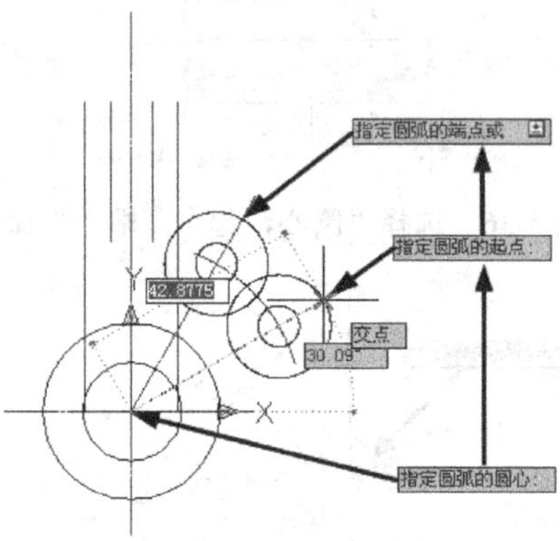

图 3-44　绘制圆弧

（11）重复执行圆弧绘制命令，绘制与步骤（10）所绘圆弧同心的 3 条圆弧，如图 3-45 所示。

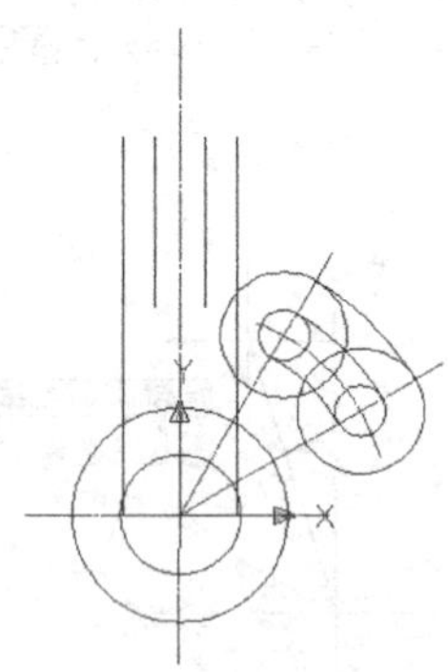

图 3-45　圆弧绘制完成

（12）单击“圆角□”按钮，弹出“选择第一个对象或”提示后，单击箭头所指的线段上端，弹出“选择第二个对象，或按住 Shift 键选择要应用角点的对象”提示后单击箭头所

指的线段上端，即可完成“圆角”命令。命令执行过程及结果如图 3-46 所示。

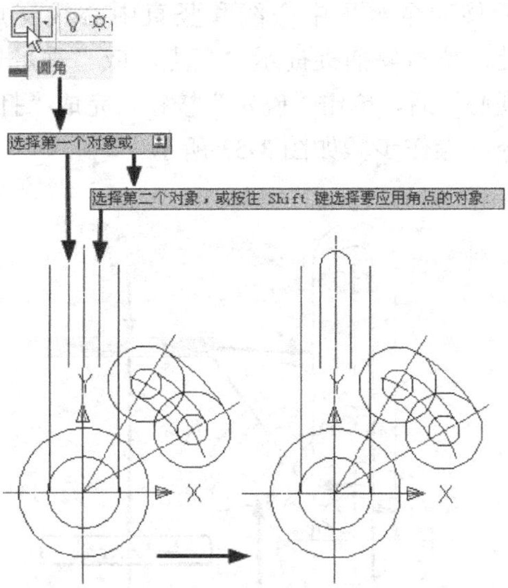

图 3-46 “圆角”命令的执行过程及结果

（13）重复执行“圆角”命令两次，分别对两条较短竖直线段的下端和两条较长竖直直线的上端进行圆角处理，命令执行结果如图 3-47 所示。

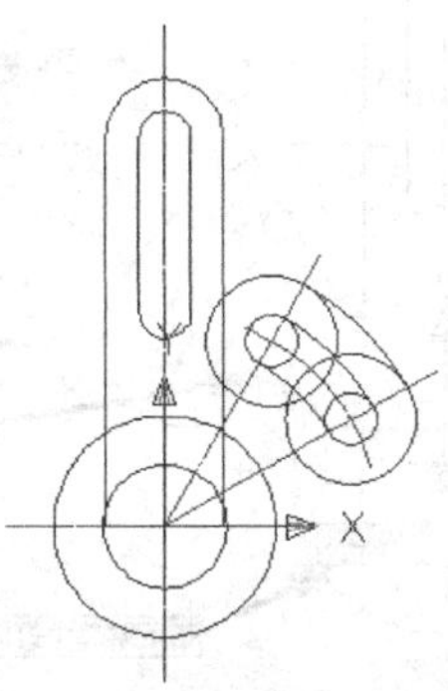

图 3-47 竖直线段圆角结果

（14）单击“圆角”按钮，弹出“选择第一个对象或”提示后，按下方向键“↓”，接着在弹出的菜单中选择“修剪”命令，然后在弹出的“输入修剪模式选项”菜单中选择“不修剪”命令，完成修剪模式的设定，此时弹出提示“选择第一个对象或”，如图 3-48 所示。

按下方向键“↓”，在弹出的菜单中选择“半径”命令，接着在弹出的“指定圆角半径”输入框中输入“6”，完成圆角半径的设置。此时弹出“选择第一个对象或”提示，单击选择图 3-49 中箭头所指位置。在弹出“选择第二个对象，或按住 Shift 键选择要应用角点的对象”提示后，单击选择箭头所指的位置的圆弧执行“圆角”命令，命令执行过程及结果如图 3-49 所示。

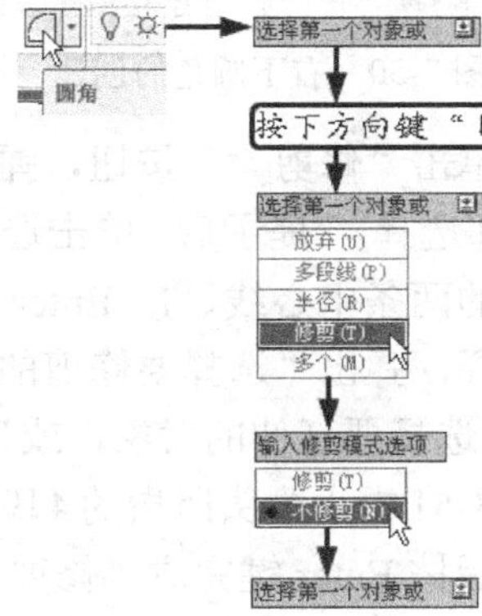

图 3-48 修剪模式的设置

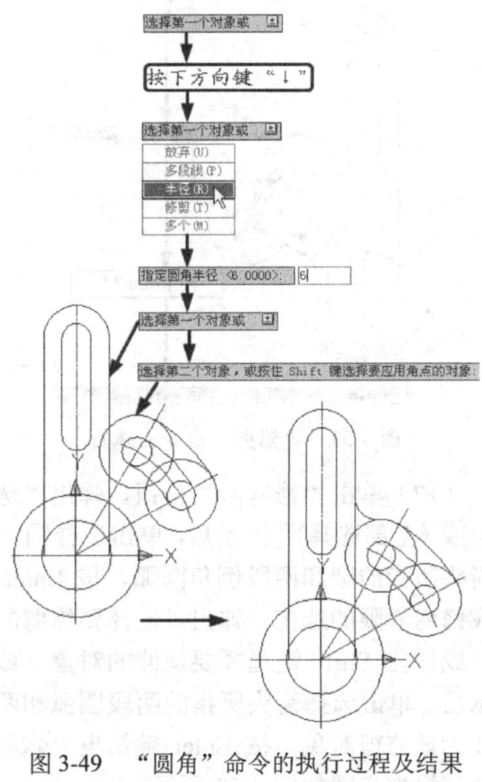

图 3-49 “圆角”命令的执行过程及结果

（15）按 Enter 键，重复执行“圆角”命令。按图 3-50 所示的操作创建右下圆角。

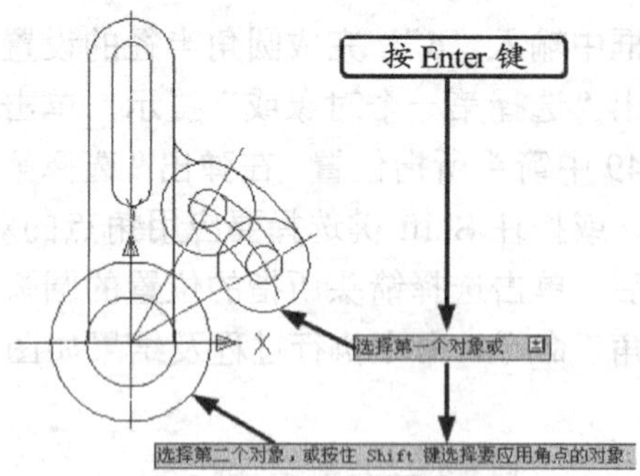

图 3-50　右下圆角的创建

（16）单击“修剪”按钮，弹出“选择对象或〈全部选择〉”提示后，单击选择图 3-51 中箭头所指的两条中心线，按 Enter 键完成修剪界限的选择，弹出“选择要修剪的对象，或按住 Shift 键选择要延伸的对象，或”提示时，单击选择图3-51 中小箭头所指的 4 段圆弧为修剪对象，然后按 Enter 键完成“修剪”命令。

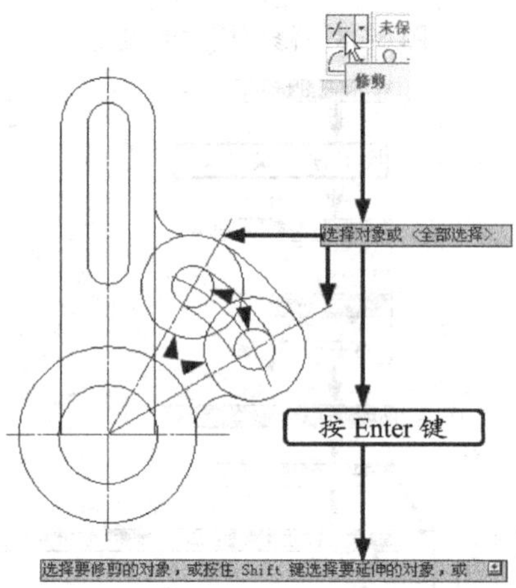

图 3-51　“修剪”命令的执行

（17）单击“修剪”按钮，弹出“选择对象或〈全部选择〉”提示后，单击选择图 3-52 中箭头所指的圆和两段倒角圆弧，按 Enter 键完成修剪界限的选定。弹出“选择要修剪的对象，或按住 Shift 键选择要延伸的对象，或”提示后，单击选择箭头所指的两段圆弧和两段直线为被修剪对象，按 Enter 键结束“修剪”命令，操作步骤如图 3-52 所示。

（18）单击“修改”下拉列表，然后单击“打断”按钮。弹出“选择对象”提示后单击倾角为 30° 的中心线上的箭头所指的点，弹出“指定第二个打断点 或”提示后，将十字光标移动至水平中心线和竖直中心线交点位置处，待对象捕捉提示“交点”或“垂足”或“圆心”后，单击“确定”按钮，完成“打断”命令，操作步骤如图 3-53 所示。

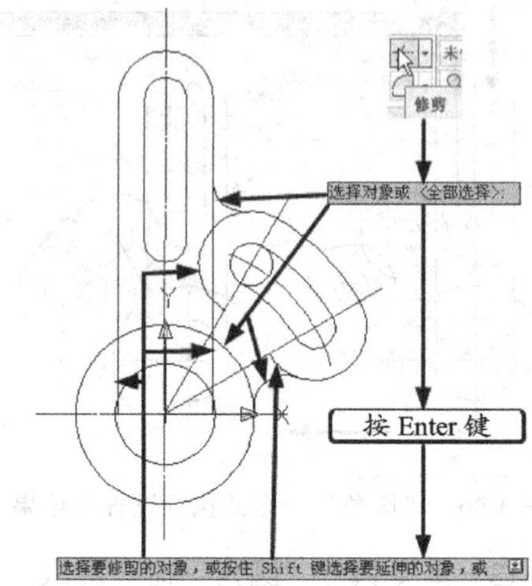

图 3-52　重复执行“修剪”命令

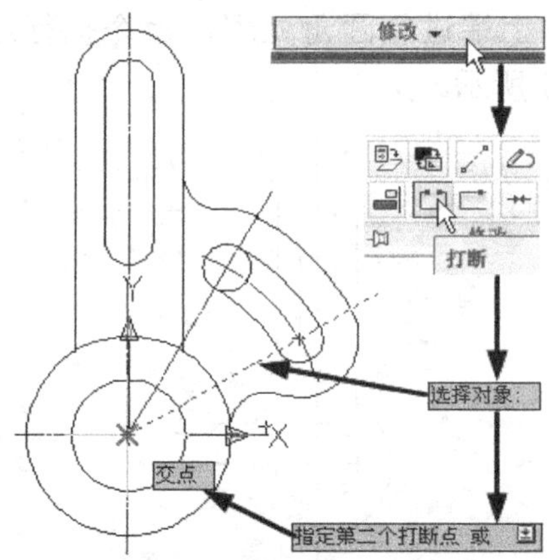

图 3-53　“打断”命令的执行过程

（19）单击“修改”下拉列表，然后单击“打断”按钮。弹出“选择对象”提示后单击倾角为 60° 的中心线上的箭头所指的点，弹出“指定第二个打断点 或”提示后，将十字光标移动至水平中心线和竖直中心线交点位置处，待对象捕捉提示“圆心”或“交点”或“垂足”后，单击“确定”按钮，完成“打断”命令，操作步骤如图 3-54 所示。

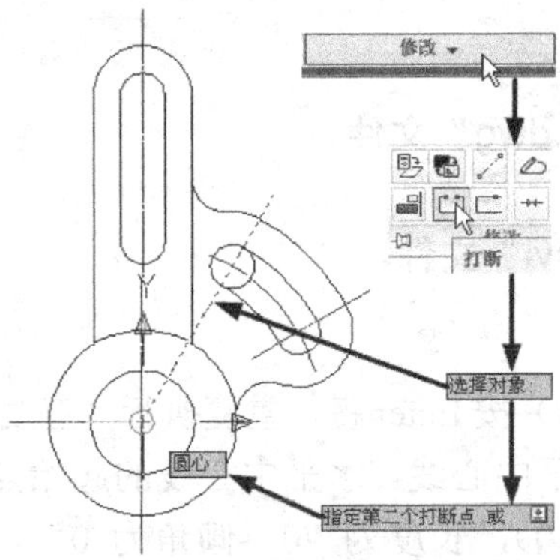

图 3-54 重复执行“打断”命令

（20）完成后的固定板如图 3-55 所示。

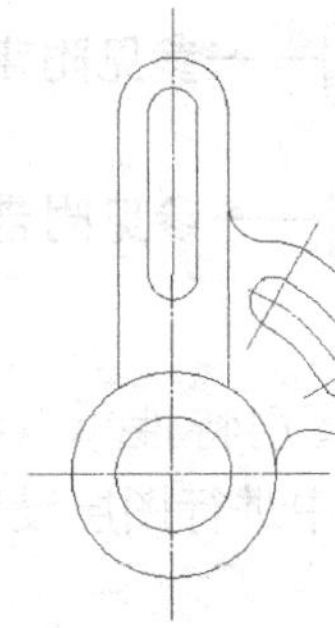

图 3-55 固定板完成图

3.9 实例 · 练习——吊钩

吊钩的轮廓及尺寸如图 3-56 所示。

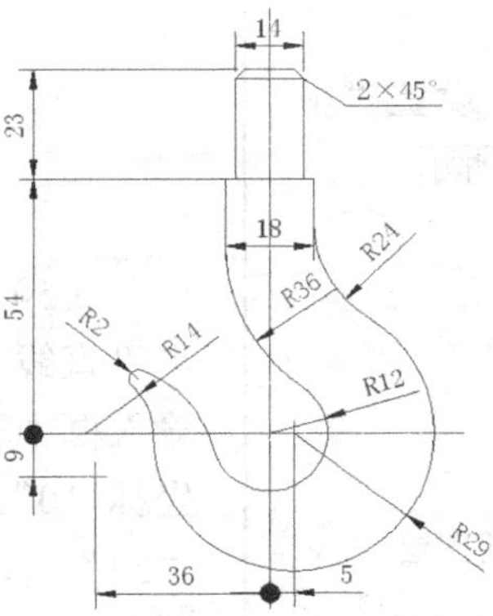

图 3-56 吊钩

【思路分析】

吊钩由直线、圆和圆弧连接组成。可以采用以下步骤绘制：首先绘制出圆和直线，再执行“圆角”命令，接着执行“修剪”命令，随后执行“倒角”命令并补充缺少的线条，即可完成绘制，如图 3-57 所示。

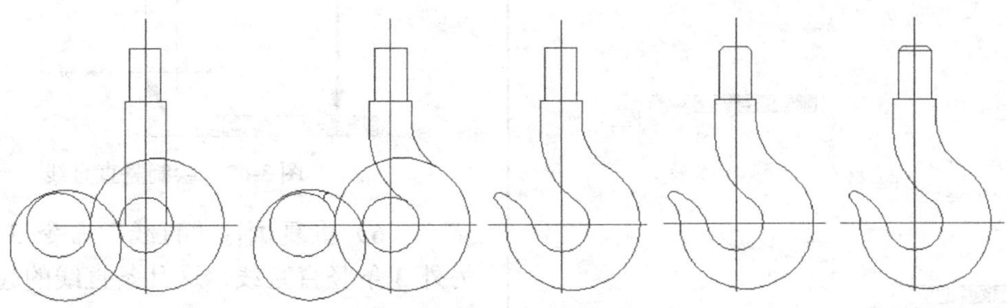

图 3-57 吊钩的绘制思路

【光盘文件】

结果文件——参见附带光盘中的“END\Ch3\3-9.dwg”文件。

动画演示——参见附带光盘中的“AVI\Ch3\3-9.avi”文件。

【操作步骤】

（1）单击“图层特性”按钮，在弹出的图层特性管理器中进行图层设置，如图 3-58 所示。

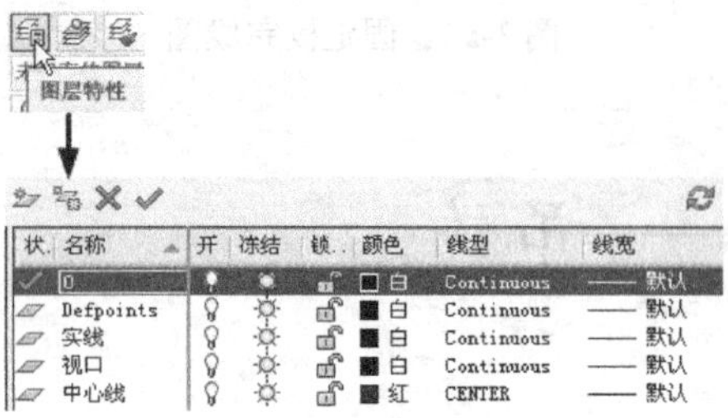

图 3-58　图层设置

（2）单击“图层”下拉列表，设置“中心线”图层为当前图层，如图 3-59 所示。

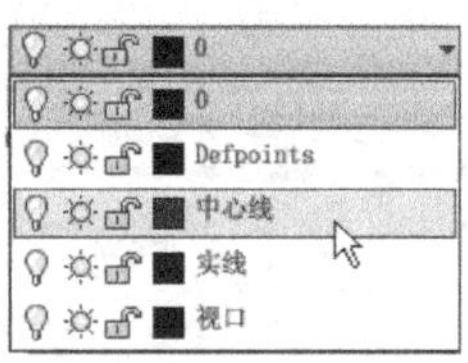

图 3-59　设置“中心线”图层为当前图层

（3）单击“直线”按钮，在弹出的“指定第一点”输入框中输入横坐标“0”，接着按 Tab 键输入纵坐标“-35”，然后向上拖动鼠标，输入长度“120”，并按 Tab 键后输入角度倾角“90”，完成竖直中心线的绘制，如图 3-60 所示。

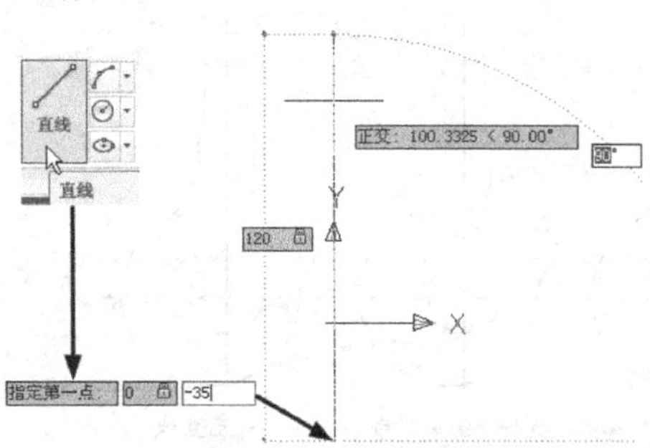

图 3-60　竖直中心线的绘制

（4）按 Enter 键，重复执行“直线”命令，绘制水平中心线。水平中心线的起始点坐标为（-35，0），长度为 70，倾角为 0°，完成后的结果如图 3-61 所示。

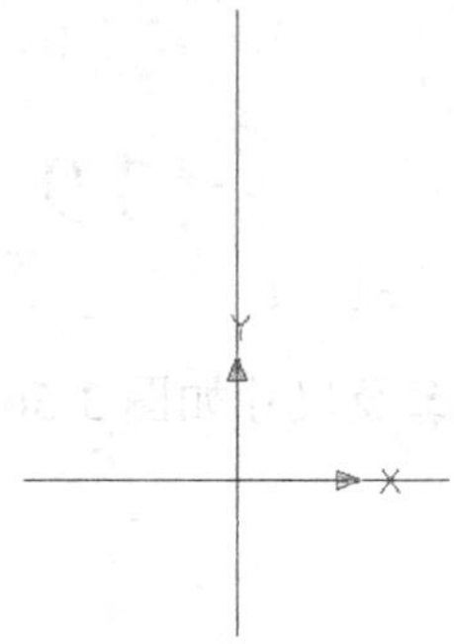

图 3-61　中心线

（5）切换“实线”图层为当前图层，单击“直线”按钮，在弹出的“指定第一点”输入框中输入横坐标“9”，按 Tab 键后输入纵坐标“0”。向上拖动鼠标，然后输入线段长度“54”，按 Tab 键后输入倾角“90”，如图 3-62 所示。

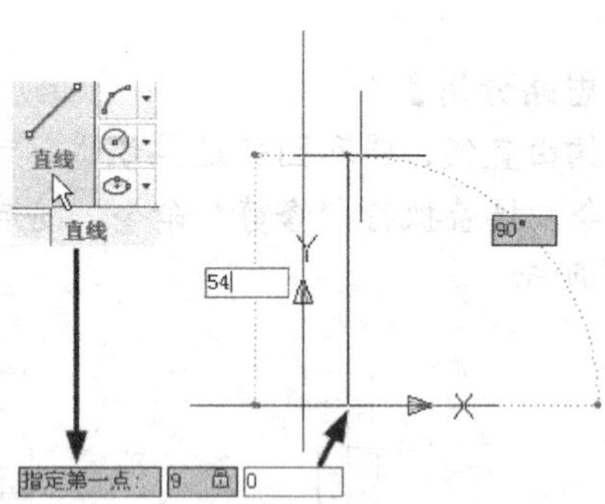

图 3-62　绘制竖直直线

（6）重复执行“直线”命令 3 次，绘制另外 3 条竖直直线，这几条直线的起始点坐标和长度分别为：（-9，0），54；（7，54），23；（-7，54），23。绘制结果如图 3-63 所示。

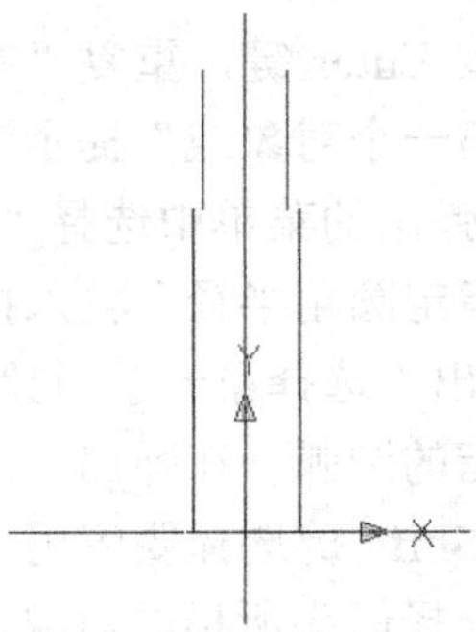

图 3-63　完成竖直直线的绘制

（7）单击“直线”按钮，弹出“指定第一点”提示后，将十字光标移动至箭头所指位置处，待对象捕捉提示“端点”后，单击选定为直线的起始点，弹出“指定下一点或”提示之后，将十字光标移动至箭头所指位置处，待对象捕捉提示“端点”之后，单击选定为直线末端点，结束“直线”命令，如图 3-64 所示。

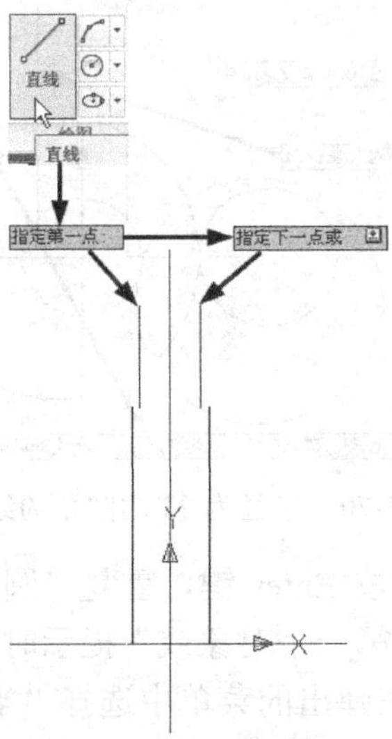

图 3-64　上端处水平直线的绘制

（8）重复执行“直线”命令，利用对象捕捉选择起始点和末端点，绘制中部水平直线，绘制结果如图 3-65 所示。

（9）单击“圆心，半径”按钮，在弹出的“指定圆的圆心或”输入框中输入圆心横坐标“0”，接着按 Tab 键并输入纵坐标“0”。然后在“指定圆的半径或”输入框中输入半径值“12”，完成圆的绘制，如图 3-66 所示。

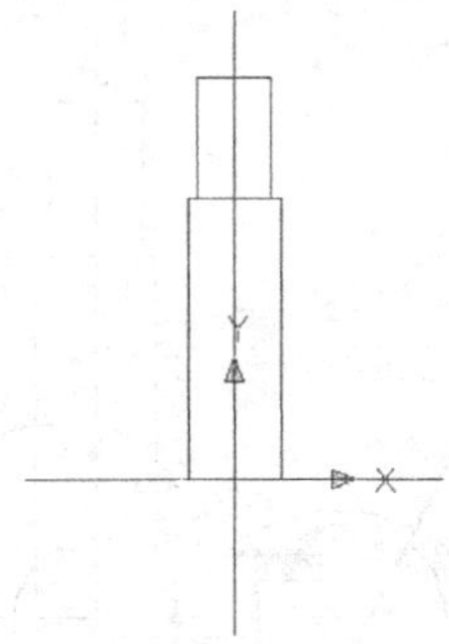

图 3-65　完成直线的绘制

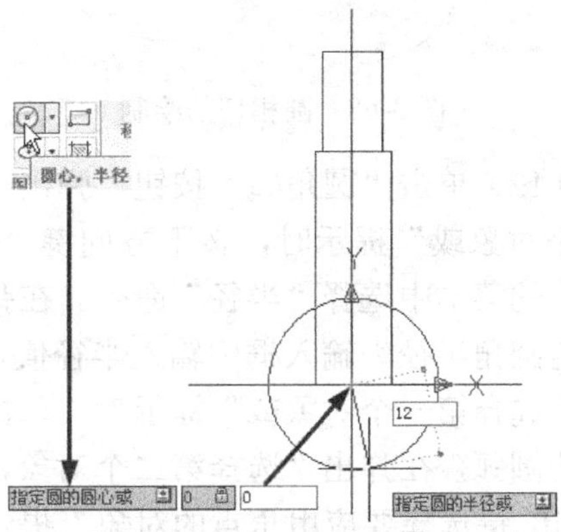

图 3-66　圆的绘制

（10）重复执行“圆心，半径”命令绘制以下两个圆：① 圆心（5，0），半径 29；② 圆心（−38，0），半径 14，绘制结果如图 3-67 所示。

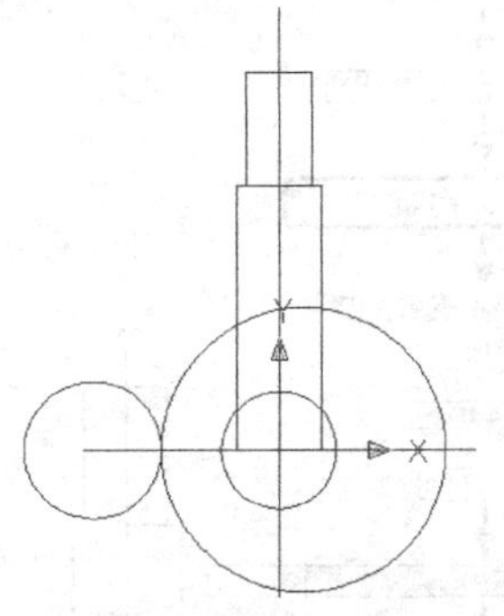

图 3-67　重复绘制圆

（11）单击“圆心，半径”按钮，在弹出的“指定圆的圆心或”输入框中输入圆心横坐标“−36”，接着按 Tab 键并输入纵坐标“−9”。将十字光标移动至中间半径为 12 的圆上，待对象捕捉提示“垂足”后，单击确定圆的半径，完成圆的绘制，如图 3-68 所示。

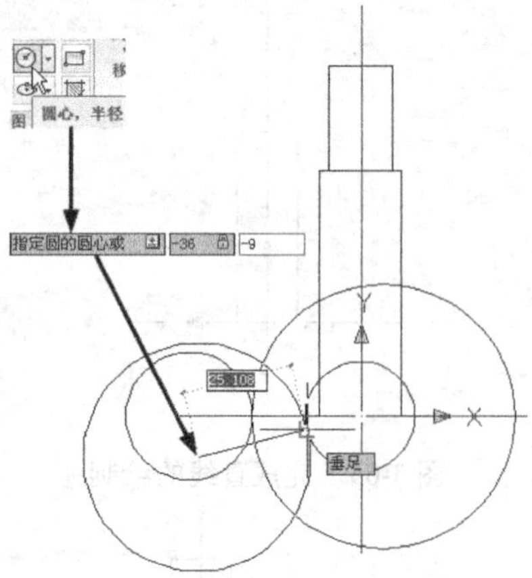

图 3-68　圆相切的绘制

（12）单击“圆角”按钮，弹出“选择第一个对象或”提示时，按下方向键“↓”，在弹出的菜单中选择“半径”命令。在弹出的“指定圆角半径”输入框中输入半径值“2”。弹出“选择第一个对象或”提示后，单击箭头所指的圆弧，在弹出“选择第二个对象，或按住 Shift 键选择要应用角点的对象”提示后单击选择箭头所指的对象，完成圆角的绘制，如图 3-69 所示。

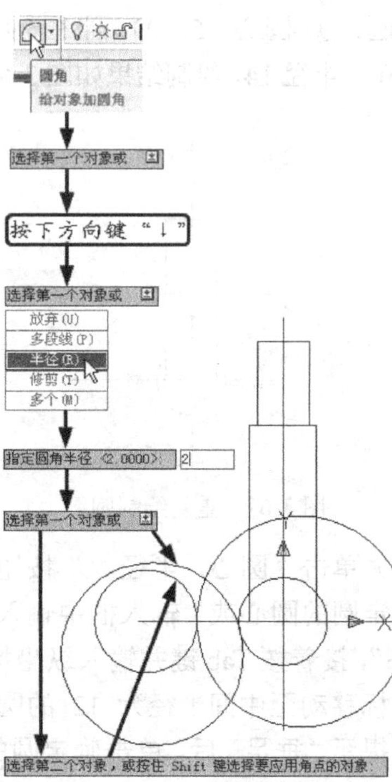

图 3-69　半径为 2 的圆角的绘制

（13）按 Enter 键，重复“圆角”命令，弹出“选择第一个对象或”提示时，按下方向键“↓”，在弹出的菜单中选择“半径”命令。在弹出的“指定圆角半径”输入框中输入半径值“24”。弹出“选择第一个对象或”提示后，单击箭头所指的圆弧，在弹出“选择第二个对象，或按住 Shift 键选择要应用角点的对象”提示后单击选择箭头所指的对象，完成圆角的绘制，如图 3-70 所示。

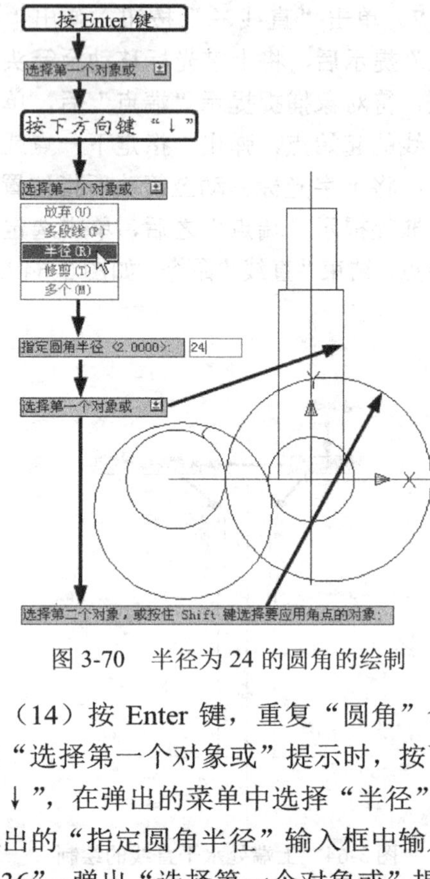

图 3-70　半径为 24 的圆角的绘制

（14）按 Enter 键，重复“圆角”命令，弹出“选择第一个对象或”提示时，按下方向键“↓”，在弹出的菜单中选择“半径”命令，在弹出的“指定圆角半径”输入框中输入半径值“36”。弹出“选择第一个对象或”提示后，单击箭头所指的圆弧，在弹出“选择第二个对象，或按住 Shift 键选择要应用角点的对象”提示后，单击选择箭头所指的对象，完成圆角的绘制，如图 3-71 所示。

（15）单击“修剪”按钮，弹出“选择对象或〈全部选择〉”提示后，单击箭头所指的圆和圆弧，然后按 Enter 键完成修剪界限的选定。弹出“选择要修剪的对象，或按住 Shift

键选择要延伸的对象，或”提示后，单击箭头所指的圆弧，完成对该段圆弧的修剪，操作过程如图 3-72 所示。

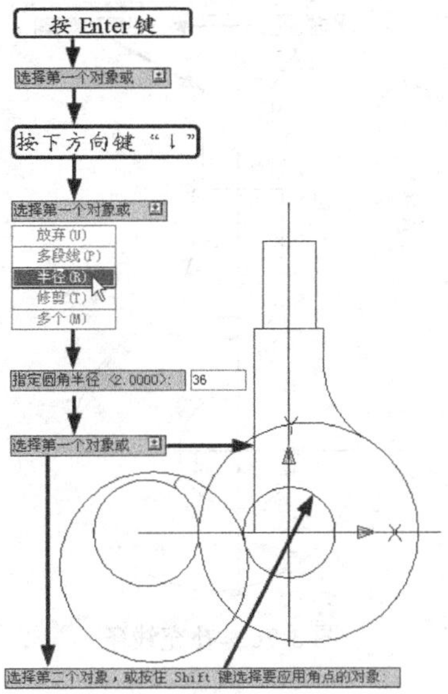

图 3-71　半径为 36 的圆角的绘制

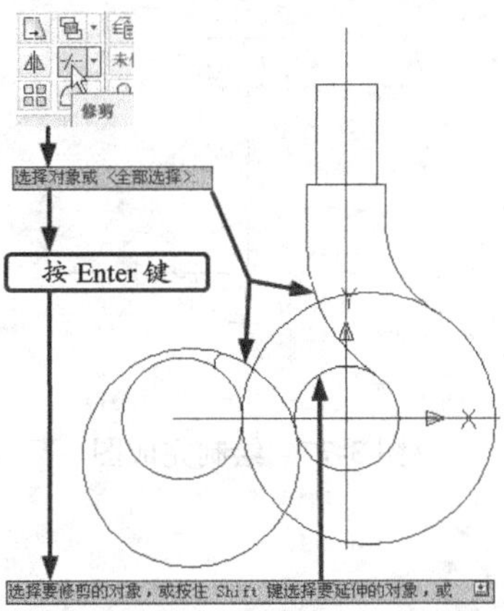

图 3-72　“修剪”命令的执行过程

（16）单击“修剪”按钮，弹出“选择对象或〈全部选择〉”提示后，按 Enter 键选择所有对象作为修剪界限。弹出“选择要修剪的对象，或按住 Shift 键选择要延伸的对象，或”提示后，单击小箭头所指的圆弧，完成对这些圆弧的修剪，操作过程如图 3-73 所示。

（17）单击“圆角”按钮右边的下拉符号，选择“倒角”命令。弹出“选择第一条直线或”提示后，按下方向键“↓”，在弹出的菜单中选择“角度”命令，在弹出的“指定第一条直线的倒角长度”输入框中输入“2”，接着在“指定第一条直线的倒角角度”输入框中输入角度“45”。然后在弹出“选择第一条直线或”提示后，单击选择箭头所指的水平线，接着在弹出“选择第二条直线，或按住 Shift 键选择要应用角点的直线”提示后单击选择箭头所指的竖直直线，完成“倒角”命令，操作过程如图 3-74 所示。

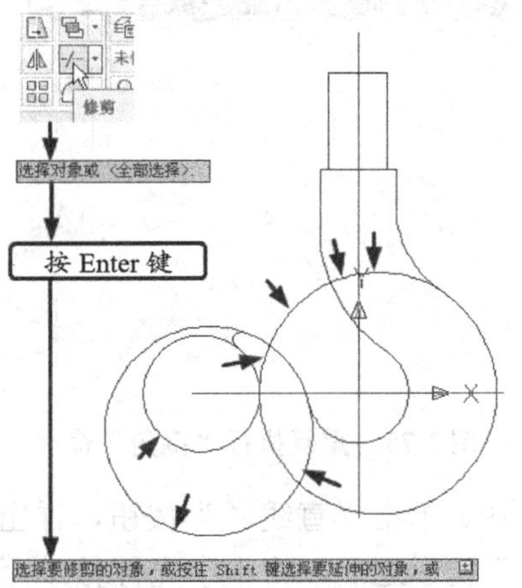

图 3-73　多余圆弧的修剪

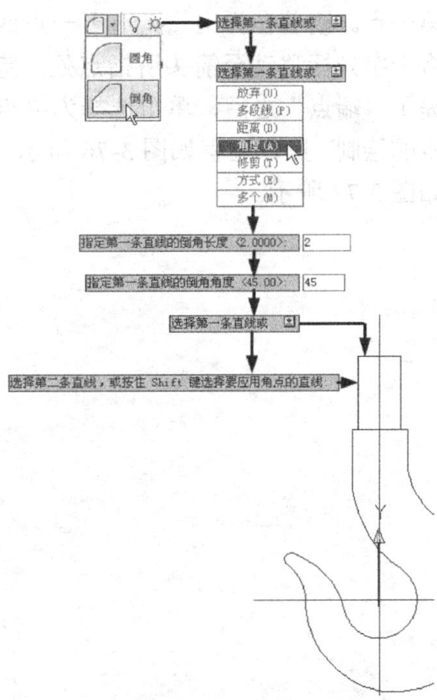

图 3-74　执行“倒角”命令

（18）按 Enter 键，重复“倒角”命令，在弹出“选择第一条直线或”提示后，单击选择箭头所指的水平线，接着在弹出“选择第二条直线，或按住 Shift 键选择要应用角点的直线”提示后单击选择箭头所指的竖直直线，完成“倒角”命令。操作过程如图 3-75 所示。

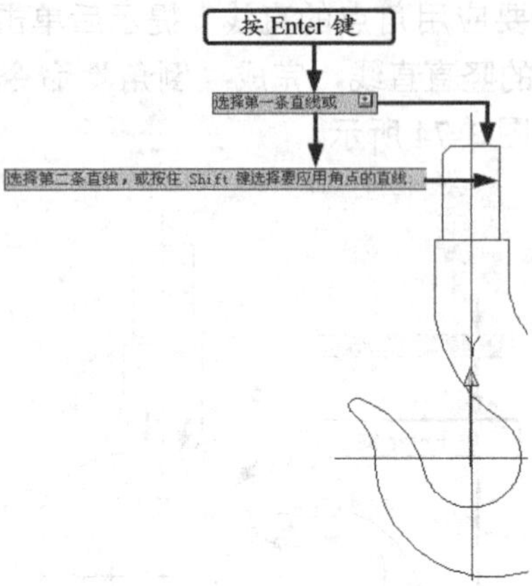

图 3-75　重复执行“倒角”命令

（19）单击“直线”按钮，弹出“指定第一点”提示之后，将十字光标移动至箭头所指位置处，待对象捕捉提示“端点”后，单击选为第一点。接着在弹出“指定下一点或”提示后将十字光标移动至箭头所指点处，待对象捕捉提示“端点”之后，单击选择为终点，完成直线的绘制。操作过程如图 3-76 所示。绘制结果如图 3-77 所示。

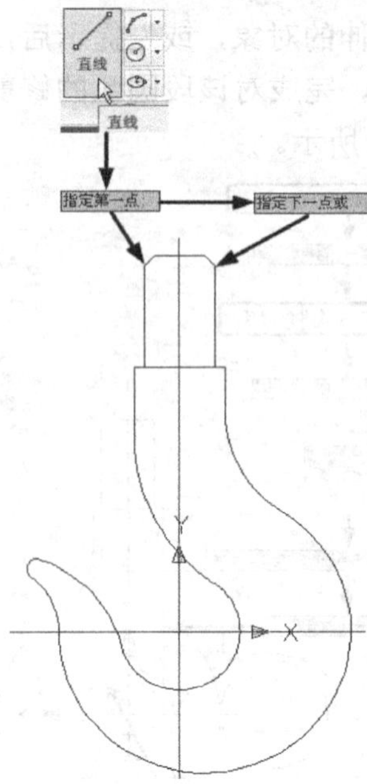

图 3-76　补充线条

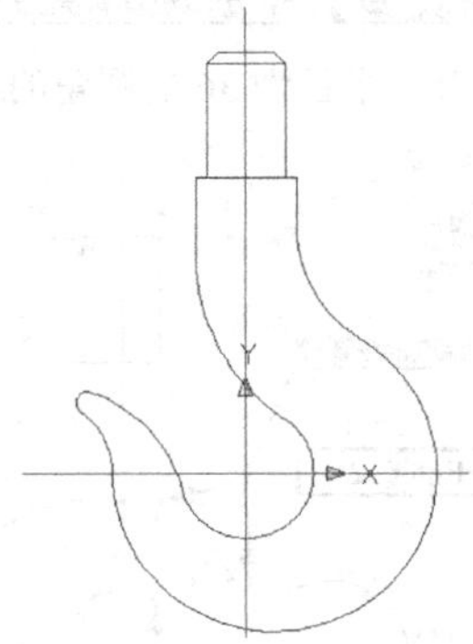

图 3-77　绘制完成图

第 4 讲　图形的修改

通过 AutoCAD 的二维绘图命令及“修剪”命令，可以绘制较简单的图形。但是绘制复杂的图形时，就需要使用“复制”、“移动”、“镜像”、“阵列”、“偏移”、“旋转”和“缩放”等修改命令。用户熟练地掌握这些命令之后，可以提高绘图的效率。

本讲内容

- 实例·模仿——电气控制板
- 复制与移动
- 镜像
- 阵列
- 偏移
- 旋转
- 缩放
- 实例·操作——连接器
- 实例·练习——垫片

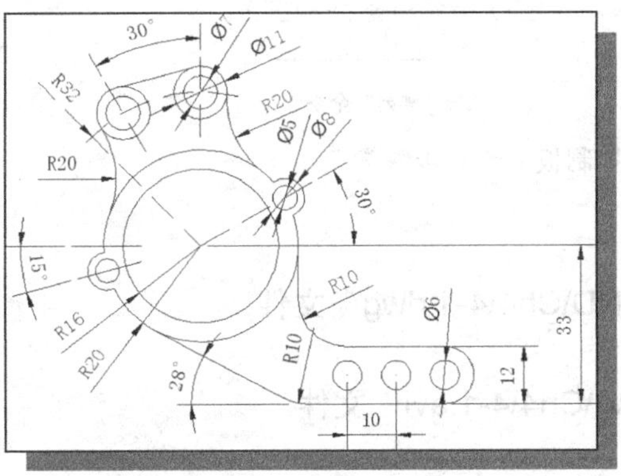

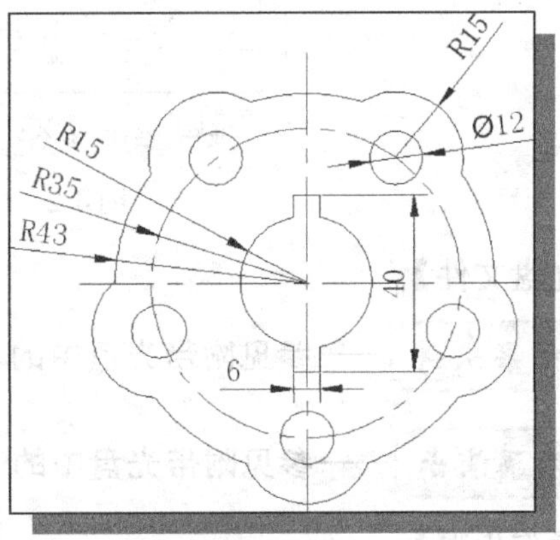

4.1　实例·模仿——电气控制板

电气控制板的尺寸如图 4-1 所示。在其绘制过程中，要用到“复制”、“镜像”和“偏移”等编辑命令。

【思路分析】

电气控制板结构比较简单，内部有 10 个小圆结构，两侧有 4 个由直线和圆弧组成的结构。可通过以下步骤完成绘制：首先绘制出中心线和外轮廓，其次绘制出其内部细节结构，然后利用“镜像”命令来完成两侧 4 个由直线和圆弧组成的结构，最后执行“阵列”命令完成中间 8 个小圆，如图 4-2 所示。

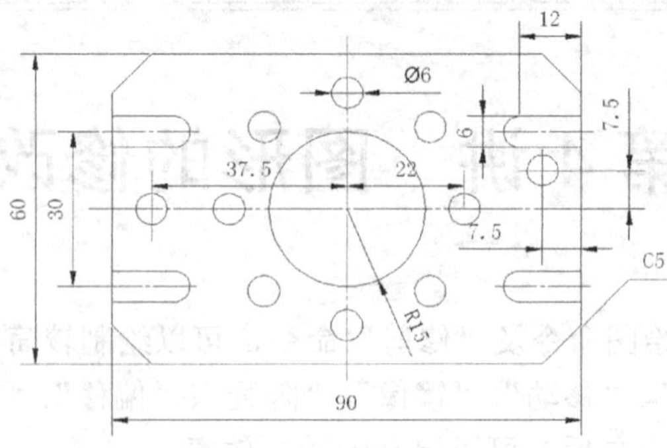

图 4-1　电气控制板

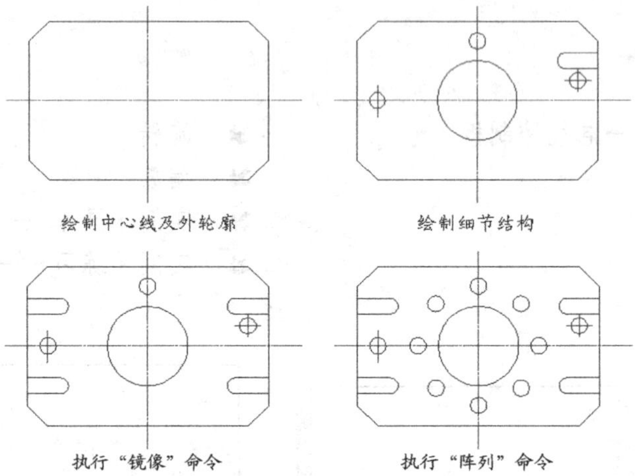

图 4-2　电气控制板的绘制步骤

【光盘文件】

结果文件——参见附带光盘中的“END\Ch4\4-1.dwg”文件。

动画演示——参见附带光盘中的“AVI\Ch4\4-1.avi”文件。

【操作步骤】

（1）单击“图层特性”按钮，新建图层，然后设置“中心线”图层为当前图层，如图 4-3 所示。

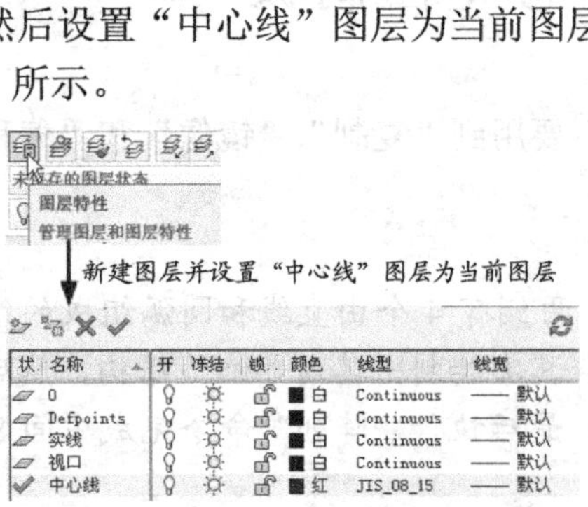

图 4-3　图层设置

（2）执行“直线”命令，绘制水平及竖直中心线。水平中心线的起点坐标为(-55，0)，长度为 110；竖直中心线的起点坐标为(0，40)，长度为 80。绘制结果如图 4-4 所示。

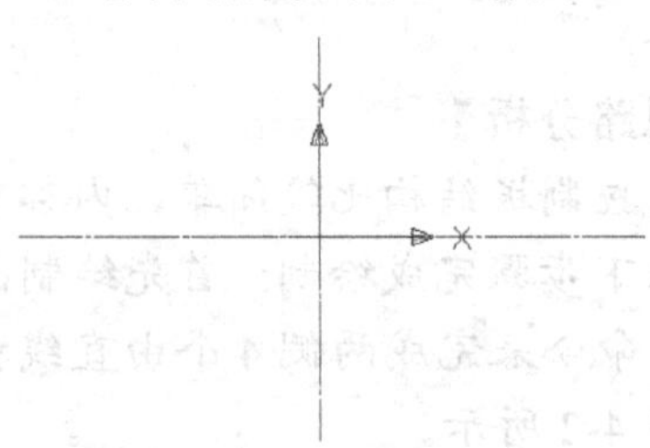

图 4-4　绘制中心线

（3）单击“图层”下拉列表，然后设置“实线”图层作为当前图层，如图 4-5 所示。

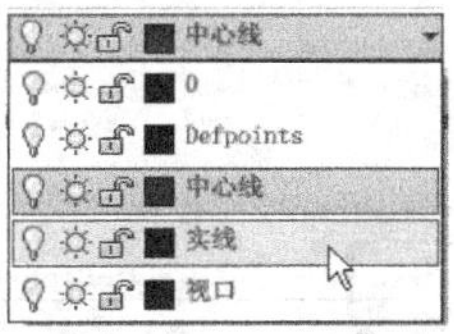

图 4-5　设置“实线”图层为当前图层

（4）单击“矩形”按钮，在弹出的“指定第一个角点或”输入框中输入坐标（-45，30），然后在“指定另一个角点或”输入框中输入相对坐标（90，-60），完成矩形的绘制，如图 4-6 所示。

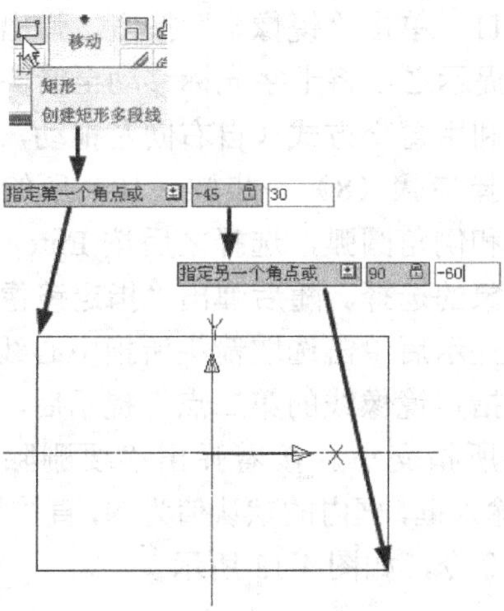

图 4-6　绘制矩形

（5）选择“倒角”命令，弹出“选择第一条直线或”提示时，按下方向键“↓”，在弹出的菜单中选择“角度”命令。接着在弹出的“指定第一条直线的倒角长度”输入框中输入“5”，并在“指定第一条直线的倒角角度”输入框中输入“45”，此时再次弹出“选择第一条直线或”提示，按下方向键“↓”，在弹出的菜单中选择“多段线”命令。然后在弹出“选择二维多段线”提示后单击矩形上的一点，即可完成对矩形 4 个角的倒角，操作过程如图 4-7 所示。

（6）执行“圆”命令，绘制中心位置圆心为（0，0），半径为 15 的圆，绘制结果如图 4-8 所示。

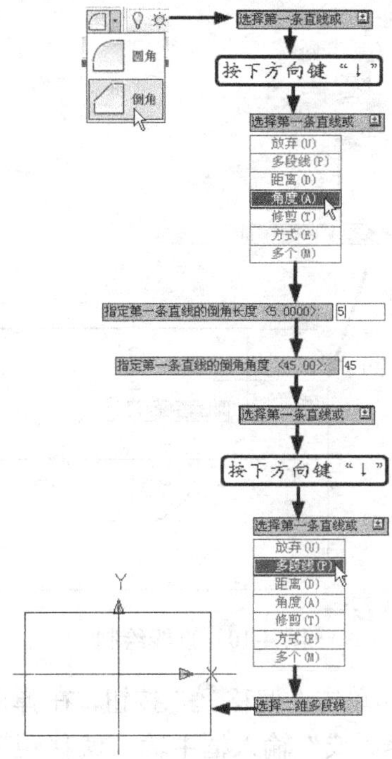

图 4-7　对矩形进行倒角

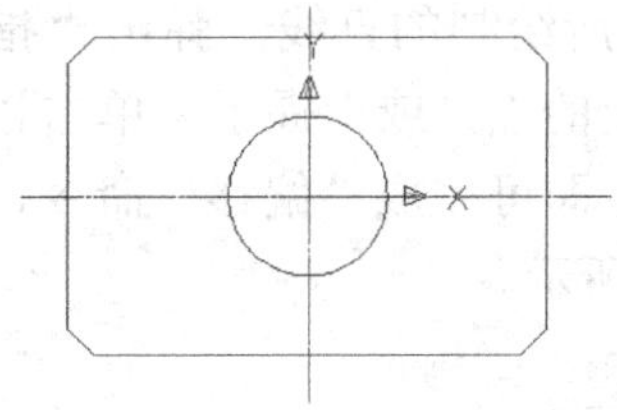

图 4-8　绘制中心圆

（7）重复执行“圆”命令，绘制以下 3 个直径为 6 的圆，各圆的圆心位置如图 4-9 所示。

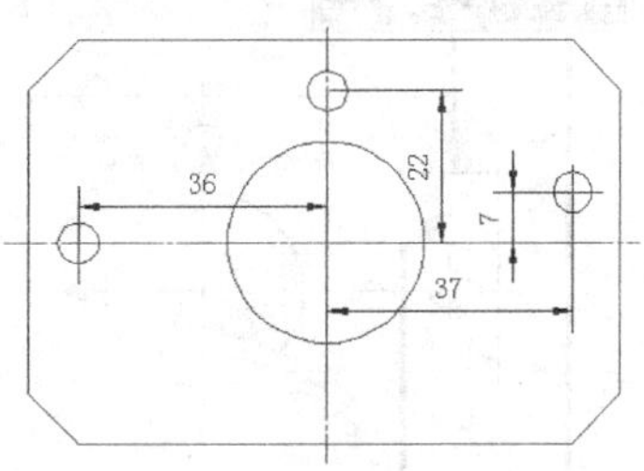

图 4-9　直径为 6 的圆的绘制

（8）单击“直线”按钮，在弹出的“指定第一点”输入框中输入直线起点坐标（-45，18），然后向右移动十字光标，输入直线长度“12”和倾角“0”，完成直线的绘制，操作过程如图 4-10 所示。

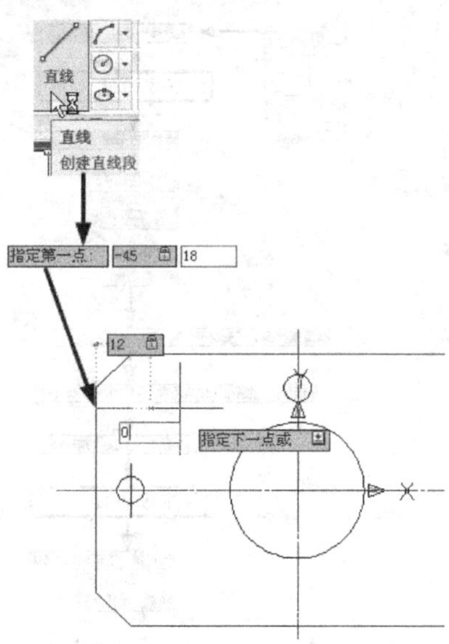

图 4-10　直线绘制

（9）单击“偏移”按钮，在弹出的“指定偏移距离或”输入框中输入偏移距离“6”。弹出“选择要偏移的对象，或”提示时，选择步骤（8）所绘制的直线，弹出“指定要偏移的那一侧上的点，或”提示后单击该直线下侧任意位置，即可完成“偏移”命令，执行过程如图 4-11 所示。

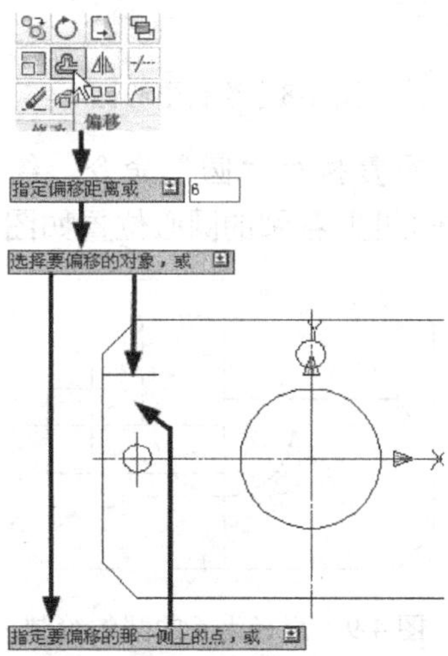

图 4-11　“偏移”命令的执行过程

（10）单击“圆角”按钮，弹出“选择第一个对象或”提示后，单击选择箭头所指直线末端；弹出“选择第二个对象，或按住 Shift 键选择要应用角点的对象”提示后，单击箭头所指末端，完成命令，如图 4-12 所示。

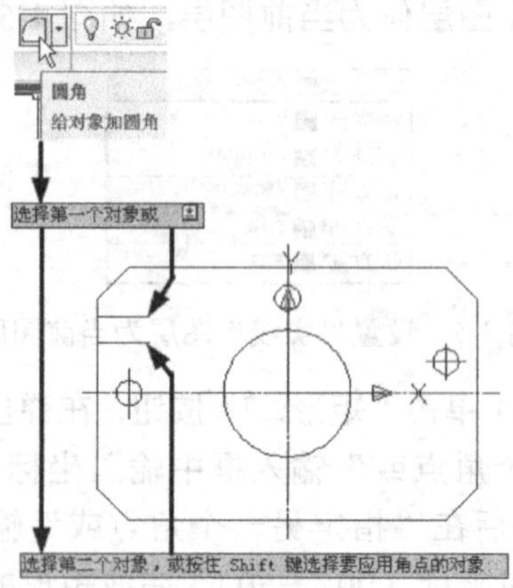

图 4-12　执行“圆角”命令

（11）单击“镜像”按钮，弹出“选择对象”提示之后将十字光标移动至箭头所指位置处，利用窗交方式（自右向左拖动，画出选框）选择步骤（8）～步骤（10）所绘制的两段直线和倒角圆弧，选择之后按 Enter 键完成镜像对象的选择。随后弹出“指定镜像线的第一点”提示后单击选取箭头所指中心线交点。弹出“指定镜像线的第二点”提示后，单击选取箭头所指交点。接着弹出“要删除源对象吗？”输入框，框内的默认值为 N，直接按 Enter 键结束命令，如图 4-13 所示。

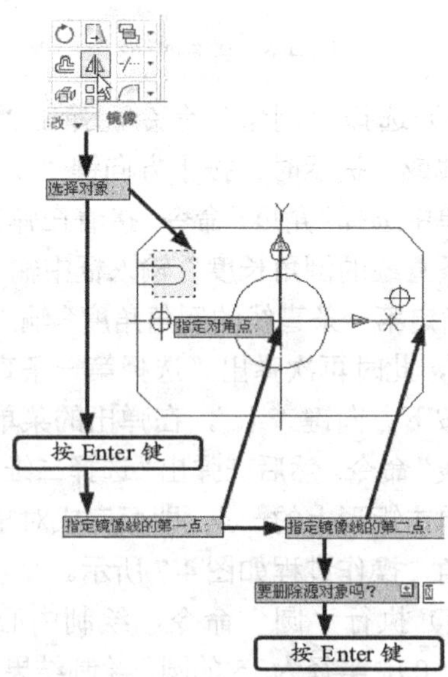

图 4-13　“镜像”命令的执行过程

（12）再次单击“镜像”按钮，弹出“选择对象”提示之后将十字光标移动至箭头所指位置处，利用窗交方式选择图 4-14 所示的两处对象，选择之后按 Enter 键完成镜像对象的选择。随后弹出“指定镜像线的第一点”提示后单击选取箭头所指中心线交点。弹出“指定镜像线的第二点”提示后，选取箭头所指交点。接着弹出“要删除源对象吗？”输入框，直接按 Enter 键结束命令。

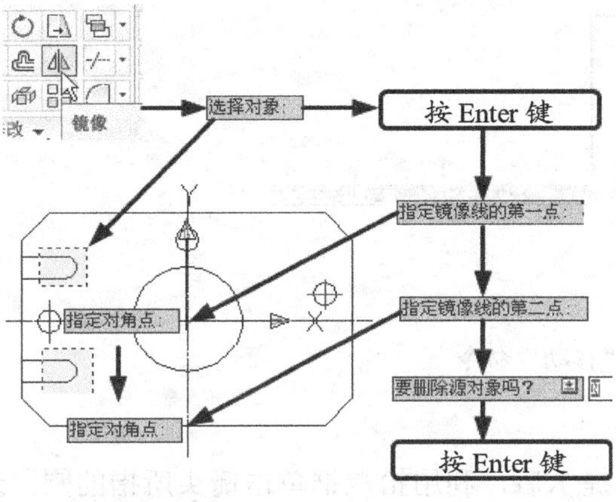

图 4-14　重复执行“镜像”命令

（13）单击“环形阵列”按钮，弹出“选择对象”提示，单击选择箭头所指的圆，按 Enter 键完成选择；接着弹出“指定阵列中心点”提示后，利用对象捕捉选取中心线交点为阵列中心；在“输入项目数或”提示下，输入“8”，按 Enter 键；再次按 Enter 键，确定默认旋转角度为 360°。最后按 Enter 键完成阵列操作，如图 4-15 所示。

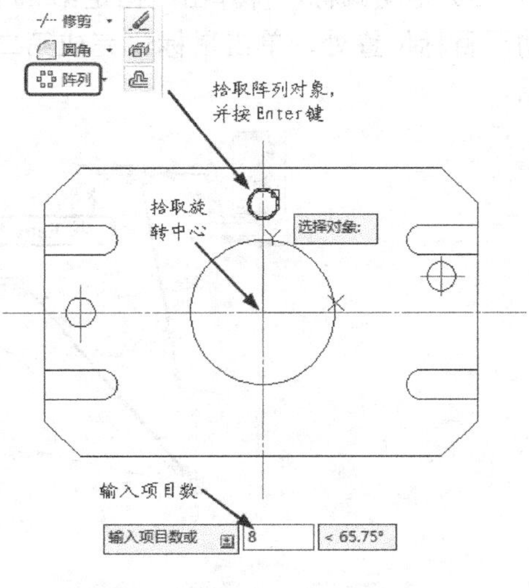

图 4-15　阵列整体操作步骤

（14）执行“阵列”命令后，即可完成绘制，结果如图 4-16 所示。

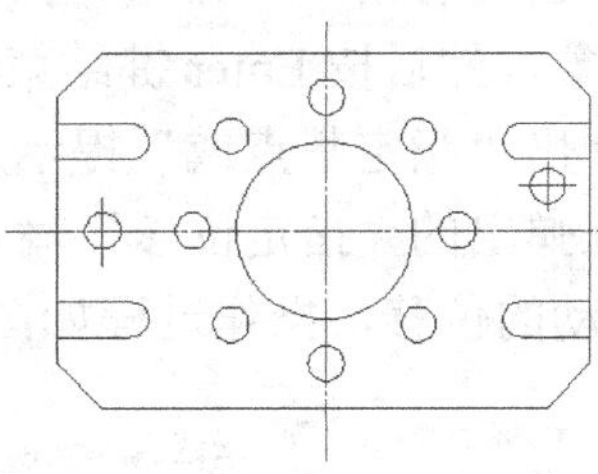

图 4-16　绘制完成图

4.2　复制与移动

使用“移动”命令可以将选定的对象移动到新的位置，指定对象位移的方法有两种，即两点法和位移法。

执行“移动”命令的常用方法有以下几种。

- ◆ 功能区：“常用”→“修改”→“移动”。
- ◆ 菜单：“修改”→“移动”。
- ◆ 命令行：输入“move”或者“m”。

1. 以“两点法”移动

（1）单击“移动”按钮，弹出“选择对象”提示后利用拾取框单击箭头所指的圆，选定为移动对象，然后按 Enter 键结束选取。

（2）弹出“指定基点或”提示后，将十字光标移动至圆心位置，待对象捕捉提示“圆心”后，单击选定为基点。

（3）拖动鼠标，待弹出“指定第二个点或〈使用第一个点作为位移〉”提示后，将十字光标移动至目标位置处，单击鼠标，完成第二个点的选定，结束“移动”命令。操作过程如图 4-17 所示。

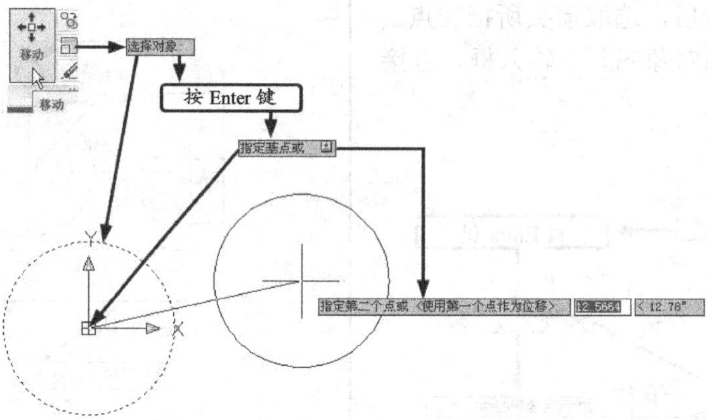

图 4-17　两点法执行“移动”命令

2. 以“位移法”移动

（1）单击“移动”按钮，弹出“选择对象”提示后，利用拾取框单击箭头所指的圆，选定为移动对象。然后按 Enter 键结束选取。

（2）弹出“指定基点或”提示后，按下方向键“↓”，选择“位移”命令。

（3）在弹出的“指定位移”输入框中输入位移长度“15”，按 Tab 键后输入倾斜角度“10”，即可确定移动的位移，操作过程如图 4-18 所示。

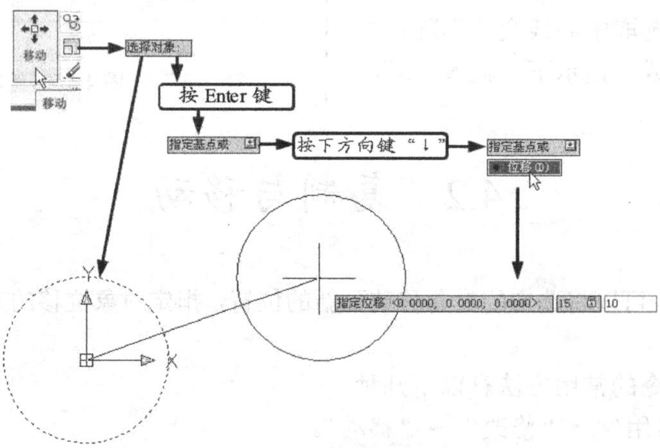

图 4-18　位移法执行“移动”命令

“复制”命令与“移动”命令相似，“复制”命令可以将选定的对象复制在多个指定位置，但是“复制”命令执行之后源对象不变。执行“复制”命令的方法也有两点法和位移法两种。

执行“复制”命令的常用方法有以下几种。

◆ 功能区："常用" → "修改" → "复制"。

◆ 菜单："修改" → "复制"。

◆ 命令行：输入 "copy"。

3. 以"两点法"复制

（1）单击"复制"按钮，弹出"选择对象"提示后，利用拾取框单击选取箭头所指的圆，选定为复制对象。然后按 Enter 键结束选取。

（2）弹出"指定基点或"提示后，将十字光标移动至圆心位置，待对象捕捉提示"圆心"后，单击选定为基点。

（3）拖动鼠标，待弹出"指定第二个点或〈使用第一个点作为位移〉"提示后，将十字光标移动至目标位置处，单击鼠标完成第二个点的选定，结束"复制"命令，操作过程如图 4-19 所示。

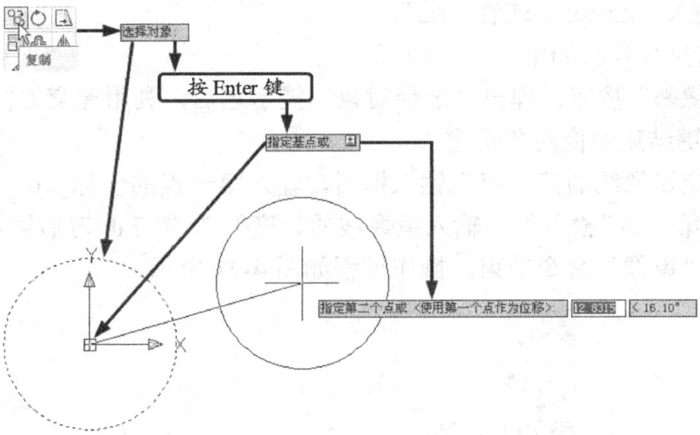

图 4-19 两点法执行"复制"命令

4. 以"位移法"复制

（1）单击"复制"按钮，弹出"选择对象"提示后，利用拾取框单击箭头所指的圆，选定为移动对象。然后按 Enter 键结束选取。

（2）弹出"指定基点或"提示后，按下方向键"↓"，选择"位移"命令。

（3）在弹出的"指定位移"输入框中输入位移长度"15"，按 Tab 键后输入倾斜角度"10"，即可确定复制的位移，操作步骤如图 4-20 所示。

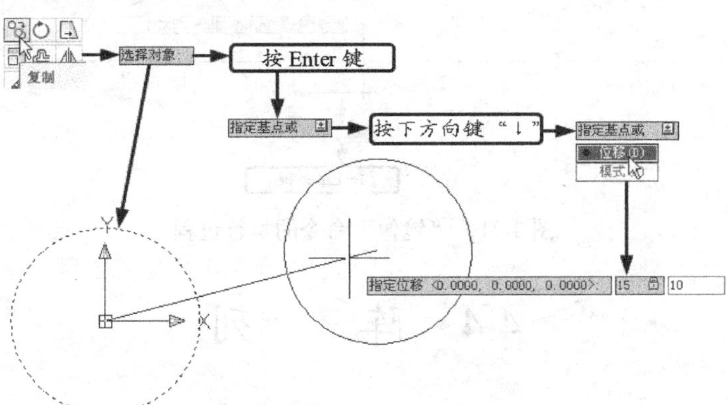

图 4-20 位移法执行"复制"命令

提示：“移动”和“复制”命令的两点法通常和对象捕捉配合使用。

4.3 镜　　像

“镜像”命令可以创建与源对象轴对称的对象。在机械制图中，轴对称情况普遍存在，所以利用“镜像”命令可以有效提高绘图效率。

执行“镜像”命令的常用方法有以下几种。

◆ 功能区：“常用”→“修改”→“镜像”。
◆ 菜单：“修改”→“镜像”。
◆ 命令行：输入“mirror”或者“mi”。

“镜像”命令的执行步骤如下。

（1）单击“镜像”按钮，弹出“选择对象”提示之后，利用窗交方式选择三角形的 3 条边，完成后按 Enter 键结束镜像对象选定。

（2）弹出“指定镜像线的第一点”输入框后，输入第一点的坐标（0，5），向下拖动鼠标，弹出“指定镜像线的第二点”输入框后输入镜像线的长度“3”，按 Tab 键后输入镜像线倾角“270”，完成镜像线的指定，“镜像”命令结束，操作过程如图 4-21 所示。

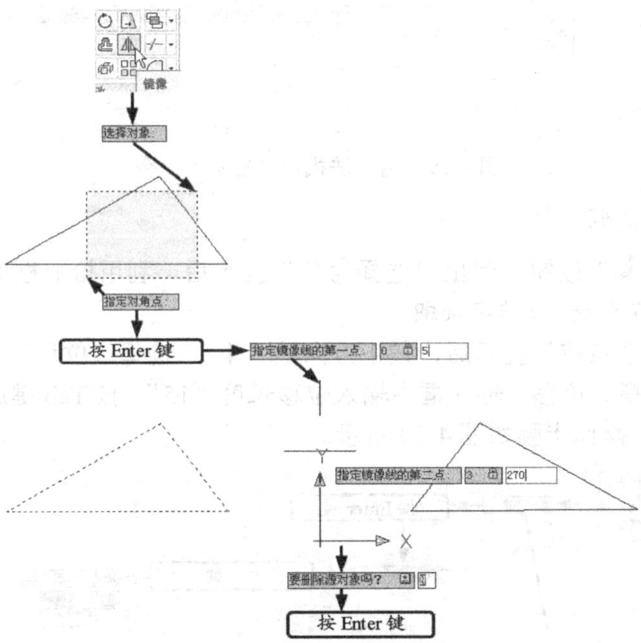

图 4-21　“镜像”命令的执行过程

4.4 阵　　列

“阵列”命令可以将选定的对象按照一定的分布规律复制成多个对象，阵列完成后的各个对象相互独立。阵列可以分为矩形阵列和环形阵列。

1. 矩形阵列

矩阵阵列对象的方法有以下几种。

- ◆ 功能区：“常用”→“修改”→“矩形阵列”。
- ◆ 菜单：“修改”→“阵列”→“矩形阵列”。
- ◆ 命令行：输入“arrayrect”。

“矩形阵列”命令的执行步骤如下：

（1）单击“矩形阵列”按钮。

（2）拾取需要阵列的对象，选择之后按 Enter 键完成对象选定。

（3）拖动光标，在不同角度可以出现行数和列数不同的阵列形式，阵列形式满足要求时单击鼠标左键确定。

（4）输入“100，75”（包括逗号），以确定阵列的总长度和总宽度，按 Enter 键确定。

（5）按 Enter 键，完成“阵列”命令，操作过程如图 4-22 所示。

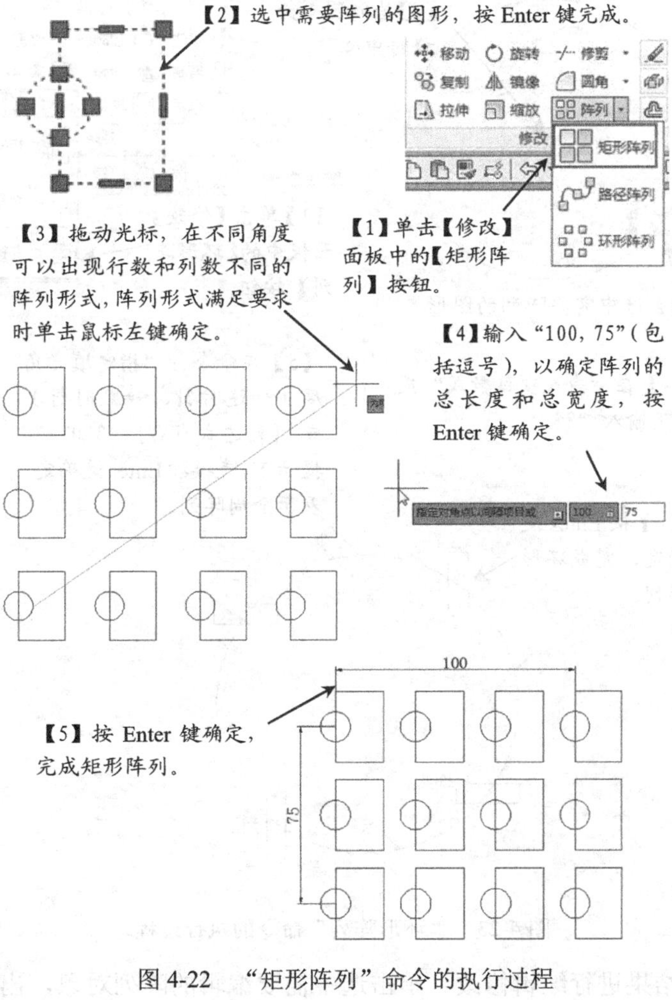

图 4-22 “矩形阵列”命令的执行过程

2. 环形阵列

阵列对象的方法有以下几种。

◆ 功能区："常用"→"修改"→"环形阵列"。

◆ 菜单："修改"→"阵列"→"环形阵列"。

◆ 命令行：输入"arraypolar"。

"环形阵列"的执行步骤如下：

（1）单击"环形阵列"按钮。

（2）在"选择对象"提示下，拾取需要阵列的对象，按 Enter 键完成对象选定。

（3）在"指定阵列的中心点"提示下，利用对象捕捉选取十字交点作为环形阵列中心点。

（4）在"输入项目数或"提示下，输入"8"作为生成的项目数量。

（5）在命令行"指定填充角度（+=逆时针、-=顺时针）或 [表达式（EX）] <360>:"提示下，直接按 Enter 键确定，表示全周阵列。

（6）按 Enter 键完成环形阵列，操作过程如图 4-23 所示。

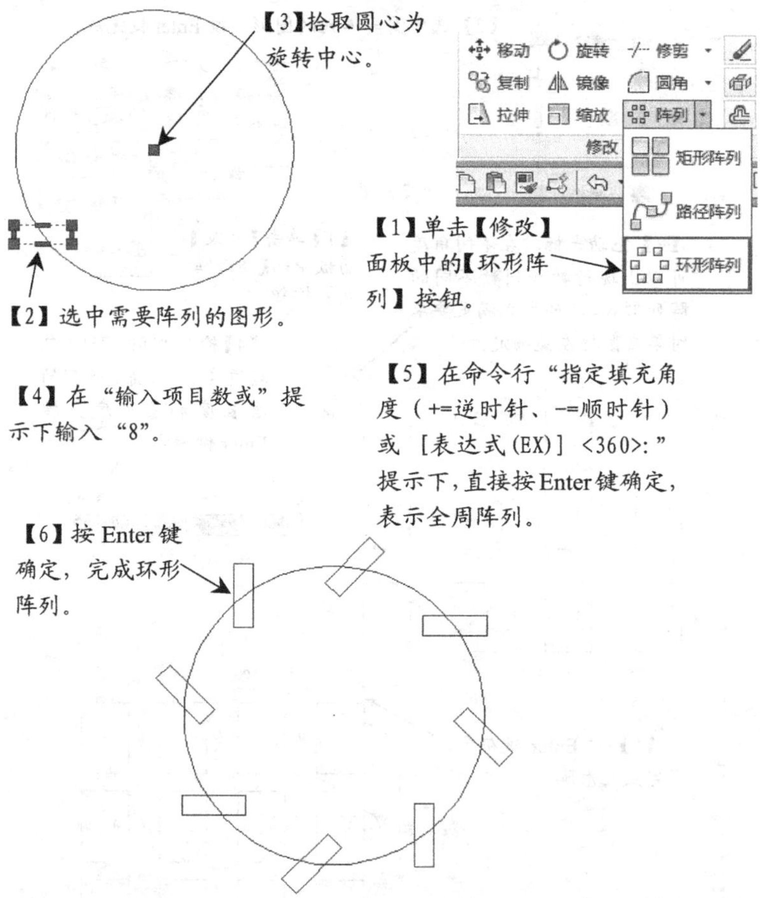

图 4-23 "环形阵列"命令的执行过程

用户可以对阵列结果进行编辑修改。单击选中需要编辑的阵列对象，出现【阵列】选项卡，如图 4-24 所示，可以对阵列参数进行修改。

图 4-24　可以对阵列结果进行编辑修改

4.5　偏　　移

“偏移”命令可以根据指定的距离或通过点将直线、圆、圆弧等对象做同心偏移复制。通常使用“偏移”命令绘制平行线或者同中心图形。

执行“偏移”命令的常用方法有以下几种。

- ◆ 功能区：“常用”→“修改”→“偏移”。
- ◆ 菜单：“修改”→“偏移”。
- ◆ 命令行：输入“offset”。

“偏移”命令的执行步骤如下：

（1）单击“偏移”按钮，在弹出的“指定偏移距离或”输入框中输入偏移距离“5”。

（2）弹出“选择要偏移的对象，或”提示之后，单击箭头所指的直线，完成偏移对象的选定。

（3）弹出“指定要偏移的那一侧上的点，或”提示之后，单击步骤（2）选定的直线右侧的任一位置即可完成“偏移”命令的执行。命令执行步骤及结果如图 4-25 所示。

封闭图形也可以作为偏移对象，偏移之后其形状不变尺寸发生变化。如图 4-26 所示为对半径为 10 的圆执行“偏移”命令，偏移距离为 5，偏移之后产生一个半径为 15 的同心圆。

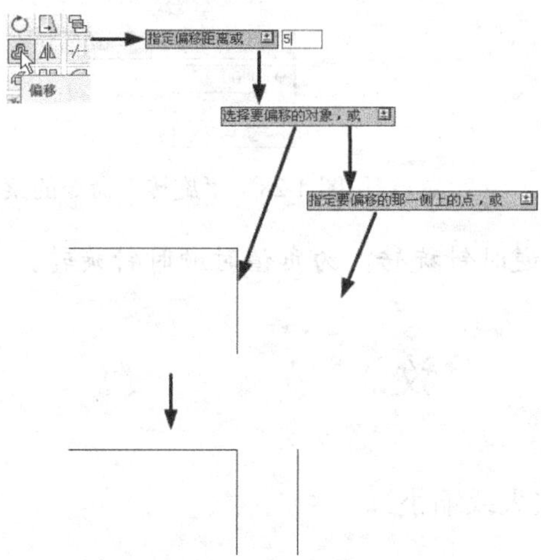

图 4-25　“偏移”命令的执行步骤及结果

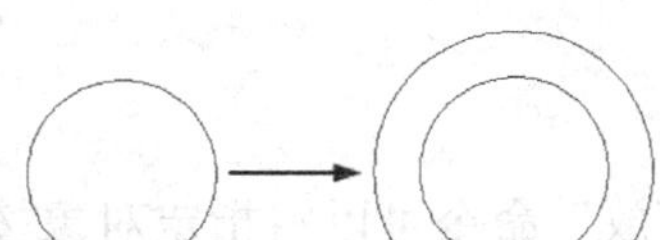

图 4-26　对圆执行“偏移”命令的结果

4.6　旋　　转

“旋转”命令指的是以指定点为中心旋转图形，使图形的方向发生改变，而不改变图形的大小。

执行“旋转”命令的常用方法有以下几种。

◆ 功能区：“常用”→“修改”→“旋转”。

◆ 菜单：“修改”→“旋转”。

◆ 命令行：输入“rotate”。

“旋转”命令的执行步骤如下：

（1）单击“旋转”按钮，弹出“选择对象”提示之后，选择图中所示的矩形为旋转对象。

（2）在弹出的“指定基点”输入框中输入旋转中心坐标（0，0）。

（3）在弹出的“指定旋转角度，或”输入框中输入旋转角度“90”，即可完成对矩形对象的旋转。

“旋转”命令的执行步骤及结果如图 4-27 所示。

在弹出“指定旋转角度，或”提示之后，按下方向键“↓”可弹出如图 4-28 所示的菜单。如果选择“复制”命令，则复制完之后，源对象保持不变；如果选择“参照”命令，则可以将已有图形中的角度作为参照指定旋转角度。

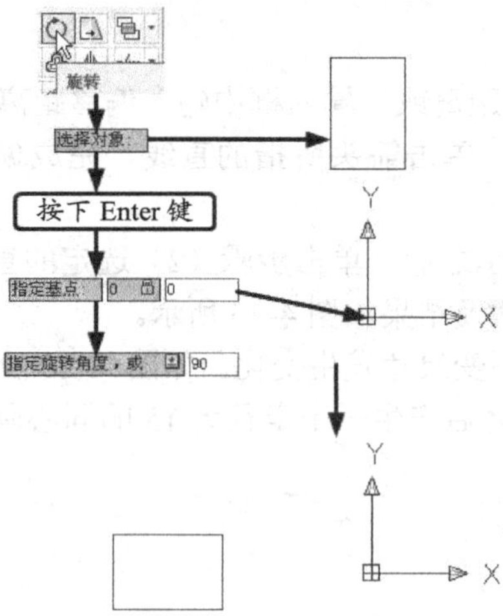

图 4-27 “旋转”命令的执行步骤及结果

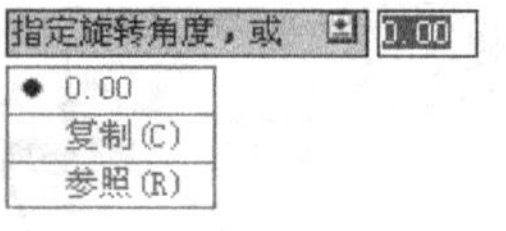

图 4-28 “旋转”命令的菜单

提示：在“旋转”命令中，旋转角度为正值时逆时针旋转，为负值时顺时针旋转。

4.7 缩 放

“缩放”命令可以将指定对象按照一定比例放大或缩小。

执行“缩放”命令的常用方法有以下几种。

◆ 功能区：“常用”→“修改”→“缩放”。

◆ 菜单：“修改”→“缩放”。

◆ 命令行：输入“scale”。

“缩放”命令的执行步骤如下：

（1）单击“缩放”按钮，弹出“选择对象”提示后，选择缩放对象，完成选择后按 Enter 键。

（2）弹出“指定基点”提示之后，利用对象捕捉方式选择左下角点为基点。

（3）在弹出的“指定比例因子或”输入框中输入缩放比例“2”即可完成“缩放”命令。

“缩放”命令的执行过程及结果如图 4-29 所示。

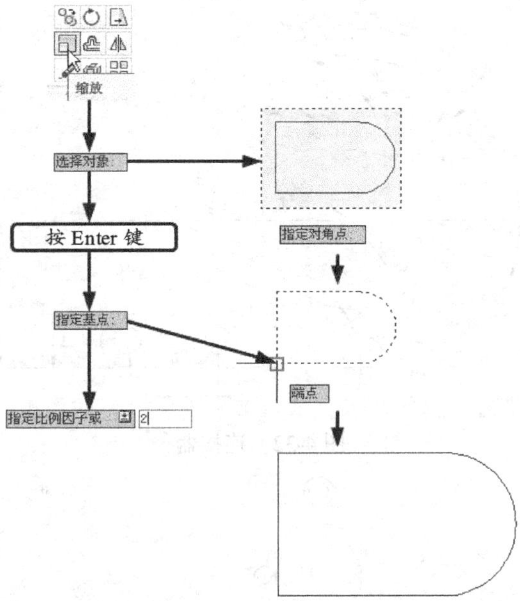

图 4-29　“缩放”命令的执行过程及结果

在弹出“指定比例因子或”输入框时，按下方向键“↓”会弹出菜单，如图 4-30 所示。其中：

◆ 比例因子指的是缩放比例的数值，该数值在 0～1 之间时，缩放结果使源对象缩小，该数值大于 1 时，会使源对象放大。
◆ 复制指的是创建要缩放的选定对象的副本，执行完“缩放”命令之后源对象不被删除。
◆ 参照指将选定的长度在缩放之后转化为指定的长度。

选择“复制”命令的缩放结果如图 4-31 所示。

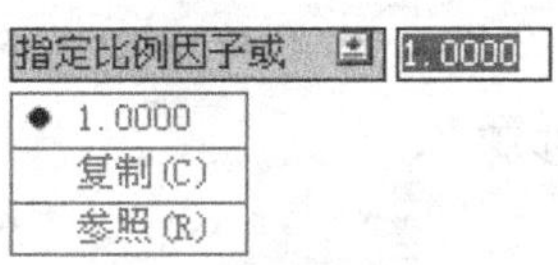

图 4-30　“缩放”命令的选项菜单

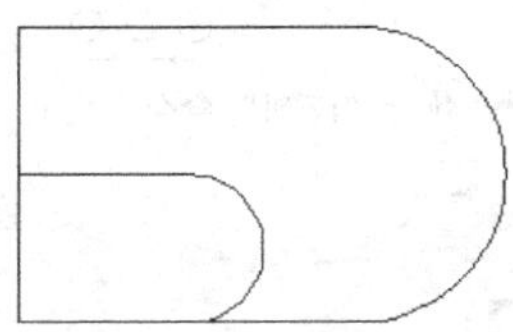

图 4-31　选择“复制”命令后的缩放结果

4.8　实例·操作——连接器

连接器的尺寸如图 4-32 所示。在其绘制过程中，要用到“旋转”、“偏移”和“阵列”等编辑命令。

【思路分析】

在连接器的绘制过程中，需要用到“旋转”、“偏移”和“阵列”等命令。可以按照以下步骤完成绘制：首先绘制出基本的圆和直线，然后分别执行“偏移”、“旋转”和“阵列”命令完成图形主体的绘制，再补充上缺少的直线，最后执行“圆角”和“修剪”命令完成图形的绘制。其过程如图 4-33 所示。

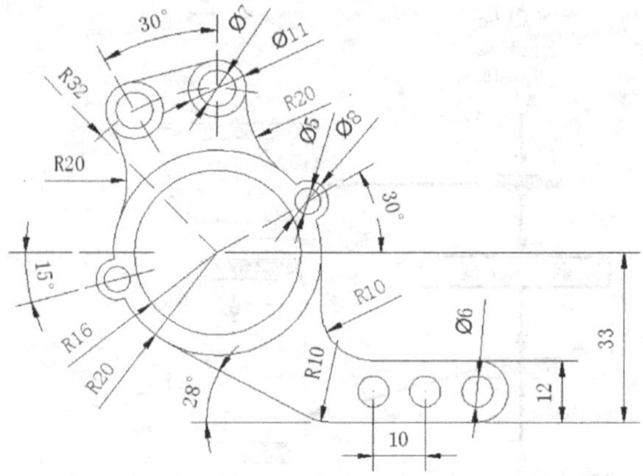

图 4-32　连接器

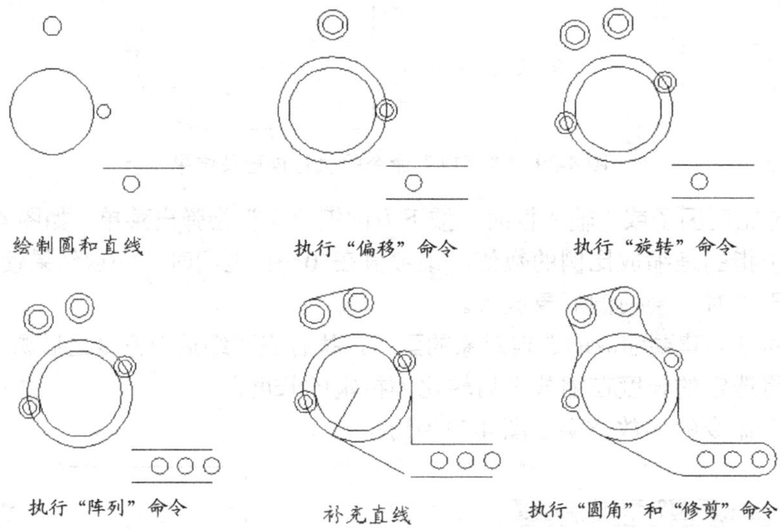

图 4-33　连接器的绘制步骤

【光盘文件】

结果文件——参见附带光盘中的“END\Ch4\4-8.dwg”文件。

动画演示——参见附带光盘中的“AVI\Ch4\4-8.avi”文件。

【操作步骤】

（1）单击“图层特性组”按钮，进行图层设置，并将“实线”图层设置为当前图层，如图 4-34 所示。

（2）执行“圆”命令，绘制以下 4 个圆：圆心为（0，0）、半径为 16 的圆，圆心为（20，0）、直径为 5 的圆，圆心为（0，32）、直径为 7 的圆，圆心为（30，-27）、直径为 6 的圆。绘制结果如图 4-35 所示。

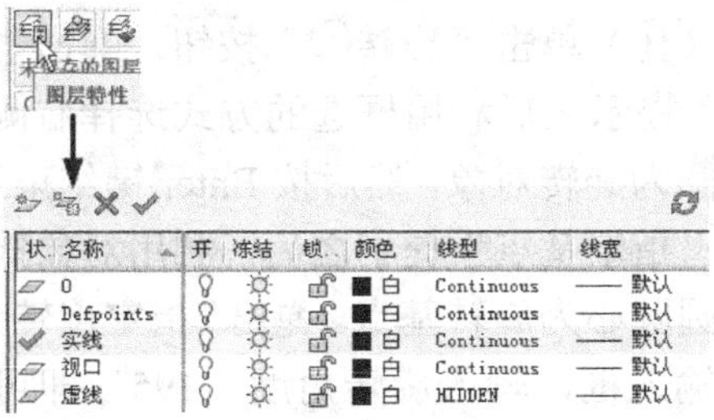

图 4-34 图层设置

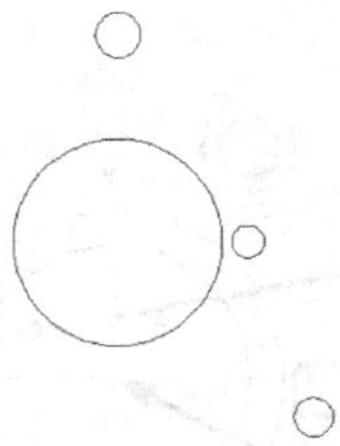

图 4-35 绘制 4 个基本圆

（3）执行“直线”命令，绘制起点为（20，-21）、终点为（50，-21）的直线，绘制结果如图 4-36 所示。

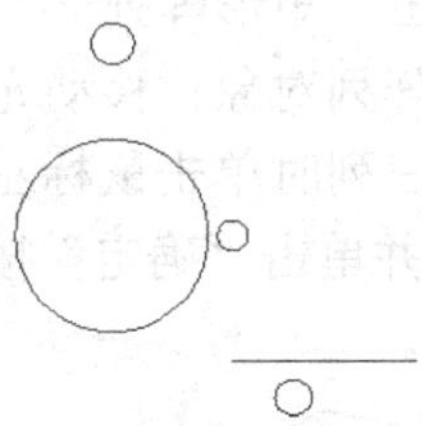

图 4-36 绘制直线

（4）单击“偏移”按钮，在弹出的“指定偏移距离或”输入框中输入偏移距离值“4”，弹出“选择要偏移的对象，或”提示之后，利用拾取框单击选择圆心为（0，0）的大圆作为偏移对象。弹出“指定要偏移的那一侧上的点，或”提示之后，单击大圆外的任意一点，即可完成对大圆的偏移操作，如图 4-37 所示。

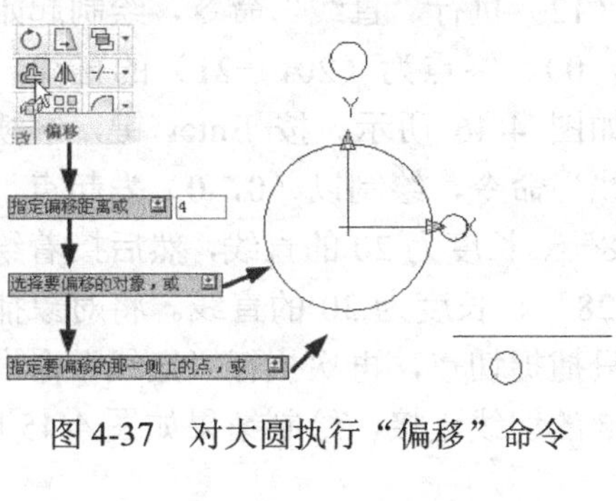

图 4-37 对大圆执行“偏移”命令

（5）重复执行“偏移”命令，对圆心为（0，30）的圆进行偏移，偏移距离为 2，偏移产生的圆的直径为 11，执行结果如图 4-38 所示。

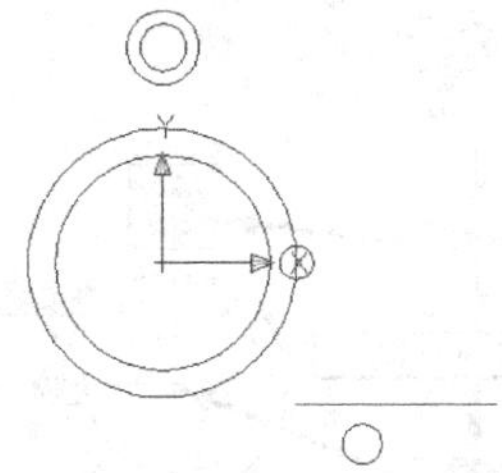

图 4-38 对上部圆执行“偏移”命令

（6）重复执行“偏移”命令，对圆心为（20，0）的圆进行偏移，偏移距离为 1.5，偏移产生的圆直径为 8，执行结果如图 4-39 所示。

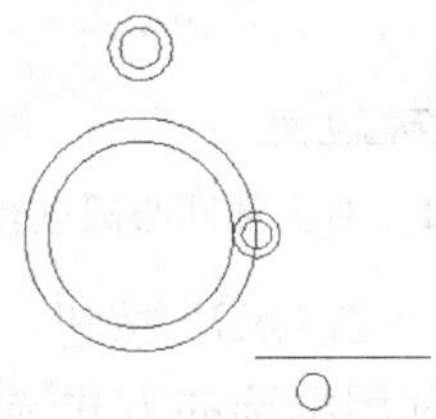

图 4-39 对右侧圆进行偏移

（7）重复执行“偏移”命令，对右下位置的直线进行偏移，偏移距离为 12，偏移方向为下方，执行过程及结果如图 4-40 所示。

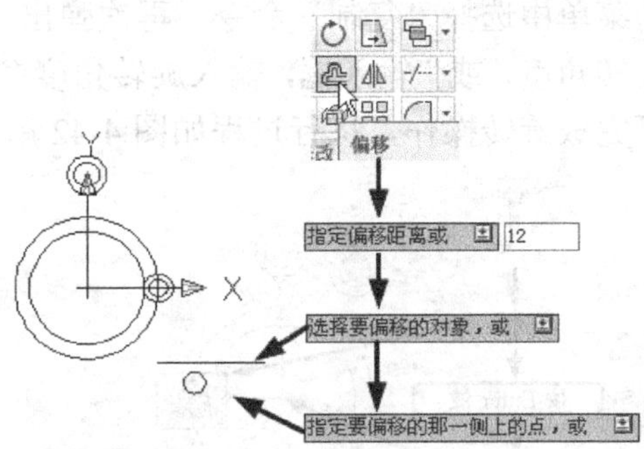

图 4-40 对直线的偏移

（8）单击“旋转”按钮，弹出“选择对象”提示之后利用框选的方式选择上部两个同心圆为旋转对象，然后按 Enter 键结束选择。弹出“指定基点”提示之后，利用对象捕捉选择大圆圆心为旋转基点。弹出“指定旋转角度，或”提示之后，按下方向键“↓”，然后在弹出的菜单中选择“复制”命令。再次弹出“指定旋转角度，或”输入框，输入旋转角度“30”即可完成旋转操作，执行过程如图 4-41 所示。

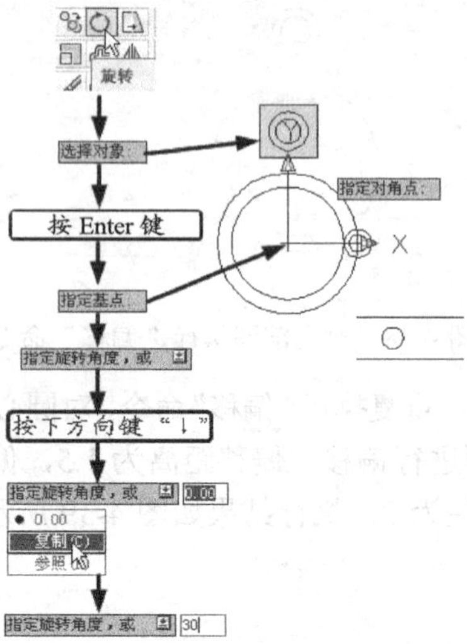

图 4-41　对上部同心圆进行旋转

（9）单击“旋转”按钮，弹出“选择对象”提示之后利用框选的方式选择右侧两个同心圆为旋转对象，然后按 Enter 键结束选择。弹出“指定基点”提示之后，利用对象捕捉选择大圆圆心为旋转基点。弹出“指定旋转角度，或”提示之后，按下方向键“↓”，然后在弹出的菜单中选择“复制”命令。再次弹出“指定旋转角度，或”输入框，输入旋转角度“30”即可完成旋转操作，执行过程如图 4-42 所示。

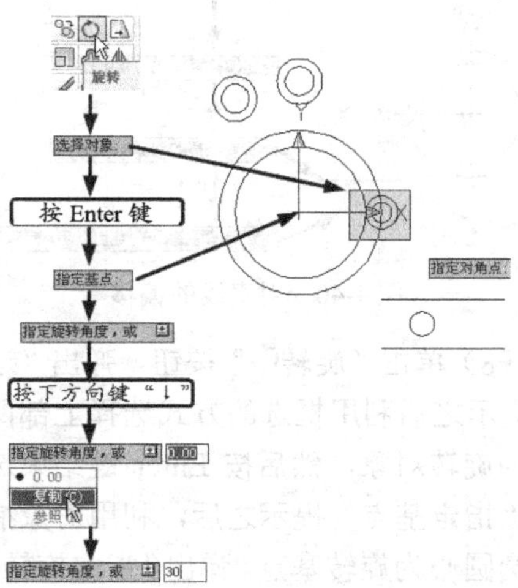

图 4-42　对右侧同心圆进行旋转

（10）单击“旋转”按钮，弹出“选择对象”提示之后利用框选的方式选择右侧两个同心圆为旋转对象，然后按 Enter 键结束选择。弹出“指定基点”提示之后，利用对象捕捉选择大圆圆心为旋转基点。弹出“指定旋转角度，或”输入框，输入旋转角度“195”即可完成旋转操作，执行过程如图 4-43 所示。

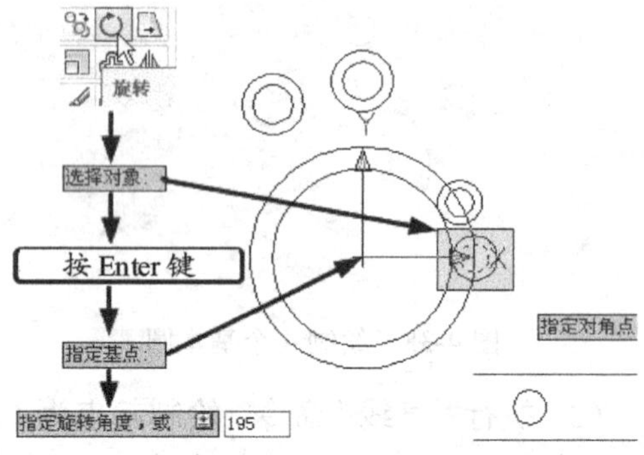

图 4-43　旋转右侧同心圆

（11）单击“矩形阵列”按钮，选择箭头所指的圆为阵列对象；移动光标，在显示阵列形式为一行三列时单击鼠标左键，将列偏移值设置为 10，并单击“确定”按钮，执行结果如图 4-44 所示。

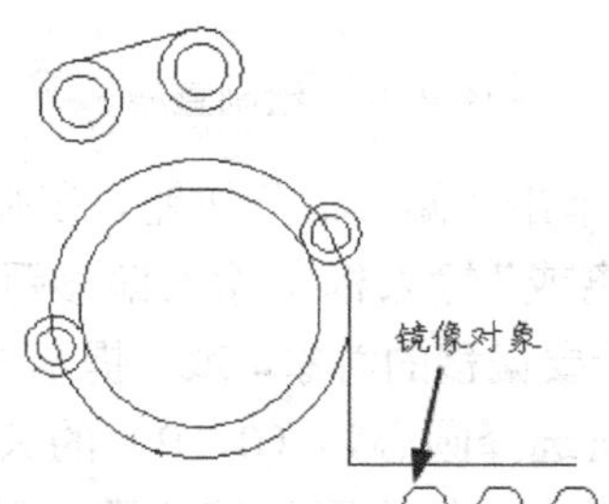

图 4-44　“阵列”命令的执行

（12）执行“直线”命令，绘制起始点为（20，0）、终点为（20，-21）的直线，绘制结果如图 4-46 所示。按 Enter 键，继续执行“直线”命令，绘制以（0，0）为起点、倾角为 118°、长度为 20 的直线，然后接着绘制倾角为 28°、长度为 30 的直线。将对象捕捉设置为只捕捉切点，再次执行“直线”命令，绘制上部的切线连接，绘制结果如图 4-45 所示。

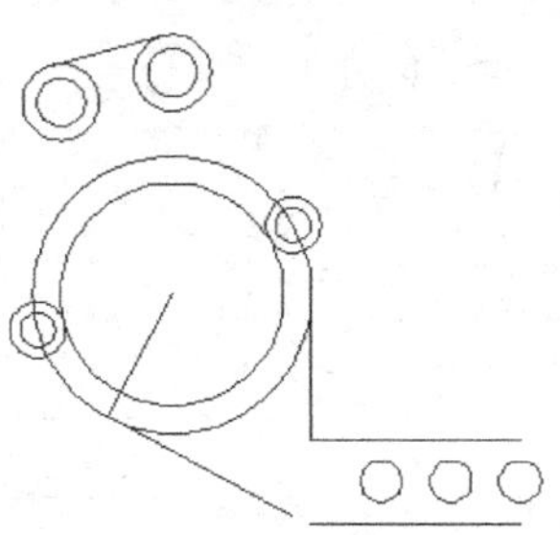

图 4-45　补充绘制直线

（13）单击“圆角□”按钮，弹出“选择第一个对象或”提示之后，单击选择箭头所指的直线端点，弹出“指定第二个对象，或按住 Shift 键选择要应用角点的对象”提示后，单击选择箭头所指的直线端点即可完成对该平行线的圆角，如图 4-46 所示。

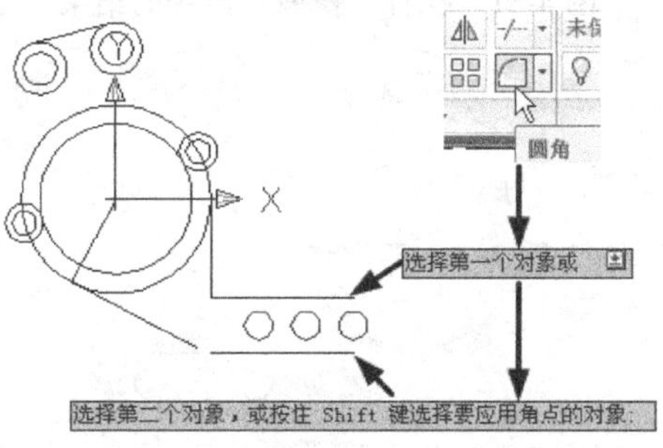

图 4-46　对平行线执行“圆角”命令

（14）再次单击“圆角□”按钮，弹出“选择第一个对象或”提示之后，按下方向键“↓”，在弹出的菜单中选择“半径”命令，然后在弹出的“指定圆角半径”输入框中输入“10”。弹出“选择第一个对象或”提示时，单击选择箭头所指的竖直直线，弹出“选择第二个对象，或按住 Shift 键选择要应用角点的对象”提示之后，单击选择箭头所指的水平直线，即可完成圆角的创建，操作过程如图 4-47 所示。

（15）重复执行“圆角”命令，创建第二个半径为 10 的圆角，创建结果如图 4-48 所示。

（16）单击“圆角□”按钮，弹出“选择第一个对象或”提示时，按下方向键“↓”，在弹出的菜单中选择“修剪”命令，然后在弹出的修剪模式菜单中选择“不修剪”命令。再次按下方向键“↓”，在弹出的菜单中选择“半径”命令，并在随后弹出的“指定圆角半径”输入框中输入半径值“20”。弹出“选择第一个对象或”提示之后，选择箭头所指的圆；弹出“选择第二个对象，或按住 Shift 键选择要应用角点的对象”提示后单击选择箭头所指的圆即可完成该圆角的创建，操作过程如图 4-49 所示。

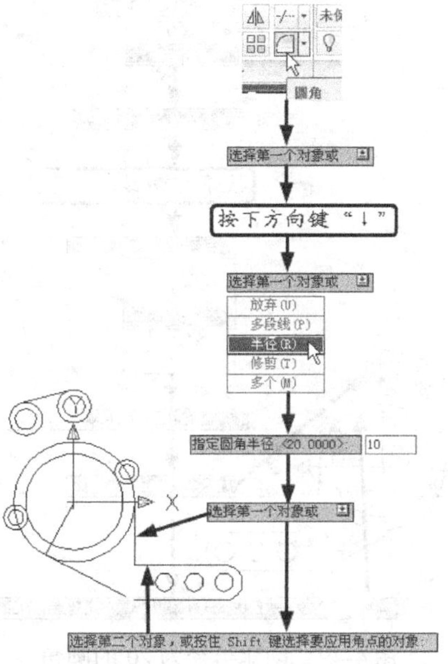

图 4-47　创建半径为 10 的圆角

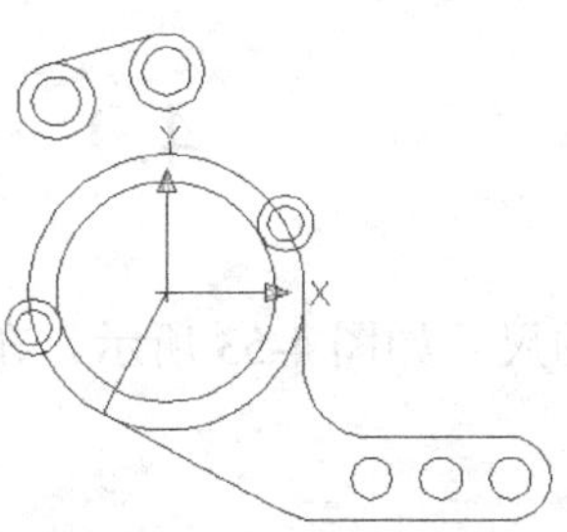

图 4-48　半径为 10 的圆角的创建结果

（17）按 Enter 键，重复执行“圆角”命令，创建另一个半径为 20 的圆角，创建结果如图 4-50 所示。

（18）执行“修剪”命令，修剪两组小同心圆位置处多余的线条，结果如图 4-51 所示。

（19）执行“删除”命令，删除多余的一条倾斜直线，即可完成连接器的绘制，结果如图 4-52 所示。

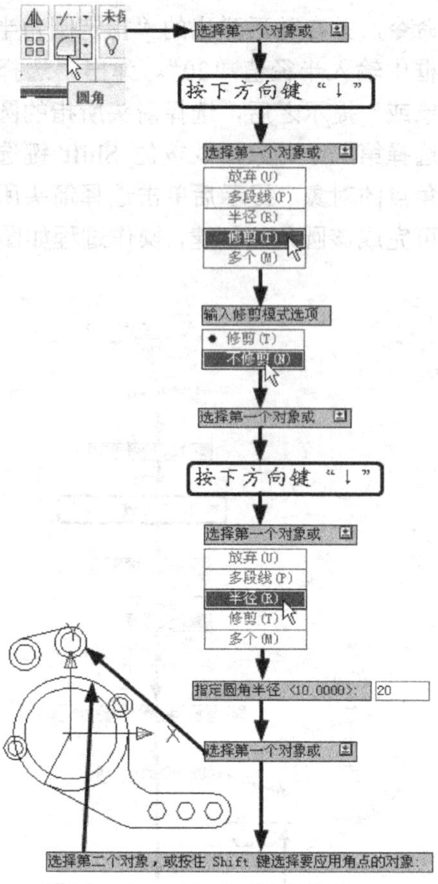

图 4-49　创建半径为 20 的圆角

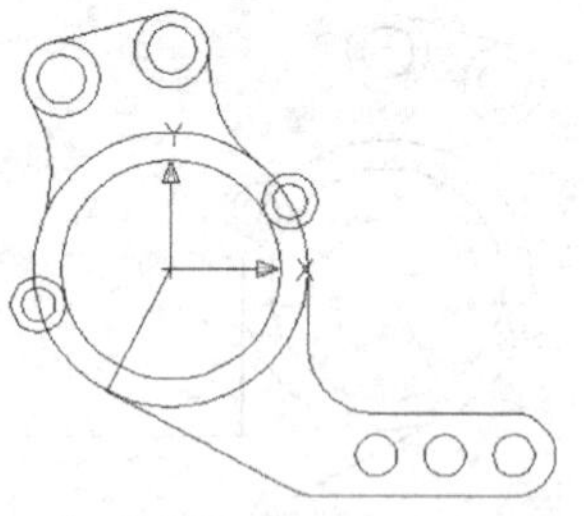
图 4-50　两个半径为 20 的圆角的创建结果

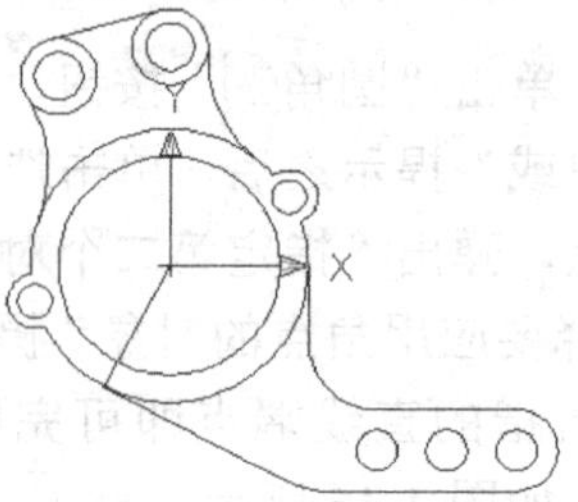
图 4-51　执行“修剪”命令的结果

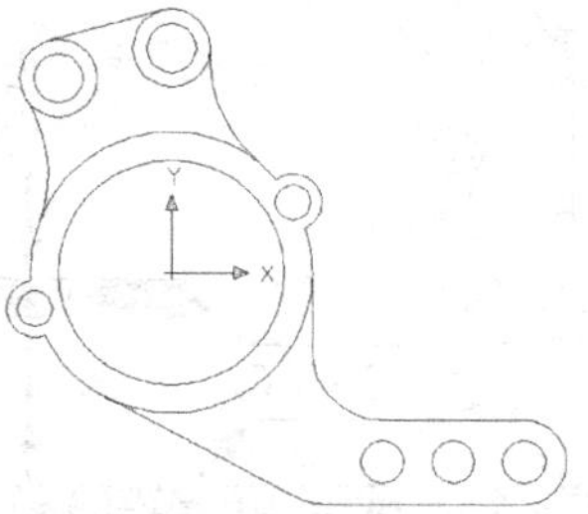
图 4-52　连接器绘制完成图

4.9　实例·练习——垫片

垫片的尺寸如图 4-53 所示。在其绘制过程中，要用到“偏移”和“阵列”等编辑命令。

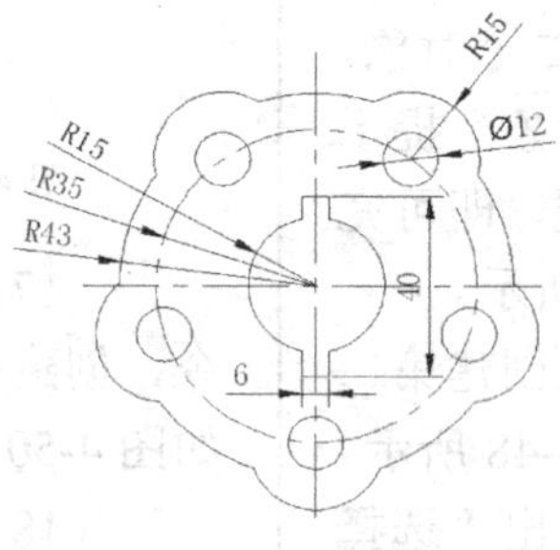

图 4-53　垫片

【思路分析】

在垫片的绘制过程中，需要用到“偏移”和“阵列”等命令。可以按照以下步骤完成绘制：首先绘制出基本的圆和直线；然后分别执行“偏移”和“阵列”命令完成图形主体的绘制；然后执行“修剪”命令，修剪掉多余的线条；最后补充上缺少的线条，即可完成垫片的绘制。如图 4-54 所示。

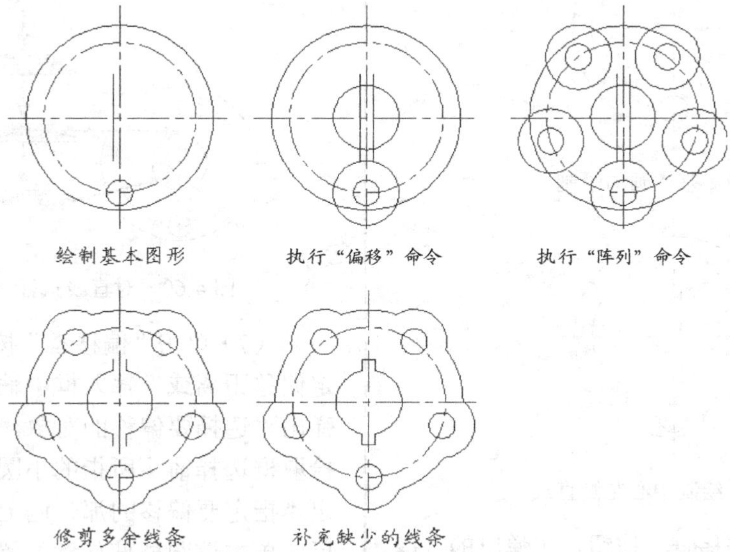

图 4-54　垫片的绘制步骤

【光盘文件】

结果文件——参见附带光盘中的“END\Ch4\4-9.dwg”文件。

动画演示——参见附带光盘中的“AVI\Ch4\4-9.avi”文件。

【操作步骤】

（1）单击“图层特性”按钮，在弹出的图层特性编辑器中进行如图 4-55 所示的设置，并将“中心线”图层设置为当前图层。

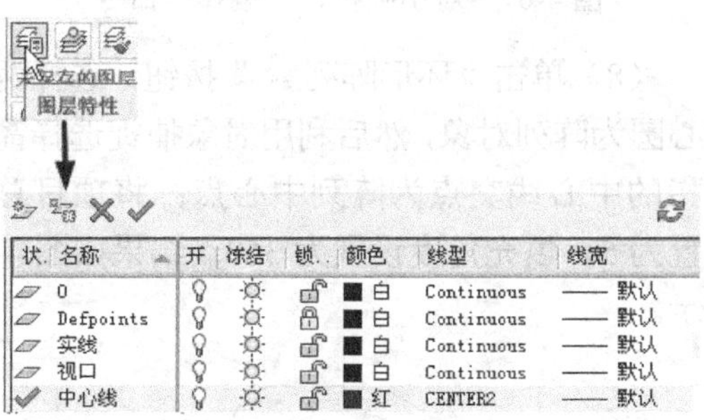

图 4-55　图层设置

（2）执行“直线”和“圆”命令，绘制如图 4-56 所示中心线。其中，水平竖直中心线的长度为 100；圆的半径为 35，圆心为两直线的交点。

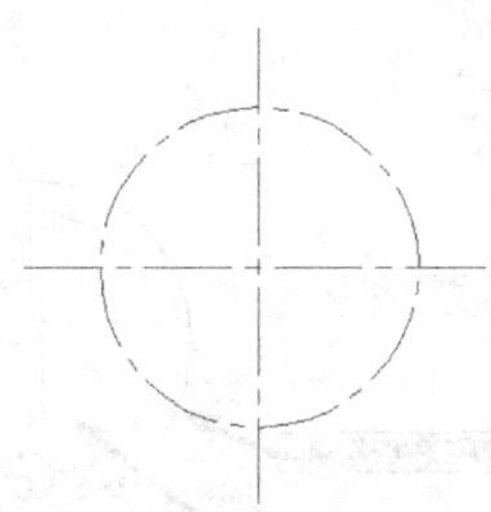

图 4-56　绘制中心线

（3）将“实线”图层设置为当前图层，执行“圆”命令，绘制以水平竖直中心线交点为圆心的圆，半径为 43。然后重复执行“圆”命令，绘制圆心为（0，−35）、直径为 12 的圆，绘制结果如图 4-57 所示。

（4）执行“直线”命令，绘制起点为（−3，20）、终点为（−3，−20）的直线，绘制结果如图 4-58 所示。

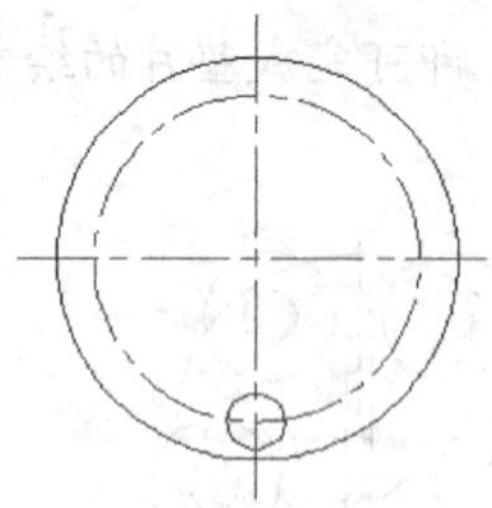

图 4-57　基本圆的绘制

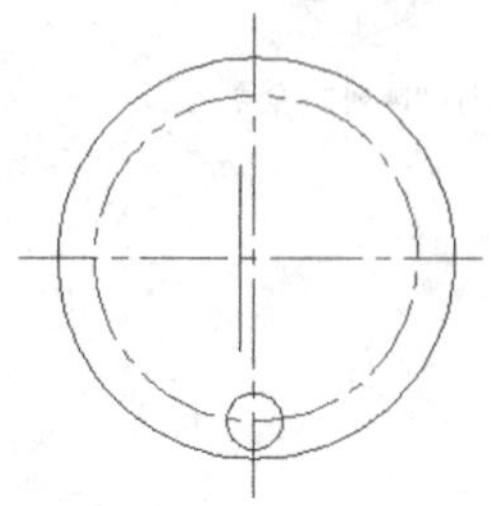

图 4-58　绘制中心左侧直线

（5）单击“偏移”按钮，在弹出的“指定偏移距离或”输入框中输入偏移距离“28”，弹出提示“选择要偏移的对象，或”提示后，利用拾取框选择箭头所指的圆为偏移对象。弹出“指定要偏移的那一侧上的点，或”提示之后，单击圆内任意位置即可完成“偏移”命令。执行过程如图 4-59 所示。

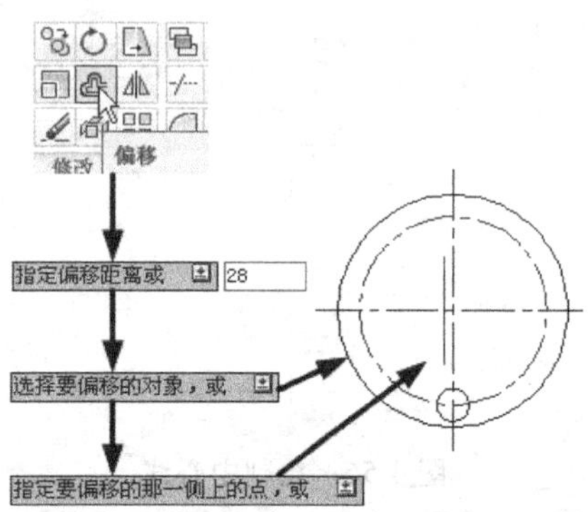

图 4-59　对大圆执行“偏移”命令

（6）单击“偏移”按钮，在弹出的“指定偏移距离或”输入框中输入偏移距离“6”。弹出“选择要偏移的对象，或”提示后，利用拾取框选择箭头所指的竖直直线作为偏移对象。弹出“指定要偏移的那一侧上的点，或”提示之后，单击该直线右侧任意位置即可完成“偏移”命令。执行过程如图 4-60 所示。

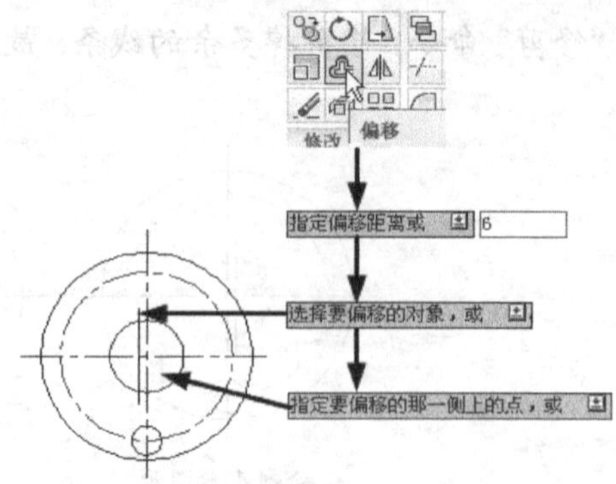

图 4-60　对直线执行“偏移”命令

（7）单击“偏移”按钮，在弹出的“指定偏移距离或”输入框中输入偏移距离“9”。弹出“选择要偏移的对象，或”提示后，利用拾取框选择箭头所指的小圆作为偏移对象。弹出“指定要偏移的那一侧上的点，或”提示之后，单击该圆外部任意位置即可完成“偏移”命令。执行过程如图 4-61 所示。

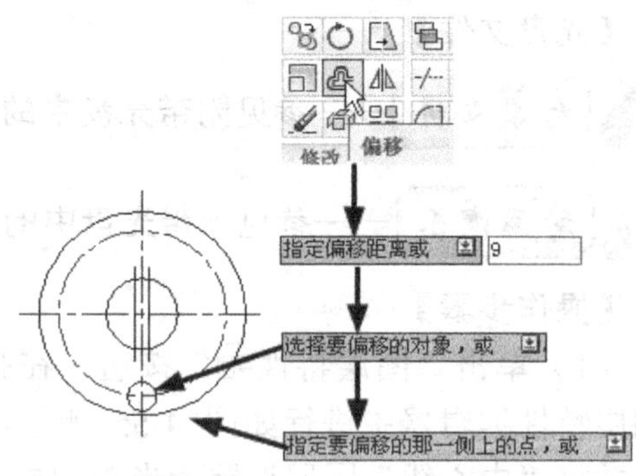

图 4-61　对小圆执行“偏移”命令

（8）单击“环形阵列”按钮，选择两个同心圆为阵列对象，然后利用对象捕捉选择箭头所指的中心线交点为阵列中心点；将项目总数设置为 5，填充角度设置为 360；结果如图 4-62 所示。

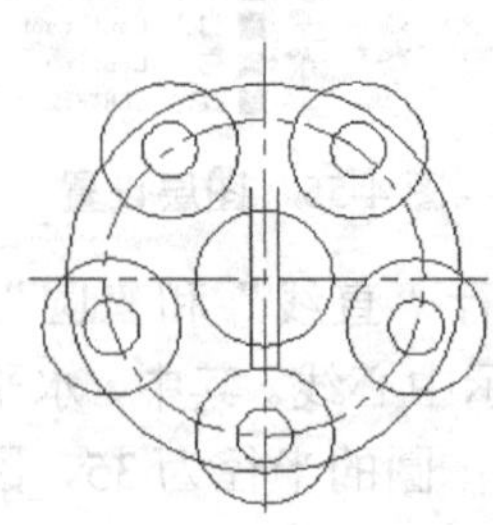

图 4-62　阵列结果

（9）执行“修剪”命令，修剪掉多余的线条，执行结果如图 4-63 所示。

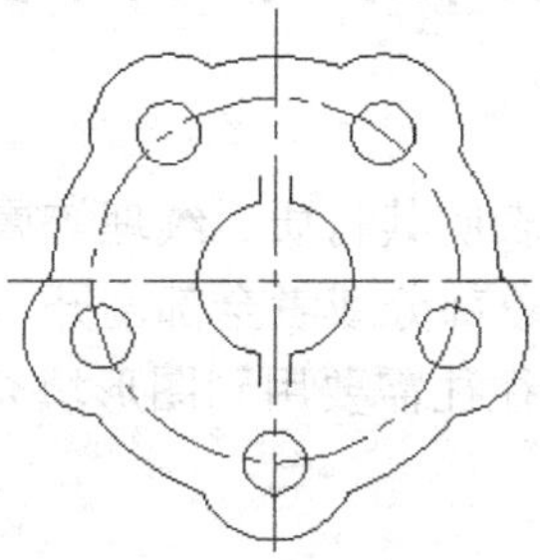

图 4-63　修剪结果

（10）执行“直线”命令，补充缺少的两段水平直线，即可完成垫片的绘制，执行结果如图 4-64 所示。

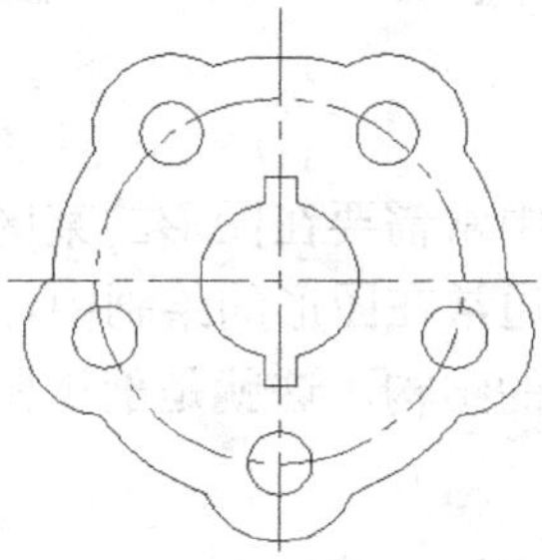

图 4-64　补充直线，完成垫片的绘制

第 5 讲　图案填充与剖视图的绘制

在制图中常需要在图形的某区域用线条或图案来填充，以表明其材质、纹理等属性，这就是图案填充。通常在图形的绘制中，需要用一个假象的剖面将对象部分或者全部剖开，以便更准确地表现对象的结构，这就是剖视图。剖视图绘制中的剖面部分往往需要用到图形填充来表示。

本讲内容

- 实例·模仿——支座
- 图案填充
- 剖视图
- 实例·操作——端盖
- 实例·练习——曲臂

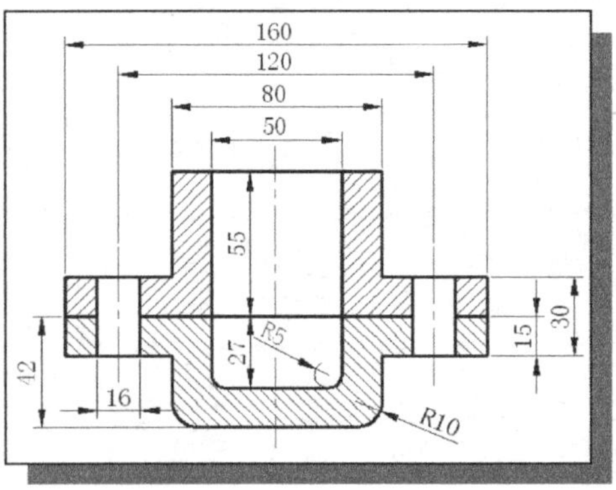

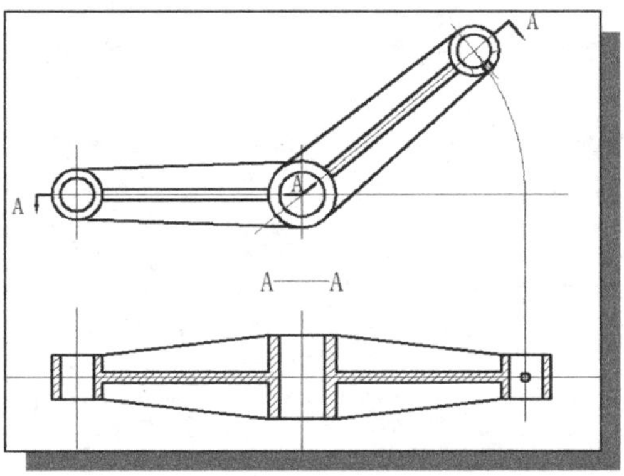

5.1　实例·模仿——支座

支座如图 5-1 所示，结构比较简单，其中的剖面需要填充。

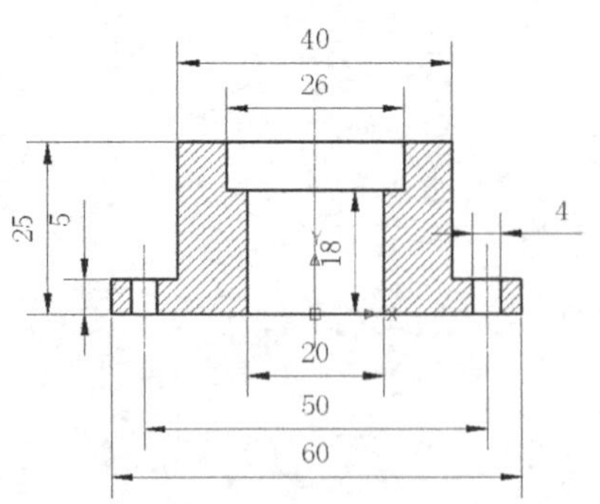

图 5-1　支座

【思路分析】

由于支座的结构比较简单，而且是对称结构，所以采用 3 个步骤即可完成绘制。首先绘制出图形的一半，然后执行“镜像”命令完成轮廓的绘制，最后进行图形填充，在剖面图中用斜线填充即可完成绘制，如图 5-2 所示。

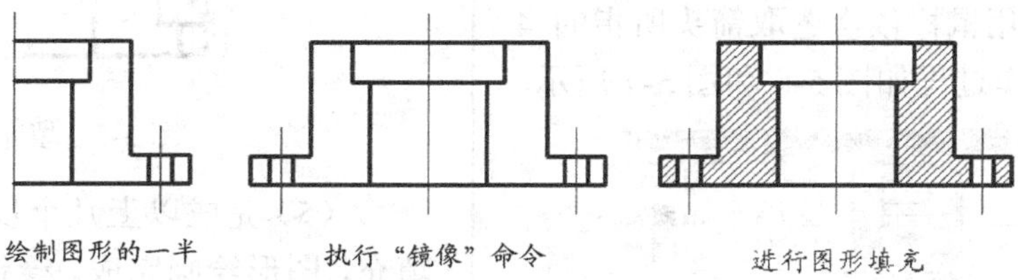

图 5-2　支座的绘制步骤

【光盘文件】

结果文件——参见附带光盘中的“END\Ch5\5-1.dwg”文件。

动画演示——参见附带光盘中的“AVI\Ch5\5-1.avi”文件。

【操作步骤】

（1）单击“图层特性”按钮，在弹出的图层特性管理器中进行图层设置，如图 5-3 所示。

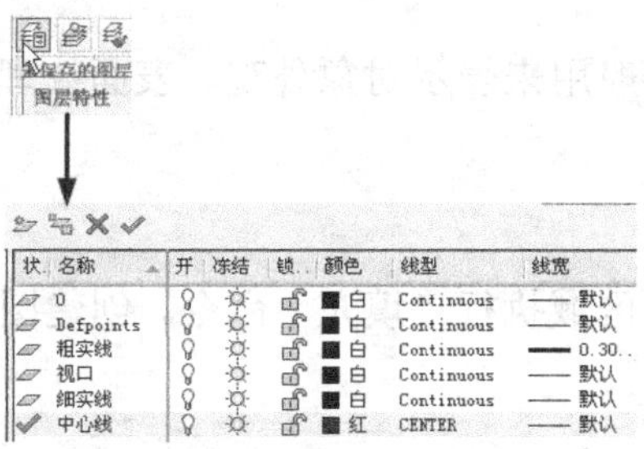

图 5-3　图层设置

（2）单击“直线”按钮，执行“直线”命令，按照图 5-4 中的尺寸绘制中心线和粗实线。

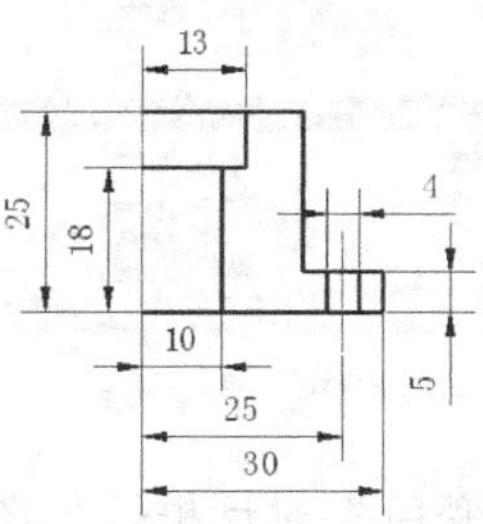

图 5-4　绘制中心线和直线

（3）单击“镜像”按钮，弹出“选择对象”提示之后，利用窗口选择的方法选择所有的线条作为“镜像”命令的执行对象，然后按 Enter 键结束选定。弹出“指定镜像线的第一点”提示后，利用对象捕捉选取箭头所指的中心线上的点。弹出“指定镜像线的第二点”提示之后，利用对象捕捉选取箭头所指的中心线上的点。然后弹出“要删除源对象吗？”提示，由于默认选项为 N，直接按 Enter 键即可，执行过程如图 5-5 所示。

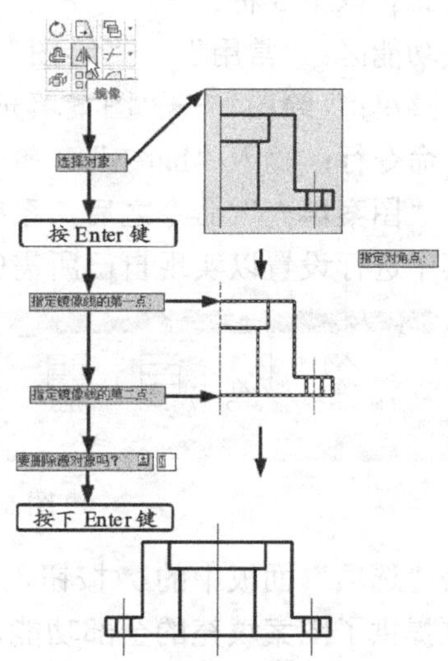

图 5-5　执行“镜像”命令

（4）单击“图案填充”按钮，会出现“图案填充创建”选项卡，在“图案”面板中单击右侧的下拉箭头，选中 LINE 图案，接着在“特性”面板中将角度值设置为 45°，将比例设置为 1；此后用鼠标依次选取箭头所指的 4 个位置的点。操作过程如图 5-6 和图 5-7 所示。

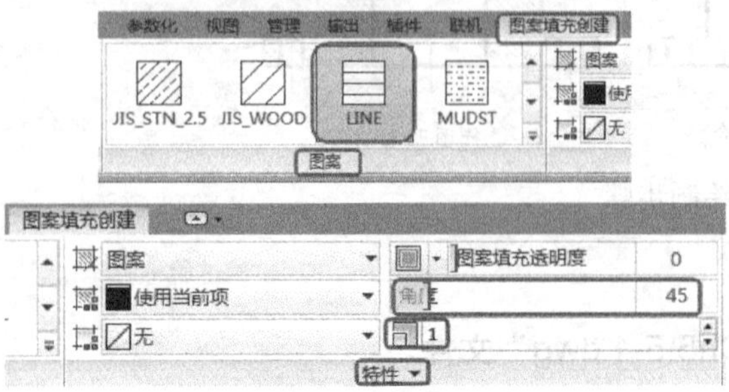

图 5-6　填充步骤 1

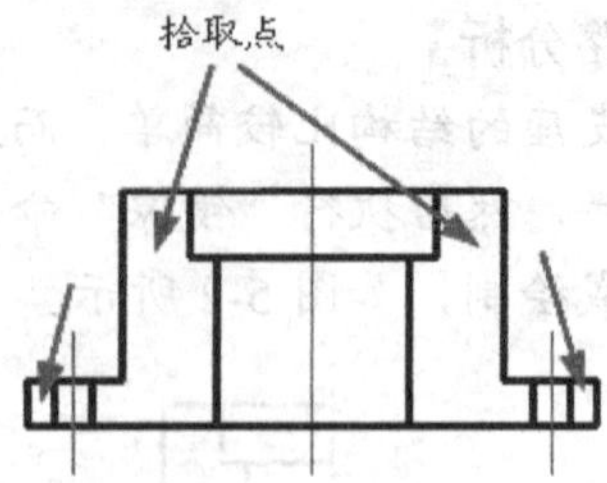

图 5-7　填充步骤 2

（5）完成以上几个步骤之后，4 个区域被填充，图形绘制完成。绘制结果如图 5-8 所示。

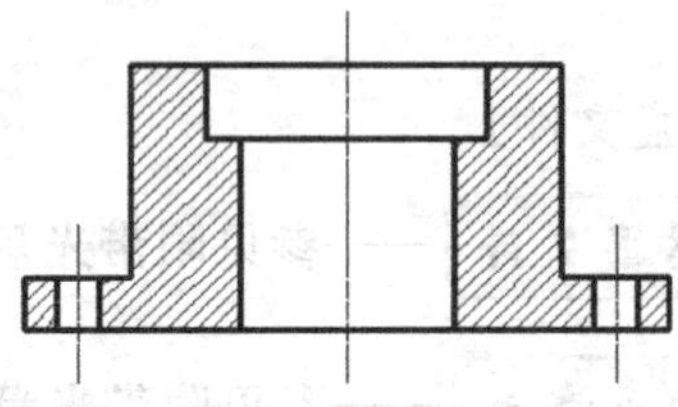
图 5-8　绘制结果

5.2 图 案 填 充

图案填充时使用预定义的图案来填充指定的区域，一般用来表示对象外观、表面纹理、材质等，在机械制图中主要用来绘制剖切面的剖切线。

1. 图案填充的创建

图形绘制和线条绘制完成之后，就可以对需要填充的区域执行“填充”命令。创建图案填充的常用方式有以下 3 种。

◆ 功能区：“常用”→“绘图”→“图案填充”。

◆ 菜单：“绘图”→“图案填充”。

◆ 命令行：输入“hatch”。

执行“图案填充”命令之后，系统出现“图案填充创建”选项卡，如图 5-9 所示。用户可以通过在其中进行设置以实现自己所需的填充图案。

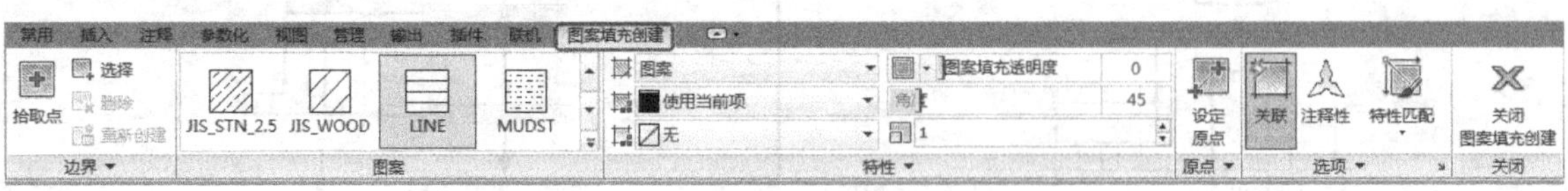

图 5-9　“图案填充创建”选项卡

单击“选项”面板中的按钮，系统弹出“图案填充和渐变色”对话框，如图 5-10 所示。该对话框提供了图案填充的全部功能，操作起来比较方便。

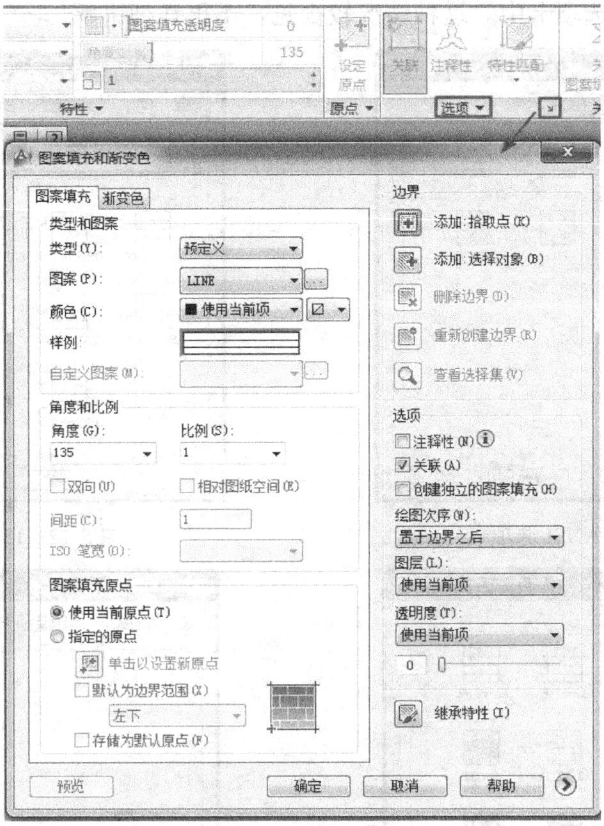

图 5-10 “图案填充和渐变色”对话框

提示：对于 AutoCAD 老用户来说，习惯使用“图案填充和渐变色”对话框进行图案填充操作，因此，为了讲解方便，本书默认采用该对话框对图案填充功能进行讲解。读者可以在调用“图案填充”命令后，单击“图案填充创建”选项卡中“选项”面板右侧的小箭头，弹出“图案填充和渐变色”对话框。

2. 类型和图案

用户可以通过该栏设置图案类型。其中有 3 个选项，分别是预定义、用户定义和自定义。如果用户选择了“预定义”选项，然后单击“图案”下拉列表后面的[...]按钮，便会弹出“填充图案选项板”对话框，其中有 4 个选项卡。

- ANSI：是由美国国家标准学会 ANSI 建立的标准样式，如图 5-11 所示。
- ISO：是由国际标准化组织 ISO 建立的符合国际绘图标准的样式，如图 5-12 所示。
- 其他预定义：是 AutoCAD 内置的符合世界上多数国家通用标准或者传统行业标准的样式，如图 5-13 所示。这是在 AutoCAD 绘图中用到最多的样式。
- 自定义：是由用户根据填充图案的定义格式自己开发并保存为 PAT 文件的图案。该选项卡如图 5-14 所示。

一般来说，ANSI、ISO、“其他预定义”3 个选项卡中的填充图案即可满足用户的一般需要。如果以上 3 个选项卡中没有所需要的填充图案，用户可以自己定义填充图案，定义后的填充图案将会出现在“自定义”选项卡中。这种情况较少见，不再详细讲解。

图 5-11　ANSI 选项卡

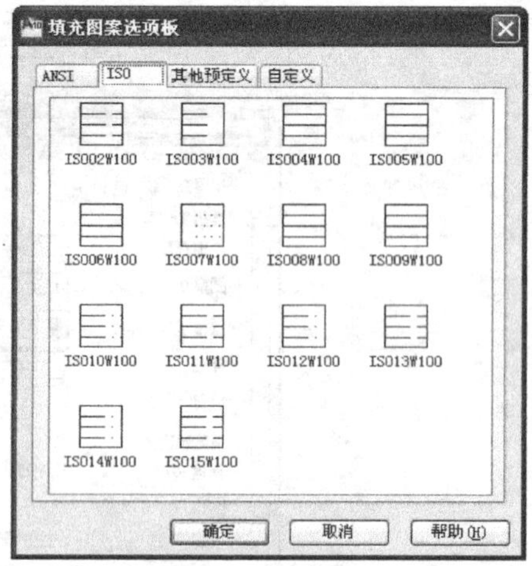

图 5-12　ISO 选项卡

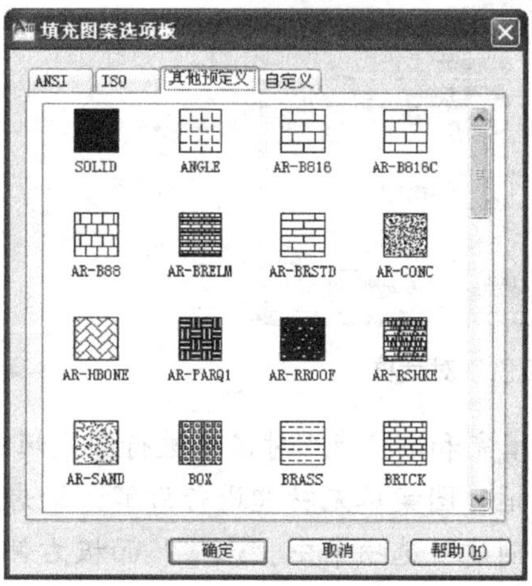

图 5-13　“其他预定义”选项卡

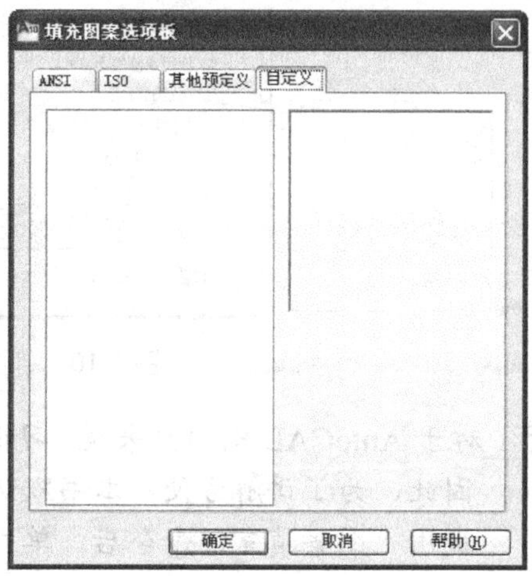

图 5-14　“自定义”选项卡

3. 角度和比例

- 角度：指的是图案样式定义中的水平线在填充时的旋转角度。填充时以填充原点为中心，相当于当前视窗中当前坐标系 X 轴的旋转。
- 比例：指的是在填充时对图案放大或者缩小的尺寸比，通过比例可以控制图案中线条的疏密程度，当使用同一图案对同一图形中的不同区域进行填充时，采用不同的比例可以避免填充出现混乱。
- 双向：用于“用户定义”类型时创建填充图案，选中时图案是两组相互垂直的平行线。
- 间距：用于“用户定义”类型时创建填充图案，指定图案中平行线的间距。
- ISO 笔宽：基于选定的笔宽来缩放 ISO 预定义的图案。

4. 图案填充原点

图案填充原点用来控制填充图案生成的起始位置。某些图案填充（如砖块图案填充）需要与图案填充边界上的一点对齐。默认情况下，所有的图案填充原点都与当前的 UCS 原点对应。

◆ 使用当前原点：使用系统变量中的原点值，默认情况下，原点的设置为（0，0）。

◆ 单击以设置新原点：在屏幕上直接指定新的图案填充原点，如图 5-15 所示。

◆ 默认为边界范围：根据填充对象边界的矩形计算新原点。

◆ 存储为默认原点：将新图案填充原点的值存储在 HPORIGIN 系统变量中。

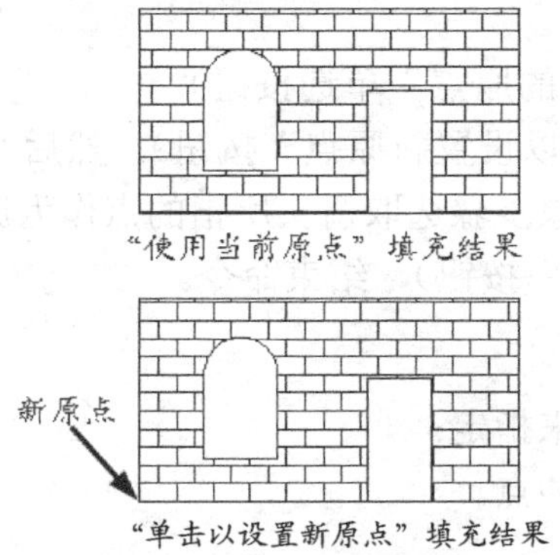

图 5-15 “使用当前原点”和“单击以设置新原点”填充结果比较

选择“单击以设置新原点”选项的操作步骤如图 5-16 所示。

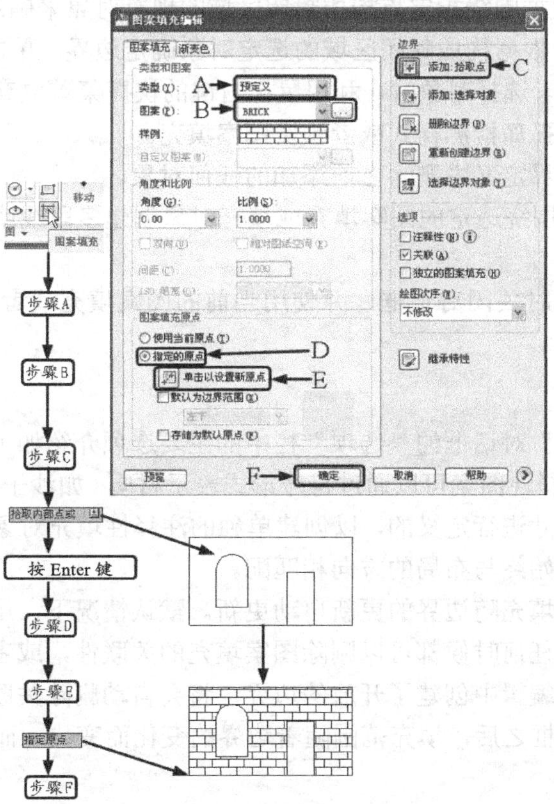

图 5-16 选择“单击以设置新原点”选项的操作步骤

（1）单击“图案填充▨”按钮，在弹出的“图案填充编辑”对话框中执行步骤 A（图案填充类型选择“预定义”）。

（2）执行步骤 B（单击“图案”下拉列表右侧的□按钮），然后在弹出的“填充图案选项板”对话框中选择“其他预定义”选项卡中的 BRICK。

（3）执行步骤 C（单击“添加:拾取点”按钮），然后“图案填充编辑”对话框消失，弹出“拾取内部点或”提示，这时单击选取箭头所指的图案内部位置。完成后按 Enter 键，结束填充范围选定。

（4）执行步骤 D（选中“指定的原点”单选按钮）。

（5）执行步骤 E（单击“单击以设置新原点”按钮），然后“图案填充编辑”对话框消失，弹出“指定原点”提示后，利用对象步骤选取箭头所指的点作为原点。

（6）执行步骤 F（单击“确定”按钮），结束命令。

5. 边界

填充边界可以用以下两种方式来指定：

- ◆ 选定要填充的封闭区域中的点。
- ◆ 选择封闭区域的对象。

“边界”栏中有 5 个选项，依次是“添加:拾取点”、“添加:选择对象”、“删除边界”、“重新创建边界”和“查看选择集”。

- ◆ 添加:拾取点：根据围绕指定点构成封闭区域的现有对象来确定边界。
- ◆ 添加:选择对象：根据构成封闭区域的选定对象确定边界。单击该按钮时，HATCH 不自动检测内部对象。选择对象时，利用鼠标右键的快捷菜单放弃最后一个选定对象、更改选择方式、更改孤岛检测样式或者预览图案填充。
- ◆ 删除边界：从边界定义中删除之前添加的任何对象。
- ◆ 重新创建边界：围绕选定的图案填充或填充对象创建多段线或面域，并使其余图案填充对象关联。
- ◆ 查看选择集：暂时关闭对话框，并使用当前的图案填充或者填充设置显示当前定义的边界。

6. 选项

“图案填充和渐变色”对话框的“选项”栏中的主要选项介绍如下。

- ◆ 注释性：使用注释性图案可以通过符号形式表示材质（如沙子、混凝土、钢铁、泥土等），它是按照图纸尺寸进行定义的，以创建单独的注释性填充对象和注释性填充图案。注释性图案填充方向始终与布局的方向相匹配。
- ◆ 关联：关联图案填充随边界的更新自动更新。默认情况下，用 HATCH 创建的图案填充区域是关联的。任何时候都可以删除图案填充的关联性，或者使用 HATCH 命令创建无关联填充。如果编辑中创建了开放的边界，将会自动删除关联性。如图 5-17 所示，选中“关联”复选框之后，填充范围随着边界的变化而变化，而未选中“关联”复选框则不会发生变化。
- ◆ 创建独立的图案填充：控制当指定了几个单独的闭合边界时，是创建单个图案填充对象，还是创建多个图案填充对象。如图 5-18 所示，选中“创建独立的图案填充”复选框后创建的两个图案填充是相互独立的，选择右边的填充区域，左边的填充区域未被选定；而未选中“创建独立的图案填充”复选框后创建的两个图案填充是一体的，单击右边的填充区域之后，全部被选定。

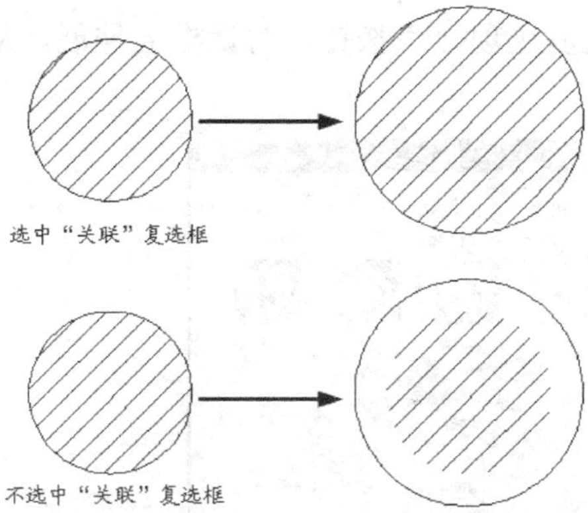

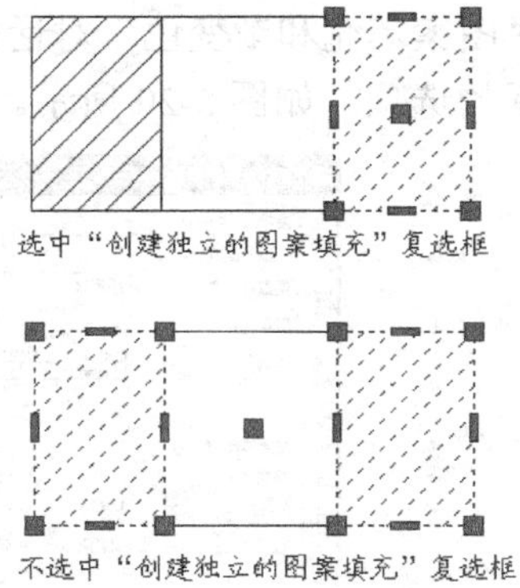

图 5-17　是否选中“关联”复选框的对比　　图 5-18　是否选中“创建独立的图案填充”复选框的对比

◆ 绘图次序：为图案填充指定绘图次序。默认情况下将图案填充绘制在图案填充边界的后面，这样比较容易查看和选择图案填充边界。可以更改图案填充的绘制顺序，以便将其绘制在填充边界的前面，或者其他所有对象的前面或后面。

◆ 继承特性：继承是使用选定图案填充对象的填充图案或填充特性对新建图案填充进行填充。操作步骤如图 5-19 所示。

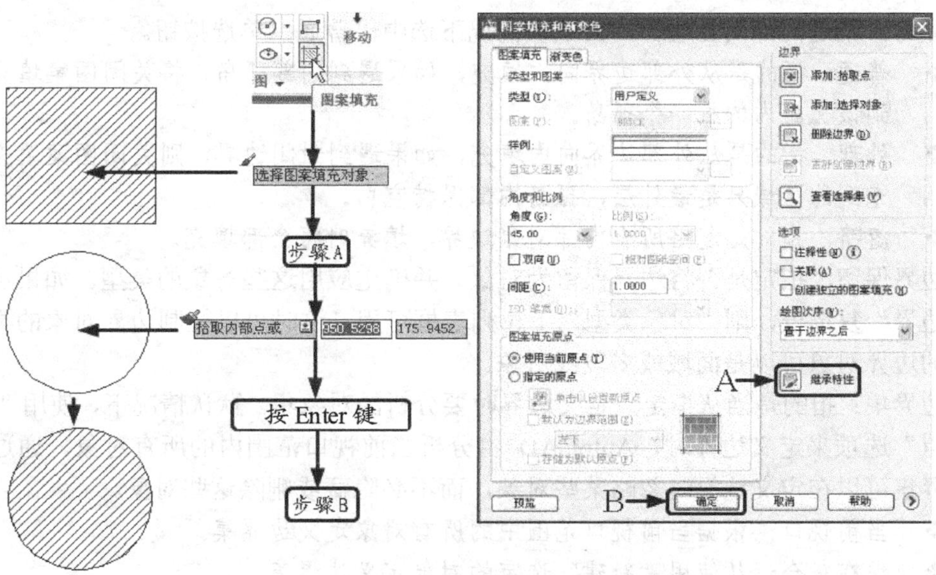

图 5-19　利用“继承特性”创建图案填充

（1）单击“图案填充”按钮，在弹出的“图案填充和渐变色”对话框中执行步骤 A（单击“继承特性”按钮）。

（2）弹出“选择图案填充对象”提示后，选择矩形中的填充区域。

（3）弹出“拾取内部点或”提示后，单击圆内的任意一点，选择填充区域，然后按 Enter 键结束选取。

（4）在“图案填充和渐变色”对话框中执行步骤 B（单击“确定”按钮，结束命令）。

7. 更多选项

单击“图案填充和渐变色”对话框右下角的“更多选项⊙”按钮，对话框会伸展，从而出现更多供选择的选项，如图 5-20 所示。

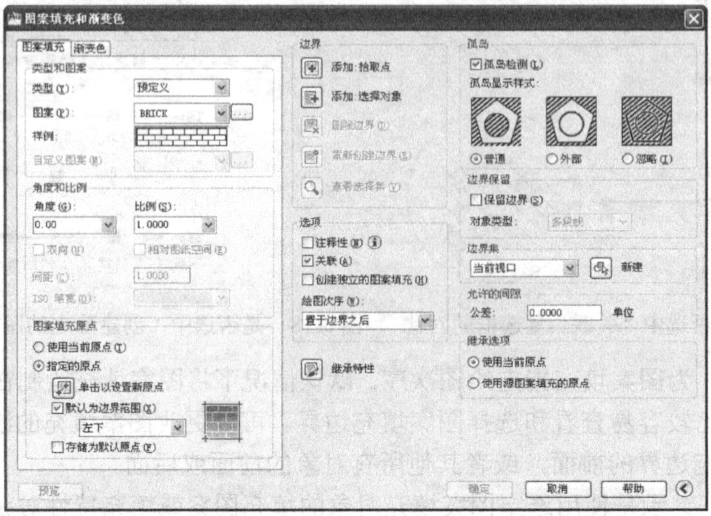

图 5-20 “图案填充和渐变色”对话框的更多选项

- 孤岛：就是内部闭合边界，其默认情况下选中“普通”单选按钮。
  - ❖ 普通：指的是从外部边界向内填充，如果遇到内部孤岛，将关闭图案填充，直到遇到该孤岛内的另一个孤岛。
  - ❖ 外部：指的是从外部边界向内填充，如果遇到封闭边界，则关闭图案填充。这时填充到的区域只是最外层，孤岛内部保持空白。
  - ❖ 忽略：指的是忽略所有内部对象边界，填充时将全部填充。
- 边界保留：指定是否将边界保留为对象，并确定应用这些对象的类型。如果选中“保留边界”复选框，则“对象类型”下拉列表框可用，这时可以控制边界对象的类型。生成的边界对象可以是面域或多段线对象。
- 边界集：指的是当从指定点定义边界时要分析的对象集。默认情况下，使用“添加:拾取点”选项来定义边界时，AutoCAD 将分析当前视口范围内的所有对象。通过重定义边界集可以在定义边界时忽略某些对象，而不必隐藏或删除这些对象。
  - ❖ 当前视口：根据当前视口范围中的所有对象定义边界集。
  - ❖ 现在集合：从使用“新建”选定的对象定义边界集。
  - ❖ 新建：提示用户选择用来定义边界集的对象。
- 允许的间隙：设置将对象用作图案填充边界时可以忽略的最大间隙，默认值为 0，此值指定对象必须是封闭区域。按图形单位输入一个值（0～5000），以设置将对象用作图案填充边界时可以忽略的最大间隙。任何小于等于指定值的间隙都将被忽略，并将边界视为封闭。

8. 图案填充的简易步骤

对于机械设计中的大多数填充图案来说，其操作大多可以采用如图 5-21 所示的操作步骤：

（1）调用“图案填充”功能。

（2）在“图案填充创建”选项卡的“图案”面板中，选择一种填充图案。

（3）在“特性”面板中设置填充角度和比例。

（4）在需要填充的区域单击鼠标左键。

（5）按 Enter 键结束填充。

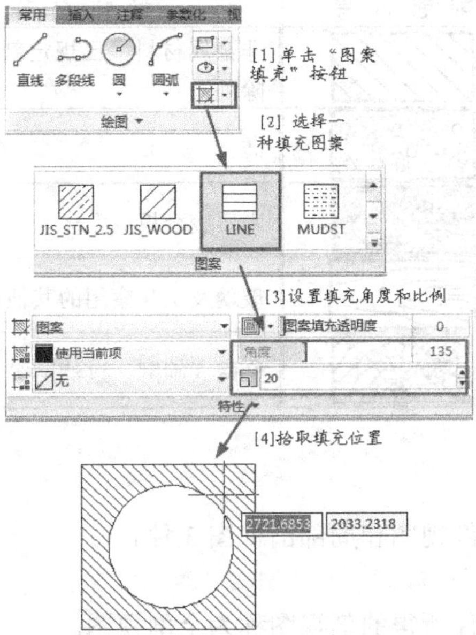

图 5-21 图案填充的简易步骤

5.3 剖 视 图

假想用剖切面剖开机件，将处在观察者和剖切面之间的部分移去，将其余部分向投影面投射所得的图形称为剖视图。采用剖视，可以使机件上一些原来看不见的结构变得可见，这样对看图和标注尺寸都比较清晰、方便。

1. 剖视图的画法

剖视图的画法要点如下。

（1）剖切面及剖切面位置的确定

剖切面一般为平面，表示机件内部结构的剖视，剖切平面的位置应通过内部结构的对称面或轴线。

（2）剖视图的画法

机件被假想剖开后，用粗实线画出剖切面与机件接触部分（称为剖面区域）的图形和剖切面后面的可见轮廓线；绘制中需要省略不必要的虚线以使剖视图清晰地反映机件上需要表示的结构。

（3）剖面符号的画法

如果需要在剖面区域中表示机件的材料，应采用特定的剖面符号表示，常见的剖面符号如

表 5-1 所示。不需要表示材料类别时，可以采用通用剖面线表示，通用剖面线应以适当角度的细实线绘制，最好与主要轮廓线或剖面区域对称线成 45°，同一零件的各个剖面区域，其剖面线的画法应一致，也就是方向一致、间隔相等。

表 5-1 剖面符号

材料名称		剖面符号	材料名称	剖面符号
金属材料（已规定剖面符号者除外）			非金属材料（已规定剖面符号者除外）	
混凝土		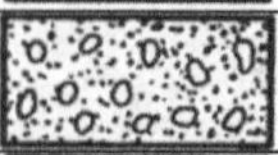	砖	
钢筋混凝土			木质胶合板	
木材	纵切面		玻璃及供观察用的其他透明材料	
	横切面		格网（筛网、过滤网等）	

2. 剖视图的种类

剖视图分为全剖视图、半剖视图和局部剖视图 3 种。

（1）全剖视图

用剖切平面完全地剖开机件所得的剖视图称为全剖视图。

在剖视图的上方，用大写英文字母标出剖视图的名称"×—×"；在相应的视图上标注剖切符号。剖切符号是在剖切面起始、结束及转折处用粗短实线表示剖切面位置。在剖切面的起始和结束处需使用箭头表示投射方向，并且用同样的字母标明剖视图的名称，如图 5-22 所示。

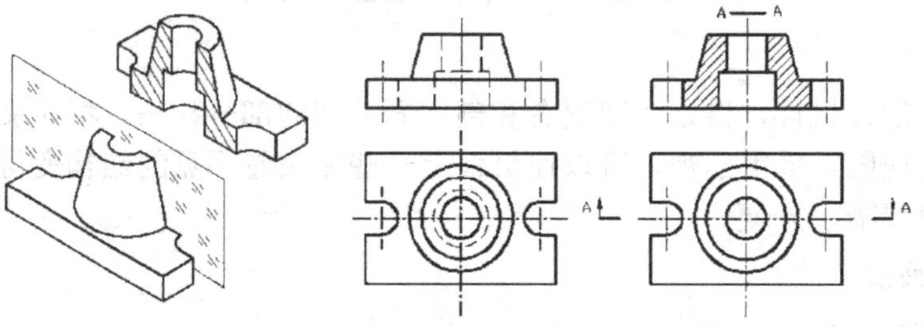

图 5-22 全剖视图

（2）半剖视图

当机件具有对称平面时，在垂直与对称平面的投影面上投射所得的图形，可以对称中心为界，一半画成剖视，另一半画成视图，这种合成图形称为半剖视图，如图 5-23 所示。

画半剖视图的注意事项如下：

◆ 半个视图和半个剖视图的分界线是中心线。

◆ 在半个剖视图中因为剖切面变为可见的结构已用粗实线表示，因此在半个视图中与这些粗实线对称的虚线不应画出。

◆ 半剖视图的标注方法和全剖视图的标注方法完全相同。

（3）局部剖视图

用剖切平面局部地剖开机件所得的剖视图称为局部剖视图。

局部剖视图和视图部分一般用波浪线分界。波浪线不能超过被剖开部分的外轮廓线；在观察者与剖切面之间的通孔或缺口的投影范围内，波浪线必须断开。局部剖视图一般应按规定标注，如果仅使用一个平面剖切且位置明显时，局部剖视图的标注可以省略，如图 5-24 所示。

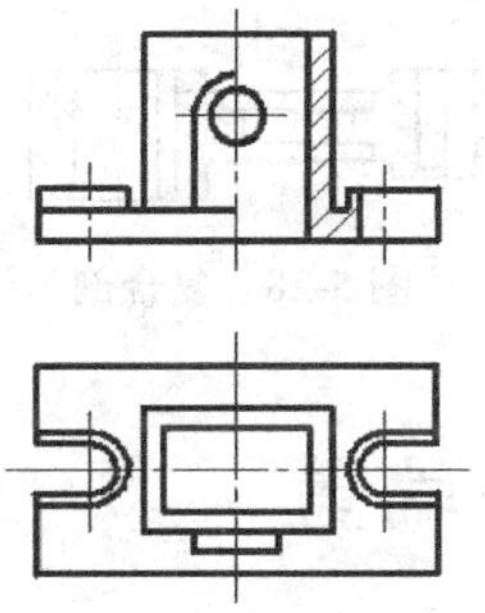

图 5-23　半剖视图

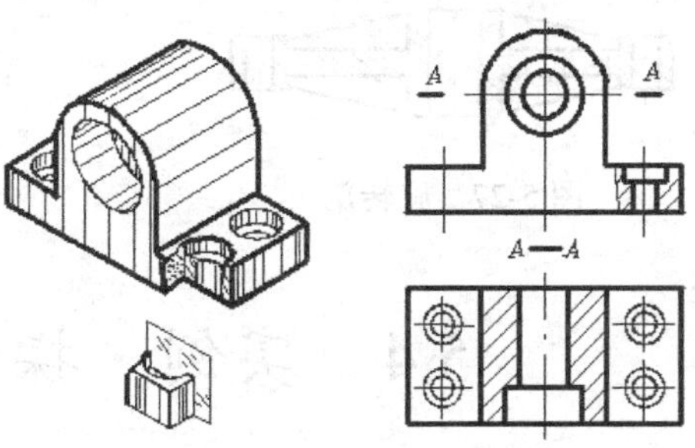

图 5-24　局部剖视图

3. 剖切面的种类及剖切方法

由于机件结构形状不同，需要采用不同的剖切方法以得到适当的剖视图。

（1）单一剖切面

单一剖切面是最简单的剖切方法，只用一个剖切平面剖开机件来获得剖视图，如图 5-25 所示。

（2）几个平行的剖切平面

用几个平行的剖切平面剖开机件，这样获得剖视图的方法称为阶梯剖，如图 5-26 所示。

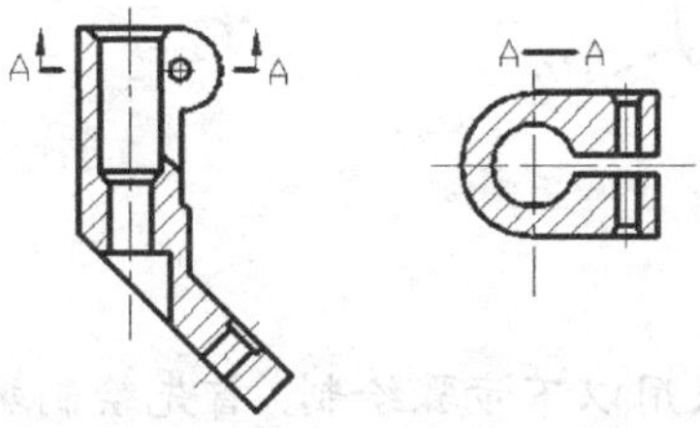

图 5-25　单一剖切面

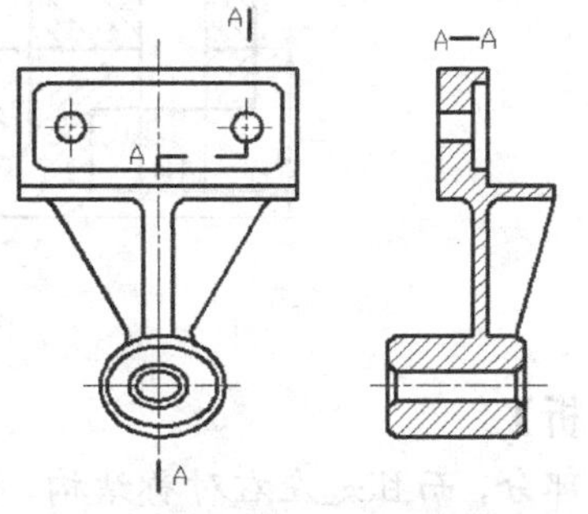

图 5-26　阶梯剖

在阶梯剖视图中，相邻剖切平面的剖面区域应连成一片，中间不画分界线；图形内也不得出现不完整要素。

（3）几个相交的剖切平面（交线垂直于某一基本投影面）

用两个相交且交线垂直于某一基本投影面的剖切面剖开机件，这样获得剖视图的方法称为旋转剖，如图 5-27 所示。

采用一组剖切平面（有相互平行的，也有相交的）剖切机件，产生的剖视图集中又清晰地表示机件的多个结构，便于识读，这样的采用组合剖切平面产生剖切视图的方法称为复合剖，如图 5-28 所示。

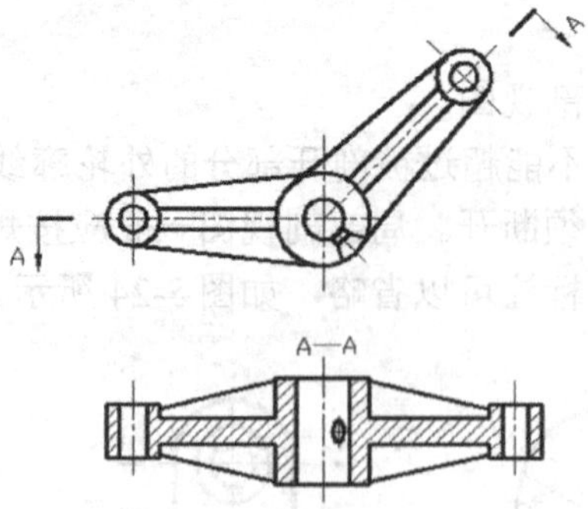

图 5-27　旋转剖

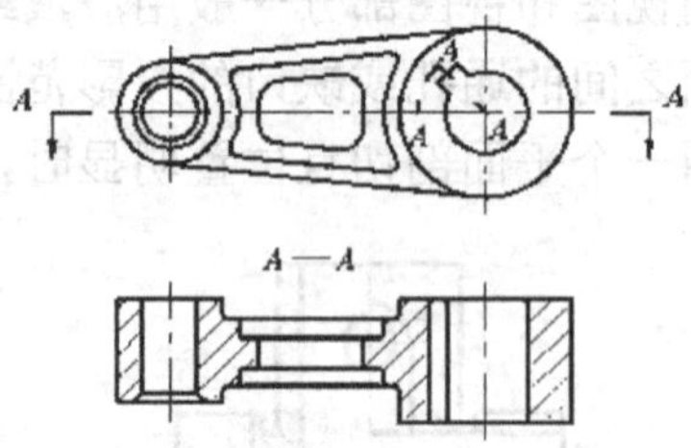

图 5-28　复合剖

5.4　实例·操作——端盖

端盖由两部分组成，两部分各自都用剖视图来表示，其结构与尺寸如图 5-29 所示。

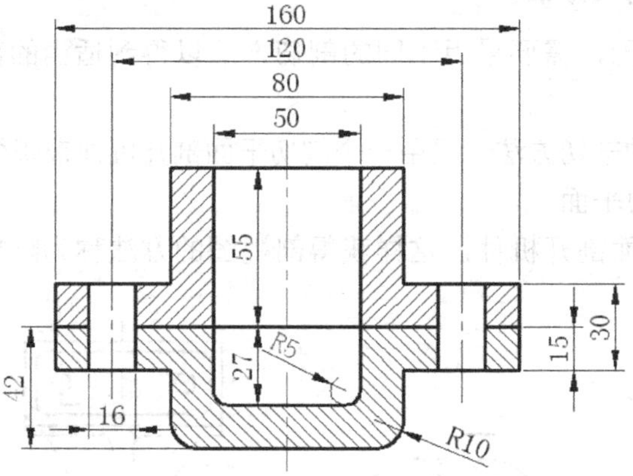

图 5-29　端盖

【思路分析】

端盖分两部分，而且是左右对称结构，因此可以采用以下步骤绘制：首先绘制端盖的左半面；然后执行“镜像”命令，完成整体轮廓的绘制；最后执行两次“图案填充”命令，完成对剖切部分截面的填充即可完成绘制，如图 5-30 所示。

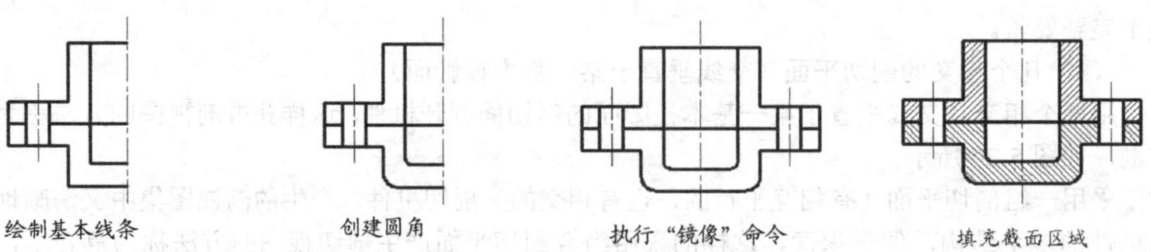

图 5-30　端盖绘制步骤

【光盘文件】

结果文件——参见附带光盘中的“END\Ch5\5-4.dwg”文件。

动画演示——参见附带光盘中的“AVI\Ch5\5-4.avi”文件。

【操作步骤】

（1）单击“图层特性”按钮，在弹出的图层特性管理器中进行图层设置，并设置“中心线”图层为当前图层，如图5-31所示。

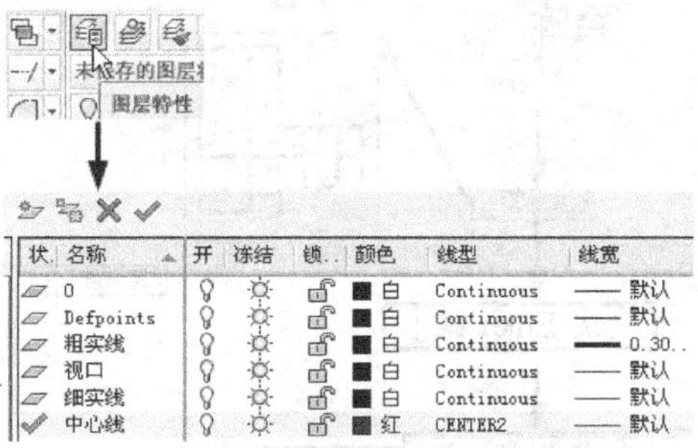

图5-31　图层设置

（2）执行“直线”命令，绘制两条间距为60的中心线，如图5-32所示。

图5-32　绘制中心线

（3）切换当前图层，设置“粗实线”图层为当前图层，然后绘制基本轮廓线，如图5-33所示。

图5-33　绘制基本轮廓线

（4）单击“圆角”按钮，弹出“选择第一个对象或”提示后按下方向键“↓”，然后在弹出的菜单中选择“半径”命令。

在随后弹出的“指定圆角半径”输入框中输入半径值“10”。弹出“选择第一个对象或”提示后，选择箭头所指直线，弹出“选择第二个对象，或按住Shift键选择要应用角点的对象”提示后，单击选取箭头所指的对象，即可结束“圆角”命令，操作过程如图5-34所示。

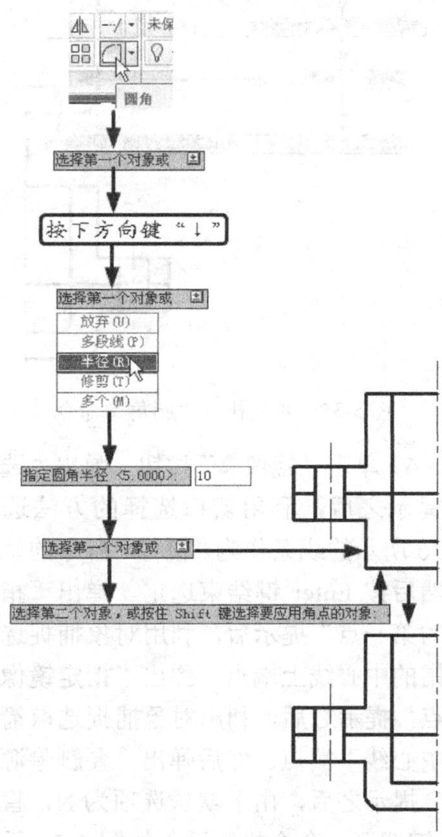

图5-34　执行“圆角”命令

（5）重新执行“圆角”命令，弹出“选择第一个对象或”提示后按下方向键“↓”，然后在弹出的菜单中选择“半径”命令。在随后弹出的“指定圆角半径”输入框中输入半径值“5”。弹出“选择第一个对象或”提示后，选择箭头所指直线，弹出“选择第二个对象，或按住 Shift 键选择要应用角点的对象”提示后，选取箭头所指的对象，即可结束“圆角”命令，操作过程如图 5-35 所示。

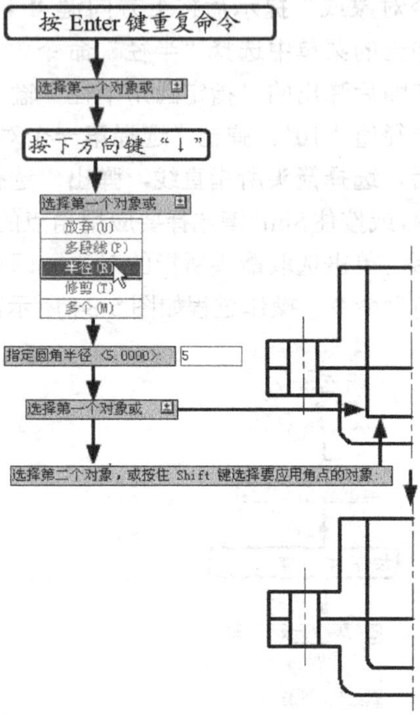

图 5-35　重复执行“圆角”命令

（6）单击“镜像”按钮，弹出“选择对象”提示之后，利用窗口选择的方法选择如图 5-36 所示的线条作为“镜像”命令的执行对象，然后按 Enter 键结束选定。弹出“指定镜像线的第一点”提示后，利用对象捕捉选取箭头所指的中心线上端点。弹出“指定镜像线的第二点”提示之后，利用对象捕捉选取箭头所指的中心线下端点。然后弹出“要删除源对象吗？”提示之后，由于默认选项为 N，直接按 Enter 键即可，命令执行过程如图 5-36 所示。

（7）单击“图案填充”按钮，在弹出的“图案填充和渐变色”对话框中执行步骤 A（将填充类型设置为“用户定义”），接着执行步骤 B（将角度值设置为 45°），随后执行步骤 C（将间距设置为 3），然后执行步骤 D（利用“拾取点”的方式选择填充区域，待“拾取内部点或”提示出现之后，依次选取箭头所指的 4 个位置的点，完成之后按 Enter 键结束选取），完成以上步骤之后可以执行步骤 E（单击“预览”按钮，预览填充结果），最后执行步骤 F（单击“确定”按钮结束命令），操作过程如图 5-37 所示。

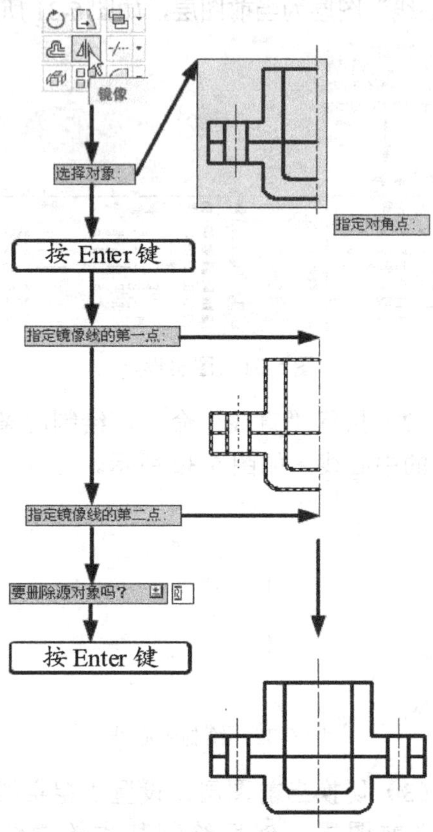

图 5-36　执行“镜像”命令

（8）再次单击“图案填充”按钮，在弹出的“图案填充和渐变色”对话框中执行步骤 A（将填充类型设置为“用户定义”），接着执行步骤 B（将角度设置为 135°），随后执行步骤 C（将间距设置为 3），然后执行步骤 D（利用“拾取点”的方式选择填充对象，待“拾取内部点或”提示出现之后，依次选取箭头所指的 4 个位置的点，完成之后按 Enter 键结束选取），完成以上步骤之后可以执行步骤 E（单击

“预览”按钮预览填充结果)，最后执行步骤 F（单击“确定”按钮结束命令)，操作过程如图 5-38 和图 5-39 所示。

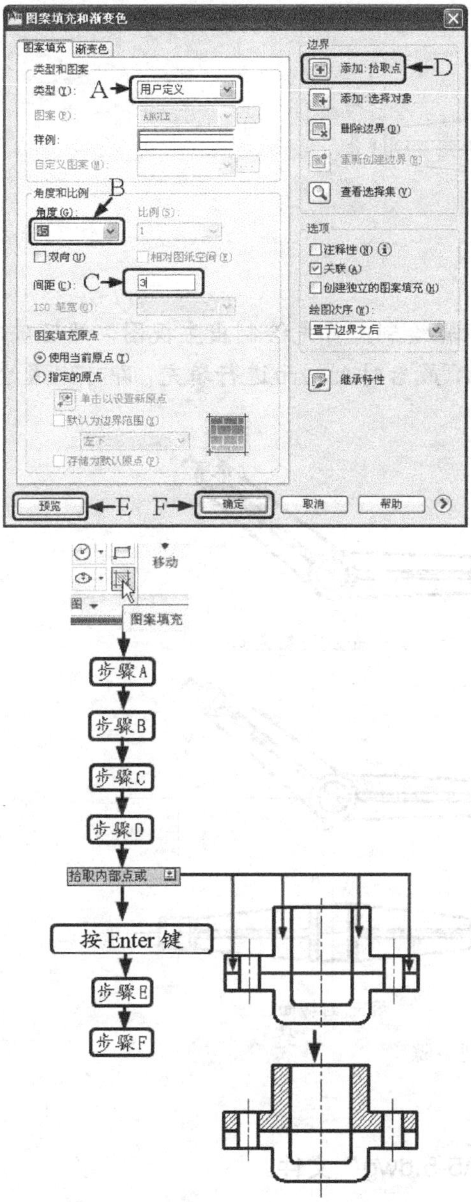

图 5-37　执行“图案填充”命令

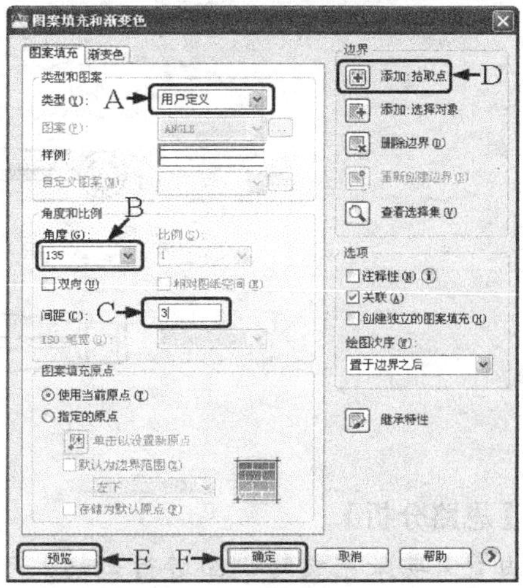

图 5-38　重复执行“图案填充”命令 1

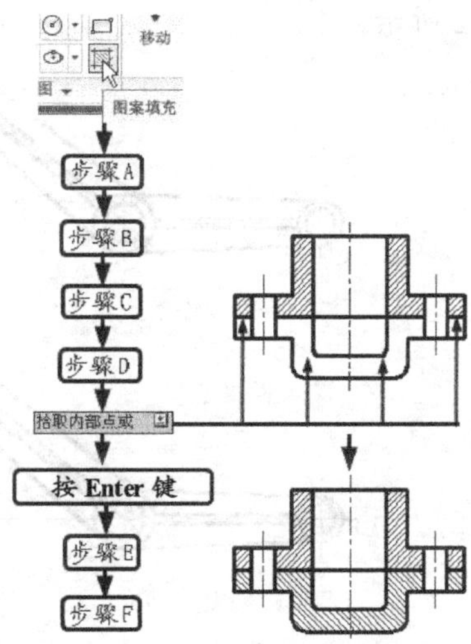

图 5-39　重复执行“图案填充”命令 2

（9）完成以上步骤之后，端盖即绘制完成，完成结果如图 5-40 所示。

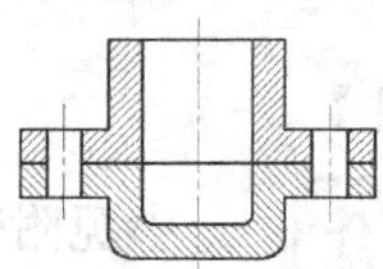

图 5-40　端盖完成图

5.5　实例 · 练习——曲臂

如图 5-41 所示的曲臂的两段不在同一直线上，因此在绘制其剖视图时需要采用旋转剖的方法。

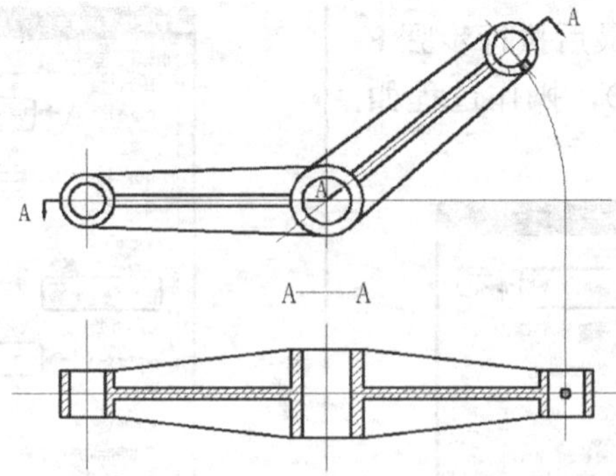

图 5-41　曲臂

【思路分析】

曲臂需要采用旋转剖面进行剖切，可以采用以下步骤绘制：首先绘制出主视图，然后确定剖切面及投影方向，接着根据对应关系绘制剖视图的轮廓，最后对剖切面进行填充，即可完成绘制，如图 5-42 所示。

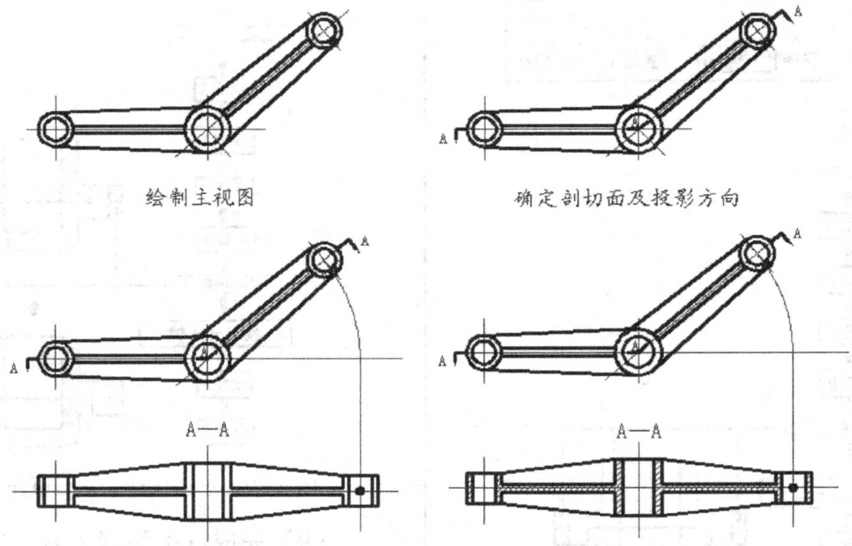

图 5-42　曲臂的绘制步骤

【光盘文件】

结果文件——参见附带光盘中的“END\Ch5\5-5.dwg”文件。

动画演示——参见附带光盘中的“AVI\Ch5\5-5.avi”文件。

【操作步骤】

（1）单击“图层特性”按钮，在弹出的图层特性管理器中进行图层设置，设置“中心线”图层为当前图层，如图 5-43 所示。

绘制轮廓线，尺寸参照如图 5-44 所示。

（2）执行“直线”命令，绘制剖切面符号，如图 5-45 所示。

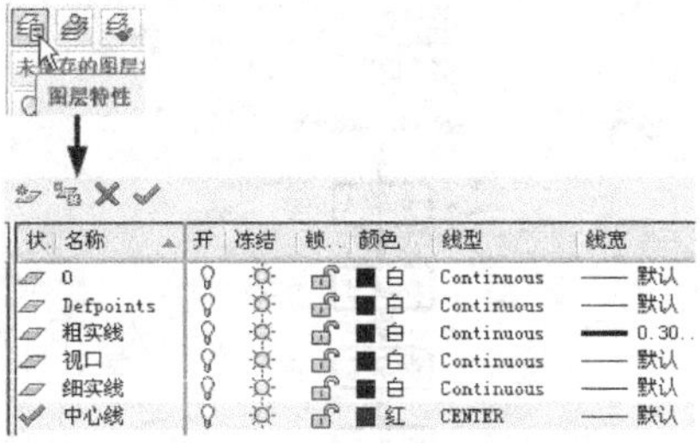

图 5-43　图层设置

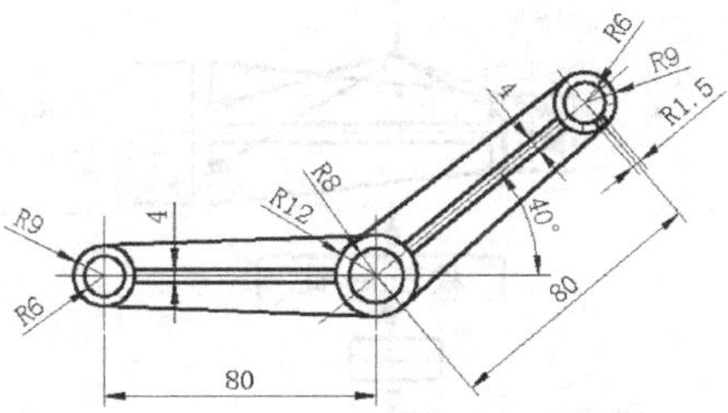

图 5-44　中心线及轮廓线的尺寸

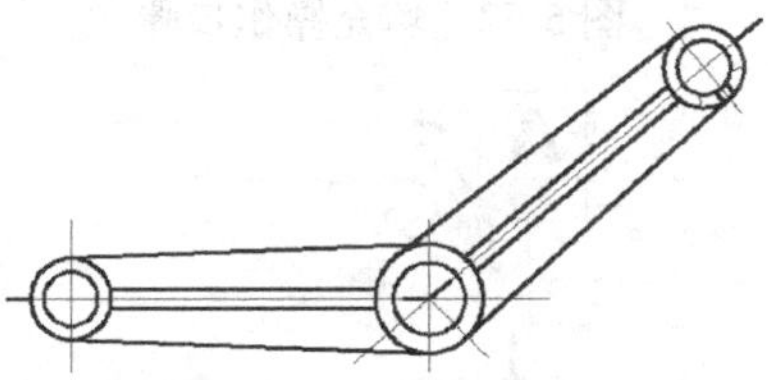

图 5-45　绘制剖切面符号

（3）单击“注释”选项卡中“引线”面板中的“多重引线”按钮，弹出“指定引线箭头的位置或”提示之后，单击箭头所指的点作为投影方向箭头的末端；弹出“指定引线基线的位置”提示之后，单击箭头所指的粗实线端点作为投影方向箭头的视点，即可完成一个投影方向箭头的绘制，如图 5-46 所示。

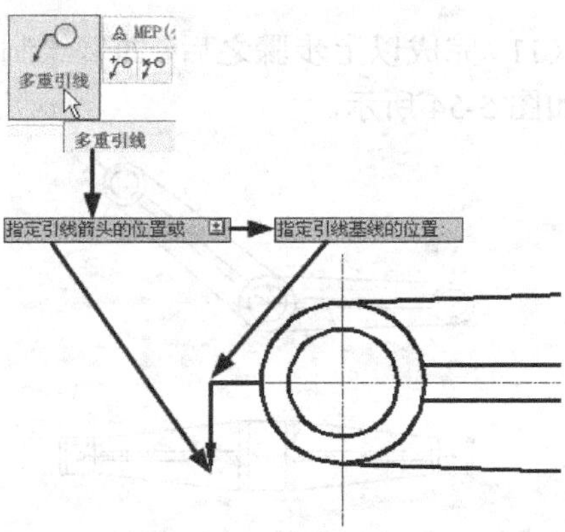

图 5-46　绘制投影箭头

（4）重复“多重引线”命令，绘制另外一个投影方向箭头。

（5）单击“注释”面板中的“多行文字”按钮，然后输入字母“A”，并使用“复制”命令将其复制到两个投影方向箭头的附近及剖切面转向处，结果如图 5-47 所示。

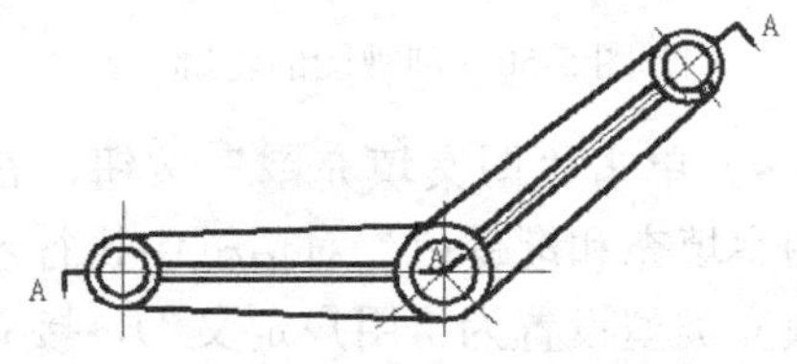

图 5-47　完成剖切面及投影箭头的绘制

（6）由于曲臂的右半部分是倾斜的，所以在绘制剖视图时需要根据对应关系确定剖视图中右半部分的尺寸。执行“圆弧”命令，绘制如图 5-48 中所示的圆弧，用于步骤（7）中右端圆孔中心线的对正。

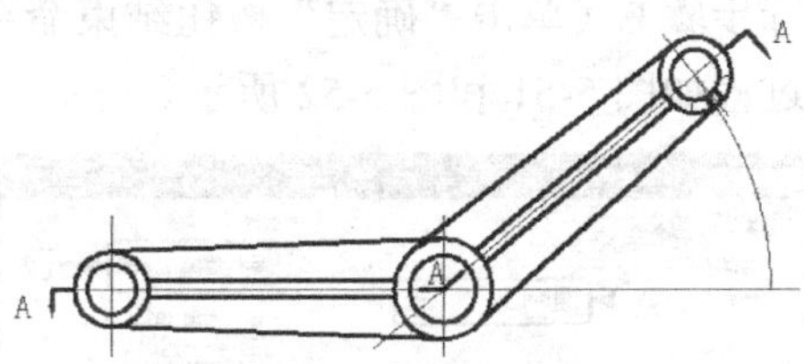

图 5-48　绘制对正圆弧

（7）执行“直线”命令，根据对应关系绘制剖视图的中心线，如图 5-49 所示。

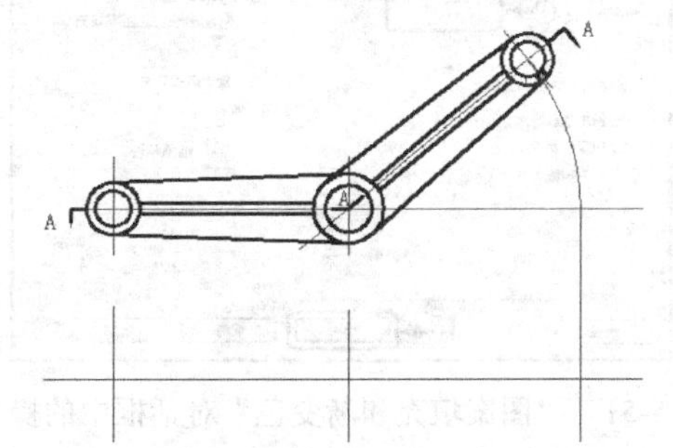

图 5-49　绘制中心线

（8）根据剖视图与主视图的对应关系，执行“直线”和“圆”等命令绘制线条，并利用“偏移”、“修剪”和“镜像”等编辑命令绘制剖视图的轮廓，完成结果如图 5-50 所示。

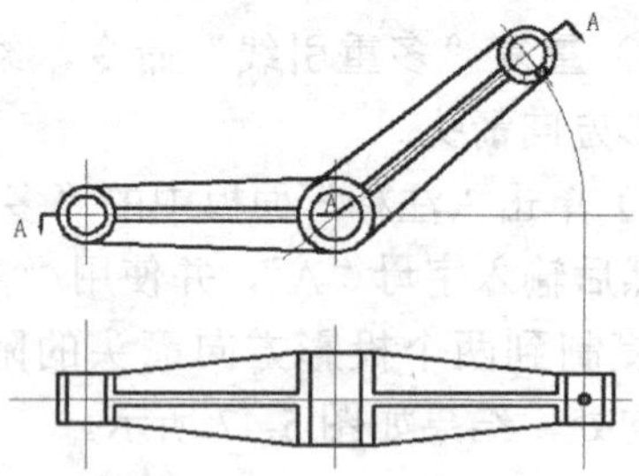

图 5-50　剖视图的轮廓

（9）单击“图案填充”按钮，在弹出的“图案填充和渐变色”对话框中执行步骤 A（将填充类型设置为“用户定义”），接着执行步骤 B（将角度设置为 45°），随后执行步骤 C（将间距设置为 2），然后执行步骤 D（利用“拾取点”的方式选择填充对象，待“拾取内部点或”提示出现之后，依次选取箭头所指的位置的点绘制一半，另一半与之对称位置的点也要选取，完成之后按 Enter 键结束选取），最后执行步骤 E（单击“确定”按钮结束命令），操作过程如图 5-51 和图 5-52 所示。

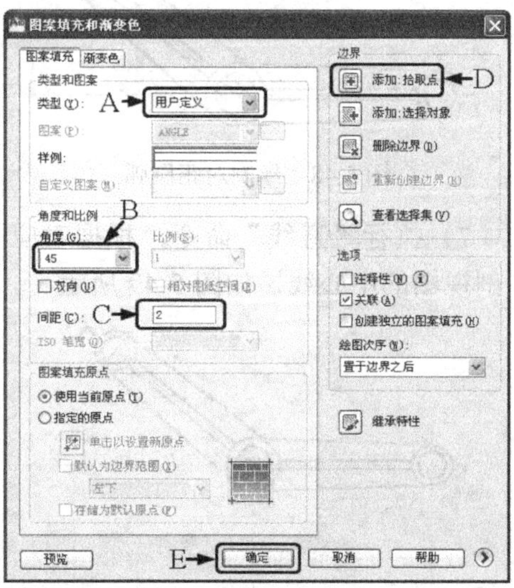

图 5-51　“图案填充和渐变色”对话框中的操作

（10）单击“多行文字”按钮，弹出“指定第一角点”提示之后，在步骤（9）完成的剖面图的上方中部画出文本输入窗口，然后输入“A——A”即可完成剖视图名称的输入，如图 5-53 所示。

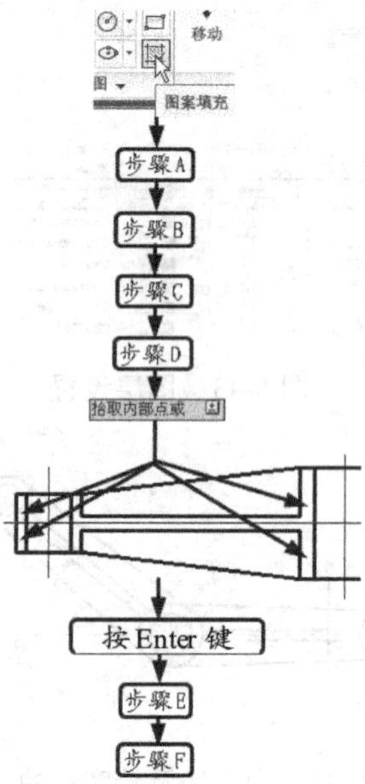

图 5-52　填充操作步骤

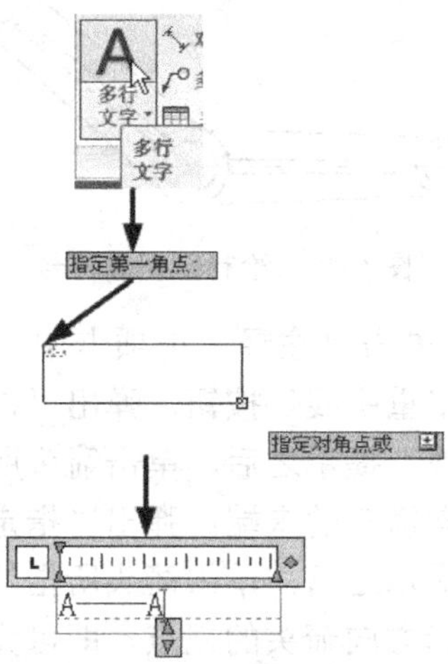

图 5-53　标明剖视图名称

（11）完成以上步骤之后，曲臂绘制完成，结果如图 5-54 所示。

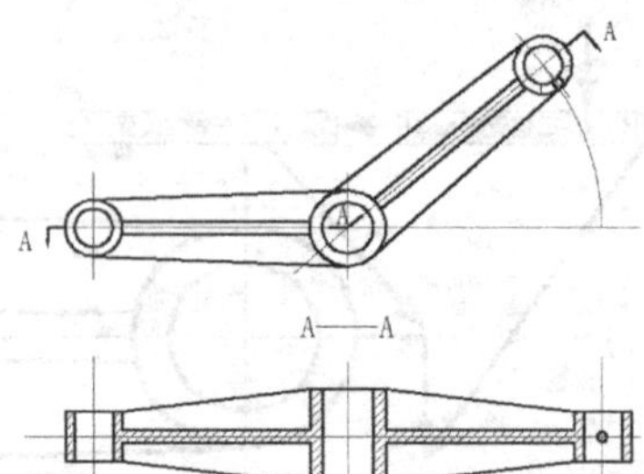

图 5-54　曲臂完成图

第 6 讲　图块的应用

在工程制图中，经常需要用到大量相同或者相似的对象，例如，机械制图中经常重复用到的螺钉、螺母等对象。为了提高绘图效率，AutoCAD 为用户提供了图块功能。使用图块功能可以将图中的部分对象保存为一个单元，在需要使用的地方插入，这样不但提高了绘图效率，节省了存储空间，而且方便了用户修改图形。本讲中将要对图块的应用进行讲解。

本讲内容

- 实例·模仿——粗糙度
- 定义块
- 插入块
- 定义块属性
- 编辑块属性
- 实例·操作——螺母
- 实例·练习——螺栓

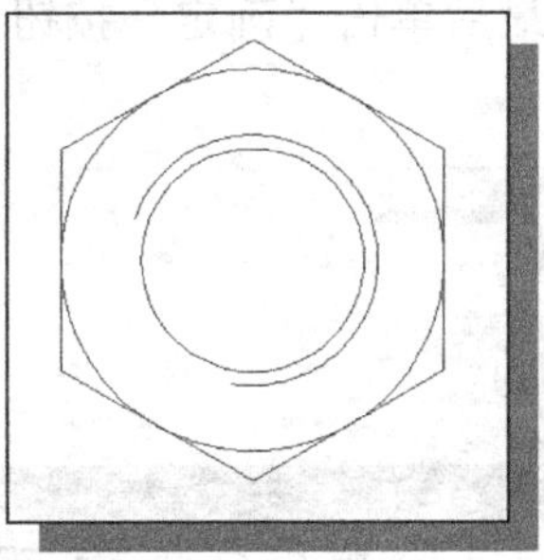

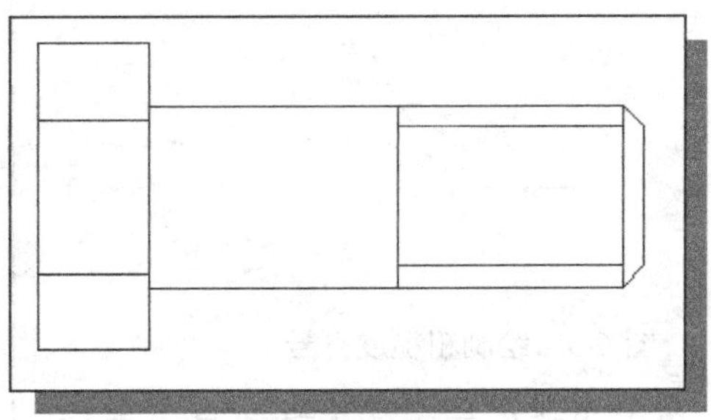

6.1　实例·模仿——粗糙度

粗糙度符号是在机械制图中常用的符号。其结构简单，由图形和文字标注两部分组成，如图 6-1 所示。

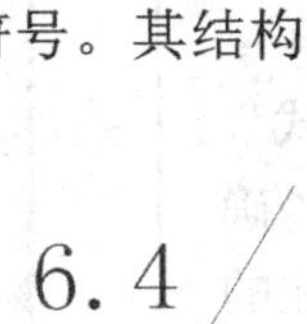

图 6-1　粗糙度

【思路分析】

“粗糙度”图块比较简单，可以分 3 个步骤完成块的创建：首先绘制出粗糙度符号的形状，然后创建并设定其文字样式，最后编辑其属性，便可完成“粗糙度”块的创建。步骤如图 6-2 所示。

图 6-2 “粗糙度”块的创建步骤

【光盘文件】

结果文件——参见附带光盘中的“END\Ch6\6-1.dwg”文件。

动画演示——参见附带光盘中的“AVI\Ch6\6-1.avi”文件。

【操作步骤】

（1）执行“直线”命令，绘制如图 6-3 所示图形，其中最长直线长为 16，另外两条直线长为 7。

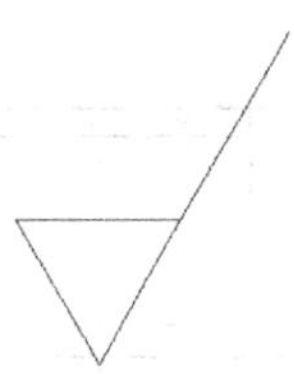

图 6-3 绘制粗糙度符号

（2）单击“块”面板的下拉符号，然后单击其中的“定义属性”按钮。这时弹出“属性定义”对话框，在“标记”文本框中输入“CCD”，在“提示”文本框中输入“粗糙度值”，在“默认”文本框中输入默认值“6.4”；然后设置“对正”为“左对齐”，“文字样式”为 Standard，“文字高度”为 3。然后单击“确定”按钮，关闭对话框。接着指定文字标注的位置，如图 6-4 所示。

（3）单击“创建块”按钮，弹出“块定义”对话框。首先在“名称”下拉列表框中输入块名称“粗糙度”。再单击“基点”选项组中的“拾取点”按钮。然后利用对象捕捉选取步骤（2）所完成图形的下端点为基点。随后单击“对象”选项组中的“选择对象”按钮，并用窗口选择的方式选择步骤（2）所绘制的图形作为对象，最后单击“确定”按钮，如图 6-5 所示。

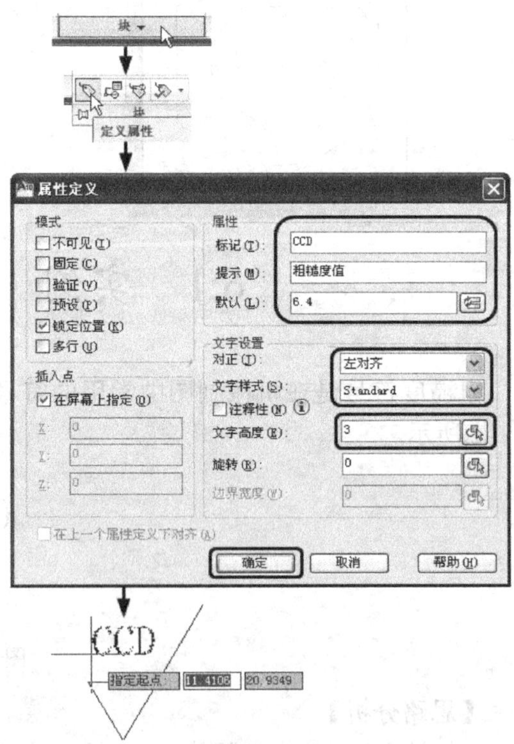

图 6-4 设置图块文字

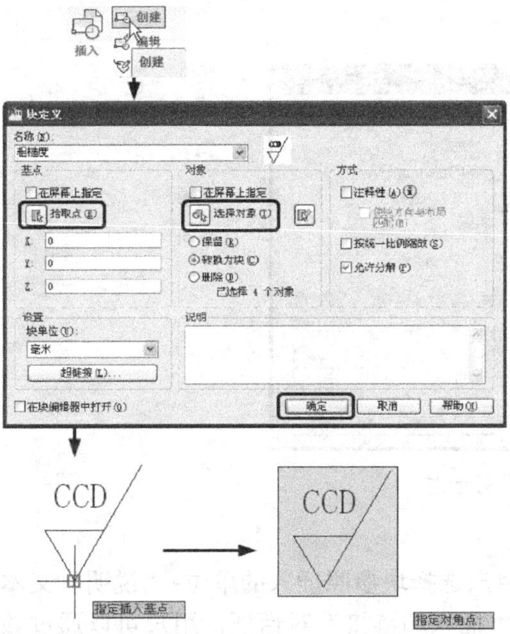

图 6-5 “块定义”对话框操作

（4）完成步骤（3）操作之后，弹出“编辑属性”对话框，单击其中的“确定”按钮即可完成块的创建，如图 6-6 所示。

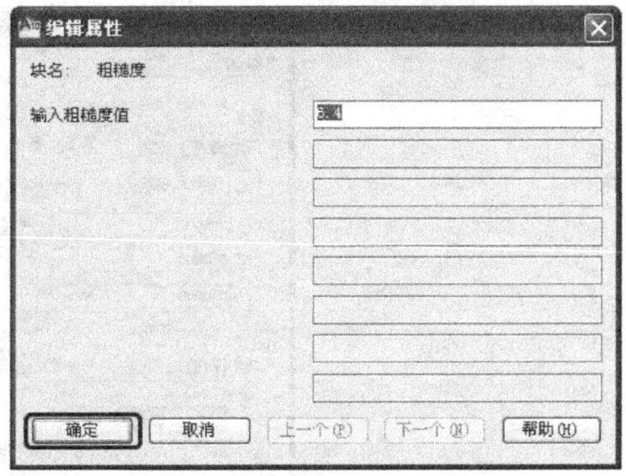

图 6-6 “编辑属性”对话框

（5）完成以上步骤的操作之后，“粗糙度”块即创建完成，结果如图 6-7 所示。

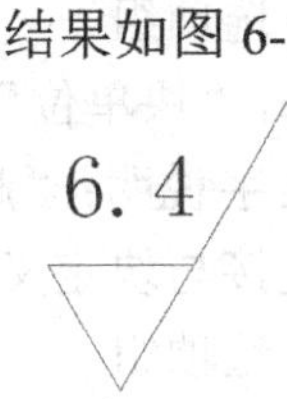

图 6-7 “粗糙度”块完成图

6.2 定 义 块

块可以分为两类，即内部块和外部块。内部块指的是只能存在于定义该块的图形中，其他图形文件中无法使用该块。外部块指的是可以作为一个图形文件单独存储在磁盘等电脑外存储器上，可以被其他图形引用，也可以被独立打开。

1. 内部块的创建

内部块的创建方法有以下几种。

- 功能区：“常用”→“块”→“创建”。
- 菜单：“绘图”→“块”→“创建”。
- 命令行：输入“block”。

执行以上任意操作之后，弹出“块定义”对话框，如图 6-8 所示。

“块定义”对话框中所包含的项目及作用如下：

（1）“名称”下拉列表框

在该下拉列表框中可以输入或选择要创建的块的名称。

（2）“基点”选项组

该选项组用于指定块的插入基点，也是块在插入过程中旋转或者缩放的基点，默认值为（0，0，0）。用户可以通过输入 X、Y、Z 坐标的方式来指定块的插入基点，也可以通过单击“拾取点”按钮，然后在图形中指定插入基点。

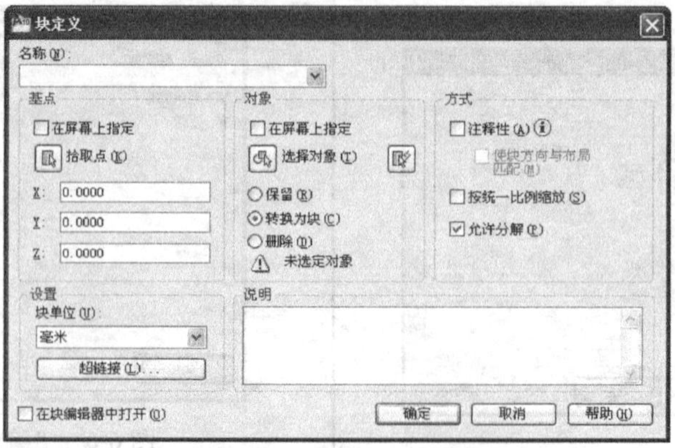

图 6-8 “块定义”对话框

（3）“设置”选项组

在该选项组中，“块单位”下拉列表框可以提供用户选择块参照插入的单位；“说明”文本框中可以指定块的文字说明；“超链接”按钮主要打开“插入超链接”对话框，用户可以通过该对话框设置某个超链接与块定义的超链接。

（4）“对象”选项组

该选项组用于指定要创建的新块包含的对象及创建块之后如何处理这些对象，各参数的含义如下。

◆ “选择对象”按钮：单击该按钮之后，“块定义”对话框暂时关闭，这时用户到绘图区选择块对象，完成选择对象之后，按 Enter 键重新弹出“块定义”对话框。
◆ “保留”单选按钮：用于设定创建块以后是否将选定对象保留在图形中作为区域对象。
◆ “转换为块”单选按钮：用于设定创建块以后，是否将选定对象转换成图形中的块实例。
◆ “删除”单选按钮：用于设定创建块以后，是否从图形中删除选定的对象。

（5）“方式”选项组

该选项组用于指定块的行为。“注释性”复选框用于设置将制定块设置为注释性的，“使块方向与布局匹配”复选框的作用为使块参照方向与图纸布局方向匹配，“按统一比例缩放”复选框用于指定是否阻止块按照统一比例放大或缩小，“允许分解”复选框用于指定块参照是否可以被分解。

以创建矩形块为例，创建块的一般步骤如图 6-9 所示。

（1）绘制完要创建块的图形之后，单击“创建”按钮，在弹出的“块定义”对话框的“名称”下拉列表框中输入块名称“矩形”。

（2）执行步骤 B（在“基点”选项组中单击“拾取点”按钮），然后对话框消失，利用对象捕捉选取矩形左下角点作为基点。

（3）执行步骤 C（单击“选择对象”按钮），然后利用窗口选择的方式，选择所绘制的矩形为对象。按 Enter 键完成选取。

（4）执行步骤 D（单击“确定”按钮）即可完成块的创建。

2. 外部块的创建

外部块的创建方法如下。

命令行：输入“wblock”。

执行以上操作之后，AutoCAD 将弹出“写块”对话框，如图 6-10 所示。通过该对话框的操作，可以将对象保存到文件或者将块转换为文件，从而创建一个外部图块，以便在绘制其他图纸时应用。

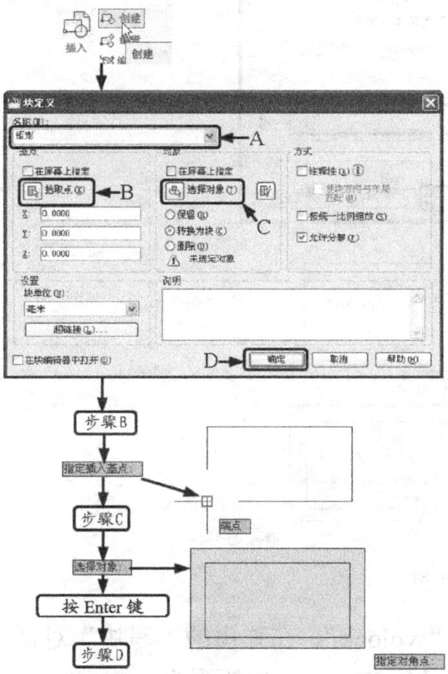

图 6-9 内部块的创建步骤

图 6-10 “写块”对话框

其中有 4 个选项组，分别是“源”、“基点”、“对象”和“目标”，其中“基点”和“对象”选项组与“块定义”对话框中的一样，这里不再复述。

（1）“源”选项组

“源”选项组用于指定块和对象，将其保存为文件并指定插入点。

- “块”单选按钮：选中该单选按钮时，用户可以从下拉列表框中选择图形中已有块保存为文件。此时“基点”和“对象”选项组不可用。
- “整个图形”单选按钮：选中该单选按钮时，会将当前图形作为一个块定义为外部文件。此时“基点”和“对象”选项组不可用。
- “对象”单选按钮：选中该单选按钮时，需要选择图形对象，并指定基点创建图块。

（2）“目标”选项组

“目标”选项组用于指定文件的新名称和新位置及插入块时所用的测量单位。

- “文件名和路径”下拉列表框：在该下拉列表框中直接输入指定文件名和保存块对象的路径，也可以单击[...]按钮后通过浏览方式保存外部块。
- “插入单位”下拉列表框：在该下拉列表框中设置创建的外部块插入其他图形中时用于自动缩放的单位值。

以矩形块的创建为例，外部块创建的一般步骤如图 6-11 所示。

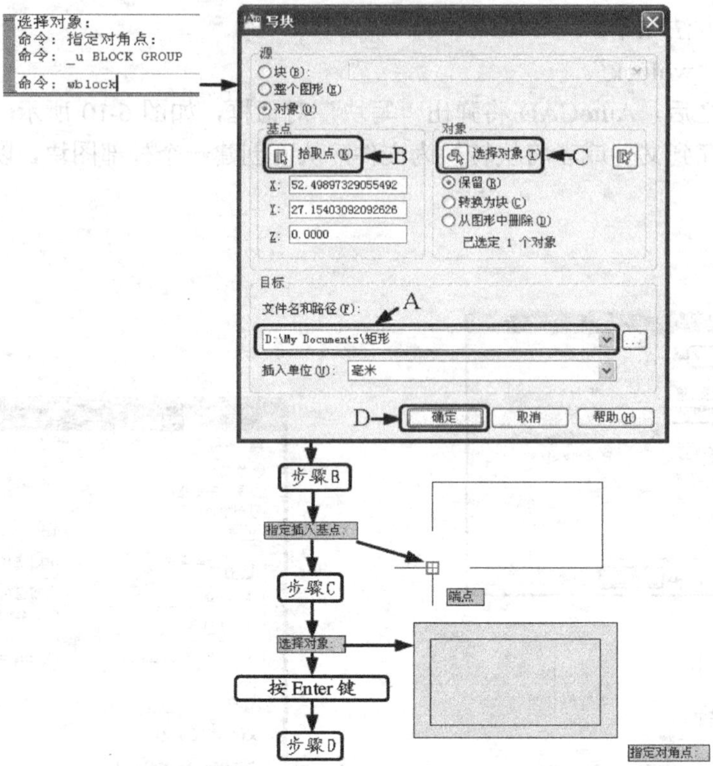

图 6-11　外部块的创建步骤

（1）绘制完要创建块的图形之后，在命令行中输入“wblock”，在弹出的“写块”对话框的“文件名和路径”下拉列表框中指定文件名和路径为“D:\My Documents\矩形”。

（2）执行步骤 B（在“基点”选项组中单击“拾取点”按钮）。然后对话框消失，利用对象捕捉选取矩形左下角点作为基点。

（3）执行步骤 C（单击“选择对象”按钮）。然后利用窗口选择的方式，选择所绘制的矩形为对象。按 Enter 键完成选取。

（4）执行步骤 D（单击“确定”按钮）即可完成块的创建。

6.3　插　入　块

通过插入块操作，可以将已定义的块插入到图形中。插入块时，用户一般需要确定块的 4 组特征参数，即块名、插入点的位置、插入的比例系数及旋转角度。

执行“插入块”命令的常用方式有以下几种。

- 功能区：“常用”→“块”→“插入”。
- 菜单：“插入”→“块”。
- 命令行：输入“insert”。

执行上述任意一种操作之后，弹出“插入”对话框，如图 6-12 所示。

其中有 5 个选项组，分别是“名称”、“插入点”、“比例”、“旋转”和“块单位”，另有“分解”复选框。

（1）“名称”下拉列表框：可以通过单击下拉箭头选择要插入图中的内部块，也可以单击“浏览”按钮之后，通过浏览方式插入外部块。

（2）“插入点”选项组：用于指定图块的插入位置，通常选中“在屏幕上指定”复选框，然后通过对象捕捉方式拾取点作为插入点，也可以通过制定 X、Y、Z 坐标来指定插入点。

（3）“比例”选项组：用于设置图块插入的比例。如果选中“在屏幕上指定”复选框，则可以在命令行中输入缩放比例。用户也可以在 X、Y、Z 3 个文本框中输入数值以确定各个方向上的缩放比例。如果选中“统一比例”复选框，则在 X、Y、Z 方向上缩放比例一致。

（4）“旋转”选项组：用于设定图块插入后的角度。如果选中“在屏幕上指定”复选框，则可以在命令行中输入旋转角度；如果取消选中此复选框，用户可以直接在“角度”文本框中输入角度数值来指定旋转角度。

（5）“分解”复选框：用于控制插入后图块是否分解成为基本的线条等单元。

块插入的操作步骤如图 6-13 所示。

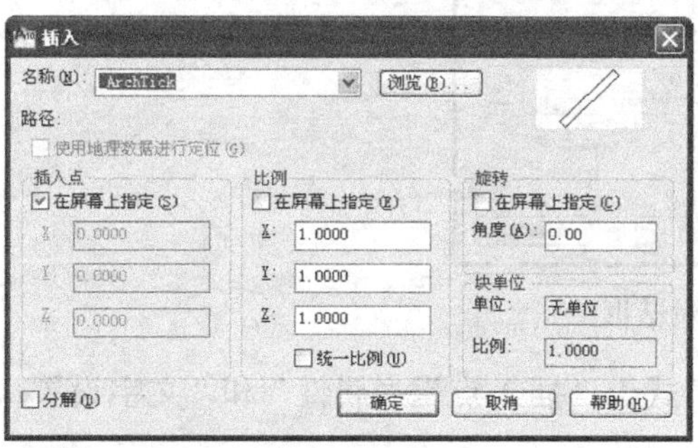

图 6-12 “插入”对话框

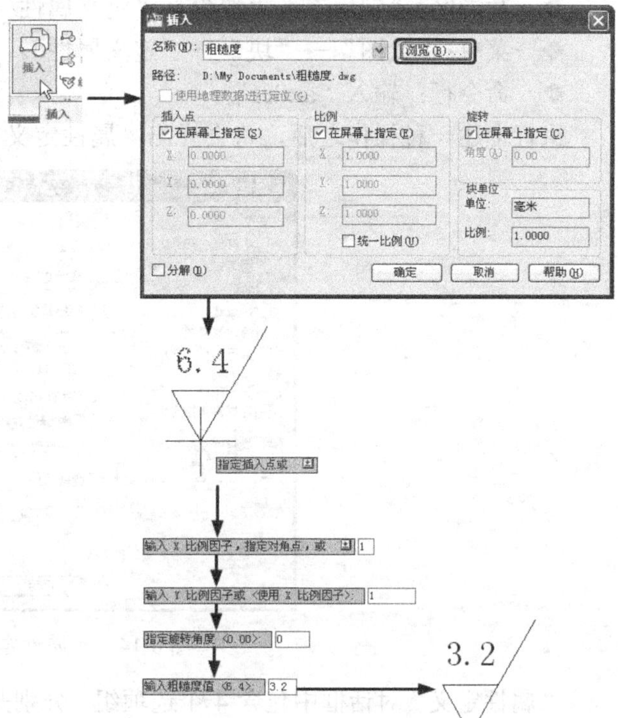

图 6-13 块插入的操作步骤

（1）单击“插入”按钮，弹出“插入”对话框。

（2）在“名称”下拉列表框中选择要插入的块。如果是内部块，则可以单击下拉符号，从中找到要插入的块。如果是外部块，则可以单击“浏览”按钮，通过文件浏览的方式，找到要插入的块。

（3）在“插入点”、“比例”和“旋转”选项组中都选中“在屏幕上指定”复选框，然后单击“确定”按钮，此时对话框关闭，回到绘图界面。

（4）在需要插入块的位置单击鼠标，设置插入点。

（5）弹出“输入 X 比例因子，指定对角点，或”输入框后，输入比例因子“1”。

（6）弹出“输入 Y 比例因子或〈使用 X 比例因子〉”输入框后，输入比例因子“1”。

（7）弹出“指定旋转角度”输入框后，输入旋转角度“0”。

（8）弹出“输入粗糙度值”输入框后，输入粗糙度值“3.2”。

6.4 定义块属性

块属性是附属于块的非图形信息，是包含在块定义中的特定对象。块属性包括标记、提示、值的信息、文字格式、位置等。当插入一个块时其属性页也一起插入到图中；对块进行编辑时，其属性也将改变。

执行块属性定义的常用方式有以下 3 种。

◆ 功能区：“常用”→“块”→“定义属性”。

◆ 菜单：“绘图”→“块”→“定义属性”。

◆ 命令行：输入“attdef”。

执行上述一种操作之后，将会弹出“属性定义”对话框，如图 6-14 所示。

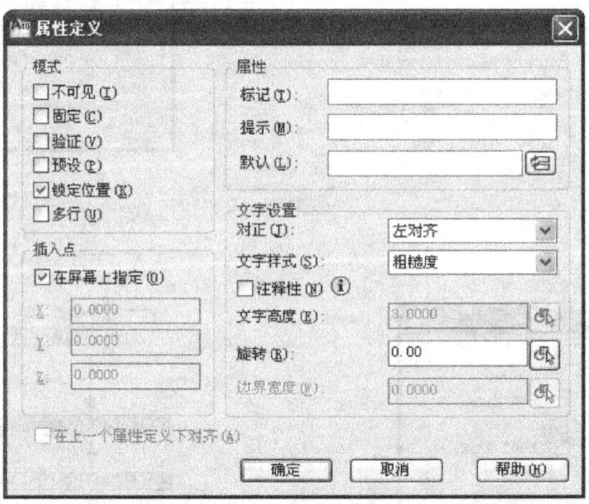

图 6-14 “属性定义”对话框

“属性定义”对话框中包含 4 个选项组，分别是“模式”、“插入点”、“属性”和“文字设置”。另有一个“在上一个属性定义下对齐”复选框。

1. “模式”选项组

在该选项组中可以设置属性模式。

◆ “不可见”复选框：表示插入图块并输入属性值后，属性值不在图中显示。

◆ “固定”复选框：表示属性值是一个固定值。

◆ “验证”复选框：表示会提示输入两次属性值，以便验证属性值是否正确。

◆ “预设”复选框：表示插入包含预设属性值的块时，将属性设置为默认值。

◆ “锁定位置”复选框：表示锁定块参照中属性的位置，若解锁，属性可以相对于使用夹点编辑的块的其他部分移动，并且可以调整多行属性的大小。

◆ “多行”复选框：用于指定属性值可以包含多行文字，选中该复选框后，可以指定属性的边界宽度。

2. “属性”选项组

在该选项组中可以设置属性数据。

◆ “标记”文本框：用于标识图形中每次出现的属性。

◆ “提示”文本框：指定在插入包含该属性定义的块时显示的提示，提醒用户指定属性值。

◆ “默认”文本框：用于指定默认的属性值，单击“插入字段”按钮可以打开“字段”对话框，插入一个字段作为属性的全部或部分值。

3. “插入点”选项组

在该选项组中用于指定块属性的位置。选中“在屏幕上指定”复选框，则在绘图区中指定插入点，用户也可以直接在 X、Y、Z 文本框中输入坐标值以确定插入点，通常采用“在屏幕上指定”的方式。

4. “文字设置”选项组

在该选项组中，可以设置属性文字的对正、样式、高度和旋转。

◆ “对正”下拉列表框：用于设定属性值的对正方式。

◆ “文字样式”下拉列表框：用于设定属性值的文字样式。

◆ “文字高度”文本框：用于设定属性值的高度。

◆ “旋转”文本框：用于设定属性值的旋转角度。

◆ “边界宽度”文本框：用于指定“多行”复选框设定的文字行的最大长度。

5. “在上一个属性定义下对齐”复选框

选中该复选框，将属性标记直接置于定义的上一个属性的下面。如果之前没有创建属性定义，则该选项不可用。

通过“属性定义”对话框，用户可以定义一个属性，但不能指定该属性属于哪个图块。因此，用户必须通过“块定义”对话框将图块和已经定义的属性重新定义为一个新的图块。

块属性的定义和将块属性与块合并操作如图 6-15 和图 6-16 所示。

（1）单击“块”面板的下拉符号，然后单击“定义属性”按钮，弹出“属性定义”对话框。

（2）在“属性”选项组的“标记”文本框中输入“基准”，在“提示”文本框中输入“输入基准名称”，在“默认”文本框中输入“A”。

（3）在“文字设置”选项组的“对正”下拉列表框中选择“居中”。

（4）在“插入点”选项组中选中“在屏幕上指定”复选框。

（5）单击“确定”按钮，即完成块属性的定义。

（6）完成块属性定义之后，单击“创建”按钮，弹出“块定义”对话框。

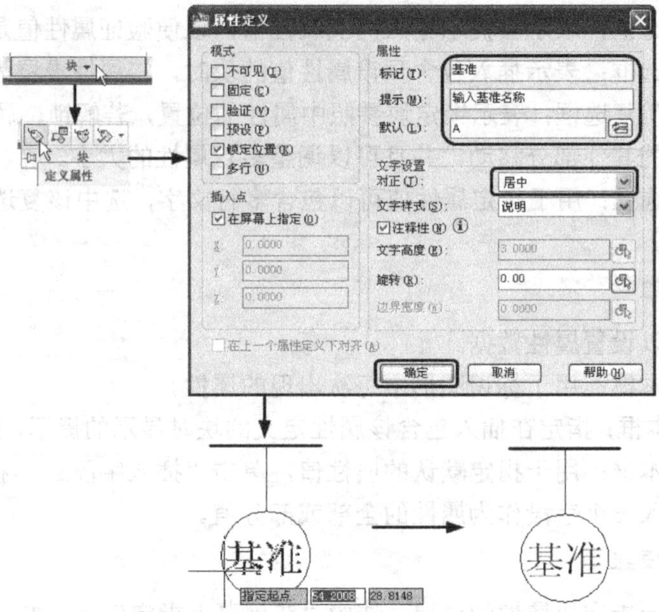

图 6-15 “基准”块的属性定义

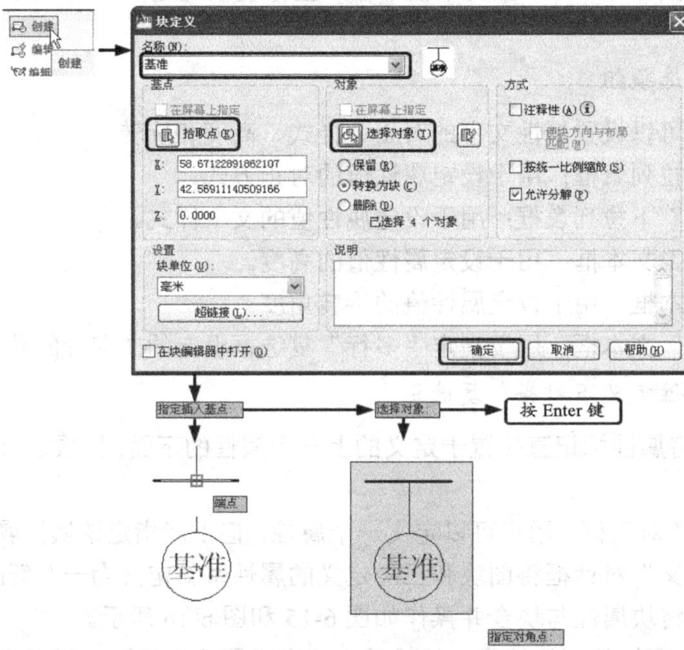

图 6-16 将属性和块定义在一起

（7）在“名称”下拉列表框中输入“基准”。

（8）单击“拾取点”按钮，出现“指定插入基点”提示之后，利用对象捕捉选取箭头所指的中点。

（9）弹出“选择对象”提示之后，利用窗口选择的方式选择整个图形作为对象。按 Enter 键即可完成块的创建。

完成的块如图 6-17 所示。

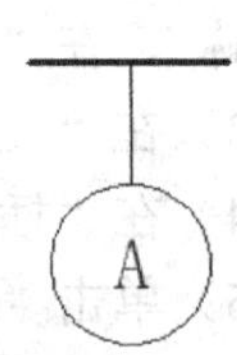

图 6-17 “基准”块

6.5 编辑块属性

利用块属性编辑命令可以对已创建的块的属性进行编辑。

执行块属性编辑常用以下方式。

功能区："常用"→"块"→"编辑属性"。

执行以上步骤之后，弹出"增强属性编辑器"对话框，其中包含 3 个选项卡，分别是"属性"、"文字选项"和"特性"，如图 6-18～图 6-20 所示。

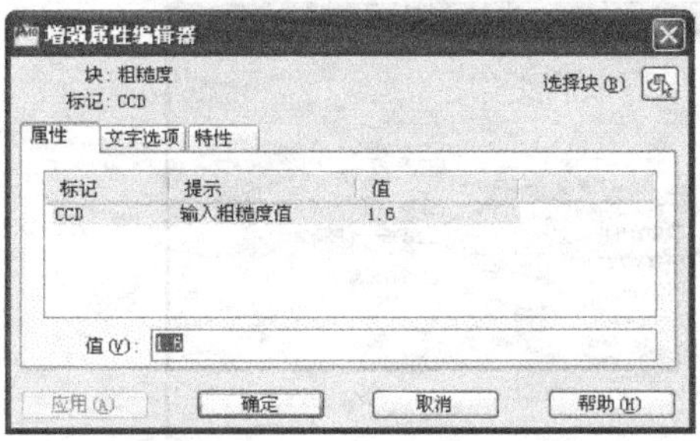

图 6-18 "属性"选项卡

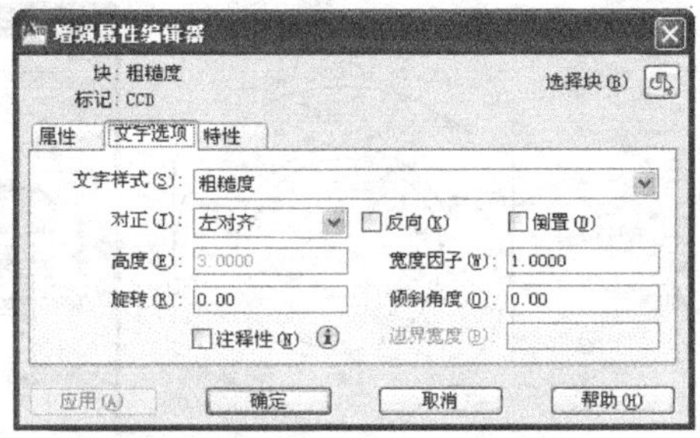

图 6-19 "文字选项"选项卡

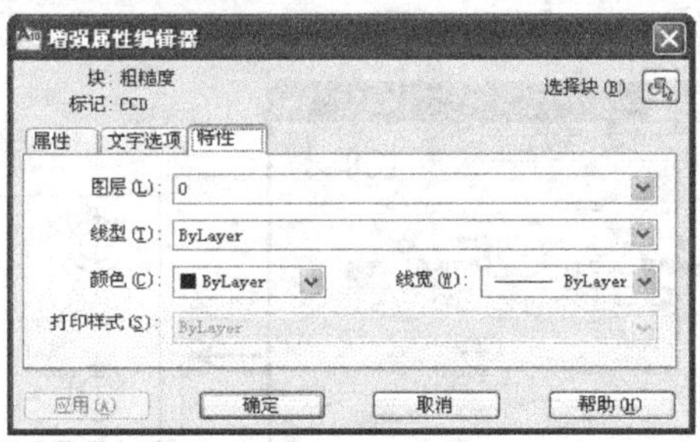

图 6-20 "特性"选项卡

- "属性"选项卡：显示每个属性的提示和所对应的值，用户可以在"值"文本框中输入属性的值。
- "文字选项"选项卡：在该选项卡中，用户可以修改文字属性，包括文字样式、对正、高度、宽度因子等属性，其中"反向"和"倒置"主要用于镜像后的修改。
- "特性"选项卡：在该选项卡中，用户可以对属性所在的图层、线型、颜色和线宽等进行设置。

6.6 实例·操作——螺母

螺母是机械制图中经常用到的图形，将螺母做成块，在绘图中需要时插入，可以大大提高绘图效率。螺母的图形如图 6-21 所示。

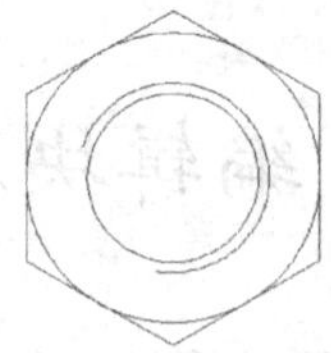

图 6-21　螺母

【思路分析】

“螺母”图块比较简单，通过两个步骤即可完成其创建：首先绘制螺母图形，然后执行创建块的命令即可完成创建，创建完成之后即可进行块的插入。创建步骤如图 6-22 所示。

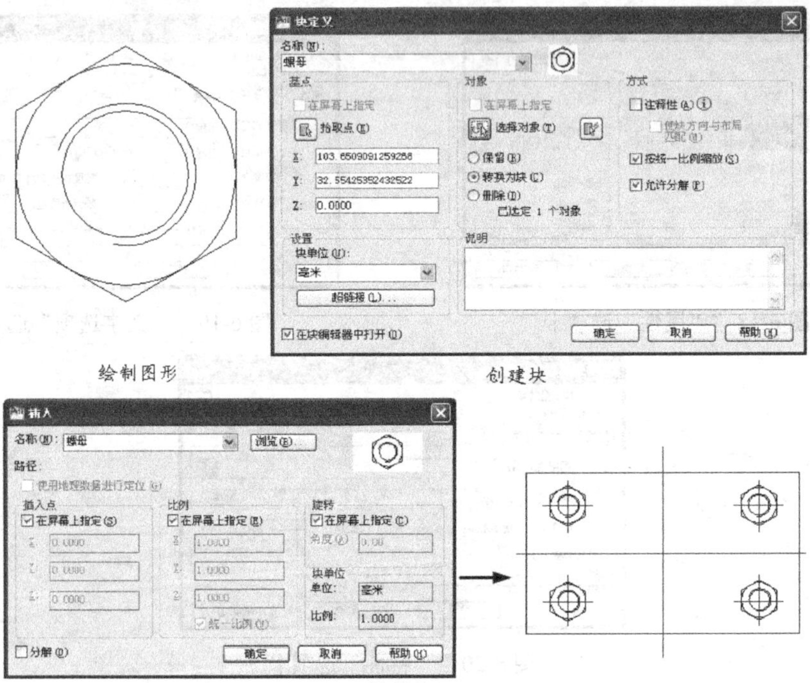

图 6-22　“螺母”块的创建步骤

【光盘文件】

结果文件——参见附带光盘中的“END\Ch6\6-6.dwg”文件。

动画演示——参见附带光盘中的“AVI\Ch6\6-6.avi”文件。

【操作步骤】

（1）执行“圆”命令，绘制半径分别为 4 和 4.5 的同心圆，结果如图 6-23 所示。

（2）执行“打断”命令，将大圆的左下段圆弧打断，结果如图 6-24 所示。

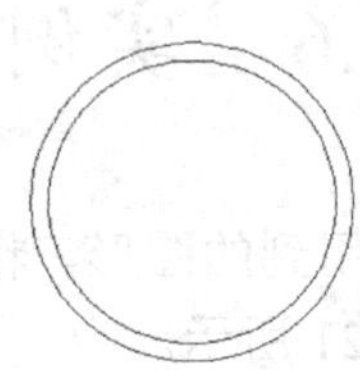

图 6-23　绘制同心圆

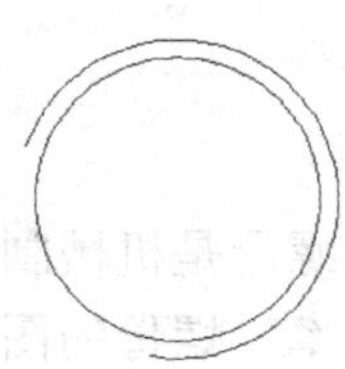

图 6-24　打断圆弧

（3）重新执行“圆”命令，绘制与前两个圆同心、半径为 7 的圆，绘制结果如图 6-25 所示。

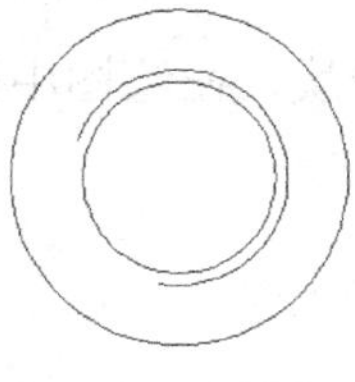

图 6-25　绘制大圆

（4）执行“多边形”命令，绘制外切于大圆的正六边形，结果如图 6-26 所示。

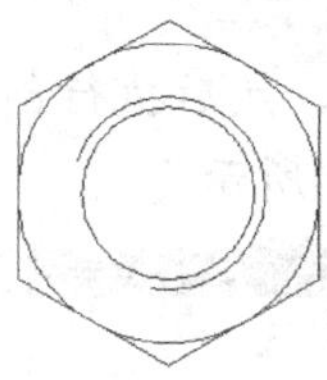

图 6-26　绘制外切正六边形

（5）单击“创建”按钮，弹出“块定义”对话框。执行步骤 A，在“名称”下拉列表框中输入块名称“螺母”。执行步骤 B（单击“拾取点”按钮），出现“指定插入基点”提示之后，选取箭头所指的圆心作为插入基点。执行步骤 C（单击“选择对象”按钮），出现“选择对象”提示之后，利用窗口选择的方式选择整个图形作为对象，选择完之后，按 Enter 键完成选取。执行步骤 D（在“方式”选项组中选中“按统一比例缩放”和“允许分解”复选框）。最后执行步骤 E（单击“确定”按钮）完成块的创建，步骤如图 6-27 所示。

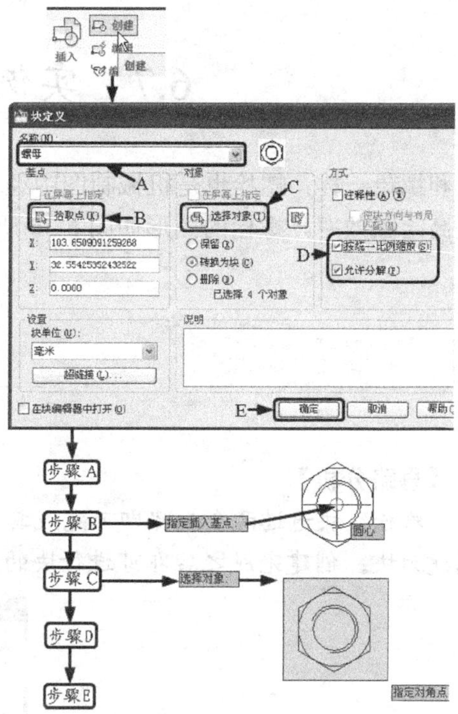

图 6-27　创建块

（6）单击“插入”按钮，弹出“插入”对话框。在“名称”下拉列表框中选择“螺母”，然后单击“确定”按钮。弹出“指定插入点或”提示之后，选择箭头所指的终点作为插入点；在弹出的“指定比例因子”输入框中输入“1”；在弹出的“指定旋转角度”输入框中输入“0”即可完成块的插入，如图 6-28 所示。

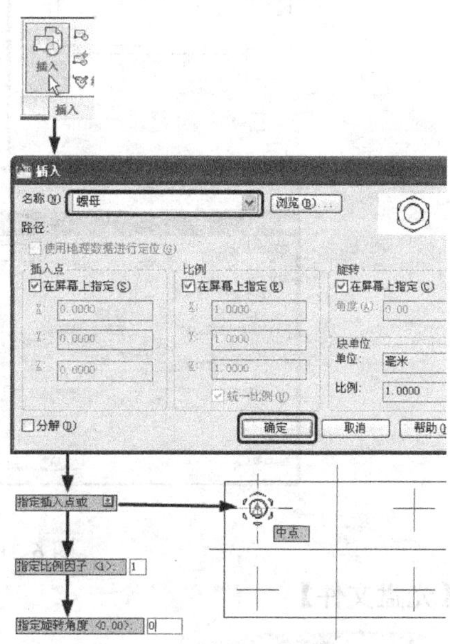

图 6-28　插入块

（7）重复步骤（6）的操作 3 次，完成对另外 3 个点的块插入，结果如图 6-29 所示。

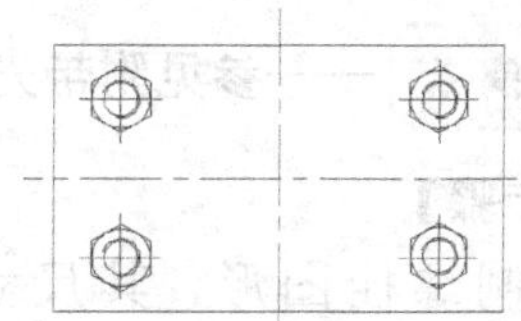

图 6-29　完成“螺母”块的插入

6.7 实例·练习——螺栓

和螺母一样，螺栓也是机械制图中经常用到的图形，将其做成块，在绘图中需要时插入，能够提高绘图效率。螺栓的图形如图 6-30 所示。

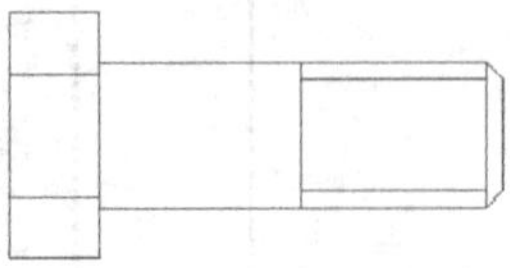

图 6-30　螺栓

【思路分析】

“螺栓”块通过两个步骤即可完成其创建：首先绘制螺栓图形，然后执行创建块的命令将螺栓创建为块。创建完成之后即可进行块的插入。创建步骤如图 6-31 所示。

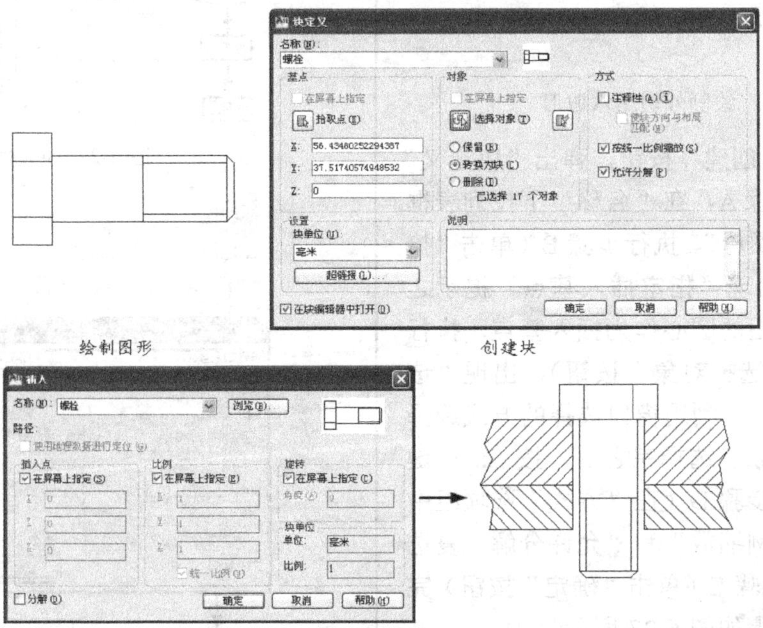

图 6-31　“螺栓”块的创建步骤

【光盘文件】

结果文件——参见附带光盘中的“END\Ch6\6-7.dwg”文件。

动画演示——参见附带光盘中的“AVI\Ch6\6-7.avi”文件。

【操作步骤】

（1）绘制螺栓图形，其尺寸如图 6-32 所示。

（2）单击“创建”按钮，弹出“块定义”对话框。执行步骤 A，在“名称”下拉列表框中输入块名称“螺栓”。执行步骤B（单击“拾取点”按钮），出现“指定插入基点”提示之后，选取箭头所指的中点作为插入基点。执行步骤C（单击“选择对象”按钮），出现“选择对象”提示之后，利用窗口选择的方式选择整个图形作为对象，选择完之后，按Enter键完成选取。执行步骤D（在“方式”选项组中选中“按统一比例缩放”和“允许分解”复选框）。最后执行步骤E（单击“确定”按钮）完成块的创建，步骤如图6-33所示。

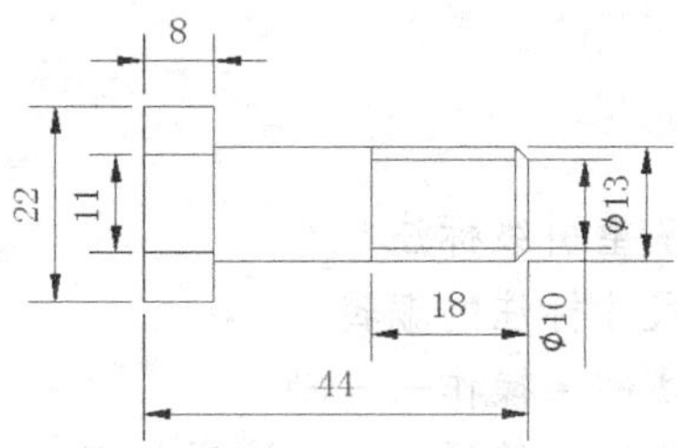

图6-32　螺栓的尺寸

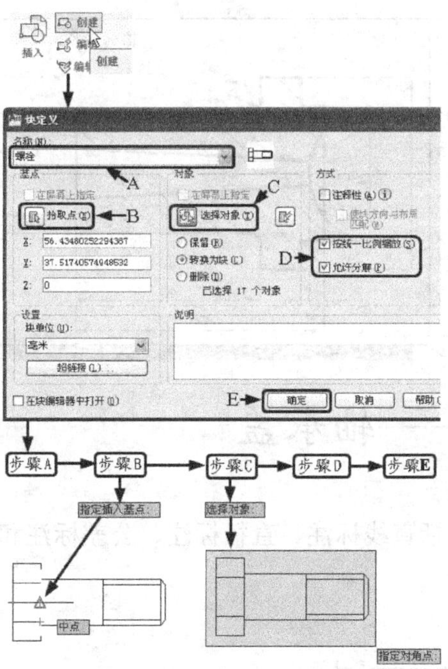

图6-33　“螺栓”块的创建

（3）单击“插入”按钮，弹出“插入”对话框。在“名称”下拉列表框中选择“螺栓”。然后单击“确定”按钮。弹出“指定插入点或”提示之后，选择箭头所指的中点作为插入点；在弹出的“指定比例因子”输入框中输入“1”；在弹出的“指定旋转角度”输入框中输入“-90”，即可完成块的插入，如图6-34所示。

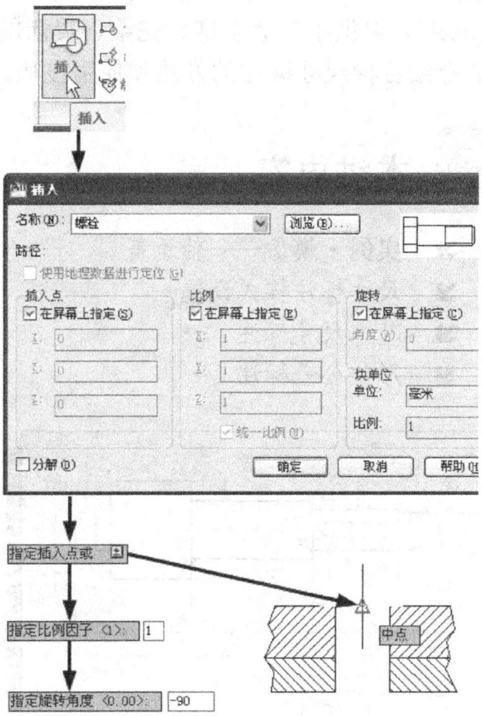

图6-34　插入块

（4）以上步骤完成以后，块插入即可完成，结果如图6-35所示。

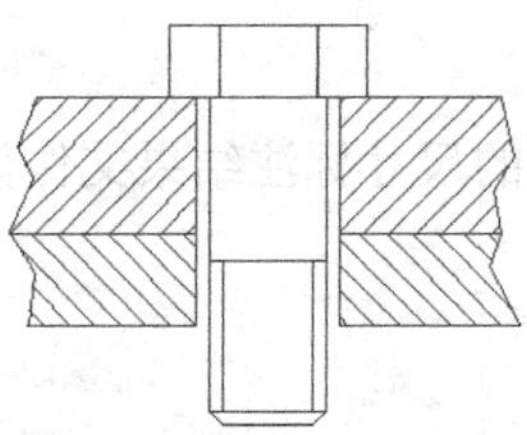

图6-35　块插入结果

第7讲 尺寸标注

图形只用来表达物体的外观形状，尺寸标注则是对图形的测量注释，可以用来测量、显示对象的大小和各部分之间的相对位置关系。工程制图中，尺寸标注是一项细致而重要的过程，AutoCAD 提供了一套丰富、完整、灵活的标注系统来对图形进行快速而又准确的标注。本讲将重点介绍各种尺寸标注的方法和使用技巧。

本讲内容

- 实例·模仿——轴承盖
- 尺寸标注样式设置
- 基本尺寸标注
- 形位公差标注
- 多重引线标注
- 尺寸标注的编辑
- 实例·操作——轴
- 实例·练习——主流道衬套

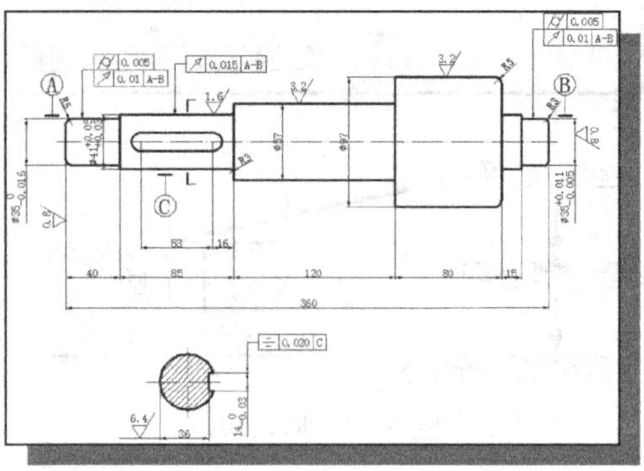

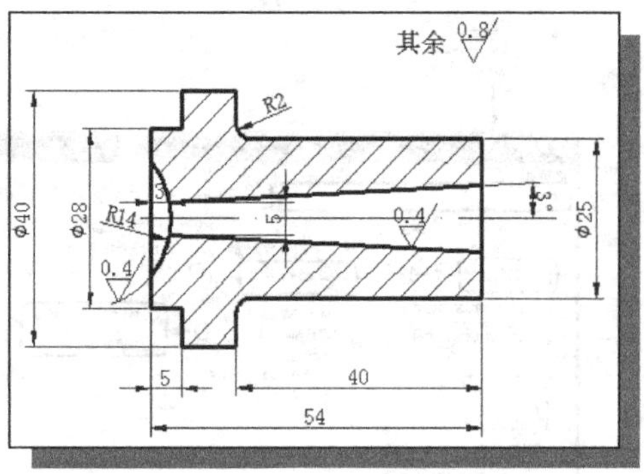

7.1 实例·模仿——轴承盖

轴承盖的尺寸标注结果文件如图 7-1 所示，主要包括直线标注、直径标注、公差标注和倒角标注等。

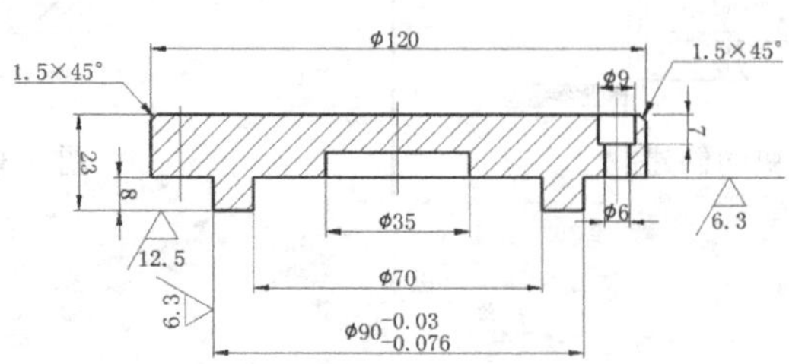

图 7-1 轴承盖的尺寸标注

【思路分析】

轴承盖的尺寸标注相对来说比较简单，不包含形位公差等标注，主要是由线性标注、直径标注、尺寸公差标注、倒角标注和表面粗糙度标注等组成，可对不同的标注新建标注样式，然后进行分别标注，标注步骤如图 7-2 所示。

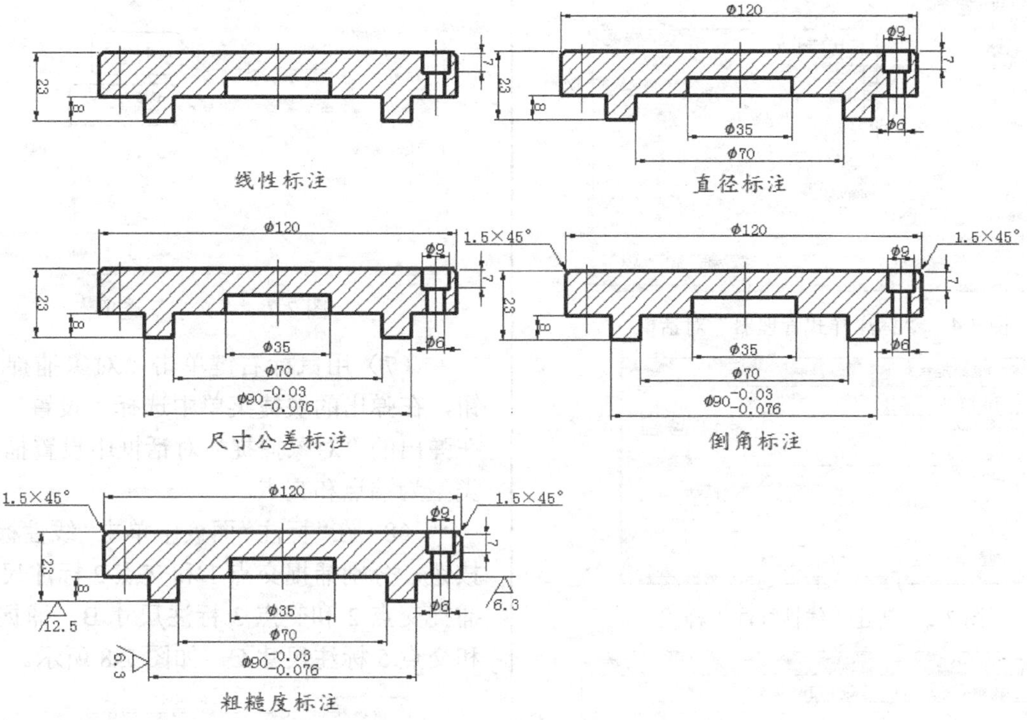

图 7-2　标注步骤

【光盘文件】

结果文件 ——参见附带光盘中的“END\Ch7\7-1.dwg”文件。

动画演示 ——参见附带光盘中的“AVI\Ch7\7-1.avi”文件。

【操作步骤】

（1）打开附盘上的文件“END\Ch7\7-1 副本.dwg”，如图 7-3 所示。

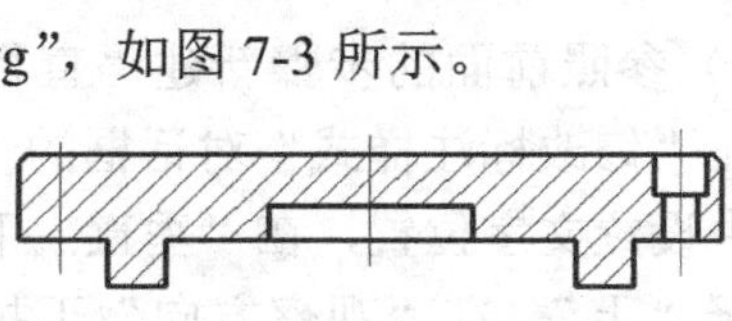

图 7-3　法兰盘

（2）单击“图层特性”按钮，新建“尺寸线”图层，默认线宽，并将“尺寸线”图层设置为当前图层。

（3）选择“注释”选项卡，在打开的“标注”面板中单击“标注样式”按钮，打开“标注样式管理器”对话框，如图 7-4 所示。

（4）单击“新建”按钮，打开“创建新标注样式”对话框，在“新样式名”文本框中输入新的样式名“线性标注”，如图 7-5 所示。

（5）单击“继续”按钮，打开“新建标注样式”对话框，在“符号和箭头”选项卡中设置“箭头大小”为 3.5，如图 7-6 所示。

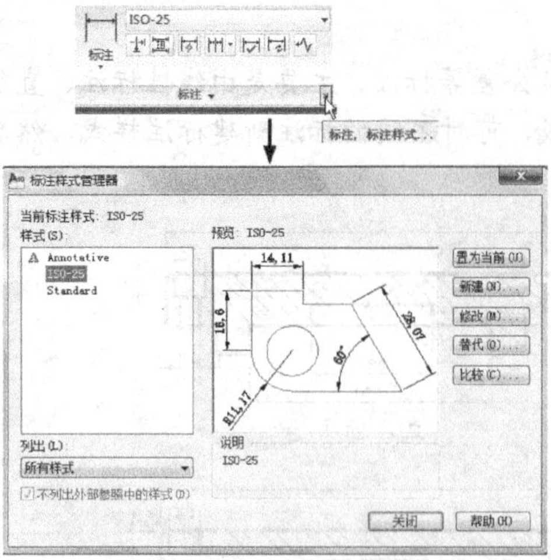

图 7-4 “标注样式管理器”对话框

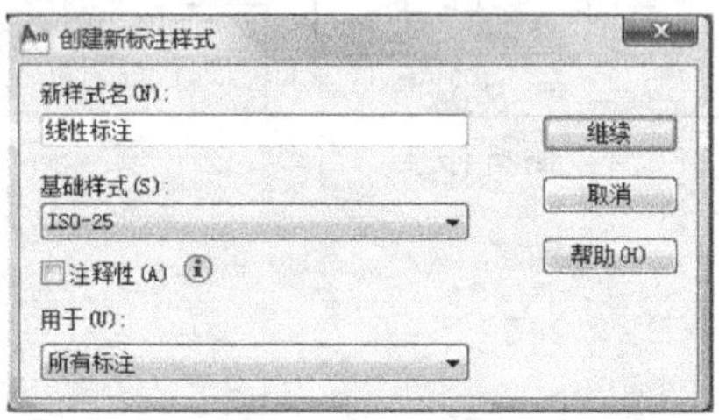

图 7-5 新建“线性标注”样式

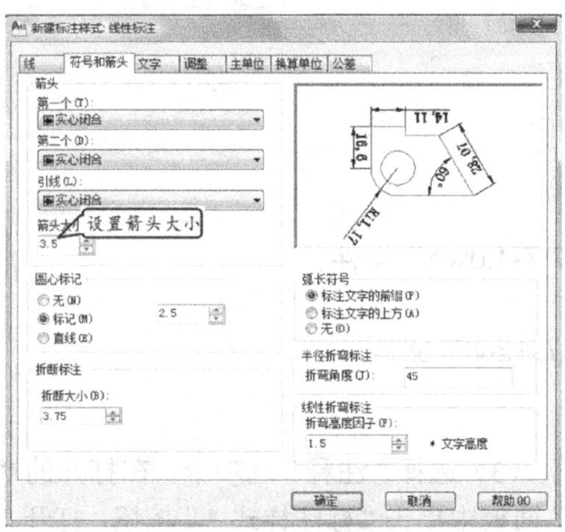

图 7-6 “新建标注样式”对话框

(6) 选择“文字”选项卡，如图 7-7 所示，在“文字外观”选项组中设置“文字高度”为 4，在“文字位置”选项组中，在“垂直”下拉列表框中选择“下”，在“观察方向”下拉列表框中选择“从右到左”，其余设置默认不变，单击“确定”按钮，并关闭对话框。

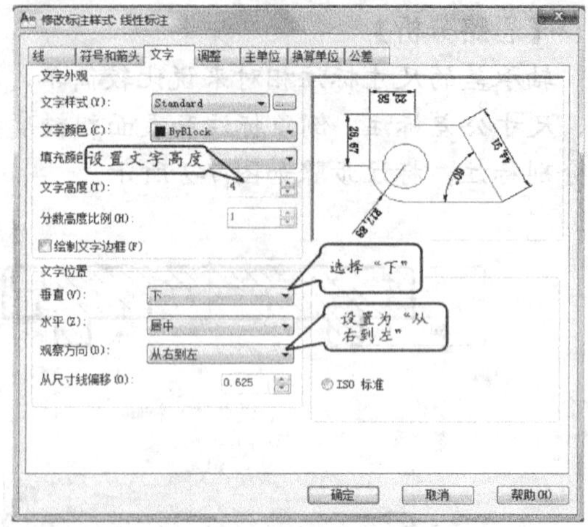

图 7-7 “文字”选项卡

(7) 用鼠标右键单击“对象捕捉”按钮，在弹出的快捷菜单中选择“设置”命令，在弹出的“对象捕捉”对话框中设置捕捉对象类型为端点和交点。

(8) 在“标注”面板中单击“线性标注”按钮，分别捕捉交点 1 和交点 2 标注尺寸 A，捕捉交点 2 和交点 3 标注尺寸 B，捕捉交点 4 和交点 5 标注尺寸 C，如图 7-8 所示。

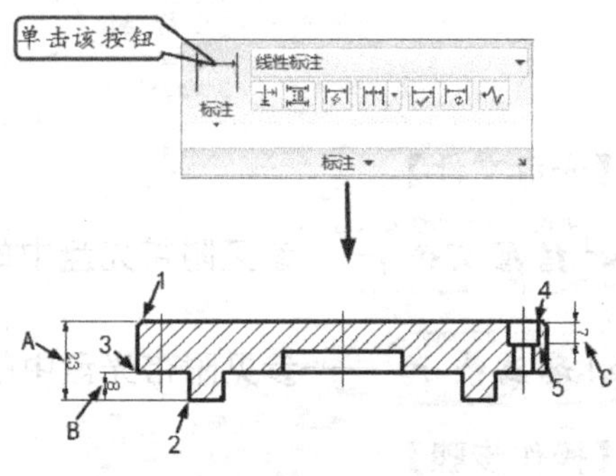

图 7-8 线性标注

(9) 参照前面的步骤新建“直径标注”样式。在“修改标注样式”对话框的“文字”选项卡中设置文字位置，在“垂直”下拉列表框中选择“上”，在“观察方向”下拉列表框中选择“从左到右”；在“主单位”选项卡的“精度”下拉列表框中选择 0.000，在“小数分隔符”下拉列表框中选择“‘.’句点”，在“前缀”文本框中输入“%%c”（AutoCAD 中，%%c

输出为直径符号 ϕ）。单击“确定”按钮并关闭“修改标注样式”对话框，如图 7-9 所示。

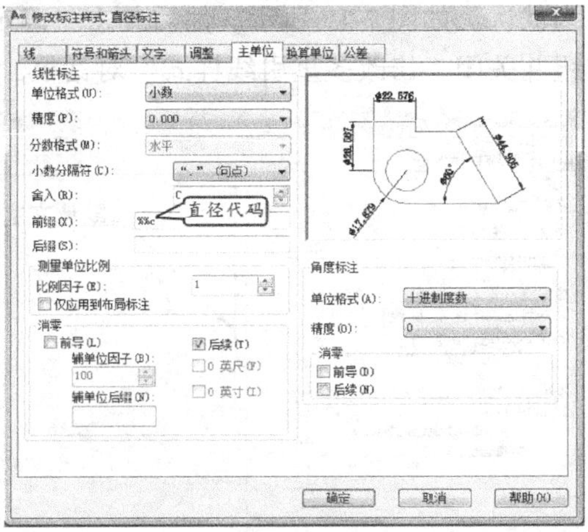

图 7-9 “主单位”选项卡

（10）单击“标注”面板中的“线性标注 ⊢⊣”按钮，分别捕捉交点 1 和 2 标注尺寸 A，捕捉交点 3 和 4 标注尺寸 B，捕捉交点 5 和 6 标注尺寸 C，捕捉交点 7 和 8 标注尺寸 D，捕捉交点 9 和 10 标注尺寸 E，如图 7-10 所示。

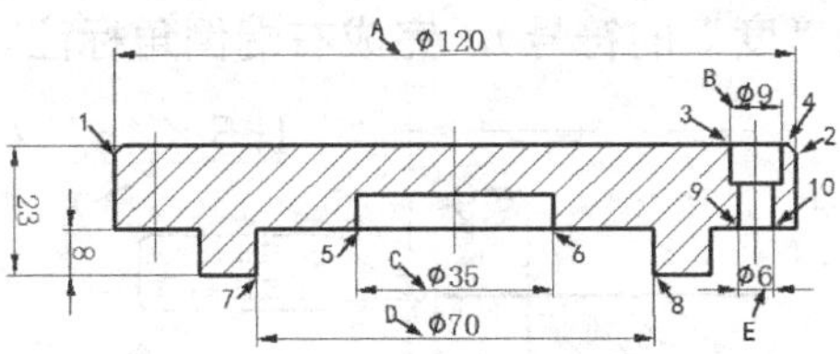

图 7-10 直径标注

（11）新建“尺寸公差”标注样式。在“创建新标注样式”对话框的“新样式名”文本框中输入新的样式名“尺寸公差”，并在“基础样式”下拉列表框中选择“直径标注”，如图 7-11 所示。

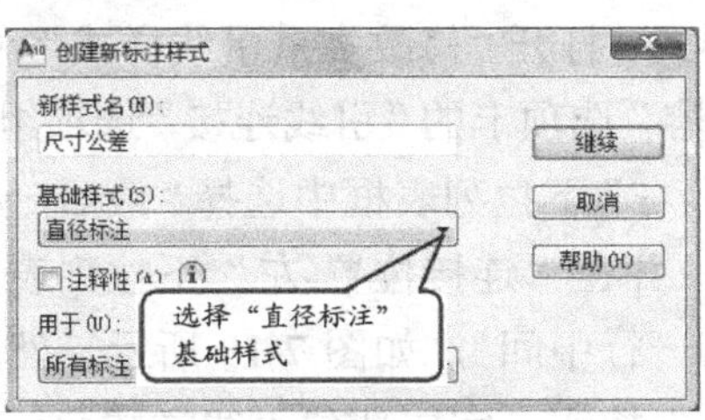

图 7-11 新建“尺寸公差”标注样式

（12）单击“继续”按钮，在打开的“修改标注样式”对话框中选择“公差”选项卡，在“公差格式”选项组的“方式”下拉列表框中选择“极限偏差”，在“上偏差”文本框中输入“-0.03”，在“下偏差”文本框中输入“0.076”，在“垂直位置”下拉列表框中选择“中”，其余为默认设置，单击“确定”按钮关闭“修改标注样式”对话框，如图 7-12 所示。

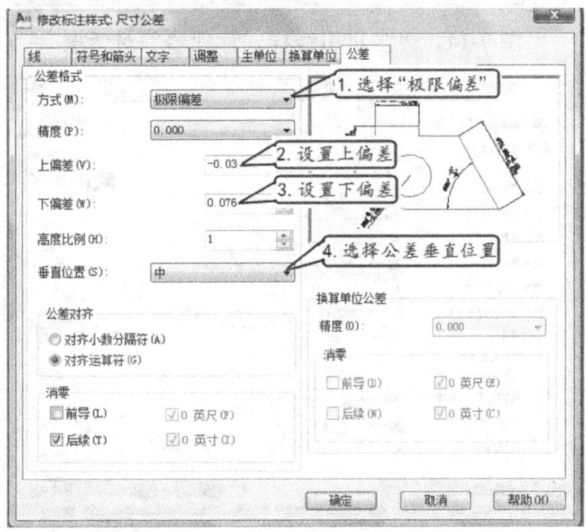

图 7-12 “公差”选项卡

（13）单击“标注”面板中的“线性标注 ⊢⊣”按钮，分别捕捉如图 7-13 所示的交点 1 和 2 标注尺寸公差 A。

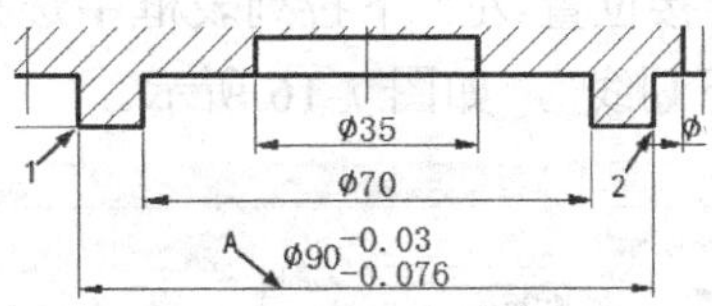

图 7-13 尺寸公差标注

（14）单击“注释”选项卡中“引线”面板右下角的“多重引线样式 ↘”按钮，打开“多重引线样式管理器”对话框，如图 7-14 所示。

（15）单击“新建”按钮，在打开的“创建新多重引线样式”对话框的“新样式名”文本框中输入“倒角引线”，单击“继续”按钮，打开“修改多重引线样式”对话框，如图 7-15 所示。

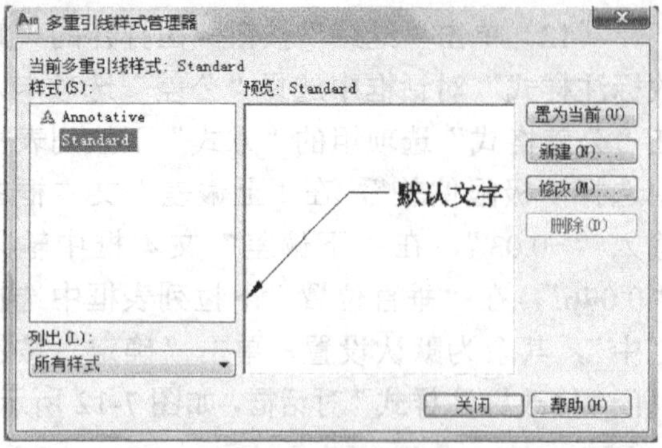

图 7-14 “多重引线样式管理器”对话框

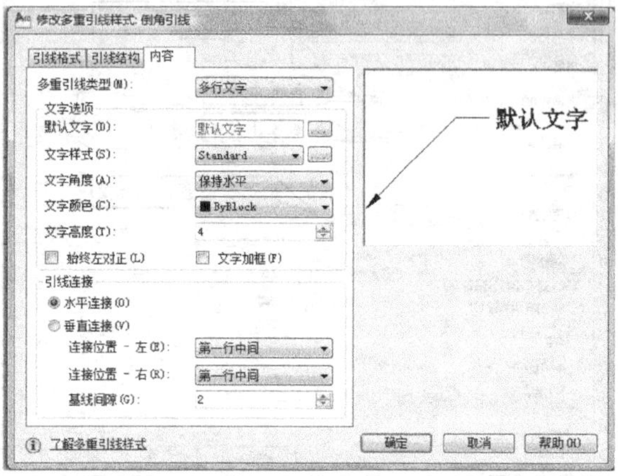

图 7-15 “修改多重引线样式”对话框

（16）选择“内容”选项卡，在“文字选项”选项组中设置“文字高度”为 4，在“引线连接”选项组中选中“水平连接”单选按钮，并在“连接位置-左”下拉列表框中选择“最后一行加下划线”，如图 7-16 所示。

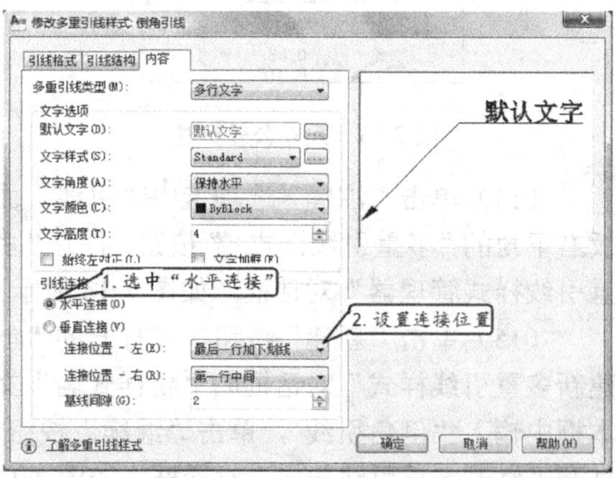

图 7-16 “内容”选项卡

（17）选择“引线结构”选项卡，在“基线设置”选项组中设置基线距离为 3，其余设置为默认，如图 7-17 所示。然后单击“确定”按钮并关闭“修改多重引线样式”对话框。

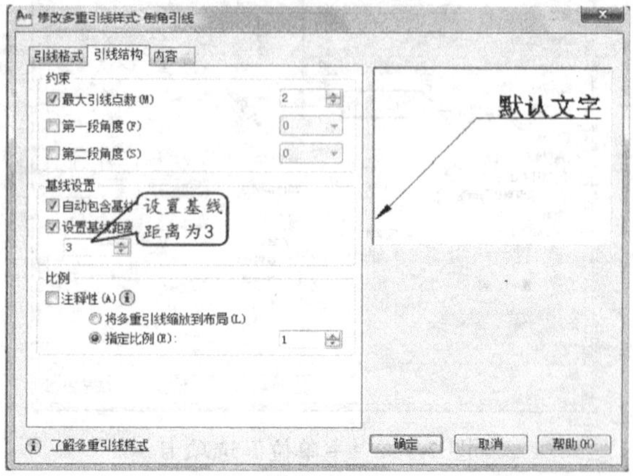

图 7-17 “引线结构”选项卡

（18）设置对象捕捉为中点，单击“注释”选项卡中“引线”面板中的“多重引线”按钮，选取如图 7-18 所示线段的中点为引线箭头位置，在文本框中输入“1.5×45%%D”（%%D 对应“度”的符号），完成右端倒角标注。

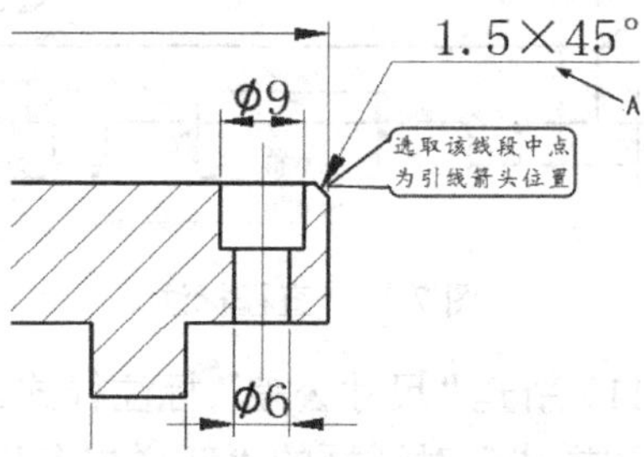

图 7-18 右端倒角标注

（19）参照步骤（13）、（14）和（15）以“倒角引线”为基础样式新建“倒角引线 2”标注样式。打开“修改多重引线样式”对话框，在“内容”选项卡的“引线连接”选项组的“连接位置-右”下拉列表框中选择“最后一行加下划线”，并在“连接位置-左”下拉列表框中选择“第一行中间”，如图 7-19 所示。然后单击“确定”按钮，完成新建引线样式。

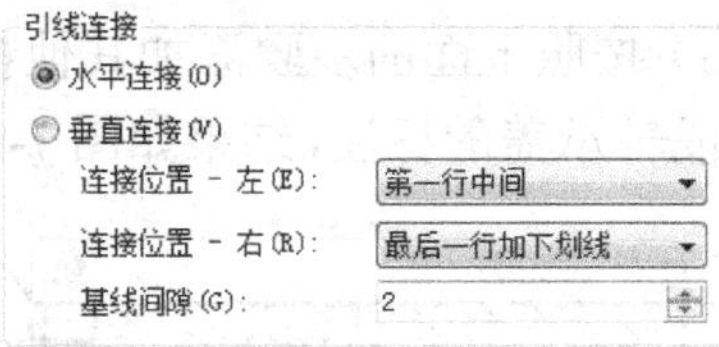

图 7-19　新建左边倒角标注样式

（20）单击“注释”选项卡中“引线”面板中的“多重引线”按钮，选取如图 7-20 所示线段的中点为引线箭头位置，在文本框中输入“1.5×45%%D”，完成左端倒角标注。

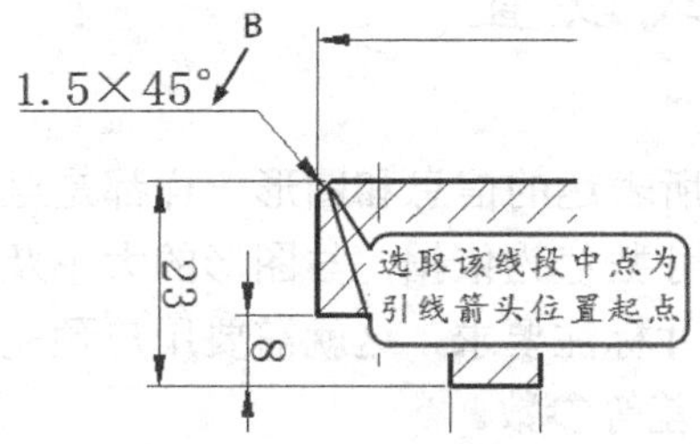

图 7-20　左端倒角标注

（21）执行“直线”命令，绘制粗糙度符号，如图 7-21 所示。

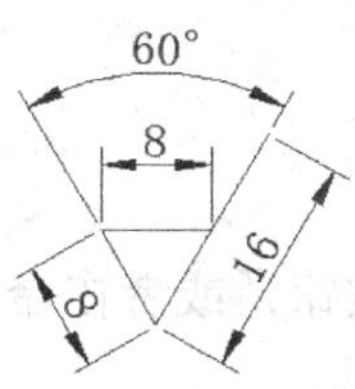

图 7-21　绘制粗糙度符号

（22）单击“常用”选项卡中“块”面板中的“创建”按钮，打开“块定义”对话框，如图 7-22 所示。在“名称”文本框中输入“粗糙度”，单击“基点”选项组中的“拾取点”按钮，捕捉图 7-23 所示标记的点 O，然后单击“对象”选项组中的“选择对象”按钮，选取整个粗糙度符号为对象，按 Enter 键完成块的定义。

（23）单击“块”面板中的“插入”按钮，弹出“插入”对话框，如图 7-24 所示。分别选中“插入点”和“旋转”选项组中的“在屏幕上指定”复选框。

图 7-22　“块定义”对话框

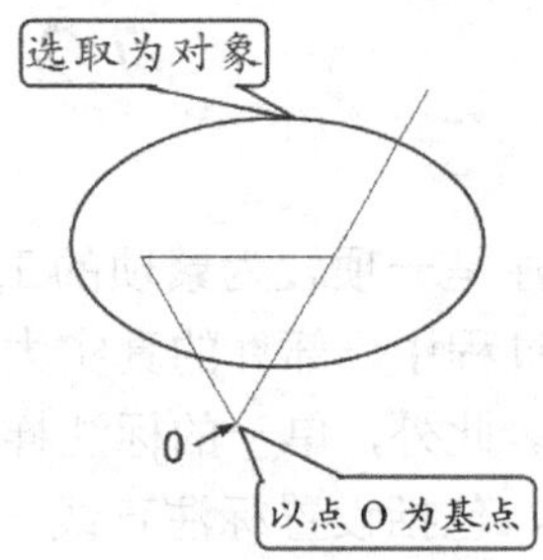

图 7-23　选取基点和对象

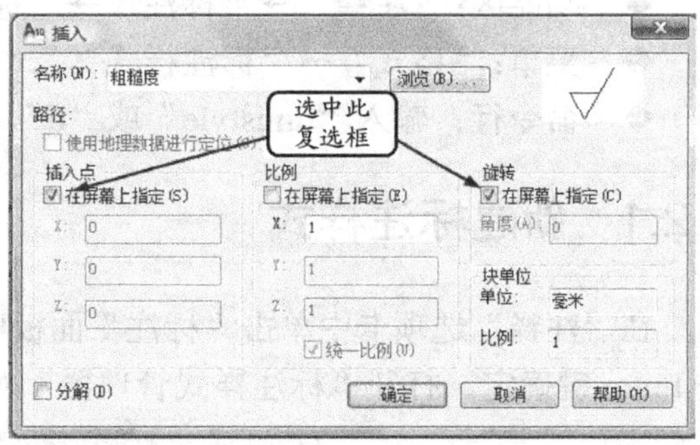

图 7-24　“插入”对话框

（24）单击“确定”按钮，指定如图 7-25 所示位置为插入点，并指定旋转角度为 180°，按 Enter 键确认。

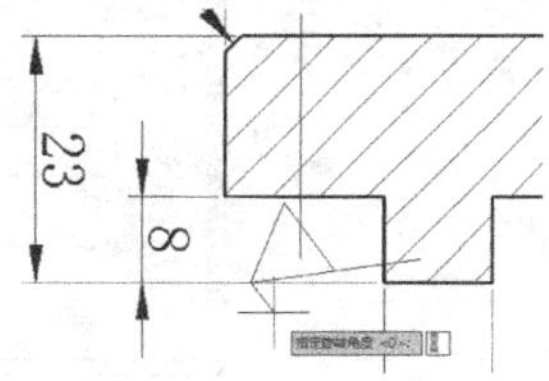

图 7-25　插入块

（25）单击“注释”面板中的“单行文字 A”按钮，指定文字高度为 4，旋转角度为 0，在如图 7-26 所示位置的文本框中输入“12.5”。

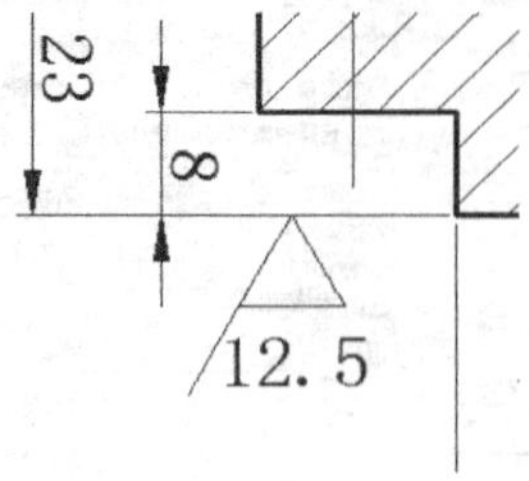

图 7-26　添加文本

（26）按照上面的步骤添加其他粗糙度的标注，完成轴承盖的标注，结果如图 7-27 所示。

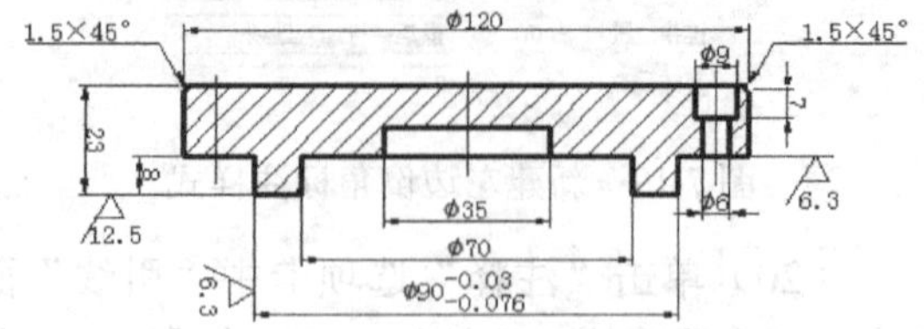

图 7-27　完成标注

7.2　尺寸标注样式设置

尺寸标注是一项较为繁琐的工作，但是通过尺寸标注所表达的信息和图形一样都是至关重要的。在生产过程中，部件的真实大小应以图样上所注的尺寸数值为依据，与图形的大小及绘图的准确性无关。此外，单一的标注样式往往不能满足各类尺寸标注要求，这就需要用户预先定义新的尺寸样式，包括设置标注直线、箭头、文字、单位和公差等参数。

执行尺寸标注样式设置命令的常用方法有以下几种。

- 功能区：“注释”→“标注”→“标注样式↘”。
- 菜单：“格式”→“标注样式↘”。
- 命令行：输入“dimstyle”或“d”。

7.2.1　新建标注样式

在“注释”选项卡中单击“标注”面板中的“标注样式↘”按钮，或者在命令行中输入“d”按 Enter 键确定，打开“标注样式管理器”对话框，如图 7-28 所示。

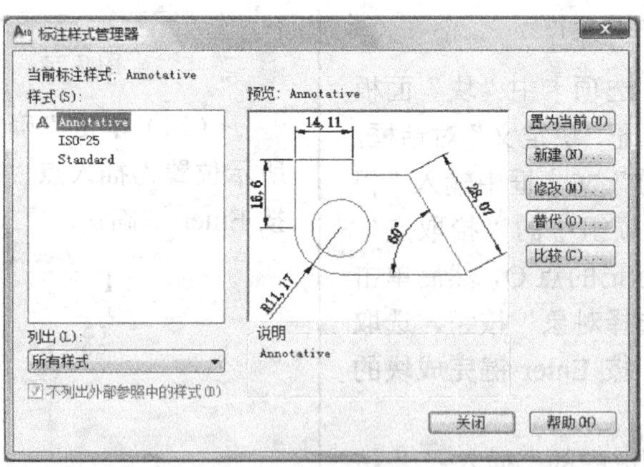

图 7-28　“标注样式管理器”对话框

单击该对话框中的“新建”按钮，弹出“创建新标注样式”对话框，如图 7-29 所示。在“新样式名”文本框中输入要新建的标注样式，然后在“基础样式”下拉列表框中选择新建标注样式基于的样式，如果选中“注释性”复选框，则新建的标注样式具有注释性功能，这种样式的尺寸标注可以自动调整其显示比例，以适合于当前图形的显示，接着在“用于”下拉列表框中选择新建样式的标注类型，最后单击“继续”按钮，弹出“新建标注样式”对话框，如图 7-30 所示。

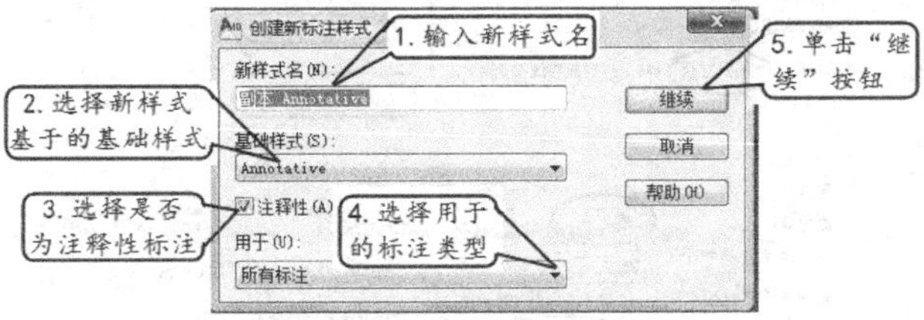

图 7-29 “创建新标注样式”对话框

图 7-30 “新建标注样式”对话框

在该对话框中可以设置新标注样式的各个参数，下面将分别进行介绍。

1. 设置尺寸标注的尺寸线和延伸线

选择“线”选项卡，在“尺寸线”选项组中可以设置尺寸线的颜色、线型、线宽、基线间距和是否隐藏尺寸线等其他参数；“延伸线”选项组中可以设置延伸线的颜色、线型、线宽、超出尺寸线长度、起点偏移量和是否隐藏延伸线等参数，如图 7-31 所示。

2. 设置符号和箭头

选择“符号和箭头”选项卡，在“箭头”选项组中可以设置标注箭头的样式和大小；“圆心标记”选项组主要用来控制直径标注和半径标注的圆心标记和中心线的外观，“无”指不创建圆心标记或中心线，“标记”指创建圆心标记，“直线”指创建中心线；“折断标注”选项组是用来控制折断标注的间距宽度，“折断大小”微调框用来显示和设置用于折断标注的间距大小；“弧长符号”选项组用来控制弧长标注中圆弧符号的显示；“半径折弯标注”选项组用来控制折弯（Z字型）半径标注的显示，“折弯角度”文本框确定折弯半径标注中尺寸线的横向线段的角度；“线性折弯标注”选项组用来控制线性标注折弯的显示，当标注不能精确表示实际尺寸时，通常将折弯线添加到线性标注中，“折弯高度因子”微调框用来设置形成折弯角度的两个顶点之间的距离，如图 7-32 所示。

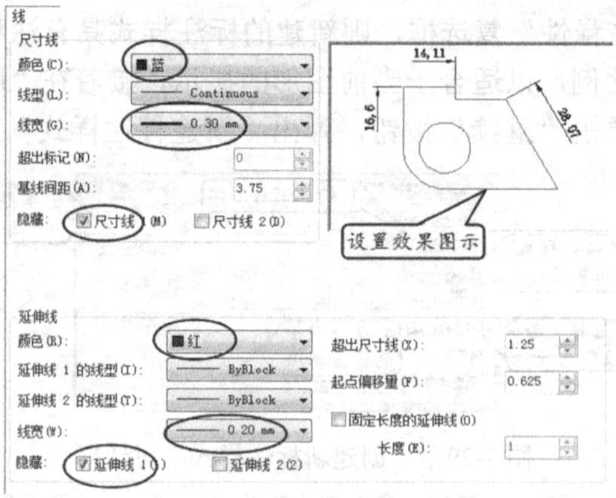

图 7-31 “线”选项卡设置

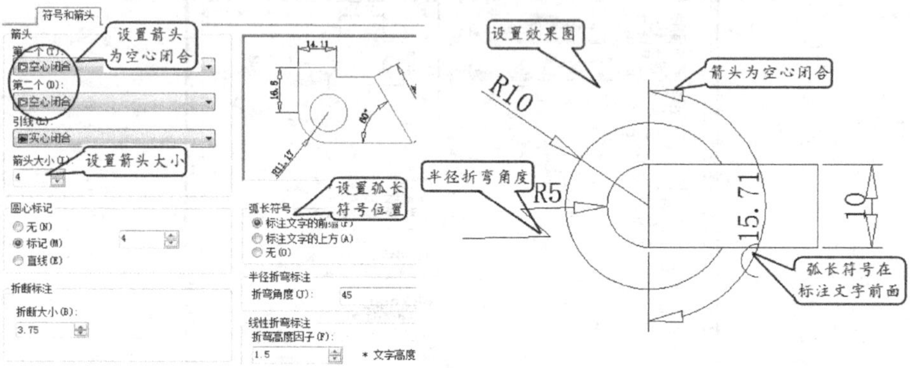

图 7-32 设置符号和箭头

3. 设置文字效果

选择“文字”选项卡，在“文字外观”选项组中可以设置文字样式、文字颜色、填充颜色、文字高度和是否绘制文字边框等参数；在“文字位置”选项组中设置标注文字的位置，“垂直”下拉列表框设置标注文字相对尺寸线的垂直位置，“水平”下拉列表框设置标注文字在尺寸线上相对于延伸线的水平位置，“观察方向”下拉列表框设置观察标注文字的方向；在“文字对齐”选项组中，主要设置标注文字放在延伸线外边或里边时的方向是保持水平还是与延伸线平行。设置的效果可以在“文字”选项卡右上角的效果显示框中预览，如图 7-33 所示。

4. 调整标注样式

在“调整”选项卡中可以调整标注文字、箭头、引线和尺寸线的放置。“调整选项”选项组用来控制基于延伸线之间可用空间的文字和箭头的位置；“文字位置”设置标注文字从默认位置（由标注样式定义的位置）移动时的位置；“标注特征比例”设置全局标注比例值或图纸空间比例，如果启用了注释性，则标注比例将随适用的图纸大小而显示；“优化”提供了放置标注文字的其他选项，用户可根据需要设置。

5. 设置主单位

在“主单位”选项卡中可以设置线性标注和角度的单位格式、精度和消零等参数，而且可以设置线性标注的比例因子、前缀和后缀等。在“线性标注”选项组中，单位格式为分数时，非整尺寸将以分数显示，当在“前缀”文本框中输入控制符“%%c”时，在图纸上显示的将是直径符号“ϕ”；“消零”选项组控制是否输出前导零和后续零以及零英尺和零英寸部分，如 0.5500，启用“前导”时显示“.5500”，启用“后续”时将显示 0.55；在“角度标注”选项组中可以设置角度是以弧度、百分度或其他格式显示，“消零”选项组的设置与“线性标注”选项组中的“消零”设置相同，如图 7-34（a）所示。

6. 设置换算单位

“换算单位”选项卡主要用来指定标注测量值中换算单位的显示并设置其格式和精度。当启用“显示换算单位”时，“换算单位”选项卡中的所有选项组都将启用，用户可以设置单位格式、精度、换算单位倍数和舍入精度等参数，在指定“换算单位倍数”后，用户还可以控制换算单位和主单位的位置，即主值后或主值下，如图 7-34（b）所示。

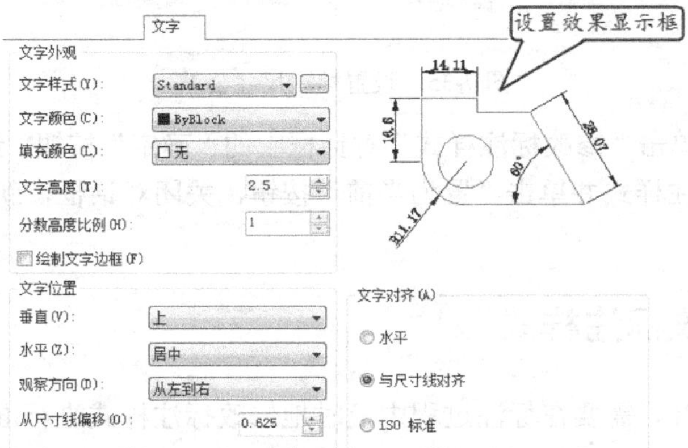

图 7-33　设置标注文字效果

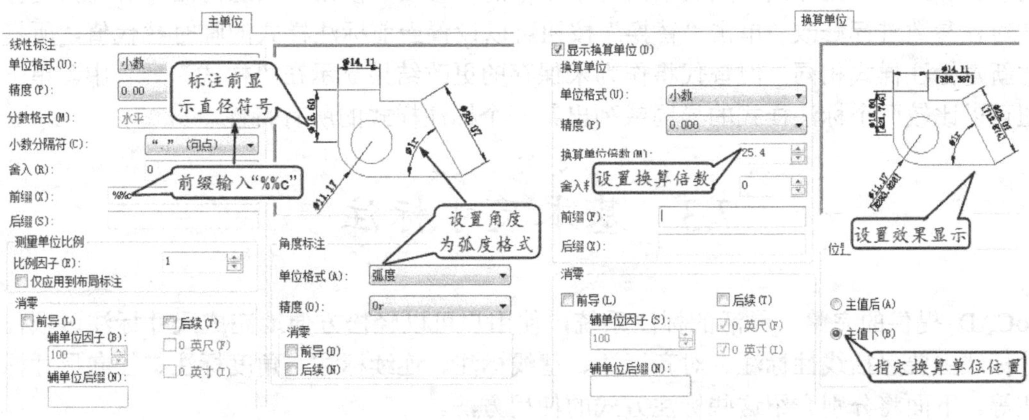

（a）　　（b）

图 7-34　设置主单位和换算单位

7. 设置公差

“公差”选项卡主要用来设置标注文字中公差的格式及显示。在“公差格式”选项组中，可以选择公差方式如极限偏差、极限尺寸等，在“精度”下拉列表框中选择公差精度，在“上偏差”和“下偏差”微调框中可以分别输入上偏差和下偏差，在“垂直位置”下拉列表框中可以设置对称公差和极限公差的文字对正，在“公差对齐”选项组中可以控制上下偏差的对齐方式，“消零”

选项组与前面所讲的相同。当启用换算单位时，还可以设置换算单位公差的精度，如图 7-35 所示。

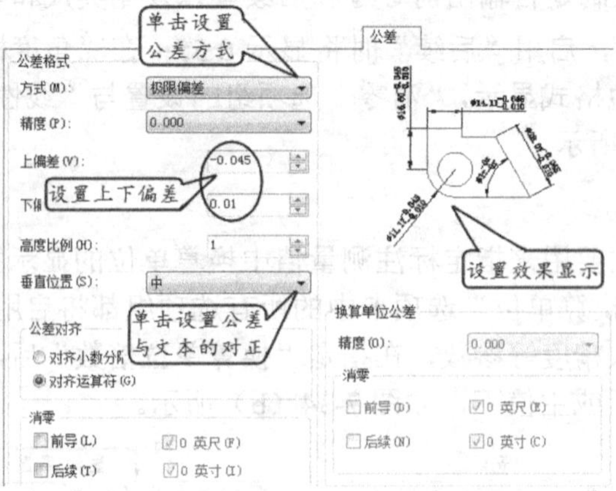

图 7-35　设置标注尺寸公差

完成各项设置后，单击“修改标注样式”对话框中的“确定”按钮，返回“标注样式管理器”对话框，选取新建的标注样式并单击“置为当前”按钮，关闭对话框，新建的标注样式即为当前标注样式。

7.2.2　设置或修改标注样式

对于复杂产品的设计，需要在标注过程中及时地修改标注样式进行准确地标注，如果标注样式不符合所要求的标注样式，就需要根据要求对其进行必要的修改。打开“标注样式管理器”对话框，选取要修改的标注样式，然后单击对话框中的“修改”按钮，按照前面所讲的新建标注样式的方法对各参数进行修改。单击“替换”按钮可以设置当前标注样式的临时替代值，所打开的对话框与新建标注样式相同，但替代将作为未保存的更改结果显示在“样式”列表中。单击“比较”按钮可以比较两个标注样式的异同或列出某一个标注样式的所有特性。

7.3　基本尺寸标注

AutoCAD 提供的完整、灵活的标注系统，使用户可以轻松方便地完成尺寸标注这项任务。基本尺寸标注主要包括线性标注、对齐标注、基线标注、连续标注、角度标注、径向尺寸标注和折弯标注等。下面将分别介绍这些标注方式的使用方法。

7.3.1　线性标注

线性标注指的是标注对象在水平方向、竖直方向或具有一定旋转角度的尺寸，可分为水平标注、垂直标注和旋转标注 3 种类型。水平标注是指标注水平方向的尺寸，即尺寸线沿水平方向放置；垂直标注是指标注垂直方向的尺寸，即尺寸线沿垂直方向放置；旋转标注是指标注线旋转一定角度的标注，实际是标注某一对象在指定方向上投影的长度。

执行线性标注的方法有以下几种。

◆ 功能区："注释" → "标注" → "线性⊢"。

◆ 菜单："标注" → "线性⊢"。

◆ 命令行：输入"dimlinear"。

单击"线性⊢"按钮，弹出"指定第一条延伸线原点或〈选择对象〉"提示，利用对象捕捉功能捕捉要标注的尺寸起点，命令行将提示"指定第二条延伸线原点"，然后移动光标到要标注的尺寸另一边界线捕捉点，然后单击鼠标左键，完成一个线性尺寸的标注，如图 7-36 所示。

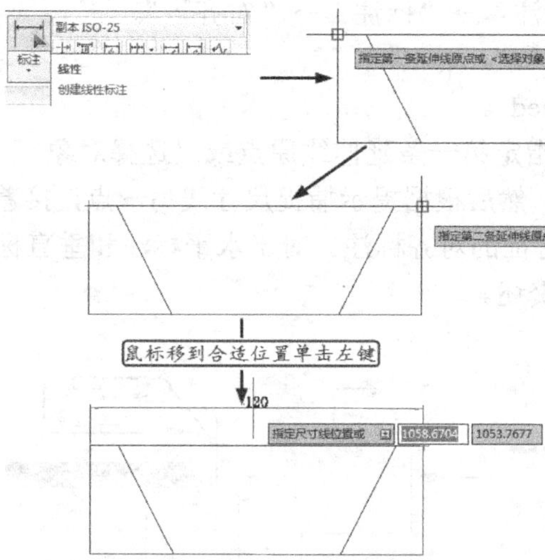

图 7-36 线性标注

此外，在弹出"指定第一条延伸线原点或〈选择对象〉"提示后按 Enter 键，然后选择要标注的对象，出现"指定尺寸线位置或"提示后按向下方向键"↓"，如图 7-37（a）所示，选择不同的方式定义尺寸线。当单击角度（A）时，显示"指定标注文字的角度"提示框，输入"60"，按 Enter 键并单击鼠标，完成角度方式标注，如图 7-37（b）上所示，旋转方式标注如图 7-37（b）下所示。

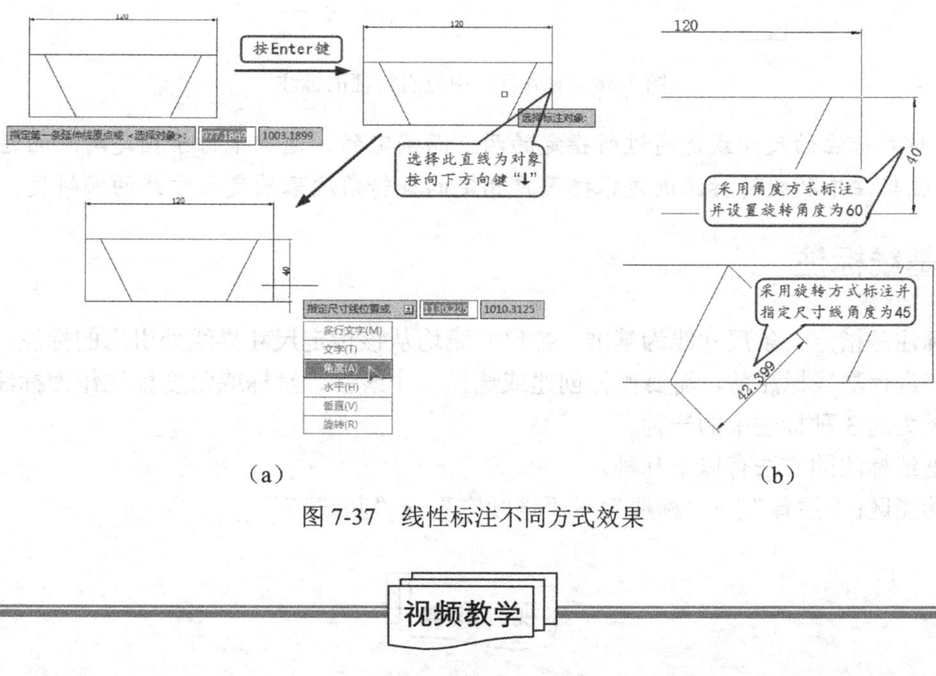

（a）　　　　　　　　　　（b）

图 7-37 线性标注不同方式效果

7.3.2 对齐标注

对齐标注与线性标注的操作方法相同，但对齐标注中尺寸线与两尺寸界线起始点的连线相平行，水平标注和垂直标注是对齐标注的特殊形式。对于斜线或斜面等具有倾斜特征的线性尺寸常用对齐标注方式。

执行对齐标注的方法有以下几种。

◆ 功能区："注释"→"标注"→"标注"→"对齐"。

◆ 菜单："标注"→"对齐"。

◆ 命令行：输入"dimaligned"。

执行以上步骤之后，弹出"指定第一条延伸线原点或〈选择对象〉"提示，利用对象捕捉工具捕捉要标注尺寸的尺寸线起点，然后根据提示捕捉尺寸线另一点，接着单击鼠标左键，完成对齐标注，如图 7-38 所示为倾斜特征的对齐标注。对于水平标注和垂直标注两种形式，标注方法与线性标注方法相同，这里不再赘述。

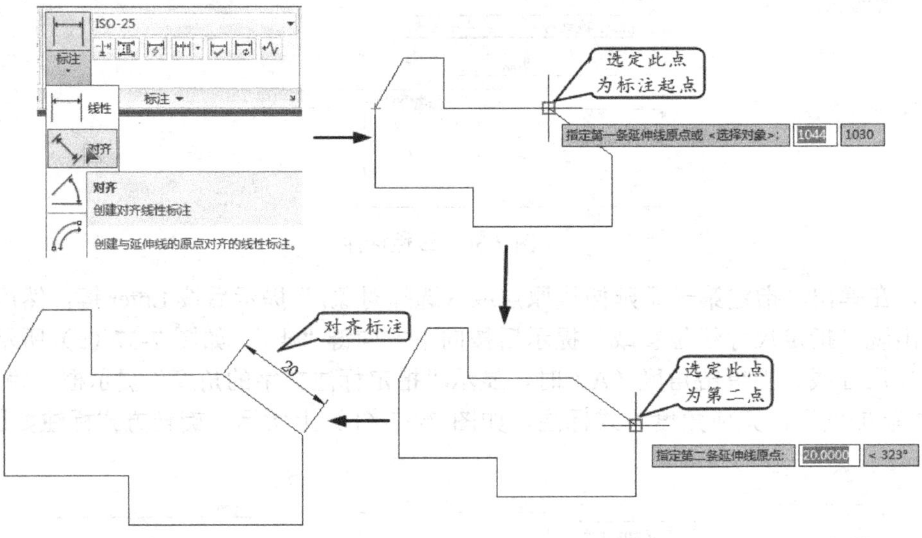

图 7-38 对齐标注中倾斜特征的标注

提示：对齐标注的尺寸线是通过所指定的两点而确定的，通常平行于指定两点的连线，而线性标注中的旋转标注则是根据用户指定的旋转角度来确定尺寸线的倾斜度。

7.3.3 基线标注

基线标注是指定一条尺寸线为基准，各尺寸线均从该指定尺寸界线处引出的标注。与其他标注不同，在进行基线标注前，需要预先创建或选择一个线性、坐标或角度标注作为标注基准，标注基准必须为这 3 种标注中的一种。

执行基线标注的方法有以下几种。

◆ 功能区："注释"→"标注"→"连续"→"基线"。

◆ 菜单："标注"→"基线"。

◆ 命令行：输入"dimbaseline"。

选取尺寸界线后，选择"注释"选项卡，单击"标注"面板中"连续"下拉列表中的"基线"按钮，弹出"指定第二条延伸线原点或"提示，此时将光标移动到第二条尺寸界线起点，单击鼠标确定完成一个尺寸的标注；如果没有选取基准标注，将使用上次创建的标注对象，如果需要重新选取基准标注可按Enter键，如图7-39所示。

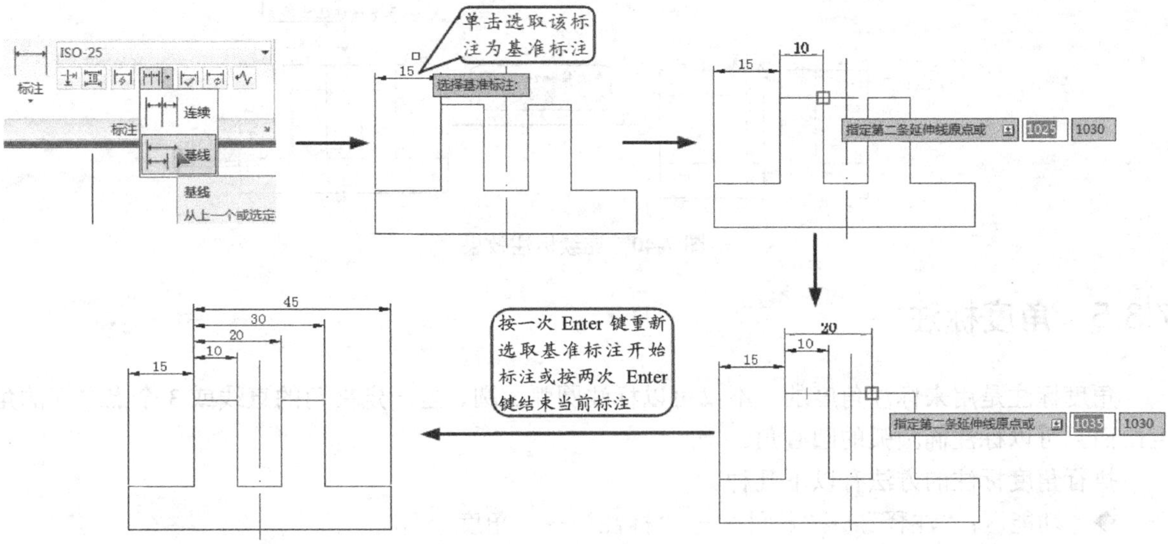

图7-39 基线标注

7.3.4 连续标注

连续标注指的是相邻尺寸线共用同一尺寸界线的标注。与基线标注相似，在连续标注前，要预先创建或选择一个标注基准（必须为线性、坐标或角度标注），但连续标注所指定的基线仅作为与该尺寸标注相邻的连续标注的基线，依此类推，下一个尺寸标注都是以前一个标注与其相邻的尺寸界线为基线进行标注。

执行连续标注的方法有以下几种。

◆ 功能区："注释"→"标注"→"连续"。

◆ 菜单："标注"→"连续"。

◆ 命令行：输入"dimcontinue"。

选择"注释"选项卡，在"标注"面板中单击"连续"按钮，如果已创建标注，选取要连续标注的基准标注，依次指定第二条延伸线原点（弹出的提示与基线标注提示相同），按两次Enter键结束标注，连续标注效果如图7-40所示。

提示： 基线标注和连续标注时，如果选取的基准标注是线性标注或角度标注，命令行将显示"指定第二条延伸线原点或[放弃（U）/选择（S）]〈选择〉"，如果基准标注是坐标标注，将显示下列提示"指定点坐标或[放弃（U）/选择（S）]〈选择〉"。

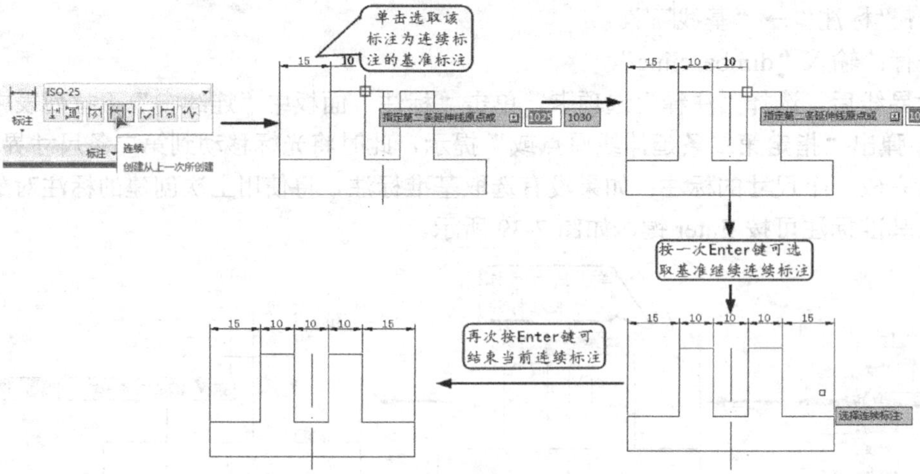

图 7-40　连续标注效果

7.3.5　角度标注

角度标注是用来标注角度的，不仅可以标注圆弧、圆、呈一定夹角的直线或 3 个点之间的角度，而且可以标注椭圆弧的圆心角。

执行角度标注的方法有以下几种。

◆　功能区："注释" → "标注" → "标注" → "角度"。

◆　菜单："标注" → "角度"。

◆　命令行：输入"dimangular"。

选择"注释"选项卡，单击"标注"面板中"标注"下拉列表中的"角度"按钮，弹出"选择圆弧、圆、直线或〈指定顶点〉"提示，选取两条呈一定夹角的直线时将标注两条直线的夹角，选取圆轮廓上两点将标注所选圆弧的圆心角，选取圆弧时将标注圆弧的角度，如图 7-41 所示。

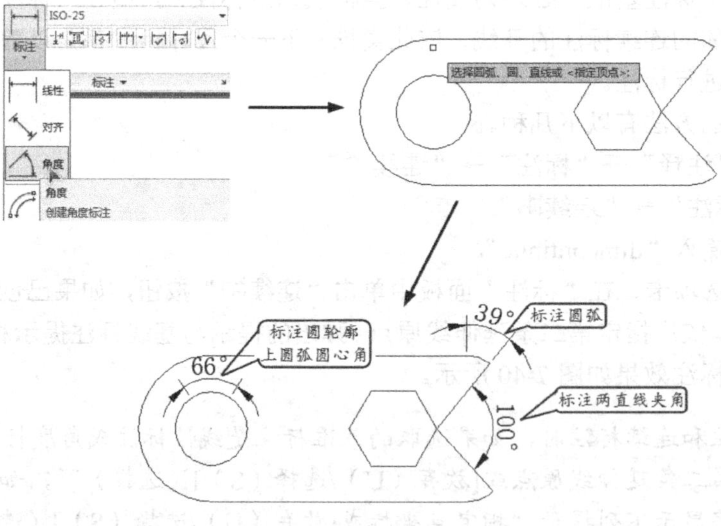

图 7-41　角度标注

7.3.6 径向尺寸标注

标注图形中圆或圆弧等曲线类对象的尺寸时，除了前面所讲的角度尺寸，经常用到的还有径向尺寸标注。径向尺寸标注通常包括半径标注和直径标注，下面将分别介绍这两种曲线标注工具。

1. 半径标注

半径标注用来标注圆或圆弧等曲线的半径。

执行半径标注的方法有以下几种。

- ◆ 功能区：“注释”→“标注”→“标注”→“半径”。
- ◆ 菜单：“标注”→“半径”。
- ◆ 命令行：输入“dimradius”。

选择“注释”选项卡，单击“标注”面板中“标注”下拉列表中的“半径”按钮，弹出“选择圆弧或圆”提示，选取要标注的圆弧或圆，然后指定合适的尺寸线位置并单击鼠标左键完成圆弧或圆的半径标注，如图 7-42（a）所示。

2. 直径标注

直径标注用来标注圆或圆弧等曲线的直径。

执行直径标注的方法有以下几种。

- ◆ 功能区：“注释”→“标注”→“标注”→“直径”。
- ◆ 菜单：“标注”→“直径”。
- ◆ 命令行：输入“dimdiameter”。

打开“直径”工具，其标注方法与半径标注方法相同，这里不再赘述，可依照半径标注的方法，直径标注效果如图 7-42（b）所示。

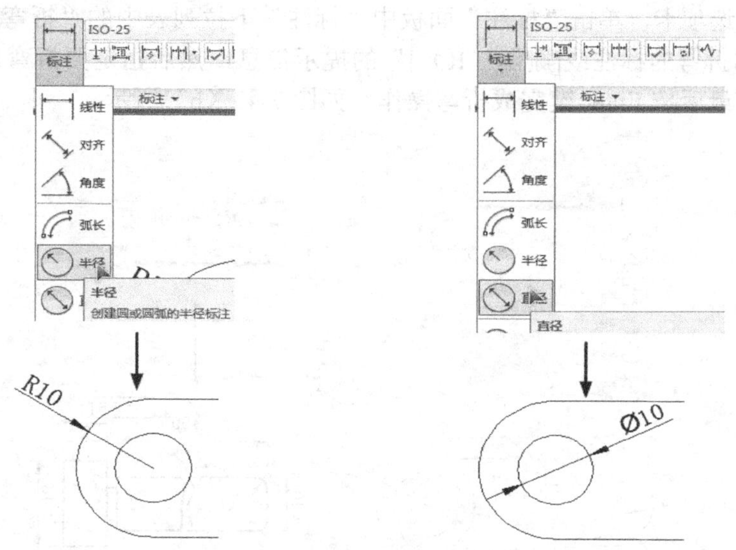

（a）　　　　（b）

图 7-42　径向尺寸标注

7.3.7 折弯标注

在标注大尺寸的圆和圆弧的半径以及长度较大的轴类打断视图的长度尺寸时，通常利用折弯标注来完成标注。

1. 折弯半径

当圆弧或圆的中心位于布局之外并且无法在其实际位置显示时，利用“折弯”工具可以标注它们的半径。

执行折弯半径标注的方法有以下几种。

◆ 功能区：“注释”→“标注”→“标注”→“折弯”。

◆ 菜单：“标注”→“折弯”。

◆ 命令行：输入“dimjogged”。

选择“注释”选项卡，单击“标注”面板中“标注”下拉列表中的“折弯”按钮，弹出“选择圆弧或圆”提示，选取要标注的对象，并指定一点作为折弯线的圆心点，然后依次指定尺寸线位置和折弯位置即可完成折弯标注，如图 7-43（a）所示。

2. 折弯线性

折弯线性或对齐标注中的折弯线表示所标注的对象中的折断。标注值表示的是实际距离，而不是图形中测量的距离。利用“折弯”工具可以为已标注的线性或对齐尺寸线添加折弯线，用来标注实际长度大于标注长度的尺寸。

执行折弯线性标注的方法有以下几种。

◆ 功能区：“注释”→“标注”→“折弯”。

◆ 菜单：“标注”→“折弯”。

◆ 命令行：输入“dimjogline”。

选择“注释”选项卡，单击“标注”面板中“标注”下拉列表中的“折弯”按钮，命令行显示“选择要添加折弯的标注或[删除（R）]”的提示信息，然后指定要折弯的线性或对齐标注并指定折弯位置，最后按 Enter 键完成折弯操作，如图 7-43（b）所示。

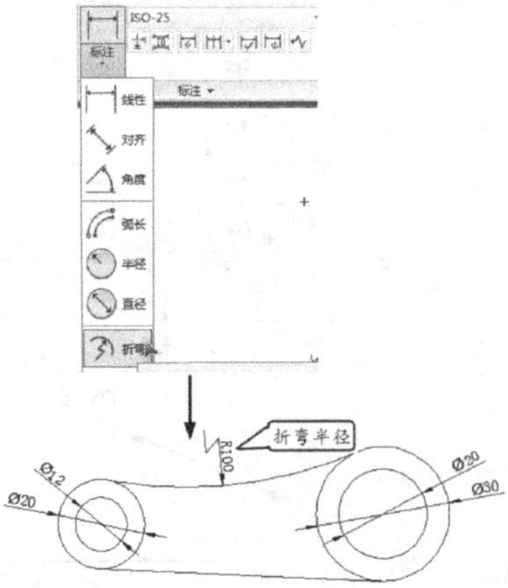

（a）

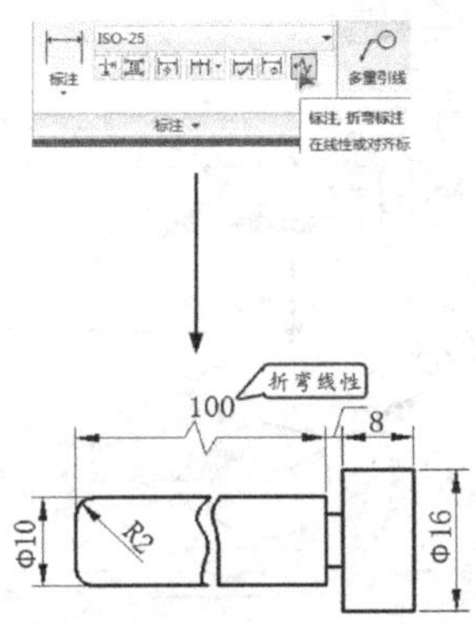

（b）

图 7-43 折弯标注

7.3.8　弧长标注

弧长标注是指标注圆弧、多线段圆弧段或其他弧线的长度尺寸。

执行弧长标注的方法有以下几种。

◆　功能区："注释"→"标注"→"标注"→"弧长"。
◆　菜单："标注"→"弧长"。
◆　命令行：输入"dimarc"。

选择"注释"选项卡，然后单击"标注"面板中"标注"下拉列表中的"弧长"按钮，弹出"选择弧线段或多段线圆弧段"提示，单击选取要标注的对象，并拖动标注线到合适位置单击鼠标即可完成弧长标注，如图 7-44 所示。弧长标注的延伸线可以正交或径向，在文字上面或文字前面将显示圆弧符号"⌒"。

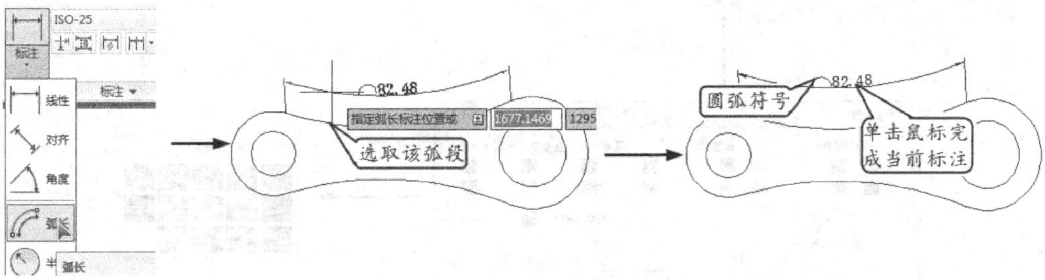

图 7-44　弧长标注

7.4　形位公差标注

在机械设计中形位公差的应用很普遍，主要用来表达各部件的形状公差和位置公差。形位公差标注一般是由公差特征控制框和指引线组成，在特征控制框内主要显示公差符号、公差值和公差代号，以下将简要介绍形位公差的标注方法。

执行形位公差标注的方法有以下几种。

◆　功能区："注释"→"标注"→"标注"→"公差"。
◆　菜单："标注"→"公差"。
◆　命令行：输入"tolerance"。

1. 绘制公差指引线和基准代号

在添加形位公差标注之前，首先需要指定公差的基准位置并绘制相应的基准代号，然后在图形上合适的位置绘制公差标注的指引线，如图 7-45 所示。

2. 指定形位公差符号

选择"注释"选项卡，然后单击"标注"面板中"标注"下拉列表中的"公差"按钮，弹出"形位公差"对话框。单击"符号"黑色块，打开"特征符号"对话框，单击要选择的公差符号即可完成符号的指定，如图 7-46 所示。

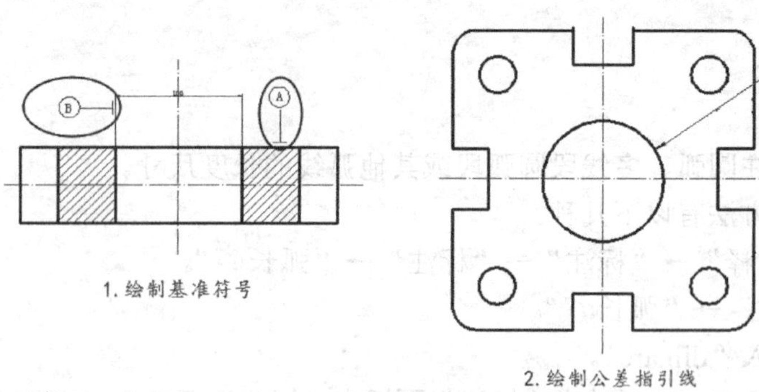

图 7-45　绘制公差基准和指引线

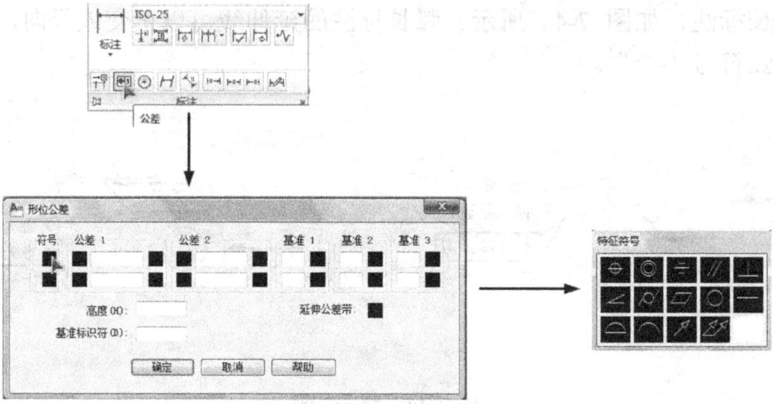

图 7-46　指定形位公差符号

3. 指定公差值和包容条件

公差值指明了几何特征相对于精确形状的允许偏差量，“公差 1”选项组创建特征控制框中的第一个公差值，第一个黑色框可设置是否插入直径符号，第二个文本框创建公差值，单击第三个黑色框打开“附加符号”对话框，单击所需要的符号指定包容条件，如图 7-47 所示。包容符号可以作为几何特征和大小可改变的特征公差值的修饰符。“公差 2”在特征控制框中创建第二个公差值，其创建方法与第一个公差值创建方法相同。

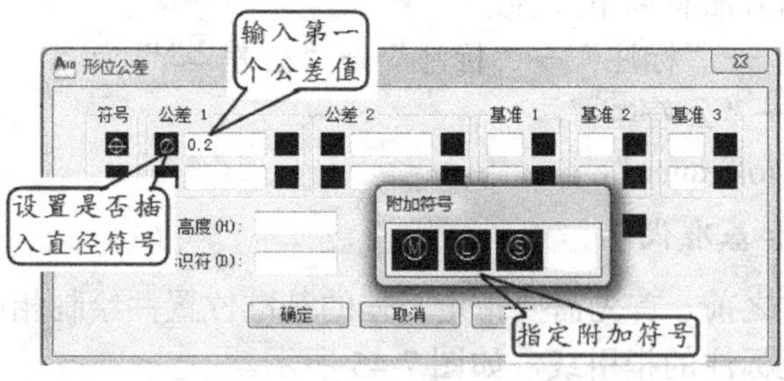

图 7-47　指定公差值和包容条件

4. 指定基准完成公差标注

基准是理论上精确的几何参照，“基准 1”选项组创建特征控制框中的第一级基准参照，第一个文本框创建基准参照值，直接输入该公差基准代号即可，如“A”，单击第二个黑色框将指定包容条件。“基准 2”和“基准 3”的创建方法与“基准 1”的创建方法相同。基准指定完成后，单击“确定”按钮，并在公差指引线处单击鼠标放置公差控制框，完成公差标注，如图 7-48 所示。

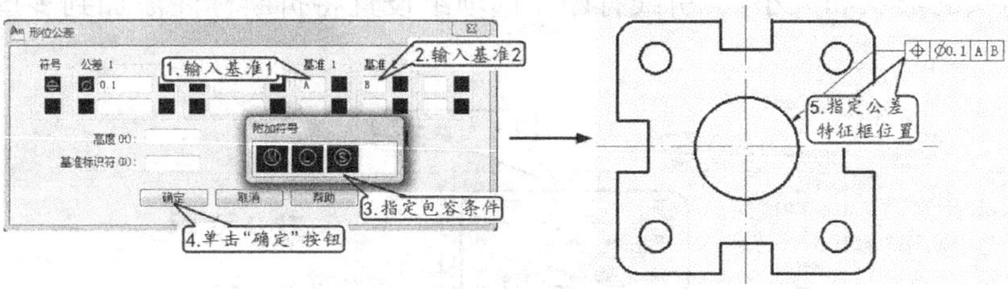

图 7-48　指定基准完成公差标注

7.5　多重引线标注

在对装配图中的零件、公差标注和图纸上的说明进行注释时，前面所讲的标注方法有时不能很好地表示，可以使用多重引线标注快速、准确地获得注释效果。

7.5.1　设置多重引线样式

多重引线对象通常包含箭头、水平基线、引线或曲线和多行文字对象或块。箭头通常连接着要注释的对象，水平基线连接着文字或块和特征控制框。

执行多重引线样式设置的方法有以下几种。

◆　功能区：“注释”→“引线”→“多重引线样式管理器”。

◆　命令行：输入“mleaderstyle”。

在“注释”选项卡中，单击“引线”面板中的“多重引线样式管理器”按钮，打开“多重引线样式管理器”对话框，单击“新建”按钮，弹出“创建新多重引线样式”对话框，如图 7-49 所示，在该对话框中输入新样式名和指定新样式的基础样式，然后单击“继续”按钮，可以对新样式的各参数进行设置。

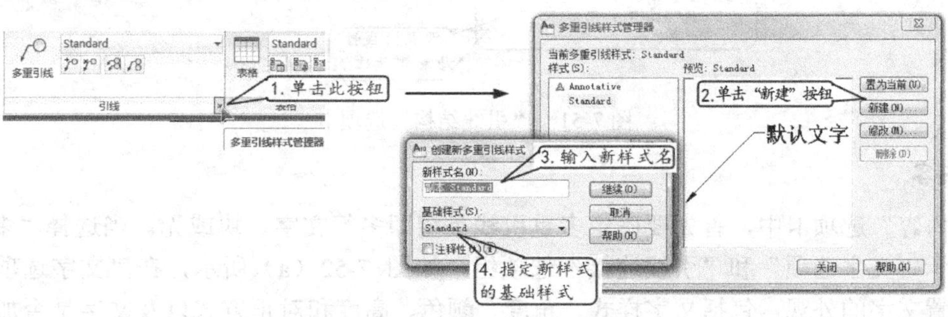

图 7-49　“多重引线样式管理器”对话框

1. 引线格式

“引线格式”选项卡可以设置引线各特征和箭头特征。在“常规”选项组中，“类型”下拉列表框用来设置引线的类型（直线、样条曲线等），“颜色”下拉列表框用来设置引线的颜色，“线型”下拉列表框用来确定引线的线型，“线宽”下拉列表框用来设置引线的线宽；“箭头”选项组主要用来确定箭头的形状和大小；“引线打断”选项组设置将折断标注添加到多重引线时的参数，如图 7-50 所示。

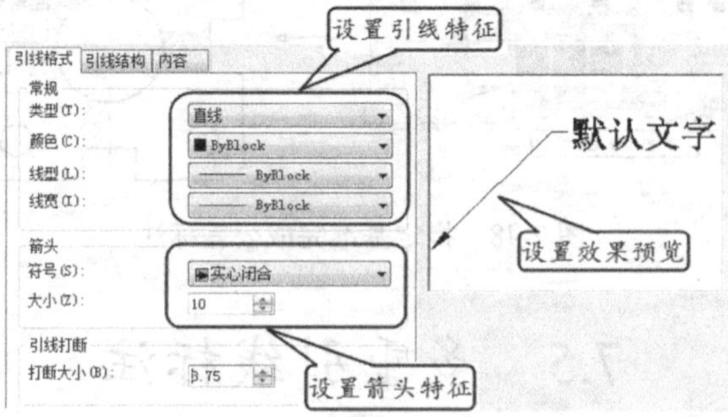

图 7-50　“引线格式”选项卡

2. 引线结构

在“引线结构”选项卡中可对引线的段数、引线各段之间的角度以及基线的特征进行设置。在“约束”选项组中选中相应的复选框可设置引线的段数并设置各段之间的角度；在“基线设置”选项组中可以指定是否自动包含基线，选中“设置基线距离”复选框后可以设置基线的距离即引线与文本或块的连接距离；在“比例”选项组中可以指定引线是否为注释性，非注释性时可以设置引线的显示比例，如图 7-51 所示。

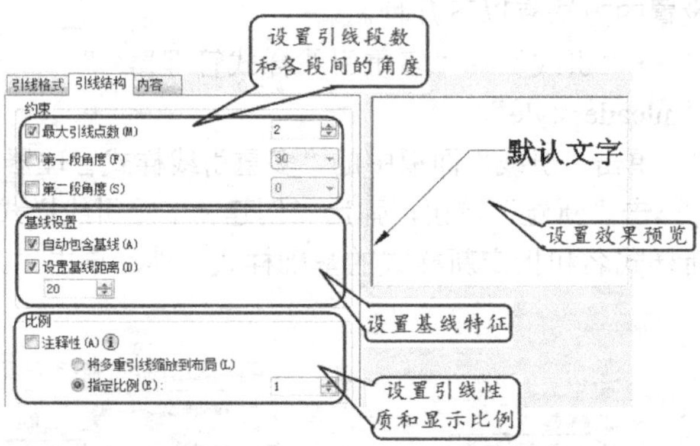

图 7-51　“引线结构”选项卡

3. 内容

在“内容”选项卡中，首先要确定多重引线类型即多行文字、块或无。当选择“多行文字”时，则显示“文字选项”和“引线连接”选项组，如图 7-52（a）所示，在“文字选项”选项组中可以设置文字的外观，包括文字样式、角度、颜色、高度和对正方式以及文字是否加边框等参数，“引线连接”选项组主要确定引线与文字的连接方式和位置；当选择“块”时，则显示“块选项”选项组，如图 7-52（b）所示，“源块”下拉列表框用于指定多重引线内容的块，“附着”下拉列表框指定插入块的方式和位置，“颜色”下拉列表框和“比例”微调框分别用来确定块的颜色和显示比例。

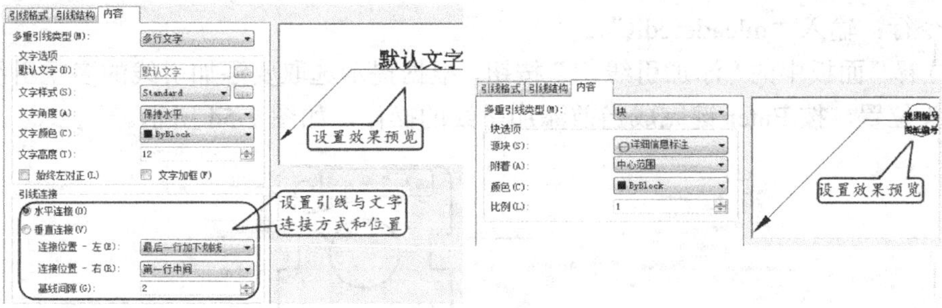

（a）　　（b）

图 7-52　“内容”选项卡

7.5.2　添加多重引线标注

在设置或修改多重引线样式完成后，利用“多重引线”工具栏中的工具可以完成相应多重引线的操作。

1. 创建多重引线

执行多重引线创建的方法有以下几种。

- 功能区：“注释”→“引线”→“多重引线”。
- 菜单：“标注”→“多重引线”。
- 命令行：输入“mleader”。

单击“注释”面板中的“多重引线”按钮，根据提示依次完成引线箭头位置的指定、引线基线位置的指定和文本的输入或块的插入，按 Esc 键完成当前多重引线的标注，如图 7-53 所示。

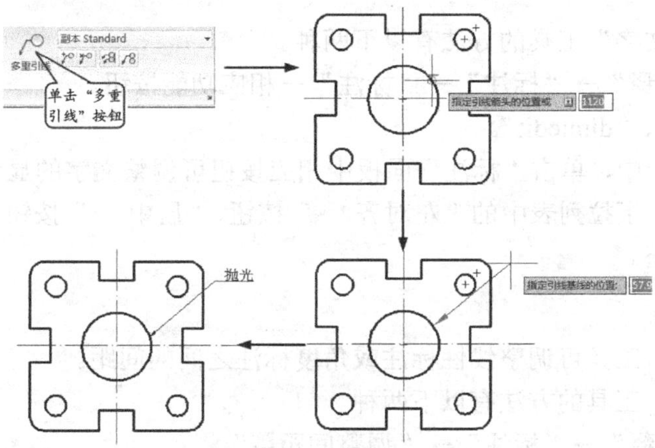

图 7-53　多重引线标注

2. 添加多重引线

如果需要将已标注的引线添加至现有的多重引线对象中，可以利用“添加引线”工具完成相应操作。

执行“添加引线”命令的方法有以下两种。

- 功能区：“注释”→“引线”→“添加引线”。

◆ 命令行：输入“mleaderedit”。

单击“注释”面板中的“添加引线”按钮，根据提示选取要添加引线的多重引线和对象后，单击指定箭头位置，按 Enter 键完成当前添加引线的操作，如图 7-54 所示。

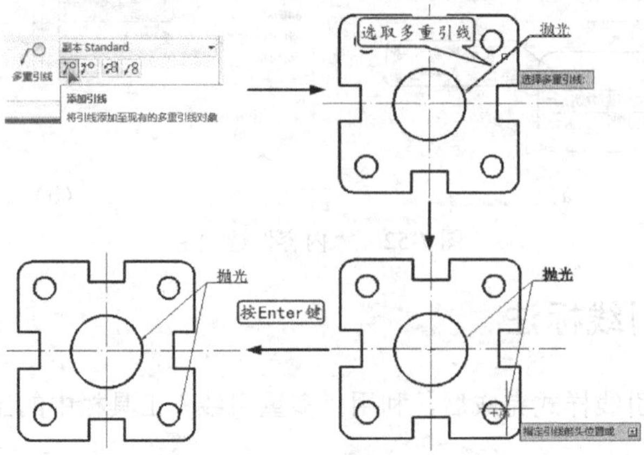

图 7-54 添加多重引线

7.6 尺寸标注的编辑

当完成的尺寸标注不符合设计要求时，用户可对其进行适当的调整，包括调整尺寸界线和尺寸线的位置、间距和标注的外观特征等。

1. 编辑标注文字

执行“编辑标注文字”工具的方法有以下两种。

◆ 功能区：“注释”→“标注”→“标注”→相应功能按钮。

◆ 命令行：输入“dimtedit”。

在“注释”选项卡中，单击“标注”面板中相应按钮可调整文字的显示方式，选定尺寸标注后，分别单击“标注”下拉列表中的“左对齐”按钮、“居中”按钮、“右对齐”按钮可完成对文字相应的调整。

2. 调整间距

利用“调整间距”工具可调整线性标注或角度标注之间的间距。

执行“调整间距”工具的方法有以下两种。

◆ 功能区：“注释”→“标注”→“调整间距”。

◆ 命令行：输入“dimspace”。

在“注释”选项卡中，单击“标注”面板中的“调整间距”按钮，根据提示，依次选取基准标注和需要产生间距的标注，输入间距数值按 Enter 键完成当前调整间距的操作。

3. 打断标注

“打断”工具可以使标注和延伸线与其他对象在相交时打断或恢复标注和延伸线。

执行“打断”工具的方法有以下两种。

◆ 功能区："注释"→"标注"→"打断"。

◆ 命令行：输入"dimbreak"。

单击"打断"按钮，按照提示依次选取要打断的标注线，然后选取要打断标注的对象，即可完成该尺寸标注的操作，如图 7-55 所示。

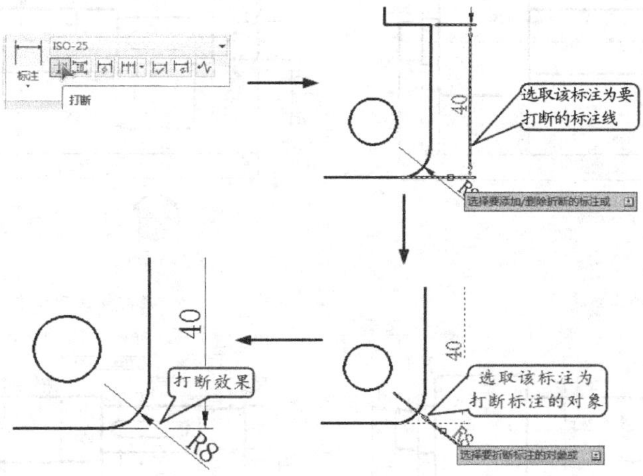

图 7-55 "打断"工具及打断效果

7.7 实例·操作——轴

该轴图形由两个视图组成，即主视图和断面图，其尺寸在两个视图上都有所表示，如图 7-56 所示，基本包含了前面所学的全部尺寸标注方式。

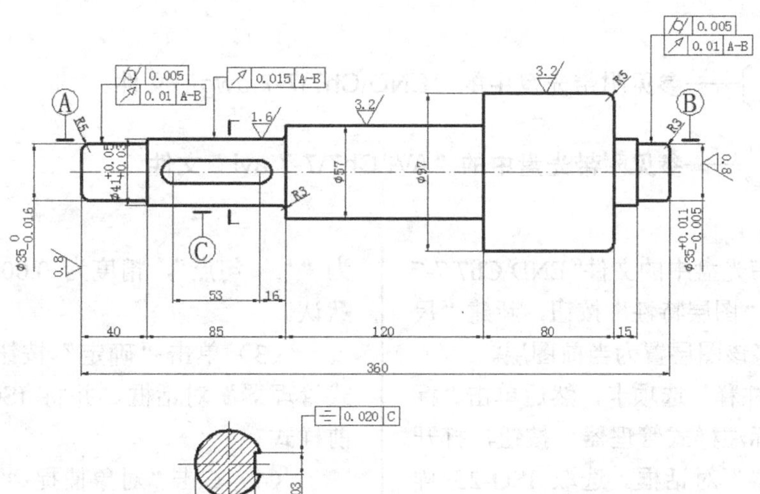

图 7-56 轴

【思路分析】

该轴的尺寸标注主要包括线性尺寸标注、径向尺寸标注、尺寸公差标注、形位公差标注和粗糙度标注，基本上包含了所学的全部标注方式。可通过以下步骤完成标注：首先标注一般线性尺寸，然后标注径向尺寸及径向的尺寸公差，接着标注形位公差，最后标注粗糙度，操作步骤如图 7-57 所示。

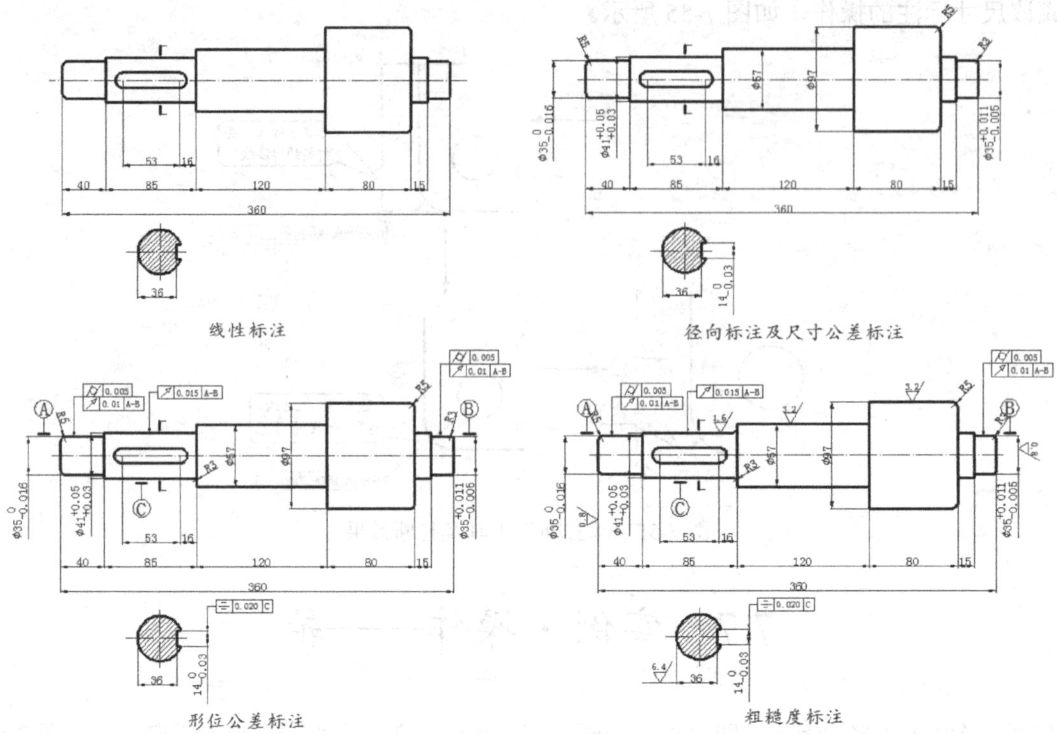

图 7-57　轴标注步骤

【光盘文件】

结果文件——参见附带光盘中的“END\Ch7\7-7.dwg”文件。

动画演示——参见附带光盘中的“AVI\Ch7\7-7.avi”文件。

【操作步骤】

（1）打开附带光盘中的文件“END\Ch7\7-7 副本.dwg”。单击“图层特性”按钮，新建“尺寸线”图层，并将该图层置为当前图层。

（2）选择“注释”选项卡，然后单击“标注”面板中的“标注样式管理器”按钮，打开“标注样式管理器”对话框。选取 ISO-25 样式并单击“修改”按钮，打开“修改标注样式”对话框，在“文字”选项卡中设置文字高度为 6，在“符号和箭头”选项卡中设置箭头大小为 4，在“主单位”选项卡中设置小数分隔符为“‘.’句点”，精度为 0.000，其余设置保持默认。

（3）单击“确定”按钮，返回“标注样式管理器”对话框，并将 ISO-25 样式置为当前样式。

（4）右击“对象捕捉□”按钮，设置捕捉类型为端点、交点，然后单击“标注”面板中“标注”下拉列表中的“线性”按钮，完成尺寸 A、B、C、D 和 E 的标注，如图 7-58 所示。

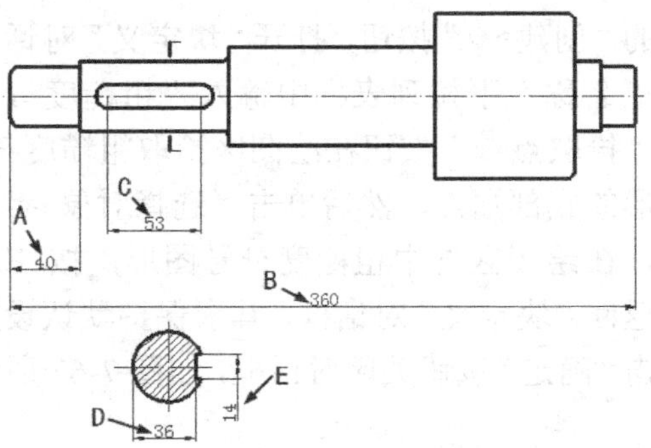

图 7-58　标注尺寸 A、B、C、D 和 E

（5）单击“标注”面板中的“连续”按钮，分别选取尺寸 A 和尺寸 C 为连续标注的基准，完成如图 7-59 所示的线性连续尺寸标注。

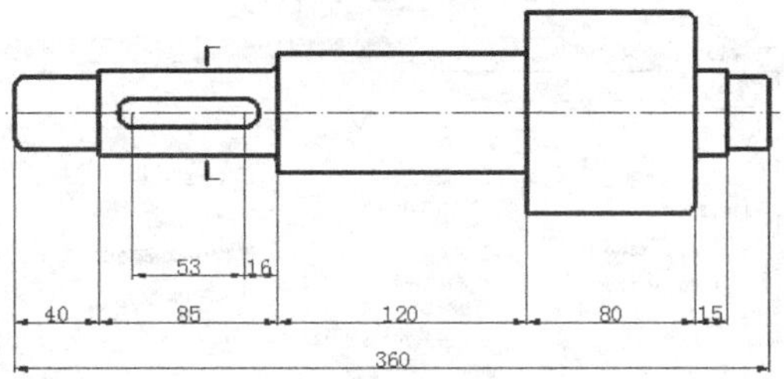

图 7-59　线性连续标注

（6）单击“标注”面板中“标注”下拉列表中的“半径”按钮，分别选取各段圆弧完成 F、G、H 和 I 半径尺寸的标注，如图 7-60 所示。

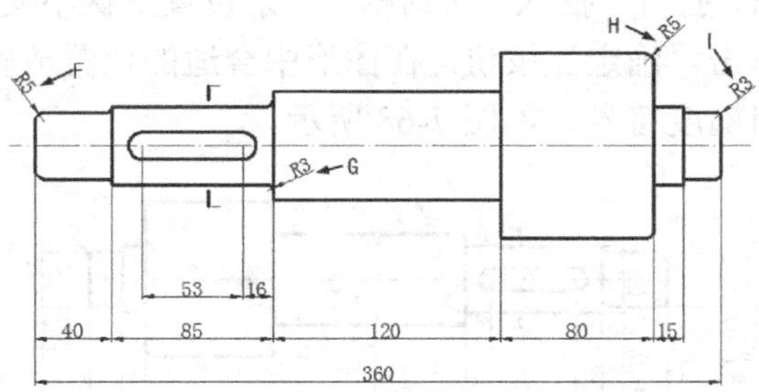

图 7-60　半径标注

（7）单击“标注样式管理器”按钮，打开“标注样式管理器”对话框。单击“新建”按钮，打开“创建新标注样式”对话框，在“新样式名”文本框中输入“径向尺寸”并指定其基础样式为 ISO-25，如图 7-61 所示。

（8）单击“继续”按钮，打开“新建标注样式”对话框。选择“主单位”选项卡，在“线性标注”选项组的“前缀”文本框中输入“%%c”控制符（输出为直径符号 ϕ），其余设置默认。单击“确定”按钮返回“标注样式管理器”对话框，单击“置为当前”按钮将“径向标注”置为当前标注样式，然后单击“关闭”按钮完成新标注样式的创建，如图 7-62 所示。

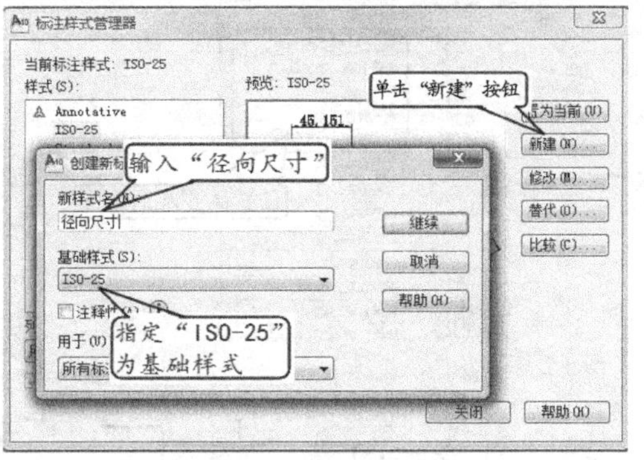

图 7-61　新建“径向尺寸”标注样式

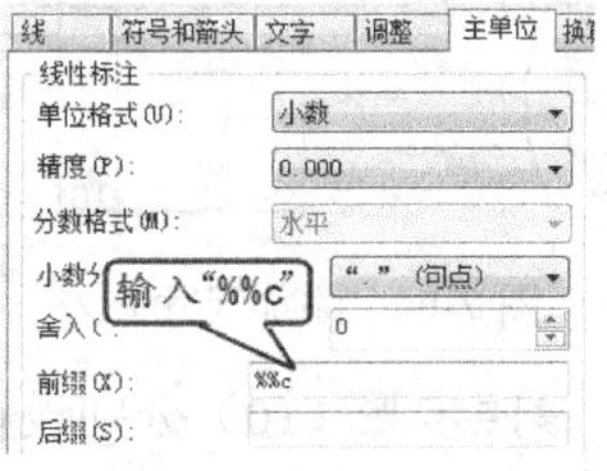

图 7-62　设置新标注样式

（9）单击“标注”面板中“标注”下拉列表中的“线性”按钮，选取合适的延伸线完成尺寸 J、K、L、M 和 N 的标注，如图 7-63 所示。

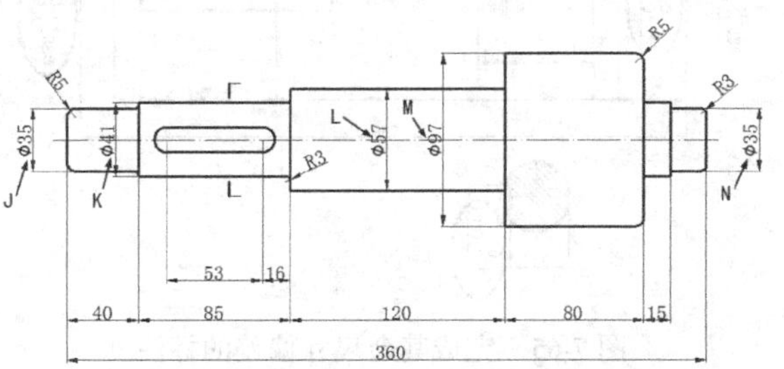

图 7-63　标注尺寸 J、K、L、M 和 N

（10）双击尺寸 ϕ35，将打开该尺寸的“特性”对话框，如图 7-64 上图所示。在“公差”

选项组中的"显示公差"下拉列表框中选择"极限偏差",在"公差下偏"文本框中输入"0.016",在"公差上偏"文本框中输入"0",在"水平放置"文本框中选择"中",在"公差精度"文本框中选择 0.000,然后关闭该对话框,该尺寸将变为如图 7-64 下图所示效果。

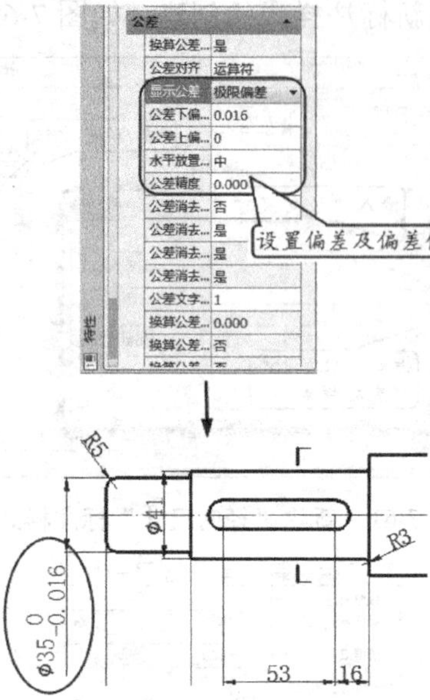

图 7-64 添加尺寸公差

(11)参照步骤(10)分别设置上下偏差为 0.05 和−0.03、0.011 和 0.005、0 和 0.03,完成其余尺寸偏差的标注,效果如图 7-65 所示。

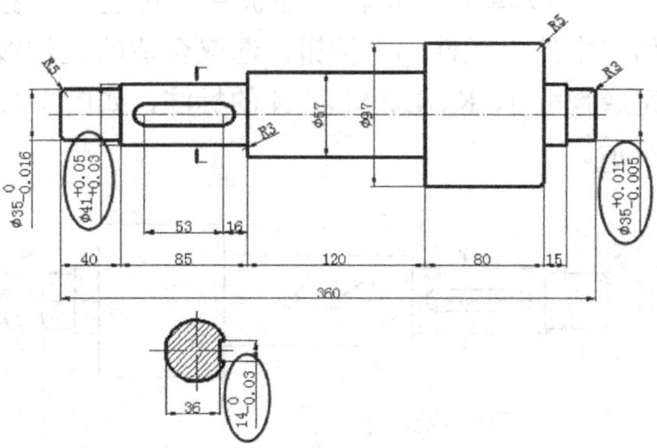

图 7-65 完成其余尺寸偏差的标注

(12)单击"直线"按钮,绘制粗糙度符号,如图 7-66 所示。

(13)单击"常用"选项卡中"块"面板中的"创建"按钮,打开"块定义"对话框。在"名称"下拉列表框中输入"粗糙度",单击"拾取点"按钮在绘图区拾取粗糙度符号图形的底部端点,然后单击"选择对象"按钮,在绘图区选中粗糙度符号图形,按 Enter 键返回"块定义"对话框,其余保持默认设置,单击"确定"按钮关闭对话框,如图 7-67 所示。

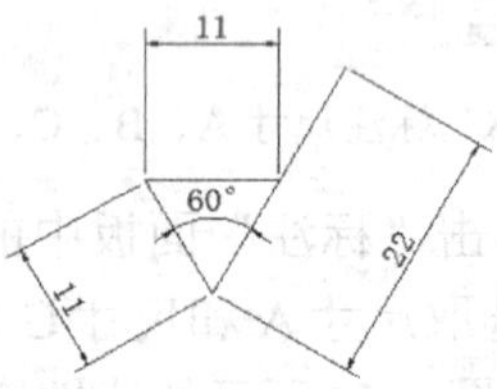

图 7-66 粗糙度符号

图 7-67 定义块

(14)单击"块"面板中的"插入"按钮,打开"插入"对话框,其余设置默认不变,单击"确定"按钮,在图形中合适的位置放置粗糙度符号,如图 7-68 所示。

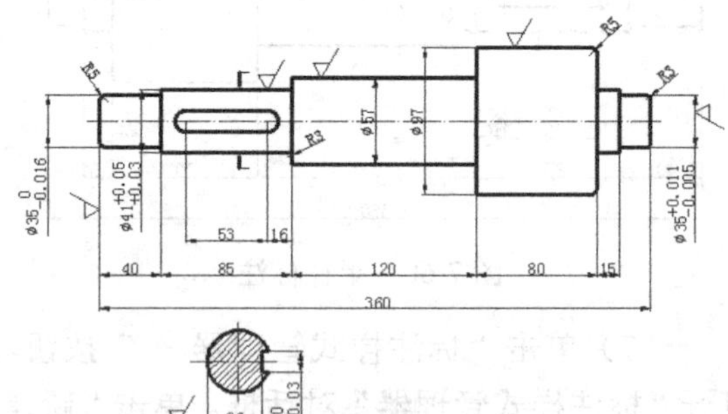

图 7-68 放置粗糙度符号

(15)单击"注释"面板中"多行文字"下拉列表中的"单行文字"按钮,并在出现提示后按向下方向键“↓”，选择“对正”命令，选择“中间”命令，如图 7-69 所示。在粗糙度符号上方指定文字中间点并设置文字大小为 6，根据粗糙度符号方向的不同设置旋转角度，按 Enter 键输入粗糙度参数值，然后利用“移动”命令进行适当的调整，如图 7-70 所示。

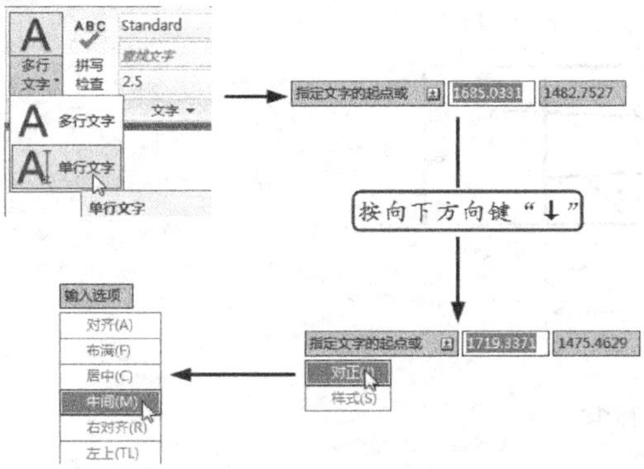

图 7-69　打开“单行文字”命令

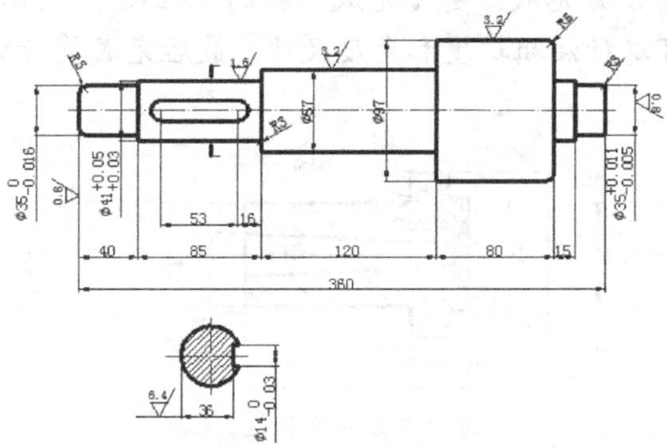

图 7-70　完成粗糙度标注

（16）利用“直线”和“单行文字”命令完成基准符号的创建，如图 7-71 所示。

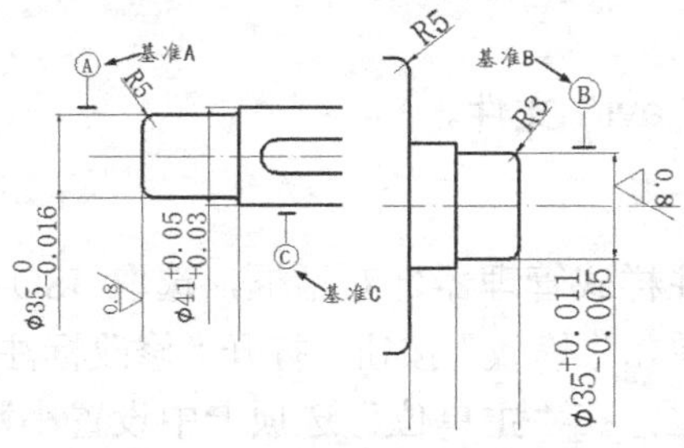

图 7-71　基准符号的创建

（17）单击“正交模式”按钮，打开正交模式，然后单击“多重引线”按钮，在如图 7-72 所示的位置放置引线。

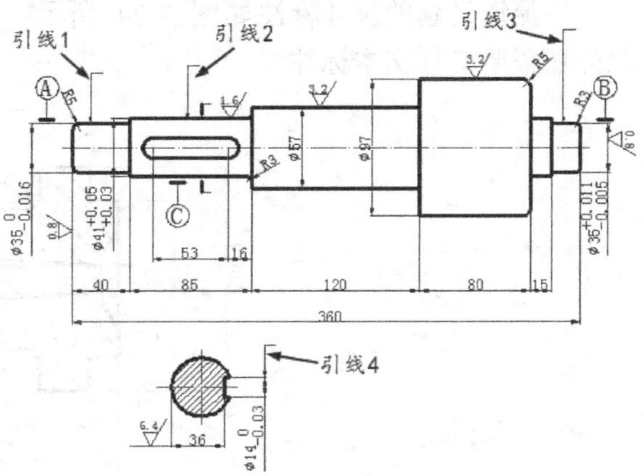

图 7-72　添加引线

（18）单击“标注”下拉列表中的“公差”按钮，打开“形位公差”对话框。单击上面的“符号”黑色块，然后在弹出的“特征符号”对话框中单击符号，并在“公差 1”文本框中输入“0.005”；然后单击下面的“符号”黑色块，选取符号，然后在“公差 1”文本框中输入“0.01”；接着在“基准 1”下面的文本框中输入“A-B”。单击“确定”按钮，将公差控制框 X 放置在引线 1 合适的位置。参照添加第一个控制框的方法完成其余形位公差的标注。形位公差标注效果如图 7-73 所示。

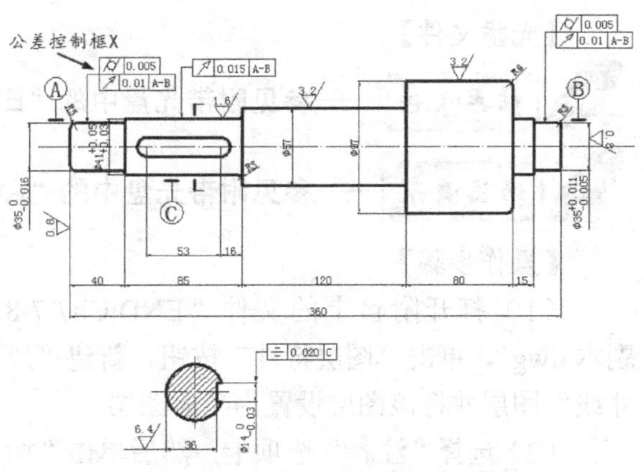

图 7-73　添加公差控制框完成标注

7.8 实例·练习——主流道衬套

主流道衬套的尺寸标注如图 7-74 所示，其标注比较简单，主要有线性标注和粗糙度标注，此外还需要单行文本标注。

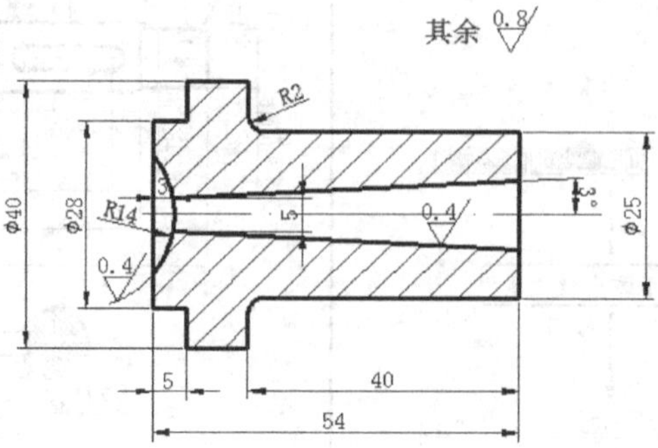

图 7-74　主流道衬套

【思路分析】

主流道衬套的标注比较简单，可以通过以下主要步骤完成：首先完成一般的线性尺寸标注，然后标注带直径符号的线性尺寸和半径尺寸，接着可以标注粗糙度和角度尺寸，最后完成单行文本标注，其操作步骤如图 7-75 所示。

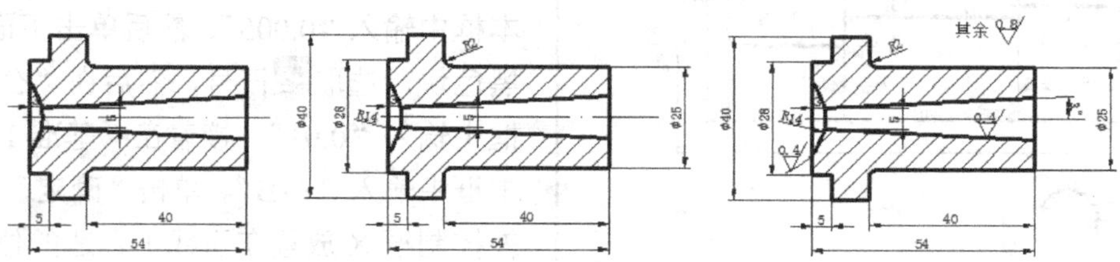

图 7-75　主流道衬套标注步骤

【光盘文件】

结果文件——参见附带光盘中的“END\Ch7\7-8.dwg”文件。

动画演示——参见附带光盘中的“AVI\Ch7\7-8.avi”文件。

【操作步骤】

（1）打开附盘上的文件“END\Ch7\7-8 副本.dwg”，单击“图层特性”按钮，新建“尺寸线”图层并将该图层设置为当前图层。

（2）选择“注释”选项卡，然后单击“标注”面板中的“标注样式管理器”按钮，打开“标注样式管理器”对话框，选取 ISO-25 样式并单击“修改”按钮，打开“修改标注样式”对话框，在“主单位”选项卡中设置小数分隔符为“‘.’句点”，其余设置保持默认。

（3）单击“确定”按钮，返回“标注样

式管理器”对话框，然后单击“置为当前”按钮将 ISO-25 样式置为当前样式并关闭“标注样式管理器”对话框。

（4）右击“对象捕捉□”按钮，设置对象捕捉类型为端点、交点、圆心和垂足。

（5）单击“标注”面板中“标注”下拉列表中的“线性”按钮，标注一般线性尺寸 A、B、C、D 和 E，如图 7-76 所示。

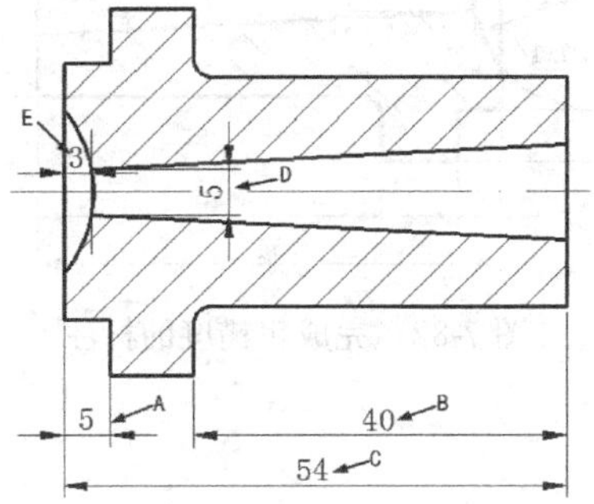

图 7-76 标注线性尺寸 A、B、C、D 和 E

（6）单击“标注”面板中“标注”下拉列表中的“半径”按钮，选取要标注的圆弧对象，完成如图 7-77 所示的尺寸 F 和 G 的标注。

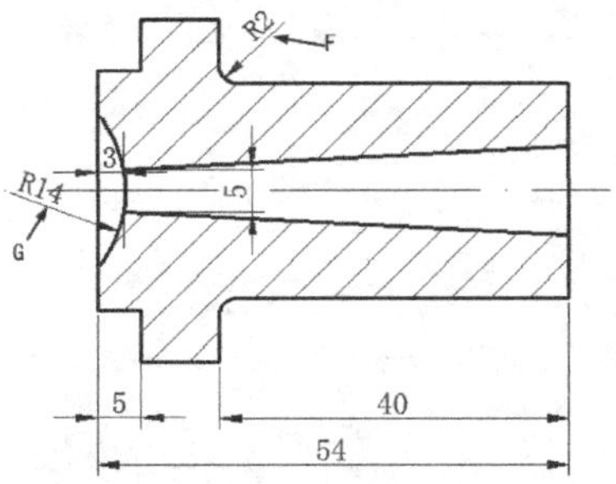

图 7-77 标注半径尺寸 F 和 G

（7）单击“标注”面板中“标注”下拉列表中的“角度”按钮，选取如图 7-78 所示的 a 和 b 两条直线完成角度尺寸 H 的标注。

（8）单击“标注样式管理器”按钮，打开“标注样式管理器”对话框。单击“新建”按钮，新建“线性直径标注”样式。在打开的“新建标注样式”对话框中选择“主单位”选项卡，在“线性标注”选项组的“前缀”文本框中输入直径控制符“%%c”，其余设置保持默认。关闭对话框并将该样式置为当前。

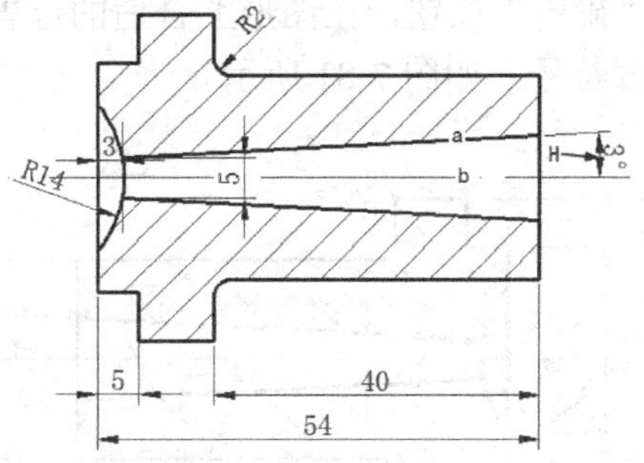

图 7-78 角度尺寸标注 H

（9）单击“线性”按钮，选取延伸点完成尺寸 I、J、K 的标注，如图 7-79 所示。

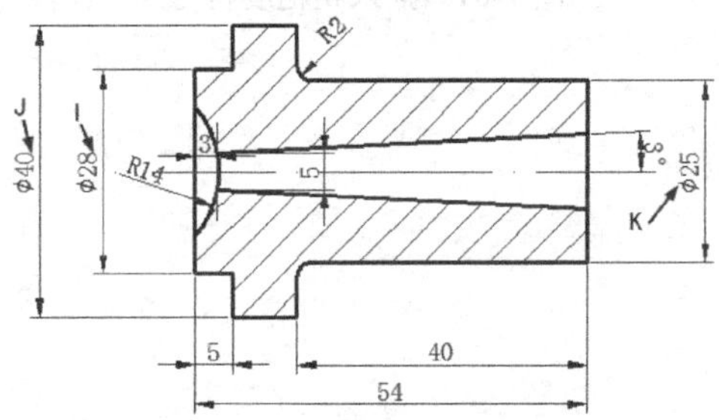

图 7-79 标注尺寸 I、J 和 K

（10）执行“直线”命令绘制粗糙度符号，如图 7-80 所示。

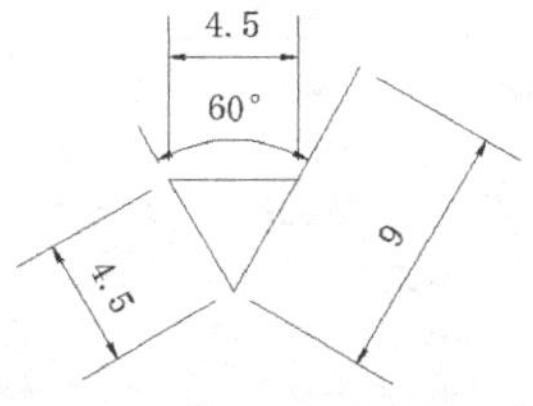

图 7-80 绘制粗糙度符号

（11）单击“块”面板中的“创建”按钮，打开“块定义”对话框。在“名称”文本框中输入“粗糙度”，然后单击“拾取点”按钮在绘图区拾取粗糙度符号图形的底部端点，接着单击“选择对象”按钮，在绘图区选中粗糙度符号图形，其余设置保持默认，单击“确定”按钮完成块定义的操作，返回绘图区。

（12）单击“块”面板中的“插入”按钮，弹出“插入”对话框，其设置保持默认，单击“确定”按钮，在图形上合适的位置放置粗糙度符号，如图 7-81 所示。

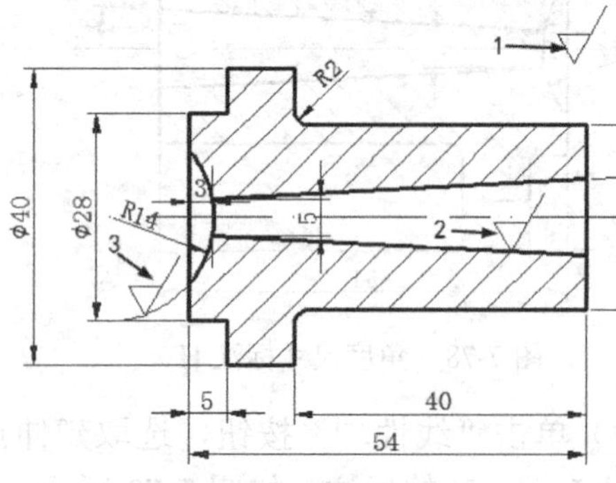

图 7-81　插入粗糙度符号

（13）单击“多行文字”下拉列表中的“单行文字”按钮，完成粗糙度值的添加，在图形右上角位置输入文本最终完成标注，效果如图 7-82 所示。

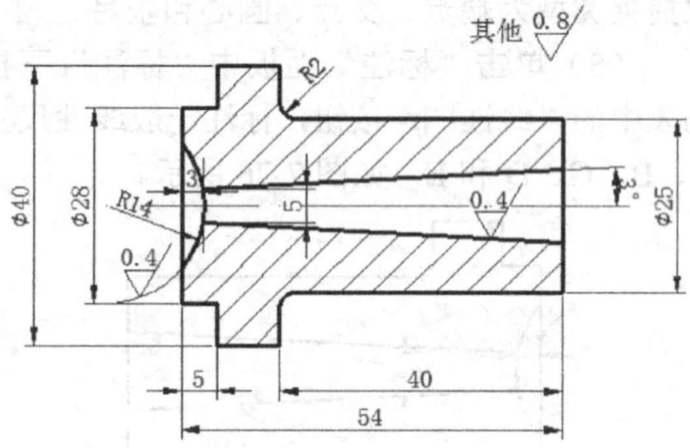

图 7-82　完成粗糙度的标注

第 8 讲　文本标注及表格创建

文本标注和表格创建也是机械图形绘制的重要内容，它们直接反映了零件图和装配图中重要的非图形信息。除完整的尺寸标注外，适当的文本说明及明细栏等注释元素不仅可以为工程人员提供更加完整的图形信息，而且还能表达图形不能表达的非图形信息，诸如使用要求等，这将大大增加工程人员对机械图形的可读性。

此外，机械图形中的文本标注及表格的创建也必须遵循统一的标准和规范，国家标准专门制定了相关的机械制图标准规范，在绘制图形过程中可以进行参考。

本讲希望通过对文本标注和表格创建的使用方法及技巧的介绍使用户绘制的机械图形更加完善。

本讲内容

- 实例·模仿——绘制标题栏
- 文本标注
- 表格创建
- 实例·操作——绘制零件明细栏
- 实例·练习——添加技术要求

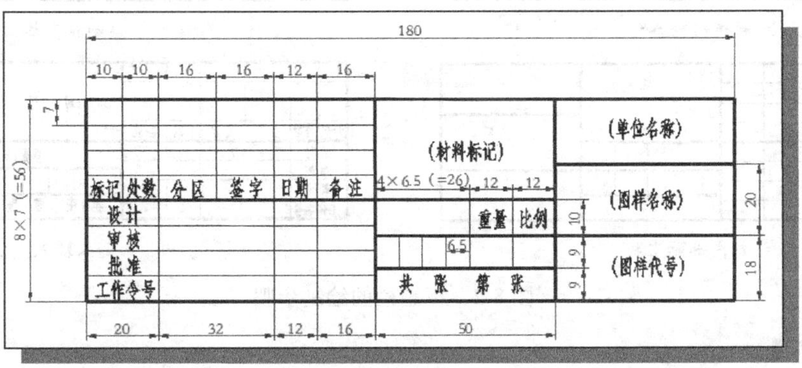

8.1　实例·模仿——绘制标题栏

在机械制图中，所绘制的每张图纸都必须画出标题栏，无论图纸采用横装还是竖装，标题栏通常都位于图框的右下角，并且规定按标题栏方向看图——以标题栏的文字方向为看图方向。根据国家发布的标题栏标准，标题栏一般由更改区、签字区、其他区、名称及代号区组成，也可按实际需要增加或减少。标题栏的各区分布及尺寸可参考图 8-1 所示。在标题栏绘制过程中，主要用到“直线”、“偏移”、“修剪”、“移动”和“单行文字”等编辑命令。在实际应用中，工程人员常根据实际情况对标题栏的绘制进行改动。

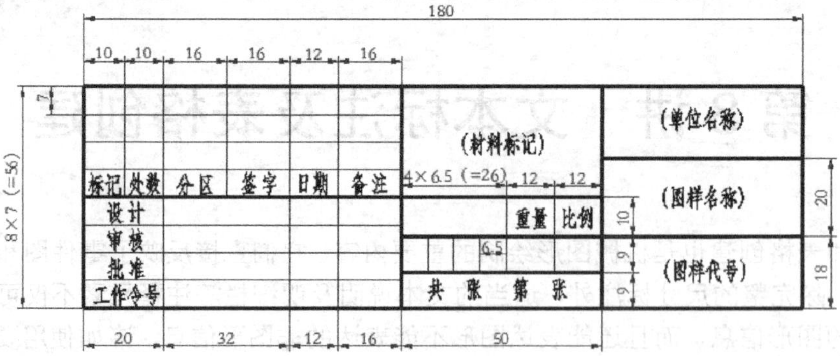

图 8-1 标题栏

【思路分析】

标题栏总体结构比较简单，主要是由直线和文本组成，标题栏的直线通常分为粗实线和细实线，在标题栏上书写的汉字应采用长仿宋体简化汉字（宽与高之比约为 0.7）。数字和字母统一写成正体，不用斜体。可通过以下主要步骤完成标题栏的绘制：首先绘制出矩形外轮廓，其次按照尺寸绘制出内部细节结构，图线完成后再通过文本输入完成标题栏的绘制，操作步骤如图 8-2 所示。

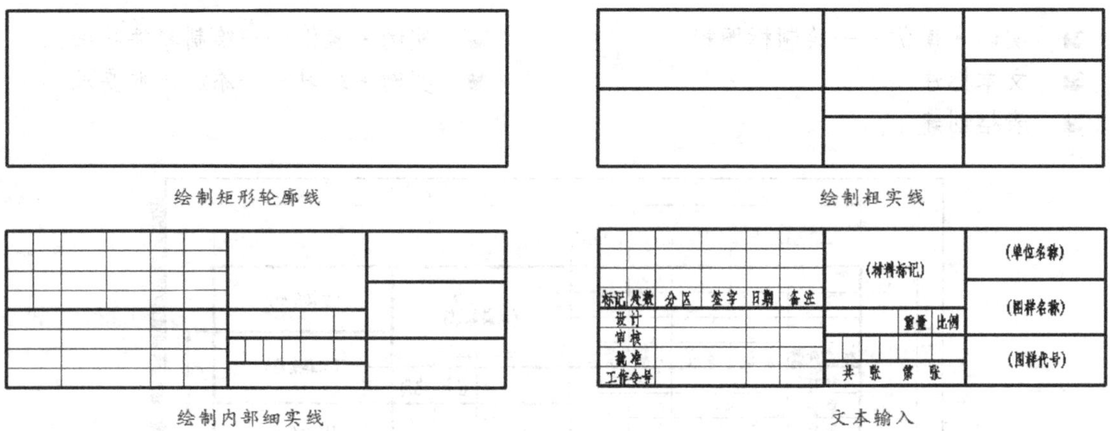

图 8-2 标题栏的绘制步骤

【光盘文件】

结果文件——参见附带光盘中的“END\Ch8\8-1.dwg”文件。

动画演示——参见附带光盘中的“AVI\Ch8\8-1.avi”文件。

【操作步骤】

（1）新建图层。单击“图层特性”按钮，新建图层并设“粗实线”图层为当前图层，如图 8-3 所示。

（2）绘制标题栏外轮廓。单击“矩形”按钮，指定第一个对角点坐标为（100，100），按 Enter 键确认，指定另一个对角点坐标为（280，156），按 Enter 键确认，绘制矩形外轮廓，如图 8-4 所示。

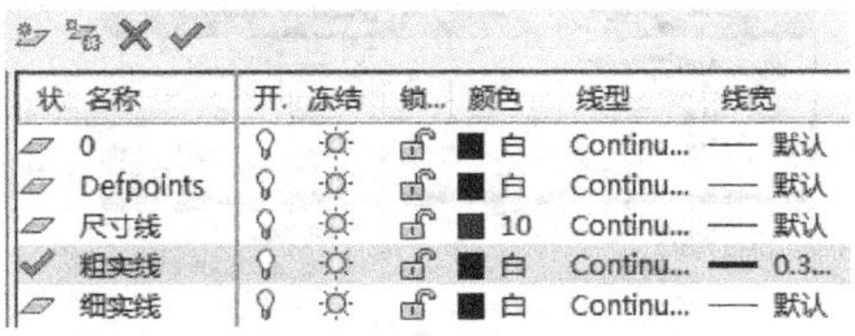

图 8-3　图层设置

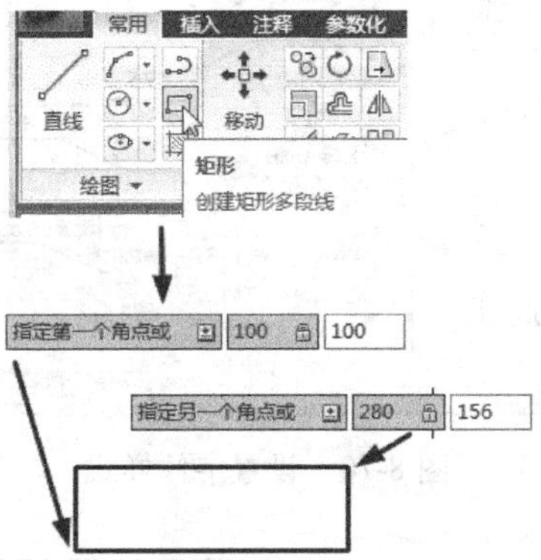

图 8-4　绘制矩形外轮廓

（3）绘制标题栏中的粗实线。单击“直线”按钮，指定直线第一点坐标为（100，128），指定下一点为 130，按 Tab 键输入“0”，按 Enter 键绘制第一条直线。按照同样的方法并且使用偏移命令根据图 8-5 所示尺寸绘制其他粗实线。

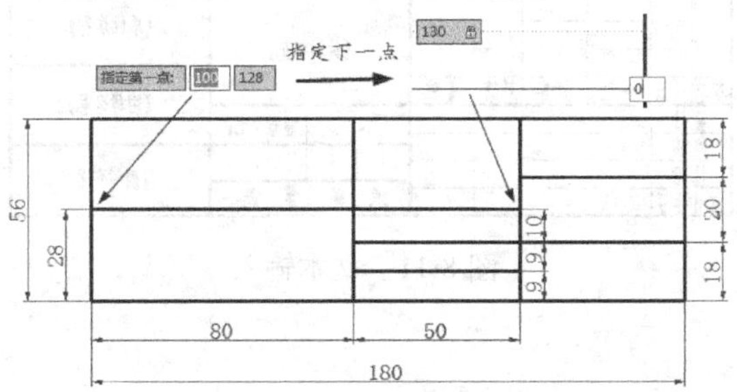

图 8-5　绘制粗实线

（4）切换图层绘制细实线。切换“细实线”图层为当前图层，右击“对象捕捉”按钮，设置对象捕捉模式为端点、交点、垂足。单击“直线”按钮，指定直线第一点坐标为（100，107），按 Enter 键确认，水平拖动鼠标待捕捉到垂足时单击鼠标完成第一条直线的绘制，如图 8-6 所示。

（5）完成标题栏水平方向细实线的绘制。单击“偏移”按钮，指定偏移距离为 7，选择上面所绘制的细实线为对象，指定细实线上方为偏移侧，单击鼠标，用同样的方法按照图 8-7 所示的尺寸完成其余水平细实线的绘制。

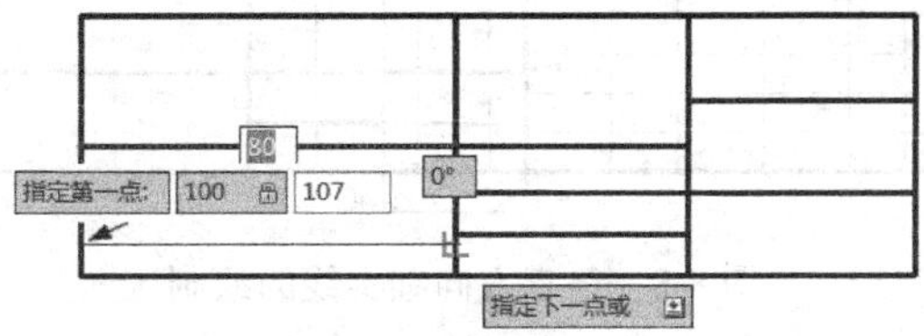

图 8-6　绘制细实线

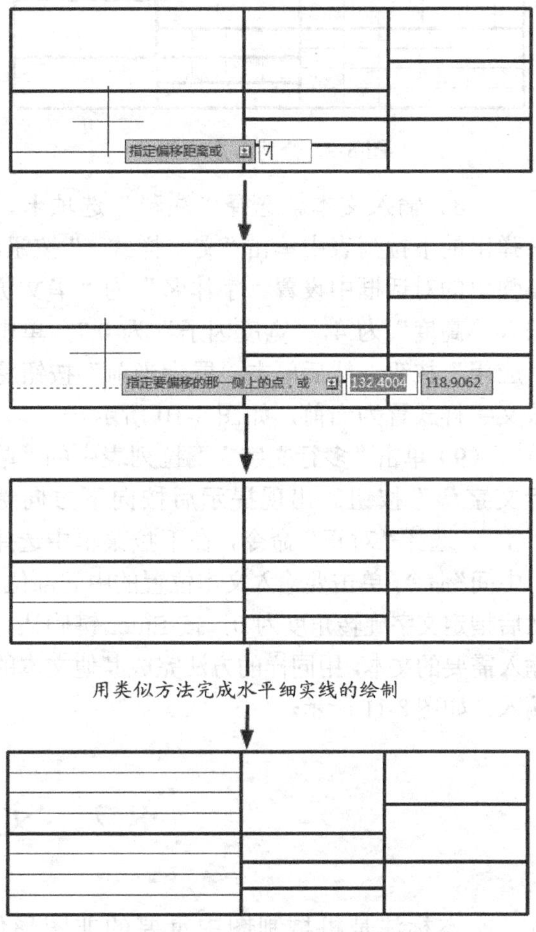

图 8-7　完成水平细实线的绘制

（6）绘制竖直方向的细实线。仿照上面的方法按照图 8-8 所示尺寸完成竖直方向细实线的绘制。

（7）修剪多余线条。单击“修剪”按钮对多余线条进行修剪，完成线条的绘制，结果如图 8-9 所示。

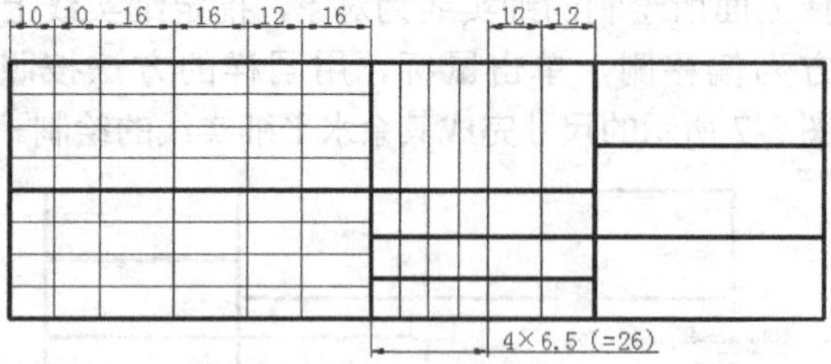

图 8-8　竖直方向细实线的绘制

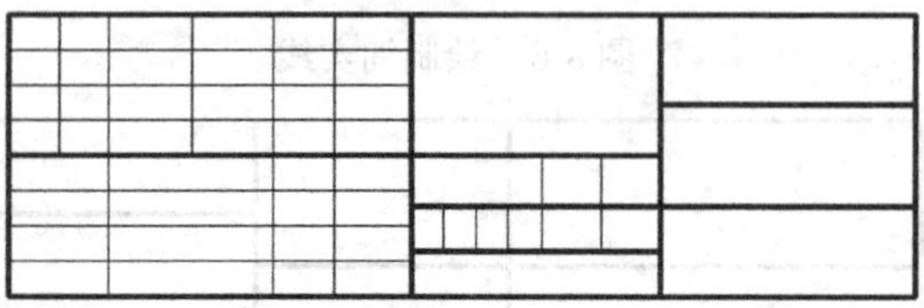

图 8-9　修剪多余线条

（8）输入文本。选择“注释”选项卡，在弹出的下拉列表中单击“文字样式 ↘”按钮，在弹出的对话框中设置“字体名”为“华文仿宋”，“高度”为 4，“宽度因子”为 0.7，单击“应用”按钮，然后单击“置为当前”按钮将该文字样式置为当前，如图 8-10 所示。

（9）单击“多行文字”下拉列表中的“单行文字 A”按钮。出现提示后按向下方向键“↓”，选择“对正”命令，在下拉菜单中选择“中间”命令，单击要输入文本位置的中间部位，然后指定文字旋转角度为 0，按 Enter 键确认，输入需要的文本，用同样的方法完成其他文本的输入，如图 8-11 所示。

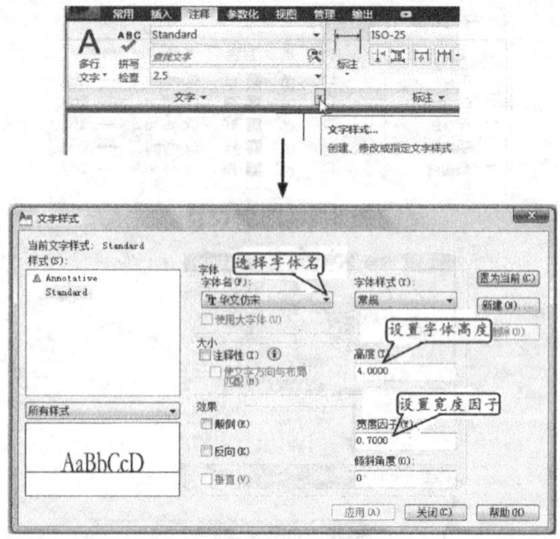

图 8-10　设置字体样式

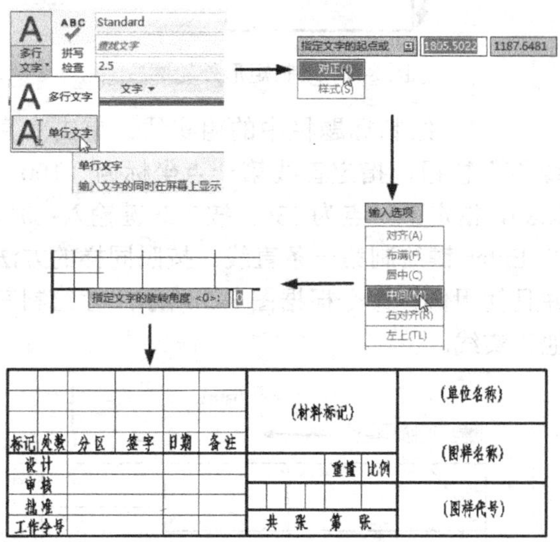

图 8-11　文本输入

8.2　文 本 标 注

文本标注是机械制图中重要的非图形信息，能容易地表达出图形不易表达出的信息。AutoCAD 2012 软件自带的文本标注编辑功能极为丰富和方便，其主要有两类文本标注方法，一类是单行文本，另一类是多行文本。比较简短的文字项目，如标题栏信息、剖切面位置、尺寸标注等内容，常采用单行文本，而对较复杂较长的类似段落的多行内容，如工艺条件、技术要求等，通常采用多行文本标注。此外，工程设计人员还可根据自己的设计需要方便地对文字样式进行设置，如字体名、字体大小和字体长宽比等。

8.2.1 设置文字样式

在向图形中添加文本注释时，如果不对文字的样式进行修改，那么将按照 AutoCAD 默认的当前文字样式进行标注。但为了使用方便，设计人员也可预先定义当前图形所用的文字样式，文字样式主要包括字体、字体大小、字体效果等参数。

打开“文字样式”对话框的方法有以下几种。

- ◆ 功能区：“注释”→“文字”→“文字样式”。
- ◆ 命令行：输入“style”。

选择“注释”选项卡，然后单击“文字”面板中的“文字样式”按钮，打开“文字样式”对话框，如图 8-12 所示。

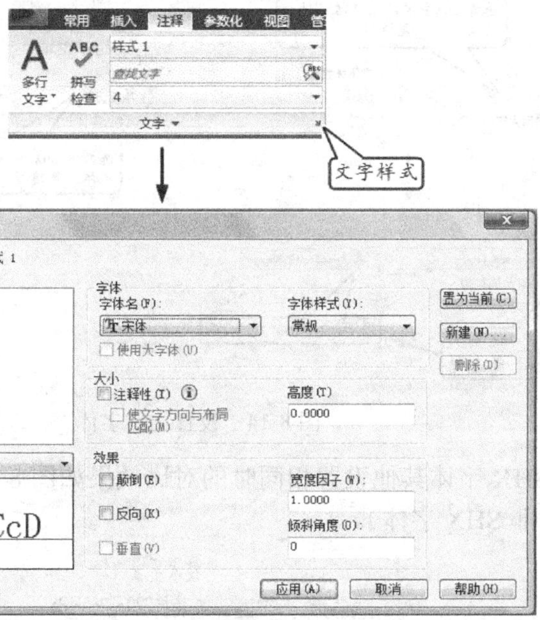

图 8-12 “文字样式”对话框

1. 新建文字样式

为了使用方便，工程人员可根据设计需要新建文字样式，首先打开“文字样式”对话框，新建文字样式的步骤如图 8-13 所示。此外，右击“文字样式”对话框中“样式”文本框中的样式名可以重命名所选择的样式。

2. 设置文字字体

“文字样式”对话框中“字体”选项组的“字体名”下拉列表框中主要有两大类字体，一类是后缀名为 shx 的 SHX 字体，另一类是非 SHX 字体，工程人员可指定任一种字体类型使用。现在有很多设计单位，通常使用专门的大型图纸打印设备，因此仍然在使用大字体汉字。如果需要使用大字体，则需要在“字体名”下拉列表框中选择 SHX 字体，那么“使用大字体”复选框将被激活，选中该复选框则将显示“大字体”下拉列表框；选择非 SHX 字体时，则只显示“字体样式”下拉列表框，如图 8-14 所示。

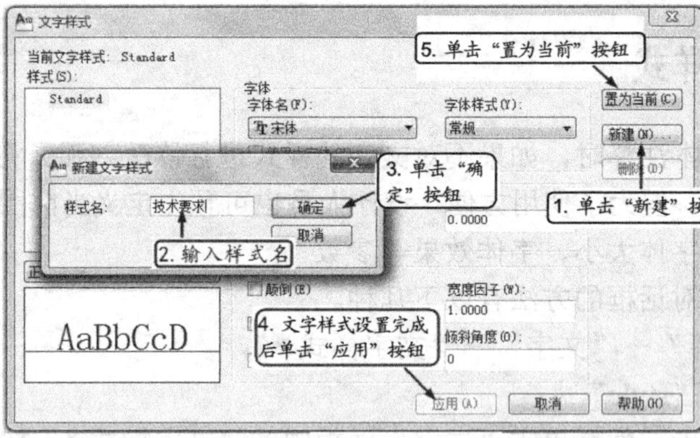

图 8-13　新建文字样式

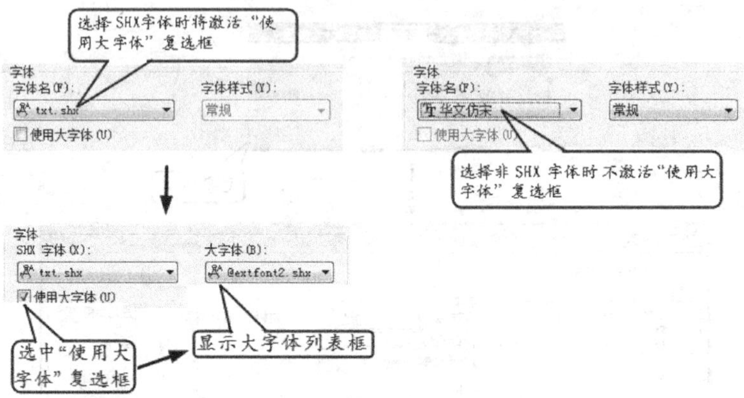

图 8-14　设置文字字体

SHX 字体和非 SHX 字体其他设置相同时的对比效果如图 8-15 所示。前者为 SHX 字体，后者为华文仿宋字体（非 SHX 字体）。

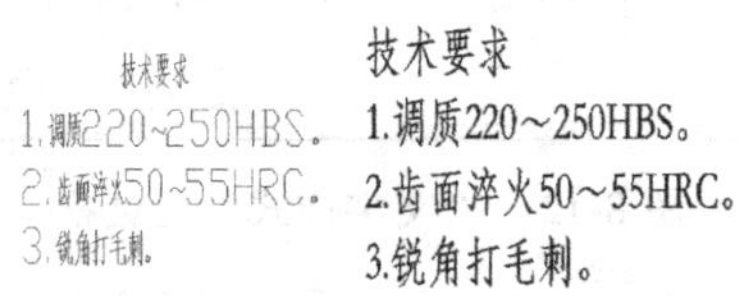

图 8-15　两类字体对比效果

3. 设置文字大小

在“大小”选项组中可对字体的大小进行注释性设置和高度设置。在“高度”文本框中输入数值设置文字的高度，AutoCAD 2012 中默认的字体高度为 0，如果不对文字高度进行设置，在每次文本输入时将出现要求输入字体高度的提示，而设置后将没有这样的提示。

当选中“注释性”复选框时，将启用注释性设置，那么用户就可以在不同尺寸的图形对象上按对象或样式打开注释性特性，并设置布局或模型视口的注释比例。注释比例控制注释性对象相对于图形中的模型几何图形的大小。在对图形进行添加注释性对象前将注释比例设置为与图形对象视口比例相同，则在打印时注释性文本将以正确的大小在图纸上打印出来。在添加注释性对象时将弹出“选择注释比例”对话框，输入要设置的比例，单击“确定”按钮完成设置，如图 8-16 所示。

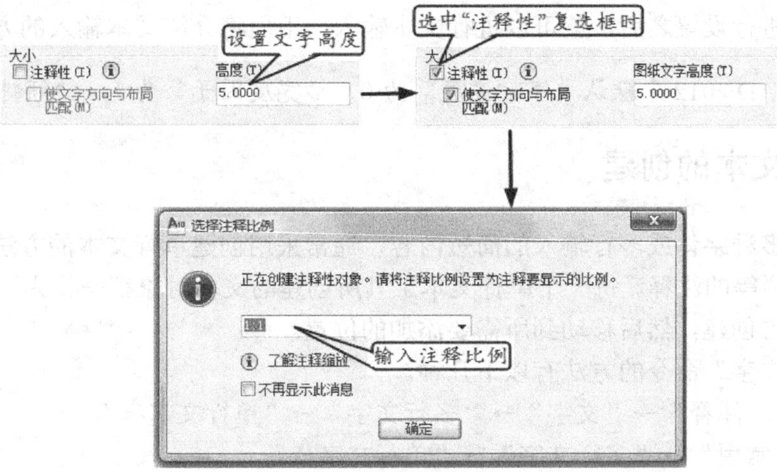

图 8-16　设置文字大小

4. 设置文字效果

"效果"选项组中包括颠倒、反向、垂直、宽度因子和倾斜角度。其中在 TRUE TYPE 字体（非 SHX 字体）时，垂直定位效果不能用，只有在 SHX 字体时垂直定位效果才可以用，在选中"颠倒"、"反向"或"垂直"复选框后，即可完成相应的文字放置效果，如图 8-17 所示。

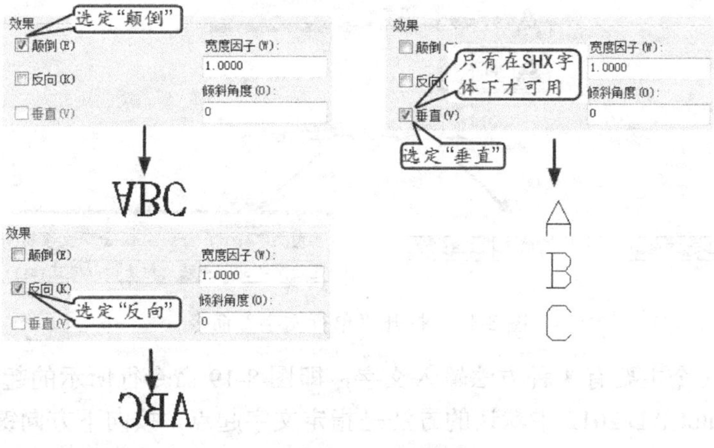

图 8-17　文字放置效果

在"宽度因子"文本框中输入小于 1 的数值时，将压缩文字，当输入大于 1 的数值时将扩大文字；在"倾斜角度"文本框中输入-85～85 之间的数值时才对放置文字的倾斜度有效，才能使文字倾斜。在不同宽度因子和倾斜角度下的文字放置效果的对比如图 8-18 所示。

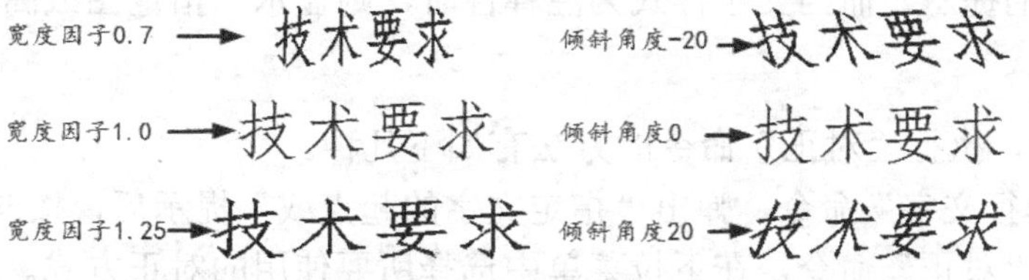

图 8-18　不同宽度因子和倾斜角度的文字放置效果

对文字样式进行设置之后，就可以进行文本输入，下面将介绍文本输入的方法和技巧。

提示：AutoCAD 2012 中默认文字“高度”为 0，“宽度因子”为 1，“倾斜角度”为 0。

8.2.2 单行文本的创建

对于不需要多种字体或多行输入的简短内容，通常采用创建单行文本的方法，如剖面位置、尺寸标注、标题栏等的注释。每一个单行文本工具所创建的文本对象都是作为一个对象的，可以在绘图区任意地方创建，然后移动到所需要添加的位置。

打开“单行文字”命令的方法有以下几种。

- 功能区：“注释”→“文字”→“多行文字”→“单行文字A”。
- 菜单：“常用”→“多行文字”→“单行文字A”。
- 命令行：输入“dtext”。

在“注释”选项卡中，单击“文字”面板中“多行文字”下拉列表中的“单行文字A”按钮，绘图区和命令行将出现指定文字的起点的提示信息，如图 8-19 所示。

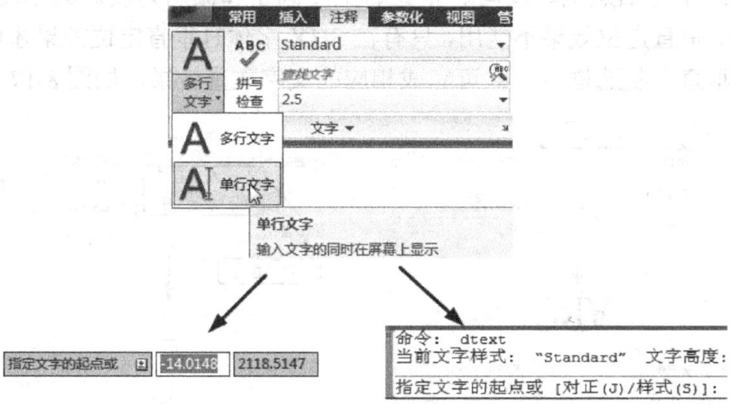

图 8-19 打开“单行文字”命令

“单行文字”命令主要有 3 种方法输入文字，即图 8-19 命令行所示的起点、对正（J）和样式（S）3 种。在 AutoCAD 2012 中默认的方法是指定文字起点，按向下方向键或在命令行输入命令可以选择其余两种方法，下面将分别介绍这 3 种单行文本输入方法的使用。

1. 指定起点

指定文字的起点是指文字行基线的起点位置，单击绘图区要添加文本的位置或输入坐标按 Enter 键确认，如图 8-20 所示。些外，需要注意的是当文字样式为非注释性时，指定起点时才会出现“指定高度”的提示，而当文字样式为注释性时，则显示“指定图纸高度”的提示。

2. 对正

如图 8-21 所示，执行“对正”命令的方法有如下几种。

（1）打开“单行文字”命令，弹出“指定文字的起点或”提示后，按向下方向键“↓”，弹出下拉菜单，选择“对正”命令，在下拉菜单中选择所要使用的对正方式。

（2）打开“单行文字”命令后，在命令行输入“J”并按 Enter 键确认，在弹出的下拉菜单中选择所需要的文字对正方式。

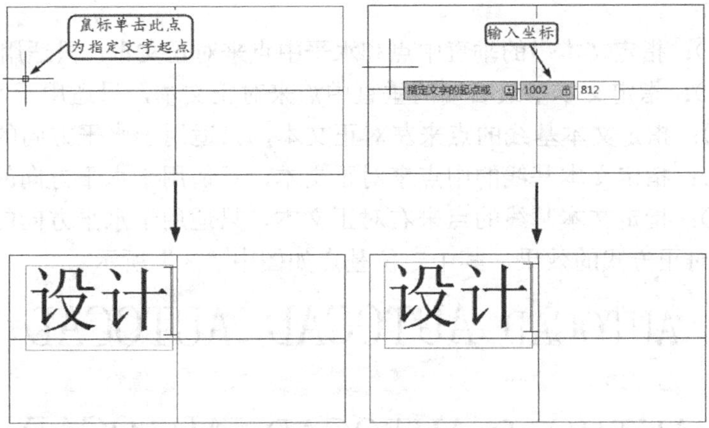

图 8-20　指定起点法输入单行文本

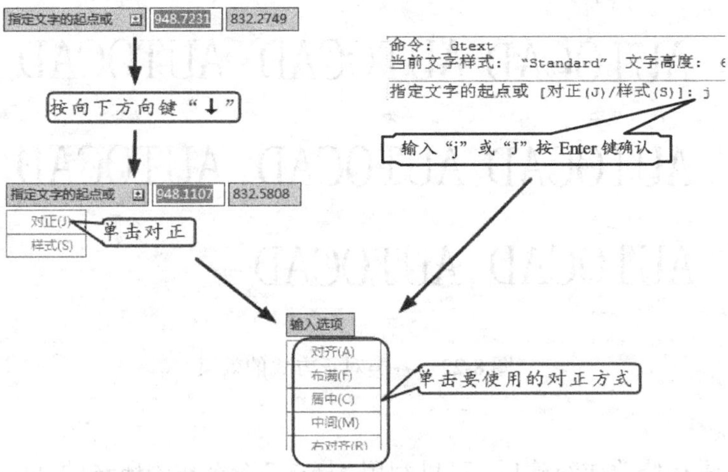

图 8-21　选择“对正”命令

“对正”命令中各项对正方式的含义如下。

- 对齐（A）：指定文本基线的两个端点来确定文本的大小和方向，AutoCAD 将依据字符的大小根据其高度按比例调整以适于放在两个端点之间，字符串越长，字体越矮。
- 布满（F）：由定义的基线两个端点指定文本的方向和一个高度值布满一个区域，文字高度不变，字符串越长，字体越窄。只适于水平方向的文字。
- 居中（C）：通过指定文本基线的中心点来对正文字。
- 中间（M）：通过指定文本的中间点使文字在基线的水平中点和指定高度的垂直中点上对正。
- 右对齐（R）：指定文本基线的右端点来对正文字。
- 左上（TL）：指定文本的最左端顶部的点来对正文字，只适用于水平方向的文字。
- 中上（TC）：指定文本顶部的点来居中对正文字，只适用于水平方向的文字。
- 右上（TR）：指定文本串最右端顶部的点来对正文字，只适用于水平方向的文字。

- ◆ 左中（ML）：指定文本串第一个文本单元的中间点来左对正文字，只适用于水平方向的文字。
- ◆ 正中（MC）：指定文本串的垂直中点和水平中点来对正文本，只适用于水平方向的文字。
- ◆ 右中（MR）：指定文本串最右端的垂直中点来对正文本，只适用于水平方向的文字。
- ◆ 左下（BL）：指定文本基线的点来左对正文本，只适用于水平方向的文字。
- ◆ 中下（BC）：指定文本基线的中点来对正文本，只适用于水平方向的文字。
- ◆ 右下（BR）：指定文本基线的点来右对正文本，只适用于水平方向的文字。

图 8-22 为各项对正方式的效果，其中定位基点如图中“×”所示。

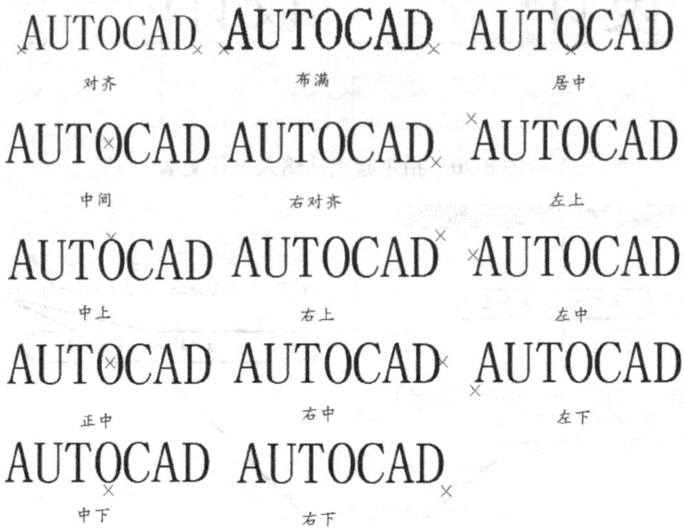

图 8-22　各类对正方式的效果

3. 样式

在对文本样式进行修改或新建后，可以利用“样式”命令按照所选的文字样式进行文本输入。如图 8-23 所示，执行“样式”命令的方法有如下几种。

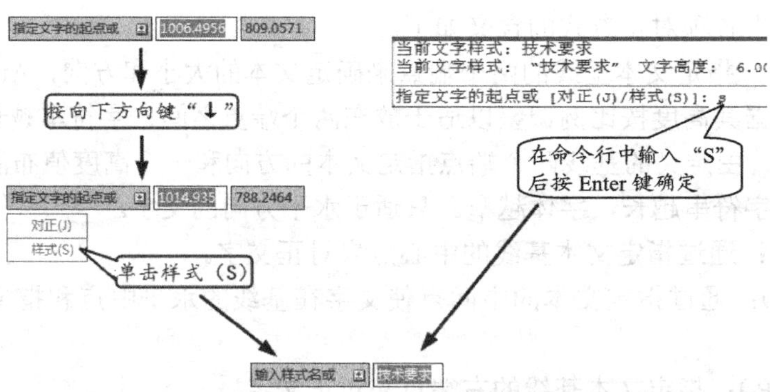

图 8-23　执行“样式”命令

（1）打开“单行文字”命令，弹出“指定文字的起点或”提示后，按向下方向键“↓”，弹出下拉菜单，选择“样式（S）”命令，输入要使用的样式名或者按向下方向键“↓”在下拉菜单中选择要使用的样式。

（2）打开“单行文字”命令后，在命令行输入“S”并按 Enter 键确认，输入要使用的样式名或者按向下方向键“↓”在下拉菜单中选择要使用的样式。

8.2.3 多行文本的创建

当需要在图纸上添加多字体样式的、复杂的或文字较多的文本内容时，如工艺条件、技术要求等内容，则要采用“多行文字”命令来添加文本。多行文本类似于常见的段落形式，在使用上比单行文本更易于管理，但和单行文本一样，多行文本也是作为一个整体对象来执行操作的。

打开“多行文字”命令的方法有以下几种。

◆ 功能区：“注释”→“多行文字 A”。

◆ 工具栏：“多行文字 A”。

◆ 命令行：输入“mtext”。

单击“注释”选项卡中的“多行文字 A”按钮，然后在绘图区中指定一个用来添加多行文字的矩形区域，接着将出现“文字编辑器”选项卡和相应的多行文字输入窗口，在“文字编辑器”选项卡的各选项板中可以进行相应的设置。

在“样式”选项板中，如果不对文字样式进行设置修改，那么软件默认为标准样式。单击“注释性”可以打开或关闭当前多行文字的注释性。与单行文本不同，多行文本可以包含多种文字样式如不同的高度等。

在“格式”选项板中，可以对文字的字体、大小、颜色、加粗、倾斜、下划线、上划线等参数进行设置。当单击“格式”右侧的下拉符号时，在弹出的下拉列表中还可以设置文字的倾斜角度，以确定文字是向前倾斜还是向后倾斜，倾斜角度的值为正时文字向右倾斜，倾斜角度的值为负时文字向左倾斜。在“格式”下拉列表中还可以设置文字间的间距，输入大于 1.0 的数值时可以增大字符间距，输入小于 1.0 的数值时可以减小字符间距。此外，在“格式”下拉列表中还可以设置字体宽度，在“宽度因子”文本框中输入大于 1.0 的数值可以增宽文字，输入小于 1.0 的数值可以减小文字宽度。

“样式”和“格式”选项板的各项功能设置如图 8-24 和图 8-25 所示。

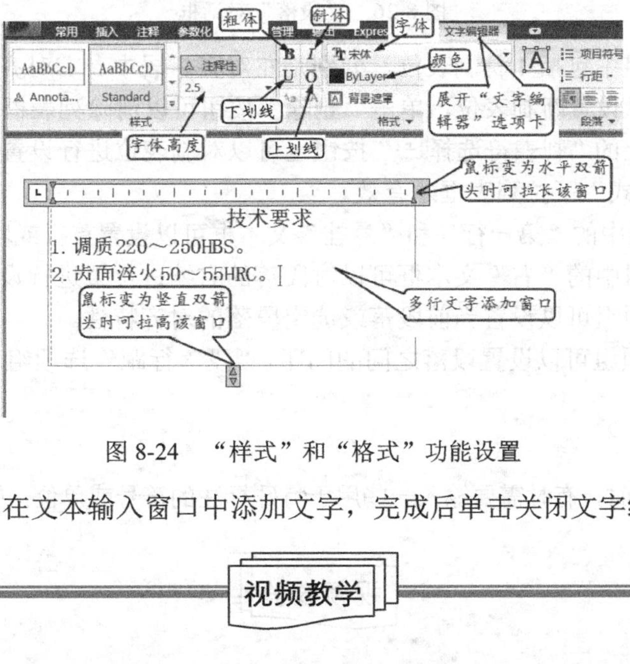

图 8-24 “样式”和“格式”功能设置

参数设置完成后，在文本输入窗口中添加文字，完成后单击关闭文字编辑器按钮。

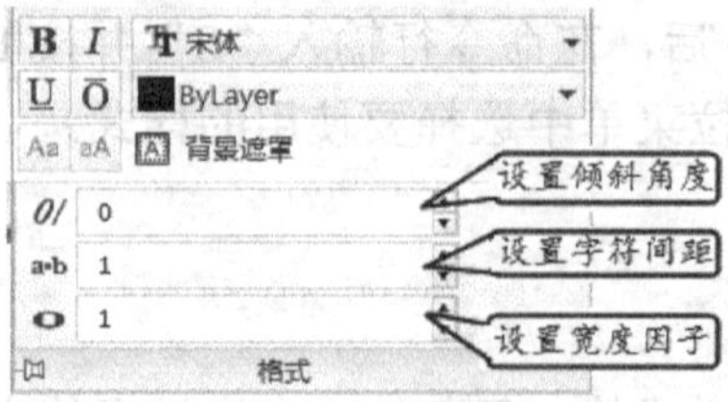

图 8-25 “格式”下拉列表

1. 设置段落

当对添加的多行文字有段落要求时，如果文字段落不符合要求，就需要对文本段落进行修改。单击“段落”选项板中的相应按钮或者右击文本输入窗口的标尺，在弹出的菜单中选择“段落”命令，打开“段落”对话框，即可对多行文本进行制表位和缩进的设置，如图 8-26 所示。

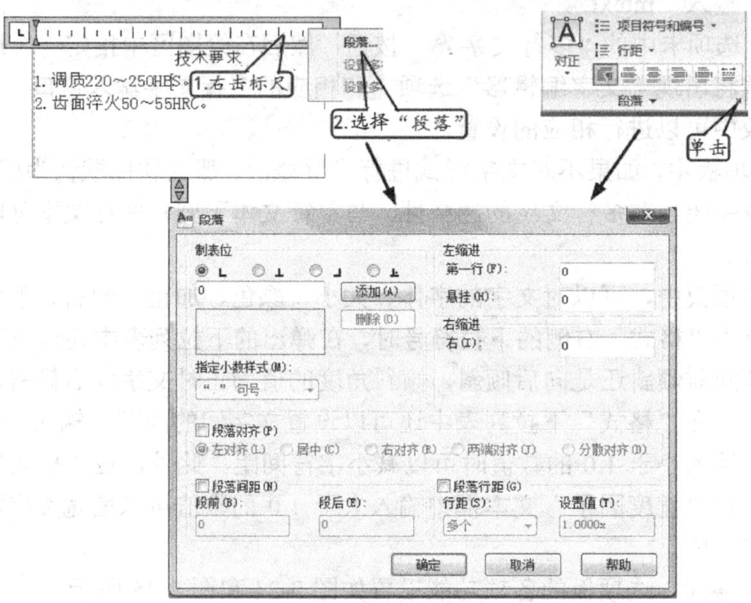

图 8-26 “段落”对话框

“制表位”选项组中包括 4 种制表位，分别是左对齐、居中、右对齐和小数点对齐制表位。单击“添加”按钮可以设置新制表位，单击“删除”按钮可以清除列表框中的制表位。此外，单击文本输入窗口标尺上的“制表符选择”按钮也可以对制表位进行设置。只有在小数点对齐制表位时，“指定小数样式”下拉列表框才有效。

“左缩进”选项组中的“第一行”和“悬挂”文本框可以设置首行或段落的左缩进位置。

“右缩进”选项组中的“右”文本框可以对段落的右缩进位置进行设置。

“段落对齐”选项组可以设置当前段落或选定段落的对齐特性。

“段落间距”选项组可以设置段落之间的间距，“段落行距”选项组可以设置段落中各行之间的间距。

2. 插入

在图纸中添加文本时，有时需要输入一些用于特殊标注的符号或单位，如“ϕ”、“°”等，此时可以通过“插入”面板中的“符号”工具进行添加，“符号”工具的使用如图 8-27 所示。

在“分栏”菜单中，可以将文字对象进行分栏，并对栏的类型、栏间距、栏高度和栏数进行设置。“不分栏”是指对当前选定文字对象不分栏；“动态栏”是指分栏与文字对象之间互相影响；“静态栏”是指当指定栏宽、栏高和栏数后，所分的栏将具有相同的高度而且两端对齐，“分栏设置”对话框如图 8-28 所示。

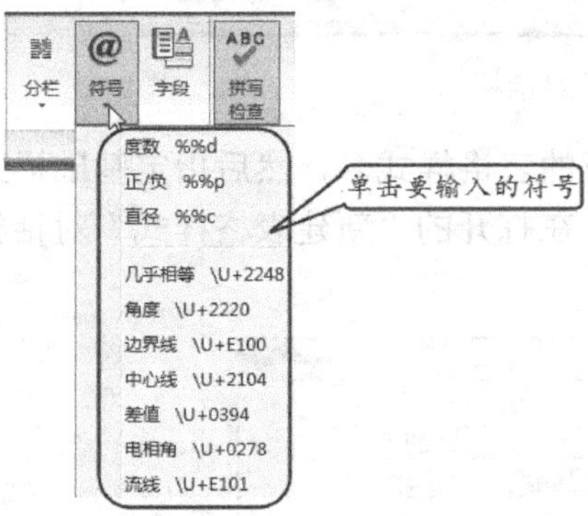

图 8-27　“符号”工具

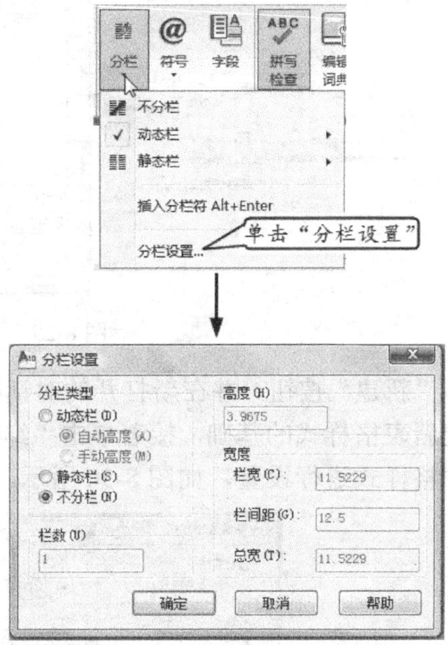

图 8-28　“分栏设置”对话框

8.3　表格创建

在机械设计中，表格主要用来展示与图形相关的标注、数据、材料和装配信息等内容，如装配图中的明细栏、标题栏等。不同的单位和不同的零部件结构要求不同，相应的制图标准也不同，为了清晰、准确而又快速简便地表达出设计者的设计思想和意图，可以通过 AutoCAD 软件中的表格功能来实现。

打开“表格”命令的方法有以下几种。

- 功能区：“注释”→“表格”→“表格”。
- 工具栏：“表格”。
- 命令行：输入“table”。

8.3.1　设置表格样式

不同的图纸和绘图标准对应的表格所要展示的非图形信息也不相同，在图纸中添加表格前就需要根据图纸要求定制合适的表格。通过“表格”命令可以对表格的外观和表格内文字的特性进行设置。

选择“注释”选项卡，然后单击“表格”面板右下角的“表格样式”按钮或在命令行输入“tablestyle”并按 Enter 键确认，打开“表格样式”对话框，如图 8-29 所示。

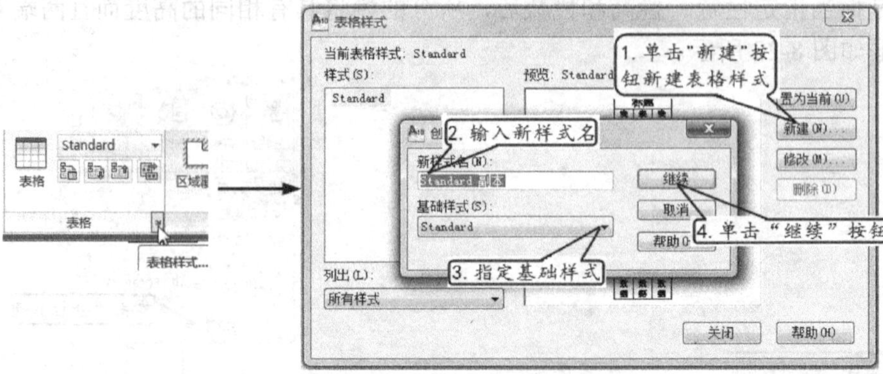

图 8-29 “表格样式”对话框

单击“新建”按钮，并在新打开的对话框中输入新的表格样式名，然后指定基础样式作为修改或创建新表格样式的基础，接着单击“继续”按钮，在打开的“新建表格样式”对话框中可以对新的表格样式进行设置，如图 8-30 所示。

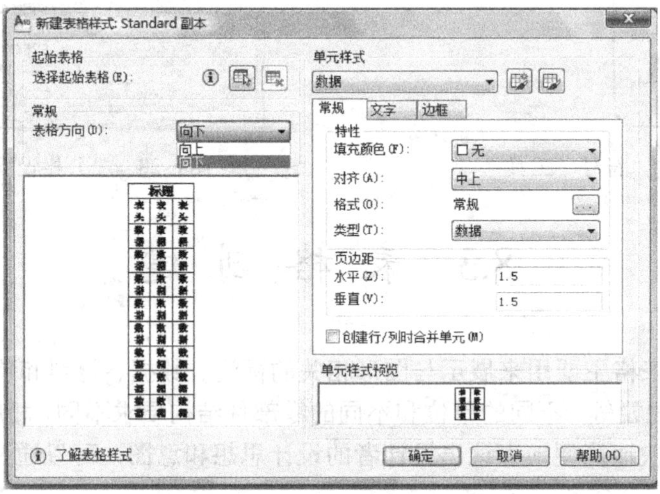

图 8-30 “新建表格样式”对话框

1. 设置起始表格

当图纸中已使用有表格时，在“起始表格”选项组中单击按钮，可以指定已创建的表格为起始表格，该指定的表格将作为设置新表格样式的样例。单击按钮可以删除当前指定的起始表格。

2. 设置表格方向

在“常规”选项组中，在“表格方向”下拉列表框中可以设置表格的显示方向。如果选择“向下”选项，则将创建由上而下读取的表格，标题行和列标题行位于表格的顶部，反之则将创建由下而上读取的表格，标题行和列标题行位于表格的底部，如图 8-31 所示。

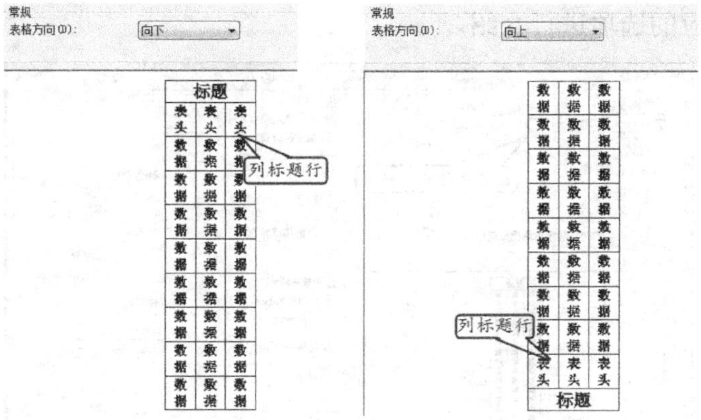

图 8-31　设置表格方向

3. 设置单元样式

在“单元样式”选项组中，主要是对表格中文字的字体、颜色、高度以及单元的填充颜色和对齐方式等参数进行设置。在“数据”下拉列表框中可以指定单元样式，单击“创建新单元样式”按钮可以新建单元样式，单击“管理单元样式”按钮不仅可以新建单元样式，而且可以对新建的样式进行重命名。

在“常规”选项卡的“特性”选项组中，“填充颜色”下拉列表框可以设置单元表格的填充颜色；“对齐”下拉列表框可以设置表格单元中文字的对齐方式；“格式”选项可以设置各行的数据类型和格式；“类型”下拉列表框可以指定单元样式为标签或数据。在“页边距”选项组中可以设置单元内容与表格单元边界的间距，“水平”文本框用来设置单元内容与左右单元边界的间距，“垂直”文本框用来设置单元内容与上下单元边界的间距，如图 8-32 所示。

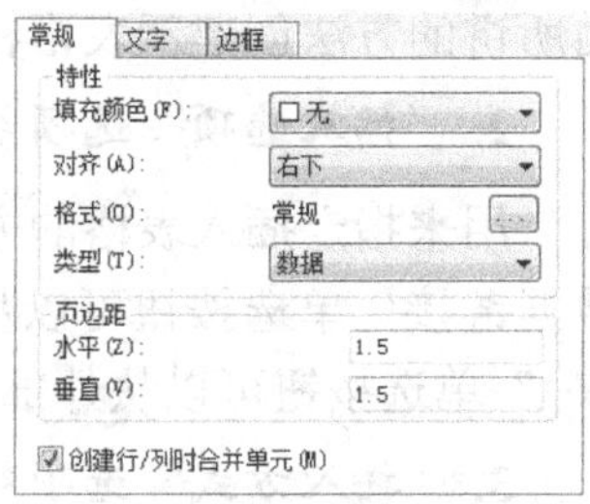

图 8-32　“常规”选项卡

选择“文字”选项卡，在“特性”选项组中可以设置文字样式、文字高度、文字颜色和文字角度等特性，如图 8-33 所示。

选择“边框”选项卡，在“特性”选项组中可以设置边界的线宽、线型和颜色等，如图 8-34 所示。

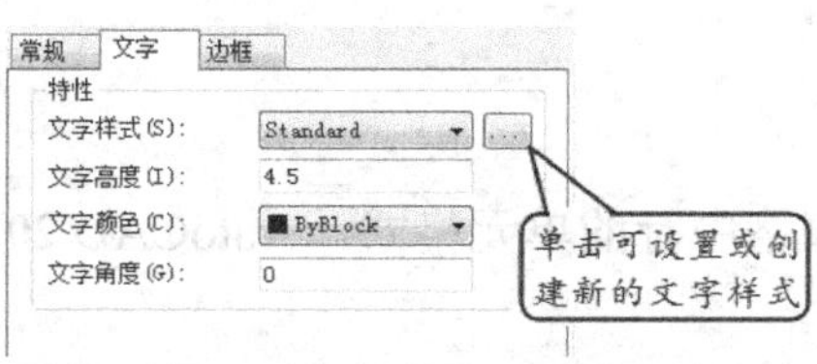

图 8-33　“文字”选项卡

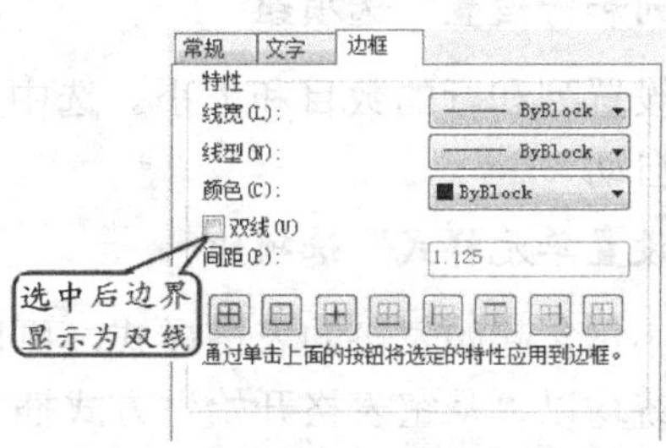

图 8-34　“边框”选项卡

8.3.2　插入表格

单击“注释”选项卡中的“表格”按钮，打开“插入表格”对话框，如图 8-35 所示。下面将对各个选项组和对应的选项进行介绍。

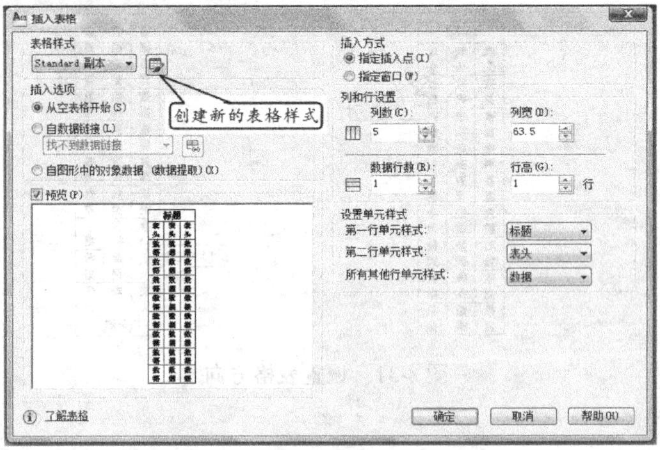

图 8-35 “插入表格”对话框

1.“表格样式”选项组

在要创建表格的当前图形中选择表格样式。单击下拉列表框旁边的按钮，用户可以根据前面所讲的方法创建新表格样式并应用于当前的对话框。

2.“插入选项”选项组

用来指定插入表格的方式。“从空表格开始”单选按钮创建可以手动填充数据的空表格，“自数据链接”单选按钮可以从外部电子表格中导入数据创建表格，“自图形中的对象数据（数据提取）”单选按钮可以从外部文件图形中提取数据来创建表格。

3.“插入方式”选项组

用来指定插入表格的位置。当表格由上而下读取时，“指定插入点”单选按钮是指定表格的左上角，反之则指定表格的左下角；“指定窗口”单选按钮可以通过指定两个对角点来确定表格的大小和位置，采用这种插入方式时，行数、列数、列宽和行高取决于窗口的大小以及列和行的设置。

4.“列和行设置”选项组

用来设置列和行的数目和大小。选中“指定窗口”单选按钮时，“列宽”和“数据行数”将选定为“自动”。

5.“设置单元样式”选项组

对于不包含起始表格的表格样式，可以指定新表格中行的单元格式。AutoCAD 2012 默认情况下，系统均以“从空表格开始”方式插入表格。

完成以上各个参数的设置后，单击“确定”按钮，在绘图区根据提示指定插入点或插入窗口，将会在当前位置按照设置插入一个表格，然后在表格中添加相应的文本内容即可完成表格的创建。

提示：在 AutoCAD 2012 中，在创建表格时，可以从 Excel 中直接复制选定的表格，在 AutoCAD 绘图区中指定插入点直接粘贴到图形中。同样，也可以将 AutoCAD 中的表格数据输出到 Excel 或其他应用程序中使用。

8.3.3 编辑表格

创建表格完成后，用户还可以根据需要对表格整体或表格单元进行重新设置和修改编辑。

1. 编辑表格整体

通过"表格"工具插入的表格尺寸通常都是很统一规整的，但实际上所需要的表格在添加文字内容和其他方面并不统一，用户需要对表格进行必要的调整。调整编辑表格整体主要有以下两种方法。

（1）表格夹点工具

单击表格上的任何一条线即可选中该表格，同时表格上将出现用以编辑的夹点，拖动相应的夹点即可对该表格进行编辑，如图 8-36 所示。

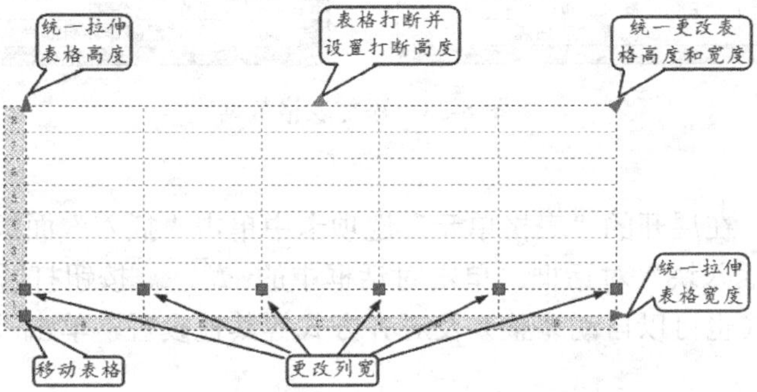

图 8-36 表格夹点工具

（2）表格右键菜单

当选中整个表格时，单击鼠标右键将弹出表格对象的快捷菜单；当选中单个或多个单元表格时，右击将弹出单元表格的快捷菜单。利用弹出的菜单可以对表格进行复制、移动、合并单元、缩放、添加行或列等操作，如图 8-37 所示。

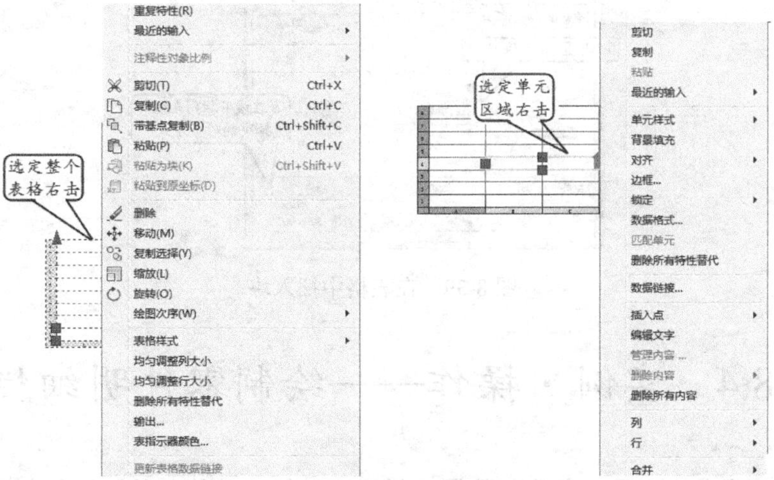

图 8-37 右击表格或表格单元的快捷菜单

2. 添加表格内容

完成表格的创建后，需要在表格中添加相应的数据。表格中的内容都是通过表格单元来完成的，表格单元除了可以包含常见的文本信息外，在有些情况下为了更好地表达设计者的意图而需要添加一些图片，所以表格单元也可以包含不同的块。

（1）添加数据

创建表格完成后，系统会自动加亮第一个表格单元，此时可以开始输入文字，而且单元的行高会随着文字的高度而改变。按 Tab 键进入下一个单元或使用方向键向上、向下、向左和向右移动选择单元，在选中单元后按 F2 键或双击鼠标可以编辑文字内容，如图 8-38 所示。

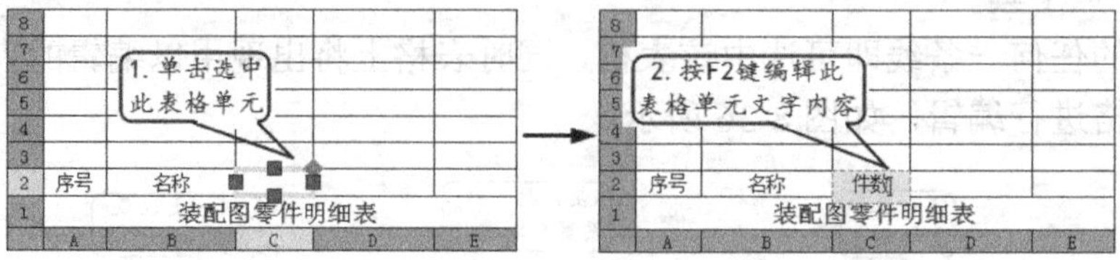

图 8-38　添加表格数据

（2）插入块

选中表格单元后，在展开的“表格单元”选项卡中单击“插入”面板中的“块”按钮，将打开“在表格单元中插入块”对话框。单击对话框中的 浏览(B)... 按钮打开所要插入的块文件，然后进行插入块的比例（也可以自动调整）及对齐方式等其他设置，单击“确定”按钮完成块的插入，如图 8-39 所示。

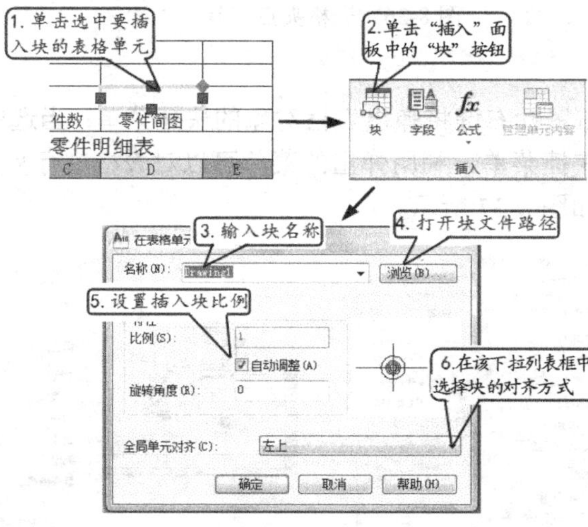

图 8-39　在表格中插入块

8.4　实例·操作——绘制零件明细栏

明细栏一般由代号、序号、名称、数量、材料、重量（单件、共计）和备注等内容组成，不同的单位和设计者可根据实际需要增加或者减少。明细栏的绘制一般在标题栏上方或紧挨标题栏左边依次往右排。本讲将以图 8-40 所示格式的明细栏为例介绍明细栏的创建。

8	40	44	8	38	10	12	20
6	Z-6	弹簧垫圈	1	GB 859-76			65Mn
5	Z-5	左端盖	1				HT200
4	Z-4	圆柱销 5m6×18	4	GB 119-86			45
3	Z-3	螺 钉 M×16	12	GB 70-86			35
2	Z-2	传动齿轮	1	m=2.5, z=9			45
1	Z-1	传动齿轮轴	1	m=3, z=9			45
序号	代 号	名 称	数量	备 注	单件	共计	材 料
					重量		

图 8-40 明细栏

【思路分析】

该明细栏主要包含 8 列、8 行内容，各列的宽度并不均一，插入表格后需要调整表格各行间的间距，然后输入相应的文本内容。创建明细栏主要有两种方法，插入表格法和绘制构造线添加文本法，下面将分别介绍。

【光盘文件】

结果文件——参见附带光盘中的“END\Ch8\8-4.dwg”文件。

动画演示——参见附带光盘中的“AVI\Ch8\8-4.avi”文件。

方法一：表格法创建明细栏

【操作步骤】

（1）单击“注释”选项卡中的“表格样式”按钮，打开“表格样式”对话框。单击“新建”按钮，创建“明细栏”表格样式，将打开“新建表格样式”对话框。

（2）在“新建表格样式”对话框的“常规”选项组中设置“表格方向”为“向上”；在“单元样式”选项组的“常规”选项卡中设置“对齐”为“正中”，在“页边距”选项组中设置“水平”和“垂直”均为 0.5。

（3）选择“单元样式”选项组中的“文字”选项卡，然后单击“文字样式”按钮，打开“文字样式”对话框。与前面所讲的文字样式设置方法相同，分别设置“字体名”为“仿宋”，“宽度因子”为 0.7，并将该文字样式置为当前，然后设置文字“高度”为 4，其余设置保持默认，关闭对话框。将“明细栏”表格样式置为当前。

（4）单击“注释”面板中的“表格”按钮，打开“插入表格”对话框。设置“列数”为 8，“列宽”为 22.5，“数据行数”为 6，“行高”为 1 行，并在“设置单元样式”选项组中分别设置第一行和第二行及所有其他行单元样式为数据，如图 8-41 所示。

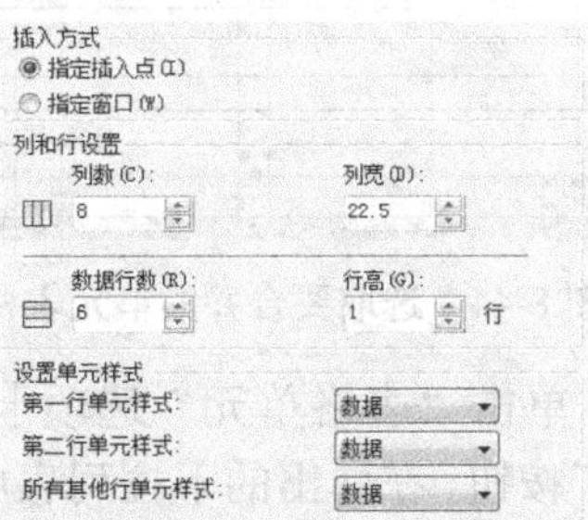

图 8-41 设置“插入表格”对话框表格参数

（5）单击“确定”按钮，命令行提示“指定插入点”，捕捉标题栏左上角定点为插入点放置明细栏，如图 8-42 所示。

（6）按 Esc 键退出表格文本编辑状态。选中表格的任意线条打开表格的夹点编辑器，单击相应的夹点调整表格的各列宽度，尺寸如

图 8-43 所示。

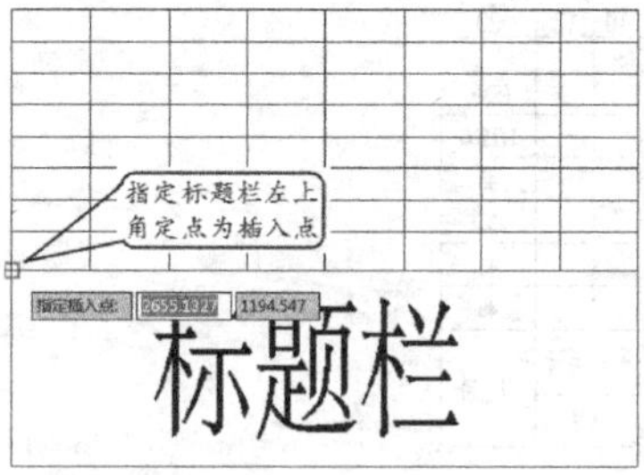

图 8-42　指定标题栏左上角定点为插入点

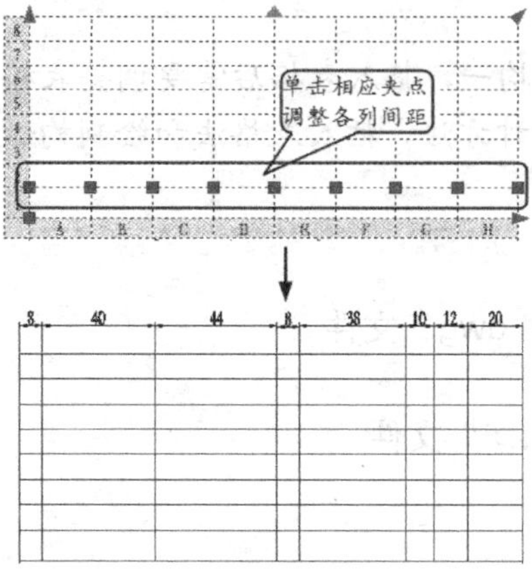

图 8-43　调整各列间距

（7）单击光标选中如图 8-44 所示的两个单元表格。

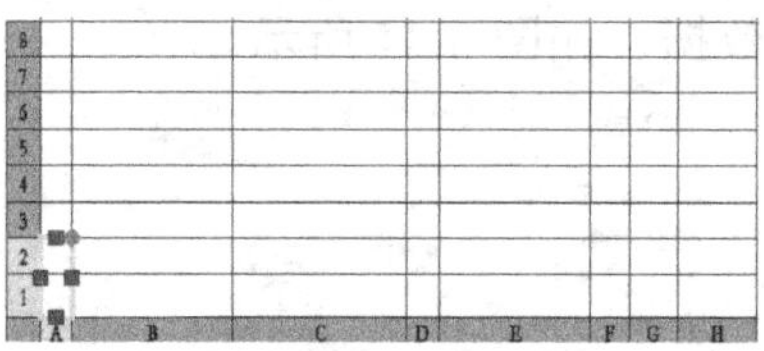

图 8-44　选取要合并的单元表格

（8）单击“表格单元”选项卡中的“合并单元▦”按钮，在弹出的下拉列表中单击“合并全部”按钮，合并效果如图 8-45 所示。

（9）按照前面的步骤，完成其他单元格的合并，如图 8-46 所示。

（10）单击鼠标选取左下角单元表格，按 F2 键或双击鼠标进行文字输入，如图 8-47 所示。

（11）通过方向键将文本框移动到其他单元表格完成文本的添加。选中单元表格，然后单击“表格单元”选项卡中“单元样式”面板中的“正中▣”按钮可居中对正文本，效果如图 8-48 所示。

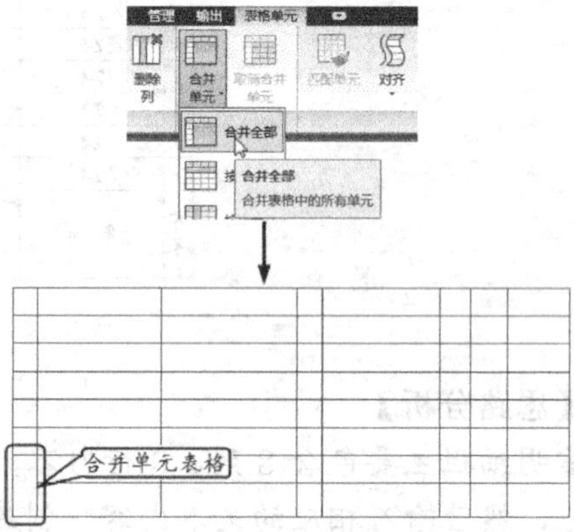

图 8-45　合并单元表格

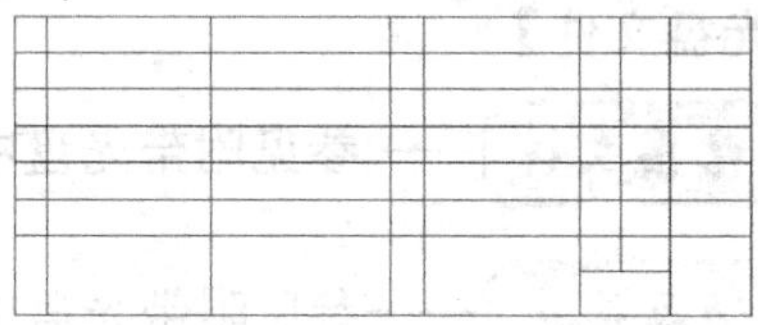

图 8-46　合并其他单元表格

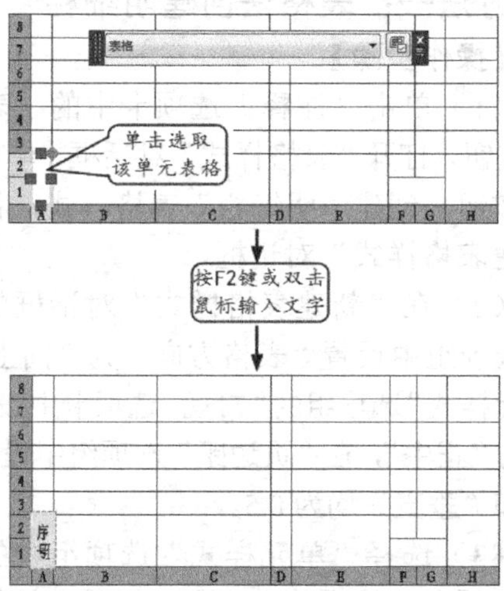

图 8-47　表格内添加文本

6	Z-6	弹簧垫圈	1	GB 859-76			65Mn
5	Z-5	左端盖	1				HT200
4	Z-4	圆柱销 5m6×18	4	GB 119-86			45
3	Z-3	螺　钉 M×16	12	GB 70-86			35
2	Z-2	传动齿轮	1	m=2.5, z=9			45
1	Z-1	传动齿轮轴	1	m=3, z=9			45
序号	代　号	名　称	数量	备　注	单件 重量	共计	材　料

图 8-48　完成文本添加

方法二：构造直线法创建明细栏

【操作步骤】

（1）单击“正交模式”按钮打开正交模式。

（2）执行“直线”命令，指定直线第一点为（1000，1000），然后水平拉动鼠标，输入“180”，按Enter键确认，绘制第一条直线。

（3）继续执行“直线”命令，捕捉步骤（2）中所绘制直线的左端点，垂直拖动光标向上56个单位距离绘制第二条直线，如图8-49所示。

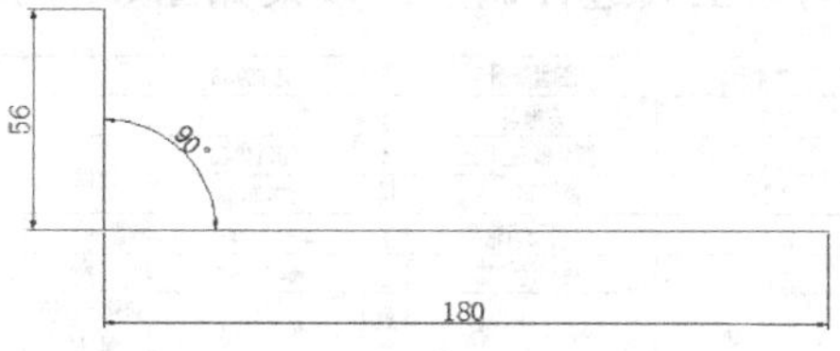

图8-49　绘制相垂直的两条直线

（4）单击“偏移”按钮，设置偏移距离为7，选取水平直线为对象，偏移绘制如图8-50所示的几条直线。

图8-50　偏移水平直线

（5）继续执行“偏移”命令，选取竖直直线为对象，以图8-51所示的尺寸绘制直线。

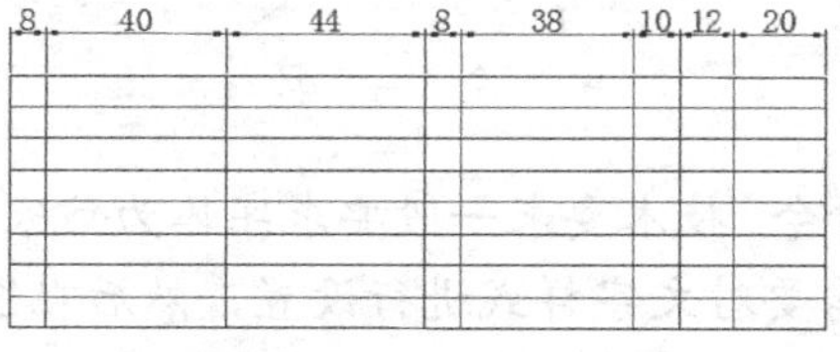

图8-51　偏移竖直直线

（6）单击“修剪”按钮，修剪多余线条，效果如图8-52所示。

（7）单击“注释”选项卡中的“文字样式”按钮，打开“文字样式”对话框。在“字体”选项组中设置“字体名”为“仿宋”，在“大小”选项组中设置文字“高度”为3.5，在“效果”选项组中设置“宽度因子”为0.7，单击“应用”按钮并关闭对话框，如图8-53所示。

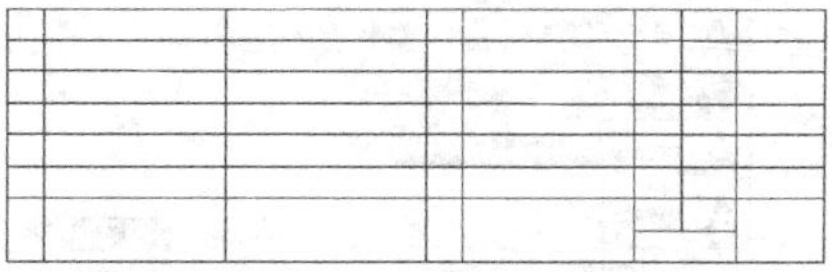

图8-52　修剪多余线条效果

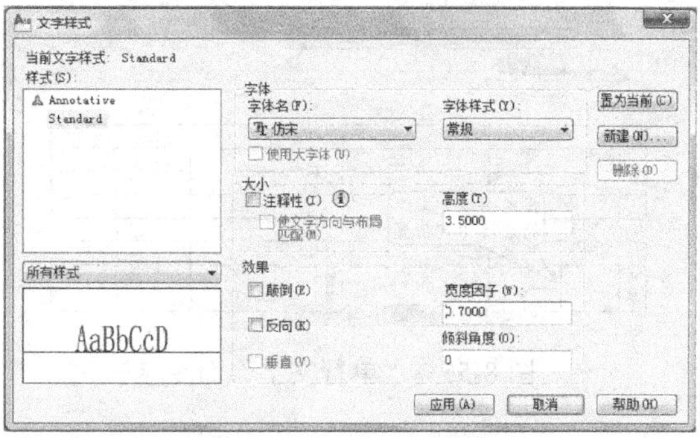

图8-53　设置文字样式

（8）单击“多行文字A”按钮，执行表格内的竖直文字的添加，如果文字位置不合适，可以通过“移动”命令进行调整。添加竖直文字的效果如图8-54所示。

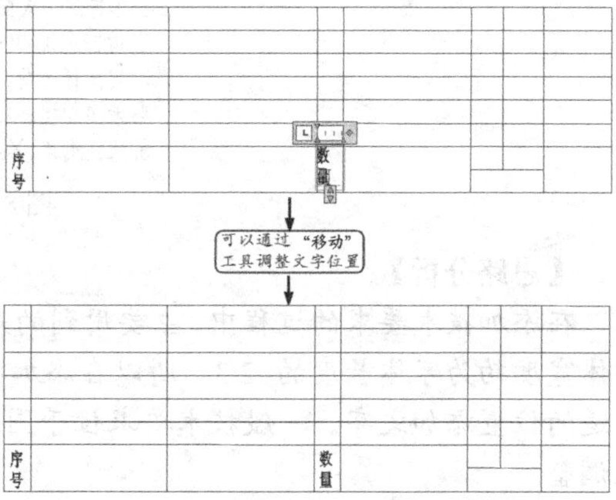

图8-54　添加多行文字

（9）单击“多行文字A”按钮，在弹出的下拉列表中单击“单行文字A|”按钮，命令行将出现“指定文字的起点或[对正(J)/样式(S)]”

提示信息。按向下方向键“↓”，在弹出的下拉菜单中选择“对正”命令，然后选择打开的下拉菜单中的“中间”命令，在命令行将出现“指定文字的中间点”，单击需要添加文字内容的表格单元中部，如图 8-55 所示。

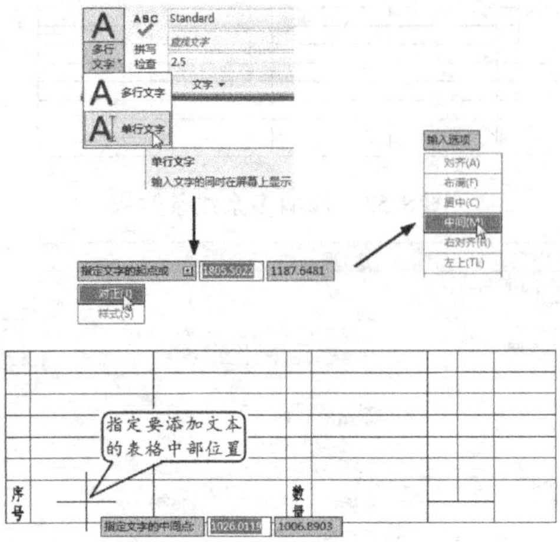

图 8-55 “单行文字”命令

（10）指定文字中间点后，设置旋转角度为 0，按 Enter 键确认，输入要添加的文字，如图 8-56 所示。

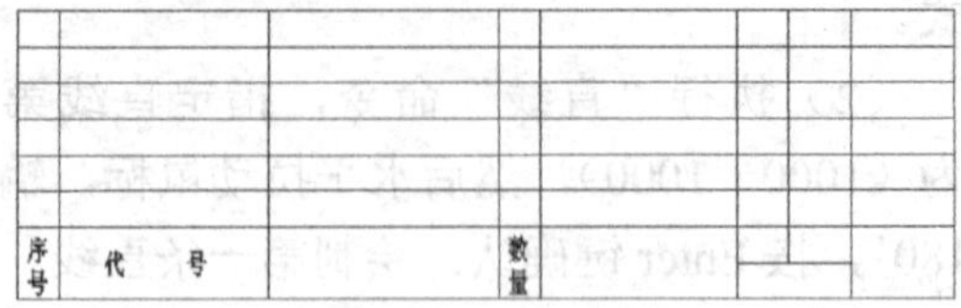

图 8-56 添加文字

（11）参照前面的步骤，完成其他文字的添加。对于文字放置位置不合适的，同样利用“移动”工具进行调整，效果如图 8-57 所示。

6	Z-6	弹簧垫圈	1	GB 859-76			65Mn
5	Z-5	左端盖	1				HT200
4	Z-4	圆柱销 5m×16	4	GB 119-86			45
3	Z-3	螺钉 M×16	12	GB 70-86			35
2	Z-2	传动齿轮	1	m=2.5，z=9			45
1	Z-1	传动齿轮轴	1	m=3，z=9			45
序号	代号	名称	数量	备注	单件 重量	总计 重量	材料

图 8-57 完成明细栏的文字添加

8.5 实例 · 练习——添加技术要求

技术要求如图 8-58 所示，主要是利用“多行文字”命令完成的。

技术要求

1. 零件加工表面上不应有划痕，擦伤等缺陷。
2. 齿面淬火50～55HRC。
3. 锐角打毛刺。
4. 表面处理：发蓝。
5. 未注倒角1×45°。

图 8-58 技术要求

【思路分析】

在添加技术要求的过程中，主要用到的是多行文字命令。技术要求一般要求字体为仿宋字体，字体宽度约为字体长度的 2/3，所以在添加技术要求前需要对文字样式进行设置，然后在图形中合适的位置添加文字。一般技术要求位于图形的右下方，对于位置不合适的可通过“移动”命令来调整。

【光盘文件】

结果文件——参见附带光盘中的“END\Ch8\8-5.dwg”文件。

动画演示——参见附带光盘中的“AVI\Ch8\8-5.avi”文件。

【操作步骤】

（1）选择“注释”选项卡，然后单击“文字”面板中的“文字样式”按钮，打开“文字样式”对话框。在“字体”选项组的“字体名”下拉列表框中选择“仿宋”字体，在“大小”选项组的“高度”文本框中输入“10”，在“效果”选项组中设置“宽度因子”为 0.7，如图 8-59 所示。

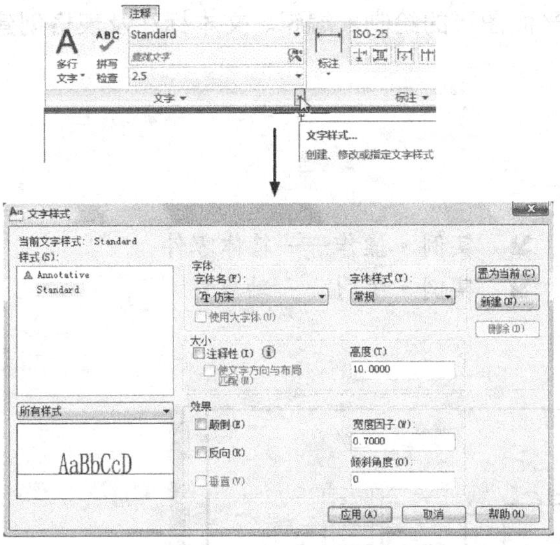

图 8-59 设置文字样式

（2）单击“应用”按钮并将该样式置为当前，关闭对话框。

（3）单击“文字”面板中的“多行文字A”按钮，命令行出现“指定第一角点”提示信息，在图形的合适位置指定第一点，然后命令行出现“指定对角点或 [高度（H）/对正（J）/行距（L）/旋转（R）/样式（S）/宽度（W）/栏（C）]”提示信息，指定对角点即可输入文字，如图 8-60 所示。

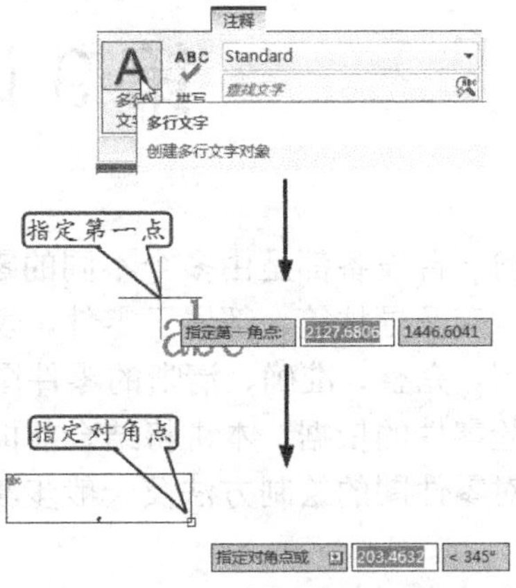

图 8-60 指定多行文字添加区域

（4）指定多行文字添加区域后，将打开“文字编辑器”选项卡，可以对所添加的文字进一步设置。

（5）在文本输入框中输入要添加的文字，如果需要调整文本框，可以把光标移动到多行文字标尺的右端或下端进行拉动调整，如图 8-61 所示。

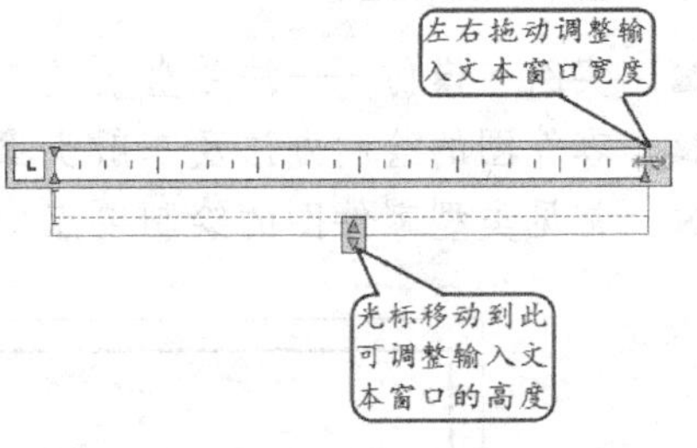

图 8-61 调整输入文本窗口大小

（6）该技术要求中需要输入度的符号，选择“插入”面板中“符号@”下拉菜单中的“度数”命令即可，如图 8-62 所示。继续完成文本输入，最终的技术要求效果如图 8-63 所示。

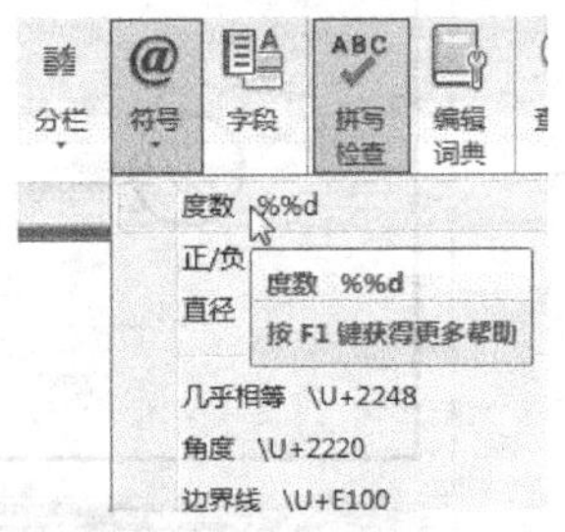

图 8-62 插入度的符号

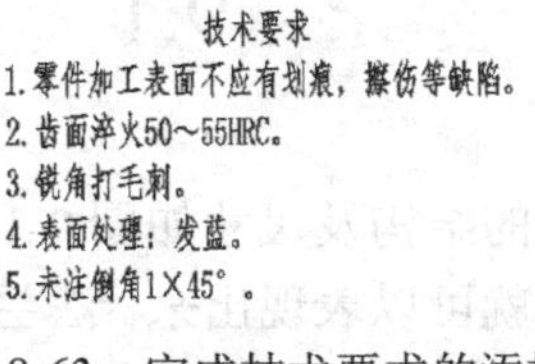

图 8-63 完成技术要求的添加

第 9 讲　绘制零件图

任何一台设备都是由多个不同的零件装配而成的。例如，前面讲过的螺母、螺钉、轴承盖、主流道衬套及导柱等，都属于零件。表达单个零件的结构形状、尺寸、加工要求等方面的图样称为零件图。完整、准确、清晰的零件图是机械设计和工程生产中的重要技术资料，是工程人员制造和检验零件的依据。本讲将结合前面所讲的有关平面图形的绘制、编辑、文本标注及表格创建等知识对零件图的绘制方法及一般步骤进行介绍。

本讲内容

- 实例・模仿——法兰盘
- 零件图的绘制方法及一般步骤
- 常见类型零件图的绘制要点
- 实例・操作——箱体零件
- 实例・练习——轴零件

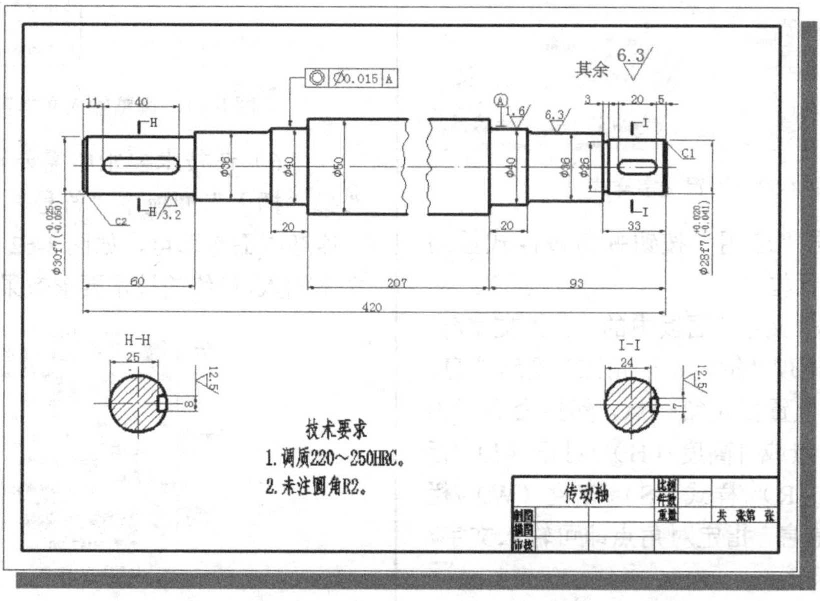

9.1　实例・模仿——法兰盘

法兰盘的结构及尺寸如图 9-1 所示，为对称的回转体结构，在绘制过程中，只需主视图和合适的剖视图就可以表现出来。法兰盘在绘制过程中需要用到前面所讲的“镜像”（或“阵列”）、“修剪”、“倒圆角”、“偏移”等 CAD 编辑命令。因为绘制的是零件图，对于一些图形不能清晰表达出的信息，还需要一些必要的尺寸标注和文本说明。

在本例中，剖视图采用的是旋转全剖视图，旋转全剖视图是指当用一个剖切平面不能通过机件的各内部结构，而机件在整体上又具有回转轴时，可用两个相交的剖切平面剖开机件，然后将剖面的倾斜部分旋转到与基本投影面平行进行投影，这样所得到的视图。需要注意的是，旋转全剖视图的剖切标记不能省略。

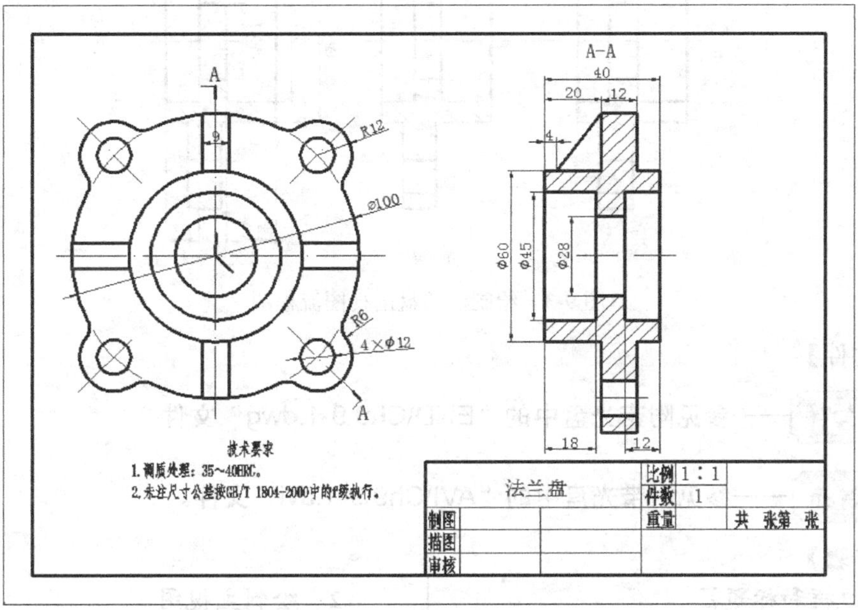

图 9-1 法兰盘

【思路分析】

法兰盘结构大体为圆形，呈对称结构。主视图上有 4 个同心圆，两侧方向及上下方向为直线与圆弧所组成的结构，围绕中心在 4 个角方向各有一个小圆和一段圆弧。可以通过以下主要步骤完成：首先绘制出边框和标题栏，然后绘制出中心线和 4 个同心圆，接着通过“阵列”命令完成 4 个角方向上的两个同心圆和细节结构，然后通过“修剪”和“倒圆角”命令完成主视图的绘制。剖视图主要是由直线组成的，可先绘制出上半部结构，通过“镜像”命令绘制出下半部。因为剖面图采用的是旋转全剖视图，所以需要将剖面的倾斜部分旋转到与基本投影面平行，然后进行投影、修剪和删除多余线条，接着进行图案填充，添加旋转全剖视图的标记。最后，用尺寸标注工具对主视图和剖视图进行标注，主视图和剖视图的操作步骤如图 9-2 和图 9-3 所示。

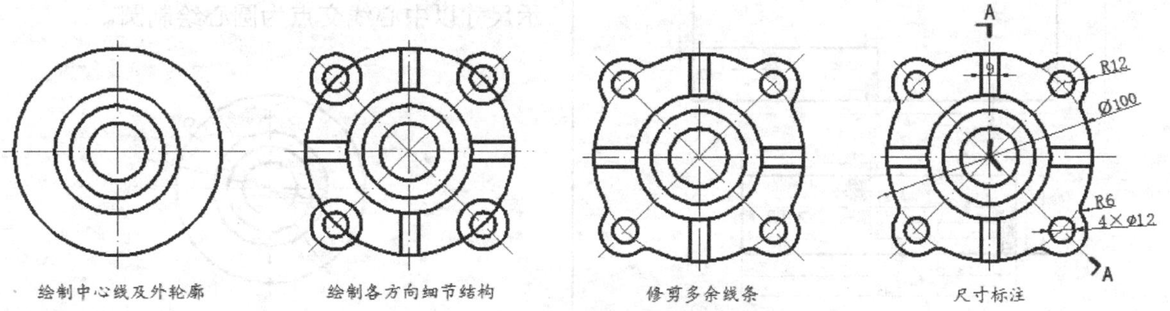

图 9-2 绘制法兰盘主视图流程图

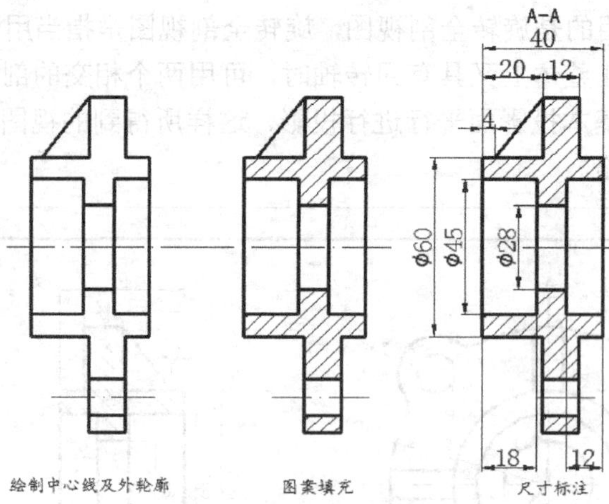

图 9-3　绘制法兰盘剖视图流程图

【光盘文件】

——参见附带光盘中的“END\Ch9\9-1.dwg”文件。

——参见附带光盘中的“AVI\Ch9\9-1.avi”文件。

【操作步骤】

1. 绘制边框和标题栏

（1）新建“粗实线”、“尺寸线”、“中心线”、“剖面线”和“细实线”等图层。执行“直线”命令，按图 9-4 所示的尺寸绘制边框和标题栏，并通过“单行文字”命令完成标题栏文字的添加。

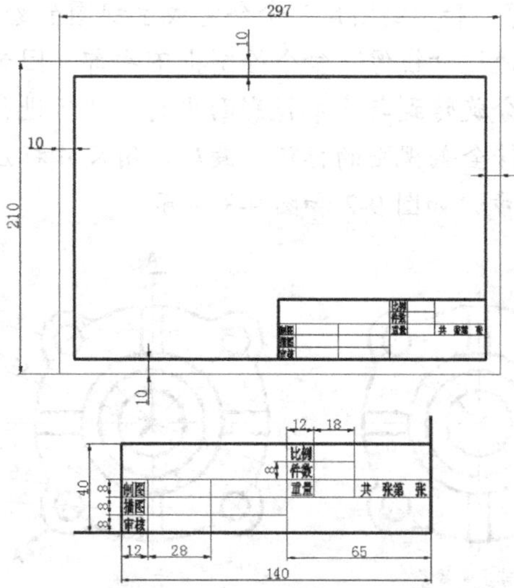

图 9-4　绘制边框和标题栏

2. 绘制主视图

（2）绘制中心线。将“中心线”图层切换为当前图层。执行“直线”命令绘制中心线，如图 9-5 所示。

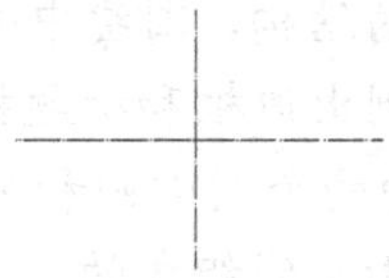

图 9-5　绘制中心线

（3）切换图层并绘制同心圆。将“粗实线”图层设置为当前图层，然后按照图 9-6 所示尺寸以中心线交点为圆心绘制圆。

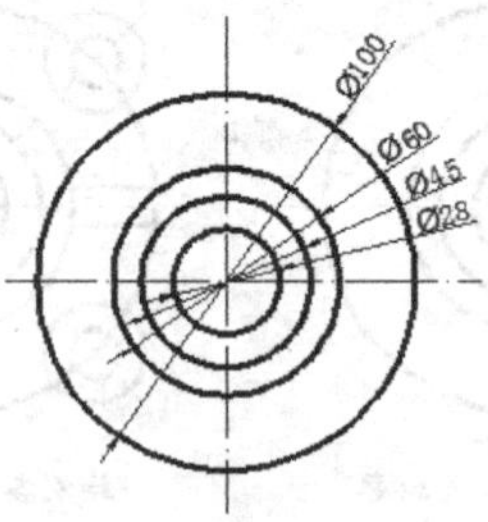

图 9-6　转换图层并绘制圆

（4）绘制中心线。将“中心线”图层置为当前图层，绘制如图 9-7 中箭头所指的直线。然后单击“环形阵列”按钮，选取如图 9-7 所示的箭头直线为阵列对象，以交点 A 为中心，阵列生成如图 9-7 所示的 1、2、3 三条直线。

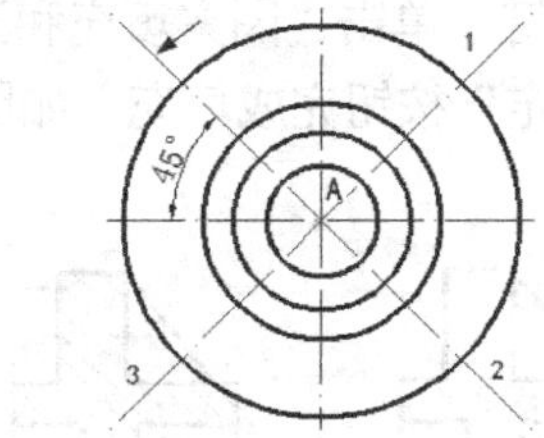

图 9-7　绘制中心线

（5）将“粗实线”图层切换为当前图层。执行“圆”命令，按照图 9-8 所示的尺寸以交点 B 为圆心绘制圆。然后单击“环形阵列”按钮，创建以交点 A 为中心的环形阵列，如图 9-8 所示。

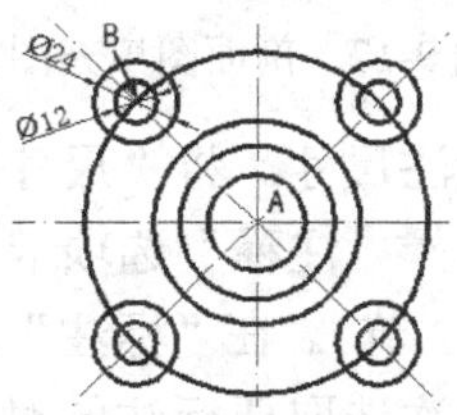

图 9-8　通过阵列绘制圆

（6）偏移中心线。右击“对象捕捉”按钮并设置捕捉对象为交点，然后单击“偏移”按钮，设置偏移距离为 4.5，选择水平中心线为对象，分别在中心线上方和下方偏移形成直线，如图 9-9 所示。

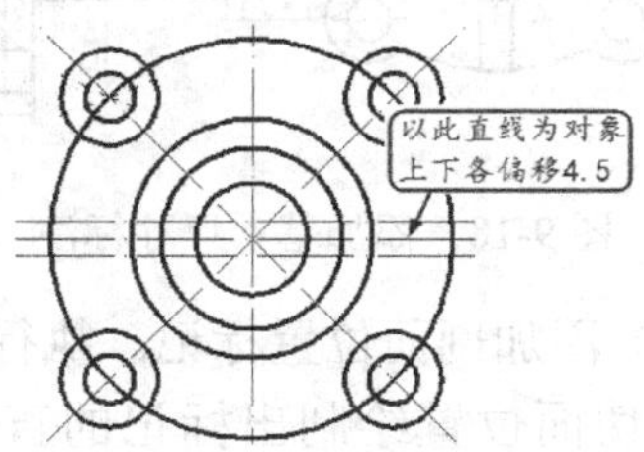

图 9-9　偏移中心线

（7）绘制直线段。单击“直线”按钮捕捉交点 A、B、C 和 D 分别绘制两条线段。然后单击“环形阵列”按钮，选取所绘制的两条直线段为对象，以交点 O 为中心，环形阵列形成如图 9-10 所示的共 4 组直线段，然后删除前面步骤中偏移所创建的中心线。

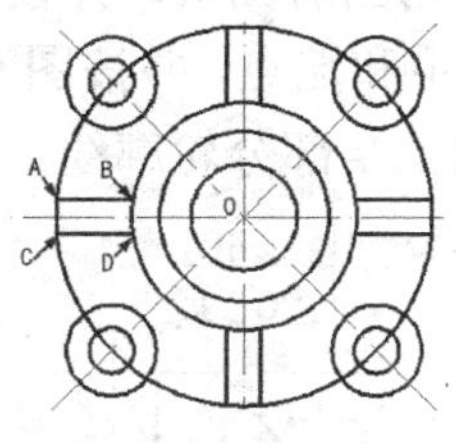

图 9-10　绘制直线段

（8）修剪多余线条。执行“修剪”命令，修剪多余线条，结果如图 9-11 所示。

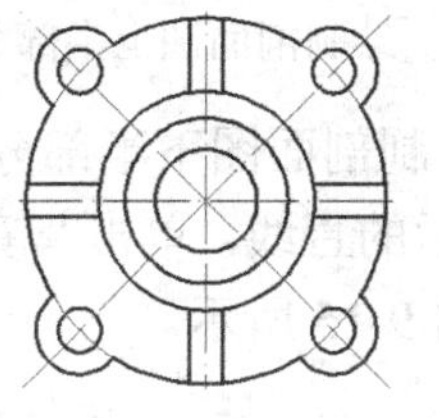
图 9-11　修剪多余线条

（9）单击“圆角”按钮，出现命令提示后按向下方向键“↓”，选择下拉菜单中的“半径”命令，输入半径为“6”，对图形进行倒圆角，完成主视图的绘制，结果如图 9-12 所示。

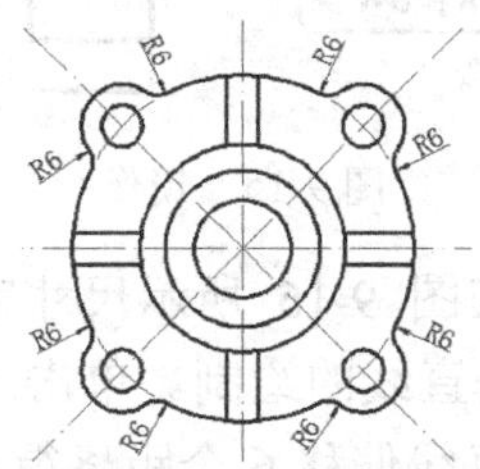

图 9-12　倒圆角

（10）绘制投影线。切换“辅助线”图层为当前图层，通过“直线”和“偏移”命令绘制如图 9-13 所示的投影线。

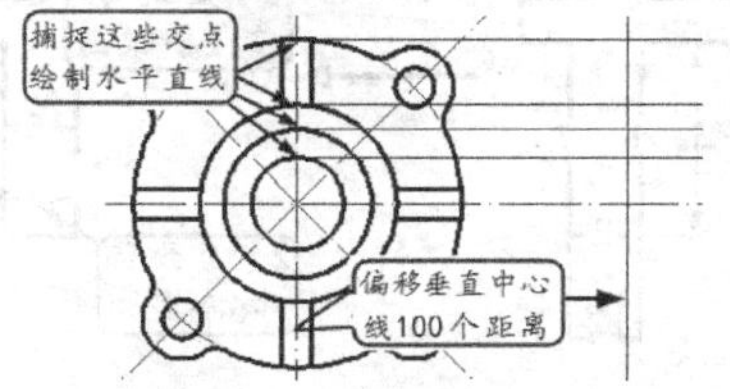

图 9-13　绘制辅助线

3. 绘制剖面图

（11）绘制剖面图上半部分轮廓线。将“粗实线”图层置为当前图层，并设置对象捕捉类型为交点、垂足和端点，并按图 9-14 所示的尺寸绘制剖面图上半部分轮廓线。

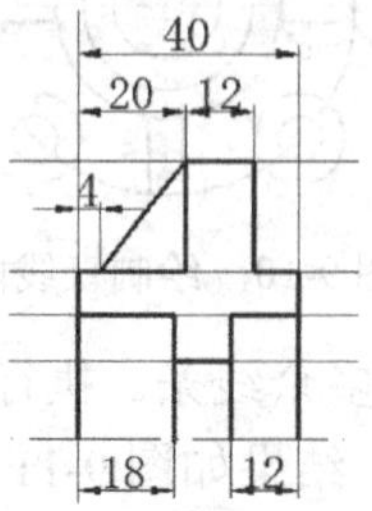

图 9-14　绘制剖面图上半部分轮廓线

（12）绘制剖面图下半部分轮廓线。选取如图 9-15 所示的直线，单击“镜像”按钮绘制图形，如图 9-15 所示。

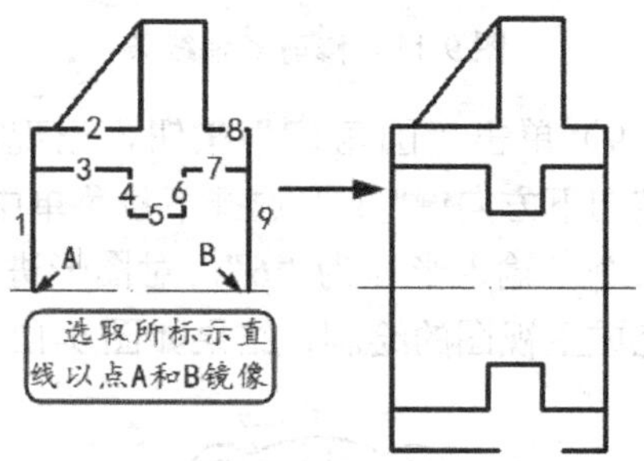

图 9-15　镜像

（13）按图 9-16 所示尺寸完成所标示的 1、2、3 三条直线的绘制。单击“偏移”按钮，对 2 号直线偏移 6 个距离得到直线 4，然后以直线 4 为对象偏移 12 个距离得到直线 5，完成剖面图外轮廓的绘制。

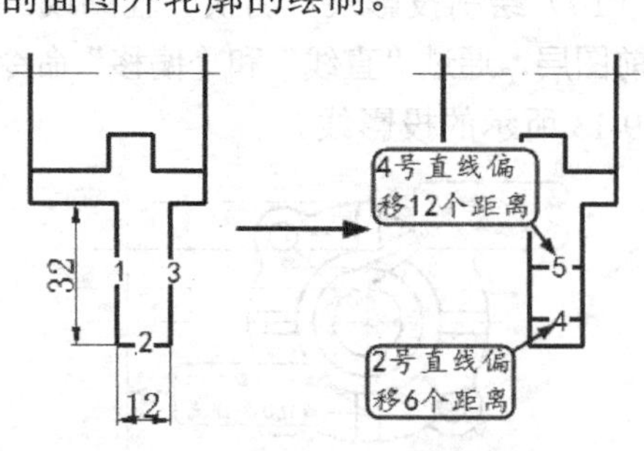

图 9-16　完成剖面图外轮廓

（14）填充剖面线。将“剖面线”图层置为当前图层，单击“图案填充”按钮，将打开“图案填充和渐变色”对话框。在“图案”下拉列表框中选择 ANSI31 选项，然后单击“拾取点”按钮拾取如图 9-17（a）所标示的 3 个区域，按 Enter 键，单击“图案填充和渐变色”对话框中的“确定”按钮完成填充，如图 9-17（b）所示。

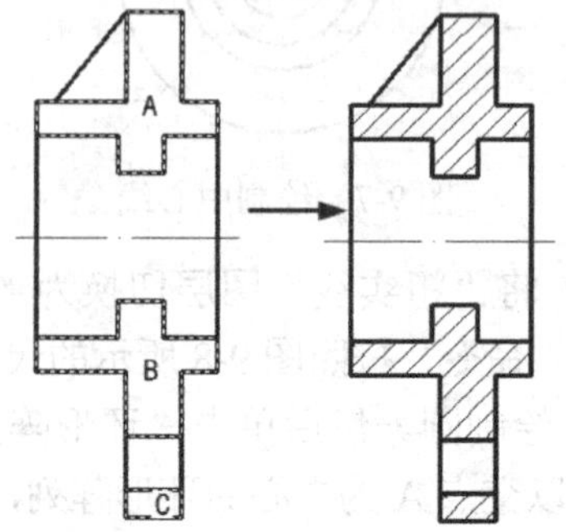

（a）　　（b）

图 9-17　剖面图填充图案

（15）标注尺寸。将“尺寸线”图层置为当前图层，选择“注释”选项卡，设置标注样式（可参考 7.2 节）。在“标注”面板中单击各种标注工具依次选取要标注的对象进行标注，标注效果如图 9-18 所示。

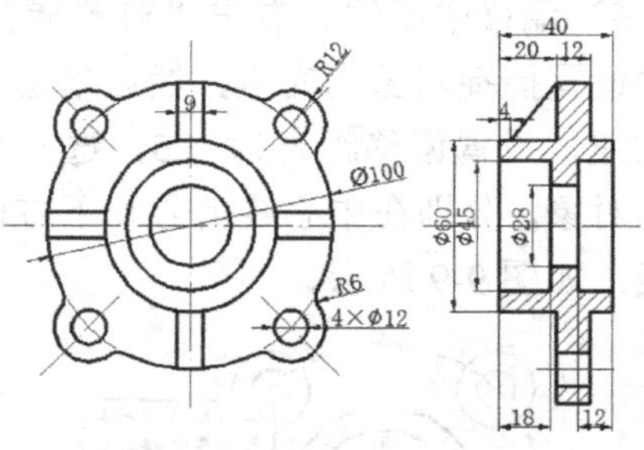

图 9-18　添加基本尺寸标注

（16）添加剖面位置标记。执行“直线”命令沿剖切面位置绘制出标记的直线段，如图 9-19 所示的 1、2、3 处标记。然后使用“单行文字”命令（可参考 8.2 节），在图 9-20 所示的 4、5、6 处标记出剖切位置的文字说明，完成零件图的绘制。

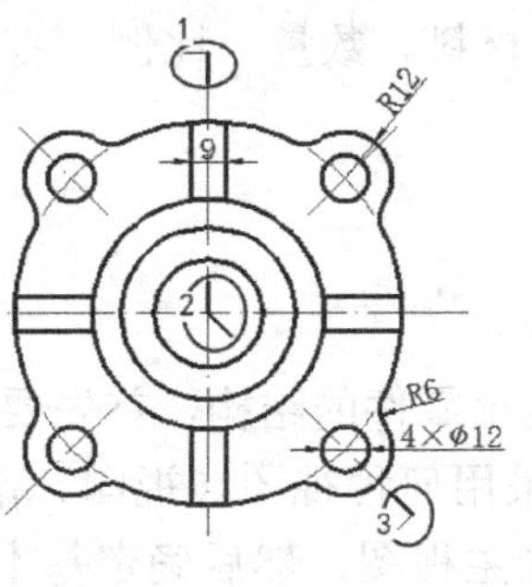
图 9-19　标记剖切面位置

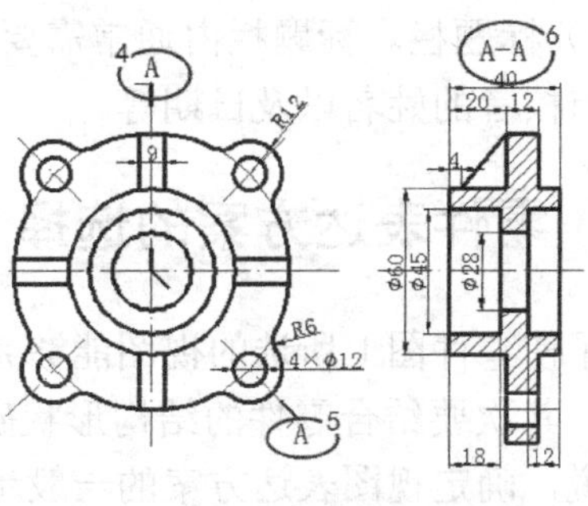
图 9-20　剖切面位置文字标注

9.2　零件图的绘制方法及一般步骤

零件图是设计部门提交给生产部门的重要技术条件，是制造、加工和检验零件的依据，所以图样中必须包括制造和检验该零件时所需要的全部资料，这就要求零件图的绘制必须能够准确而又完整地表达设计者的意图。

9.2.1　零件的分类

对不同的零件，其绘制标准和要求也不相同，大体说来，零件主要分为以下几类。

（1）一般零件。例如，箱体类、支架类、轴类零件，这些零件的形状、结构、大小都需要按照所需部件的要求来设计，没有固定标准。

（2）传动零件。例如，常见的齿轮、蜗轮等，此外一些起传动作用的结构大多已经进行了标准化和规定了画法，在设计绘制时需要参考一定的标准。

（3）标准件。例如，螺钉、螺帽等，这类零件只要根据已知条件查阅相关的国家或国际标准即能得到零件的外观和全部尺寸。

9.2.2　零件图的内容

一张完整的零件图应包括下列内容。

（1）一组视图。包括三视图、剖视图、断面图、局部放大图和简化画法等，这些视图用以完整、清晰、准确地表达出零件的外观和结构形状。

（2）零件尺寸。包括表示零件外观结构大小的尺寸，以及零件的尺寸公差和零件相对其他部件的形位公差等，这些尺寸必须能够完整、清晰、合理地确定零件各部分的大小和相对其他零件的位置。

（3）技术要求。通常采用规定的代号、符号、数字和字母等简明地标注在图形上，需要文字说明的，如零件各个表面相应的粗糙度、材料的处理方法和材料的表面处理等，可以在图形右下方空白处注写。

（4）标题栏。标题栏内通常需要填写零件名称，零件的材料、数量、比例，零件编号，设计者和审核者的姓名以及日期等。

9.2.3 零件表达方案的选择

为了使零件图上所选的视图能够完整、清晰、简洁地表达出零件的结构，首先要选择合适的主视图，其次要结合零件的结构形状确定其基本视图数量和采用何种视图（视图、剖视图等）。总的来说，确定视图表达方案的一般步骤是：首先选择零件的主视图，然后确定基本视图数目，最后要根据零件的结构特点灵活恰当地选用视图表达方法。

1. 主视图的选择

主视图是表达零件的所有视图中的核心，合理地选择主视图对确定零件表达方案是很必要的，选择主视图主要考虑以下原则。

（1）形状特征原则

① 主视图应能较多地反映出零件的结构形状特征。

② 尽可能多地表达出构成零件的各部分内外结构特征和它们之间的相对位置。

③ 对其他视图的表达有利。

（2）加工位置原则

加工位置是指零件在机床上加工时的装夹位置。对于回转体类零件（如轴类、套类、盘类等），主视图通常选择加工位置。

（3）工作位置原则

工作位置是指零件在装配中和工作时的位置。对于非回转体类零件（如箱体类、支架类等加工位置多样的零件），主视图通常选择加工位置。

2. 视图数量的确定

零件图中只有主视图时，通常情况下并不能完整地表达出零件的结构特征，还需要适当选择一定数量的其他视图。在能清楚表达零件结构、外观尺寸和各部分之间相互关系的前提下，视图数量的选取应尽可能少，以便于绘图和读图。

3. 视图的选取

主视图选取后，零件的其他主要形状特征应尽量用基本视图表达，这些视图不仅要突出零件的主体结构，同时多个视图也容易表达出零件的整体结构。对于主要形状复杂而且和细节结构联系较多的零件，也可以通过多个视图表达清楚。如果所选取的基本视图仍旧未能清楚地表达出零件的结构，可选用剖视图和局部视图表达。

4. 选择表达方案时的注意事项

（1）主视图表达零件的主要形体结构，而其局部细节结构形状则选择其他视图或辅助图形表达。

（2）如果零件内部结构较外部结构复杂可选用全剖视图，内外结构均需要表达时，可选用半剖视图或局部剖视图。对于具有回转轴的零件也可以选择旋转全剖视图，如法兰盘等。

（3）选取的一组视图在表达零件的大小尺寸时应便于进行标注和添加注释性说明等。

9.2.4 零件图的尺寸标注

图形用来表达零件的结构形状，而在零件构型分析基础上的尺寸标注则是用来表达零件各部分的大小和相对位置。为合理地标注尺寸，在对零件进行必要的构型分析和工艺分析后，确定零件的基准，然后选择合理的标注形式进行标注。

尺寸标注要求必须完整而且符合国家标准中尺寸标注的规定，还要求标注合理，即一方面符合设计要求，另一方面还应便于制造、测量、检验和装配。从设计要求考虑，尺寸标注原则主要有以下几个方面。

（1）设计中的重要尺寸（或功能尺寸）要从基准单独直接标注。重要尺寸是指影响零件在整个机器中的工作性能、精度、互换性和位置的尺寸（如配合面的尺寸和定位尺寸）等。

（2）当同一方向尺寸出现多个基准时，为了突出主要基准、明确辅助基准、保证尺寸标注的联系，必须在主要基准和辅助基准之间标注出联系尺寸。常见的联系有轴向联系（直线配合尺寸）、径向联系（轴孔配合尺寸）和一般联系（确定位置的定位尺寸）。

（3）尺寸标注不能标注成封闭尺寸链。封闭尺寸链是指头尾相接形成封闭环（链）的一组尺寸，如图 9-21（a）所示。为了消除封闭尺寸链，可以选择零件上不重要的尺寸作为尺寸链的开口环，没有标注的尺寸不能闭合，如图 9-21（b）所示为消除封闭链的合理标注。

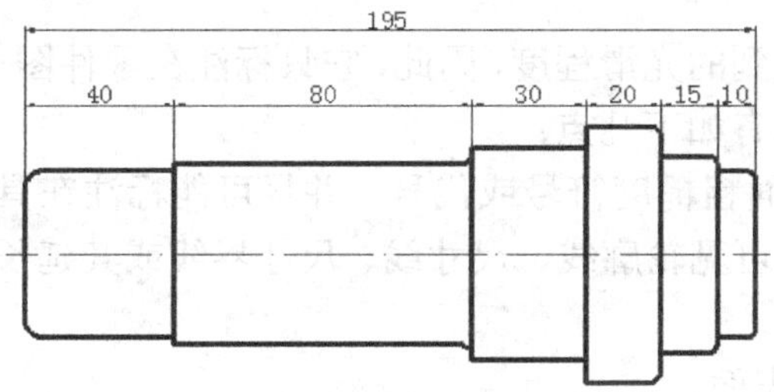

（a）不合理标注

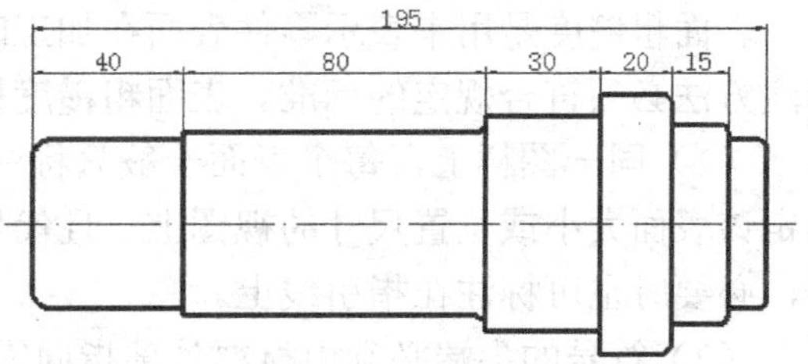

（b）合理标注

图 9-21 避免封闭尺寸链

9.2.5 零件图的技术要求

零件图除了图形和尺寸标注外，还必须有制造该零件时应达到或注意的一些技术要求，也就是对零件的尺寸精度、零件表面状况等品质以及加工条件的要求，是零件图中的重要内容之一。零件图上的技术要求一般包括表面粗糙度、尺寸公差、形状和位置公差、热处理及零件加工条件和检验条件等。在零件图上，可用代号、数字、文字来标注技术要求。本节将主要介绍表面粗糙度、尺寸公差和形位公差的标注方法和技巧。

1. 表面粗糙度

表面粗糙度是指零件表面上具有较小间距和峰谷所组成的微观几何特性。不同的加工方法会得到不同的表面粗糙度，在保证零件使用要求的前提下，应为零件表面规定尽可能大的粗糙度参数值以降低加工成本。经常用到的表面粗糙度参数是轮廓算术平均偏差 Ra，它是指在取样长度 L 内，轮廓偏距 Z 的绝对值的算术平均值。

表面粗糙度符号及意义如表 9-1 所示，表面粗糙度参数 Ra 代号及意义如表 9-2 所示。

表 9-1　表面粗糙度符号

符　号	意义及说明
√	基本符号，表示表面可用任何方法获得。当不加注粗糙度参数值或有关说明时，无具体意义，仅适用于简化代号标注
√	基本符号加一短划细实线，表示该表面是用去除材料的方法获得的，如车、铣、刨、磨等
√	基本符号加一细实线小圆，表示该表面是用不去除材料的方法获得的；或者用于保持原供应状况的表面；或用于保持上道工序的状况

表 9-2　表面粗糙度参数

代　号	意　义
3.2	用任何方法获得的表面，Ra 的上限为 3.2μm
3.2	用去除材料的方法获得的表面，Ra 的上限为 3.2μm
3.2	用不去除材料的方法获得的表面，Ra 的上限为 3.2μm
3.2 1.6	用去除材料的方法获得的表面，Ra 上限为 3.2μm，下限为 1.6μm

表面粗糙度是用来表示零件表面在加工时所要达到的光滑程度，因此，它只标注在零件图上，标注方法必须符合规定的标准。表面粗糙度标注原则有如下几点：

（1）同一图样上，每个表面一般只标注一次表面粗糙度符号或代号，并尽可能标注在具有确定该表面大小或位置尺寸的视图上，且代号应注在可见轮廓线、尺寸线、尺寸界线或其延长线上，必要时也可标注在指引线上。

（2）符号的尖端必须由材料外部指向零件加工表面。

（3）代号不带横线时，粗糙度参数值的大小和方向必须与尺寸数字方向一致。

（4）标注轮廓算术平均偏差 Ra 时，可省略 Ra 符号。

（5）如果零件所有表面为同一符号时，可在图形的右上方统一标注，其符号约为图形上符号的 1.4 倍。

当零件所有表面具有相同粗糙度时，不必在右上角符号前加“全部”；当零件大部分表面具有相同表面粗糙度时，需要在右上角符号前加“其余”两个字，如图 9-22 所示。

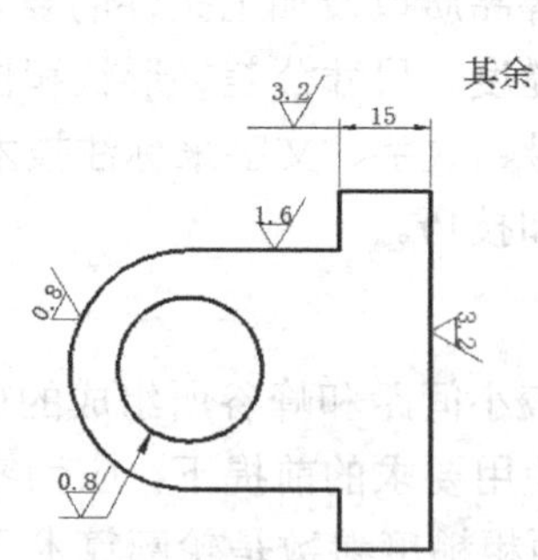

图 9-22　表面粗糙度标注

2. 极限和配合

为了确定零件在机器中的准确位置保证零件的工作精度，需要所确定零件的配合关系要合适并保证零件的互换性，而且要便于零件的加工制造。

公差有关概念如下。

◆ 基本尺寸：零件设计时根据经验或计算所确定的尺寸。

◆ 实际尺寸：实际测量所获得的尺寸。

◆ 极限尺寸：允许尺寸变化的两个界限值，它是以基本尺寸为基数来确定的。两个极限值中，较大的一个称最大极限尺寸，较小的一个称最小极限尺寸。

◆ 尺寸偏差（简称偏差）：某一尺寸（实际尺寸、极限尺寸等）减去基本尺寸所得的代数差。最大极限尺寸减基本尺寸所得的代数差为上偏差，最小极限尺寸减基本尺寸所得的代数差为下偏差。孔的上偏差代号为ES，孔的下偏差代号为EI；轴的上偏差代号为es，轴的下偏差代号为ei。

◆ 尺寸公差（简称公差）：为了保证零件的互换性，允许零件实际尺寸的变动量称之为尺寸公差。也就是最大极限尺寸与最小极限尺寸代数差的绝对值或者上偏差与下偏差的绝对值。

公差带代号由基本偏差代号和公差等级组成。例如，对于轴的基本尺寸为$\phi 50$，公差等级为7级，基本偏差代号为f，则其公差代号为$\phi 50f7$。

机器装配中，将基本尺寸相同、相互结合的孔和轴公差带之间的关系称为配合。根据孔和轴装配的松紧程度和使用要求不同，配合可以分为间隙配合、过盈配合和过渡配合。

零件图上通常只标注公差，不标注配合代号。零件公差与配合的标注通常有下列3种形式：

（1）在基本尺寸后面标注公差带代号，如图9-23（a）所示。

（2）在基本尺寸后面标注出上偏差和下偏差数值，如图9-23（b）所示。

（3）除在基本尺寸后面标注出公差代号外，在紧跟其后的圆括弧内写出此公差带代号所对应的具体的上、下偏差值，如图9-23（c）所示。

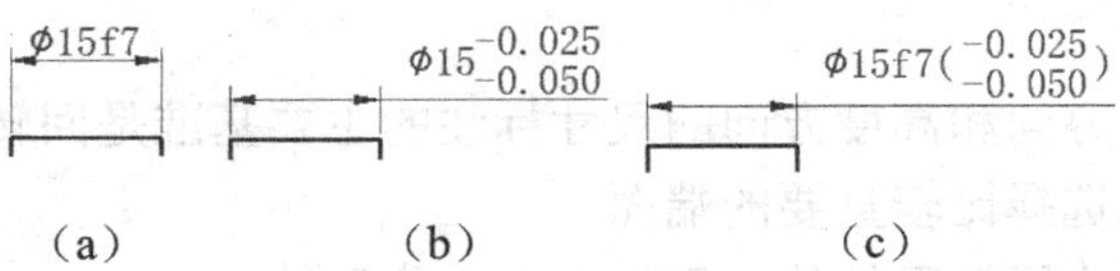

图9-23　公差标注

3. 形位公差

形位误差是指实际形状对理想形状的变动量，形状公差是指实际要素的形状所允许的变动全量。位置误差是指实际位置对理想位置的变动量，理想位置是相对于基准的理想形状的位置而言的。位置公差是指实际要素的位置对基准所允许的变动全量。

形位公差的标注可参考7.4节的内容。

4. 其他技术要求

除前面所述几项基本的技术要求外，零件图上的技术要求还应包括表面的特殊加工及修饰、对表面缺陷的限制、对材料性能的要求、对加工方法及检验等的具体指示等内容，必要的话，有些项目可单独写成技术文件。

概括地说，根据零件图所包含的内容，绘制零件图的一般步骤如下：

（1）利用图形样板新建图形文件。

（2）绘制零件视图。

（3）标注尺寸及尺寸公差。

（4）标注各项技术要求。

（5）填写标题栏，保存图形文件。

9.3 常见类型零件图的绘制要点

根据零件的功能和基本结构形状，可以将常见的零件分为轴套类零件、轮盘类零件、叉架类零件和箱体类零件。

9.3.1 轴套类零件

轴类零件一般是用于支撑传动零件和传递动力，套类零件与轴类零件的结构相似，但它多为空心的零件，如轴套一般是装在轴上，起轴向定位、传动或连接等作用。

1. 视图表达方案

◆ 轴类零件一般在车床上加工，主要形状由若干段同轴回转体组成，所以一般按形状特征和加工位置仅确定一个主视图即可，轴线水平放置，大端在左，小端在右，如带有键槽或孔等特征时主视图上应能看到其投影。

◆ 轴套类零件如带有其他结构形状或者主视图不能清晰地表达出局部的内部结构时，可以用剖视、断面、局部视图和局部放大图等作为补充。

◆ 实心轴没有剖开的必要，轴上个别部位的内部结构形状可以采用局部剖视。

2. 尺寸标注

◆ 轴套类零件宽度方向和高度方向的尺寸标注的主要基准是回转轴线，长度（轴向）方向的主要基准可以选择比较重要的端面。

◆ 轴套类零件主要为同轴回转体，可以省略定位尺寸。

◆ 功能尺寸必须直接单独标注出来，其余尺寸一般按加工顺序标注。

◆ 对于附加剖视图的，为了便于测量和标注的清晰，内外结构形状的尺寸一般要分开标注。

◆ 零件上的标准结构特征如倒角、退刀槽、键槽等，应按该结构的国标来进行标注。

3. 技术要求

◆ 对于有配合要求的表面，其表面粗糙度参数值应较小；无配合要求表面的表面粗糙度参数值应较大。

◆ 有配合要求的轴颈尺寸公差等级较高、公差较小，无配合要求的轴颈尺寸公差等级低或不需标注。

◆ 轴套类零件形位公差标注，一般以轴上重要的轴线（安装轴承的轴颈等）作为基准面，标注出其他比较重要圆柱面的同轴度、径向跳动以及比较重要端面的垂直度、端向跳动等。

9.3.2 轮盘类零件

轮盘类零件也是同轴线的回转体或者其他的平板型零件，而且其厚度方向的尺寸比其他两个方向的尺寸小许多，包括手轮、胶带轮、齿轮和端盖等。这类零件通常装在箱体的两端支承孔中，轮可以传递动力和扭矩，盘一般起支承传动轴、轴向定位以及密封等作用。

1. 视图表达方案

- ◆ 轮盘类零件主要是在车床上加工，应按形状特征和加工位置选择主视图，并且轴线水平放置。
- ◆ 轮盘类零件一般需要两个基本视图，另一个视图可以用左视图，要尽量表达盘类零件的外部形状，其他结构形状（如轮辐）也可用断面图来表示。
- ◆ 轮盘类零件的主要结构特点是空心的，如果外部结构简单内部结构有需要表达的部位，而且各个视图具有对称平面，可以作半剖视或全剖视；如果仅有键或花键部分需要表达，可采用局部视图表示而不用将整个视图画出。

2. 尺寸标注

- ◆ 因为轮盘类零件同轴套类一样属于回转体，其宽度和高度方向的主要基准也是回转轴线，长度（轴向）方向的主要基准是经过加工或比较重要的端面。
- ◆ 大于半圆的圆弧要标注直径，对称的尺寸要对称标注。
- ◆ 轮盘类零件的定形尺寸和定位尺寸一般比较明显，轮盘类零件圆周上分布的小孔的定位圆直径即是典型的定位尺寸，多个小孔一般可以采用如 $6\times\phi7$EQS 形式标注，EQS（均布）是指小孔等分圆周，如果均布很明显，EQS 也可不加标注。
- ◆ 为了便于测量和标注的清晰，内外结构形状应分开标注。

3. 技术要求

- ◆ 有配合的内、外表面粗糙度参数值较小；用于轴向定位的端面，表面粗糙度参数值较小。
- ◆ 有配合的孔和轴的尺寸公差较小；与其他运动零件相接触的表面应有平行度、垂直度的要求。

9.3.3 叉架类零件

叉架类零件的结构形状差异比较大，许多零件都具有倾斜的结构，按其作用可分为 3 个组成部分：一是支承部分，用以与相邻零件的连接，支承整个叉架零件；二是工作部分，多为圆筒形轴套，它是用来连接运动轴、齿轮等零件；三是连接部分，多为筋板结构，由它把叉架零件中的支承部件和工作部件连接起来。

1. 视图表达方案

- ◆ 叉架类零件多采用铸造结构，毛坯形状较复杂，一般以工作位置结合形状特征为主选择主视图，如果其为运动零件，则以形状特征为主选择主视图。
- ◆ 叉架类零件结构形状较复杂，一般需要两个以上的视图。此外，由于该类零件的某些结构形状（如肋板等）不平行于基本投影面，常采用斜视图、斜剖视和断面来表示。对于需要表达的内部结构可采用局部剖视。

2. 尺寸标注

- ◆ 叉架类零件的结构比较复杂，各方向的主要基准一般为孔的中心线、轴线、对称平面和较大的加工平面等。
- ◆ 定位尺寸比较多，但要保证定位的精度。一般要标注出孔中心线（或轴线）间的距离，或孔中心线（轴线）到平面的距离、平面到平面的距离。
- ◆ 定形尺寸一般采用形体分析法标注尺寸，内外结构形状要保持一致，起模斜度、圆角等特征也要标注出来。

3. 技术要求

对叉架类零件没有特别的技术要求。

9.3.4 箱体类零件

箱体类零件内外结构复杂，是机器上的重要部件之一，主要起支撑、容纳定位和密封等作用，是安装其他零件的一个平台。该类零件通常有中空的内部结构，箱壁上有装配其他零件的孔状结构、螺孔等。要清晰地表达出该类零件所需要的视图一般不少于 3 个。

1. 视图表达方案

- ◆ 箱体类零件通常要经过较多工序制造而成，各工序的加工位置不尽相同，因此这类零件常按零件的工作位置放置。以垂直主要轴孔的中心线方向为主视图的投影方向，常采用通过轴孔中心线的剖切平面切开零件，用剖视图表达零件的内部结构；或者沿主要轴孔中心线方向作为主视图的投影方向，这时主视图主要用来表达零件的外形。
- ◆ 这类零件结构形状较复杂，通常需要 3 个以上的基本视图才能比较清晰地表达出零件的内外结构。
- ◆ 对内外形状对称的可采用半剖视图；若内外部形状较复杂且不对称，则可选投影不相遮掩处用局部视图，且保留一定虚线；对局部的内外部结构，可以用阶梯剖视、斜视图、局部剖视图或断面图来表达。

2. 尺寸标注

- ◆ 箱体类零件各方向的主要基准通常为孔的中心线、轴线、对称平面和较大的加工平面。
- ◆ 同叉架类零件类似，箱体类零件定位尺寸也比较多，各孔之间的中心线（或轴线）间的距离要直接标注出来。
- ◆ 这类零件的定形尺寸仍采用形体分析法标注，与叉架类零件相似。

3. 技术要求

箱体类零件的功能特点决定了其上面重要的孔和表面一般应有尺寸公差和形位公差，而且它们的粗糙度参数值应较小。

9.4 实例·操作——箱体零件

箱体零件的尺寸如图 9-24 所示。该箱体零件外部结构较复杂，为了清晰地表达外部结构，其主视图采用了阶梯剖视法。在其绘制过程中，需要用到前面所讲的平面图形绘制方法和尺寸标注等知识，下面将以其为例介绍箱体类零件绘制的具体步骤。

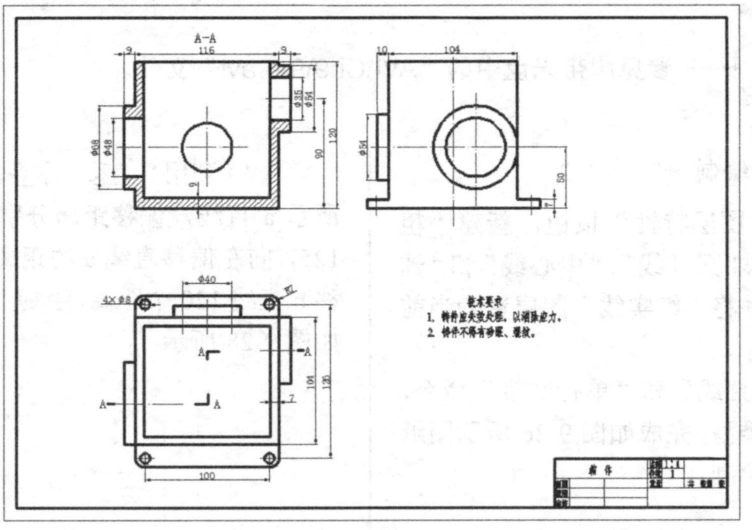

图 9-24　箱体零件

【思路分析】

该箱体零件包括 3 个视图，分别为主视图、俯视图和左视图，在其绘制过程中，需要用到前面所讲的各项平面图形绘制命令和文本标注等功能。根据视图投影原理，该零件图可以按照以下主要步骤完成绘制：首先依照图形大小参考国家标准绘制出基本的图纸边框和标题栏；然后在所绘制的边框内绘制主视图的主要布局线，通过“偏移”、“修剪”等命令完成主视图的绘制；接着从主视图向俯视图绘制投影线，通过绘制平面图形的相关命令完成俯视图的绘制；从主视图和俯视图向左视图绘制投影线，同样通过平面图形绘制的相关命令完成左视图的绘制；删除相关辅助线，完成尺寸标注，做出剖视位置标注；最后通过文字工具完成技术要求和标题栏文字的添加，如图 9-25 所示。

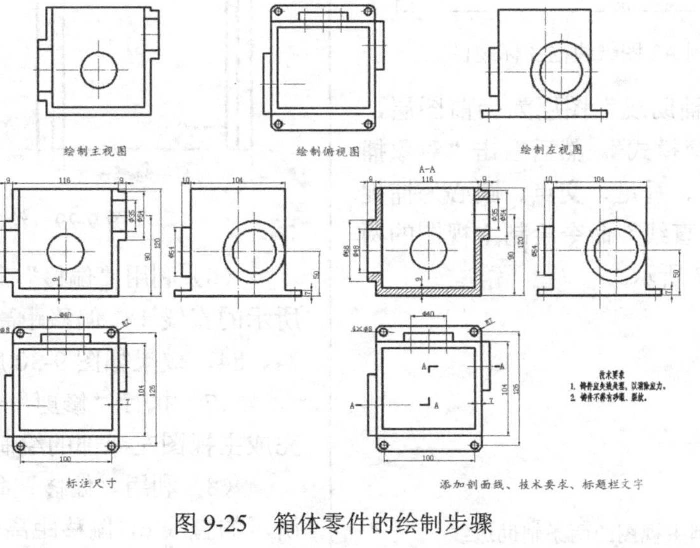

图 9-25　箱体零件的绘制步骤

【光盘文件】

结果文件——参见附带光盘中的“END\Ch9\9-4.dwg”文件。

动画演示——参见附带光盘中的“AVI\Ch9\9-4.avi”文件。

【操作步骤】

1. 主视图的绘制

（1）单击“图层特性”按钮，新建“粗实线”、“细实线”、“尺寸线”、“中心线”和“辅助线”等图层，并将“细实线”图层置为当前图层。

（2）利用“直线”和“单行文字”命令，并切换相应直线类型，完成如图 9-26 所示图纸边框及标题栏的绘制。

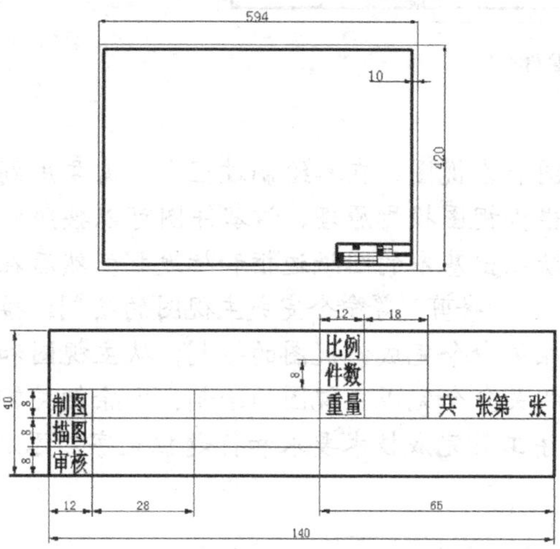

图 9-26 绘制 A2 图纸边框及标题栏

（3）切换“辅助线”图层为当前图层，按 F8 键打开“正交模式”。然后右击“对象捕捉”按钮设置端点、垂足、交点、圆心为捕捉对象类型，利用“直线”命令绘制主视图的两条边线，如图 9-27 所示。

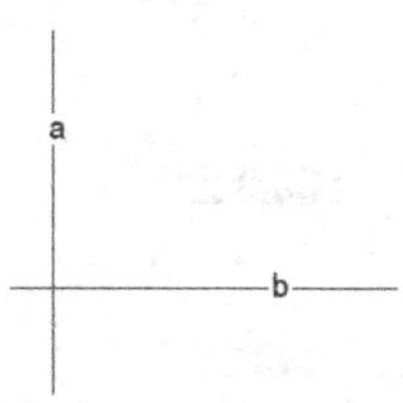

图 9-27 绘制主视图的两条辅助边线

（4）利用“偏移”命令向右偏移如图 9-27 所示 a 直线，偏移距离分别为 7、109、116、125，向左偏移直线 a 的距离为 9，然后向上偏移 b 直线 120 个距离，绘制主视图框架辅助线，如图 9-28 所示。

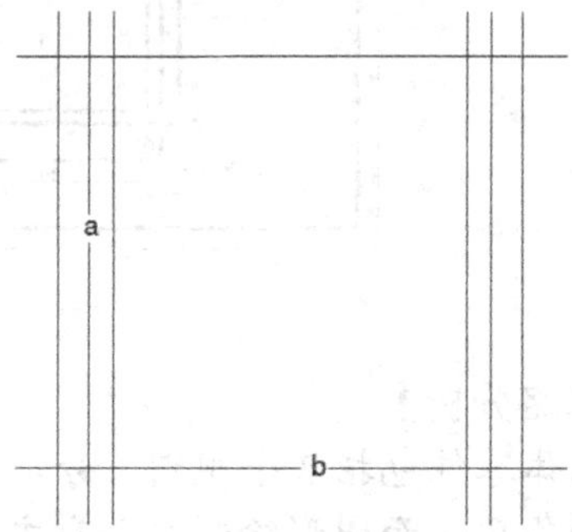

图 9-28 偏移直线 a 和 b

（5）切换“粗实线”图层为当前图层，捕捉图 9-28 中的各个交点绘制如图 9-29 所示的水平和竖直直线，然后删除辅助线。

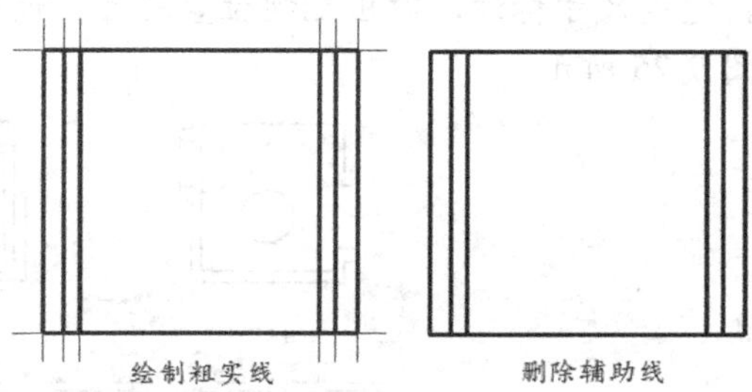

图 9-29 绘制粗实线

（6）利用“偏移”命令向上偏移如图 9-30 所示的直线 b，偏移距离分别为 9、16、26、74、84，效果如图 9-30 所示。

（7）执行“修剪”命令，修剪多余线条，完成主视图左半部的绘制，如图 9-31 所示。

（8）利用“偏移”命令向下偏移如图 9-32 所示的直线 c，偏移距离分别为 3、12.5、47.5、

57，效果如图 9-32 所示。

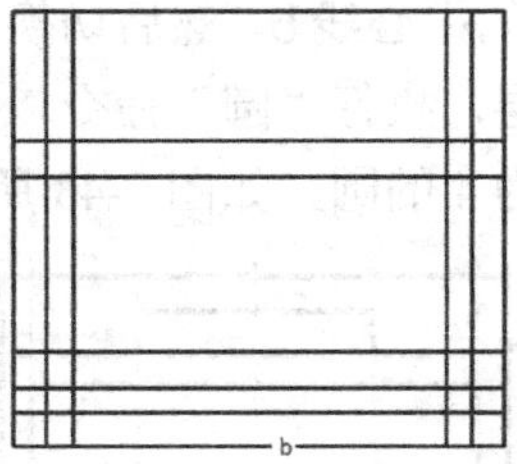

图 9-30　偏移直线 b

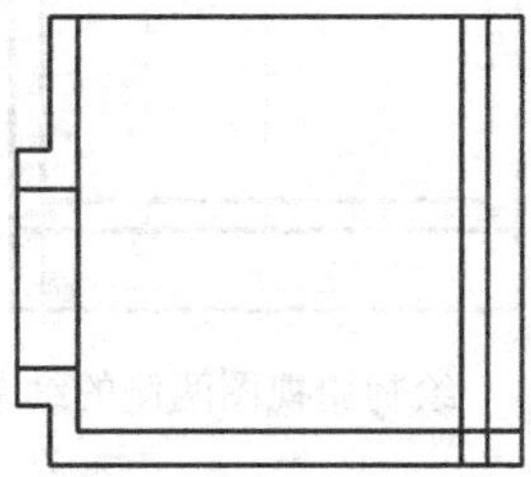

图 9-31　修剪线条完成主视图左半部的绘制

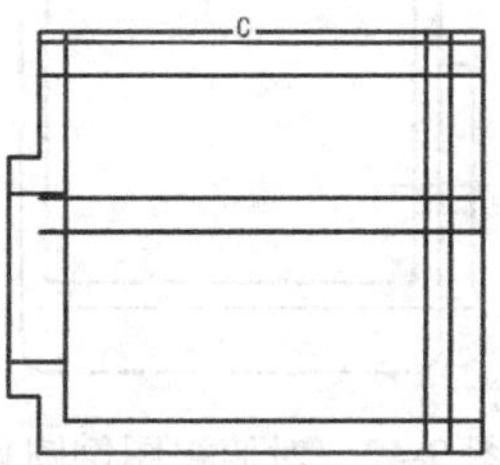

图 9-32　偏移直线 C

（9）修剪多余线条，完成主视图右半部和底部的绘制，如图 9-33 所示。

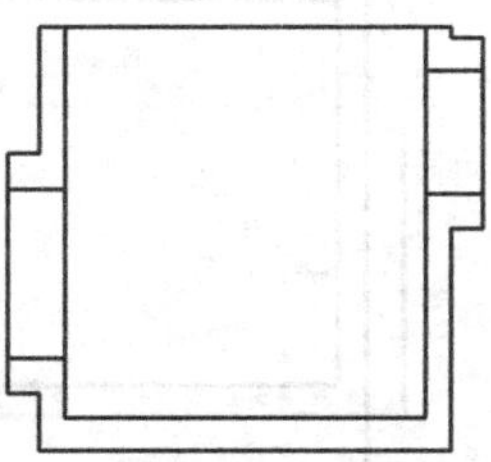

图 9-33　完成主视图右半部和底部的绘制

（10）右击“对象捕捉”按钮，添加中点为捕捉对象，并切换“中心线”图层为当前图层，捕捉相应边的中点绘制如图 9-34 所示的中心线，并适当调整中心线的长度。

（11）切换“粗实线”图层为当前图层，执行“圆”命令，绘制以 A 点为圆心、半径为 20 的圆，完成左视图的绘制，如图 9-35 所示。

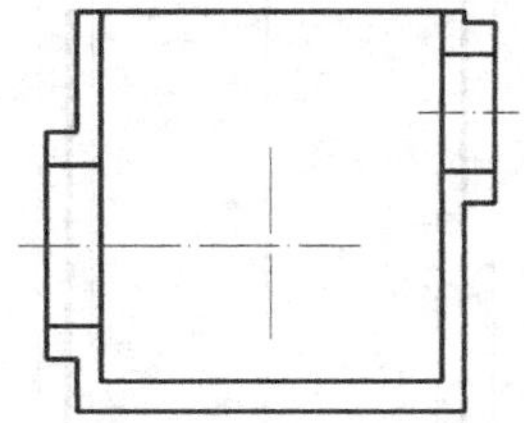

图 9-34　绘制主视图相关中心线

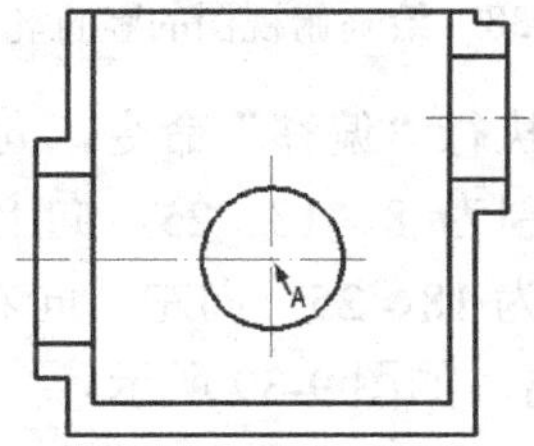

图 9-35　完成左视图的绘制

2. 俯视图的绘制

（12）将“辅助线”图层置为当前图层，绘制主视图到俯视图的投影线，如图 9-36 所示。

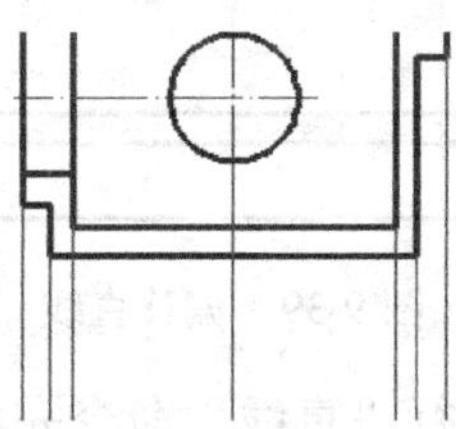

图 9-36　绘制主视图到俯视图的投影线

（13）利用“偏移”命令偏移直线 a 向下 70 个距离得到直线 b，然后再偏移直线 b 向下 140 个距离，效果如图 9-37 所示。

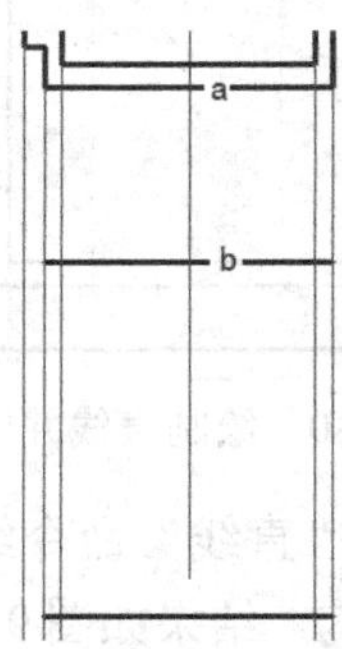

图 9-37　偏移直线

（14）将“粗实线”图层置为当前图层，捕捉俯视图辅助线各交点绘制俯视图的两条竖直轮廓线，如图 9-38 所示。

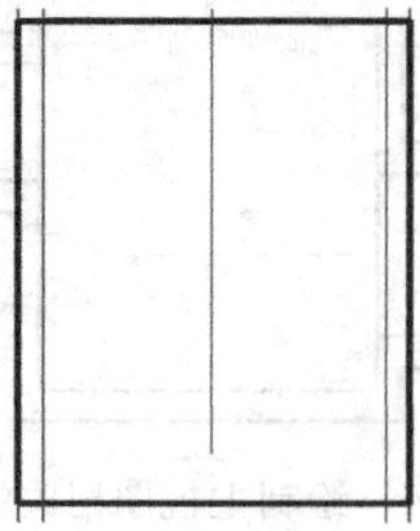

图 9-38 绘制俯视图的竖直轮廓线

（15）执行“偏移”命令，向下偏移直线 a 的距离分别为 8、18、25，向上偏移直线 b 的距离分别为 18、25，向左、向右偏移直线 c 各 27 个距离，如图 9-39 所示。

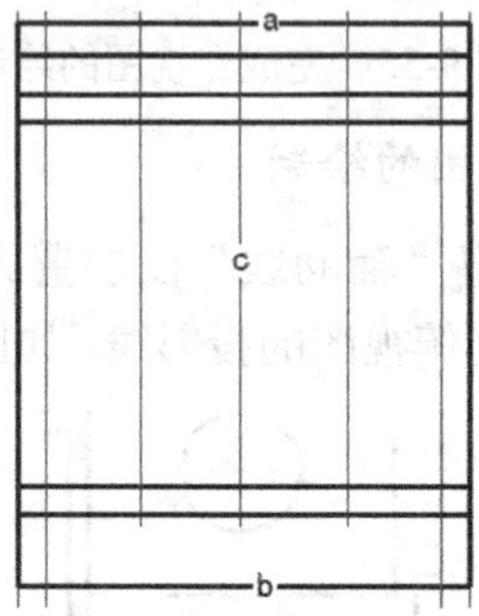

图 9-39 偏移直线

（16）执行“直线”命令完成俯视图中间线条的绘制，然后利用“修剪”命令修剪掉多余线条，结果如图 9-40 所示。

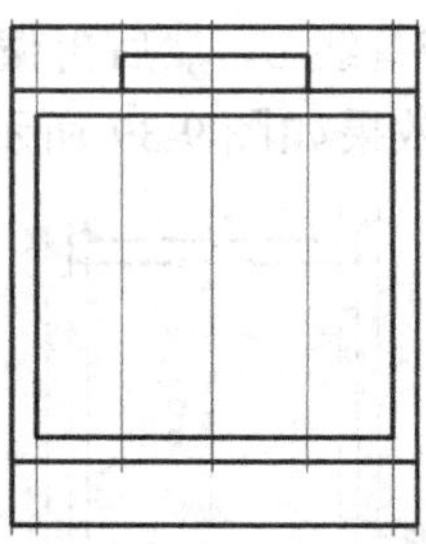

图 9-40 绘制直线并修剪

（17）利用“直线”命令绘制俯视图左、右两侧的细节结构，结果如图 9-41 所示。

（18）删除辅助线，对 4 个角进行倒圆角，圆角半径为 7。切换“中心线”图层为当前图层，绘制孔或圆的中心线，结果如图 9-42 所示。

（19）利用“偏移”命令向左偏移 a 中心线 50 个单位距离。执行“直线”命令绘制如图 9-42 所示的中心线 b，然后切换“粗实线”图层为当前图层，执行“圆”命令以交点 O 为圆心绘制半径为 4 的圆，如图 9-43 所示。

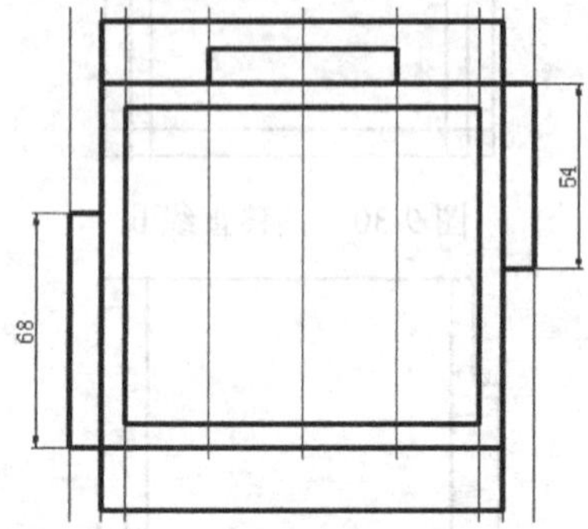

图 9-41 绘制俯视图两侧的细节结构

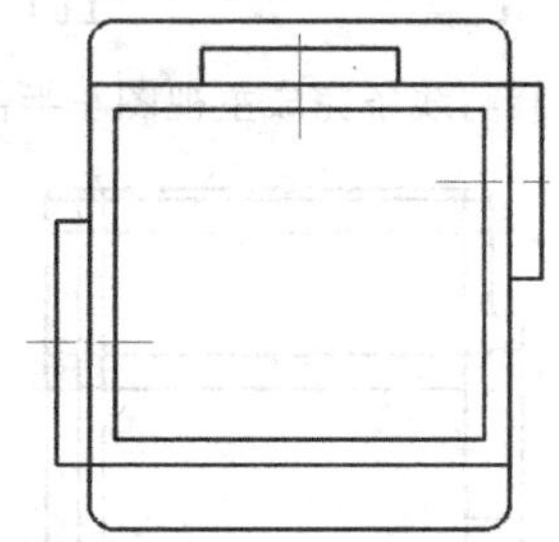

图 9-42 对俯视图倒圆角

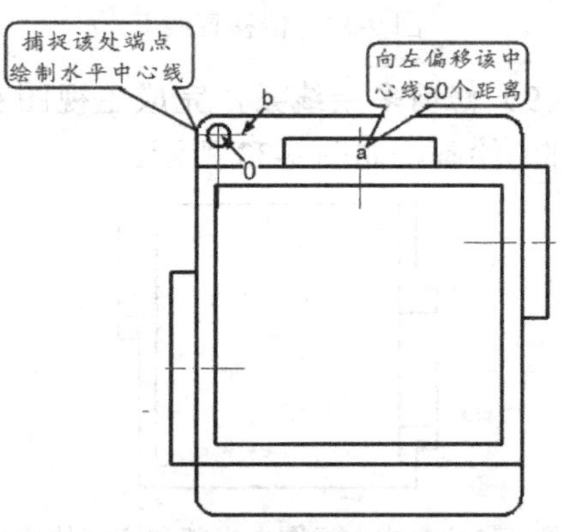

图 9-43 绘制俯视图左上角小圆

（20）执行“镜像”命令，选取圆 A 和相应中心线为对象，分别捕捉边 1 和边 2 的中点为镜像的第一点和第二点，绘制圆 B。然后选取圆 A 和圆 B 为对象，捕捉边 3 和边 4 的中点为镜像的两点，绘制圆 C 和圆 D，完成俯视图的绘制，结果如图 9-44 所示。

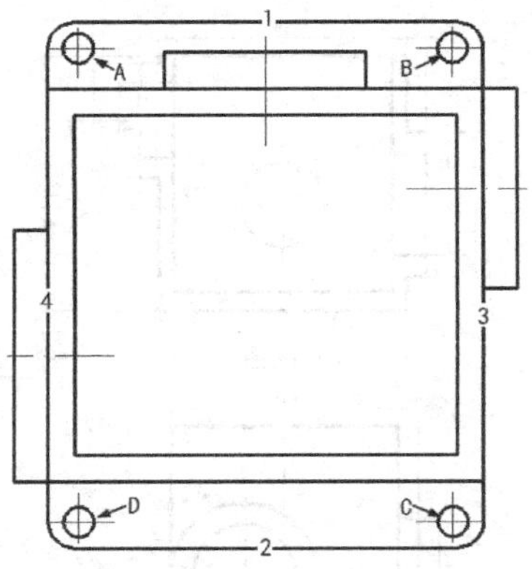

图 9-44　用“镜像”命令绘制圆完成俯视图的绘制

3. 左视图的绘制

（21）将“辅助线”图层置为当前图层。执行“直线”命令，绘制主视图到左视图的投影线，然后关闭“正交模式”，捕捉主视图上右下角的端点为直线起点，绘制长为 400、与水平方向成 45° 的直线，如图 9-45 所示。

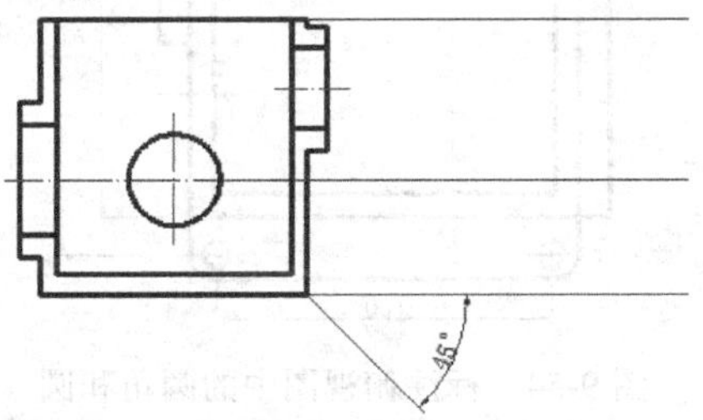

图 9-45　绘制主视图到左视图的投影线

（22）打开“正交模式”，利用“直线”命令绘制俯视图上与左视图相关的水平直线，如图 9-46 所示。

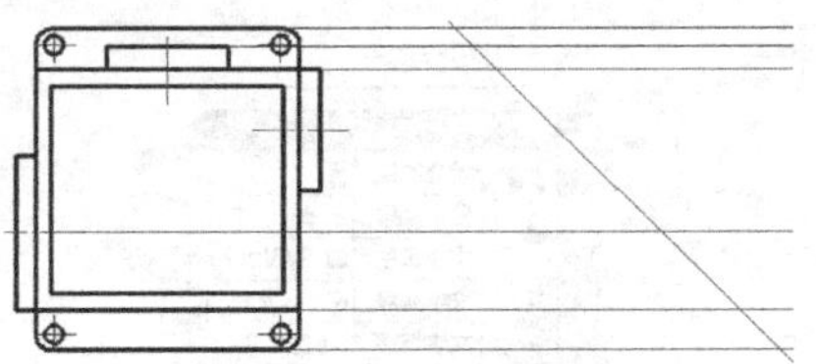

图 9-46　绘制俯视图到左视图的相关水平线

（23）捕捉图 9-46 中的相关交点绘制竖直线，即为俯视图到左视图的投影线，如图 9-47 所示。

（24）将“粗实线”图层置为当前图层，然后利用“直线”命令捕捉相应交点绘制左视图的框架线，如图 9-48 所示。

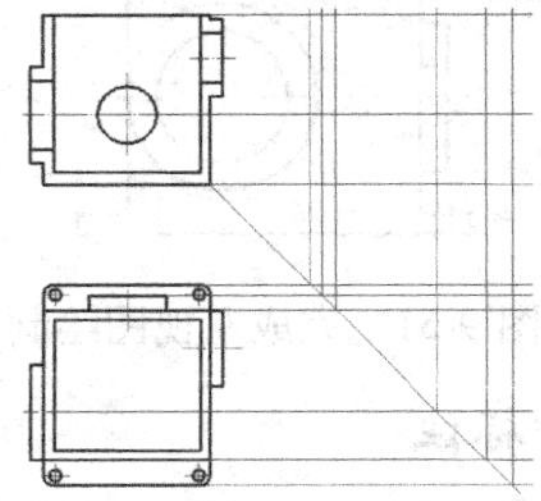

图 9-47　绘制俯视图到左视图的投影线

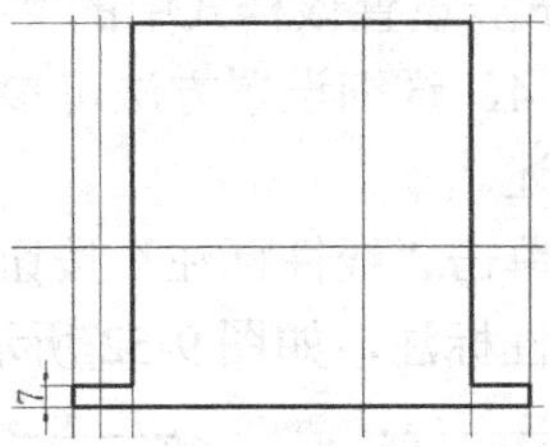

图 9-48　绘制左视图框架线

（25）利用“偏移”命令分别向上和向下偏移辅助线 a 各 27 个单位距离，然后利用“直线”命令捕捉相应交点绘制左视图左半部细节结构，如图 9-49 所示。

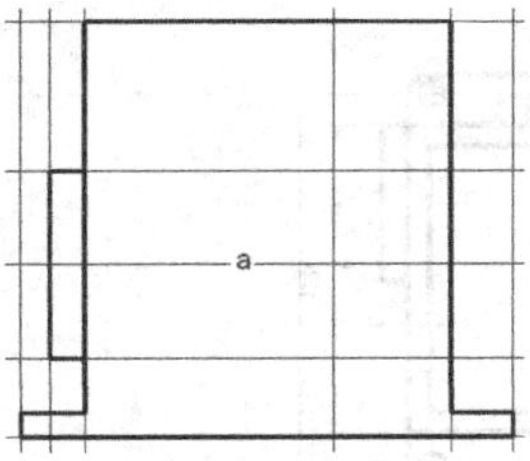

图 9-49　绘制左视图左半部细节结构

（26）执行“圆”命令，捕捉交点 O 为圆心，绘制直径分别为 48 和 68 的圆，如图 9-50 所示。

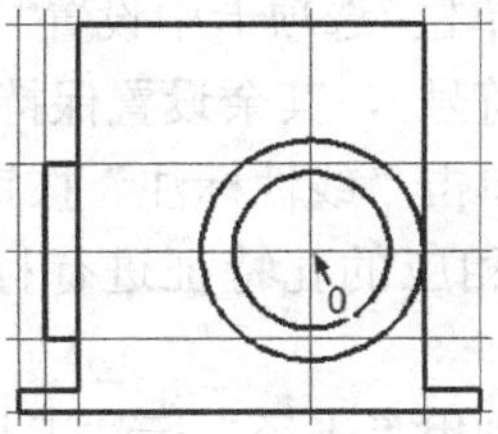

图 9-50　绘制左视图上的圆

（27）删除辅助线，添加中心线，完成左视图的绘制，结果如图 9-51 所示。

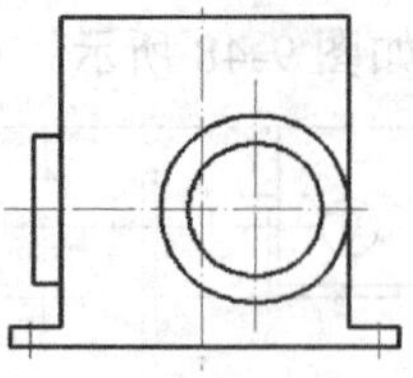

图 9-51　完成左视图绘制

4. 尺寸标注

（28）单击“标注样式”按钮，新建“线性标注”样式，设置该样式中的文字高度为 6，箭头大小为 4，详细设置方法可参考 7.2 节，这里不再赘述。

（29）单击“线性标注”按钮，完成 3 个视图中的线性标注，如图 9-52 所示。

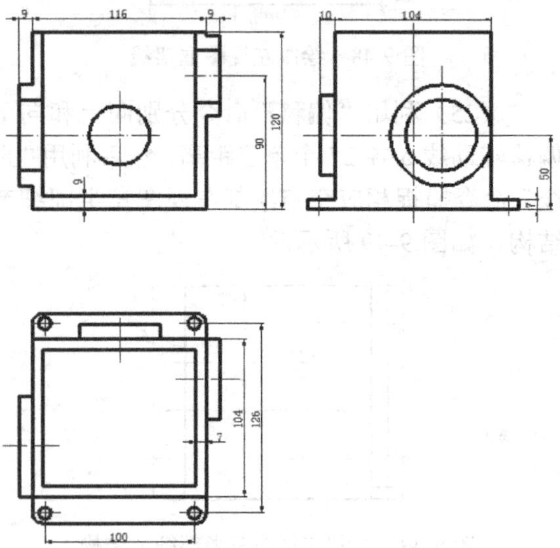

图 9-52　线性标注

（30）单击“标注样式”按钮，以“线性标注”样式为基础样式新建“直径线性标注”样式。在“主单位”选项卡中设置“前缀”为%%c（即为直径符号），其余设置保持默认。

（31）单击“线性标注”按钮，对主视图和左视图上相应的孔特征进行标注，结果如图 9-53 所示。

（32）利用“半径”标注工具，标注俯视图中的圆角半径；利用“直径”标注工具，标注俯视图中 4 个角上圆的直径，结果如图 9-54 所示。

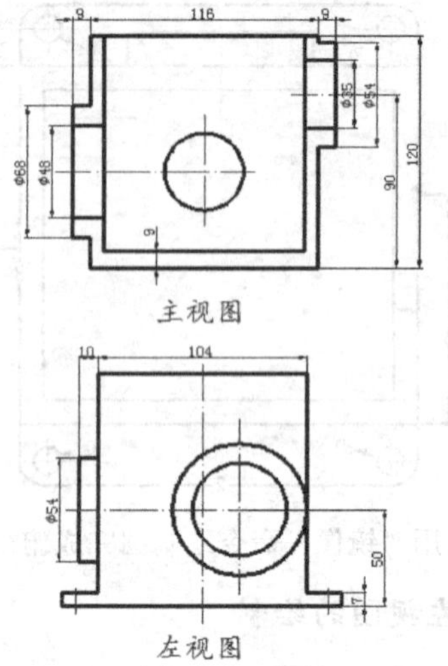

图 9-53　直径样式的线性标注

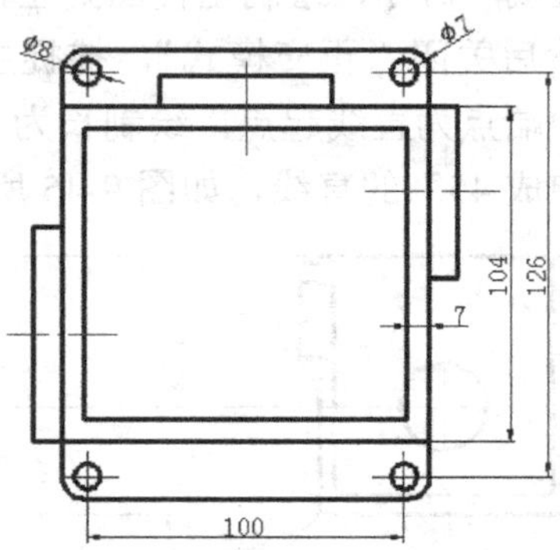

图 9-54　标注俯视图中的圆角和圆

（33）双击俯视图上标注的圆的直径，打开“特性”对话框，在“文字”选项卡的“文字替代”文本框中输入“4×%%c8”，如图 9-55 所示，关闭“特性”对话框，标注结果如图 9-56 所示。

图 9-55　标注“特性”对话框

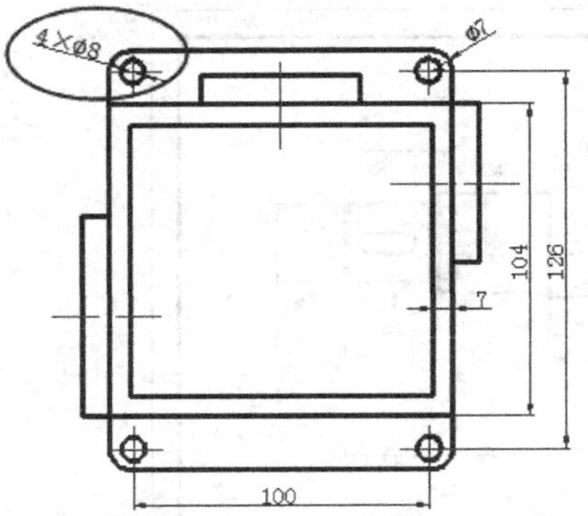

图 9-56　修改标注效果

（34）单击“标注”面板中的“打断”按钮，对标注交叉的尺寸进行打断，如图 9-57 所示，最终完成三视图的标注。

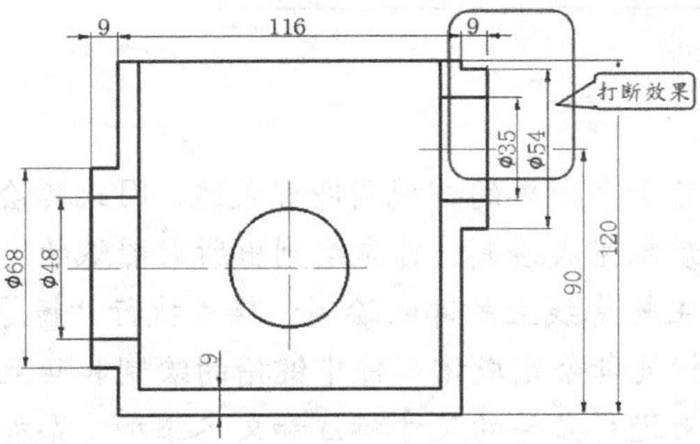

图 9-57　打断交叉标注

5. 填充剖面线和添加剖面线位置

（35）将“细实线”图层置为当前图层，单击“图案填充”按钮，进行剖面线填充，如图 9-58（a）所示。

（36）将“粗实线”图层置为当前图层，然后利用“直线”命令绘制剖面位置，接着利用“单行文字”命令在图形合适的位置添加剖面位置文字说明，如图 9-58（b）所示。

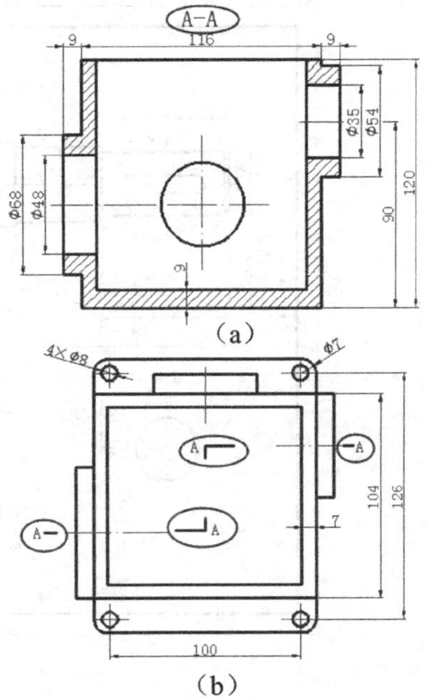

图 9-58　添加剖面线位置及文字说明

6. 添加技术要求和填写标题栏

（37）单击“文字样式”按钮，新建“技术要求”样式，设置“字体名”为“仿宋”，“宽度因子”为 0.7。利用“单行文字”命令设置字体大小为 6 完成标题栏的填写；利用“多行文字”命令设置字体大小为 8，在图形右下角添加技术要求，效果如图 9-59 所示。

技术要求
1. 铸件应失效处理，以消除应力。
2. 铸件不得有砂眼、裂纹。

箱　体		比例	1:1
		件数	1
制图		重量	共　张第　张
描图			
审核			

图 9-59　添加技术要求和填写标题栏

9.5　实例·练习——轴零件

轴零件的尺寸如图 9-60 所示，轴零件作为同轴回转体一般只需一个主视图即可表达其主要结构，该零件两端分布有键槽，可采用两个剖视图来表达键槽的结构。下面将以其为例介绍绘制轴类零件的具体步骤。

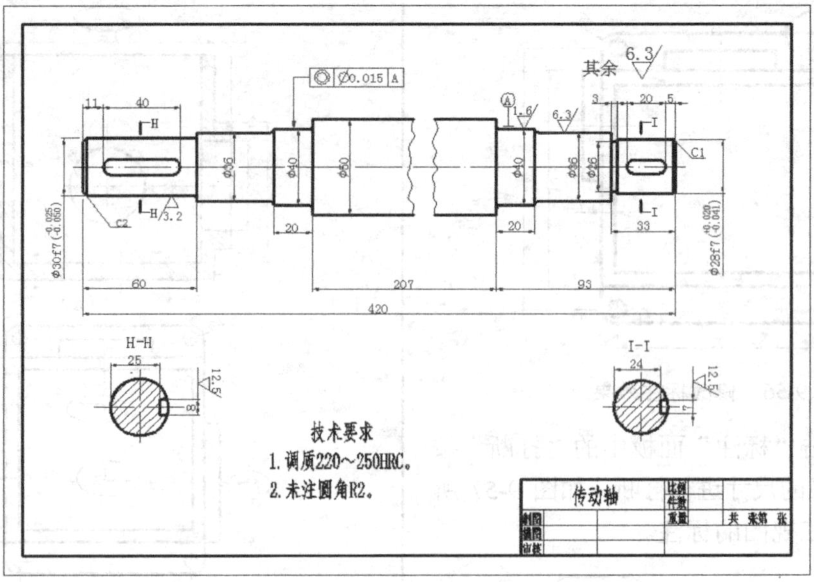

图 9-60　轴零件

【思路分析】

轴零件为同轴回转体，一般只需一个主要视图和若干个简单的剖视图即可表达，因此其绘制过程相对来讲并不复杂。该轴零件可以按照以下主要步骤完成绘制：首先绘制出所需图纸的边框和标题栏或者选择已创建的图纸样板；然后进行轴的主轮廓线上半部的绘制；接着执行“镜像”命令，完成轴的整体轮廓；然后利用绘制平面图形的相关命令完成该零件中键槽的绘制和其他细节的绘制；主视图绘制完成后绘制键槽的剖视图；接着进行必要的尺寸标注和文本添加，添加剖切面位置；最后添加技术要求和填写标题栏，完成最终的绘制，如图 9-61 所示。

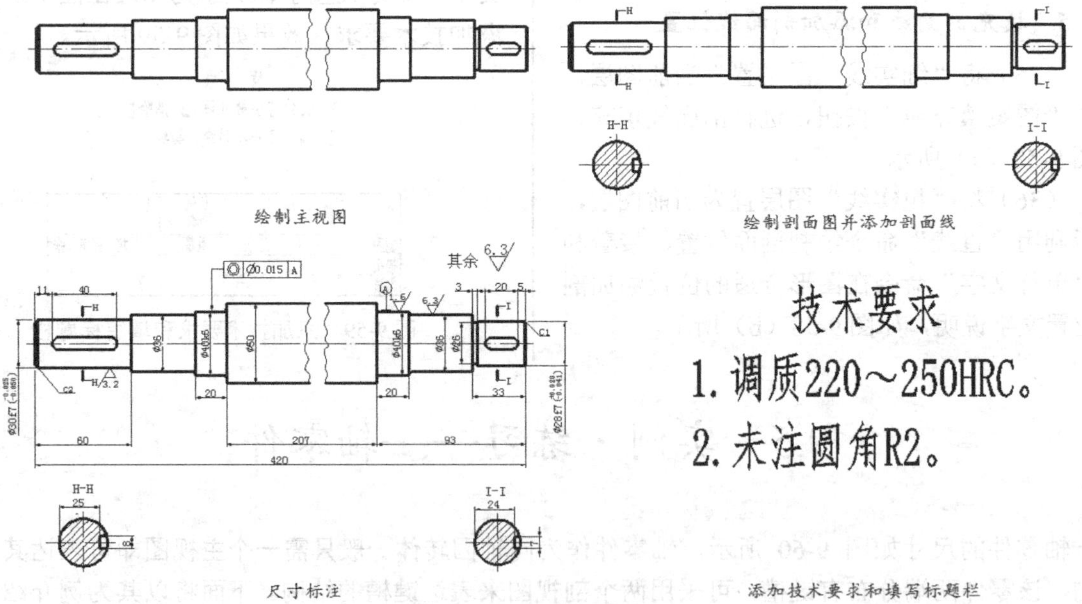

图 9-61　轴零件的绘制步骤

【光盘文件】

结果文件——参见附带光盘中的“END\Ch9\9-5.dwg”文件。

动画演示——参见附带光盘中的“AVI\Ch9\9-5.avi”文件。

【操作步骤】

（1）单击“图层特性”按钮，新建“粗实线”、“细实线”、“尺寸线”、“中心线”等图层，并将“细实线”图层置为当前图层。

（2）利用“直线”和“单行文字”命令，完成如图 9-62 所示图纸边框及标题栏的绘制；如果已创建图形样板，可以直接通过“新建”命令完成。

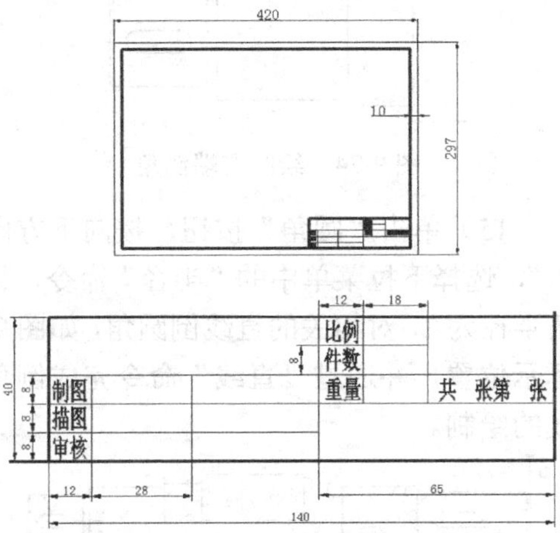

图 9-62　绘制图纸边框和标题栏

（3）将“中心线”图层置为当前图层，在图纸边框内绘制中心线，如图 9-63 所示。

图 9-63　绘制轴的中心线

（4）切换“粗实线”图层为当前图层，设置交点、垂足为对象捕捉类型，打开正交模式，利用“直线”命令捕捉中心线交点，按图 9-64 所示的尺寸绘制上半部轮廓线。

（5）单击“镜像”按钮，选取上半部全部轮廓线为对象，以水平中心线上两点为镜像的两点，绘制下半部轮廓线，如图 9-65 所示。

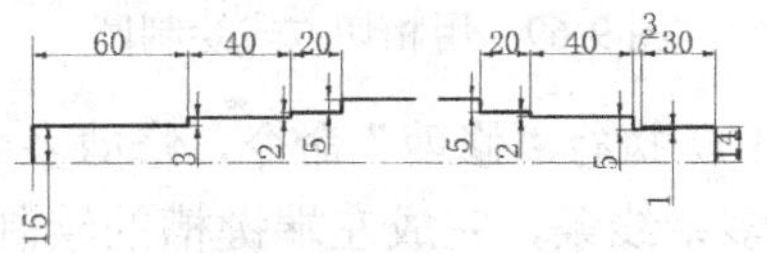

图 9-64　绘制轮廓线上半部

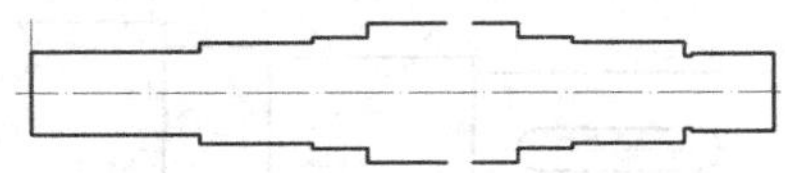

图 9-65　利用“镜像”命令完成下半部轮廓线的绘制

（6）执行“直线”命令，完成轮廓线上其他线条的绘制，如图 9-66 所示。

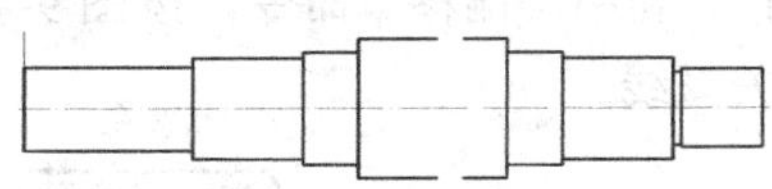

图 9-66　绘制直线

（7）切换“细实线”图层为当前图层，关闭正交模式，然后单击“绘图”下拉列表中的“样条曲线”按钮，利用轮廓线上的断点绘制样条曲线，结果如图 9-67 所示。

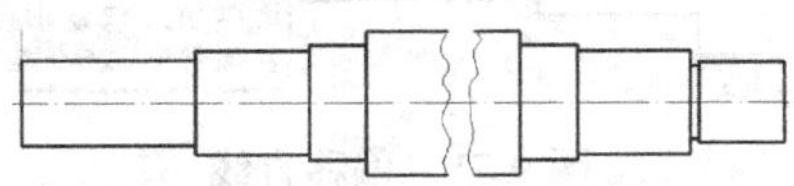

图 9-67　绘制样条曲线

（8）单击“偏移”按钮，按图 9-68 所示分别偏移两条直线，绘制左端键槽轮廓。

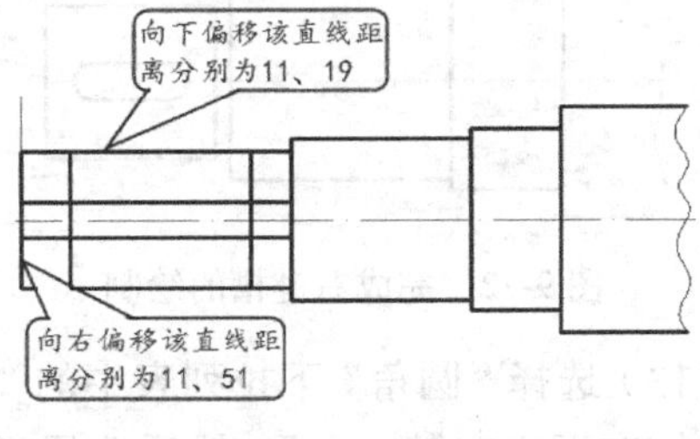

图 9-68　偏移直线

（9）将“粗实线”图层置为当前图层，选择“圆心，半径”下拉列表中的“相切，相切，相切”命令，选取切点绘制两个圆，如图 9-69 所示。

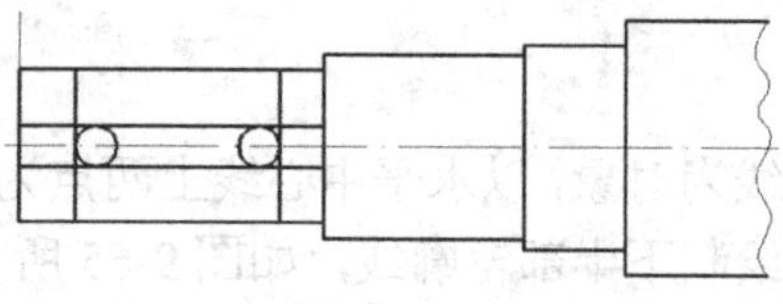

图 9-69 用相切方式绘制圆

（10）执行“修剪”命令，修剪多余线条，并删除多余线条，完成左端键槽的绘制，结果如图 9-70 所示。

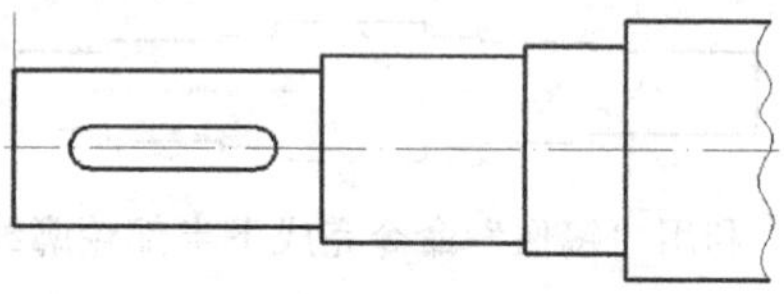

图 9-70 修剪线条完成左键槽的绘制

（11）利用“偏移”命令，按图 9-71 所示偏移相关直线。

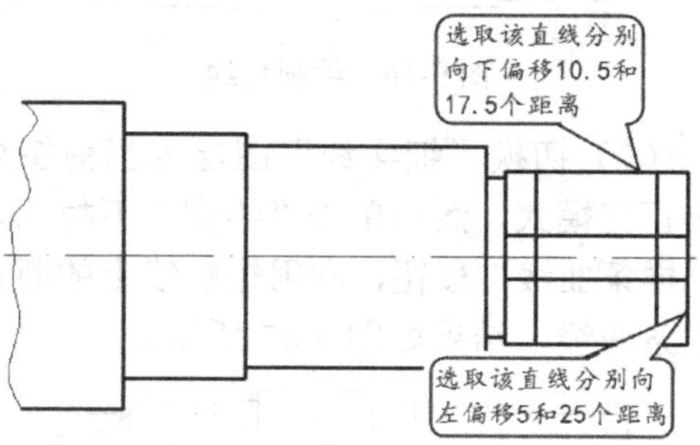

图 9-71 偏移直线

（12）参照步骤（9）和（10），完成右键槽的绘制，结果如图 9-72 所示。

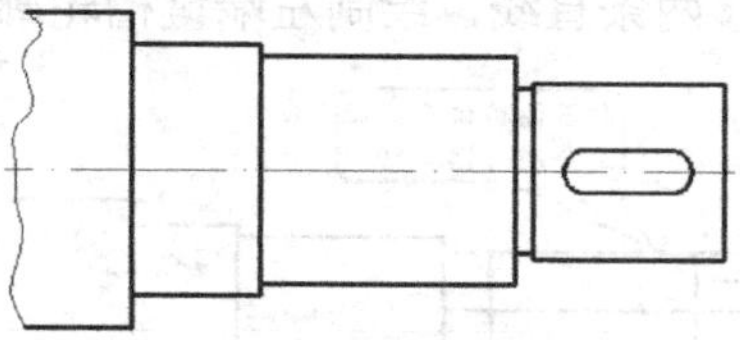

图 9-72 完成右键槽的绘制

（13）选择“圆角”下拉列表中的“倒角”命令，按向下方向键“↓”，然后选择“距离”命令，指定第一个倒角距离为 2，然后指定第二个倒角距离也为 2，选取相应直线完成倒角。然后利用“直线”命令完成倒角后直线的绘制，结果如图 9-73 所示。

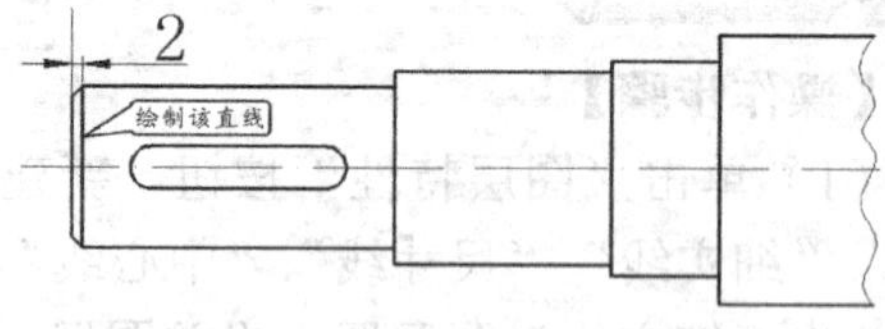

图 9-73 左端倒角的绘制

（14）参照步骤（13）设置倒角距离为 1，完成右端倒角的绘制，如图 9-74 所示。

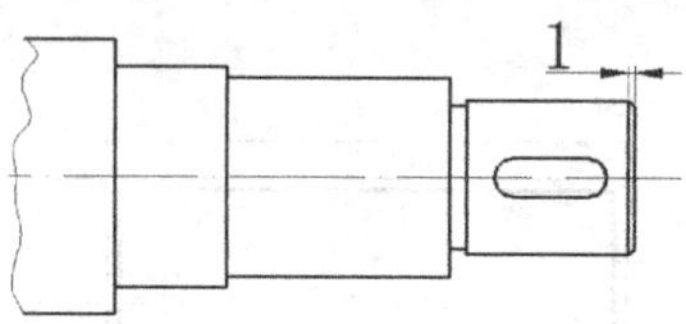

图 9-74 绘制右端倒角

（15）单击“圆角”按钮，按向下方向键“↓”，选择下拉菜单中的“半径”命令，指定圆角半径为 2，对相关的直线倒圆角，如图 9-75 所示标示位置，并通过“直线”命令完成倒角后直线的绘制。

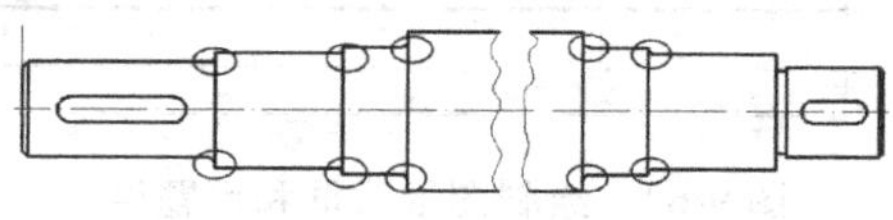

图 9-75 倒圆角

（16）执行“直线”命令，绘制剖面位置符号，利用“单行文字”命令添加剖面位置说明，结果如图 9-76 所示。

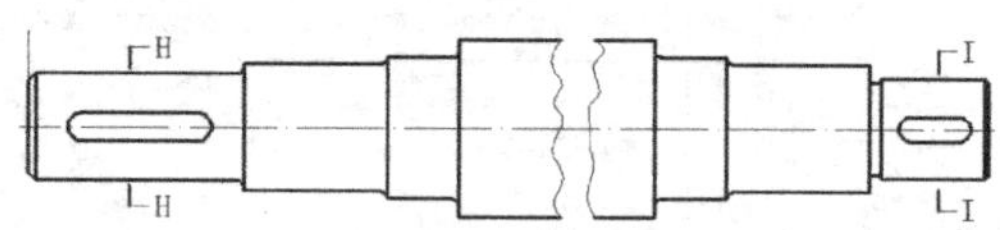

图 9-76 添加剖面位置符号

（17）切换“中心线”图层为当前图层，在剖面线下面绘制 H-H 和 I-I 剖面图的中心线，然后再切换“粗实线”图层为当前图层，分别以中心线的交点为圆心，利用“圆”命令绘制剖面图的轮廓，尺寸如图 9-77 所示。

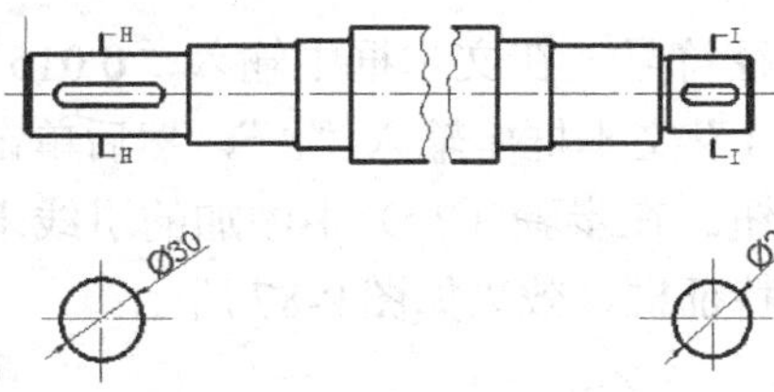

图 9-77　绘制剖面图轮廓

（18）利用“偏移”命令偏移左键槽剖面图水平中心线，向上和向下各偏移 4 个距离，偏移竖直中心线向右 10 个距离，结果如图 9-78 所示。

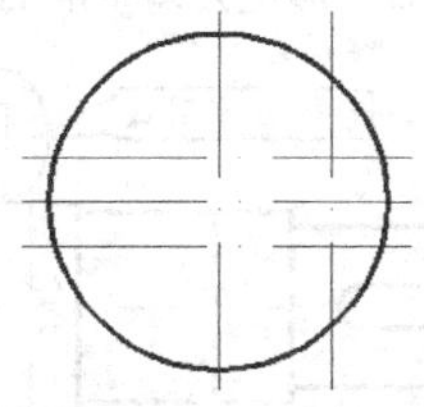

图 9-78　偏移左键槽剖视图中心线

（19）执行“直线”命令，捕捉交点绘制左键槽轮廓线，然后删除多余线条，结果如图 9-79 所示。

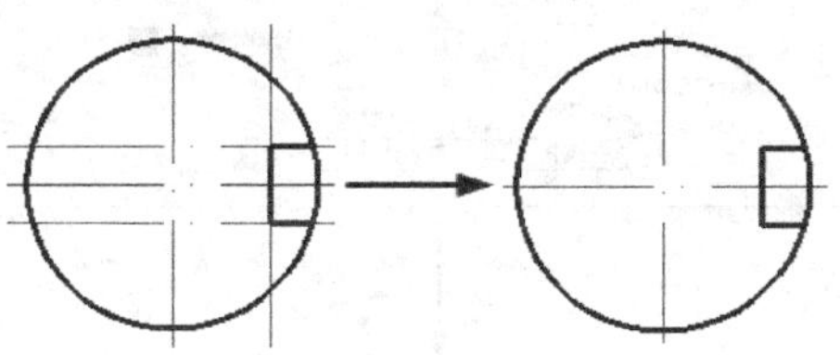

图 9-79　绘制左键槽轮廓线

（20）将“细实线”图层置为当前图层，然后单击工具栏中的“图案填充”按钮，在打开对话框的“图案”下拉列表框中选择 ANGLE31，在“边界”选项组中单击“拾取点”按钮，拾取图 9-80（a）中字母所标示的区域，完成剖面线的添加，结果如图 9-80（b）所示。

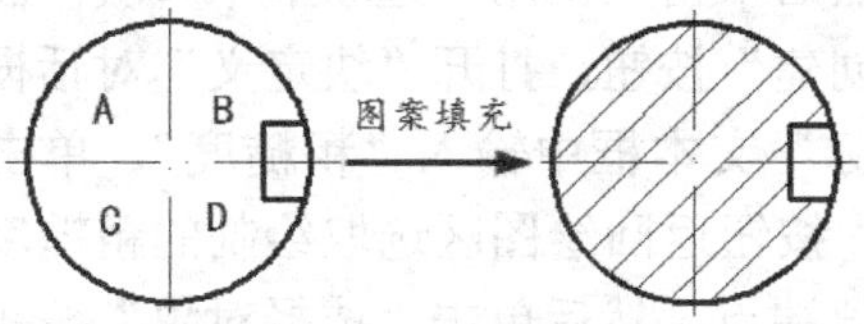

（a）　（b）

图 9-80　添加剖面线

（21）参照步骤（18）偏移右键槽剖视图中心线，水平中心线分别向上、向下偏移 3.5 个距离，竖直中心线向右偏移 10 个距离，参照步骤（19）和（20）最终完成右键槽剖面图的绘制，这里不再赘述。

（22）将“尺寸线”图层置为当前图层，单击“注释”选项卡中的“标注样式”按钮，新建“线性标注”样式，并设置“文字高度”为 5，“箭头大小”为 3，其余设置为默认，可参考 7.2 节的相关内容，然后单击“线性”标注按钮，进行线性标注，如图 9-81 所示。

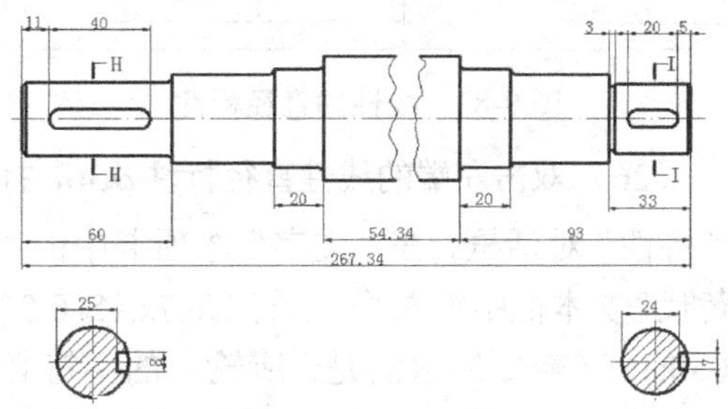

图 9-81　线性标注

（23）双击线性尺寸 267.34，打开该标注的“特性”对话框，在“文字”选项卡的“文字替代”文本框中输入“420”。关闭“特性”对话框，该尺寸将变为 420，用同样的方法将尺寸 54.34 修改为 207，效果如图 9-82 所示。

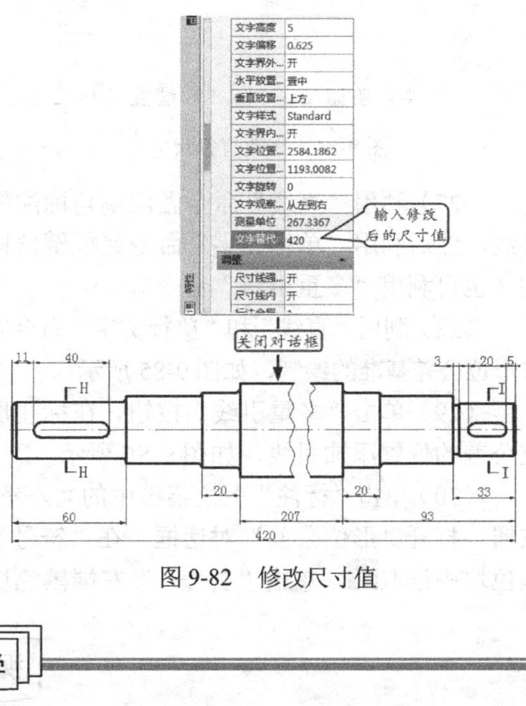

图 9-82　修改尺寸值

（24）单击“注释”选项卡中的“标注样式”按钮，以“线性标注”为基础样式新建“直径标注”样式，然后打开“新建标注样式”对话框，在“主单位”选项卡中设置“前缀”为%%c，关闭对话框将该样式置为当前。

（25）单击“线性”标注按钮，进行线性的直径标注，结果如图 9-83 所示。

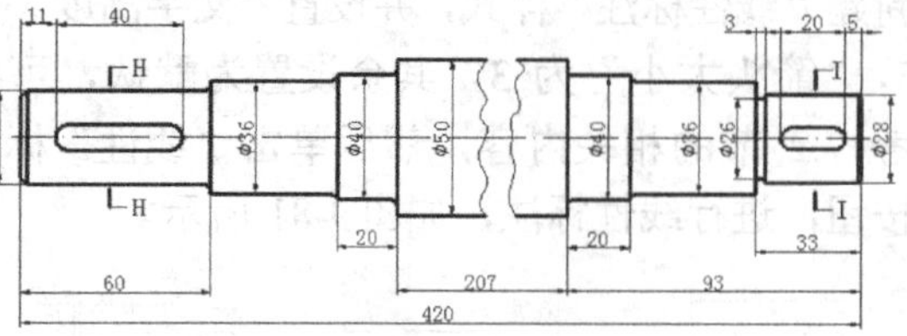

图 9-83　线性的直径标注

（26）双击左端的线性直径标注ϕ36，打开其“特性”对话框，在“文字”选项卡中的“文字替代”文本框中输入“〈〉f7({\H0.7x;\S-0.025^-0.050;})”（需要注意的是，所输入的字符必须为半角字符，字母 H 和 S 必须大写，其他的符号不能遗漏），关闭对话框。用同样的方法修改右端的直径标注，结果如图 9-84 所示。

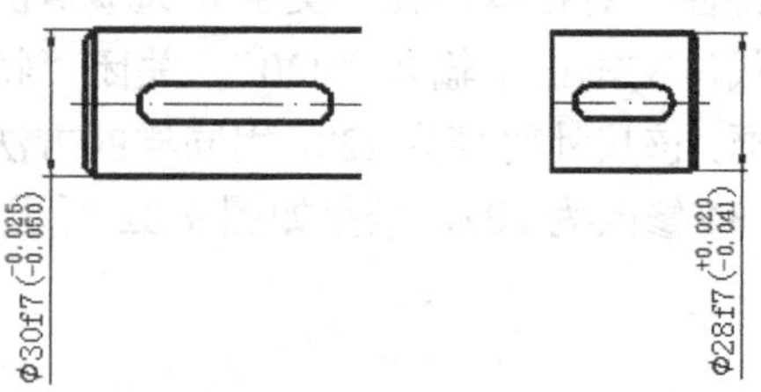

图 9-84　修改直径尺寸

（27）利用“直线”命令做出倒角标注的引线，然后利用“单行文字”命令完成倒角标注（也可利用“多重引线”命令）。

（28）利用“直线”和“单行文字”命令完成形位公差基准的绘制，如图 9-85 所示。

（29）单击“多重引线”按钮，在标注形位公差的位置添加引线，如图 9-86 所示。

（30）单击“标注”下拉菜单中的“公差”按钮，打开“形位公差”对话框。在“符号”黑色块中选取◎，单击“公差 1”左端黑色块添加直径符号，在文本框中输入“0.015”，在“基准 1”文本框中输入“A”，然后单击“确定”按钮。在步骤（29）中添加的引线末端放置公差特征框，效果如图 9-87 所示。

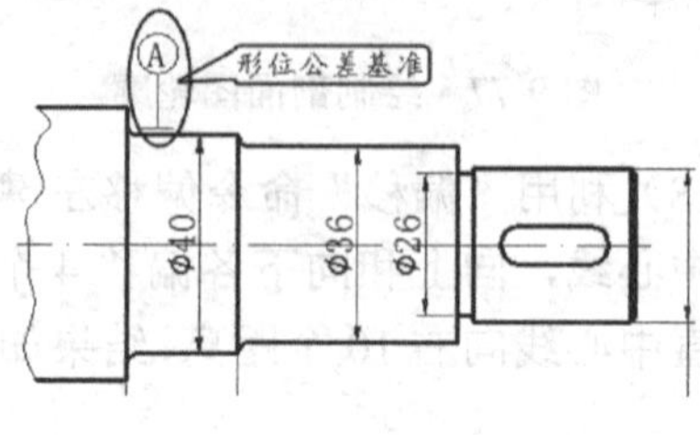

图 9-85　形位公差基准的绘制

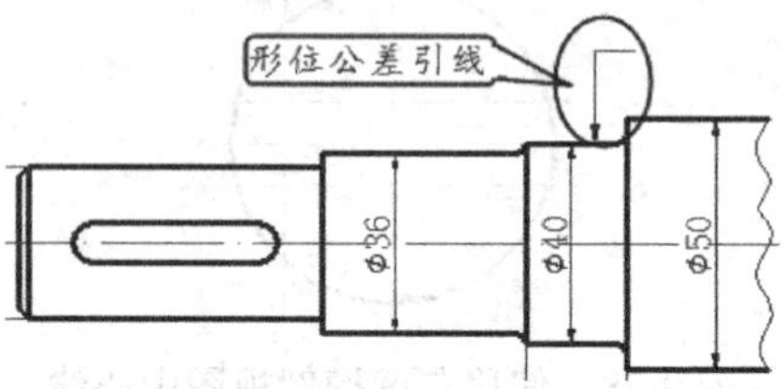

图 9-86　形位公差引线的添加

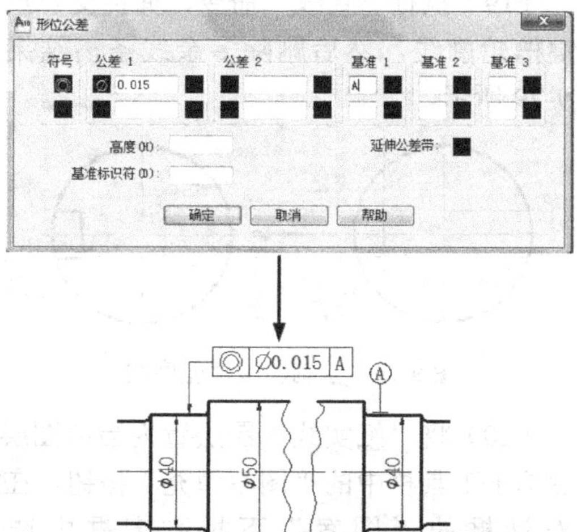

图 9-87　标注形位公差

（31）执行“直线”命令绘制粗糙度符号，然后单击“常用”选项卡中“块”面板中的“创建”按钮，打开“块定义”对话框，在“名称”文本框中输入“粗糙度”，单击“拾取点”按钮返回绘图区选取绘制的粗糙度符号的底部端点，然后单击“选择对象”按钮选取粗糙度符号，单击“确定”按钮关闭对话框，粗糙度符号如图 9-88 所示。

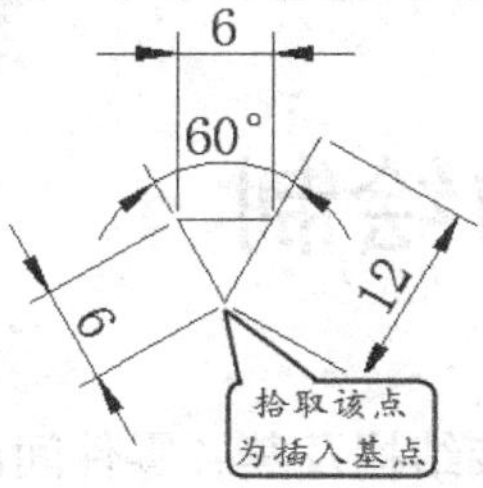

图 9-88 创建粗糙度块

（32）单击“块”面板中的“插入”按钮，打开“插入”对话框，保持默认设置，单击“确定”按钮返回到绘图区，在剖面图中添加符号，旋转角度为-90°，按 Enter 键结束添加，如图 9-89 所示。

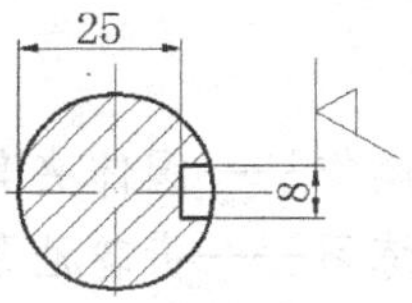

图 9-89 添加粗糙度符号

（33）单击“单行文字”按钮，按向下方向键“↓”选择“对正”命令，然后选择下拉菜单中的“中间”命令，指定文字中间点，设置文字高度为 5，旋转角度为 270，然后输入“12.5”，按两次 Enter 键结束标注，结果如图 9-90 所示。

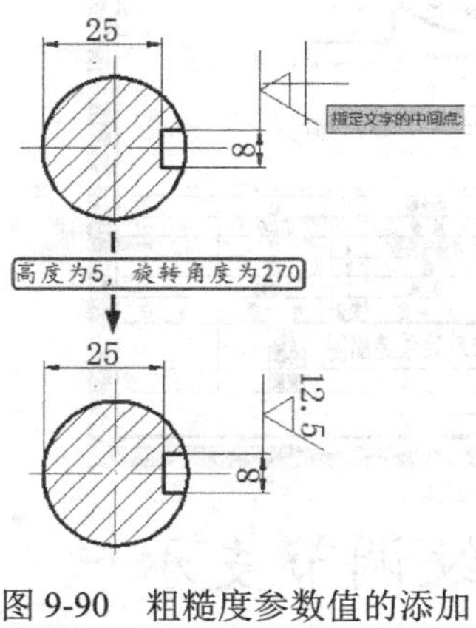

图 9-90 粗糙度参数值的添加

（34）参照步骤（32）和（33）完成其他粗糙度的标注，并在图形右上方合适位置添加其余粗糙度值为 6.3。

（35）单击“文字”面板中的“文字样式”按钮新建“技术要求”样式，设置该样式“字体名”为“仿宋”，“宽度因子”为 0.7，单击“应用”按钮并将该样式置为当前，如图 9-91 所示。

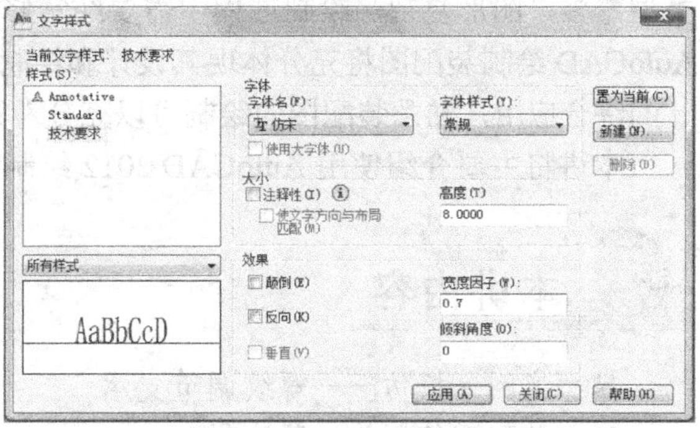

图 9-91 新建文字样式

（36）单击“多行文字”按钮，在图纸上合适的位置指定文本输入框的对角点，设置字体大小为 8 输入技术要求，如图 9-92 所示。

图 9-92 添加技术要求

（37）单击“单行文字”按钮，利用“对正”方式中的“中间”选项以 8 号字体完成标题栏中零件名、材料名称的填写，以 5 号字体完成标题栏其他选项的填写和添加剖面位置说明。

（38）确定零件图所有绘制工作完成后，保存文件，结束当前绘制。

第 10 讲　装配图的绘制

装配图是用来表达机器或部件的工作原理、运动方式、连接结构及其各零件间的装配关系和相互位置的图样，同时也是安装、检验、使用和维修机器或部件的重要技术文件。装配图中零件类型繁多，图形复杂，绘制过程中需要经常修改，对于手工制图来讲这些问题比较难解决，采用 AutoCAD 绘制装配图将充分体现其设计和绘制上的优势。同时，装配图的绘制是 AutoCAD 辅助设计的综合应用，熟悉装配图的绘制可以充分考察和提高用户对该软件各项命令功能的使用能力。

本讲将主要介绍使用 AutoCAD 2012 绘制装配图的方法、流程以及相关的绘制要点等。

本讲内容

- 实例・模仿——螺纹调节支承
- 装配图绘制的一般流程
- 装配图的绘制方法要点
- 实例・操作——阀体夹具装配图
- 实例・练习——齿轮油泵装配图

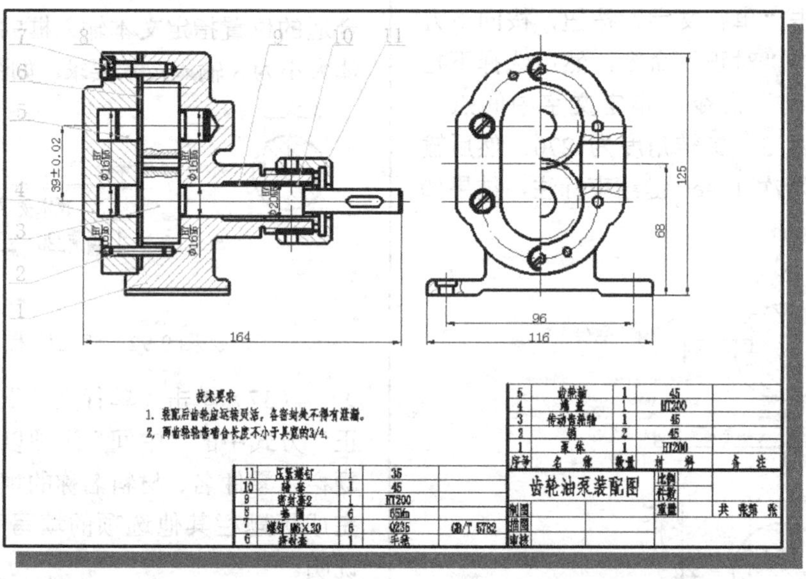

10.1　实例・模仿——螺纹调节支承

螺纹调节支承是用来支承不太重的机件，通过调节螺母使支承杆上下移动，同时因为螺钉的一端插入支承杆的槽内使支承杆不能转动，只能移动，如图 10-1 所示。该机器的主视图是通过支承杆的轴线做剖切的全剖视图，并对支承杆的长槽做局部剖视。对底座和套筒等的形状则是通过俯视图和左视图来表达的，同时在左视图中采用局部剖视来表达支承杆上长槽的形状。

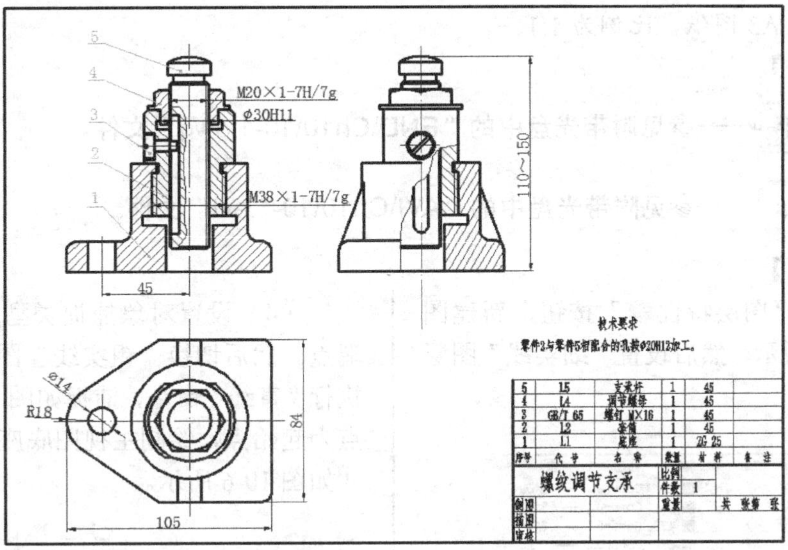

图 10-1　螺纹调节支承

下面将以该机器装配图的绘制对一般装配图的绘制流程进行简要介绍。

【思路分析】

螺纹调节支承总体结构并不复杂，主视图为通过支承杆轴线剖切的全剖视图，左视图中采用了局部剖视，俯视图通过一般视图投影即可绘制。该设备可通过以下主要步骤完成绘制：首先确定图幅绘制图纸边框、标题栏和明细栏，其次布置视图画出各视图的作图基线，然后绘制主视图，通过投影关系绘制其他两个视图，接着标注尺寸，填充剖面线并对各零件进行编号，最后添加技术要求和填写标题栏及明细栏，如图 10-2 所示。

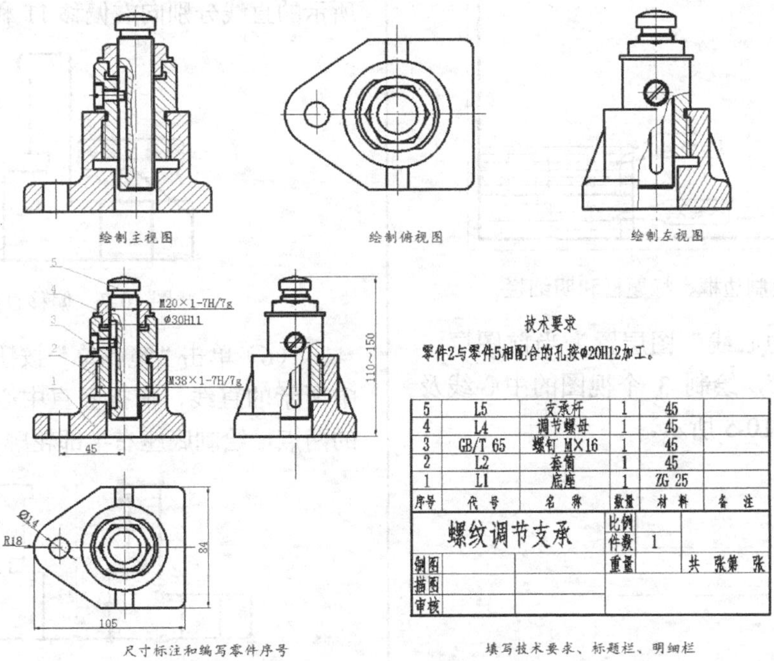

图 10-2　螺纹调节支承装配图的绘制步骤

本图例采用 A3 图纸，比例为 1:1。

【光盘文件】

结果文件——参见附带光盘中的“END\Ch10\10-1.dwg”文件。

动画演示——参见附带光盘中的“AVI\Ch10\10-1.avi”文件。

【操作步骤】

（1）单击“图层特性”按钮，新建图层，如图 10-3 所示，然后设置“细实线”图层为当前图层。

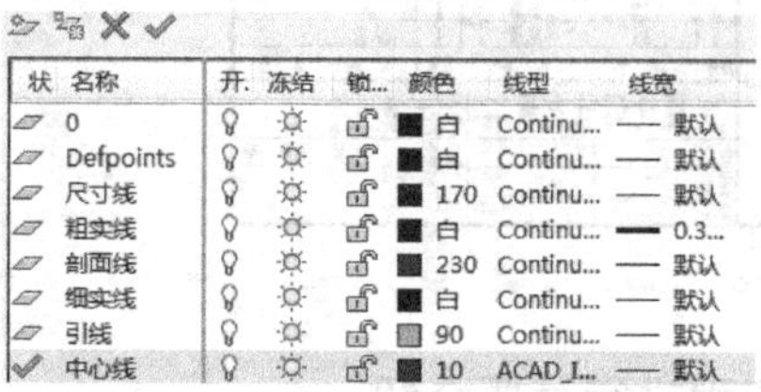

图 10-3 图层设置

（2）单击“直线”按钮，并切换相应图层，绘制图纸边框、标题栏和明细栏，如图 10-4 所示。

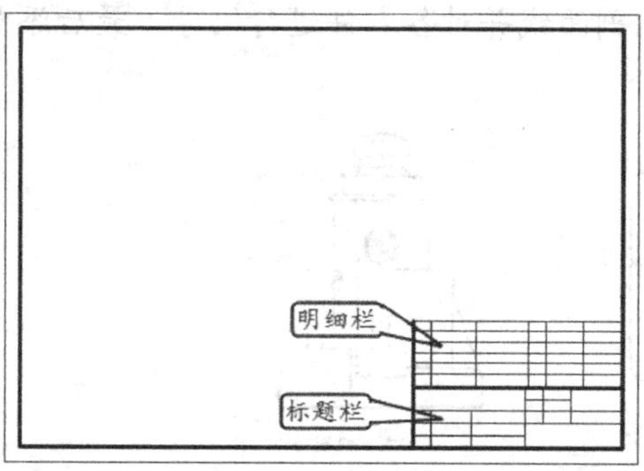

图 10-4 绘制边框、标题栏和明细栏

（3）将“中心线”图层置为当前图层，开启“正交模式”，绘制 3 个视图的中心线及作图基线，如图 10-5 所示。

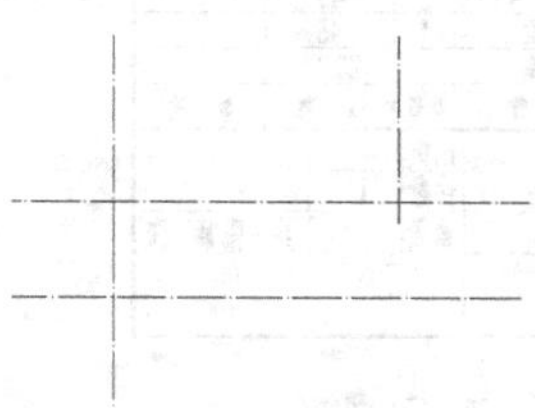

图 10-5 绘制中心线及视图基线

（4）设置对象捕捉类型为交点、垂足和端点。然后切换“粗实线”图层为当前图层，执行“直线”命令，捕捉如图 10-6 中所示的交点为起始点，绘制主视图底座左半部轮廓，尺寸如图 10-6 所示。

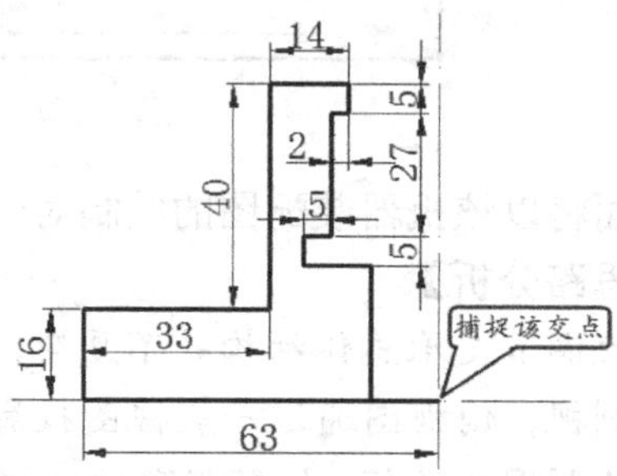

图 10-6 绘制主视图底座轮廓

（5）单击“偏移”按钮，选取如图 10-7 所示的直线分别向右偏移 11 和 25 个单位距离。

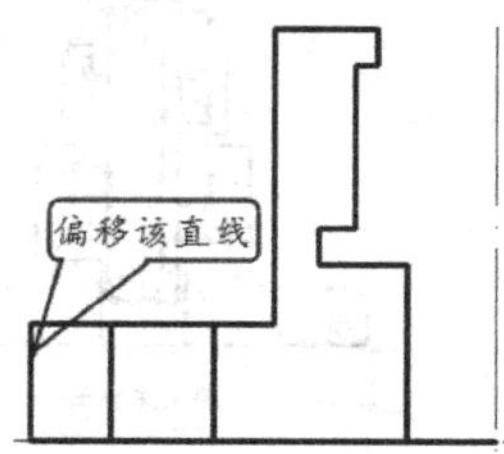

图 10-7 偏移直线

（6）单击“镜像”按钮，选取如图 10-8 中所示的直线，捕捉竖直中心线上两点为镜像的两点，绘制底座右半部轮廓。

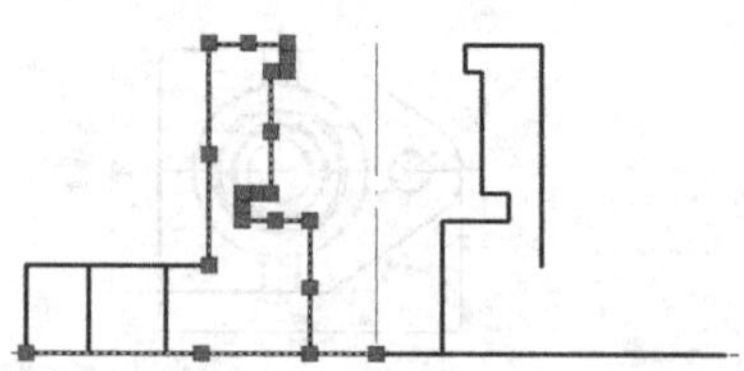

图 10-8 通过“镜像”命令绘制底座右半部轮廓

（7）利用“直线”和“修剪”命令完成如图 10-9 所示直线的绘制。

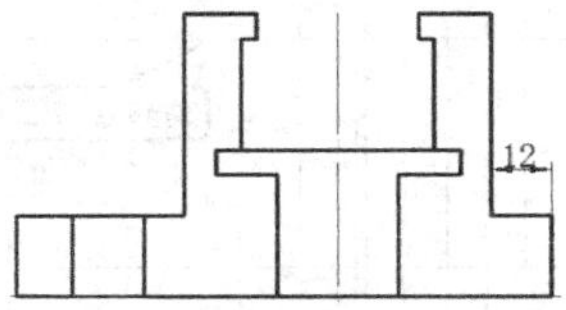

图 10-9　绘制直线

（8）利用“偏移”命令向左偏移图 10-10 中所选的直线，偏移距离分别为 10、15 和 23，利用“直线”命令捕捉相应交点绘制套筒轮廓线。

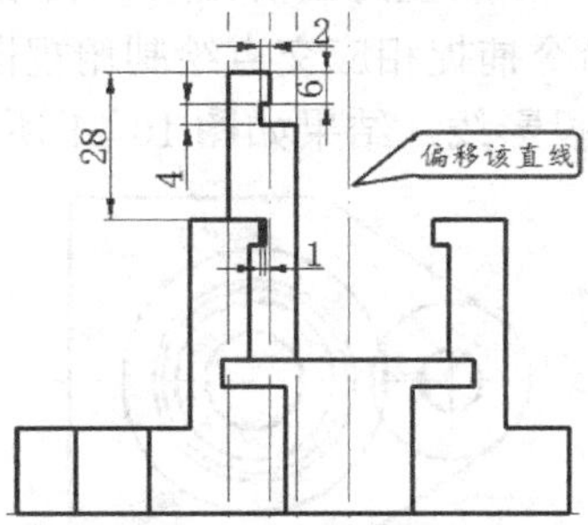

图 10-10　绘制套筒轮廓线

（9）利用“倒角”命令中的距离方式进行倒角，设置两直线的倒角距离均为 2。选取相应直线，利用“镜像”命令完成套筒右半部的绘制，如图 10-11 所示。

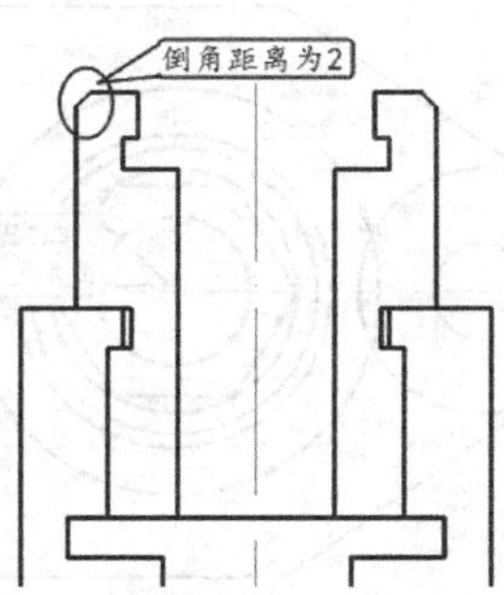

图 10-11　绘制套筒右半部

（10）执行“直线”命令，按图 10-12 所示的尺寸完成调节螺母左轮廓线的绘制。

（11）单击“镜像”按钮，选取调节螺母左轮廓线为对象，以竖直中心线上两点为镜像的两点绘制调节螺母右轮廓线，如图 10-13 所示。

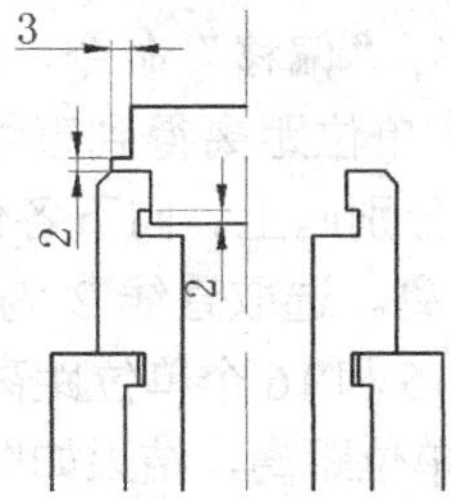

图 10-12　绘制调节螺母左轮廓线

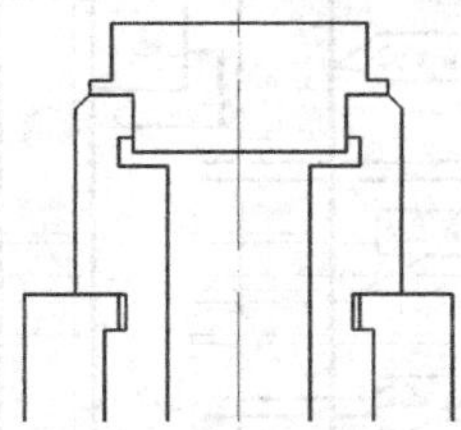

图 10-13　镜像绘制螺母右轮廓线

（12）执行“直线”命令，绘制支承杆，支承杆的尺寸如图 10-14 所示，插入支承杆的主视图轮廓效果如图 10-15 所示。

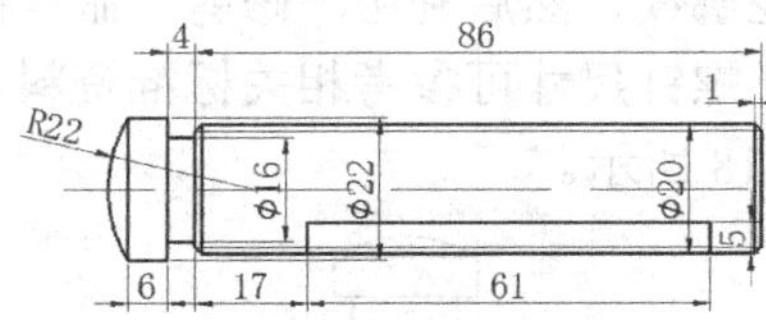

图 10-14　支承杆

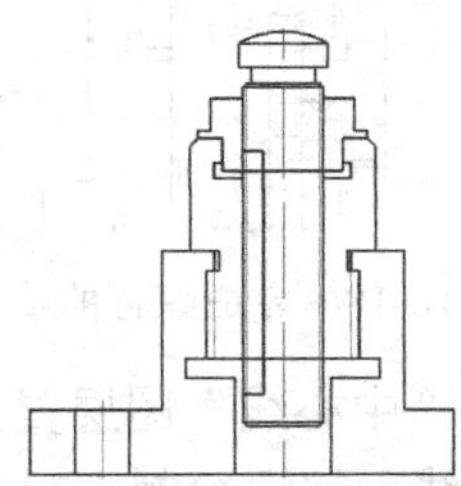

图 10-15　绘制支承杆

（13）执行“修剪”命令，修剪多余线条，结果如图 10-16 所示。

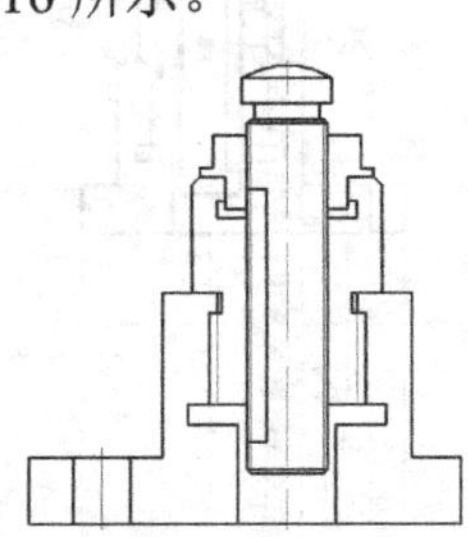

图 10-16　修剪多余线条

(14) 执行"偏移"命令,向上偏移底边作图基线 65 个单位距离得到直线 1。然后选取直线 1 为对象分别向上、向下各偏移 0.75、2.5 和 3 个单位距离。选取直线 2 为对象,分别向上偏移 2、3、15 和 16 个单位距离,选取直线 3 向右偏移 5 个单位距离,结果如图 10-17 所示。

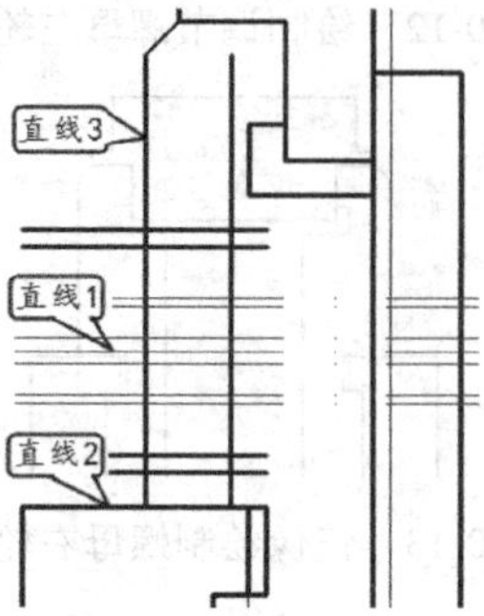

图 10-17 偏移直线

(15) 执行"直线"命令,并切换图层绘制螺钉轮廓线,然后利用"修剪"命令修剪多余线条,螺钉尺寸可参考相关标准资料,结果如图 10-18 所示。

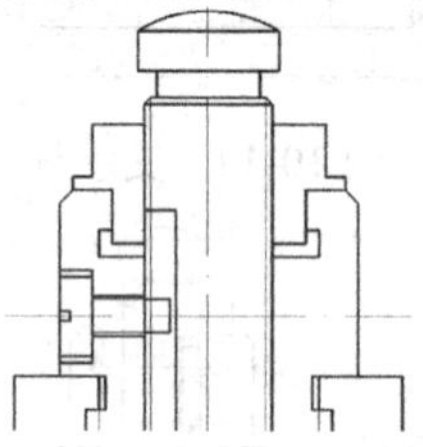

图 10-18 完成螺钉的绘制

(16) 将"中心线"图层置为当前图层,然后单击"直线"按钮绘制主视图到俯视图的投影线,如图 10-19 所示。

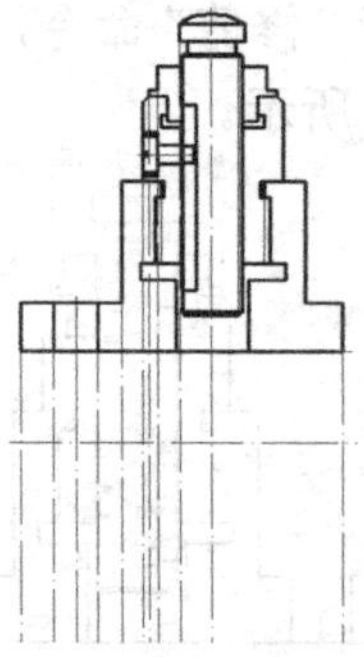

图 10-19 绘制主视图到俯视图的投影线

(17) 利用"偏移"工具向下偏移俯视图作图基线 42 和 84 个单位距离,如图 10-20 所示。

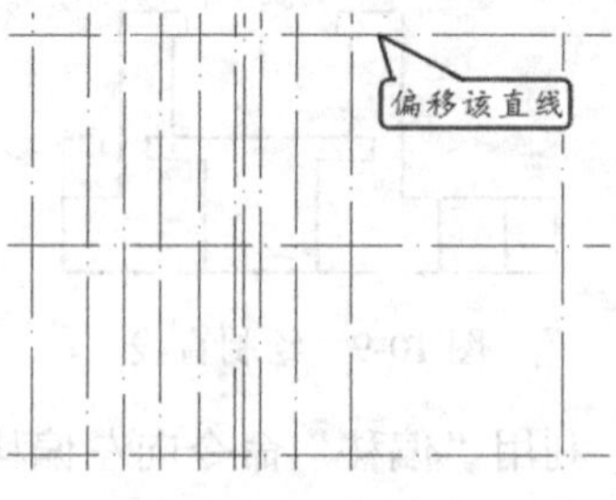

图 10-20 偏移直线

(18) 添加切点为"对象捕捉"类型,将"粗实线"图层置为当前图层。利用"直线"和"圆"命令捕捉相应交点绘制俯视图轮廓线,然后删除投影线,结果如图 10-21 所示。

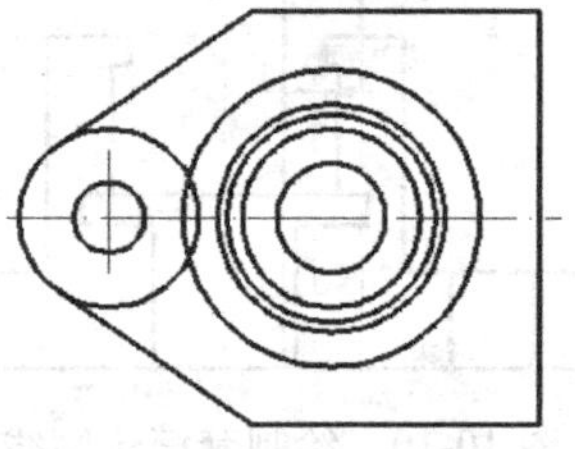

图 10-21 绘制俯视图轮廓线

(19) 添加圆心为"对象捕捉"类型。执行"正多边形"命令,绘制图 10-22 中圆心为中心、内接于圆的正六边形。

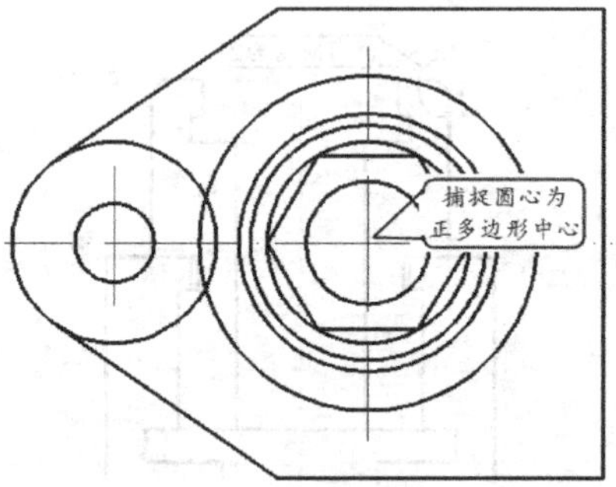

图 10-22 绘制正多边形

(20) 执行"偏移"命令,分别偏移俯视图中上、下两条水平轮廓线 23 个单位距离,如图 10-23 所示。

(21) 利用"修剪"命令修剪并删除多余线条,结果如图 10-24 所示。

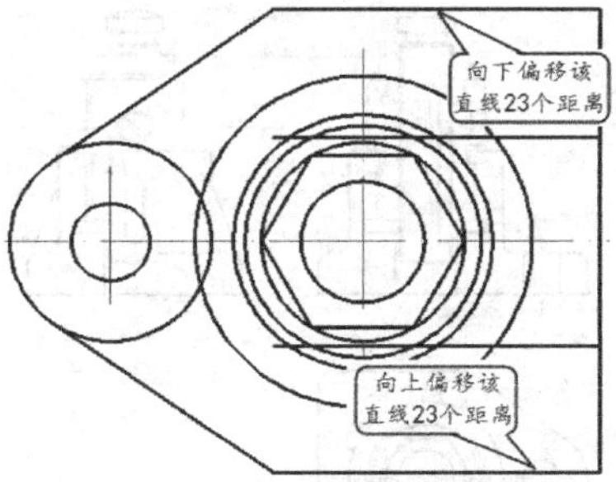

图 10-23　偏移直线

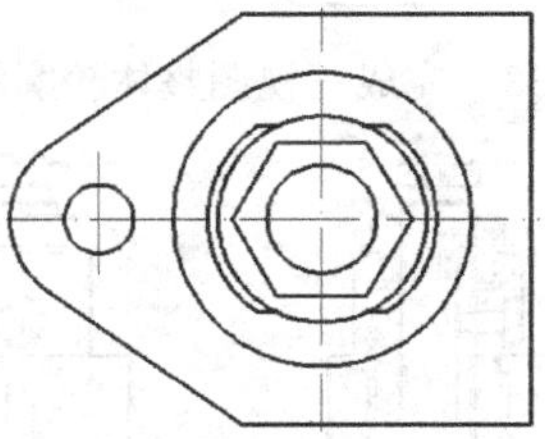

图 10-24　修剪多余线条

（22）偏移竖直中心线向左、向右各 6 个单位距离，然后执行“直线”和“圆”命令完成俯视图轮廓的绘制，如图 10-25 所示。

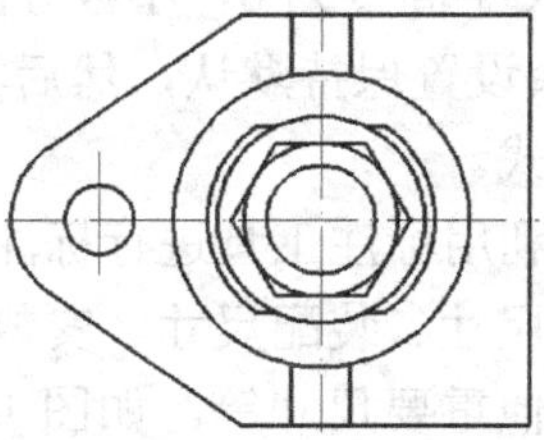

图 10-25　完成俯视图轮廓的绘制

（23）执行“圆角”命令，设置半径为 5，完成主视图和俯视图中圆角的绘制。将“中心线”图层置为当前图层，执行“直线”命令，根据投影理论绘制主视图和俯视图到左视图的投影线，如图 10-26 所示。

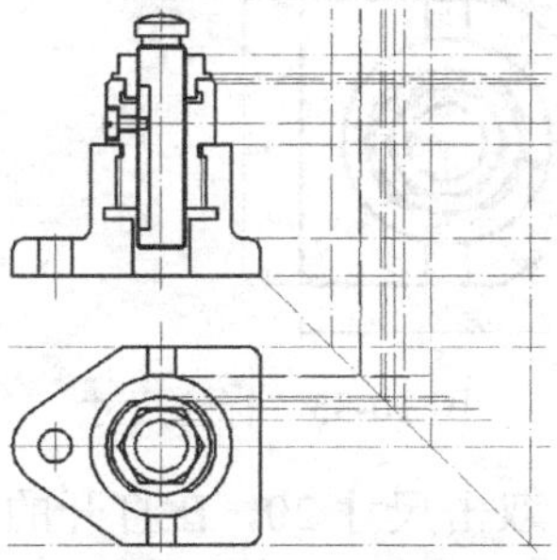

图 10-26　绘制投影线

（24）将“粗实线”图层置为当前图层，执行“直线”命令，绘制左视图的左轮廓线，如图 10-27 所示。

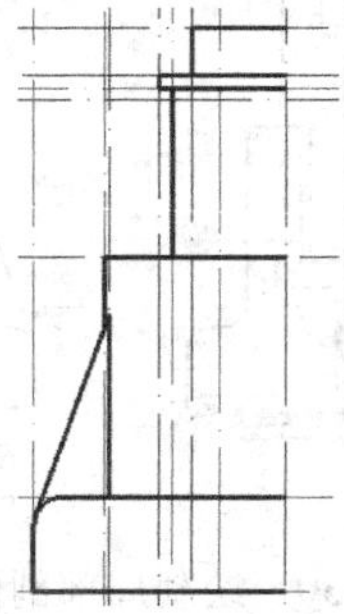

图 10-27　绘制左视图的左轮廓线

（25）删除投影线，然后利用“镜像”和“复制”命令绘制左视图的右轮廓线，如图 10-28 所示。

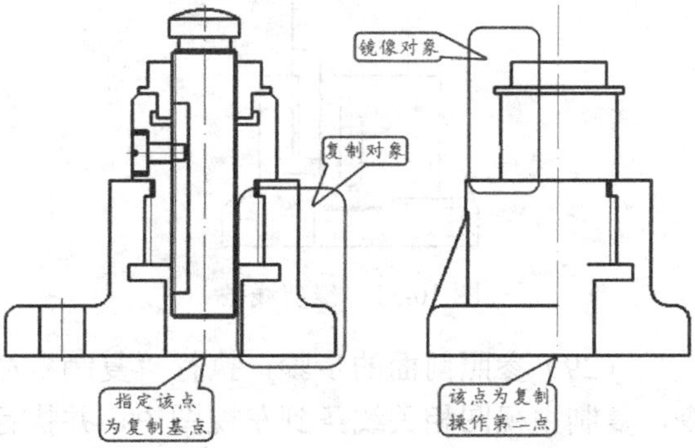

图 10-28　绘制左视图的右轮廓线

（26）切换“细实线”图层为当前图层，执行“样条曲线”命令，完成剖面位置的绘制，如图 10-29 所示。

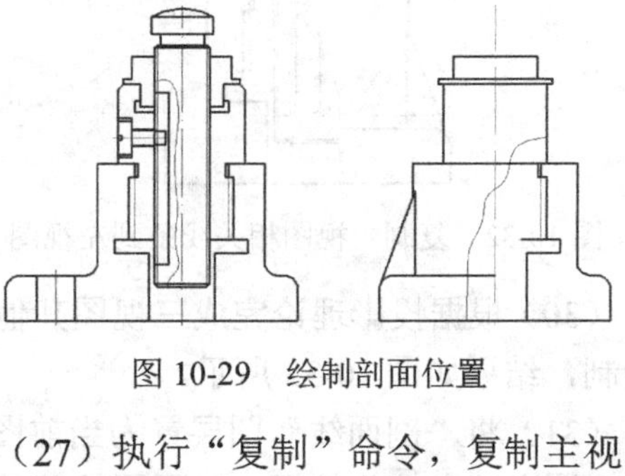

图 10-29　绘制剖面位置

（27）执行“复制”命令，复制主视图相关线条到左视图中。通过“偏移”命令偏移左视图中心线。执行“直线”和“圆”命令完成局部剖面轮廓的绘制，如图 10-30 所示。

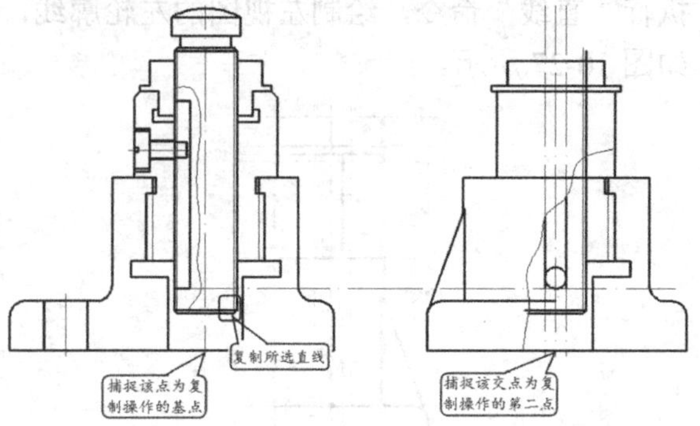

图 10-30 绘制局部剖面轮廓

（28）执行“修剪”命令，修剪左视图中多余的线条，结果如图 10-31 所示。

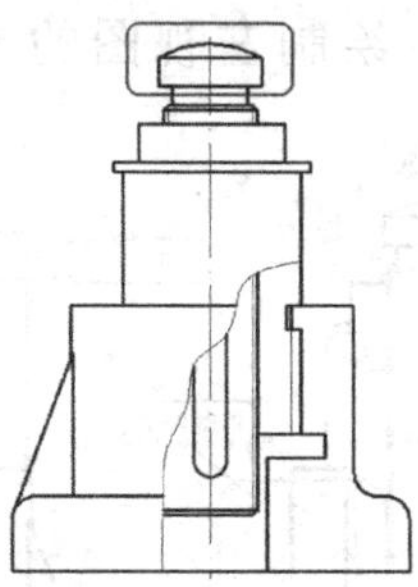

图 10-31 修剪线条

（29）参照前面的步骤，执行“复制”命令，复制主视图相关线条到左视图中，并执行“直线”命令绘制相关直线，如图 10-32 所示。

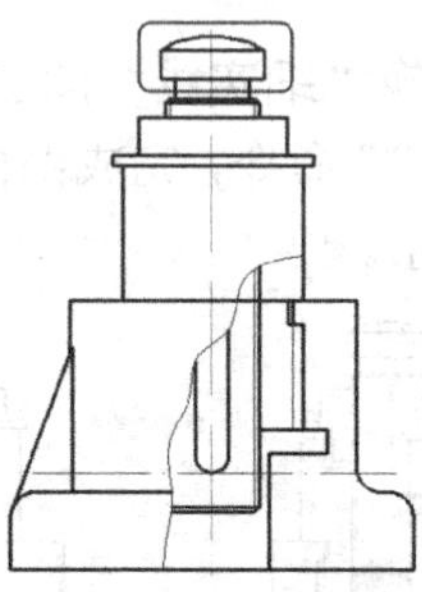

图 10-32 复制主视图相关线条到左视图

（30）根据投影理论完成三视图其他结构的绘制，结果如图 10-33 所示。

（31）将“剖面线”图层置为当前图层，单击“图案填充”按钮，对不同的部件分别进行填充，结果如图 10-34 所示。

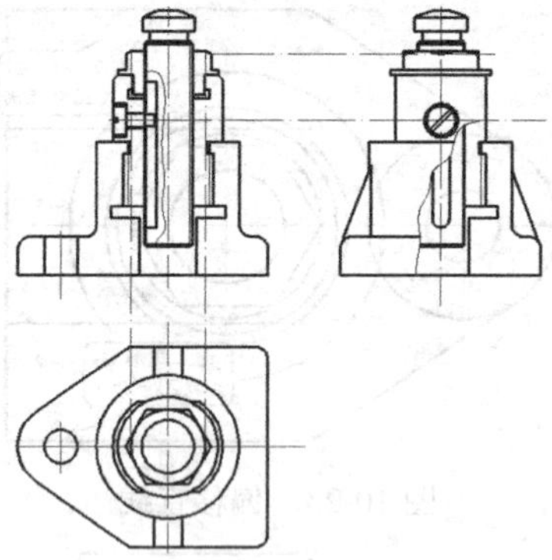

图 10-33 完成三视图整体轮廓的绘制

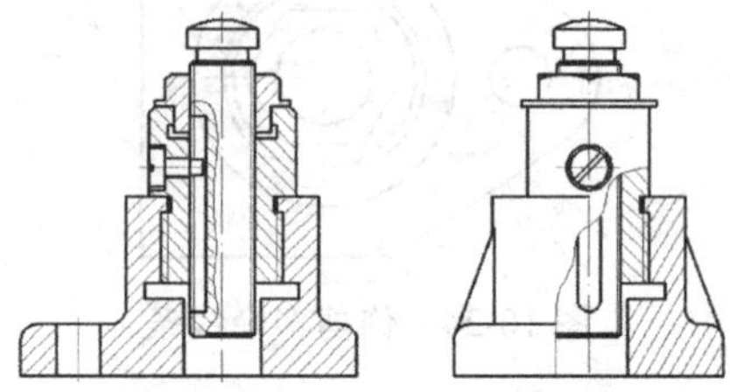

图 10-34 填充剖面线

（32）新建标注样式“样式 1”，设置箭头大小为 4，文字高度为 6，小数分隔符为“‘.’句点”，其余设置保持默认，然后将“样式 1”置为当前样式。

（33）利用标注工具进行标注，一般只标注性能规格尺寸、装配尺寸、安装尺寸以及总体尺寸或其他重要尺寸等，如图 10-35 所示。

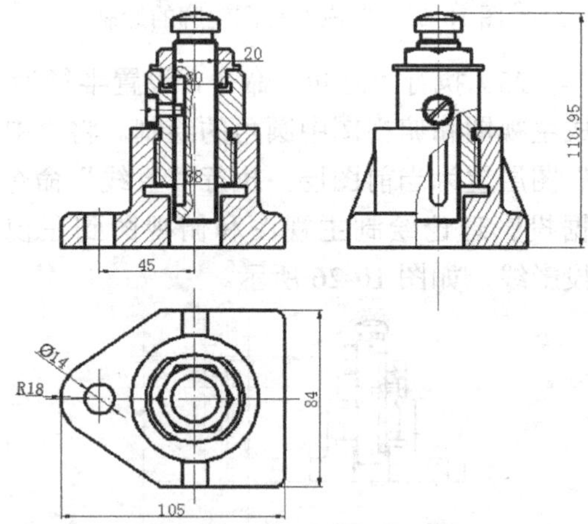

图 10-35 标注尺寸

（34）双击尺寸 20，在打开的“特性”对话框的“文字替代”文本框中输入“M20×1

-7H/7g”，关闭对话框。用同样的方法修改其他尺寸，对于尺寸 30 需在其数值前面输入“%%c”，结果如图 10-36 所示。

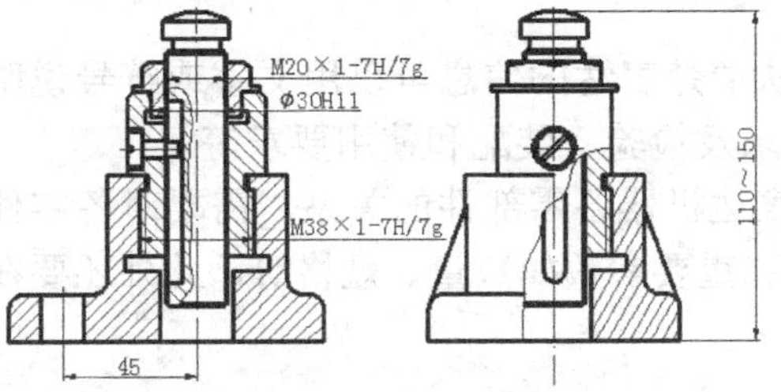

图 10-36　尺寸标注修改

（35）单击“多重引线样式管理器”按钮，新建“零件编号引线”样式，并设置箭头为“点”，大小为 1，其余设置保持默认。单击“多重引线”按钮，进行零件序号引线添加。利用“单行文字”命令设置字体大小为 6，旋转角度为 0，进行零件编号的添加，结果如图 10-37 所示。

（36）单击“文字样式”按钮，新建“明细栏”样式，设置“字体名”为“仿宋”，“宽度因子”为 0.7，并将该样式置为当前。单击“单行文字”按钮，利用“对正”方式中的“中间”方式进行标题栏、明细栏和技术要求文字的添加，其中标题栏和明细栏字体大小设置为 5，技术要求字体大小设置为 8，结果如图 10-38 所示。

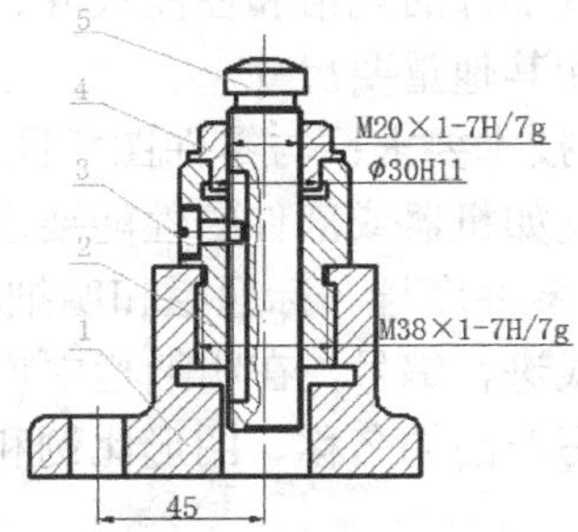

图 10-37　零件编号

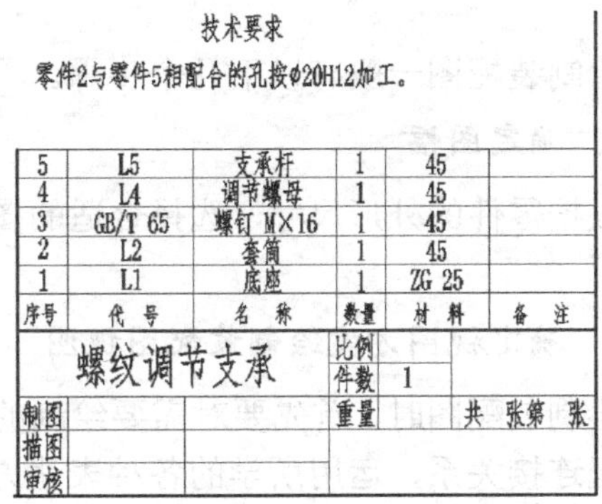

图 10-38　完成文字输入

（37）全面检查图形，保存文件，结束当前绘制。

10.2　装配图绘制的一般流程

10.2.1　装配图的作用

装配图是用来表示机器与设备的工作原理、运动方式、连接结构及其零件间的装配关系等的图样，在工程设计和生产中，装配图是重要的技术文件之一。在生产准备阶段可供工艺人员编制装配工艺规程，在生产过程中可为装配人员提供技术依据，在使用过程中可供维修人员了解有关零件的作用和要求。

10.2.2　装配图的内容

合理的装配图应能准确、清晰地反映出设计者的意思，能够指导零件部件的生产和机器设备的装配，一般情况下，一张完整的装配图应包括以下 4 方面的内容。

（1）一组视图：用各种表示法绘制一组视图，它们应能正确、完整、清晰和简便地表达机器或零件部件的工作原理、零件间的装配关系、连接方式、传动路线以及零件的主要结构形状。

（2）必要的尺寸标注：为了拆画零件图以及装配、检验、安装的方便，在装配图中一般只标注机器或部件的规格和性能尺寸、外形尺寸、零件间的配合尺寸及连接尺寸、相对位置尺寸、安装尺寸和其他重要尺寸。

（3）技术要求：与零件图相同，对于用图形无法清楚表达的信息可以用文字或符号说明非图形信息，如机器或部件的性能要求、零件的加工要求及检验、装配和使用要求等。

（4）零件序号、标题栏和明细栏：为了清晰地表达机器各零部件的关系，需要对各零件按一定的格式进行编号，在明细栏中说明各零件的序号和重要参数如数量、规格等，此外还要在标题栏中填写产品的名称、图形比例和设计者签名等。

10.2.3 绘制装配图的一般步骤

绘制装配图一般有以下几个步骤。

1. 确定图幅

根据零件的外形尺寸，选择合适的图形绘制比例，大概定出需要的图幅，并绘制出图框和标题栏。

2. 确定视图方案绘制装配图视图

绘制装配图时，首先要对需要绘制的机器或部件进行详细地分析，根据其工作原理及零件间的装配连接关系，运用所学的各种表达方法选择一组图形把它们清晰地表达出来。

（1）主视图的选择

装配图中的主视图应能清楚地反映出机器或部件的主要装配关系。在装配机器中，许多零件通常是围绕一条或几条轴线装配的，这些轴线称为装配干线。因此选择的主视图应能清晰地表达主要装配关系或装配干线。

（2）其他视图的选择

装配图远比零件图复杂，通过一个视图通常不能把机器的装配关系和结构表示出来，因此还需要选择适当数量的视图用合适的表达方法补充其余未能表达出或表达不清楚的重要结构部分，所选视图必须有明确的表达目的而且应越少越好，以求正确而又简洁。

3. 标注必要的尺寸

装配图与零件图的作用不同，所需要的尺寸标注也不同，装配图中需要标注的尺寸主要有以下几类。

（1）性能（规格）尺寸

表示机器或部件的性能、规格和特征的尺寸，它是设计、了解和选用机器的重要依据。

（2）装配尺寸

表示机器或部件上有关零件间装配关系的尺寸，主要包括配合尺寸和相对位置尺寸。配合尺寸是表示两个零件之间配合性质的尺寸，相对位置尺寸是表示装配机器时需要保证的零件间较重要的距离、间隙等。

（3）外形尺寸

表示机器或部件外形轮廓总长、总宽、总高的尺寸，它反映了机器或部件所占空间的大小，是包装、运输、安装以及厂房设计时需要考虑的尺寸。

（4）安装尺寸

表示将部件安装到机器上或将机器安装到地基上，需要确定其安装位置的尺寸。

（5）其他重要尺寸

在设计过程中，经过计算而确定或选定的尺寸，但又未包括在上述 4 类尺寸之中的尺寸，这种尺寸在拆画零件图时不能改变。

需要注意的是，并不是每张装配图都必须标注上述各类尺寸，有时装配图上同一尺寸往往有几种含义，因此，在标注装配图上的尺寸时，应在掌握上述几类尺寸意义的基础上，根据机器或部件的具体情况进行具体分析，合理地进行标注。

4. 编写零部件序号

零部件序号的编写通常由指引线、水平线或圆圈和序号数字 3 部分组成，且均应以细实线标注。目前通用的编写序号的方法有两种：

（1）将装配图上所有的零件包括标准件在内，按一定顺序标注序号。

（2）将装配图上所有的标准件直接标注在图上，而将非标准件按顺序进行标注序号。

在机械制图中，零件序号的编写有一定的规定，下面将简要介绍各个规定。

（1）零部件序号应标注在图形轮廓线外，并填写在指引线一端的水平线上或圆圈内，指引线应从所指零件的可见轮廓线内引出，并在末端画一小圆点，序号字体要比尺寸数字大一号，如所指零件不宜画圆点（很薄的零件或涂黑的剖面），则可在指引线末端画出箭头，并指向该零件的轮廓。

（2）指引线不能相交，也不要过长，当需要通过剖面线区域时，指引线应尽量不与剖面线平行。必要时，指引线可画成折线，但只允许折一次。

（3）对于一组紧固件（如螺栓、螺母、垫圈）以及其他装配关系清楚的零件组，允许采用公共指引线。

（4）在装配图中，对同种规格的零件或同一标准的部件（如滚动轴承等）只编写一个序号。

（5）序号或代号就沿水平或垂直方向按顺时针或逆时针排列整齐。

（6）在一个视图上无法连续排列全部的零件序号时，可在其他视图上按上述原则继续编写。

5. 填写明细栏、标题栏及技术要求

装配图中的标题栏可以采用国家标准，也可以根据自己的实际情况自己确定，也可以和零件图的标题栏一样。明细栏的绘制应在标题栏的上方或左方，外框左右两侧为粗实线，内框为细实线，为方便添加零件，明细栏的零件编写顺序一般为从下到上，明细栏中零件的序号必须和图形中标注的零件序号一致。

技术要求一般位于明细表上方或图纸下部空白处，主要包括以下内容：装配过程中的注意事项及零部件的加工要求，机器检验方面的要求，装配后机器应达到的性能要求以及机器或部件的使用要求等。设计者需要根据自己的实际情况进行填写，如果内容很多也可编写成技术文件作为图纸的附件。

6. 保存文件

对图形进行完整地检查，确定各项工作完成后保存文件。

10.3 装配图的绘制方法要点

10.3.1 装配图的表达方法

装配图和零件图的表达相似，其共同点都是要表达出它们的内、外形结构，因此关于零件的各种表达方法如视图、剖视、剖面等和选用原则，对表达机器和部件也适用。但零件图表达的是单个零件的结构形状，装配图表达的则是由若干零件所组成的部件的总体情况。在装配图的绘制过程中可能会出现零件之间互相遮挡的问题，同时有的零件还要求表示出它们的运动范围等，所以规定了各种表达方法和画法。下面将分别介绍各种表达方法。

1. 规定画法

（1）两个相邻零件的接触表面和有配合要求的表面，规定只画一条线，但对相邻两个零件不接触表面和非配合表面即使间隙很小，也必须画出两条线。如图 10-39 所示轴承盖与轴为非接触面画两条线，轴承与轴套有配合要求只画一条线。

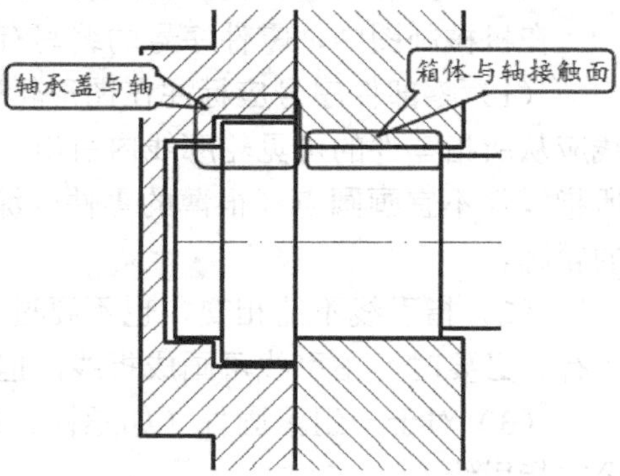

图 10-39　接触面与非接触面的画法

（2）在剖视图中，相邻两个零件的剖面线方向相反或方向一致但间距不等，在各视图中，同一零件的剖面线方向和间隔必须一致，如果 3 个或 3 个以上零件彼此相邻，则剖面线的间隔不应该相等以示区别。

（3）在装配图中，对于紧固件（如螺栓、螺母、螺柱、垫圈等）及实心件（如轴、球、键、连杆等），当剖切平面通过其轴线或对称线时，这些零件均按不剖切绘制，即不画剖面线，只画出零件的外形。

（4）在剖视图和剖面图中，当剖面的厚度小于 2mm 时，允许将剖面涂黑代替剖面符号，对于玻璃等不宜涂黑的材料可不画剖面符号。

2. 特殊画法

当规定画法不能简便、清晰地表达零件结构时，可以采用特殊画法绘制。

（1）拆卸画法

在装配图的某个视图中，当某些零件遮掩了大部分装配关系或其他零件时，可假想将这些零件拆去绘制，这种画法称为拆卸画法。采用这种画法时需要添加“拆去××等”标注。

（2）沿结合面剖切画法

如果需要表达部件的内部结构，可假想沿着两个零件的结合面进行剖切，结合面上不画剖面线，但被剖切到的其他零件则应画出剖面线。为了表达内部结构，多采用这种画法。

（3）单独表达某个零件

在装配图中，当某个零件的形状未表达清楚而又影响理解装配关系时，可另外单独绘制出该零件的视图或剖视图，并在视图上方标注出零件的编号和视图名称，在相应的视图附近用箭头指明投影方向。

（4）夸大画法

在绘制装配过程中，如须绘制直径或厚度小于 2mm 的孔或薄片以及较小的斜度、锥度、间隙和细丝弹簧时，无法按实际尺寸绘制或虽能绘制出但不能明显表达其结构，允许该部分不按原绘图比例而夸大画出，以使图形清晰。

（5）假想画法

在装配图中，为了表示与本部件有装配关系但又不属于本部件的其他相邻零部件时，可采用假想画法，用双点划线画出相邻部分的轮廓线。

在装配图中，为了表示某些零件的运动范围和极限位置，可先在一个极限位置上绘制出该零件，然后在另一个极限位置上用双点划线绘制出其轮廓。

（6）展开画法

该画法主要用来表达某些重叠的装配关系或零件动力的传动顺序，而假想将空间轴系按其传动顺序展开在一个平面图上，然后画出剖视图。

（7）简化画法

对于零件的工艺结构，可以不画如圆角、倒角、退刀槽等，此外螺母和螺栓头可以采用简化画法，对于相同的标准零件组件，在不影响理解的前提下，可以只画出一处，其余的只用细点划线表示其中心位置即可，剖视图中表示滚动轴承时，一般一半采用规定画法，另一半可以采用简化画法。

10.3.2 装配图的绘制过程

装配图的绘制过程大体可以分为由内向外法和由外向内法两种。

由内向外是指首先绘制中心位置的零件，然后以其为基准来绘制外部的零件，这种方法一般适用于含有箱体类零件而且箱体外部还有较多零件的装配图。

由外向内是指首先绘制外部零件，然后再以外部零件为基准绘制内部零件。

除了这两种过程外还有由左至右、由上至下等方法，在具体的绘制过程中，用户应根据需要配合各种方法进行绘制。

10.3.3 装配图的绘制方法

装配图的绘制方法综合起来主要有直接绘制法、零件插入法和零件图块插入法 3 种。

直接绘制法适合于绘制比较简单和规则的装配图；零件插入法是指首先绘制出装配图中的各种零件，然后选择其中的一个作为主体零件，将其他零件依次通过“复制”、“移动”、“镜像”、“修剪”等命令插入主体零件完成绘制；零件图块插入法是指将各种零件创建为图块并存储，然后以插入图块的方法来装配零件以完成装配图的绘制。

装配图的绘制通常是从主视图画起，几个视图相互配合一起画，也可先画某一视图然后再画其他视图。但无论运用哪种方法，在画图时都应注意以下几点：

（1）各视图间要符合投影理论关系，各零件和各结构要素也要符合投影关系。

（2）为了画图准确、保证各零件间的相互位置准确和误差最小，一般先画起定位作用的基准件，再画其他零件。

（3）先画机器或部件的主要结构，然后画次要结构。

（4）在绘制过程中，随时检查零件间正确的装配关系，即零件之间是否接触，是否为配合关系以及是否相互干扰和碰撞等，发现问题及时纠正以免影响下面的绘制。

10.3.4 装配图绘制的一些注意事项

1. 接触面与配合面的结构

◆ 为了保证零件接触良好，降低加工要求，两个零件的接触面在同一方向上只能有一对平面接触，如图 10-40（a）所示竖直方向只有一个接触面，如图 10-40（b）所示竖直方向有两个接触面。

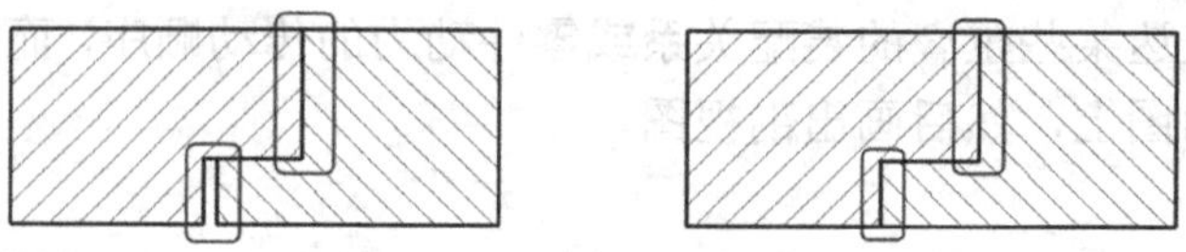

（a）合理　　（b）不合理

图 10-40　接触面的合理绘制

◆ 对于锥面配合，锥体顶部与锥孔底部之间必须留有空隙。

◆ 在不影响性能要求的前提下可以合理地减少加工面积。如为了保证连接件（螺栓、螺母、垫圈）和被连接件间的良好接触，可以在被连接件上作出沉孔、凸台等结构；为了减少接触面，轴承底座与轴衬的接触面上可以开设环形槽。

2. 螺纹连接的结构

◆ 为了装配方便，被连接件通孔的尺寸应比螺纹大径或螺杆直径稍大，即两零件间为间隙配合。

◆ 为了保证螺钉拧紧，通常要适当加长螺纹尾部，在螺杆上加工出退刀槽，在螺孔上作出凹坑或倒角。

◆ 为了便于拆装，螺钉的安装位置必须留出足够的空间供扳手活动。

10.4 实例·操作——阀体夹具装配图

阀体夹具装配图如图 10-41 所示，为了表达其结构，采用了 3 个视图来表达。其中在主视图上对不同的零件采用了局部剖视和全剖。

【思路分析】

阀体夹具装配图一共采用了 3 个视图，分别为主视图、左视图和俯视图，其中在主视图上，为了表达不同的结构，部分零件采用了全剖视图，部分零件采用了局部剖视。该装配图中涉及螺钉、销和衬套类的零件，而且各个零件间的连接关系相对比较简单，在绘制过程中可以通过零件插入法来完成绘制。可以按照以下主要步骤完成该装配图的绘制：首先绘制出夹具作为主体零件；然后分别绘制夹具在其他两个视图上的投影；接着绘制模板零件和该零件在其他两个视图上的投影；然后继续绘制各类螺钉及其他零件，并绘制必要的中心线作为插入零件基准；在插入相应零件后利用修剪工具进行修剪；整体轮廓完成后利用样条曲线绘制剖面位置，并填充剖面；最后标注尺寸，编写零件序号，填写标题栏和明细栏，添加技术要求，再对图形进行整体检查，进行完善后保存文件结束绘制，如图 10-42 所示。

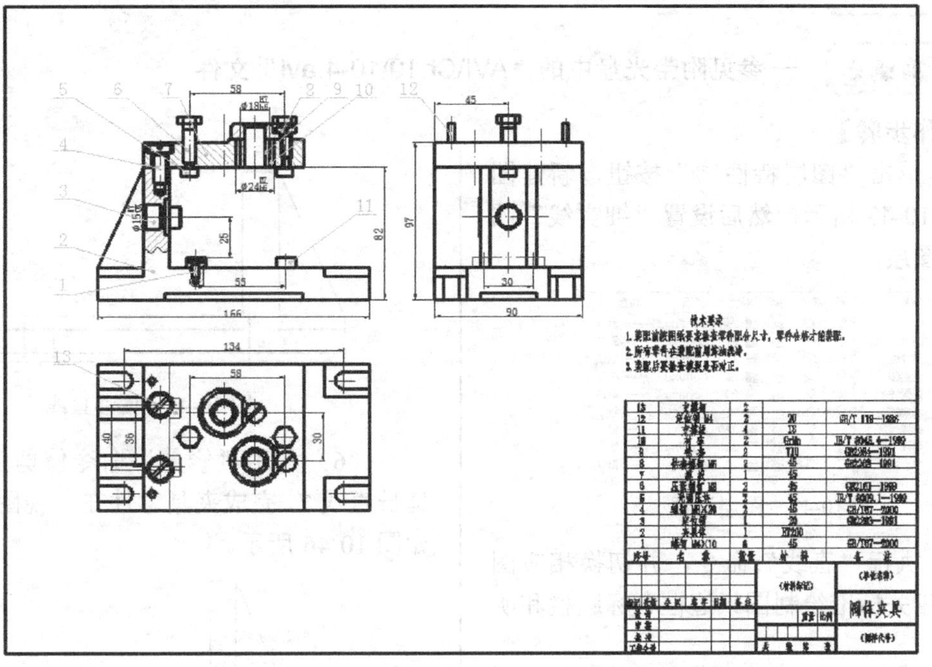

图 10-41　阀体夹具装配图

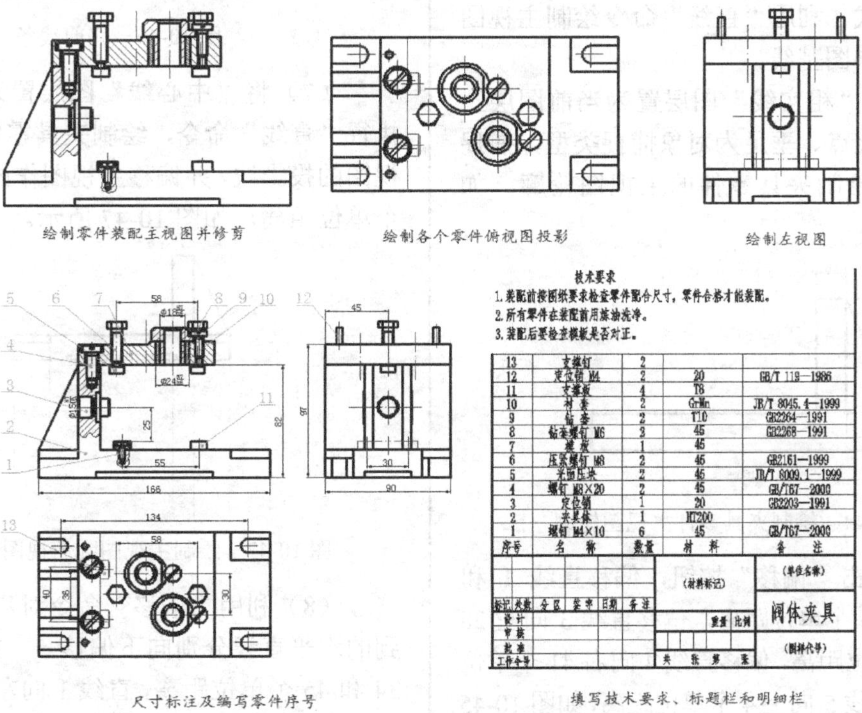

图 10-42　阀体夹具装配图绘制步骤

该图形的绘制采用 A2 图纸，绘图比例为 1:1。

【光盘文件】

结果文件——参见附带光盘中的“END\Ch10\10-4.dwg”文件。

动画演示——参见附带光盘中的“AVI\Ch10\10-4.avi”文件。

【操作步骤】

（1）单击“图层特性”按钮，新建图层，如图 10-43 所示，然后设置“细实线”图层为当前图层。

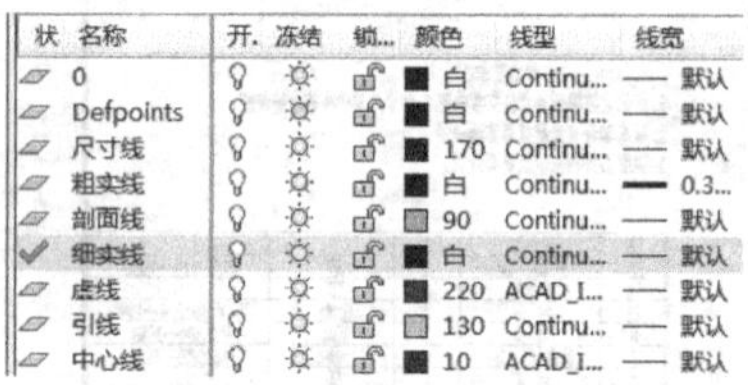

状	名称	开.	冻结	锁...	颜色	线型	线宽
	0				白	Continu...	默认
	Defpoints				白	Continu...	默认
	尺寸线				170	Continu...	默认
	粗实线				白	Continu...	0.3...
	剖面线				90	Continu...	默认
✓	细实线				白	Continu...	默认
	虚线				220	ACAD_I...	默认
	引线				130	Continu...	默认
	中心线				10	ACAD_I...	默认

图 10-43　图层设置

（2）执行“直线”命令，并切换相应图层，根据相关标准绘制图纸边框、标题栏和明细栏。

（3）将“中心线”图层置为当前图层，打开正交模式，利用“直线”命令绘制主视图和左视图的作图基线。

（4）将“粗实线”图层置为当前图层，设置端点、交点、垂足为对象捕捉类型，捕捉基准线端点绘制夹具零件的主视图轮廓，如图 10-44 所示。

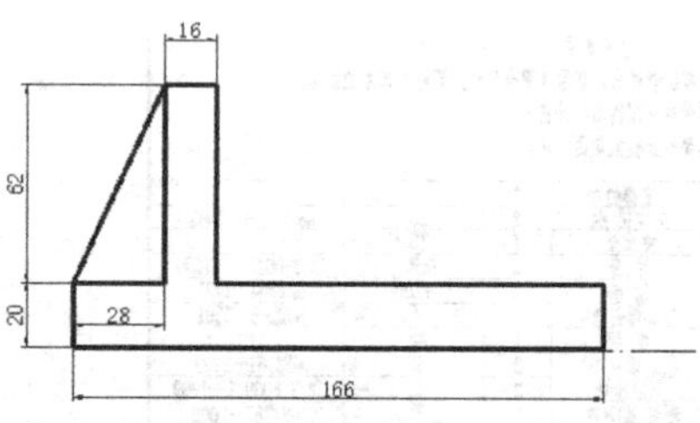

图 10-44　绘制夹具零件主视图轮廓

（5）单击“偏移”按钮，偏移直线 1 和直线 2 向下 6 个单位距离，偏移直线 3 向左 28 个和 41 个单位距离，偏移直线 4 向右 41 个单位距离，偏移直线 5 向上 4 个单位距离，如图 10-45 所示。

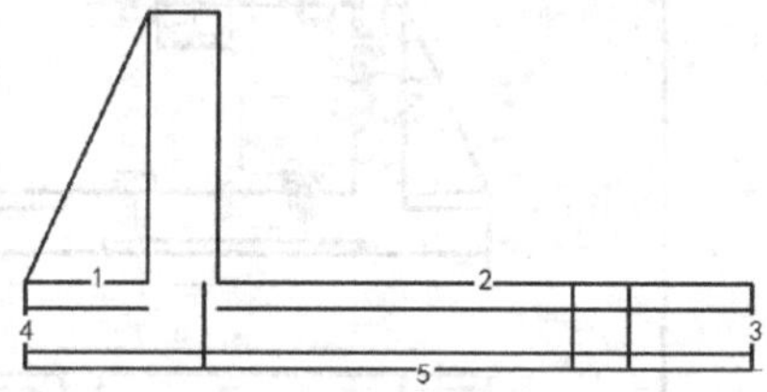

图 10-45　偏移直线

（6）利用“修剪”命令修剪多余线条，延长直线 7，完成夹具零件在主视图上的投影，如图 10-46 所示。

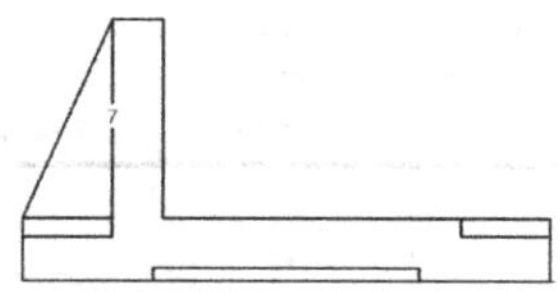

图 10-46　修剪线条

（7）将“中心线”图层置为当前图层，执行“直线”命令，绘制夹具零件主视图到俯视图的投影线，并偏移主视图作图基线向下 40 个单位距离，如图 10-47 所示。

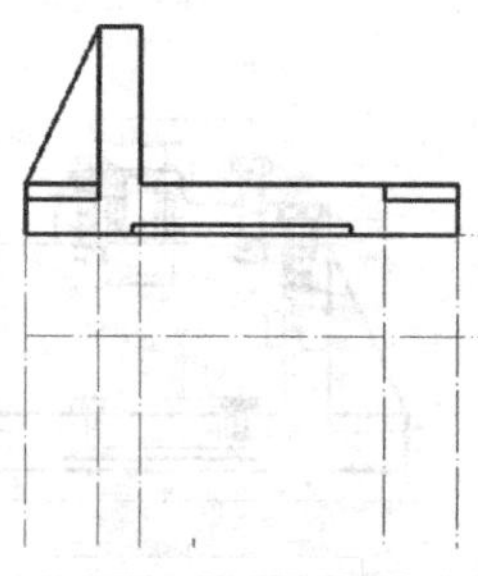

图 10-47　绘制主视图到俯视图的投影线

（8）利用“偏移”命令对步骤（7）所得到的水平直线分别向下偏移 5、15、20、28、34 和 45 个单位距离，直线 1 向左偏移 12 个单位距离，如图 10-48 所示。

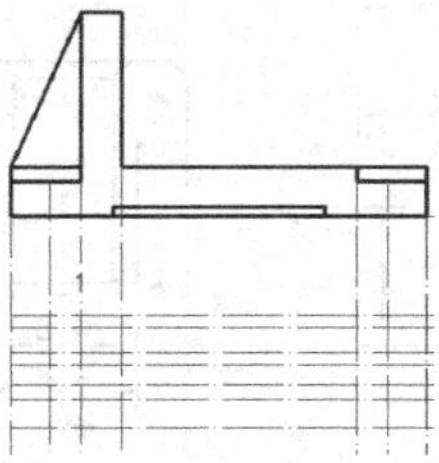

图 10-48　偏移直线

（9）切换“粗实线”图层为当前图层，利用“直线”和“圆”命令捕捉相应交点绘制夹具零件俯视图上半部轮廓线，如图 10-49 所示。

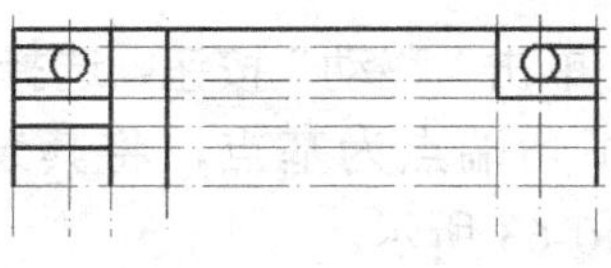

图 10-49　绘制俯视图上半部轮廓线

（10）利用“修剪”命令修剪多余线条，并删除其他线条，结果如图 10-50 所示。

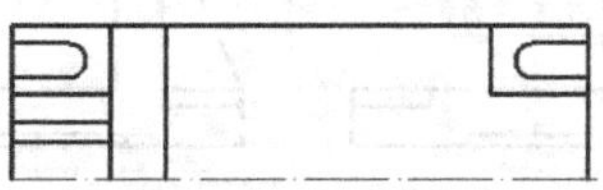

图 10-50　修剪线条

（11）执行“镜像”命令选取步骤（10）所绘制的线条为对象绘制零件下半部轮廓线，结果如图 10-51 所示。

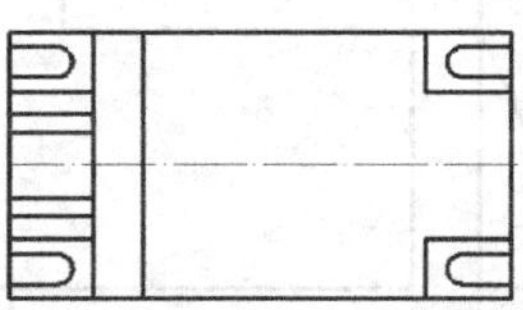

图 10-51　用“镜像”命令完成俯视图的绘制

（12）将“中心线”图层置为当前图层，利用“直线”命令绘制夹具的主视图和俯视图到左视图的投影线，如图 10-52 所示。

（13）将“粗实线”图层置为当前图层，利用“直线”命令捕捉相应交点绘制左视图左半部轮廓线，如图 10-53 所示。

（14）删除中心线以外的其他投影线，利用“镜像”命令选取左半部轮廓线为对象完成左视图的绘制，如图 10-54 所示。

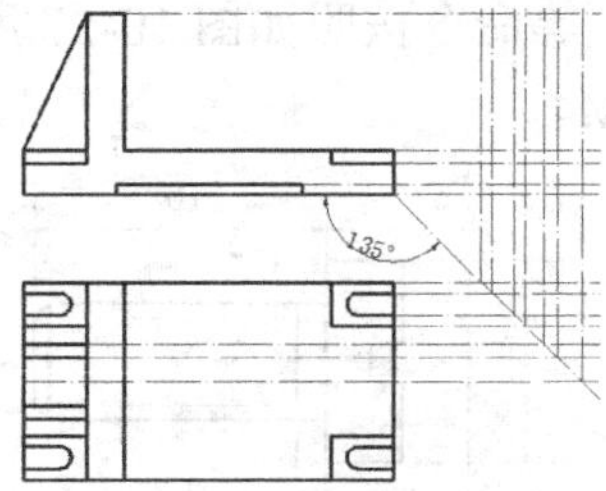

图 10-52　绘制投影线

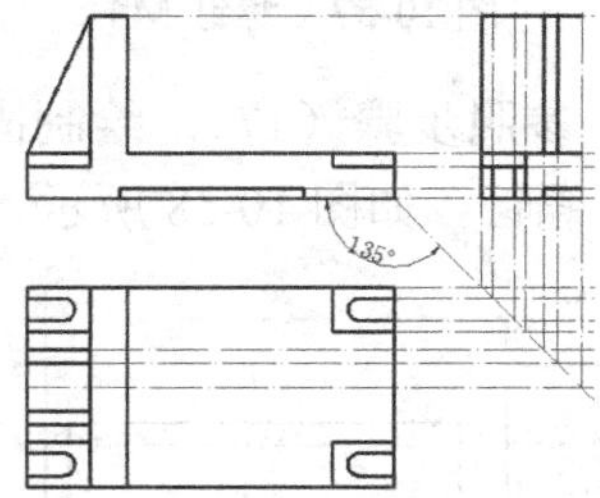

图 10-53　绘制左视图左半部轮廓线

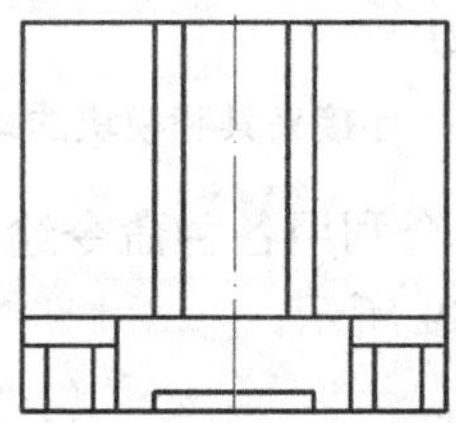

图 10-54　用“镜像”命令完成左视图的绘制

（15）利用“直线”和“圆角”命令绘制模板零件，其尺寸如图 10-55 所示。

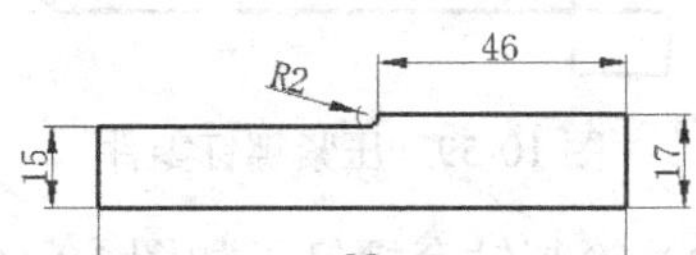

图 10-55　模板零件

（16）综合利用“直线”、“偏移”和“镜像”等命令按照如图 10-56 所示的尺寸绘制定位销零件。

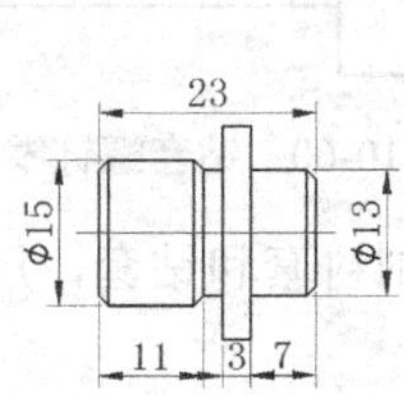

图 10-56　定位销

（17）综合利用“直线”、“偏移”、“镜像”和“倒角”等命令按照如图 10-57 所示的尺寸绘制螺钉 M4。

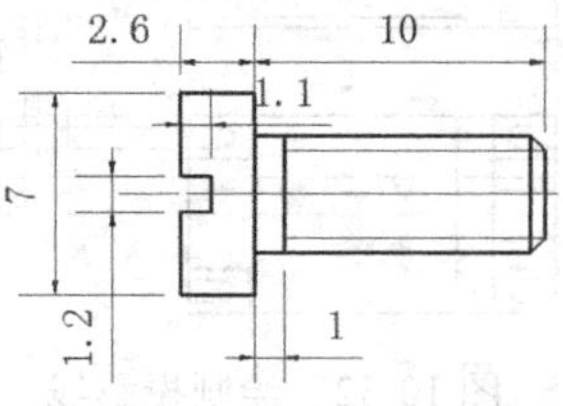

图 10-57　螺钉 M4

（18）参照步骤（17），绘制固定夹具和模板的 M8 螺钉，如图 10-58 所示。

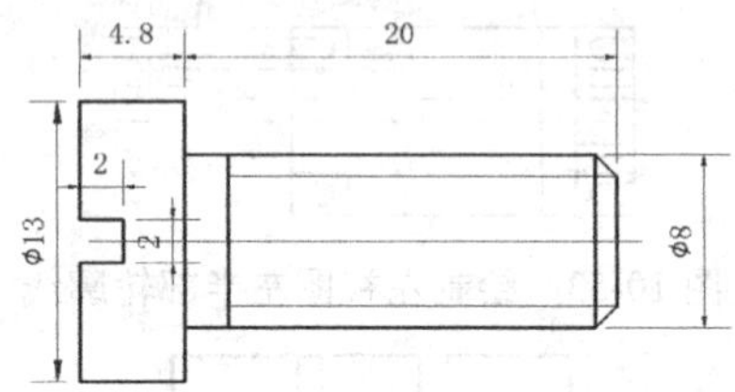

图 10-58　连接夹具和模块的螺钉零件

（19）综合利用各种命令绘制 M8 压紧螺钉，如图 10-59 所示。

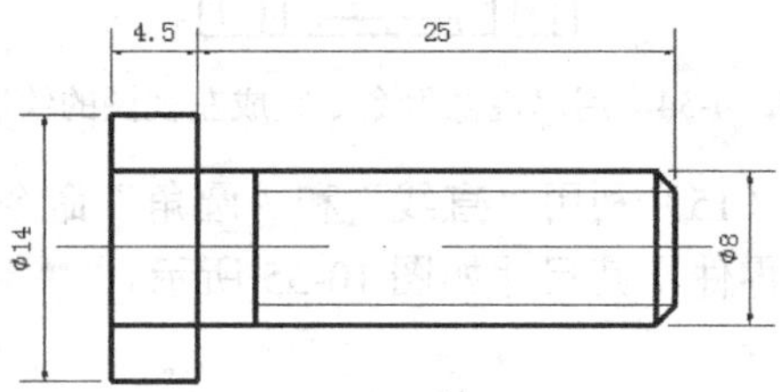

图 10-59　压紧螺钉零件

（20）绘制钻套螺钉，如图 10-60 所示。

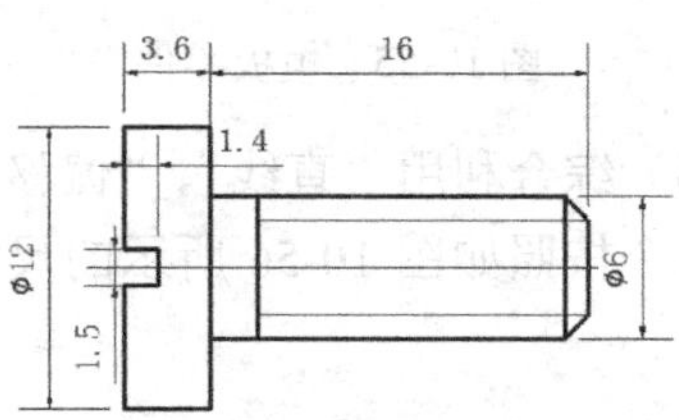

图 10-60　钻套螺钉零件

（21）绘制衬套和钻套，尺寸如图 10-61 所示。

（22）执行“直线”命令绘制光面压块和支撑板零件，其尺寸如图 10-62 所示。

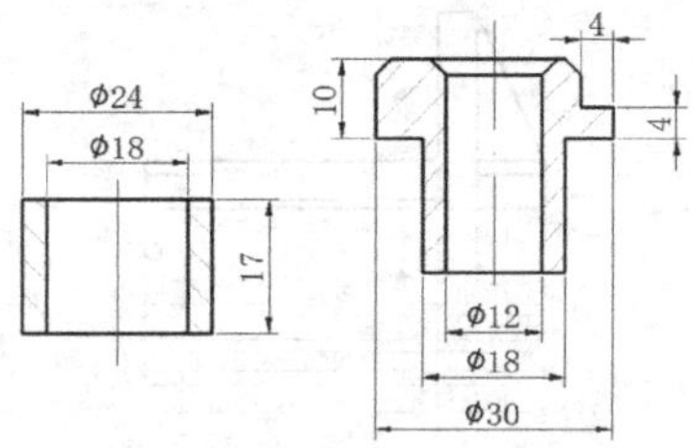

图 10-61　衬套（左）和钻套（右）

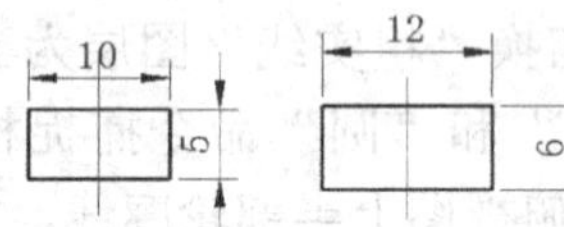

图 10-62　光面压块和支撑板零件

（23）单击“移动”按钮，选择模板零件，选定其左下角端点为基点，将其装配到夹具上，如图 10-63 所示。

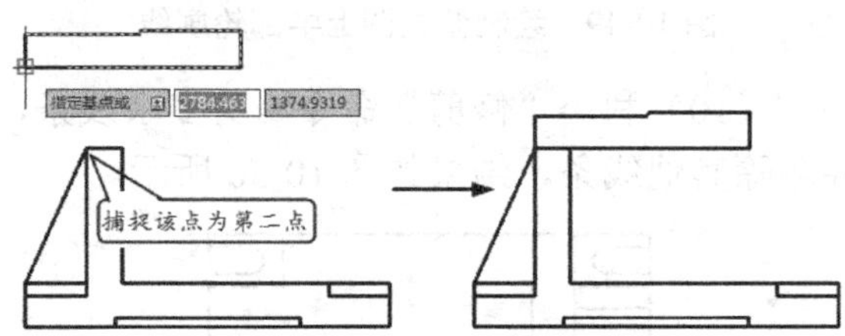

图 10-63　安装模板零件

（24）切换“中心线”图层为当前图层，捕捉夹具轮廓端点绘制如图 10-64 所示的基线。

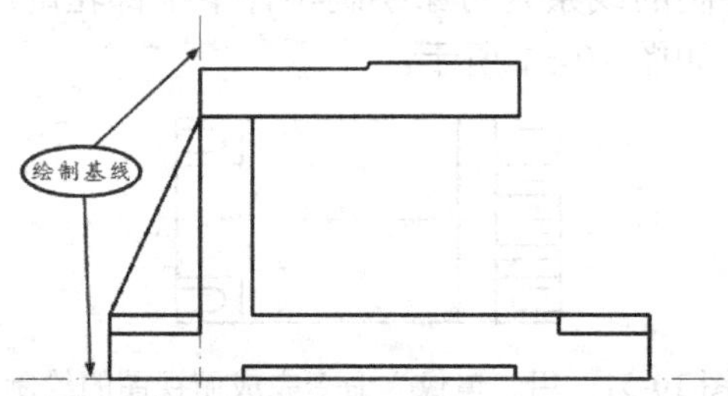

图 10-64　绘制基线

（25）执行“偏移”命令，偏移竖直基线向右 32 和 87 个单位距离，如图 10-65 所示。

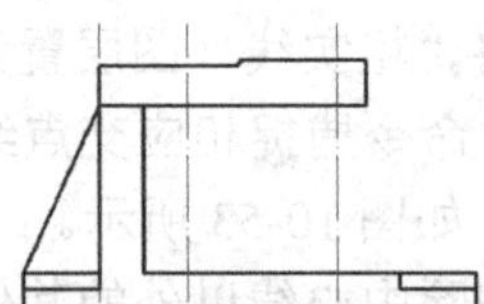

图 10-65　按支撑板安装尺寸偏移基线

（26）执行“复制”命令，选取支撑板为对象，指定支撑板中心线与底边交点为基点装配支撑板，如图 10-66 所示。

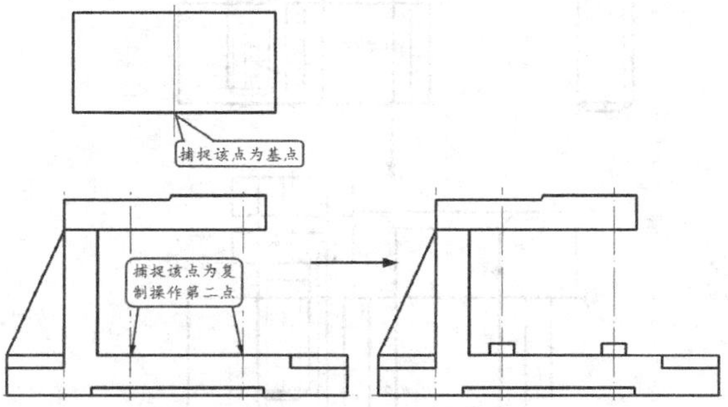

图 10-66　装配支撑板

（27）执行“偏移”和“修剪”命令完成支撑板上凹台的绘制，如图 10-67 所示。

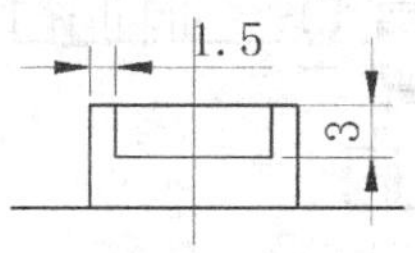

图 10-67　绘制支撑板上的凹台

（28）执行“移动”命令，选取螺钉 M4 为对象装配到夹具零件上，如图 10-68 所示。

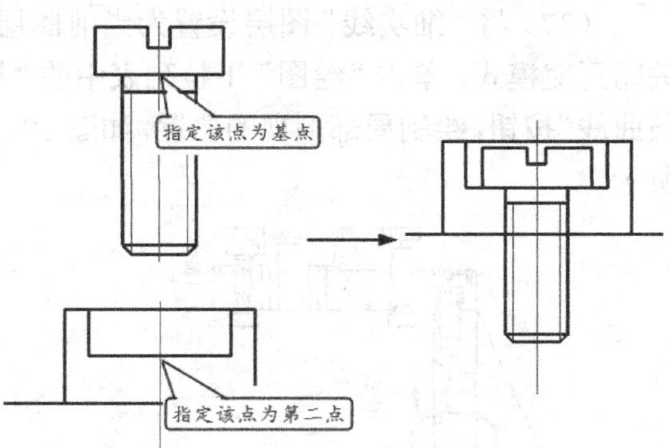

图 10-68　装配螺钉 M4 零件

（29）利用“偏移”命令偏移水平基线向上 51 个单位距离，然后利用“移动”命令完成定位销的安装，如图 10-69 所示。

（30）执行“偏移”、“直线”和“修剪”命令完成模板上螺钉孔的绘制，如图 10-70 所示。

（31）添加中点为对象捕捉类型，利用“移动”命令完成 M8 螺钉的装配，如图 10-71 所示。

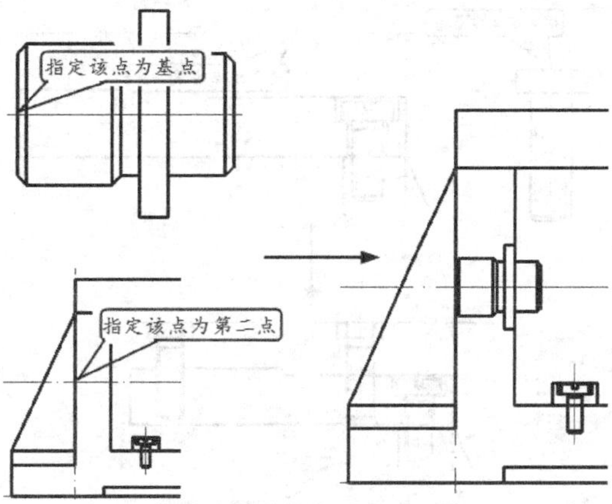

图 10-69　装配定位销

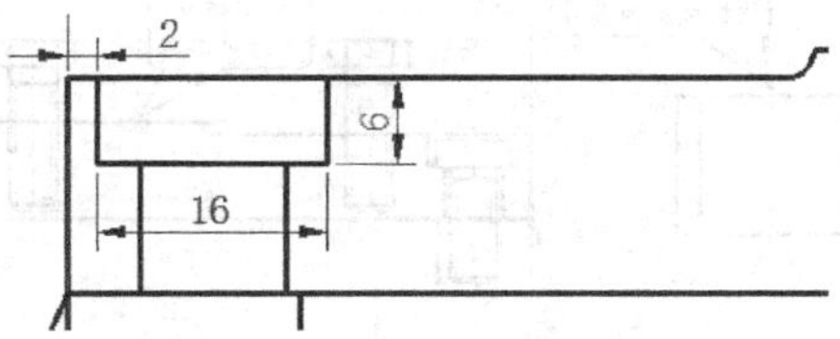

图 10-70　螺钉孔的绘制

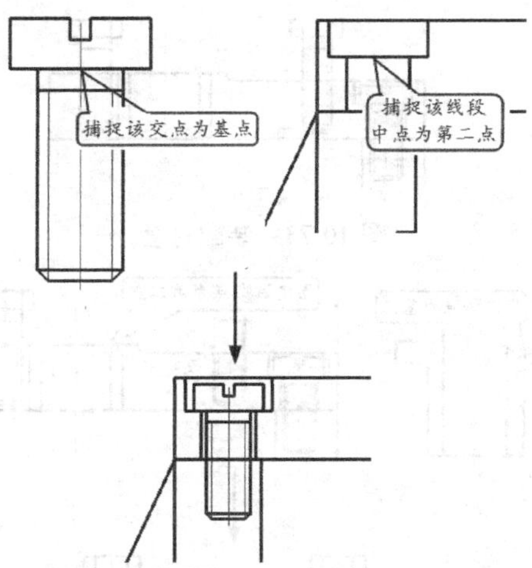

图 10-71　装配螺钉 M8

（32）利用“偏移”命令偏移竖直基准线向右偏移 28、83 个单位距离，水平基准线向上偏移 113 个单位距离，然后执行“复制”命令，完成压紧螺钉的装配，如图 10-72 所示。

（33）偏移竖直基准线向右 68 个单位距离，利用“移动”命令完成衬套的装配，如图 10-73 所示。

（34）利用“移动”命令完成钻套在模板上的装配，如图 10-74 所示。

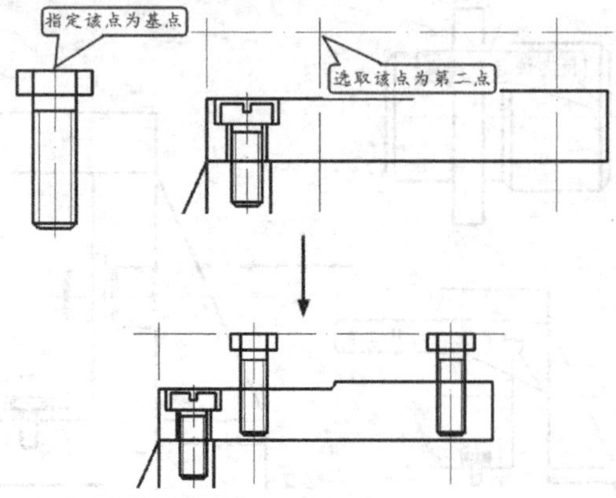

图 10-72　装配压紧螺钉

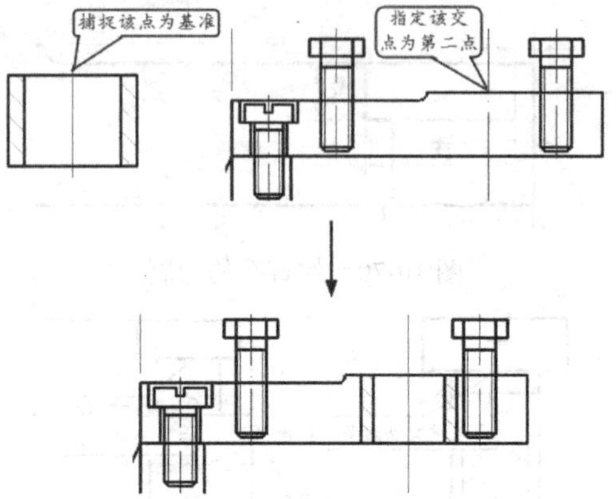

图 10-73　装配衬套

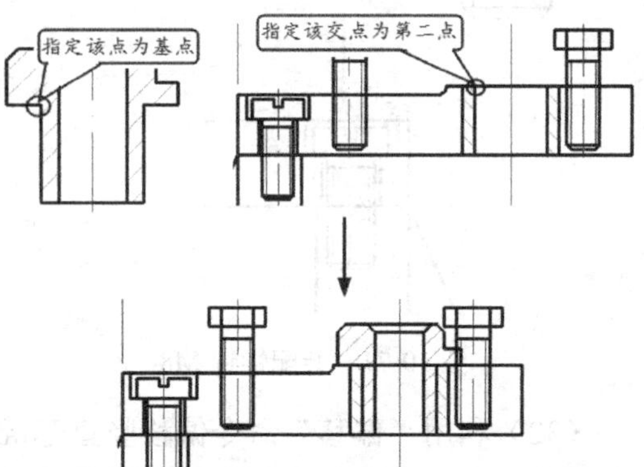

图 10-74　钻套的装配

（35）偏移竖直基准线向右 87 个单位距离并捕捉钻套右端点绘制中心线，利用“移动”命令完成钻套螺钉的装配，如图 10-75 所示。

（36）利用“修剪”命令修剪多余线条，并综合使用其他命令完成螺纹准确的绘制。利用“复制”命令完成光面压块零件的装配，从而完成主视图所有零件的装配，如图 10-76 所示。

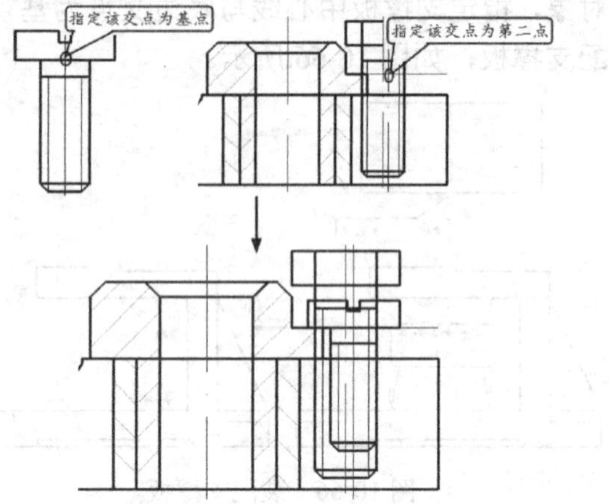

图 10-75　装配钻套螺钉

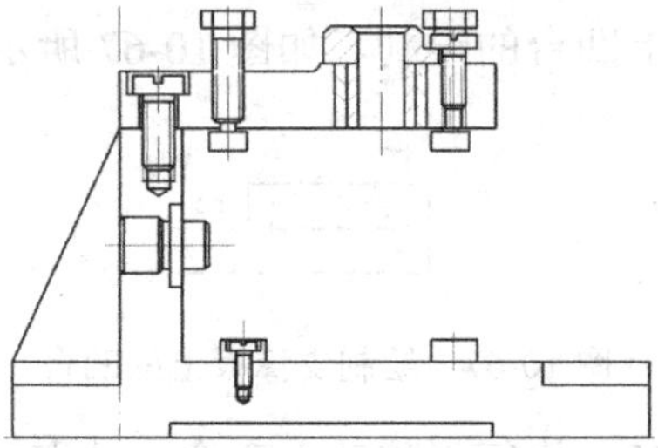

图 10-76　完成主视图所有零件的装配

（37）将“细实线”图层设置为当前图层。关闭正交模式，单击“绘图”下拉列表中的“样条曲线”按钮，绘制局部剖视的位置，如图 10-77 所示。

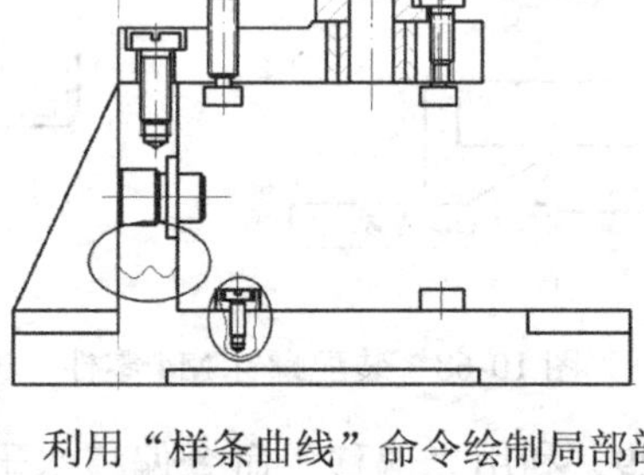

图 10-77　利用“样条曲线”命令绘制局部剖视位置

（38）将“中心线”图层置为当前图层，偏移俯视图水平中心线向下和向上各 15 个单位距离，绘制钻套零件从主视图到俯视图的投影线，如图 10-78 所示。

（39）将“粗实线”图层切换为当前图层，利用“圆”命令绘制钻套俯视图投影，如

图 10-79 所示。

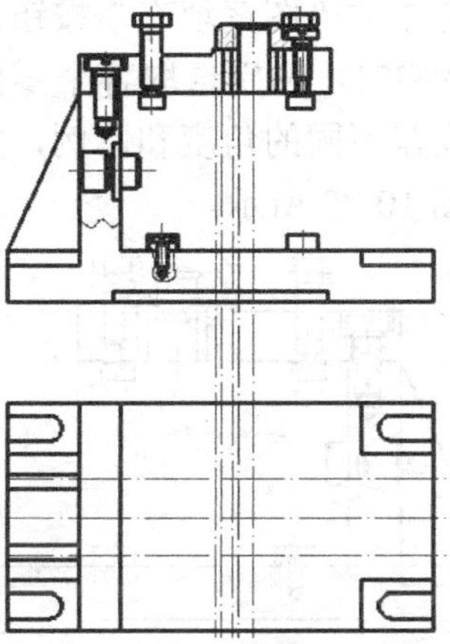

图 10-78 绘制钻套零件投影线

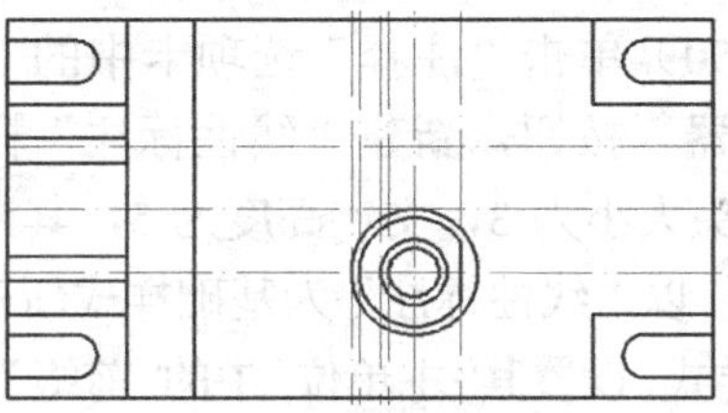

图 10-79 钻套俯视图投影

（40）参照步骤（38）和（39）完成钻套螺钉在俯视图上的投影，如图 10-80 所示。

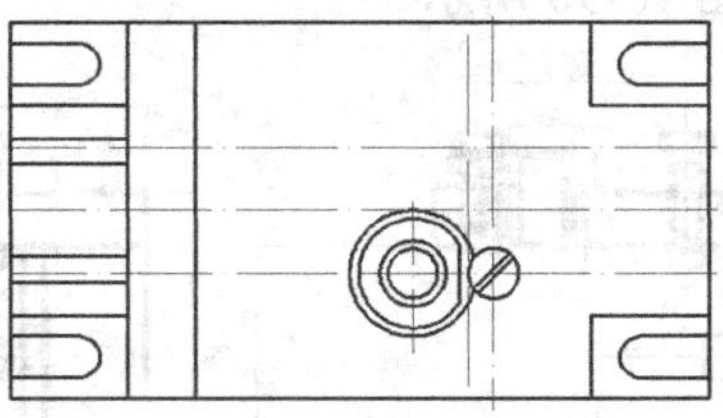

图 10-80 钻套螺钉在俯视图上的投影

（41）如图 10-81 所示，完成另外的钻套和钻套螺钉投影的绘制。

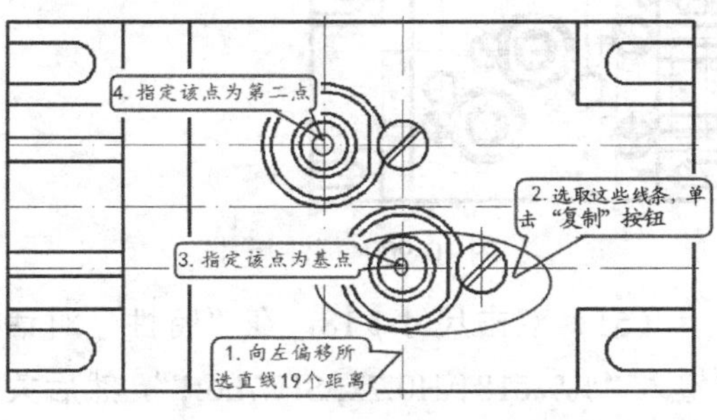

图 10-81 "复制"完成投影

（42）参照前面的步骤完成连接模板和夹具的螺钉的投影绘制，并将夹具相应的投影线切换为虚线，如图 10-82 所示。

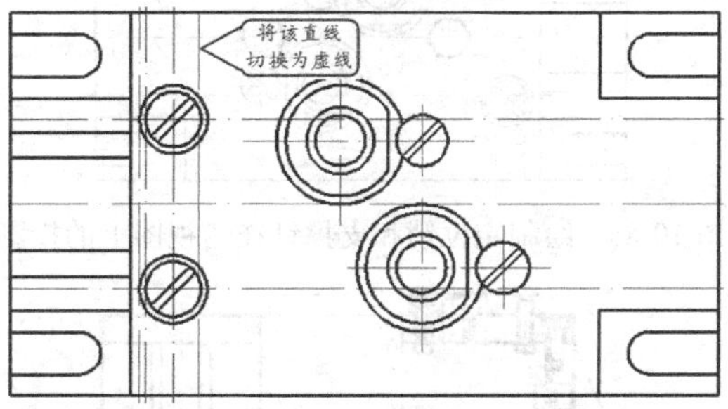

图 10-82 绘制连接夹具和模板的螺钉投影

（43）参照前面的步骤完成压紧螺钉投影的绘制，完成模板在俯视图投影的绘制，如图 10-83 所示。

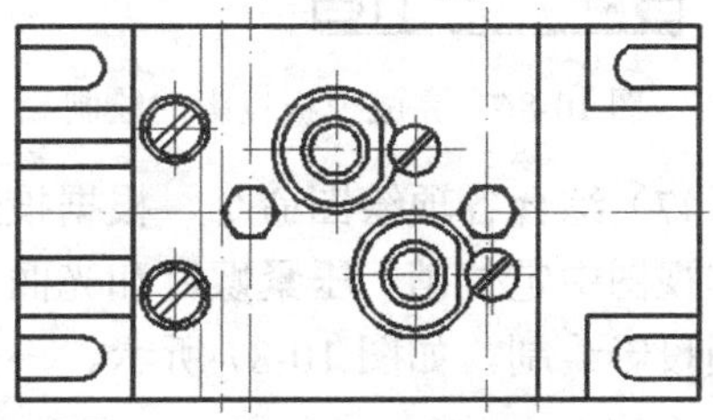

图 10-83 绘制压紧螺钉在俯视图的投影

（44）根据模板上定位销的位置尺寸，利用"偏移"命令绘制中心线，如图 10-84 所示。

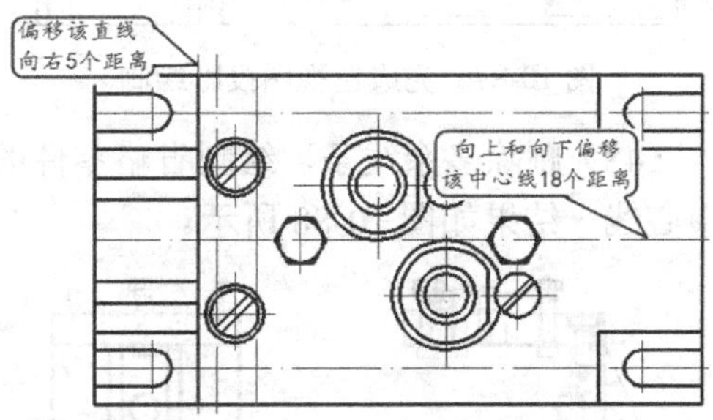

图 10-84 绘制定位销投影线

（45）利用"圆"命令绘制定位销在俯视图上的投影。偏移俯视图水平中心线向上、向下各 18 个单位距离，使用"虚线"图层绘制支撑钉，如图 10-85 所示。

（46）根据投影理论，综合利用各种命令完成模板在俯视图和左视图上的投影，如图 10-86

所示。

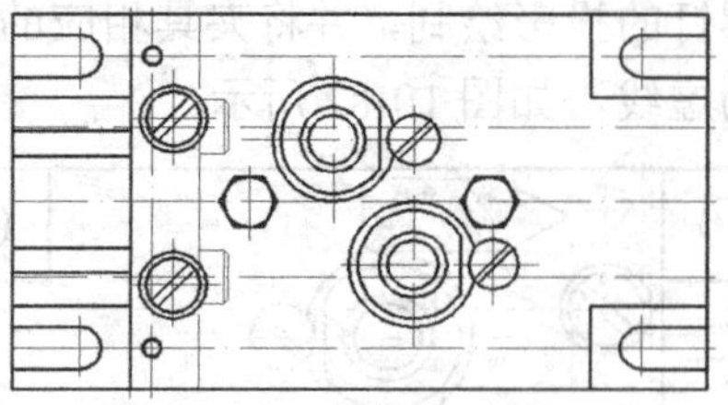

图 10-85　绘制定位销和支撑钉在俯视图上的投影

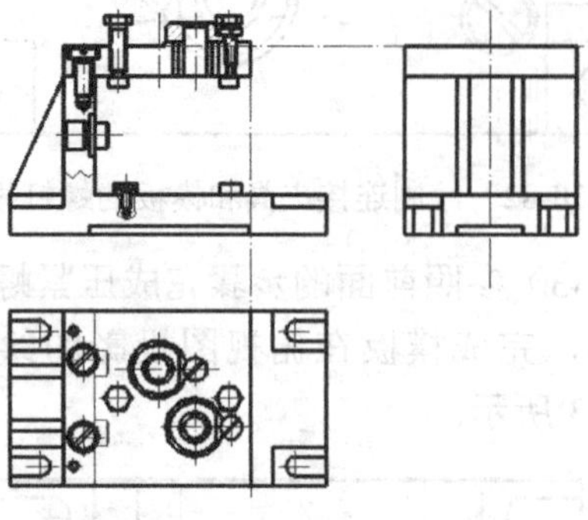

图 10-86　完成模板投影的绘制

（47）综合各项绘图命令，根据投影理论完成左视图中定位销、压紧螺钉和光面压块的左视图投影绘制，如图 10-87 所示。

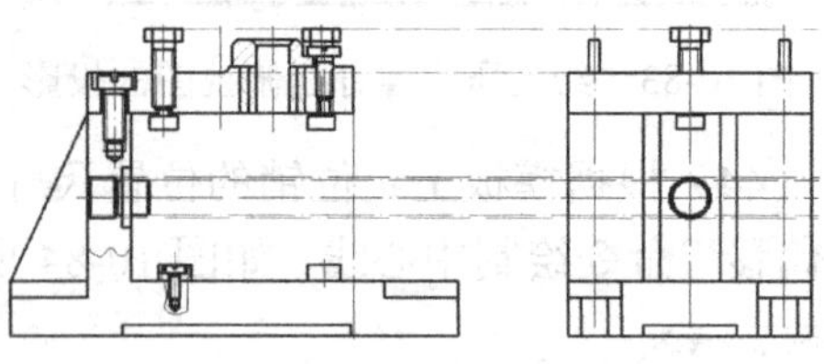

图 10-87　完成左视图投影绘制

（48）删除多余线条，绘制省略零件的投影中心线，结果如图 10-88 所示。

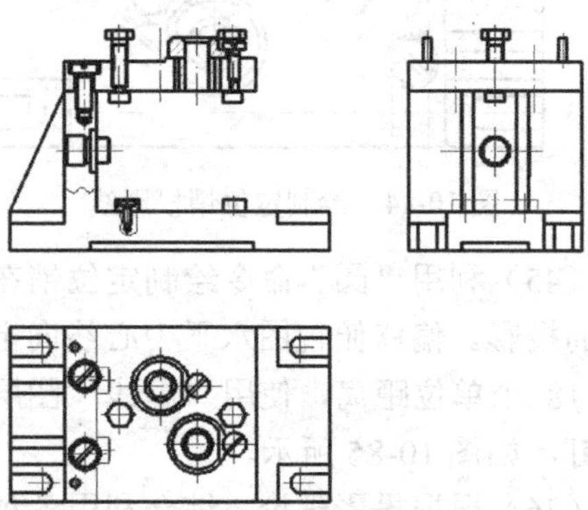

图 10-88　完成三视图整体轮廓的绘制

（49）将“剖面线”图层置为当前图层，单击工具栏中的“图案填充”按钮，设置“图案”为 ANSI31，分别选取各个零件相应剖切面范围，设置不同的角度和比例，完成剖面线填充，如图 10-89 所示。

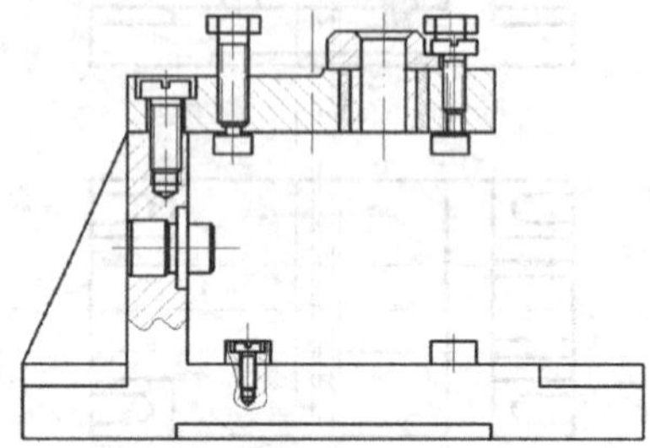

图 10-89　添加剖面线

（50）单击“注释”选项卡中的“标注样式管理器”按钮，新建“线性标注”样式，设置其箭头大小为 3，文字高度为 5，其余设置保持默认；以“线性标注”为基础样式新建“直径标注”样式，设置其“主单位”中的“前缀”为%%c，其余设置保持默认。将“尺寸线”图层和“线性标注”样式置为当前，单击标注非直径类尺寸，然后切换“直径标注”样式标注直径类尺寸，如图 10-90 所示。

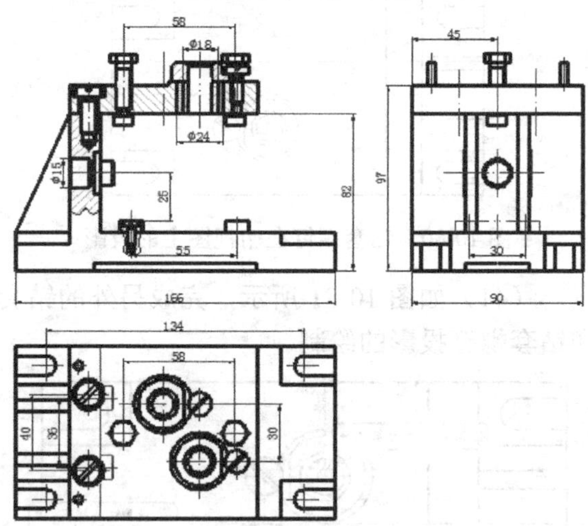

图 10-90　标注尺寸

（51）双击尺寸 ϕ18，在“特性”对话框中输入“%%c18{\H0.7x;\SH7/h6;}”，然后关闭对话框，用同样的方法对其余直径尺寸进行修改，结果如图 10-91 所示（需要注意的是，所有字符必须为半角，H 和 S 字母必须大写，后面的 H7 和 h6 代表公差代号，不能省略任何一个符号）。

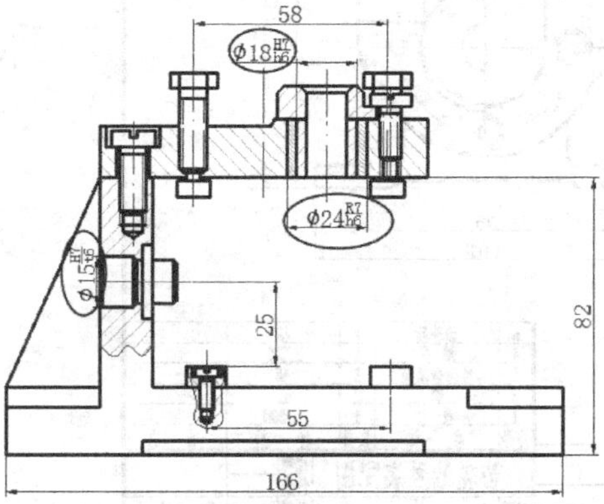

图 10-91　添加形位公差代号

（52）单击“引线”面板中的“多重引线样式管理器”按钮，新建“序号引线”样式。在“引线格式”选项卡中设置箭头符号为■点，大小为 2，在“引线结构”选项卡中设置基线距离为 12，其余设置保持默认。为保证引线的整齐可预先绘制基准直线，将“引线”图层置为当前图层，单击“多重引线”按钮，绘制零件序号引线，结果如图 10-92 所示。

（53）单击“文字”面板中的“文字样式”按钮，新建“序号”样式，设置文字高度为 8，其余设置保持默认。删除步骤（52）中绘制的基准直线，单击“单行文字”按钮，在引线的合适位置添加序号，通过“移动”命令将序号排列整齐，如图 10-93 所示。

（54）新建“明细栏”文字样式，设置“字体名”为“仿宋”，“宽度因子”为 0.7，其余设置保持默认，将其置为当前样式。选择“单行文字”命令中“对正”方式中的“中间”选项完成标题栏和明细栏的填写，利用“多行文字”命令完成技术要求的添加。

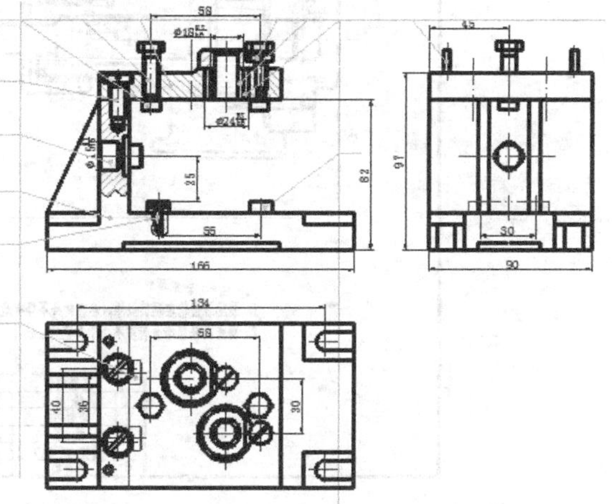

图 10-92　添加序号引线

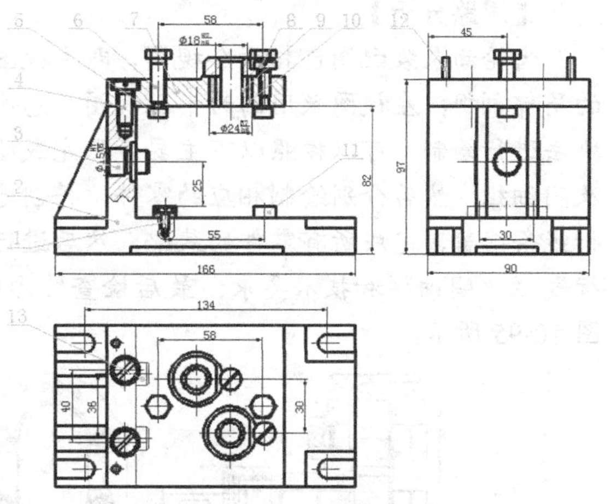

图 10-93　添加零件序号

（55）全面检查图形，确保各项工作完成后，保存文件，结束当前图形的绘制。

10.5　实例・练习——齿轮油泵装配图

齿轮油泵装配图如图 10-94 所示，包括主视图和左视图两个视图，主视图采用的为全剖视和零件的局部剖视，左视图为半剖视。

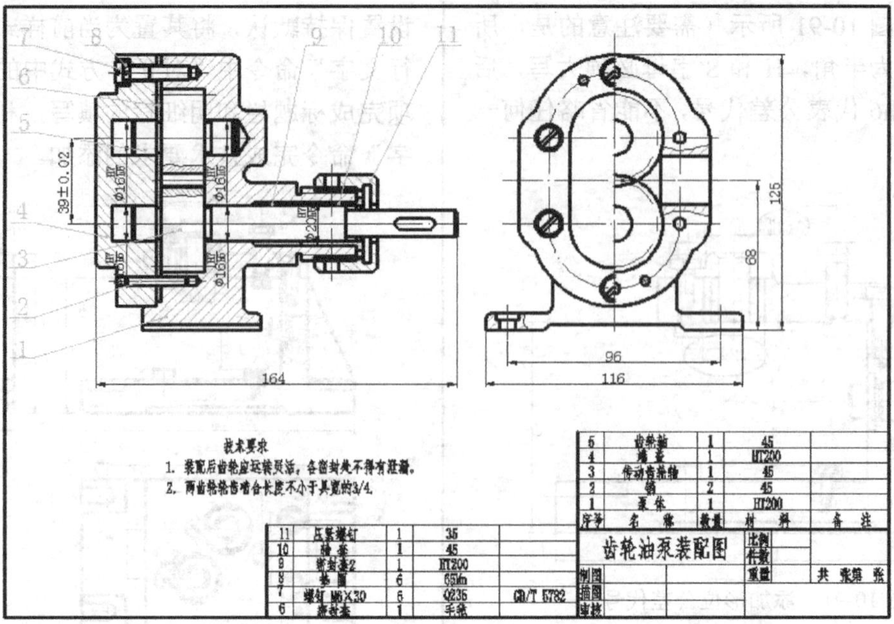

图 10-94 齿轮油泵装配图

【思路分析】

齿轮油泵装配图包括两个视图，即主视图和左视图，其中主视图采用的为全剖视和部分零件的局部剖视，左视图采用的为半剖视图，总体来讲，该装配图相对比较简单，本例将介绍插入图块法进行绘制。可以按照以下主要步骤完成绘制：首先确定图幅，绘制图纸边框和相应的标题栏及明细栏；然后分别绘制相应的零件，并创建块，指定基点；接着进行插入各个零件块操作并进行线条修剪，完成所有零件的装配；然后进行必要的尺寸标注；对各个零件进行编写序号；填写标题栏、明细栏和技术要求；最后检查图形确认所有工作完善后保存图形，结束当前绘制，如图 10-95 所示。

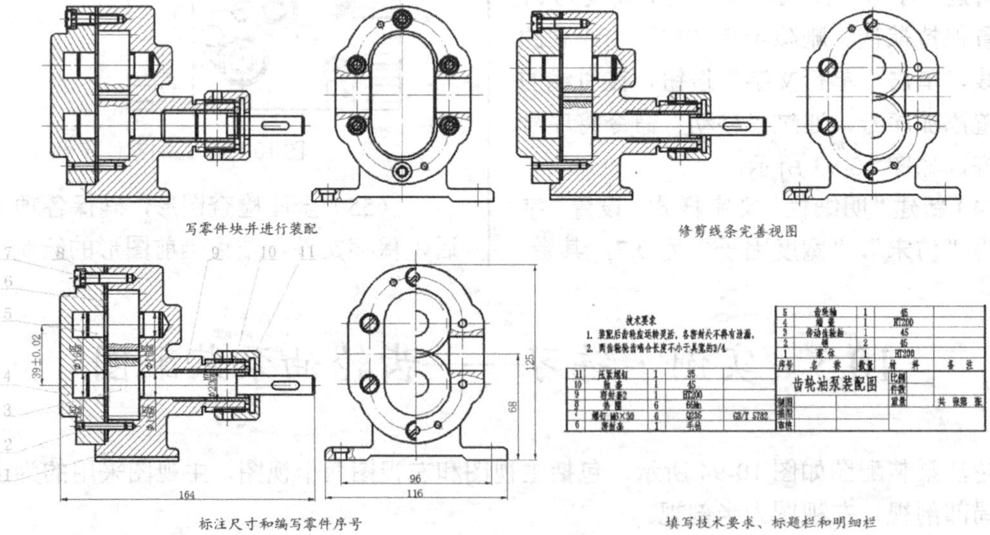

图 10-95 油泵装配图绘制步骤

本例采用的图幅为 A3 纸，比例为 1:1。

【光盘文件】

结果文件——参见附带光盘中的“END\Ch10\10-5.dwg”文件。

动画演示——参见附带光盘中的“AVI\Ch10\10-5.avi”文件。

【操作步骤】

1. 新建图层并绘制图纸边框

（1）单击“图层特性”按钮，新建图层，如图 10-96 所示，然后设置“细实线”图层为当前图层。

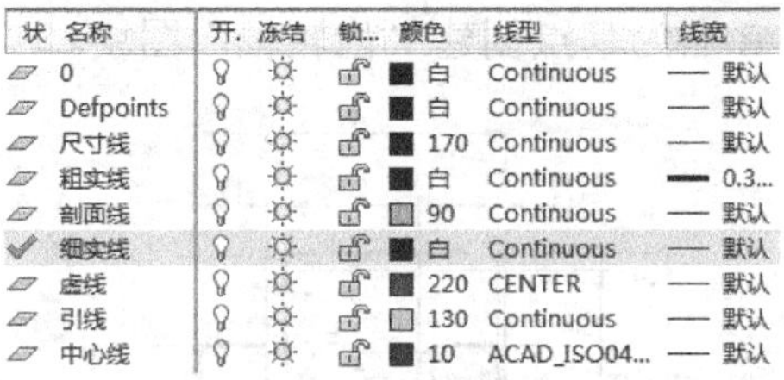

状	名称	开.	冻结	锁...	颜色	线型	线宽
	0				白	Continuous	—— 默认
	Defpoints				白	Continuous	—— 默认
	尺寸线				170	Continuous	—— 默认
	粗实线				白	Continuous	—— 0.3...
	剖面线				90	Continuous	—— 默认
✓	细实线				白	Continuous	—— 默认
	虚线				220	CENTER	—— 默认
	引线				130	Continuous	—— 默认
	中心线				10	ACAD_ISO04...	—— 默认

图 10-96　图层设置

（2）查阅相关标准绘制图纸边框、标题栏和明细栏，如已创建有图纸模板，则直接选中该模板进行新建文件。

2. 绘制泵体零件并创建图块

（3）将“中心线”图层置为当前图层，绘制泵体两个视图的作图基线，如图 10-97 所示。

图 10-97　绘制泵体视图的作图基线

（4）将“粗实线”图层置为当前图层。设置端点、交点、中点和垂足为对象捕捉类型。综合利用各种平面图形绘制命令并切换需要的图层绘制泵体两个视图的轮廓，尺寸如图 10-98 所示。

（5）在命令行输入“wblock”，按 Enter 键确定，打开“写块”对话框。然后单击“拾取点”按钮指定图 10-99 所示的 A 点为基点。单击“选择对象”按钮返回绘图区框选所绘制的泵体零件的两个视图。接着单击“文件名和路径”下拉列表框右侧的按钮，将打开“浏览图形文件”对话框，在“文件名”文本框中输入“泵体”并单击“确定”按钮，返回“写块”对话框单击“确定”按钮，完成“泵体”图块的创建，如图 10-99 所示。

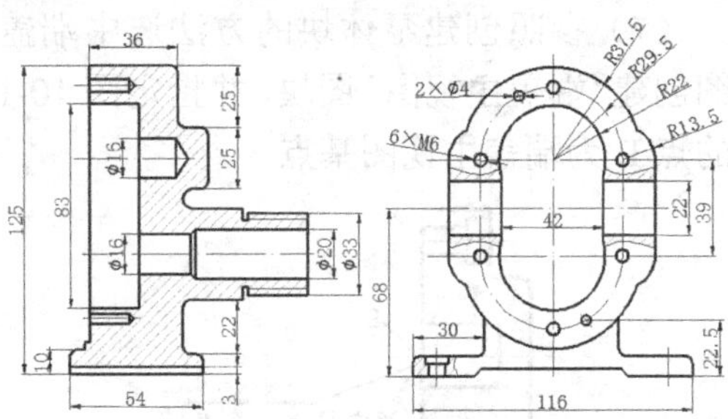

图 10-98　绘制泵体轮廓线

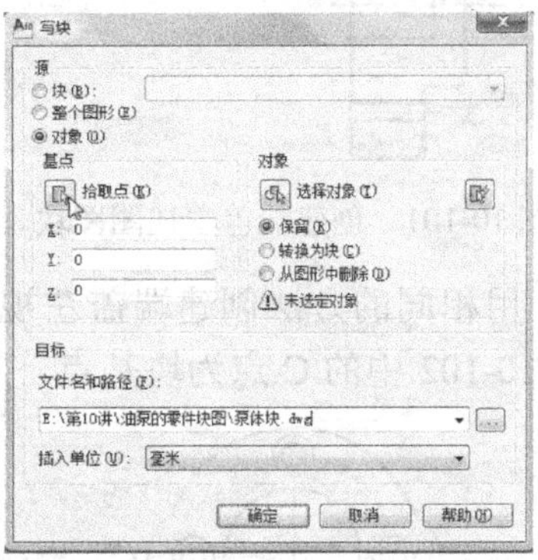

“写块”对话框

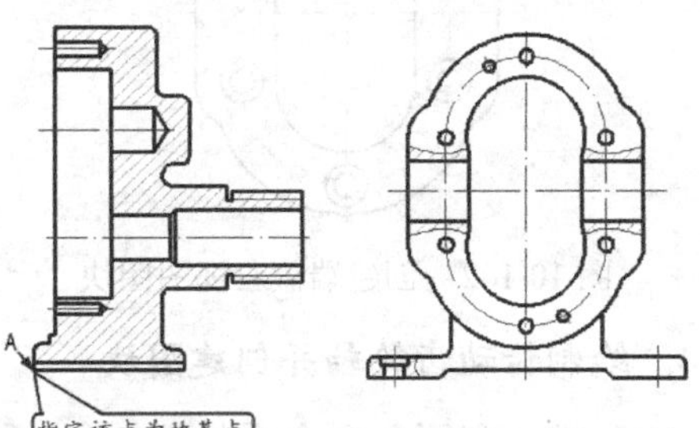

图 10-99　创建泵体块

3. 绘制端盖零件并创建图块

（6）综合利用各种平面图形绘制命令按照图 10-100 所示的尺寸，绘制端盖零件。

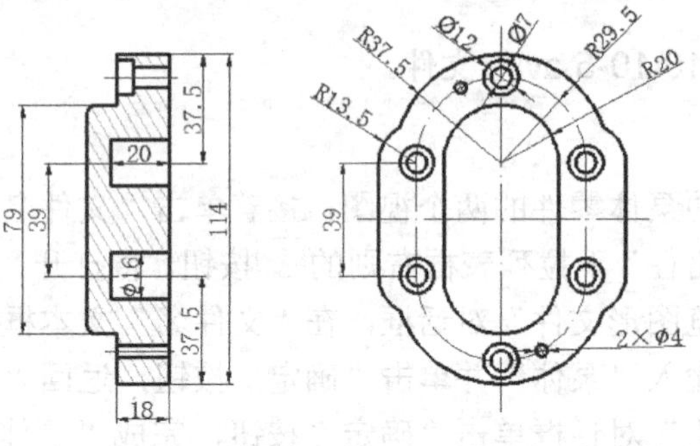

图 10-100　绘制端盖零件

（7）参照创建泵体块的方法选中端盖主视图创建“端盖主视图”图块，并指定图 10-101 中的点 B 为端盖主视图基点。

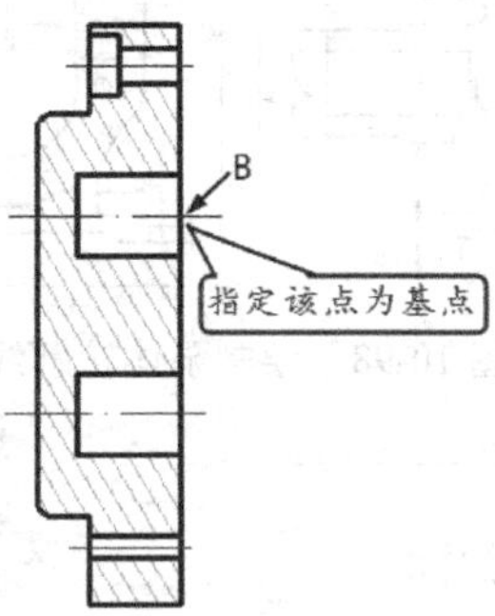

图 10-101　创建端盖主视图图块

（8）用相同的方法创建端盖左视图图块并指定图 10-102 中的 C 点为块基点。

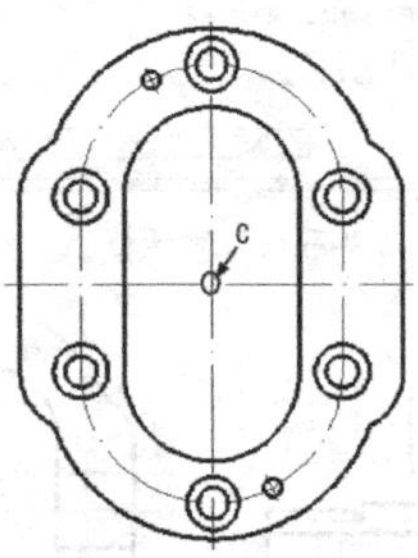

图 10-102　创建端盖左视图图块

4. 绘制传动齿轮轴并创建图块

（9）综合利用各项命令按图 10-103 所示的尺寸绘制传动齿轮轴，并参照前面的步骤创建“传动齿轮轴”图块，以 D 点为基点，如图 10-103 所示。

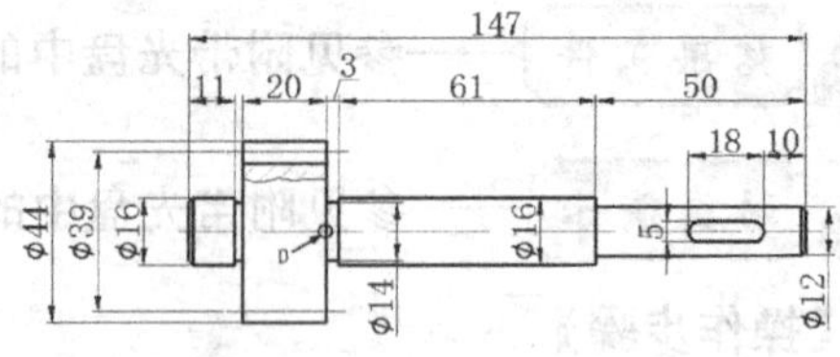

图 10-103　绘制传动齿轮轴并创建图块

5. 绘制齿轮轴零件并创建图块

（10）综合利用各项绘图命令，按照图 10-104 所示的尺寸完成齿轮轴零件的绘制，并指定图中的 E 点为基点创建“齿轮轴”图块。

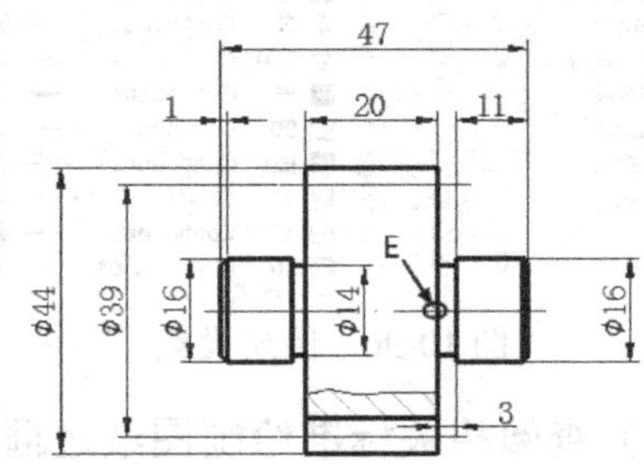

图 10-104　绘制齿轮轴零件并创建图块

6. 绘制轴套零件并创建图块

（11）综合利用各项绘图命令按图 10-105 所示的尺寸绘制轴套零件，并指定图中的 F 点为基点创建“轴套”图块。

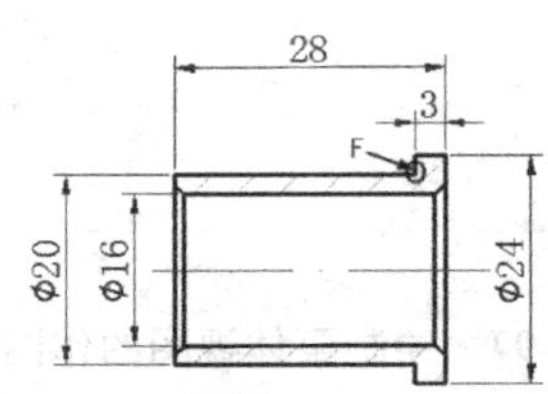

图 10-105　绘制轴套零件并创建图块

7. 绘制压紧螺钉零件并创建图块

（12）综合利用各项绘图命令按图 10-106 所示的尺寸绘制压紧螺钉零件，并指定图中的 G 点为基点创建“压紧螺钉”图块。

8. 绘制螺钉零件并创建相应图块

（13）综合利用各项绘图命令按图 10-107 所示的尺寸绘制螺钉零件，并选取螺钉主视图以 H 点为基点创建“螺钉主视图”图块，指定 I 点为基点创建“螺钉左视图”图块。

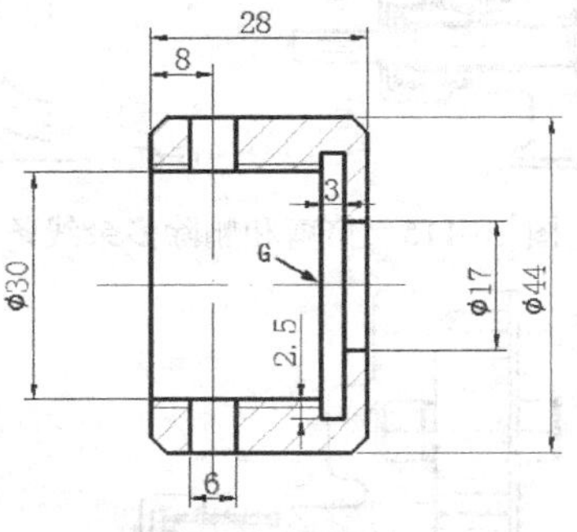

图 10-106　绘制压紧螺钉零件并创建图块

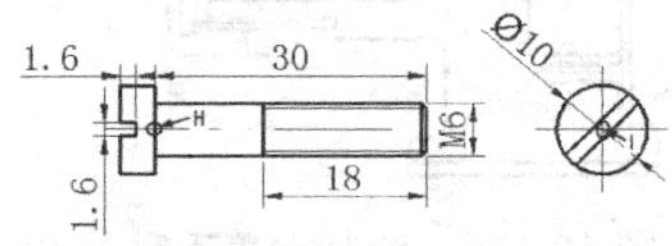

图 10-107　绘制螺钉零件并创建相应图块

9. 绘制垫圈零件并创建图块

（14）综合利用各项绘图命令按图 10-108 所示的尺寸完成垫圈零件的绘制，并指定图中的 J 点为基点创建“垫圈”图块。

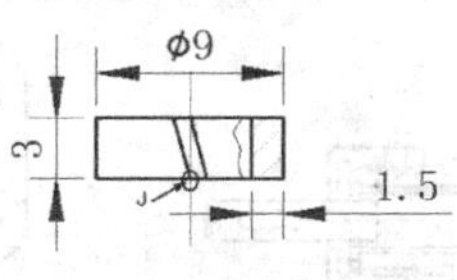

图 10-108　绘制垫圈零件并创建图块

10. 绘制销零件并创建图块

（15）综合利用各项绘图命令按图 10-109 所示的尺寸完成销零件的绘制，并指定图中的 K 点（销零件的中心）为基点创建“销”图块。

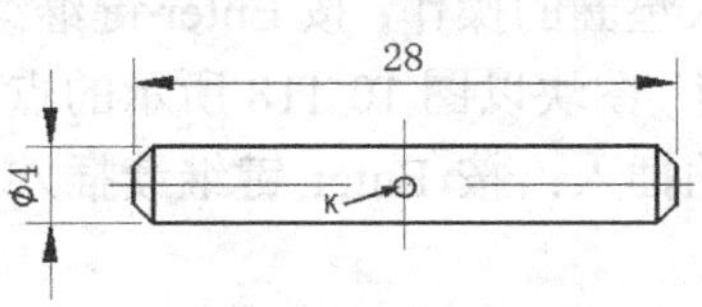

图 10-109　绘制销零件并创建图块

11. 插入各个零件块完成装配图的绘制

（16）新建图形文件，参照“1. 新建图层并绘制图纸边框”中的步骤（1）设置图层绘制 A3 图纸边幅及标题栏和明细栏。

（17）单击“块”面板中的“插入”按钮，打开“插入”对话框，然后单击“浏览”按钮，打开“泵体”图块文件。“插入”对话框的设置如图 10-110 所示。

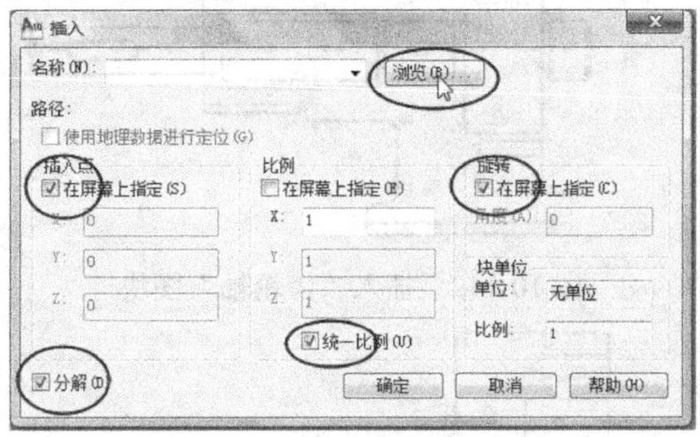

图 10-110　“插入”对话框设置

（18）按 Enter 键确定，在绘图区合适位置指定插入点，指定旋转角度为 0，按 Enter 键确定，完成“泵体”图块的插入。

（19）继续按 Enter 键，弹出“插入”对话框，然后单击“浏览”按钮，打开“传动齿轮轴”图块，单击“确定”按钮，指定如图 10-111 所示的交点为插入点，指定旋转角度为 0，按 Enter 键完成“传动齿轮轴”图块的插入。

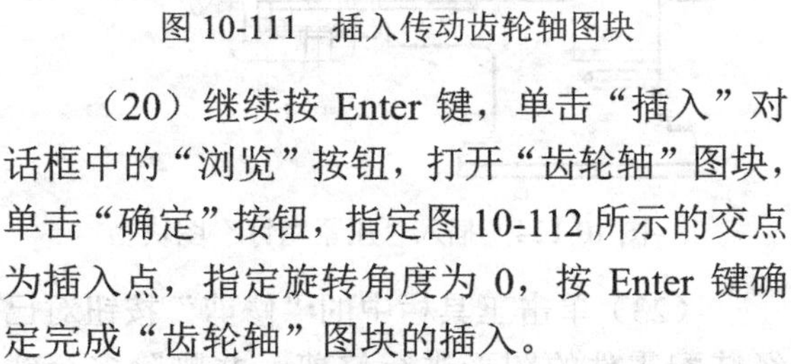

图 10-111　插入传动齿轮轴图块

（20）继续按 Enter 键，单击“插入”对话框中的“浏览”按钮，打开“齿轮轴”图块，单击“确定”按钮，指定图 10-112 所示的交点为插入点，指定旋转角度为 0，按 Enter 键确定完成“齿轮轴”图块的插入。

（21）继续上面的操作，指定图 10-113 所示的点为插入点插入“轴套”图块。

（22）按 Enter 键继续以图 10-114 所示的点为插入点插入“压紧螺钉”图块。

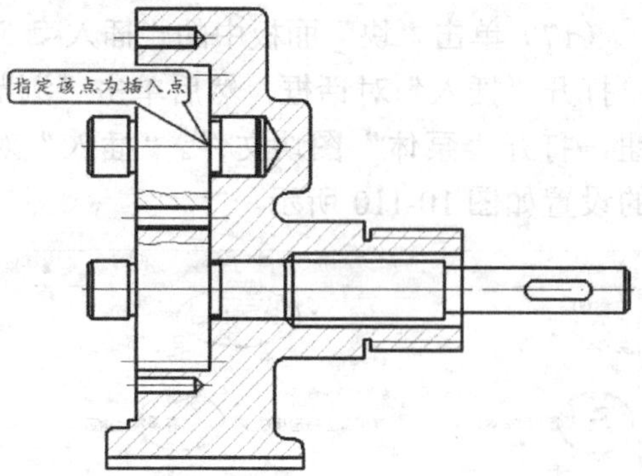

图 10-112　插入“齿轮轴”图块

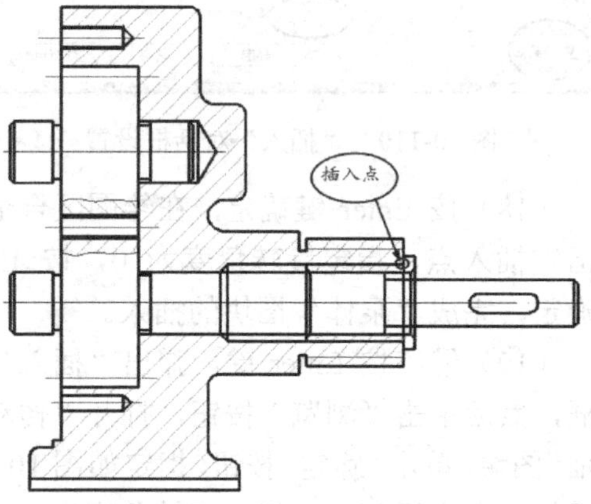

图 10-113　插入“轴套”图块

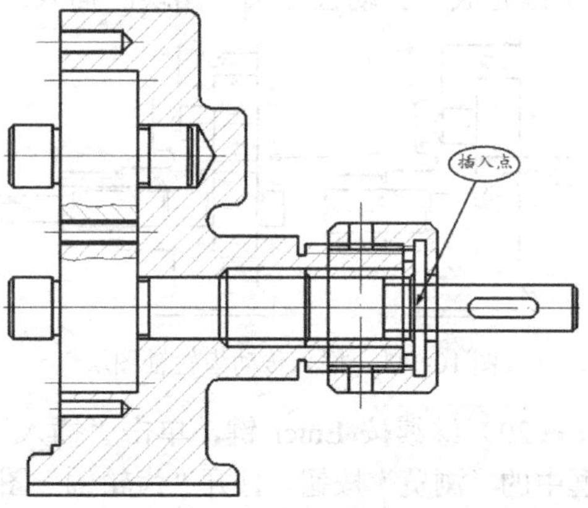

图 10-114　插入“压紧螺钉”图块

（23）单击工具栏中的“修剪”按钮对已经装配零件的图形进行修剪，并删除多余线条，结果如图 10-115 所示。

（24）将“粗实线”图层置为当前图层，利用“直线”命令完成左端盖毛毡垫片的绘制，如图 10-116 所示。

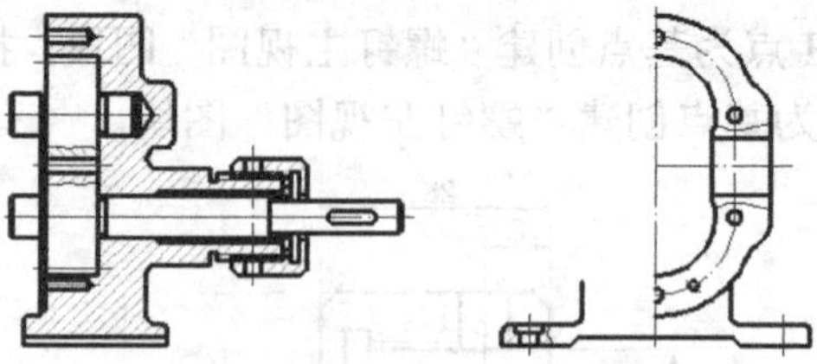

图 10-115　修剪和删除多余线条

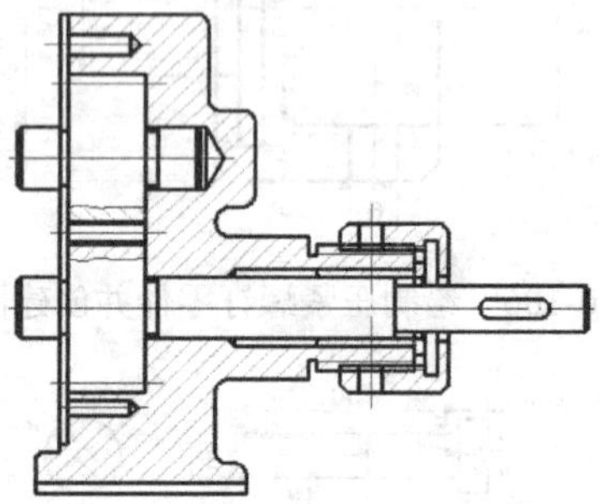

图 10-116　绘制端盖毛毡垫片

（25）继续单击“插入”按钮，分别打开“端盖主视图”和“端盖左视图”图块文件，以图 10-117 所示的点为插入点，分别插入端盖主视图和端盖左视图图块。

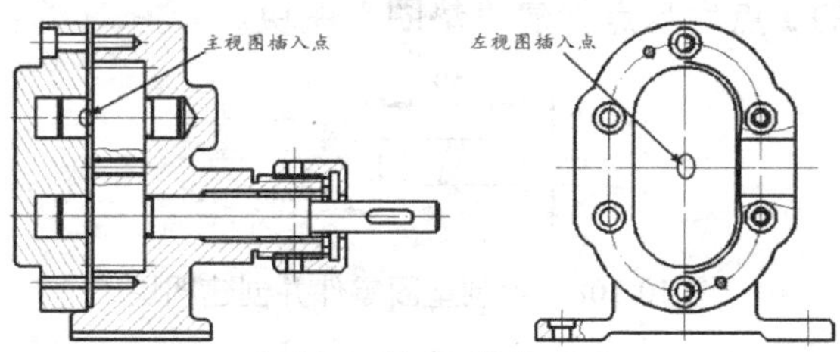

图 10-117　插入端盖零件

（26）按 Enter 键，打开“垫圈”图形文件，以图 10-118 所示的点为插入点，旋转 90° 完成插入垫圈的操作；按 Enter 键继续插入块，打开“销”图块以图 10-118 所示的点为插入点完成销的插入；按 Enter 键继续插入“螺钉”图块。

（27）利用“修剪”和“删除”命令对装配图进行修剪，结果如图 10-119 所示。

（28）将“粗实线”图层置为当前图层，对装配图左视图进行补充；然后切换“剖面线”图层，对不合适的剖面线进行重新填充和修改，结果如图 10-120 所示。

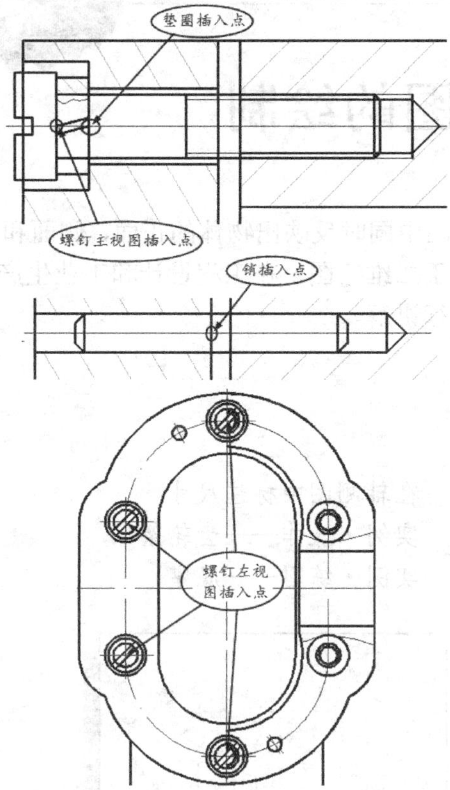

图 10-118　插入垫圈、销和螺钉

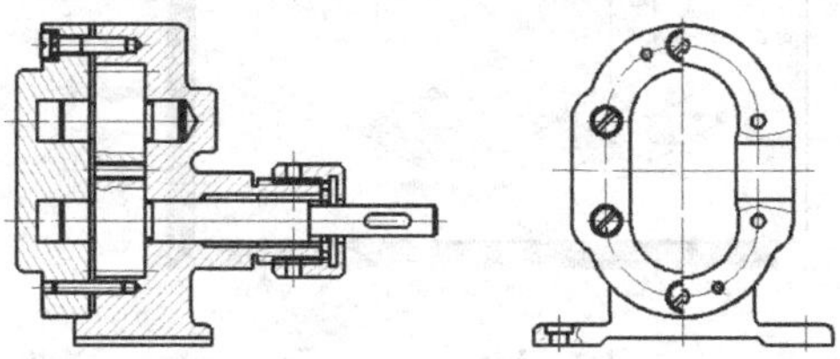

图 10-119　修剪装配图

（29）将“尺寸线”图层置为当前图层，设置标注样式，标注尺寸，结果如图 10-121 所示。

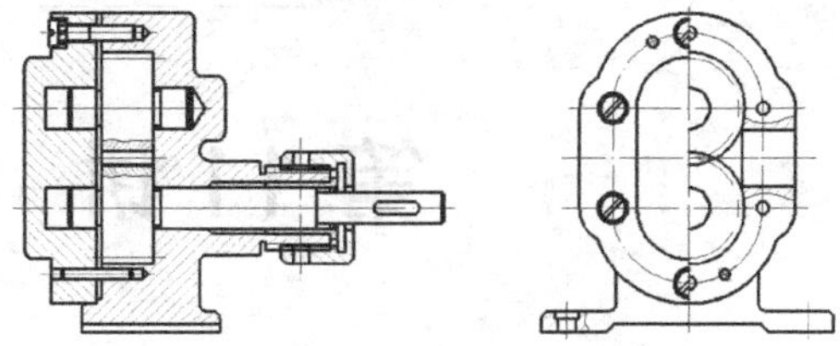

图 10-120　修改后的装配图

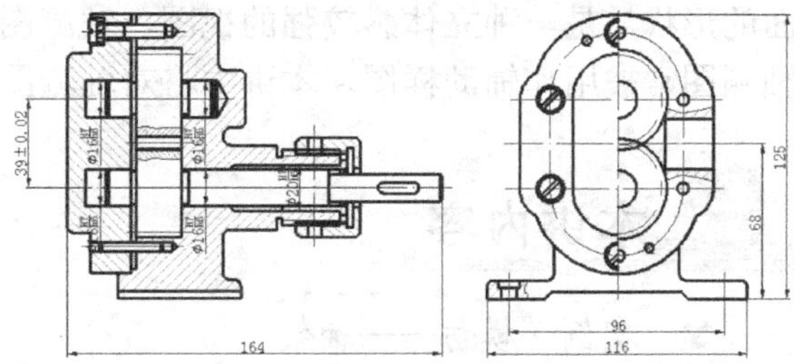

图 10-121　标注尺寸

（30）将“引线”图层置为当前图层，标注零件引线，并利用“单行文字”命令完成序号的编写，如图 10-122 所示。

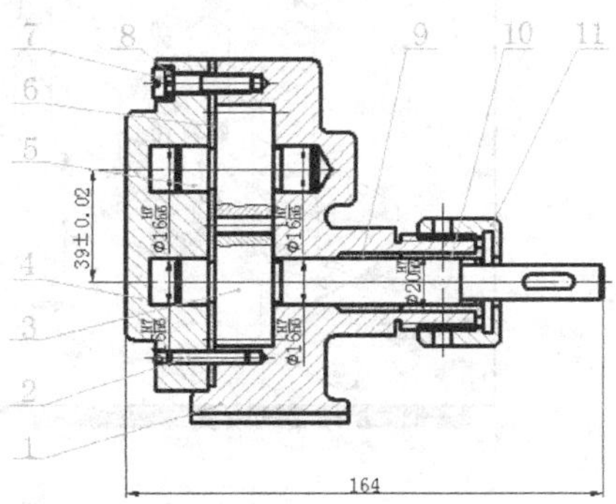

图 10-122　编写零件序号

（31）填写标题栏、明细栏和技术要求，检查图形后保存文件。

第 11 讲 轴测图的绘制

轴测图属于单面平面投影的视图，它可以在一个视图中同时反映出物体的正面、侧面和水平面的形状，是一种立体感较强的视图。轴测图的绘制属于二维绘图，在工程设计和工业生产中，轴测图常被用作辅助样图。本讲中将对轴测图的绘制进行讲解。

本讲内容

- 实例・模仿——轴架
- 轴测图概述
- 在轴测图模式下绘图
- 在轴测图中标注尺寸
- 实例・操作——齿轮架
- 实例・练习——底座

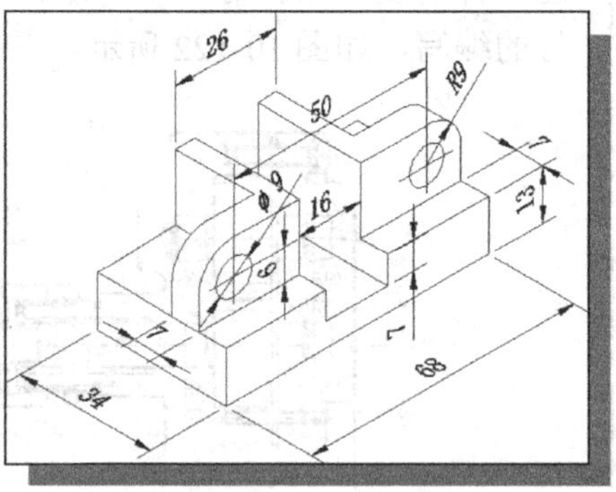

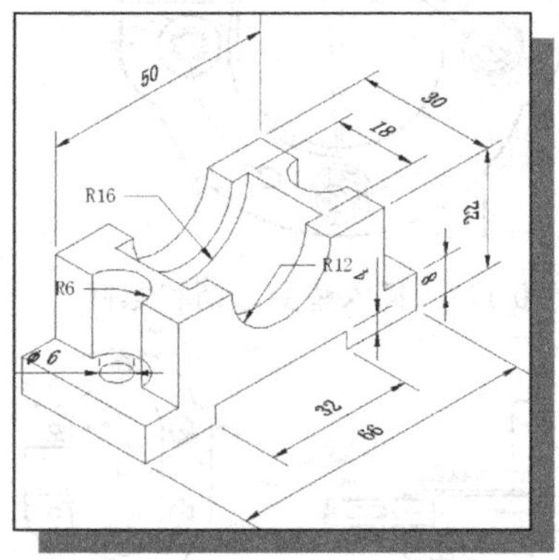

11.1 实例・模仿——轴架

轴架的结构由两部分组成，分别是支撑台和固定套，如图 11-1 所示。在绘制中可以使用轴测图绘制的常用方法。

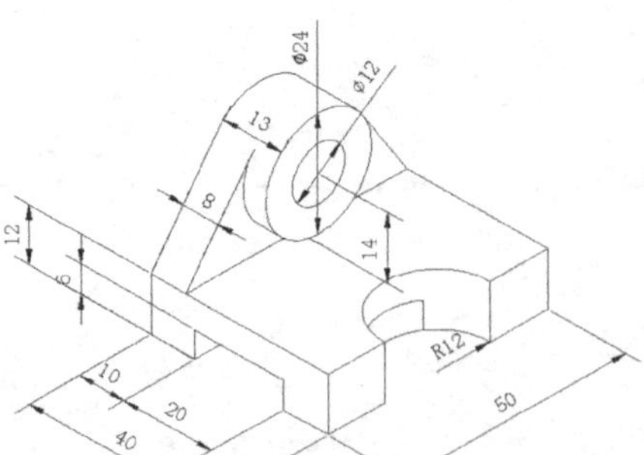

图 11-1 轴架

【思路分析】

轴架的绘制有如下步骤：首先绘制出其左侧轮廓，然后补充完善支撑台上的所有线条，随后修剪多余线条，完成支撑台的绘制；接下来绘制固定套的轴测圆，之后补充完线条，最后修剪固定套多余的线条，完成轴架的绘制，如图 11-2 所示。

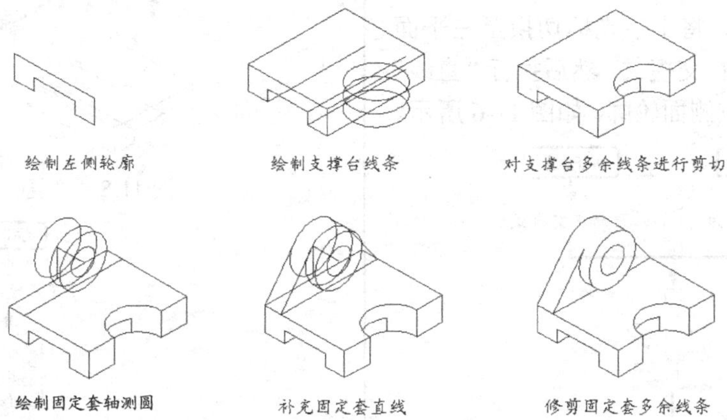

图 11-2　轴架的绘制步骤

【光盘文件】

结果文件——参见附带光盘中的“END\Ch11\11-1.dwg”文件。

动画演示——参见附带光盘中的“AVI\Ch11\11-1.avi”文件。

【操作步骤】

（1）如图 11-3 所示，创建图层，并将“实线”图层设置为当前图层。

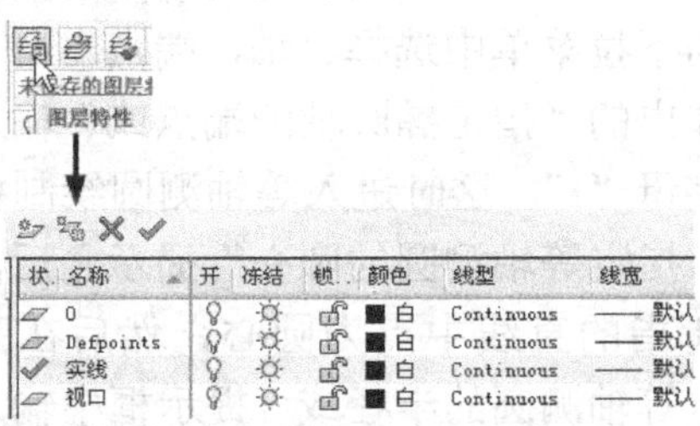

图 11-3　图层设置

（2）通过菜单方式打开“草图设置”对话框（“工具”→“草图设置”），然后切换至“捕捉和栅格”选项卡。在“捕捉类型”选项组中选中“等轴测捕捉”单选按钮，单击“确定”按钮。操作过程如图 11-4 所示。这时十字光标发生变化，共有 3 种十字光标形式，分别是左平面、右平面、上平面，如图 11-5 所示。其中左平面可以在与左视图平行的平面上绘制线条，右平面可以在与右视图平行的平面上绘制线条，上平面可以在与俯视图平行的平面上绘制线条。

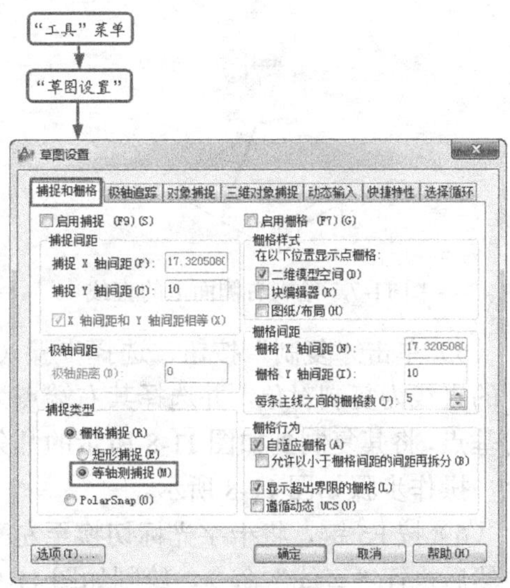

图 11-4　进入等轴测绘图模式

图 11-5　轴测图的 3 种十字光标

（3）按 F5 键，将十字光标切换至左平面型。按 F8 键，开启正交模式。然后执行“直线”命令，绘制支撑台左侧面轮廓，如图 11-6 所示。

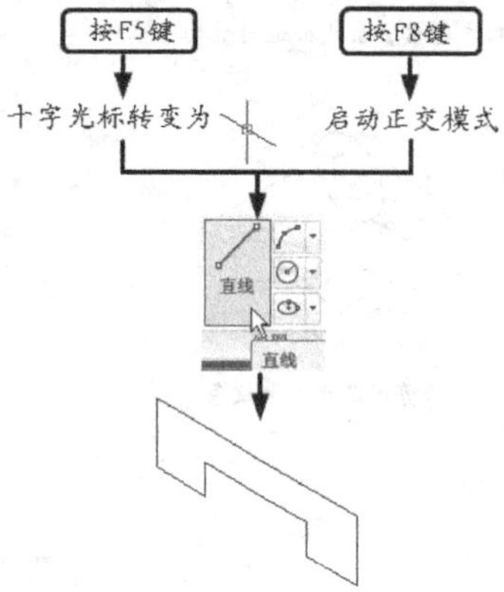

图 11-6　绘制支撑台左面轮廓

（4）按 F5 键，使十字光标转换至右平面型，然后执行“直线”命令，绘制如图 11-7 中箭头所指的长度为 50 的直线。

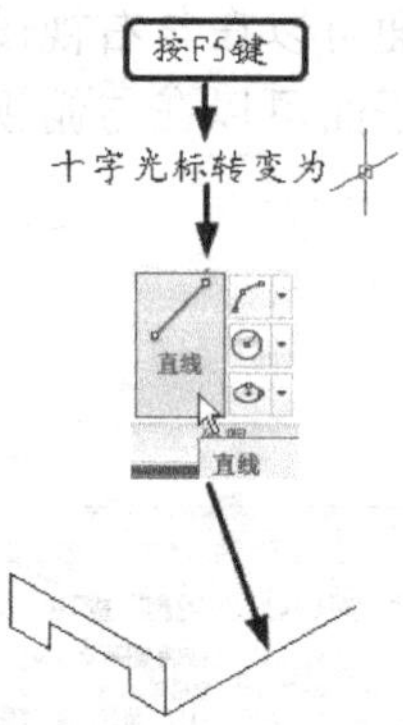

图 11-7　绘制右侧面上的直线

（5）单击“复制”按钮，选择步骤（4）绘制的直线为复制对象，并选择其右端点为复制的基点，将其复制到如图 11-8 所示的几条直线上，操作步骤如图 11-8 所示。

（6）按 F5 键，将十字光标切换至左平面型，然后执行“直线”命令，绘制如图 11-9 中箭头所指的两条直线。

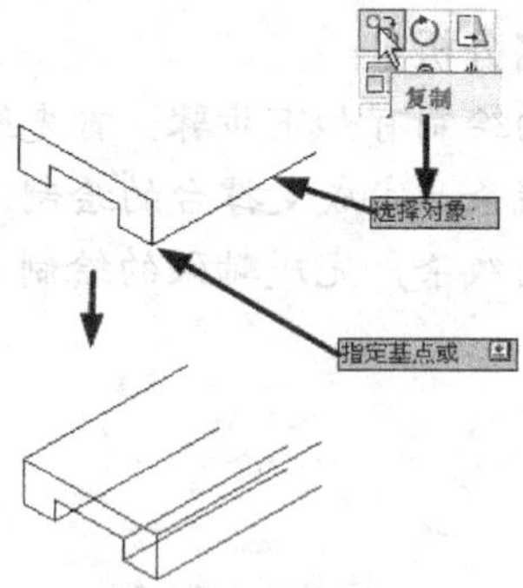

图 11-8　“复制”命令

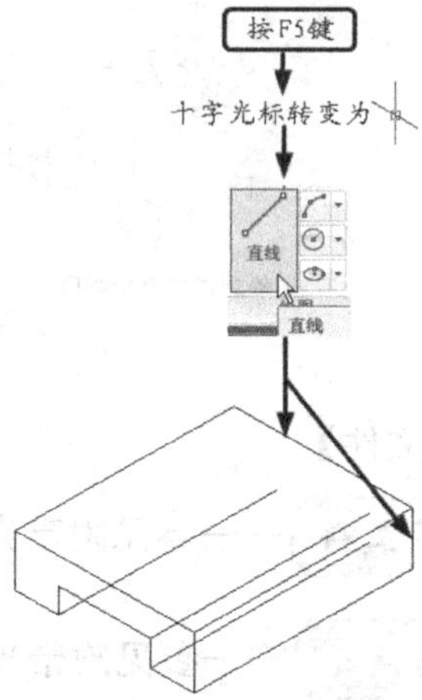

图 11-9　绘制直线

（7）按 F5 键，使十字光标转变成上平面型。然后单击椭圆按钮右侧的下拉箭头，并在弹出的下拉菜单中选择“轴，端点”命令。在随后弹出的“指定椭圆轴的端点或”输入框中输入字母“i”，这时进入等轴测圆绘制模式。弹出“指定等轴测圆的圆心”提示之后，选取箭头所指的直线中点为圆心，然后在弹出的“指定等轴测圆的半径或”提示框中输入半径值“12”，即可结束等轴测圆的绘制，步骤如图 11-10 所示。

（8）按 F5 键，使十字光标转变成右平面型，单击“复制”按钮，弹出“选择对象”提示后，单击选取圆为复制对象，弹出“指定基点或”提示后，选取箭头所指的中点为基点。弹出提示“指定第二个点或〈使用第一个点作为位移〉”后输入“0”，然后按 Tab 键输入“6”完成第一次复制；再次弹出此提示之后，先后输入“0”和“12”完成第二次复制，如图 11-11 所示。

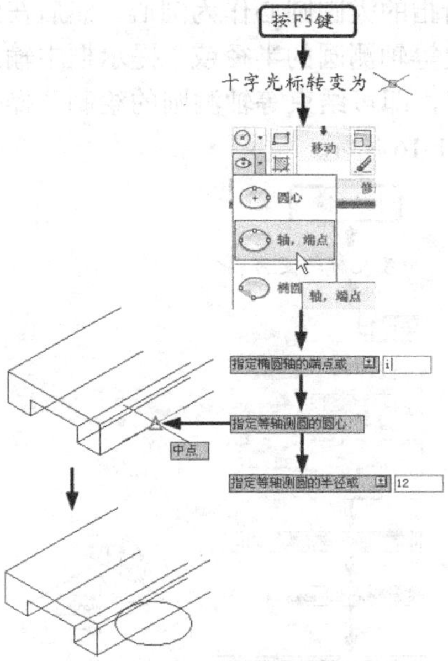

图 11-10　绘制等轴测圆

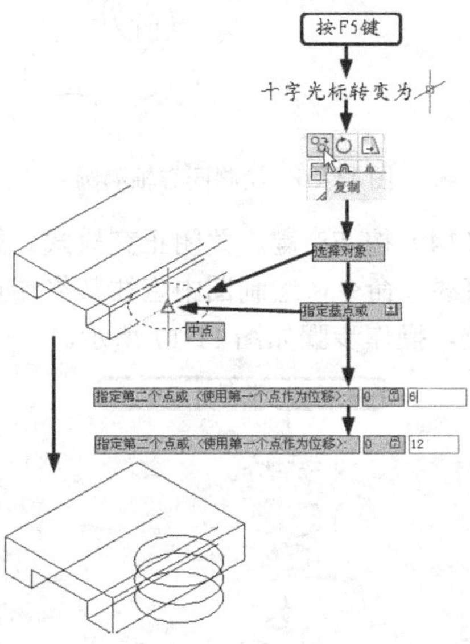

图 11-11　圆的复制

（9）单击“修剪”按钮，执行“修剪”命令，将多余线条修剪掉，完成支撑台的绘制，如图 11-12 所示。

（10）执行“直线”命令，绘制以箭头所指的直线终点为起始点、长度为 14、倾角为 90°的直线。操作步骤如图 11-13 所示。

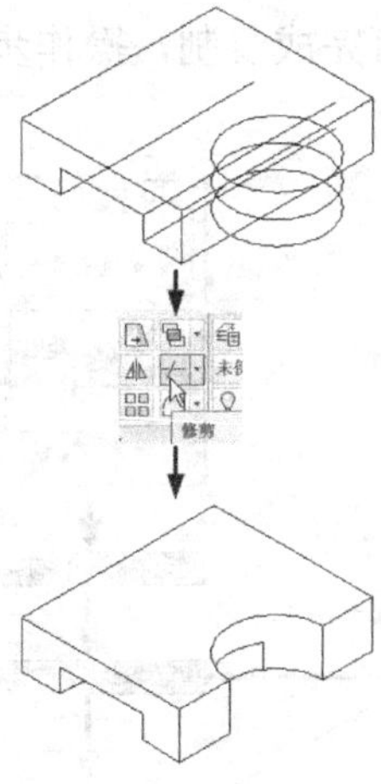

图 11-12　修剪支撑台的多余线条

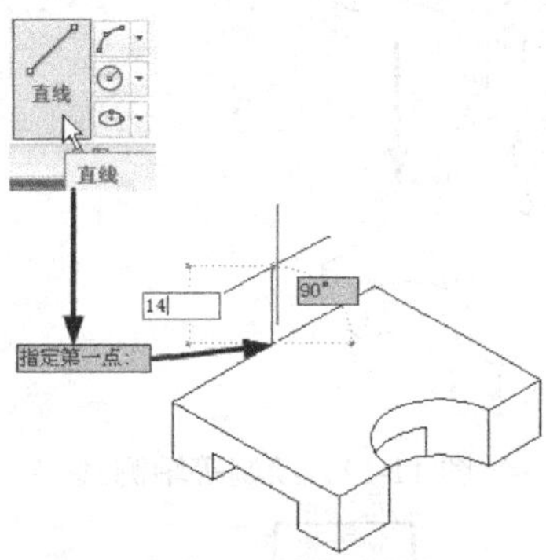

图 11-13　绘制竖直直线

（11）单击椭圆按钮右侧的下拉箭头，并从弹出的下拉菜单中选择“轴，端点”命令。在随后弹出的“指定椭圆轴的端点或”输入框中输入字母“i”，这时进入等轴测圆绘制模式。弹出“指定等轴测圆的圆心”提示之后，选取箭头所指的直线端点为圆心，然后在弹出的“指定等轴测圆的半径或”提示框中输入半径值“12”，即可结束等轴测圆的绘制，操作步骤如图 11-14 所示。

（12）按 F5 键，使十字光标转变成左平面型，单击“复制”按钮，弹出“选择对象”提示后，单击选取圆为复制对象，弹出“指定基点或”提示后，选取箭头所指的端点为基点。向右下方移动十字光标，弹出提示“指定第二个点或〈使用第一个点作为位移〉”后，输入“8”完成第一次复制；继续向右下方移动十字光标，弹出提示“指定第二个点或”之后输入“13”，即可完成复制，操作步骤如图 11-15 所示。

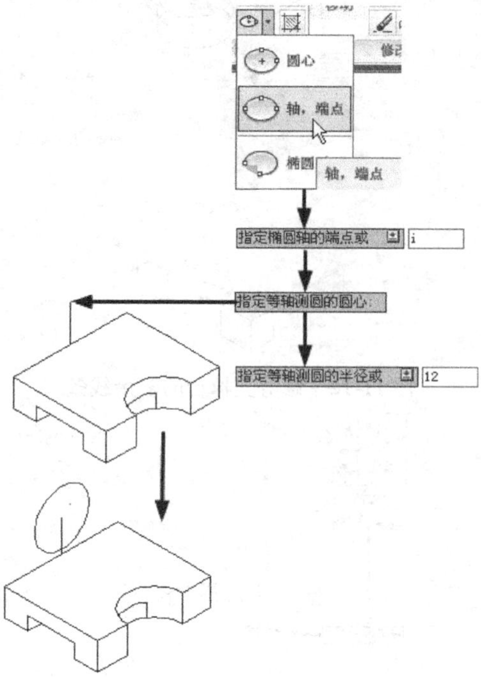

图 11-14　绘制等轴测圆

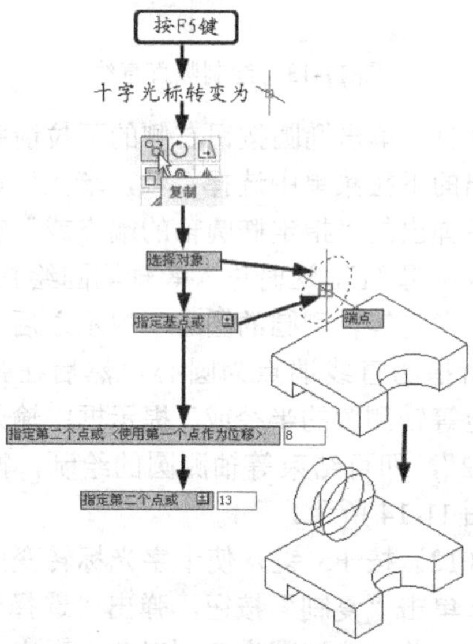

图 11-15　复制等轴测圆

（13）按 F5 键，使十字光标转变成右平面型。然后单击椭圆按钮右侧的下拉箭头，并从弹出的下拉菜单中选择“轴，端点”命令。在随后弹出的“指定椭圆轴的端点或”输入框中输入字母“i”，这时进入等轴测圆绘制模式。弹出“指定等轴测圆的圆心”提示之后，选取箭头所指的大圆圆心作为圆心，然后在弹出的“指定等轴测圆的半径或”提示框中输入半径值“6”，即可结束等轴测圆的绘制，操作步骤如图 11-16 所示。

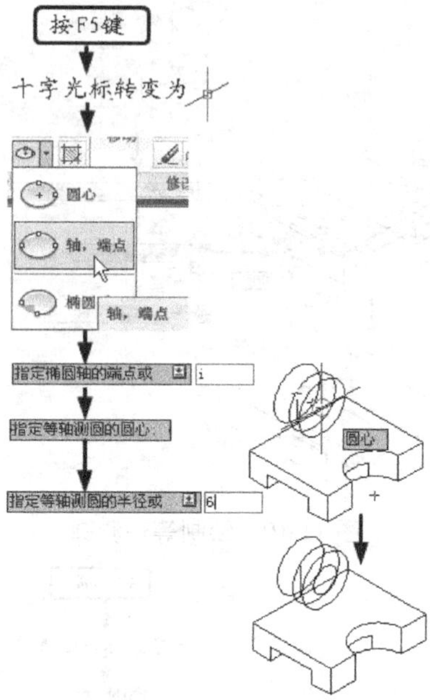

图 11-16　绘制同心轴测圆

（14）按 F8 键，关闭正交模式。然后执行“直线”命令，绘制图中直线其终端点是圆的切点，操作步骤如图 11-17 所示。

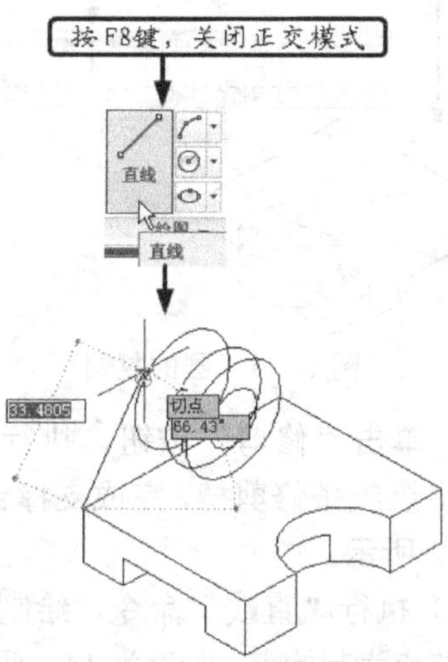

图 11-17　绘制直线

（15）按 F8 键，开启正交模式，然后按 F5 键，使十字光标转变成左平面模式。单击“复制”按钮，弹出“选择对象”提示之后，利用拾取框选取箭头所指的两条直线。然后按 Enter 键结束选取。弹出“指定基点或”提示之后选取箭头所指的点为基点，向右下方移动十字光标，在弹出的“指定第二个点或〈使用第一个点作为位移〉”输入框中输入移动距离“8”即可完成复制，操作步骤如图 11-18 所示。

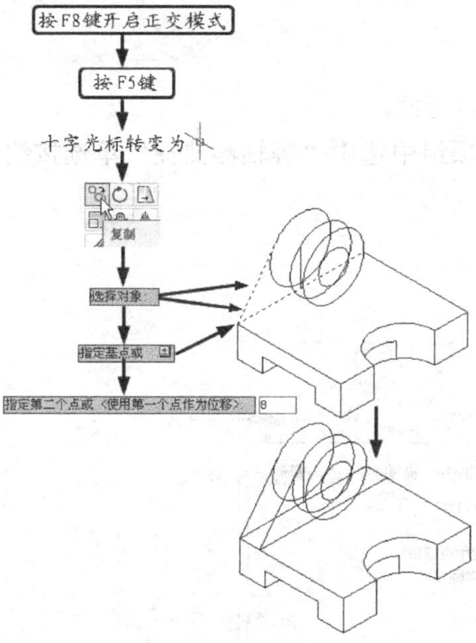

图 11-18　复制直线

（16）按 F8 键，开启正交模式，然后执行“直线”命令，绘制如图 11-19 中绘制的直线，其终点为切点。

（17）执行“直线”命令，绘制图 11-20 所示的直线，其始点和终点都是切点。

（18）执行“修剪”命令，将多余线条修剪掉，即可完成绘制，如图 11-21 所示。

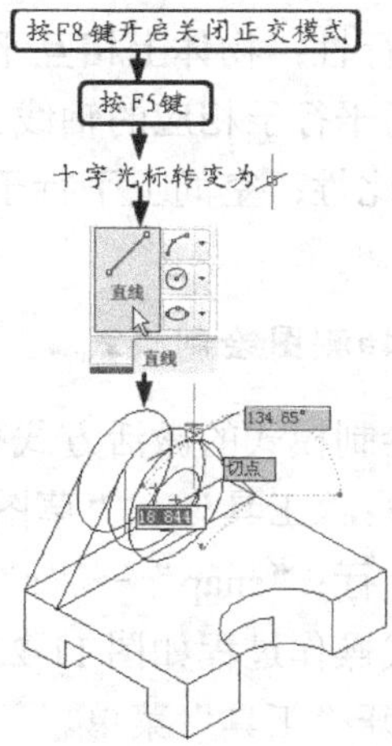

图 11-19　绘制直线

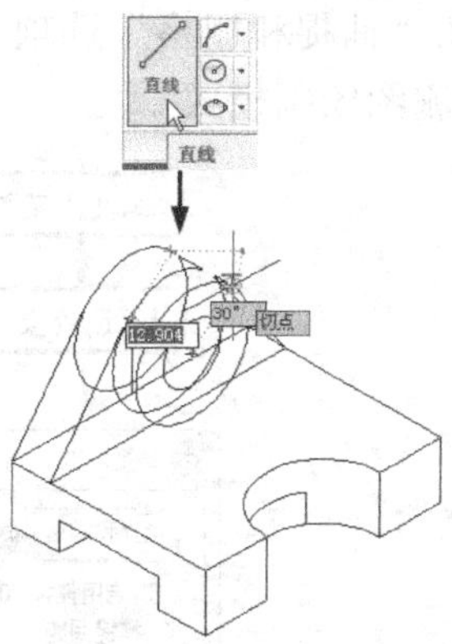

图 11-20　绘制切线

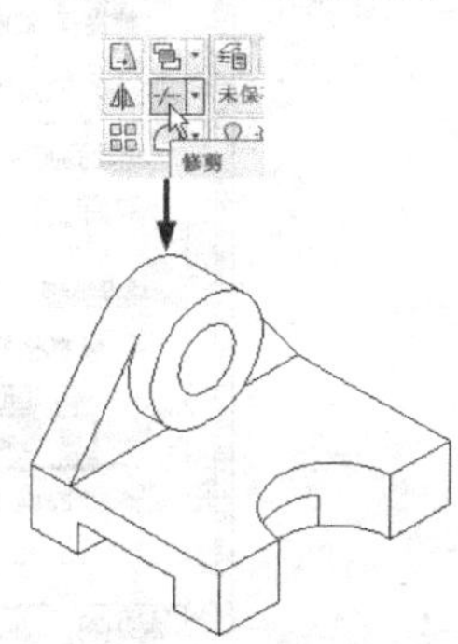

图 11-21　修剪多余线条

11.2　轴测图概述

1. 轴测图的特点

轴测图是使用平行投影法得到的，具有平行性和定比性两个特点。

（1）平行性：物体上相互平行的直线的轴测投影仍然平行；空间中平行于某轴线的直线，在轴测图上仍平行于相应的轴线。

（2）定比性：空间上平行于某坐标轴的线段，其轴线与原线段长度值的比等于相应轴向伸缩系数。

2. 激活轴测图绘制模式

轴测图绘制模式的激活方式有以下两种。

◆ 菜单：“工具”→“草图设置”→“捕捉和栅格”→“等轴测捕捉”。

◆ 命令行：“snap”→“s”→“i”。

菜单方式操作过程如图 11-22 所示。

（1）打开“工具”菜单。

（2）单击“草图设置”按钮，弹出“草图设置”对话框。

（3）在“捕捉和栅格”选项卡的“捕捉类型”选项组中选中“等轴测捕捉”单选按钮，便可进入等轴测图绘制模式。

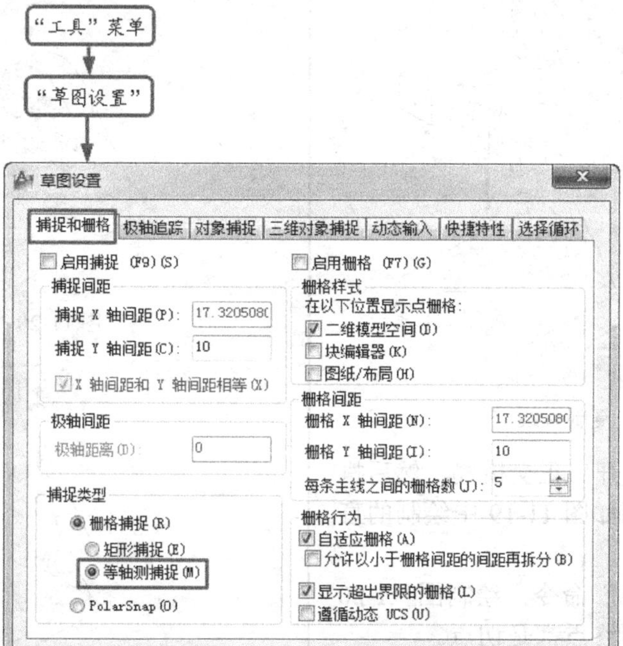

图 11-22 菜单方式激活轴测图绘制模式

命令行方式操作过程如图 11-23 所示。

（1）输入“snap”，并按 Enter 键。

（2）输入“s”，并按 Enter 键。开始进行样式选择。

（3）输入“i”，并按 Enter 键。选择等轴测模式。

（4）输入垂直间距，按 Enter 键完成，即可进入等轴测图绘制模式。

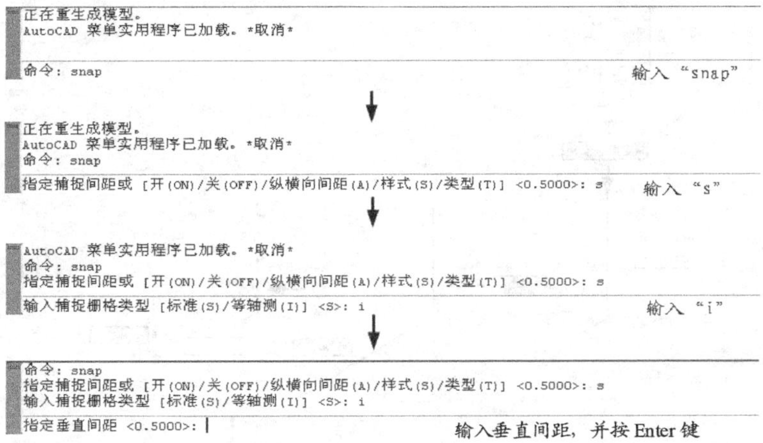

图 11-23　命令行方式激活等轴测图绘制模式

11.3　在轴测图模式下绘图

进入等轴测绘图模式之后，十字光标发生变化，共有 3 种十字光标类型，分别是左平面、右平面和上平面，其形状如图 11-24 所示。可以按 F5 键或者按 Ctrl+E 键进行切换。在正等轴测图中，X、Y、Z 轴与水平线的夹角分别是 30°、90° 和 150°。

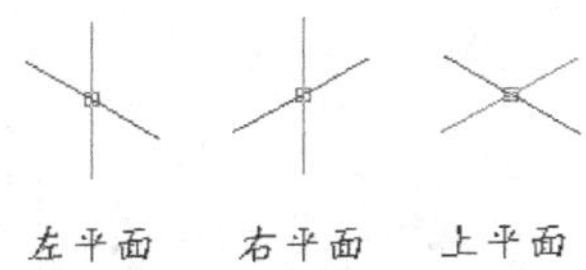

图 11-24　3 种十字光标的形状

1. 绘制直线

对于绘制与轴线平行的直线，可以在正交模式下绘制。以图 11-25 所示直线的绘制为例，直线的绘制步骤如下：

（1）单击“直线”按钮，弹出“指定第一点”提示后，指定一点作为起始点。

（2）向下移动十字光标，输入第一段长度“30”，完成第一段的绘制。

（3）向右下方移动十字光标，输入第二段长度“30”，完成第二段的绘制。

（4）向上移动十字光标，输入第三段长度“10”，完成第三段的绘制。

（5）向左上方移动十字光标，输入第四段长度“20”，完成第四段的绘制。

（6）向上移动十字光标，输入第五段长度“20”，完成第五段的绘制。

（7）利用对象捕捉选取第一段的起始点作为第六段的终点，完成第六段的绘制。

对于不与坐标轴平行的直线，可以关闭正交模式，沿轴向测量获得该直线两个端点的轴测投影，然后相连即可得到一般位置直线的轴测图。

2. 绘制平行线

在轴测图中绘制平行线，一般通过复制来完成。以图 11-26 所示平行线的绘制为例，平行线绘制步骤如下：

（1）单击“复制”按钮，弹出“选择对象”提示之后，利用拾取框选取箭头所指直线作为复制对象，选择完之后按 Enter 键。

（2）弹出“指定基点或”提示之后，选择箭头所指的端点作为复制基点。

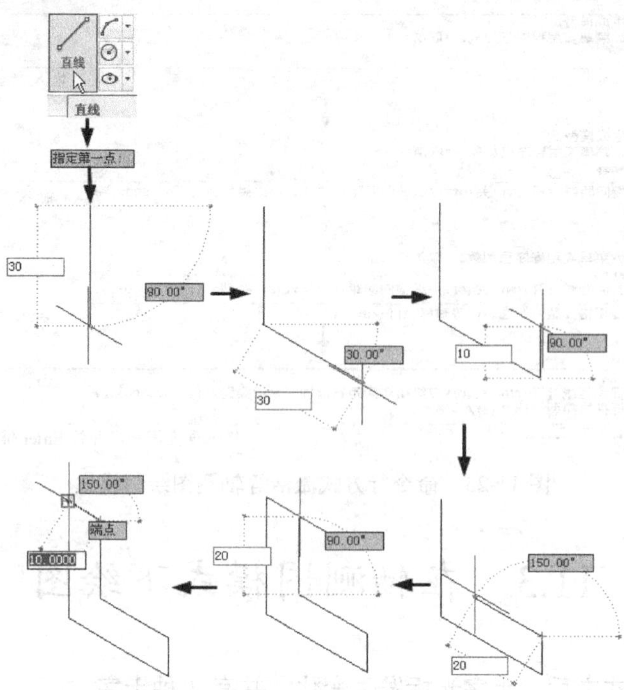

图 11-25　正交模式下绘制等轴测直线

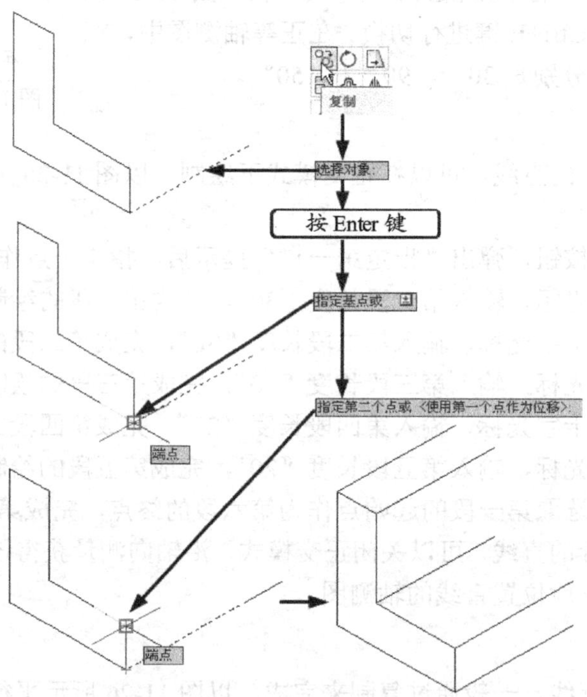

图 11-26　通过“复制”方式绘制平行线

（3）弹出“指定第二个点或〈使用第一个点作为位移〉”提示之后，选取箭头所指的点作为复制的第二点，完成一次复制。

（4）继续使用“复制”命令，将该直线复制到另外 3 个位置，完成平行线的绘制。

3. 绘制圆和圆弧

圆的轴测图是一个椭圆。以图 11-27 中轴测圆的绘制为例，圆的绘制步骤如下：

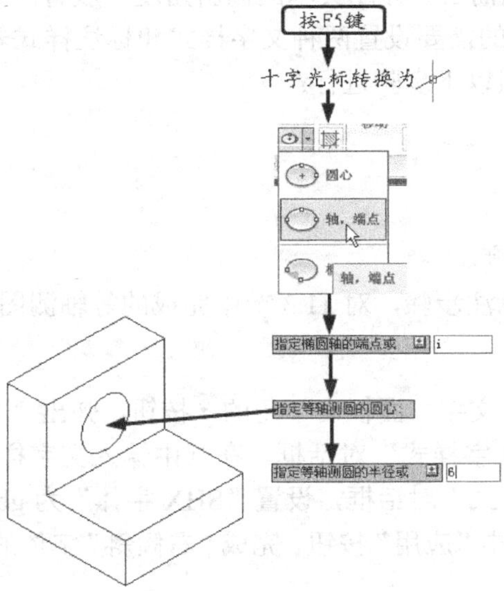

图 11-27　绘制等轴测圆

（1）按 F5 键，将十字光标切换到与绘制的圆的方向一致的模式。这里需要切换到右平面模式。

（2）单击“椭圆”按钮右侧的下拉箭头，然后选择“轴，端点”命令。

（3）在弹出的“指定椭圆轴的端点或”输入框中输入“i”，然后进入等轴测圆的绘制模式。

（4）弹出“指定等轴测圆的圆心”提示之后，选取箭头所指的点作为等轴测圆的圆心。

（5）在弹出的“指定等轴测圆的半径或”输入框中输入圆的半径“6”，即可完成等轴测圆的绘制。

在等轴测模式下，可以先绘制出等轴测圆，然后对圆弧进行修剪即可得到等轴测圆弧。

11.4　在轴测图中标注尺寸

在机械制图中，对轴测图上的尺寸标注有以下规定：

◆ 对于轴测图上的线型尺寸，一般沿轴测轴的方向标注，尺寸的数值为机件的基本尺寸。

◆ 标注的尺寸必须和所标注的线段平行；尺寸界线一般应平行于某一轴测轴；尺寸数字应按相应的轴测图标注在尺寸线上方。如果图形中出现的数字字头向下，应用引出线引出标注，并将数字按照水平位置注写。

◆ 标注角度尺寸时，尺寸线应画成到该坐标平面的椭圆弧，角度数字一般写在尺寸线的中段且字头朝上。

◆ 标注圆的尺寸时，尺寸线和尺寸界线应分别平行于圆所在的平面内的轴测轴。标注半径或直径较小的圆时，尺寸线可以从圆心引出标注，但注写的尺寸数字的横线必须平行于轴测轴。

轴测图标注的一般步骤如下：

由于轴测图中的标注要求和所在的等轴测面平行，所以需要将尺寸线、尺寸界线倾斜一定角度来实现这种效果。对轴测图而言，标注文本的倾斜角度一般有两种，一种为倾斜 30°，另一种为-30°，用户可以根据标注的需要设置两种文字样式和标注样式。所以与平面图的标注有所不同，等轴测图的标注一般按照以下步骤进行：

（1）设置文字样式。

（2）设置标注样式。

（3）标注尺寸。

（4）调整标注的倾斜角度。

以下为按照等轴测图的标注步骤，对 11.3 节中完成的等轴测图进行标注。

1. 设置文字样式

单击“注释”选项卡中“文字”面板右下角的↘按钮，弹出“文字样式”对话框。然后单击“新建”按钮，弹出“新建文字样式”对话框，在其中输入文字样式名称“右倾斜”，然后单击“确定”按钮，返回“文字样式”对话框，设置“SHX 字体”为 gbeitc.shx，“图纸文字高度”为 3，“倾斜角度”为 30。然后单击“应用”按钮，完成“右倾斜”字体的设置。设置过程如图 11-28～图 11-30 所示。

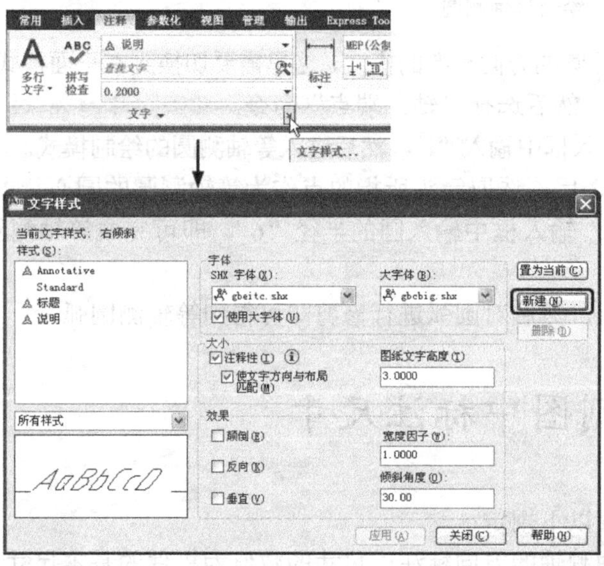

图 11-28　新建文字样式

图 11-29　指定文字样式名称

重复以上操作创建倾斜角度为-30°、其他与“右倾斜”字体一致的左倾斜字体。

2. 设置标注样式

单击“注释”选项卡中“标注”面板右下角的↘按钮，弹出“标注样式管理器”对话框。单击“新建”按钮，弹出“创建新标注样式”对话框，输入新样式名为“右倾斜”，然后单击“继续”按钮，弹出“新建标注样式：右倾斜”对话框，操作过程如图 11-31 和图 11-32 所示。

在弹出的“新建标注样式：右倾斜”对话框中，在“文字外观”选项组的“文字样式”下拉列表框中选择“右倾斜”文字样式；然后切换至“主单位”选项卡，在“消零”选项组中选中“后续”复选框，然后单击“确定”按钮完成“新建标注样式：右倾斜”的设置，设置过程如图 11-33 和图 11-34 所示。

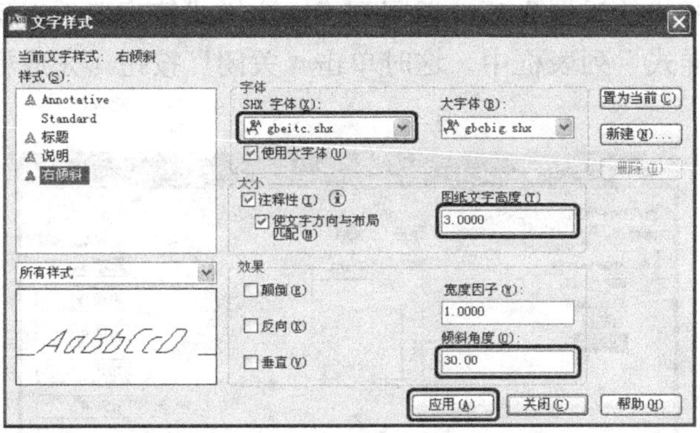

图 11-30　文字样式设置参数

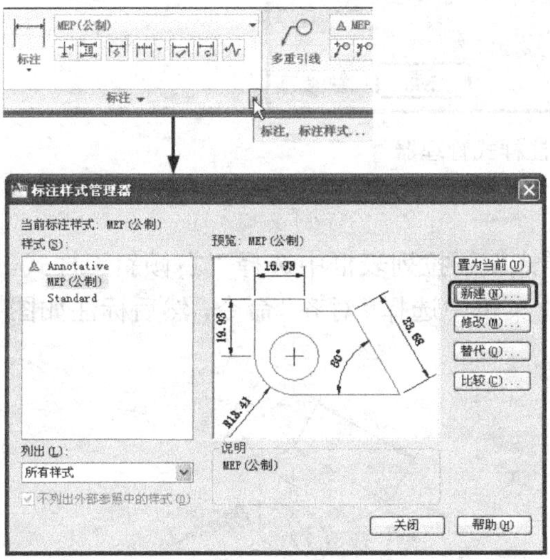

图 11-31　新建标注样式

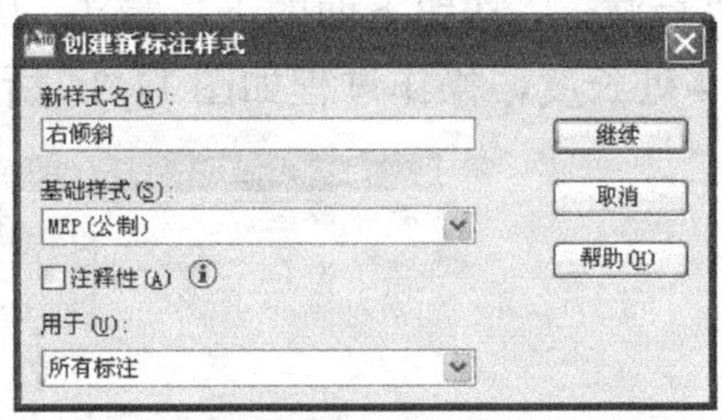

图 11-32　输入新标注样式名称

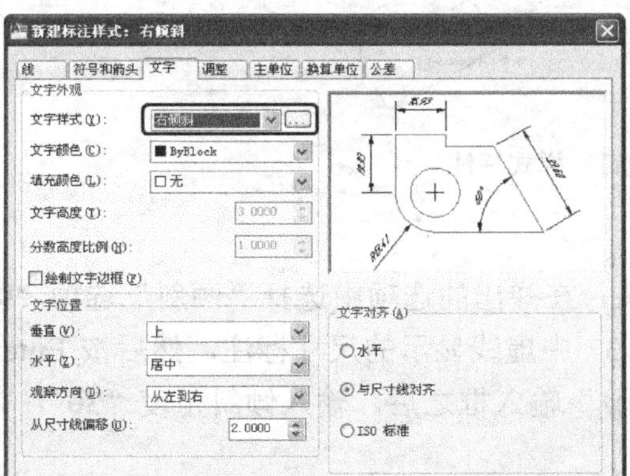

图 11-33　设置新标注样式字体

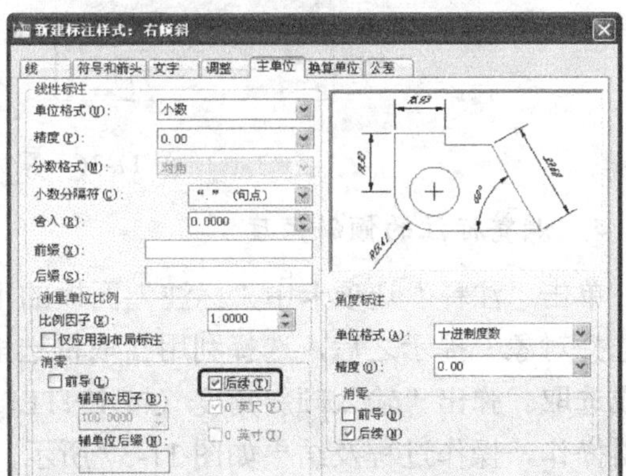

图 11-34　设置消除后续零

重复以上操作，新建“左倾斜”标注样式，将其中的“文字样式”设置为“左倾斜”，其他设置同“右倾斜”。

完成以上两种标注样式的设置之后，返回到“标注样式管理器”对话框，这时两种新建的标注样式已出现在左侧“样式”列表框中。这时单击“关闭”按钮，完成标注样式的设置，操作如图 11-35 所示。

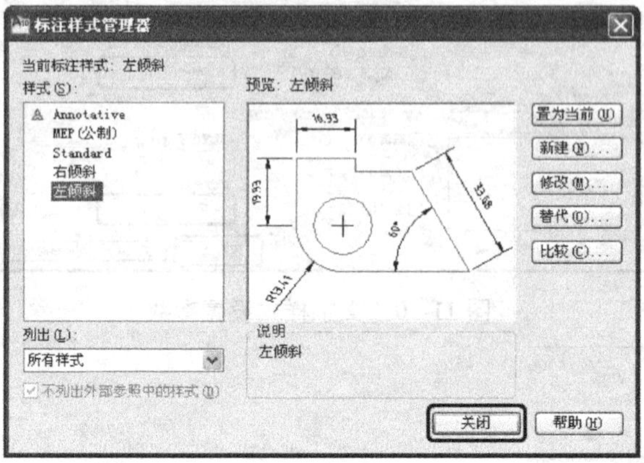

图 11-35　关闭标注样式管理器

3. 尺寸标注

在“注释”选项卡中“标注”面板的“标注样式”下拉列表框中选择“右倾斜”样式。然后单击“标注”按钮下面的下拉箭头，从弹出的下拉菜单中选择“对齐”命令，然后标注如图 11-36 中的 4 处长度，操作过程如图 11-36 所示。

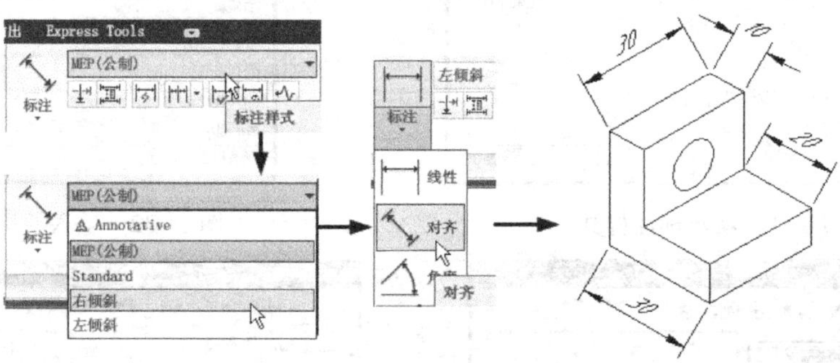

图 11-36　采用“右倾斜”样式标注

4. 调整标注的倾斜角度

单击“注释”选项卡中“标注”面板的下拉箭头，在弹出的选项中选择“倾斜”选项，弹出“选择对象”提示之后，选择利用拾取框选取图 11-37 中虚线显示的尺寸标注，然后按 Enter 键完成选取。弹出“输入倾斜角度〈按 ENTER 表示无〉”输入框之后，输入倾斜角度“30”，完成倾斜操作，操作过程及结果如图 11-37 所示。

重复以上步骤，将顶部未做倾斜处理的尺寸进行倾斜处理，倾斜角度为 90°，即可完成对“右倾斜”样式标注的尺寸的倾斜处理，结果如图 11-38 所示。

将标注样式切换至“左倾斜”样式，然后标注如图 11-39 所示的尺寸。

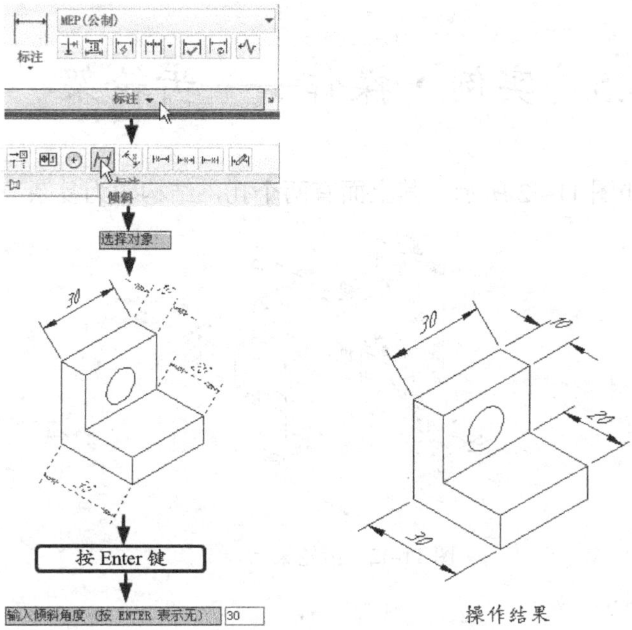

图 11-37　倾斜操作及其结果

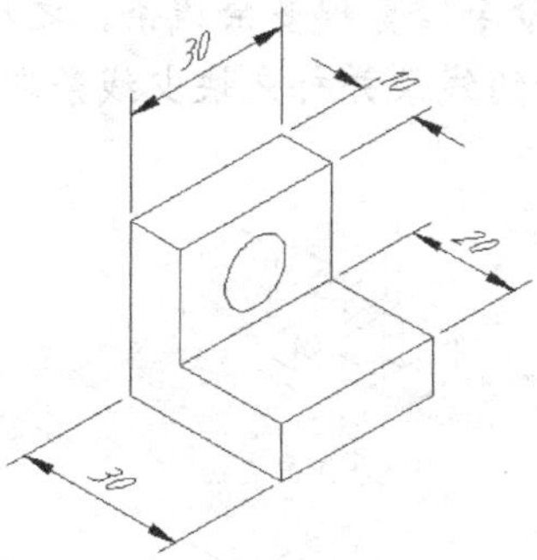

图 11-38　对剩余一个标注进行倾斜操作

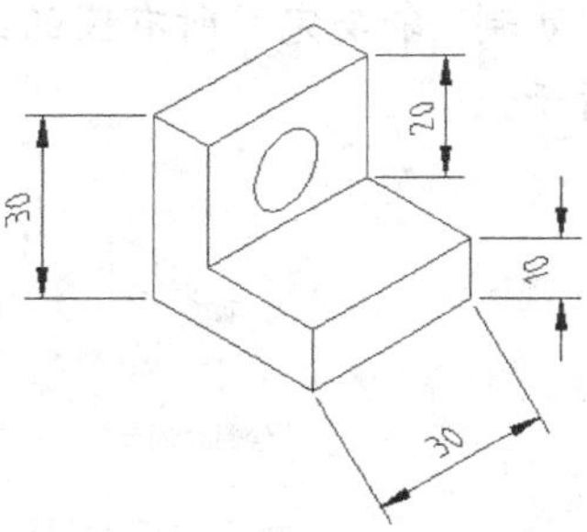

图 11-39　“左倾斜”样式标注尺寸

对这 4 个尺寸进行倾斜处理之后，便可得到如图 11-40 所示的结果。

最后对轴测圆进行标注。轴测圆不能直接用标注圆的方式标注直径或者半径。可以使用对齐标注的方式进行标注，然后再进行倾斜处理，标注结果如图 11-41 所示。

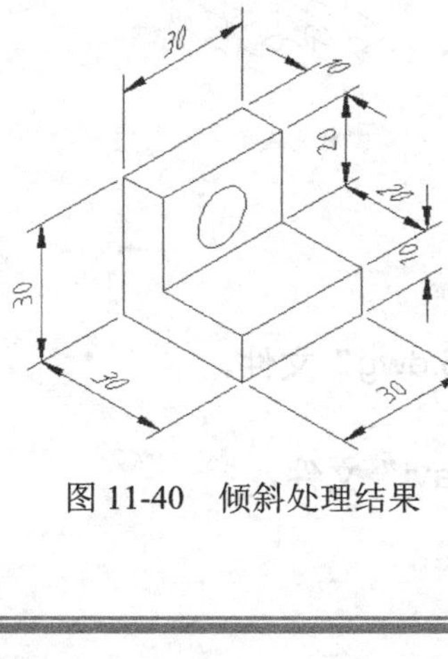

图 11-40　倾斜处理结果

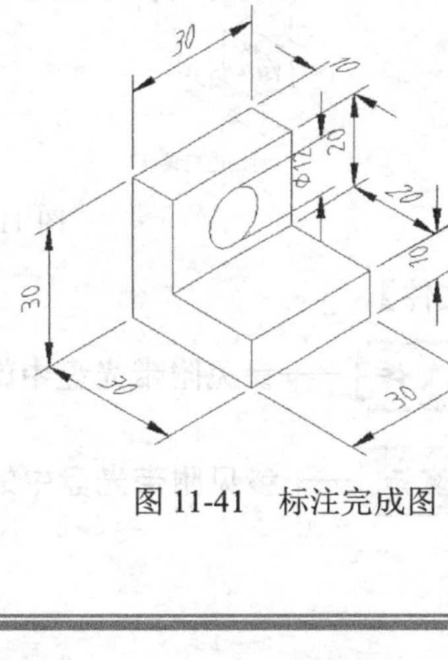

图 11-41　标注完成图

11.5 实例·操作——齿轮架

齿轮架的结构及尺寸如图 11-42 所示，其上面有两个孔，结构较为复杂。

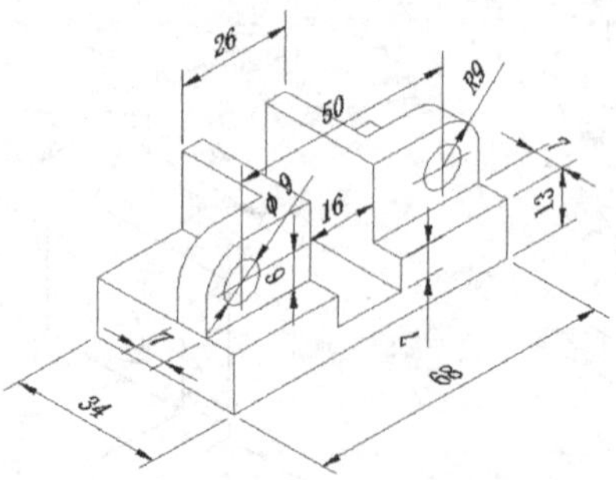

图 11-42 齿轮架

【思路分析】

由于结构较复杂，因此需要步骤较多。绘制步骤如下：首先绘制右侧面，接着通过“复制”命令绘制平行线并补充上表面的直线，然后执行“修剪”命令修剪掉多余线条，之后绘制同心轴测圆并通过“复制”命令完成所有圆的绘制，最后修剪多余的线条并补充缺少线条即可完成绘制，如图 11-43 所示。

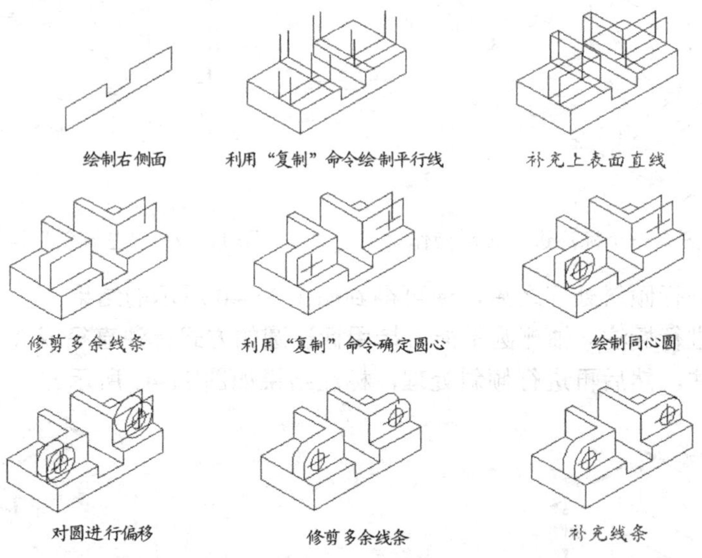

图 11-43 齿轮架绘制步骤

【光盘文件】

结果文件——参见附带光盘中的“END\Ch11\11-5.dwg”文件。

动画演示——参见附带光盘中的“AVI\Ch11\11-5.avi”文件。

【操作步骤】

（1）按 F8 键切换至正交模式。然后执行“直线”命令，绘制右侧面直线，如图 11-44 所示。

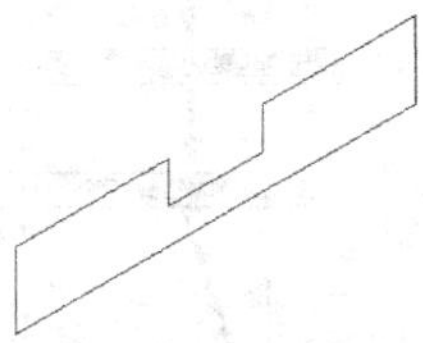

图 11-44 绘制右侧面直线

（2）利用“复制”命令绘制如图 11-45 所示的平行线。

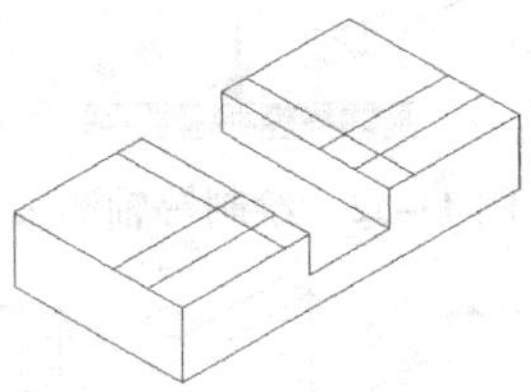

图 11-45 利用“复制”命令绘制平行线

（3）单击“直线”按钮，绘制如图 11-46 中的竖直直线，其下端点为箭头所指点，长度为 15。

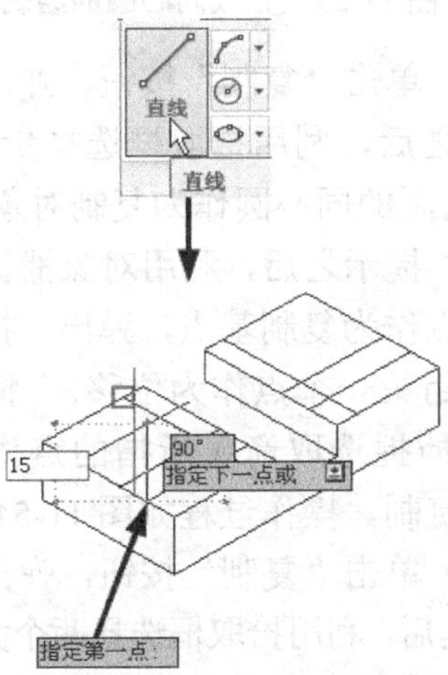

图 11-46 绘制直线

（4）单击“复制”按钮，绘制与步骤（3）中所绘制直线长度相等的平行线，绘制结果如图 11-47 所示。

（5）单击“直线”按钮，在上端面上绘制直线，将步骤（4）中所绘制的直线的上端点连起来，绘制结果如图 11-48 所示。

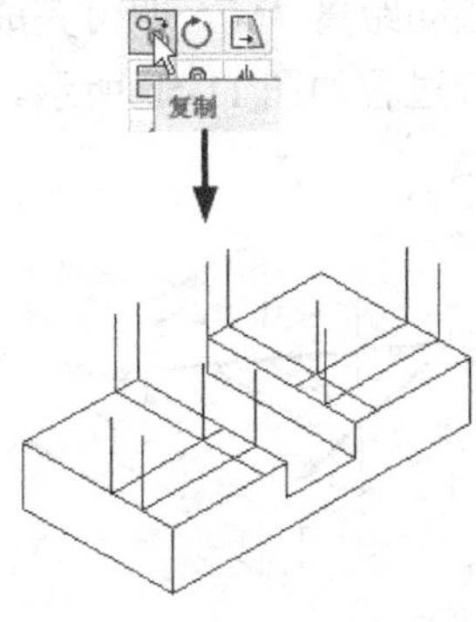

图 11-47 用“复制”方式绘制平行线

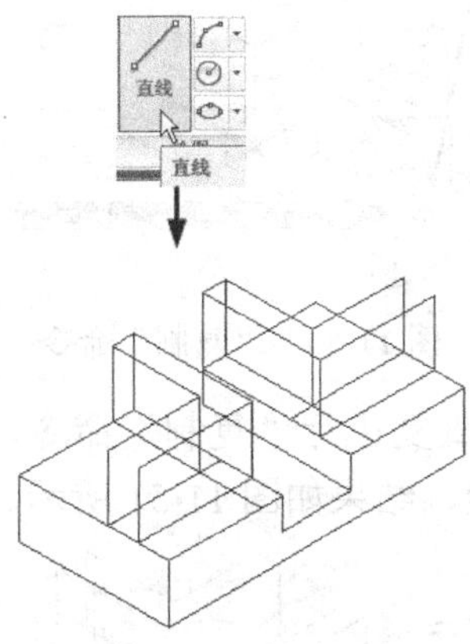

图 11-48 绘制上端面的直线

（6）单击“修剪”按钮，对图形中的多余线条进行修剪，修剪结果如图 11-49 所示。

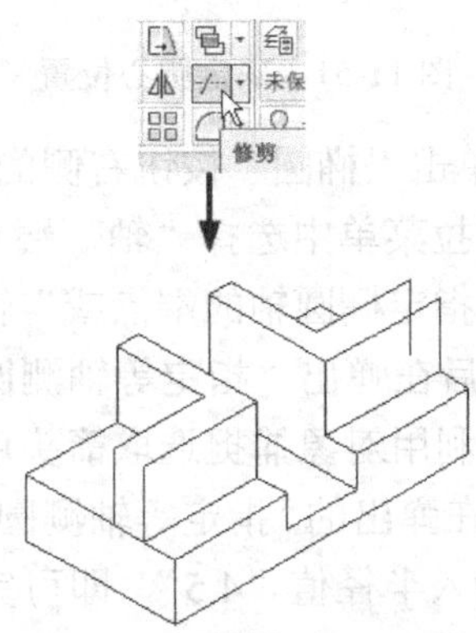

图 11-49 修剪

（7）单击“复制”按钮，弹出“选择对象”提示之后，利用拾取框拾取箭头所指的两条虚线作为复制对象，然后按 Enter 键完成对象的选择。然后向上移动十字光标，弹出“指定第二个点或〈使用第一个点作为位移〉”输入框之后，输入移动距离“6”，即可完成“复制”命令，命令执行过程如图 11-50 所示。

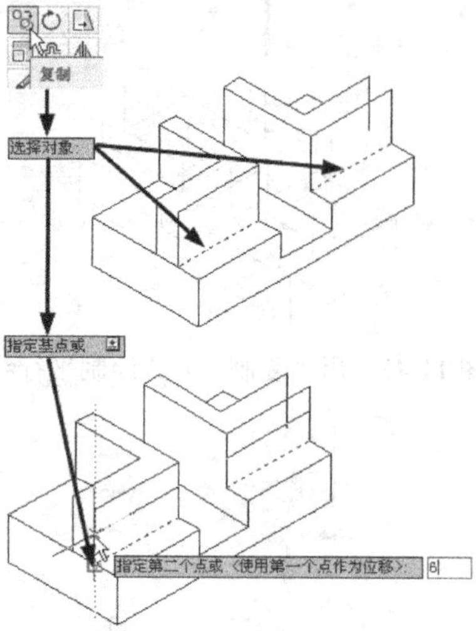

图 11-50 “复制”命令

（8）重复执行“复制”命令，完成圆心位置的确定，结果如图 11-51 所示。

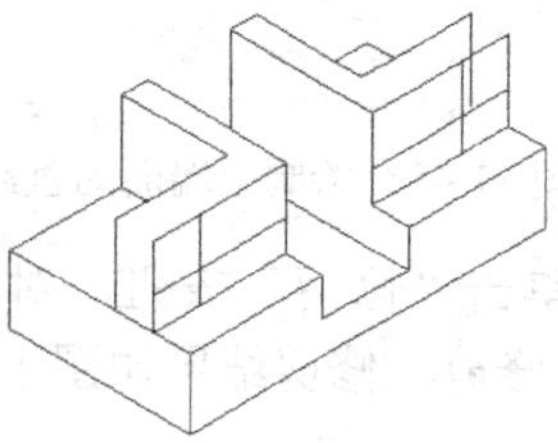

图 11-51 确定圆心位置

（9）单击“椭圆”按钮右侧的下拉箭头，从弹出的下拉菜单中选择“轴，端点”命令，在弹出的“指定椭圆轴的端点或”输入框中输入“i”，然后在弹出“指定等轴测圆的圆心”提示之后，利用对象捕捉选取箭头所指的点作为圆心，并在弹出的“指定等轴测圆的半径或”输入框中输入半径值“4.5”，即可完成绘制，操作过程如图 11-52 所示。

（10）重复执行绘制等轴测圆的命令，绘制与步骤（9）所绘制的圆同心半径为 9 的圆，绘制结果如图 11-53 所示。

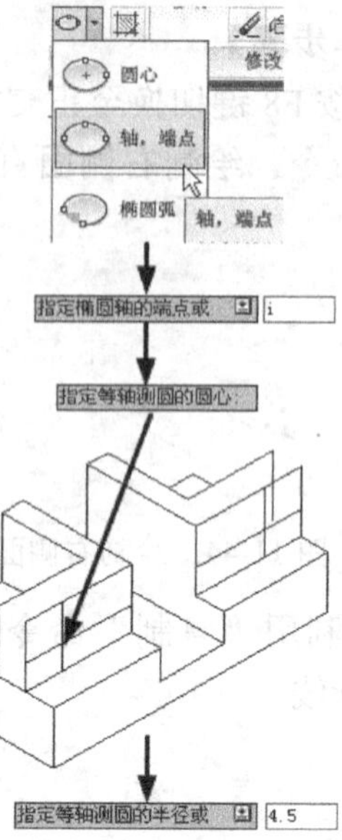

图 11-52 绘制等轴测圆

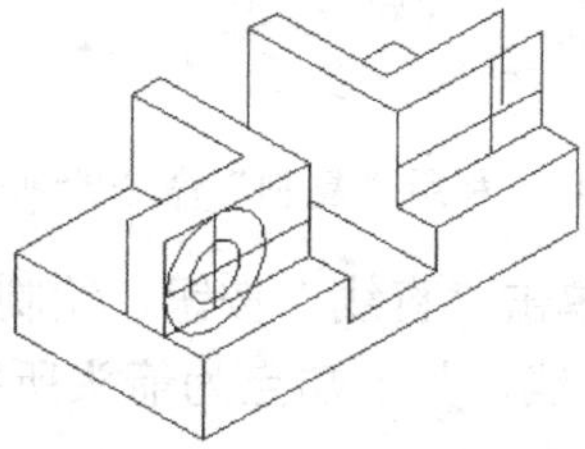

图 11-53 完成同心圆的绘制

（11）单击“复制”按钮，弹出“选择对象”提示之后，利用拾取框选择步骤（9）和（10）所绘制的同心圆作为复制对象，弹出“指定基点或”提示之后，利用对象捕捉选取箭头所指的交点作为复制基点，弹出“指定第二个点或〈使用第一个点作为位移〉”提示之后，利用对象捕捉选取箭头所指的点作为第二点即可完成复制，操作过程如图 11-54 所示。

（12）单击“复制”按钮，弹出“选择对象”提示之后，利用拾取框选择两个大等轴测圆作为复制对象，弹出“指定基点或”提示之后，利用对象捕捉选取箭头所指的交点作为复制基点，弹出“指定第二个点或〈使用第一个点作为位移〉”提示之后，利用对象捕捉选取箭头所指的点作为复制第二点，即可完成大等轴测圆的复制，操作过程如图 11-55 所示。

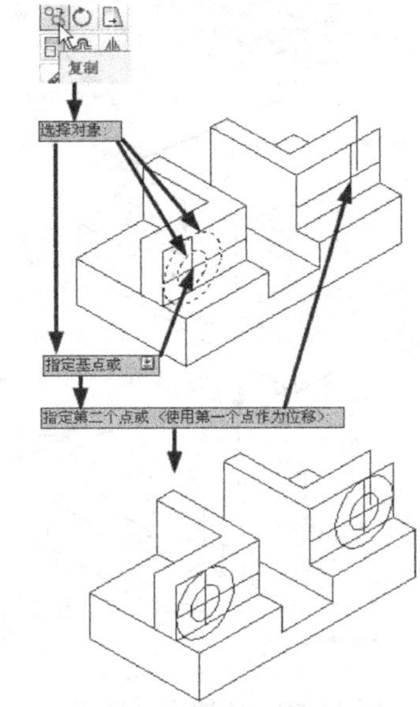

图 11-54　复制同心圆

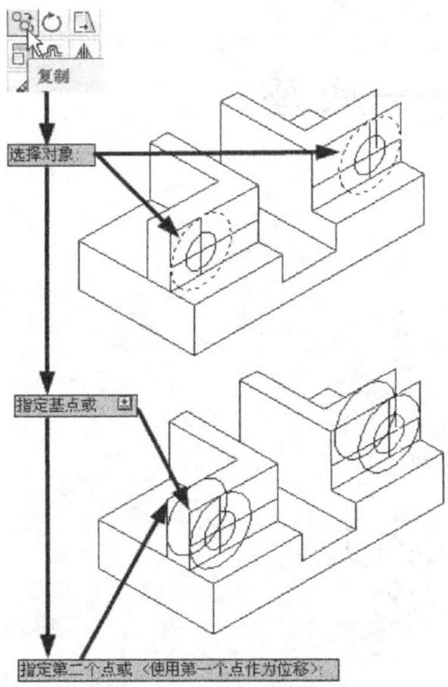

图 11-55　复制两个大等轴测圆

（13）单击“修剪”按钮，对步骤（12）所绘制的图进行修剪，修剪结果如图 11-56 所示。

（14）按 F8 键关闭正交模式。然后在任务栏中右击“对象捕捉”按钮，在弹出的快捷菜单中选择“设置”命令，弹出“草图设置”对话框，在“对象捕捉”选项卡中设置为只捕捉切点，然后单击“确定”按钮完成设置，操作步骤如图 11-57 所示。

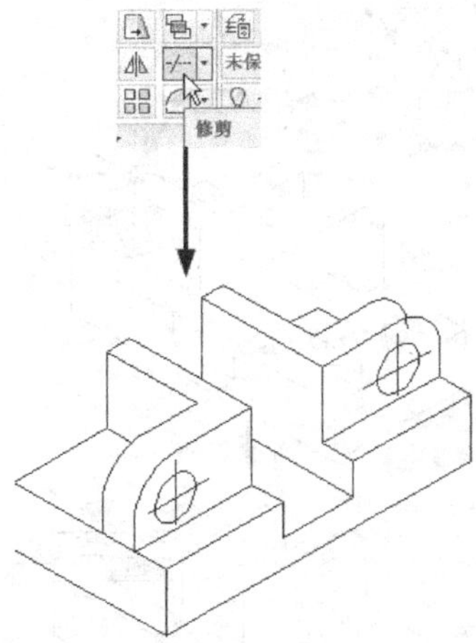

图 11-56　修剪

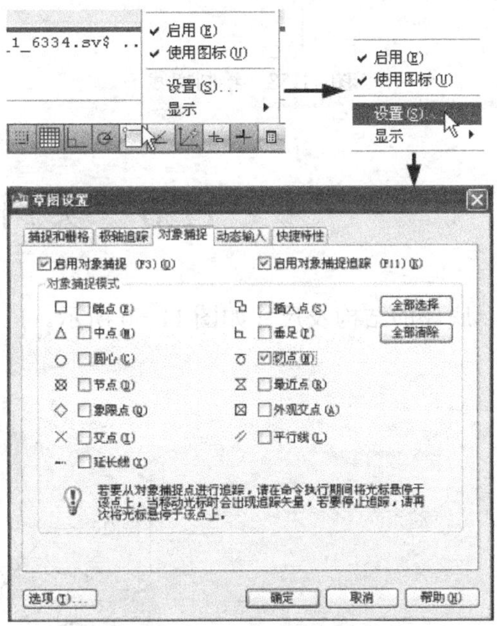

图 11-57　设置对象捕捉

（15）单击“直线”按钮，弹出“指定第一点”提示之后，将十字光标移动至箭头所示位置处，待对象捕捉提示“切点”之后，选择为直线第一点，将十字光标向右下方移动至附近的圆弧上，待对象捕捉提示“切点”之后，选择为直线第二点，完成切线的绘制，操作过程如图 11-58 所示。

（16）单击“修剪”按钮，修剪掉箭头所指的一段多余的圆弧，即可完成齿轮架轴测图的绘制，如图 11-59 所示。

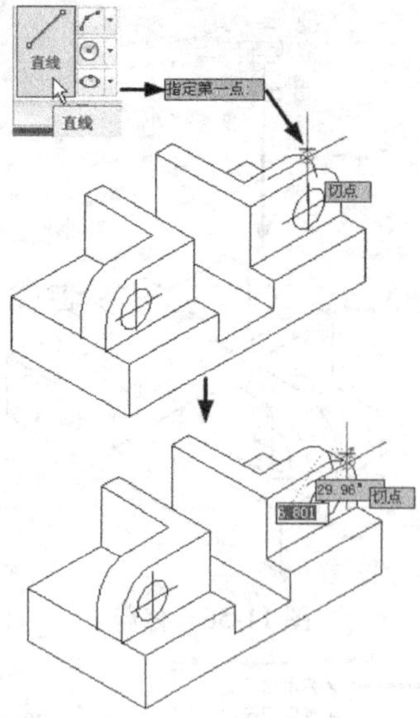

图 11-58　绘制切线

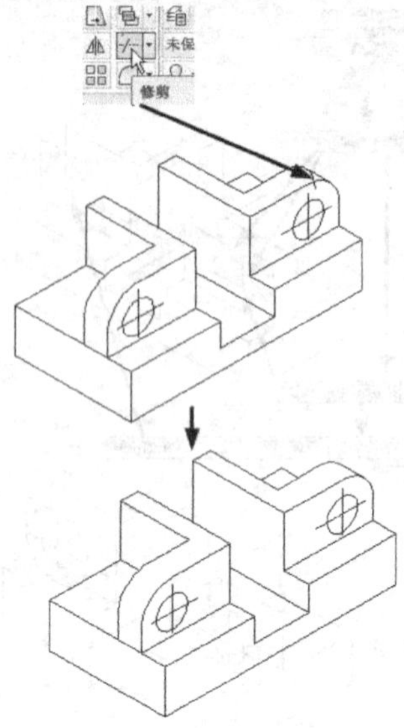

图 11-59　修剪多余圆弧

11.6　实例·练习——底座

底座的结构及尺寸如图 11-60 所示。

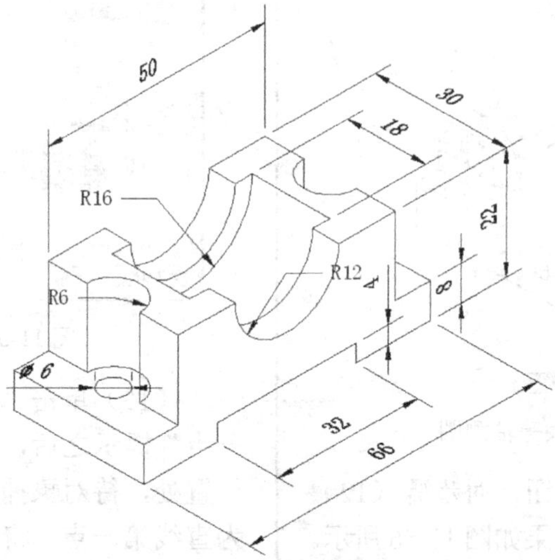

图 11-60　底座

【思路分析】

底座可以按照以下步骤绘制：首先绘制右侧面，接着利用“复制”命令绘制出整体轮廓，然后利用“复制”和“修剪”命令绘制上部的圆，之后绘制两端的圆，最后修剪并补充直线，即可完成绘制，操作过程如图 11-61 所示。

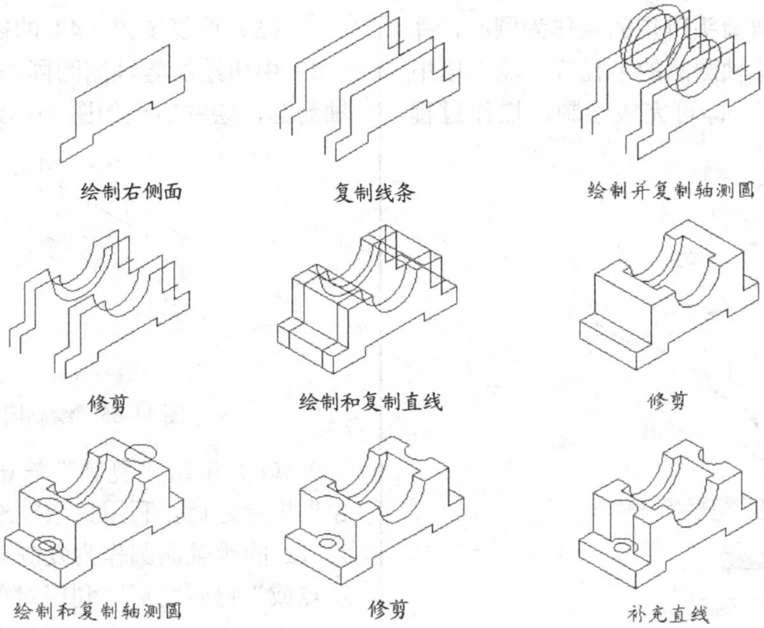

图 11-61　底座绘制步骤

【光盘文件】

结果文件——参见附带光盘中的“END\Ch11\11-6.dwg”文件。

动画演示——参见附带光盘中的“AVI\Ch11\11-6.avi”文件。

【操作步骤】

（1）通过草图设置进入等轴测图模式。然后按 F8 键进入正交模式。

（2）按 F5 键切换十字光标至右面型。单击“直线”按钮，绘制右视面，如图 11-62 所示。

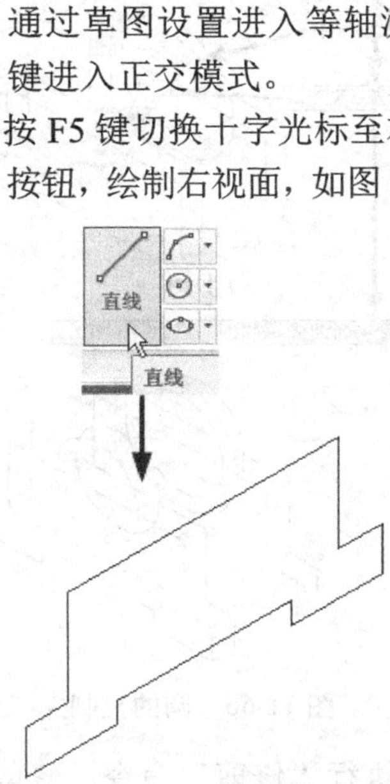

图 11-62　绘制右视面

（3）按 F5 键，切换十字光标为左面型。然后单击“复制”按钮，弹出“选择对象”提示之后，利用拾取框选择箭头所指的几条直线（图中的虚线）作为复制对象。弹出“指定基点或”提示之后，利用对象捕捉选取箭头所指的点作为基点。向左上方移动十字光标，在弹出的“指定第二个点或〈使用第一个点作为位移〉”输入框中输入位移值“6”，然后依次在后面弹出的两个“指定第二个点或”输入框中分别输入位移值“24”和“30”，结束“复制”命令，操作过程如图 11-63 所示。

（4）按 F5 键，将十字光标切换至右面型。单击“椭圆”按钮右侧的下拉箭头，从弹出的下拉菜单中选择“轴，端点”命令，在弹出的“指定椭圆轴的端点或”输入框中输入“i”，然后在弹出“指定等轴测圆的圆心”提示之后，利用对象捕捉选取箭头所指的点作为圆心，并在弹出的“指定等轴测圆的半径或”输入框中输入半径值“12”，即可完成绘制，操作过程如图 11-64 所示。

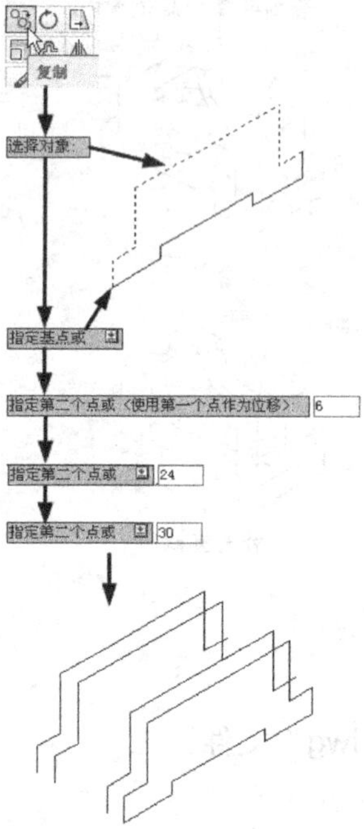

图 11-63　复制直线绘制轮廓

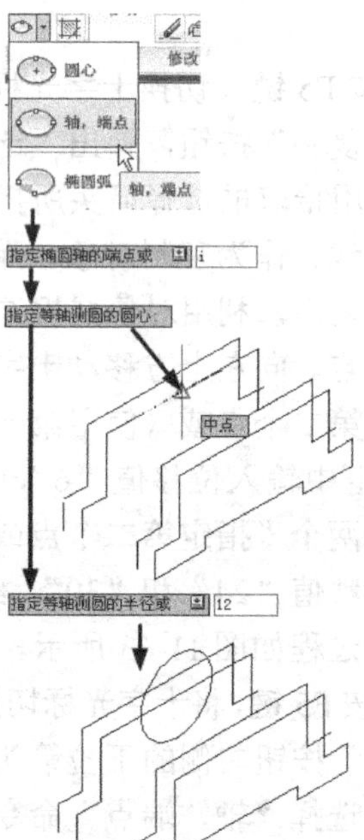

图 11-64　绘制等轴测圆

（5）重复步骤（4）的操作，绘制与步骤（4）中所绘的等轴测圆同心、半径为 16 的等轴测圆，绘制结果如图 11-65 所示。

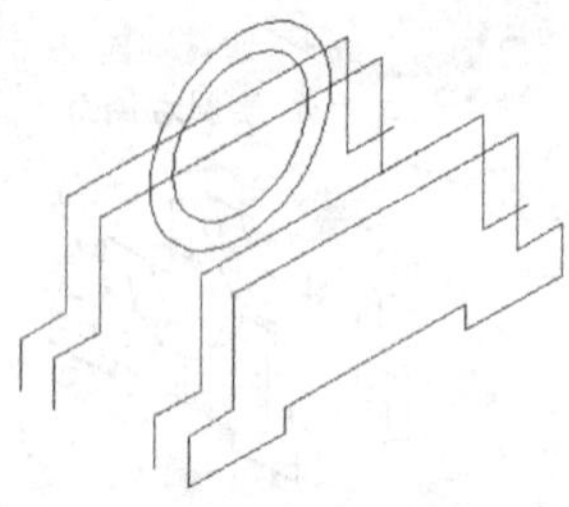

图 11-65　绘制同心圆

（6）单击“复制”按钮，弹出“选择对象”提示之后，利用拾取框选择箭头所指半径为 12 的等轴测圆作为复制对象。弹出“指定基点或”提示之后，利用对象捕捉选取箭头所指的点（中点）作为复制基点。弹出“指定第二个点或〈使用第一个点作为位移〉”提示之后，利用对象捕捉依次选取与圆心所在直线相平行的 3 条直线的中点作为第二点即可完成复制，操作过程如图 11-66 所示。

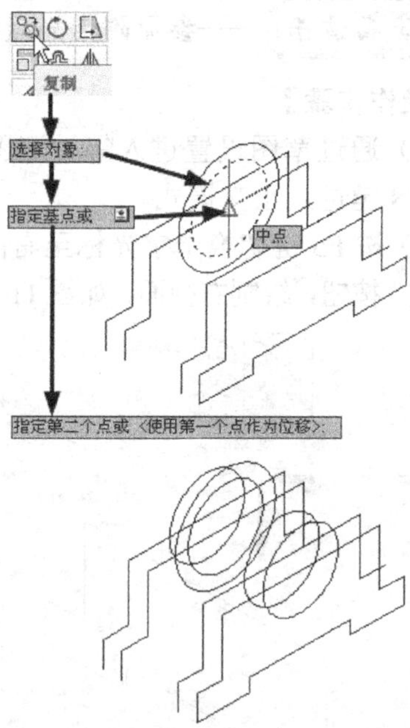

图 11-66　圆的复制

（7）执行“修剪”命令，修剪掉多余线条，如图 11-67 所示。

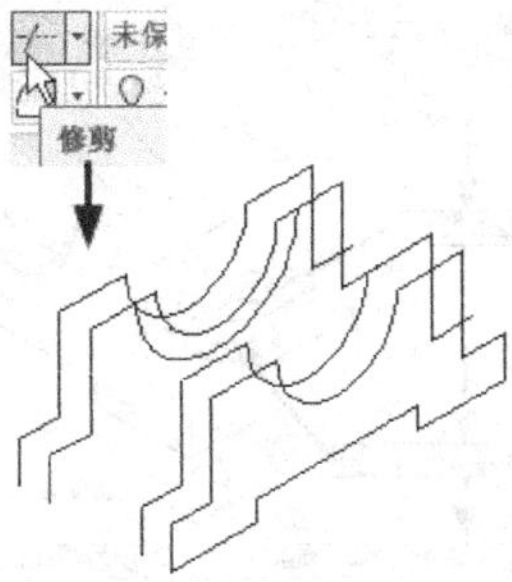

图 11-67　修剪

（8）按 F5 键，切换十字光标至左面型。然后按照如图 11-68 所示步骤绘制直线。

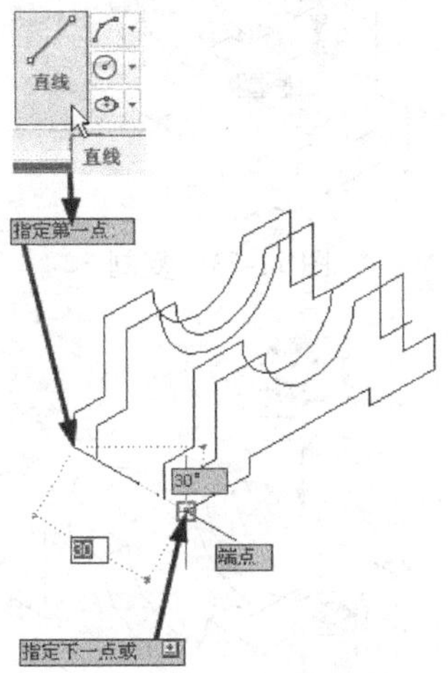

图 11-68　绘制直线

（9）按 F5 键，切换十字光标为右平面型。然后单击“复制”按钮，弹出“选择对象”提示之后，利用拾取框选择步骤（8）绘制的直线作为复制对象。弹出“指定基点或”提示之后，利用对象捕捉选取箭头所指的（端点）点作为复制基点。弹出“指定第二个点或〈使用第一个点作为位移〉”之后，依次选取与之相应的点作为复制第二点，即可完成复制。操作步骤及结果如图 11-69 所示。

（10）单击“修剪”按钮，修剪掉多余线条，结果如图 11-70 所示。

（11）按 F5 键，将十字光标切换至上面型。单击“椭圆”按钮右侧的下拉箭头，从弹出的下拉菜单中选择“轴，端点”命令，在弹出的“指定椭圆轴的端点或”输入框中输入“i”，然后在弹出“指定等轴测圆的圆心”提示之后，利用对象捕捉选取箭头所指的中点作为圆心，并在弹出的“指定等轴测圆的半径或”输入框中输入半径值“3”，即可完成绘制，操作过程如图 11-71 所示。

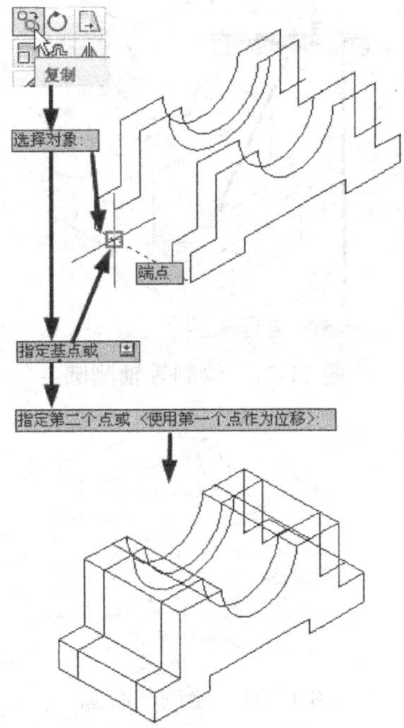

图 11-69　复制直线

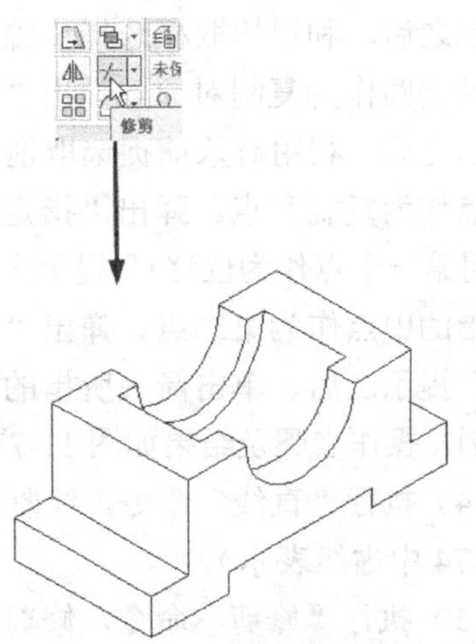

图 11-70　修剪多余线条

（12）重复步骤（11）的操作，绘制与步骤（11）所绘制的等轴测圆同心、半径为 6 的圆，绘制结果如图 11-72 所示。

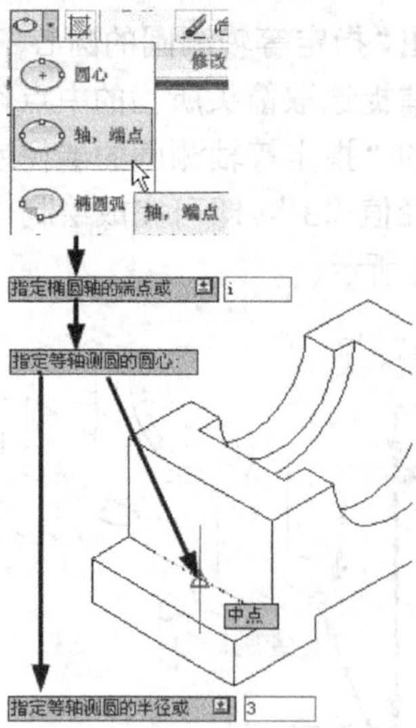

图 11-71　绘制等轴测圆

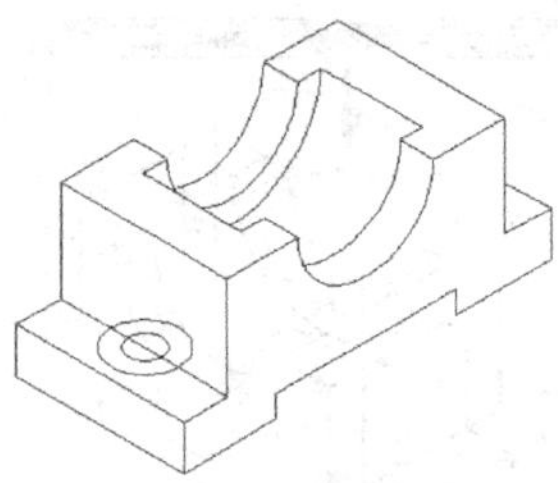

图 11-72　绘制同心圆

（13）单击“复制”按钮，弹出“选择对象”提示之后，利用拾取框选择步骤（12）绘制的等轴测圆作为复制对象。弹出“指定基点或”提示之后，利用对象捕捉选取箭头所指的圆心交点作为复制基点。弹出“指定第二个点或〈使用第一个点作为位移〉”提示之后，单击箭头所指的中点作为第二点。弹出“指定第二个点或”提示之后，单击箭头所指的中点即可完成复制，操作步骤及结果如图 11-73 所示。

（14）执行“直线”命令，绘制竖直直线（图 11-74 中虚线表示）。

（15）执行“修剪”命令，修剪掉多余线条，即可完成底座的绘制，如图 11-75 所示。

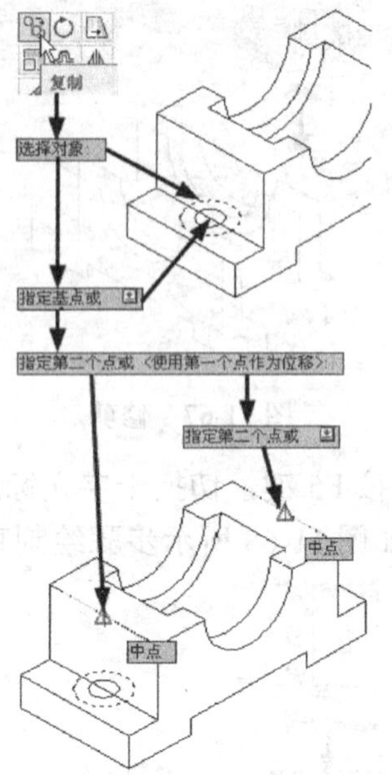

图 11-73　复制

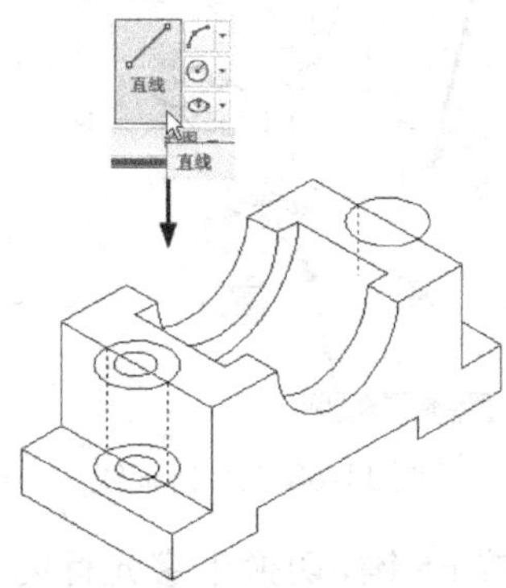

图 11-74　绘制直线

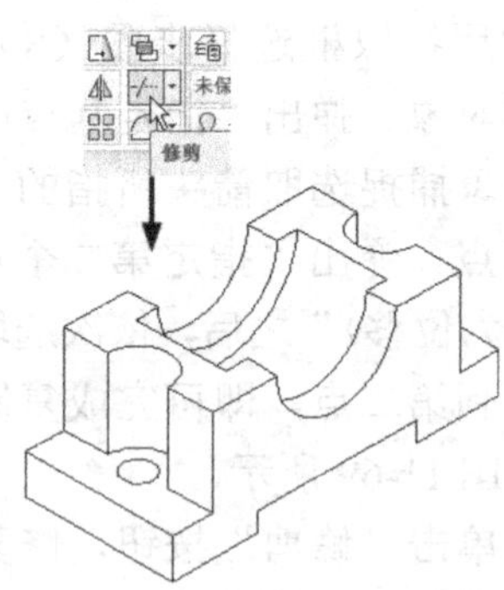

图 11-75　修剪多余线条

第 12 讲 三 维 造 型

在机械制图中，通常采用二维视图来表达机械的结构。但是，二维图形的直观性较差，对于复杂或者具有自由曲面的零件，所绘制的二维视图不易被理解。在这种情况下，需要用三维模型来表示。本讲将介绍 AutoCAD 2012 三维造型的常用命令。

本讲内容

- 实例·模仿——支撑座
- 三维造型基础操作
- 绘制基本三维实体
- 三维实体编辑
- 实例·操作——滑块
- 实例·练习——哑铃

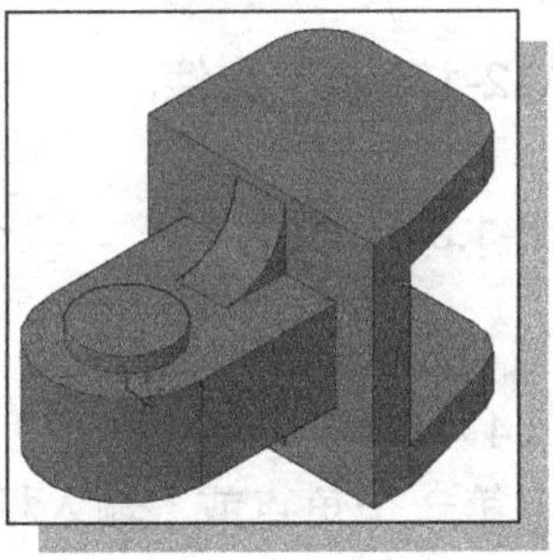

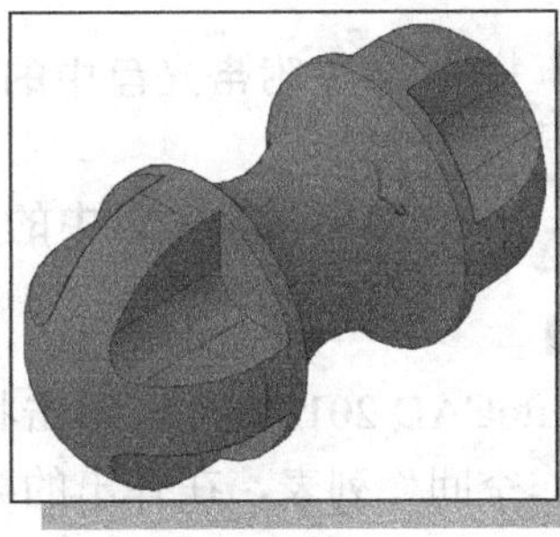

12.1 实例·模仿——支撑座

支撑座的结构如图 12-1 所示，其结构简单，包含 5 个孔和两个圆角。

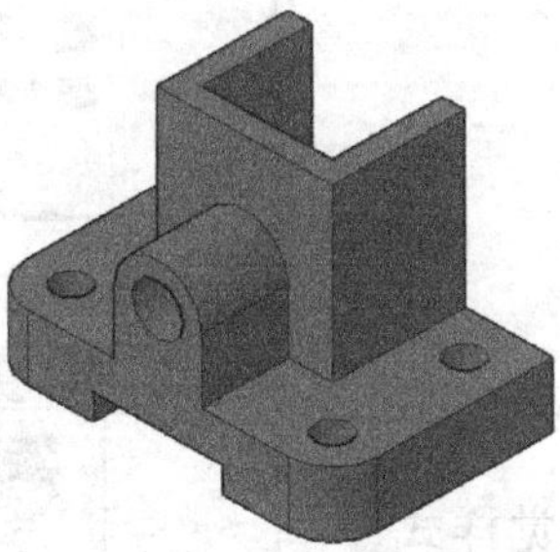

图 12-1 支撑座

【思路分析】

支撑座可以按照以下步骤绘制：首先绘制出主体结构的两个长方体；接着从中挖去两个长方体；之后创建底部 4 个小孔和中间侧向孔及周围实体部分；然后进行布尔运算，挖去这几个孔；

最后进行圆角处理，完成绘制，如图 12-2 所示。

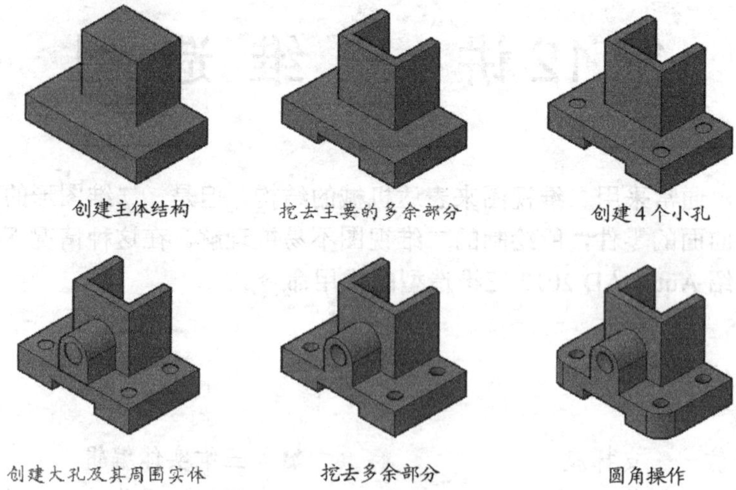

图 12-2　支撑座绘制步骤

【光盘文件】

结果文件——参见附带光盘中的“END\Ch12\12-1.dwg”文件。

动画演示——参见附带光盘中的“AVI\Ch12\12-1.avi”文件。

【操作步骤】

（1）启动 AutoCAD 2012 之后，单击状态栏中的“切换工作空间”列表，在弹出的菜单中选择“三维建模”命令，进入三维建模工作空间，如图 12-3 所示。

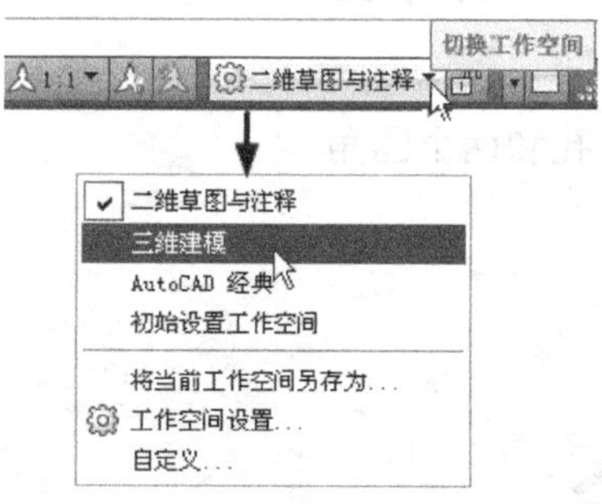

图 12-3　切换至三维建模工作空间

（2）单击“视图”面板中“视觉样式”列表的下拉箭头，从中选择“三维线框”视觉样式，如图 12-4 所示。

（3）单击“视图”面板中的“三维导航”列表，选择“东南等轴测”命令，如图 12-5 所示。

（4）单击“长方体”按钮，在弹出的“指定第一个角点或”输入框中输入第一个交点坐标（-40，0），向右下方移动十字光标，然后输入底面矩形长度值“80”和宽度值“50”。向上移动十字光标，然后输入长方体的高度值“15”，即可完成长方体的创建，如图 12-6 所示。

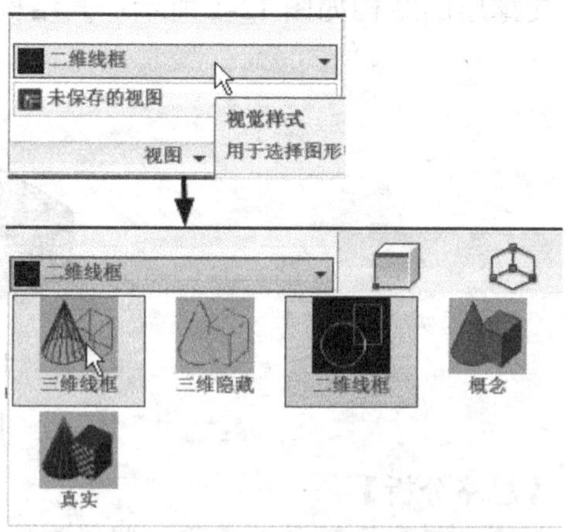

图 12-4　切换视觉样式

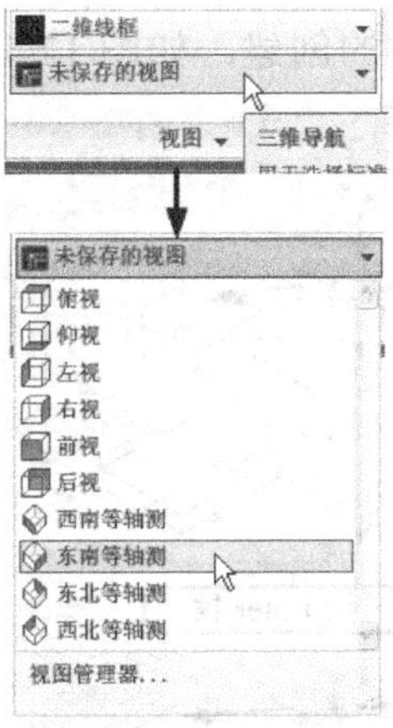

图 12-5　切换视图方向

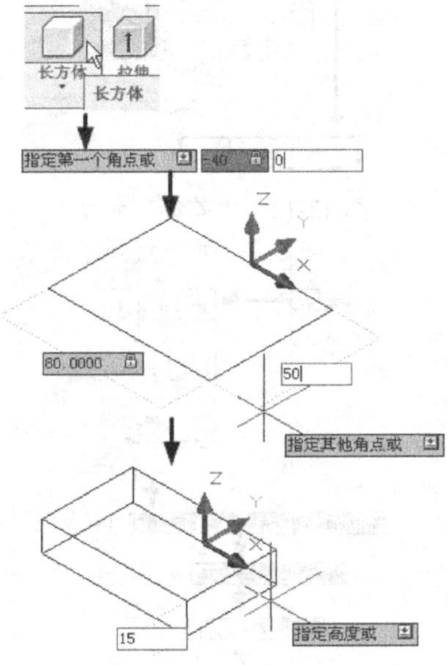

图 12-6　绘制长方体

（5）按照步骤（4）的做法，创建第一角点为（-20，0），底面矩形长为 40、宽为 25、高度为 55 的长方体，操作过程如图 12-7 所示。

（6）单击“实体编辑”面板中的“并集”按钮。弹出“选择对象”提示之后，利用拾取框依次选取步骤（4）和步骤（5）所创建的长方体，然后按 Enter 键完成选取。这时两个长方体合并成为一个实体，如图 12-8 所示。

（7）重复执行“长方体”命令，创建第一角点为（-15，0），底面矩形长为 30、宽为 20、高度为 55 的长方体，创建结果如图 12-9 中所示的虚线部分。

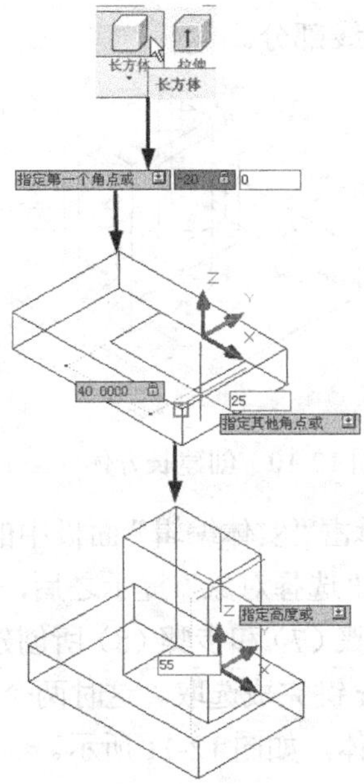

图 12-7　创建第二个长方体

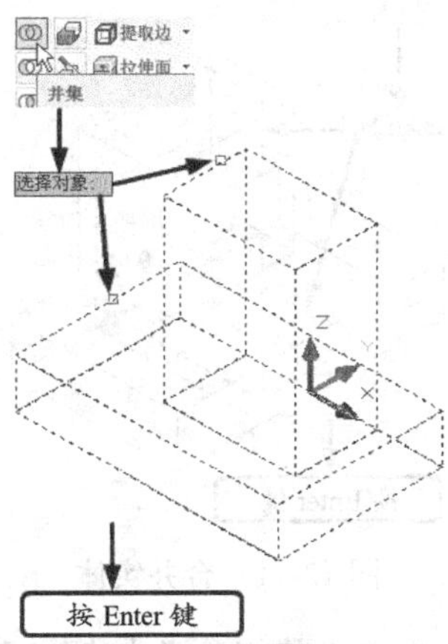

图 12-8　合并实体

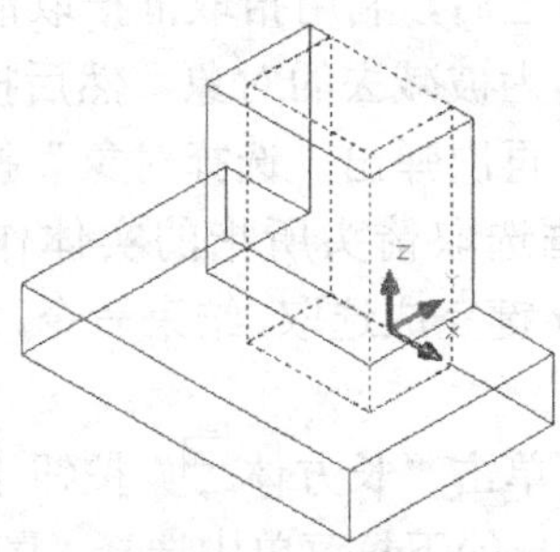

图 12-9　创建长方体（一）

（8）重复执行“长方体”命令，创建第一角点为（-15，0），底面矩形长为 50、宽为 30、高度为 6 的长方体，创建结果如图 12-10

中所示的虚线部分。

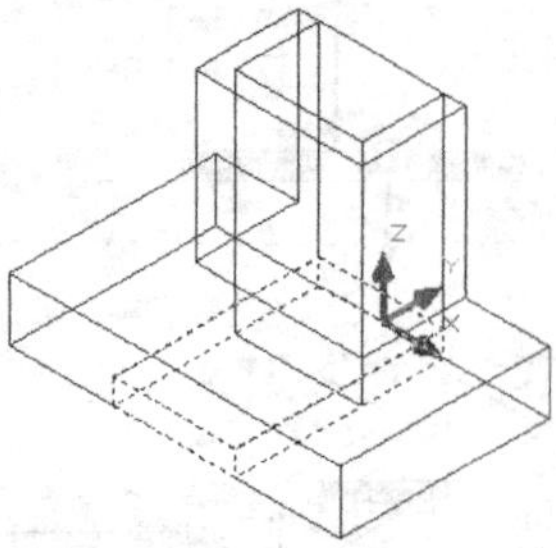

图 12-10　创建长方体（二）

（9）单击“实体编辑”面板中的“并集”按钮。弹出“选择对象”提示之后，利用拾取框依次选取步骤（7）和步骤（8）所创建的长方体，然后按 Enter 键完成选取。这时两个长方体合并成为一个实体，如图 12-11 所示。

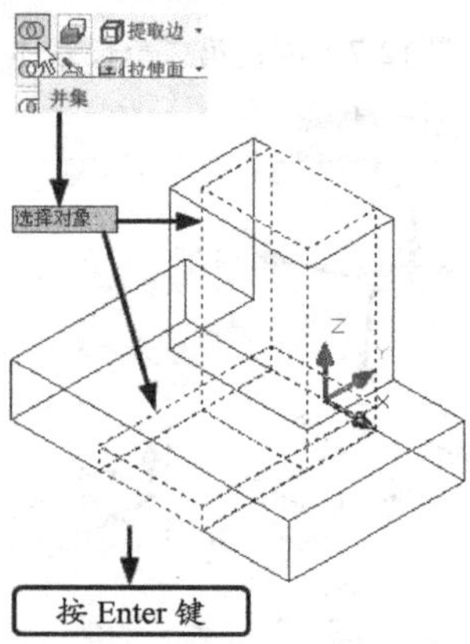

图 12-11　合并实体

（10）单击“差集”按钮，弹出“选择对象”提示之后，利用拾取框拾取箭头所指的大的实体作为被减去的对象，然后按 Enter 键完成选取。再次弹出“选择对象”提示之后，利用拾取框选取箭头所指的实体作为减去对象，按 Enter 键完成选取，结束命令，如图 12-12 所示。

（11）单击“长方体”按钮下方的下拉按钮，在弹出的下拉菜单中选择“圆柱”命令。然后在弹出的“指定底面的中心点或”输入框中输入底面中心点坐标（-30，-10），然后在“指定底面半径或”输入框中输入半径值“5”，最后在“指定高度或”输入框中输入高度值“15”，即可完成圆柱的创建，如图 12-13 所示。

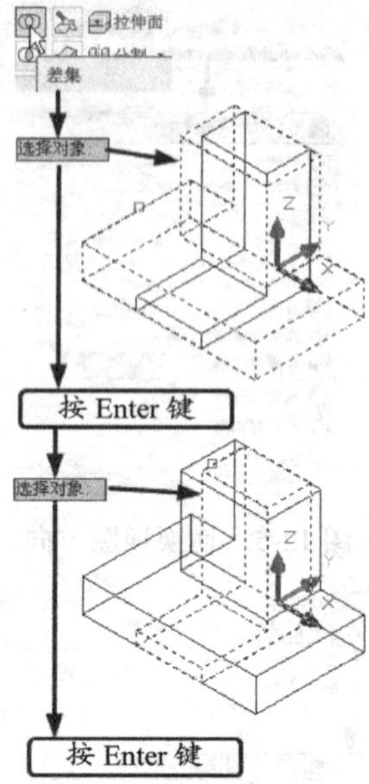

图 12-12　“差集”命令

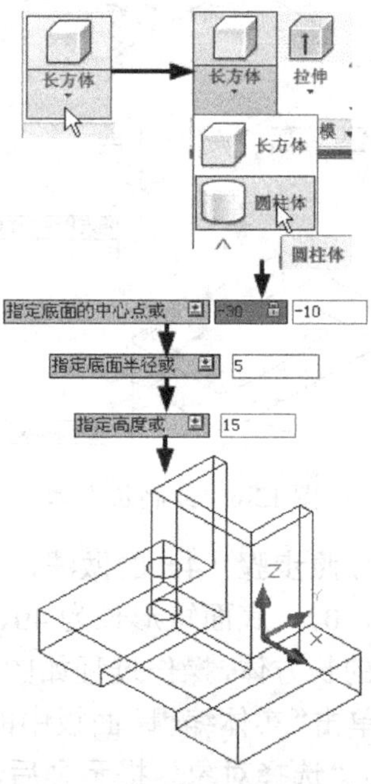

图 12-13　绘制圆柱

（12）单击“三维阵列”按钮，弹出“选择对象”提示之后，利用拾取框选择步骤（11）所创建的圆柱作为阵列对象。然后按 Enter 键完成选定。在弹出的“输入阵列类型”菜单中选择“矩形”命令。在弹出的“输入行数”输入框中输入“2”，在“输入列数”输入框中输入“2”，在“输入层数”输入框中输入“1”。最后，指定行间距为-30，指定列间距为 60，即可完成阵列命令，执行过程及结果如图12-14 所示。

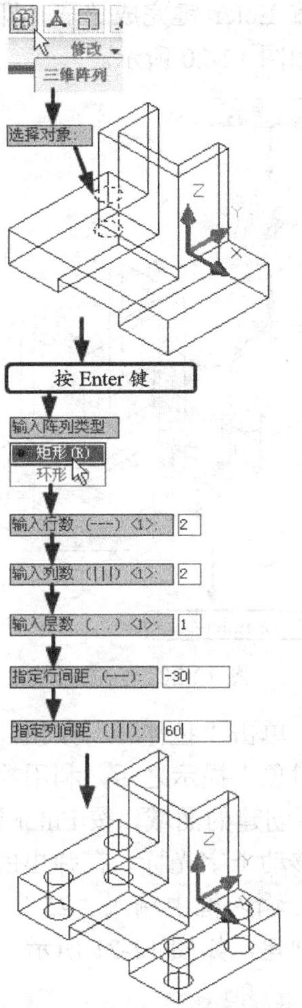

图 12-14　阵列操作

（13）单击绘图区右上角的 WCS 按钮，在弹出的菜单中选择“新 UCS”命令。然后在弹出“指定 UCS 的原点或”提示之后，利用对象捕捉选择箭头所指的中点作为原点。弹出“指定 X 轴上的点或〈接受〉”提示后，选取箭头所指的角点。弹出“指定 XY 平面上的点或〈接受〉”提示之后选择箭头所指的点，操作过程如图 12-15 所示。

（14）按 F8 键，开启正交模式。单击“直线”按钮，在“指定第一点”输入框中输入第一点坐标（10，0），然后向上移动十字光标，并在直线长度的输入框中输入“15”，即可完成直线的绘制，如图 12-16 所示。

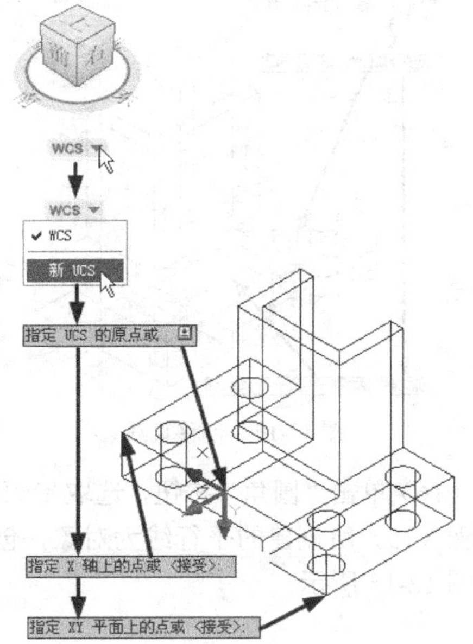

图 12-15　新建 UCS

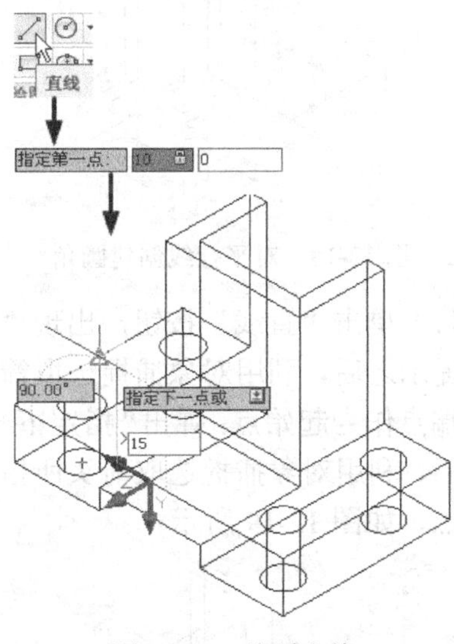

图 12-16　绘制直线

（15）单击“偏移”按钮，在弹出的“指定偏移距离或”输入框中输入“20”。弹出“选择要偏移的对象，或”提示之后，利用拾取框选取步骤（14）所绘制的直线作为偏移的对象。弹出“指定要偏移的那一侧上的点，或”提示之后，向右下方移动十字光标，然后单击即可完成直线的偏移，如图 12-17 所示。

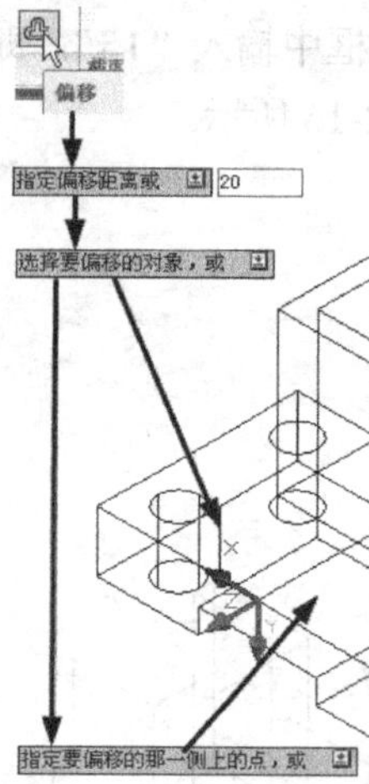

图 12-17　偏移直线

（16）单击“圆角”按钮，选取步骤（14）和步骤（15）所创建的平行线为对象，创建结果如图 12-18 所示。

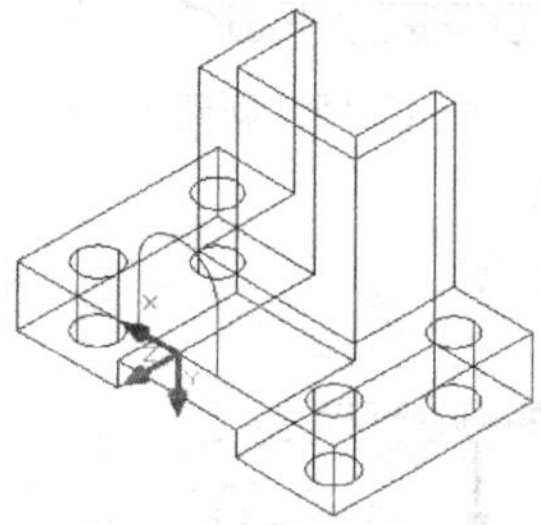
图 12-18　对平行线创建圆角

（17）单击“直线”按钮，出现“指定第一点”提示之后，利用对象捕捉选取箭头所指的直线端点作为起始点；弹出“指定下一点或”提示之后，利用对象捕捉选取箭头所指的端点作为终点，如图 12-19 所示。

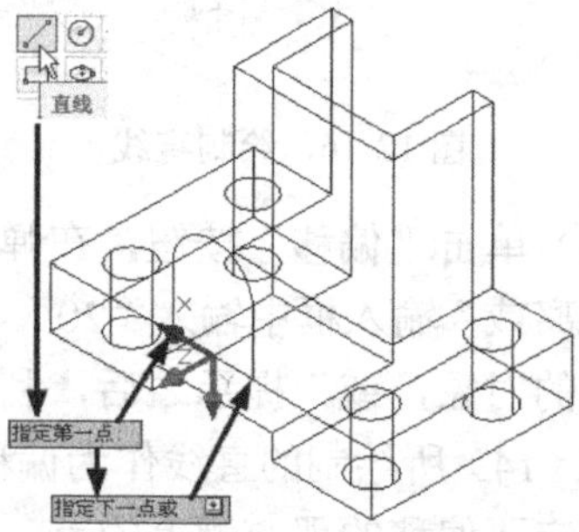

图 12-19　绘制直线

（18）单击“绘图”面板的下拉三角符号，在弹出的列表中单击“面域”按钮。弹出“选择对象”提示之后，采用窗口选择的方式选择步骤（14）～步骤（17）中所创建的线条为对象，然后按 Enter 键完成选取，即可完成面域的创建，如图 12-20 所示。

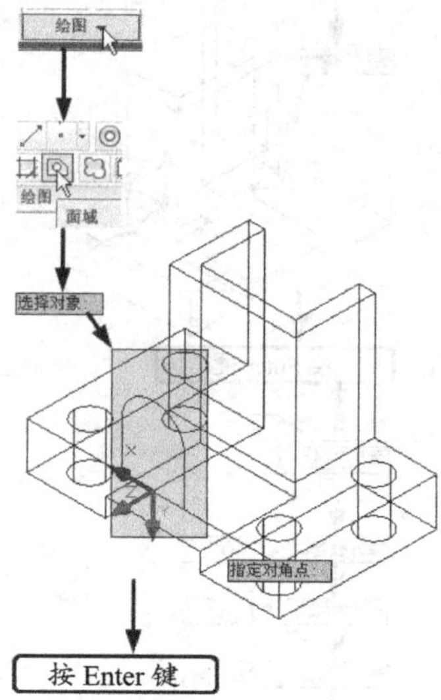

图 12-20　创建面域

（19）单击“拉伸”按钮，弹出“选择要拉伸的对象”提示之后，利用拾取框选取步骤（18）所创建的面域，按 Enter 键完成选定。向右上方移动十字光标，在弹出的“指定拉伸的高度或”输入框中输入“25”，即可完成拉伸实体的创建，如图 12-21 所示。

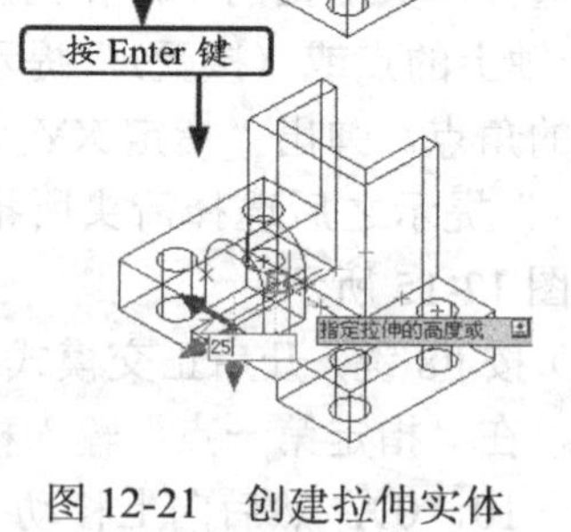

图 12-21　创建拉伸实体

（20）单击“实体编辑”面板中的“并集”按钮，弹出“选择对象”提示之后，利用拾取框依次选取原有实体及步骤（19）创建的实体，然后按 Enter 键完成选取，这时两个实体合并成为一个实体，如图 12-22 所示。

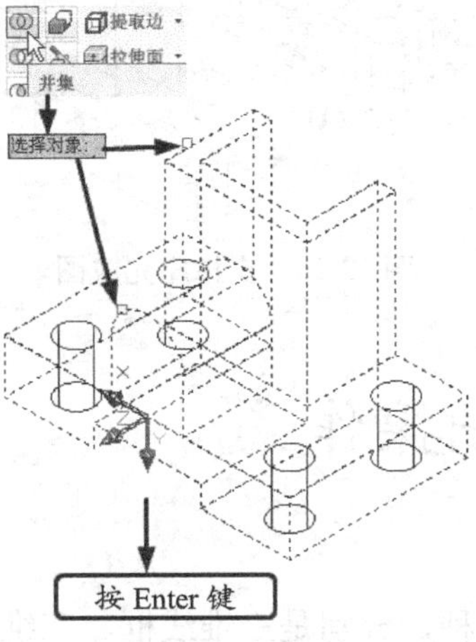

图 12-22　合并实体

（21）单击“长方体”按钮下方的下拉按钮，在弹出的选项中选择“圆柱体”命令。然后在弹出的“指定底面的中心点或”输入框中输入底面中心点坐标（0，-15），然后在“指定底面半径或”输入框中输入半径值“6”，最后在“指定高度或”输入框中输入高度值“-30”，即可完成圆柱的创建，如图 12-23 所示。

（22）单击“差集”按钮，弹出“选择对象”提示之后，利用拾取框拾取箭头所指的大的实体作为被减去的对象，然后按 Enter 键完成选取。再次弹出“选择对象”提示之后，利用拾取框选取箭头所指的 5 个圆柱体作为要减去的对象，按 Enter 键完成选取。命令结束，被减实体对象中与减去实体对象相交部分消失，如图 12-24 所示。

（23）单击“圆角”按钮，弹出“选择第一个对象或”提示之后，利用拾取框选择箭头所指的棱以选定圆角的对象。在弹出的“输入圆角半径”输入框中输入“10”，弹出“选择边或”提示之后，单击箭头所指的另一条棱，按 Enter 键结束选定，即可完成“圆角”命令，如图 12-25 所示。

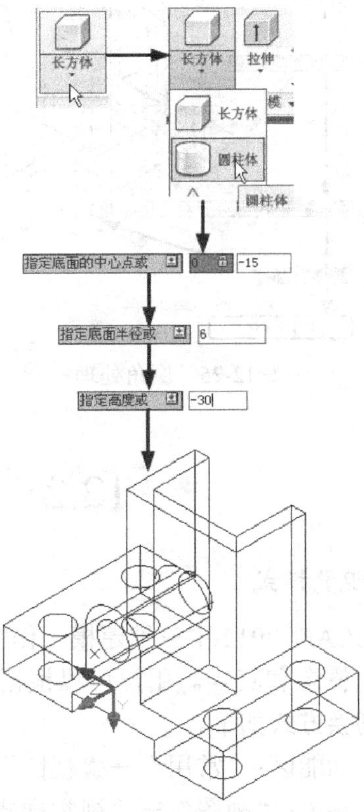

图 12-23　创建圆柱

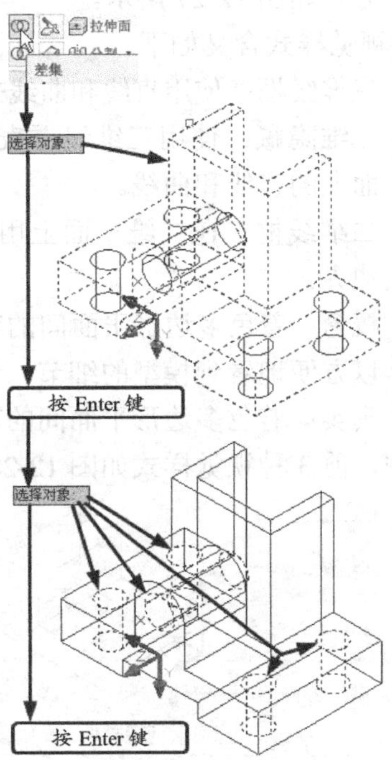

图 12-24　“差集”命令

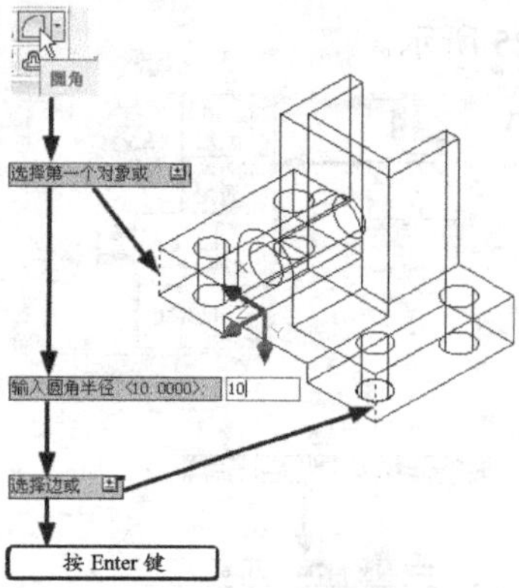

图 12-25　圆角处理

（24）支撑座绘制完成，结果如图 12-26 所示。

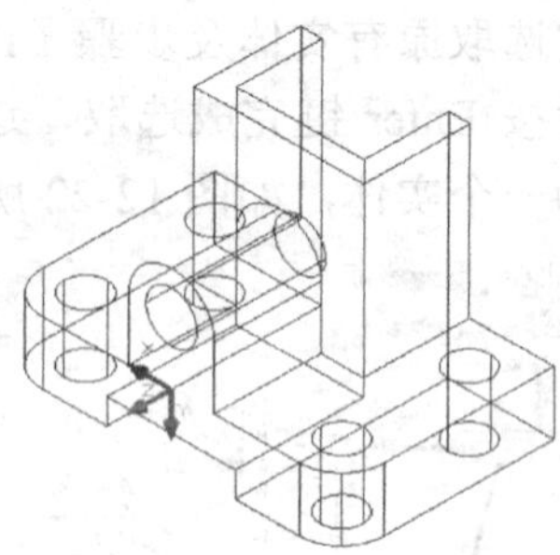
图 12-26　支撑座完成图

12.2　三维造型基础操作

1. 视觉样式

AutoCAD 2012 中三维建模工作空间中的视觉样式有 5 种，分别是三维线框、三维隐藏、二维线框、概念和真实。用户可以根据需要在其中进行切换。

常用的切换方式如下。

- ◆ 功能区："常用"→"视图"→"视觉样式"。
- ◆ 菜单："视图"→"视觉样式"。

操作方式如图 12-27 所示。

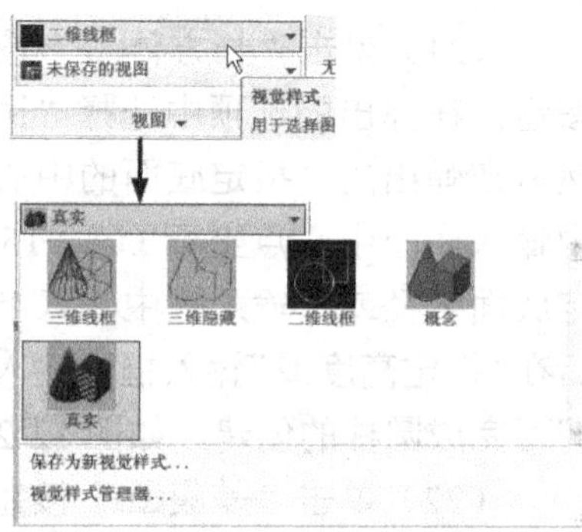

图 12-27　切换视觉样式

5 种视觉样式含义如下。

- ◆ 三维线框：使用直线和曲线来表示三维对象的边界。
- ◆ 三维隐藏：使用三维线框表示对象，但是隐藏后向面上的直线和曲线。
- ◆ 二维线框：在二维平面上用直线和曲线表示对象的边界。
- ◆ 概念：着色多边形平面间的对象，并使对象的边平滑化，效果虽然缺乏真实感，但是可以方便地看到模型的细节。
- ◆ 真实：着色多边形平面间的对象，并使对象的边平滑化，将显示已附着到对象的材质。

其中，前 3 种视觉样式如图 12-28 所示；后 2 种视觉样式如图 12-29 所示。

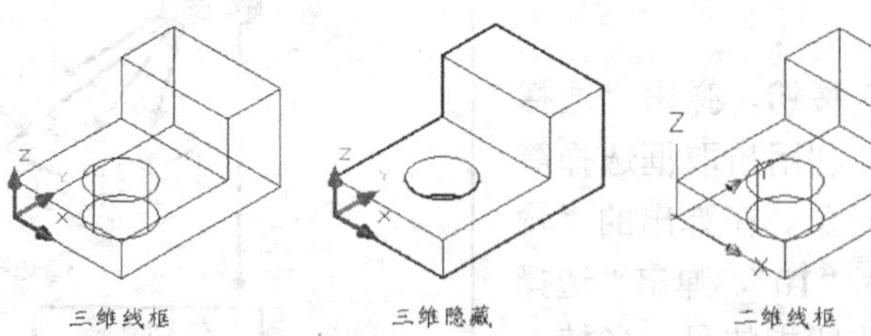

图 12-28　三维线框、三维隐藏、二维线框视觉样式

2. 三维视图

在 AutoCAD 2012 中，有 10 种预定义视图。用户可以根据需要选择合适的视图，以方便绘图和观察。可以通过三维导航下拉列表进行选择，如图 12-30 所示。常用以下操作方式。

功能区：“常用”→“视图”→“三维导航”。

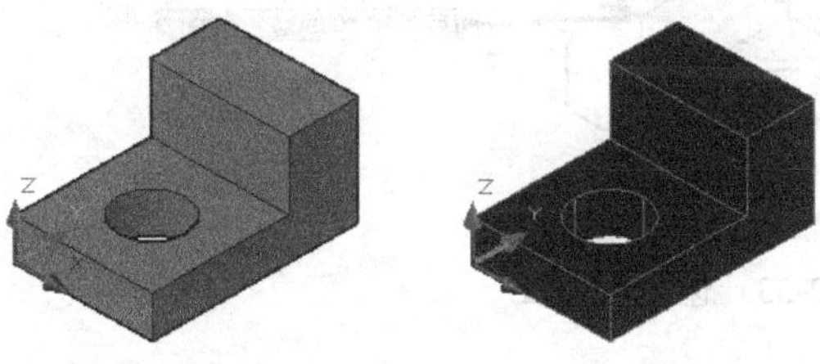

概念　　真实

图 12-29　概念和真实视觉样式

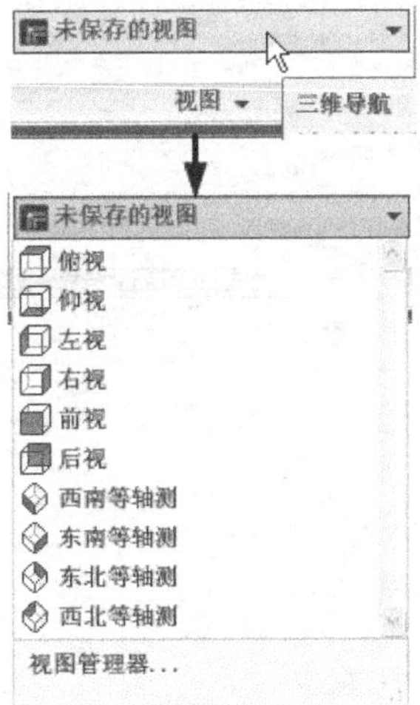

图 12-30　“三维导航”下拉列表

3. ViewCube 三维导航工具

ViewCube 是从 AutoCAD 2009 版开始引入的三维导航工具。ViewCube 显示在绘图区的右上角，通过 ViewCube 可以很方便地在标准视图和等轴测视图间切换，也可以更改 UCS，如图 12-31 所示。

在 ViewCube 中，正方体的每个面、棱和角都对应着一定的视图，因此单击这些面、棱和角都可以切换视图，如图 12-32 所示。

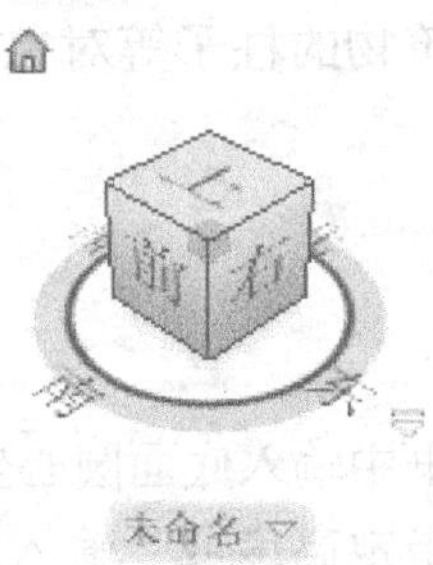

图 12-31　ViewCube 三维导航工具

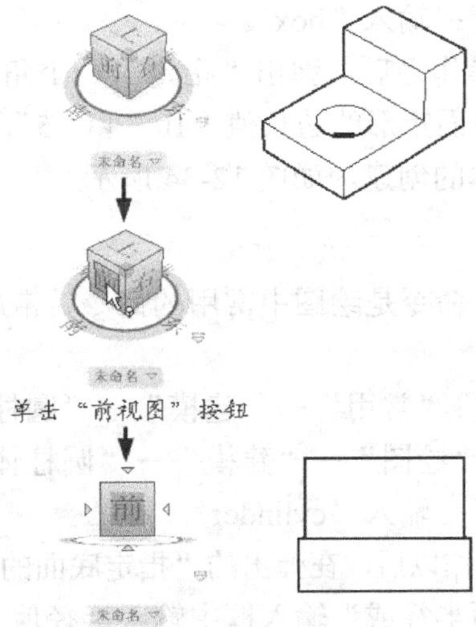

图 12-32　使用 ViewCube 切换视图

ViewCube 下部是坐标系选项列表，单击其下拉符号，然后在弹出的菜单中选择“新 UCS”命令，依次指定 UCS 的原点、X 轴上的点和 XY 平面上的点便可创建新的 UCS，如图 12-33 所示。

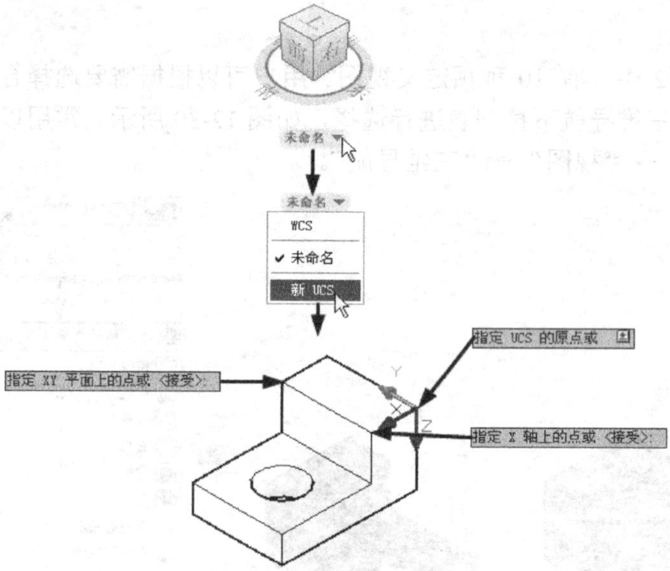

图 12-33 创建新 UCS

12.3 绘制基本三维实体

1. 长方体

“长方体”命令是常用的绘图命令，通常绘制一些规则的图形。其执行方式有以下几种。

- ◆ 功能区：“常用”→“建模”→“长方体”。
- ◆ 菜单：“绘图”→“建模”→“长方体”。
- ◆ 命令行：输入“box”。

执行以上操作之后，弹出“指定第一个角点或”输入框，输入坐标值（0，0），接着移动十字光标，输入底面矩形的边长值“10”和“5”，然后在“指定高度或”输入框中输入高度值“3”，即可完成长方体的创建，如图 12-34 所示。

2. 圆柱体

“圆柱体”命令是绘图中常用的命令，常用于绘制轴、建筑物的柱子等对象。其执行方式有以下几种。

- ◆ 功能区：“常用”→“建模”→“圆柱体”。
- ◆ 菜单：“绘图”→“建模”→“圆柱体”。
- ◆ 命令行：输入“cylinder”。

执行以上操作以后，在弹出的“指定底面的中心点或”输入框中输入底面圆心坐标（0，0），接着在“指定底面半径或”输入框中输入半径值“6”，然后在“指定高度或”输入框中输入高度值“9”，即可完成圆柱体的创建，操作过程如图 12-35 所示。

3. 圆锥体

“圆锥体”命令可用于绘制漏斗、加料斗等零件，也可用于绘制圆台等零件。其执行方式有以下几种。

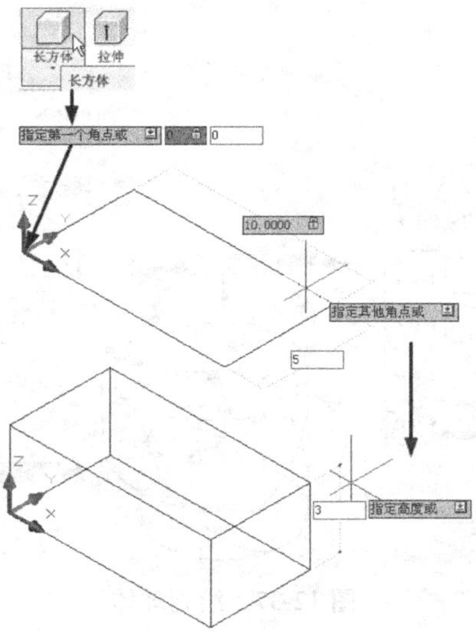

图 12-34　长方体的创建

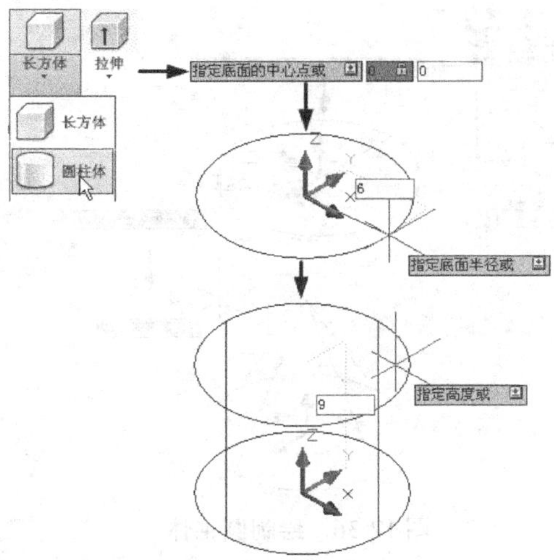

图 12-35　绘制圆柱体

◆　功能区："常用"→"建模"→"圆锥体"。
◆　菜单："绘图"→"建模"→"圆锥体"。
◆　命令行：输入"cone"。

执行以上操作以后，在弹出的"指定底面的中心点或"输入框中输入底面圆心坐标（0，0），接着在"指定底面半径或"输入框中输入半径值"5"，然后在"指定高度或"输入框中输入高度值"8"，即可完成圆锥体的创建，操作过程如图 12-36 所示。

4．球体

"球体"命令多用于机械、家具等的绘制。其执行方式有以下几种。

◆　功能区："常用"→"建模"→"球体"。
◆　菜单："绘图"→"建模"→"球体"。
◆　命令行：输入"sphere"。

执行以上操作以后，在弹出的"指定中心点或"输入框中输入底面圆心坐标（0，0），接着在"指定半径或"输入框中输入半径值"5"，即可完成球体的创建，操作过程如图 12-37 所示。

5．棱锥体

棱锥体在建筑制图中较常用。AutoCAD 中默认的棱锥体是四棱锥，用户可以通过设置修改棱数。执行"棱锥"命令的方法有以下几种。

◆　功能区："常用"→"建模"→"棱锥体"。
◆　菜单："绘图"→"建模"→"棱锥体"。
◆　命令行：输入"pyramid"。

执行以上操作以后，在弹出"指定底面的中心点或"提示之后，按向下方向键"↓"，在弹出的菜单中选择"侧面"命令，并在"输入侧面数"输入框中输入棱数"6"。然后在"指定底面的中心点或"输入框中输入底面中心坐标（0，0）。在"指定底面半径或"输入框中输入底面半径值“6”和倾斜角度“30”。最后在“指定高度或”输入框中输入棱锥高度“9”，即可完成棱锥体的绘制，操作过程如图 12-38 所示。

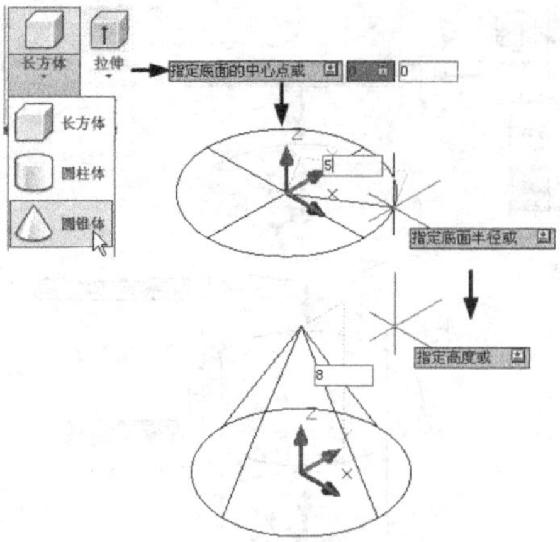

图 12-36　绘制圆锥体

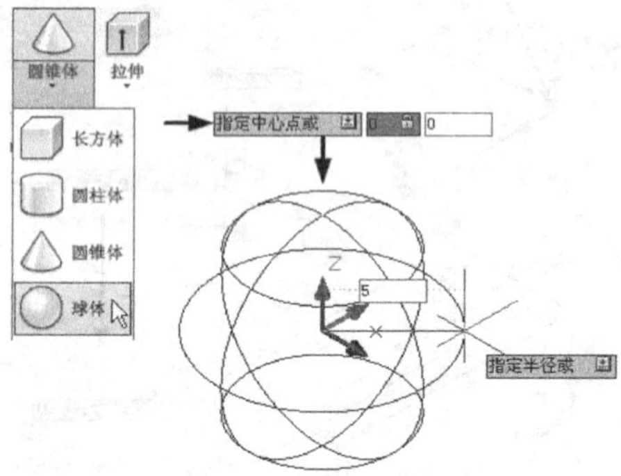

图 12-37　绘制球体

6. **楔体**

执行“楔体”命令的方法有如下几种。

◆　功能区：“常用”→“建模”→“楔体”。

◆　菜单：“绘图”→“建模”→“楔体”。

◆　命令行：输入“wedge”。

执行以上操作之后，弹出“指定第一个角点或”输入框，输入坐标值（0，0），接着移动十字光标，输入底面矩形的边长值“5”和“4”，然后在“指定高度或”输入框中输入高度值“4”，即可完成楔体的创建，如图 12-39 所示。

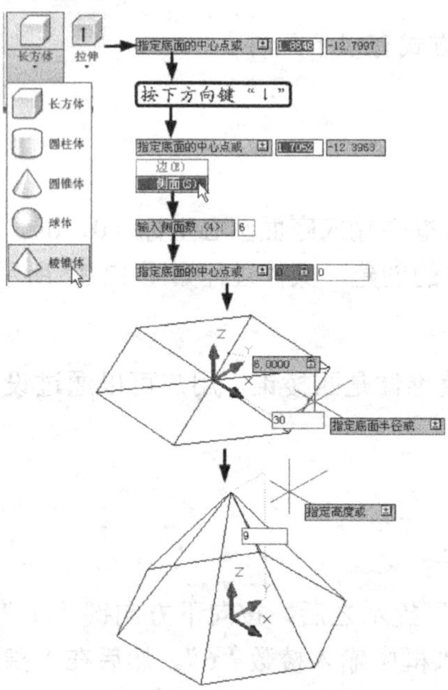

图 12-38　绘制棱锥体

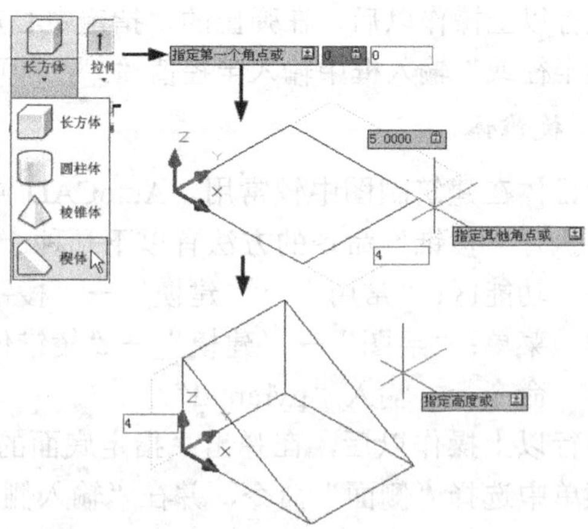

图 12-39　绘制楔体

7. 圆环体

执行“圆环体”命令的方法有如下几种。

◆ 功能区：“常用”→“建模”→“圆环体”。

◆ 菜单：“绘图”→“建模”→“圆环体”。

◆ 命令行：输入“torus”。

执行以上操作之后，在弹出的“指定中心点或”输入框中输入圆环中心点的坐标值（0，0），接着在“指定半径或”输入框中输入半径值“5”，最后在“指定圆管半径或”输入框中输入半径值“1”，即可完成圆环体的绘制，如图 12-40 所示。

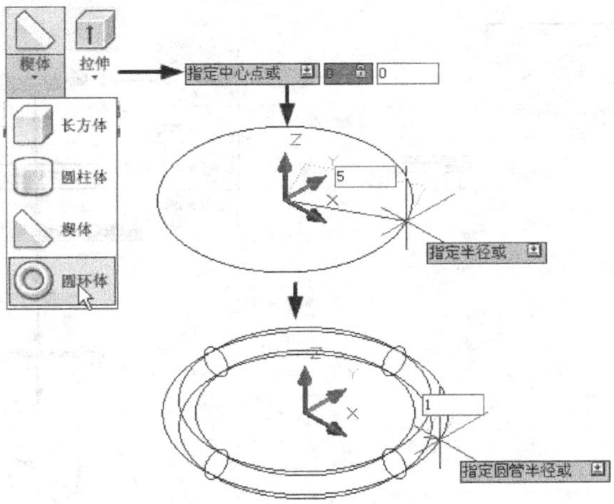

图 12-40　绘制圆环体

8. 拉伸

“拉伸”命令可以将闭合的二维图形拉伸为实体，这些闭合二维图形可以是圆、矩形、多边形、面域等，执行“拉伸”命令的方法有如下几种。

◆ 功能区：“常用”→“建模”→“拉伸”。

◆ 菜单：“绘图”→“建模”→“拉伸”。

◆ 命令行：输入“extrude”。

如果要拉伸的对象不是单独线段组成的封闭图形，则需要将其转换为面域之后才能进行拉伸。

如图 12-41 所示，单击“绘图”面板的下拉符号，单击“面域”按钮，弹出“选择对象”提示之后，利用窗口选择方法选择封闭图形为对象，然后按 Enter 键即可完成面域的创建。

创建面域之后，单击“拉伸”按钮，弹出“选择要拉伸的对象”提示之后，利用拾取框选择刚创建的面域作为拉伸对象，按 Enter 键完成选取。然后在“指定拉伸的高度或”输入框中输入拉伸高度值“3”，即可完成拉伸。

9. 旋转

“旋转”命令可以创建绕某一轴旋转一定角度的复杂实体。执行“旋转”命令的方法有如下几种。

◆ 功能区：“常用”→“建模”→“旋转”。

◆ 菜单：“绘图”→“建模”→“旋转”。

◆ 命令行：输入“revolve”。

以图 12-42 为例，执行以上操作之后，弹出“选择要旋转的对象”提示，这时选择梯形作为要旋转的对象，选择完成之后，按 Enter 键结束选取。弹出“指定轴起点或根据以下选项之一定义轴”提示之后，选取箭头所指的角点作为旋转轴的第一点，弹出“指定轴端点”提示之后，选择箭头所指的角点作为轴端点。然后在“指定旋转角度或”输入框中输入旋转角度“360”，即可完成旋转命令。

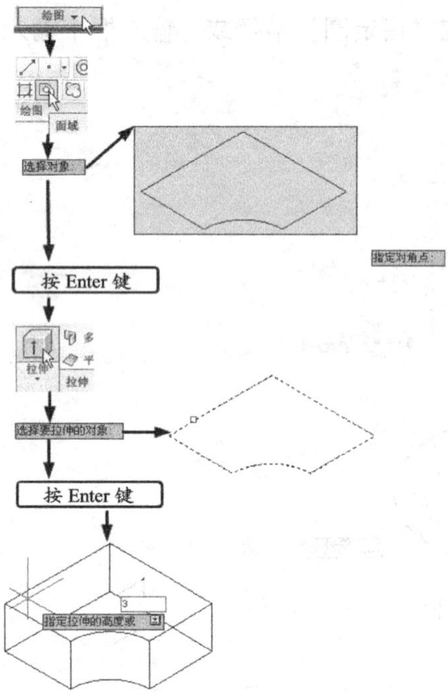

图 12-41　用“拉伸”方法创建实体

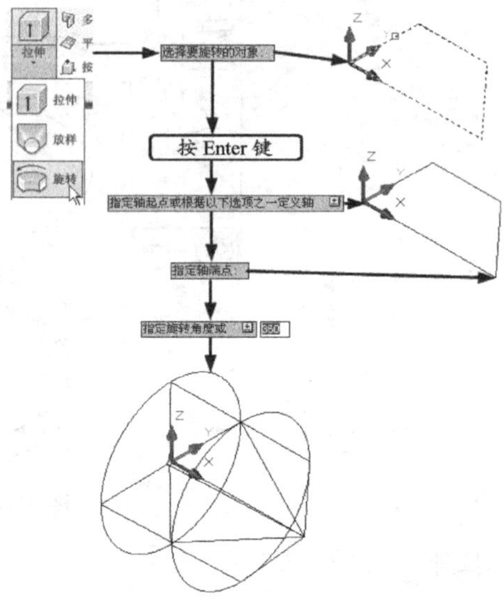

图 12-42　用“旋转”方法创建实体

12.4　三维实体编辑

1. 布尔运算

布尔运算包括并集、差集和交集，可以对实体进行编辑。布尔运算的按钮在“实体编辑”面板中，如图 12-43 所示。

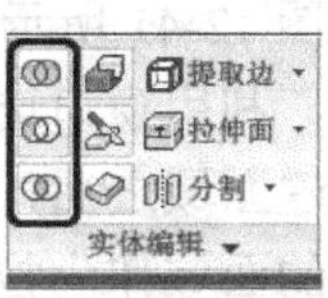

图 12-43　“实体编辑”面板

（1）并集

“并集”命令是将两个或多个实体组合成为一个实体。这些实体可以相互接触，也可以不接触。执行“并集”命令的步骤为：单击“并集”按钮；弹出“选择对象”提示之后，利用拾取框选取第一个要合并的对象，接着选取第二个要合并的对象；完成选择之后，按 Enter 键结束命令，这时被合并的多个实体转变成为一个实体，如图 12-44 所示。

（2）差集

“差集”命令是从被减实体（先选取的对象）中减去与减去实体（后选取的对象）重合部分。

其执行步骤为：单击“差集”按钮；弹出“选择对象”提示之后，利用拾取框选取被减去的实体对象，然后按 Enter 键结束选取；接着选取减去的实体对象，选取结束之后按 Enter 键结束选取；这时“差集”命令结束，被减实体中与减去实体重合的部分消失，如图 12-45 所示。

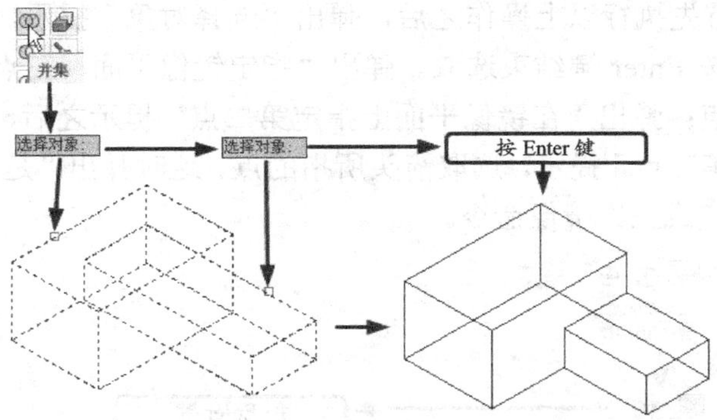

图 12-44　“并集”命令

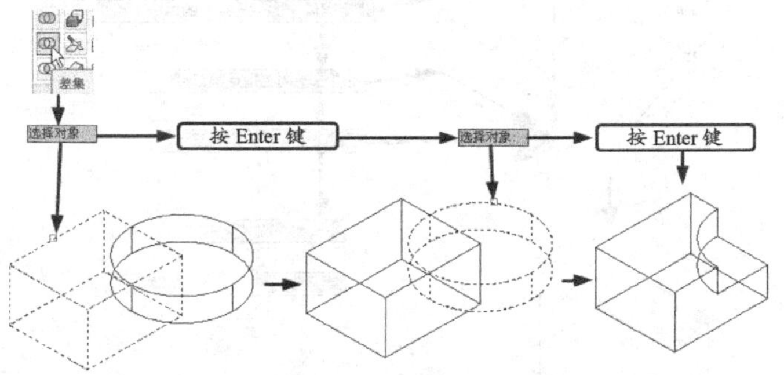

图 12-45　“差集”命令

（3）交集

交集是通过两个或多个实体相交的部分来创建新实体的命令。只能在有相交部分的多个实体上执行此命令。执行“交集”命令的步骤为：单击“交集”按钮；弹出“选择对象”提示之后，利用拾取框选取第一个对象，接着选取第二个对象；完成选择之后，按 Enter 键结束命令，这时两个实体的相交部分作为新实体被创建出来，如图 12-46 所示。

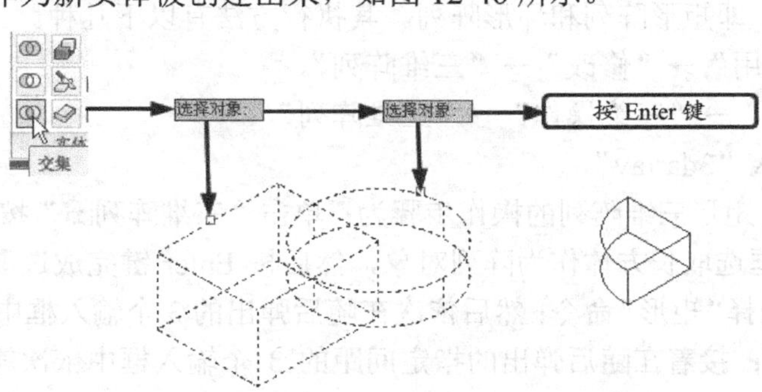

图 12-46　“交集”命令

2. 三维镜像

三维镜像可以使对象复制出关于镜像平面对称的实体。其执行方法有以下几种。

◆ 功能区："常用"→"修改"→"三维镜像"。

◆ 菜单："修改"→"三维操作"→"三维镜像"。

◆ 命令行：输入"mirror3d"。

以图 12-47 为例。首先执行以上操作之后，弹出"选择对象"提示，利用拾取框选择楔体作为要镜像的对象，然后按 Enter 键结束选取。弹出"指定镜像平面（三点）的第一个点或"提示之后，选择箭头所指的点；弹出"在镜像平面上指定第二点"提示之后，选取箭头所指的点；弹出"在镜像平面上指定第三点"提示，选取箭头所指的点。这时弹出"是否删除源对象？"提示，选择"否"命令，即可完成三维镜像命令。

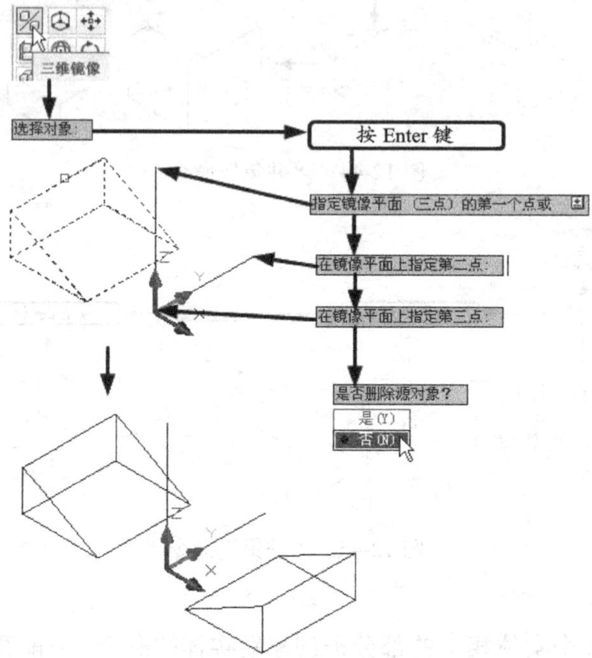

图 12-47 三维镜像

3. 三维阵列

三维阵列分两种，即矩形阵列和环形阵列。其执行方法有以下几种。

◆ 功能区："常用"→"修改"→"三维阵列"。

◆ 菜单："修改"→"三维操作"→"三维阵列"。

◆ 命令行：输入"3darray"。

以图 12-48 为例，矩形三维阵列的操作步骤为：单击"三维阵列"按钮，弹出"选择对象"提示之后，利用拾取框选取长方体作为阵列对象，然后按 Enter 键完成选取；然后在弹出的"输入阵列类型"菜单中选择"矩形"命令；然后依次在随后弹出的 3 个输入框中输入阵列的行数"3"、列数"2"和层数"2"；接着在随后弹出的指定间距的 3 个输入框中依次输入行间距"5"、列间距"4"和层间距"4"，即可完成矩形阵列命令。

以图 12-49 为例，环形三维阵列的操作步骤为：单击"三维阵列"按钮，弹出"选择对象"提示之后，利用拾取框选取长方体作为阵列对象，然后按 Enter 键完成选取；然后在弹出的"输入阵列类型"菜单中选择"环形"命令；在"输入阵列中的项目数目"输入框中输入数目"8"；

在“指定要填充的角度（+=逆时针，-=顺时针）”输入框中输入“360”；在“旋转阵列对象？”菜单中选择“否”命令；在“指定阵列的中心点”输入框中输入坐标（0，0），在“指定旋转轴上的第二点”输入框中输入坐标（0，1），即可完成环形阵列命令。

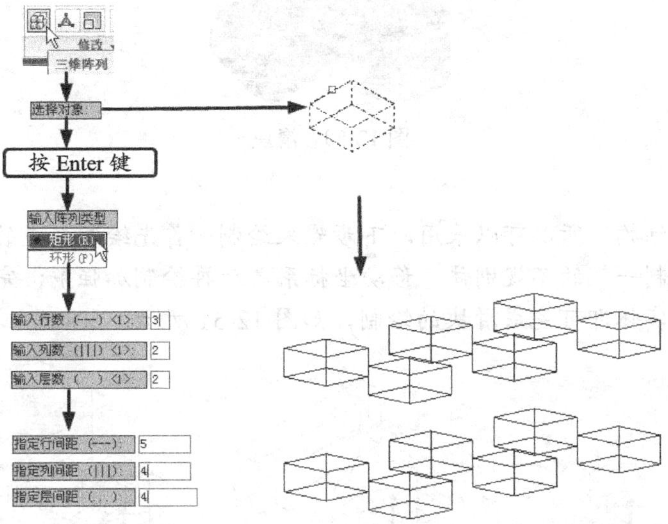

图 12-48　矩形三维阵列

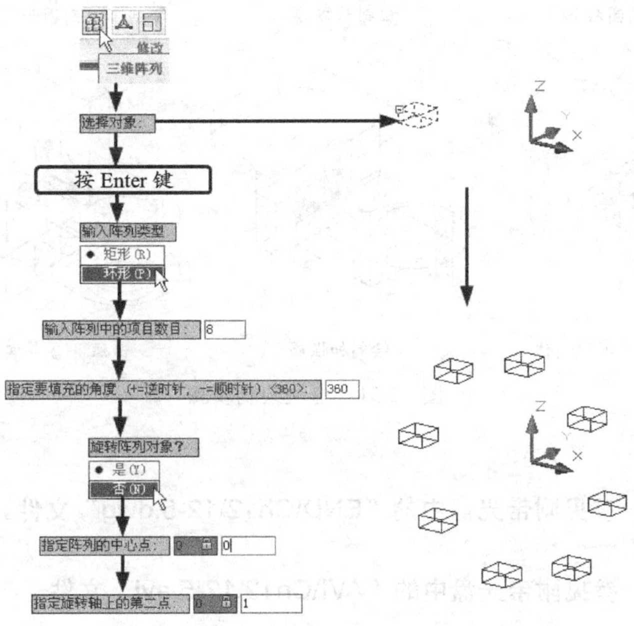

图 12-49　环形三维阵列

12.5　实例·操作——滑块

滑块的结构如图 12-50 所示，其结构对称。

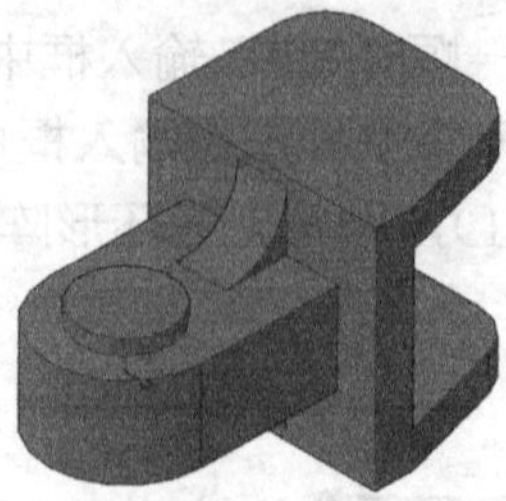

图 12-50　滑块

【思路分析】

由于滑块是对称结构，所以可以采用以下步骤来绘制：首先绘制其中的圆柱体，接着绘制其中的长方体；随后绘制一侧的不规则体，移动坐标系之后再绘制加强筋；完成以上步骤之后，对整体进行镜像并合并实体即可完成滑块的绘制，如图 12-51 所示。

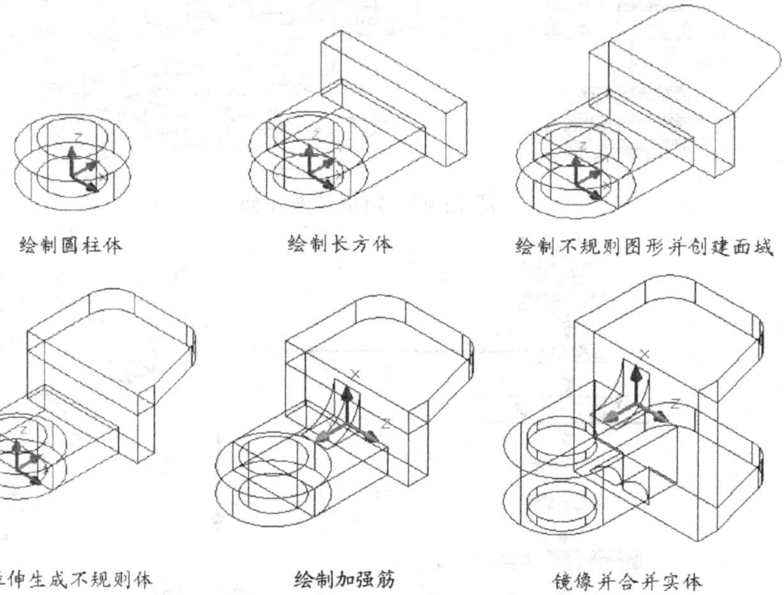

图 12-51　滑块绘制步骤

【光盘文件】

结果文件——参见附带光盘中的“END\Ch12\12-5.dwg”文件。

动画演示——参见附带光盘中的“AVI\Ch12\12-5.avi”文件。

【操作步骤】

（1）单击“长方体”按钮下方的下拉符号，然后选择“圆柱体”选项，然后在弹出的“指定底面的中心点或”输入框中输入坐标（0，0）。接着在“指定底面半径或”输入框中输入半径值“15”，最后在“指定高度或”输入框中输入“20”，即可完成圆柱体的创建，如图 12-52 所示。

（2）重复执行“圆柱体”命令，创建底面圆心为（0，0）、半径为 25、高度为 15 的圆柱，创建结果如图 12-53 所示。

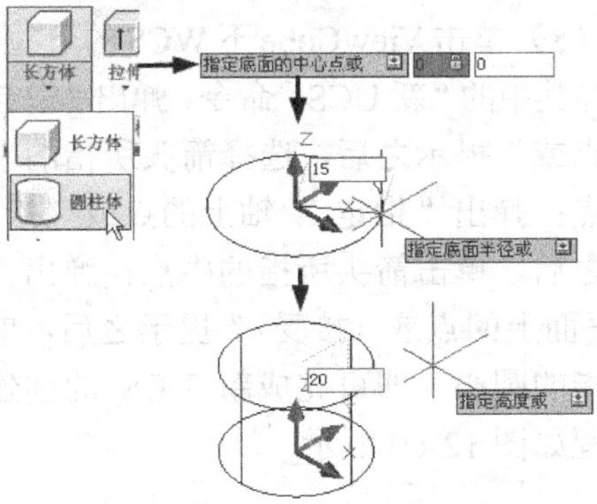

图 12-52 创建圆柱体

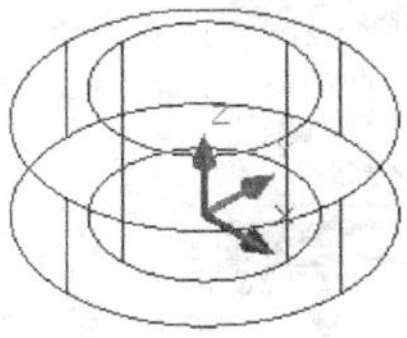

图 12-53 创建第二个圆柱体

（3）单击“长方体”按钮，弹出“指定第一个角点或”提示之后，输入第一个角点的坐标（-25，0）。然后在弹出“指定其他角点或”提示之后，输入长方体底面长、宽值“50”和“45”。在弹出的“指定高度或”输入框中输入高度值“15”，即可完成绘制，如图 12-54 所示。

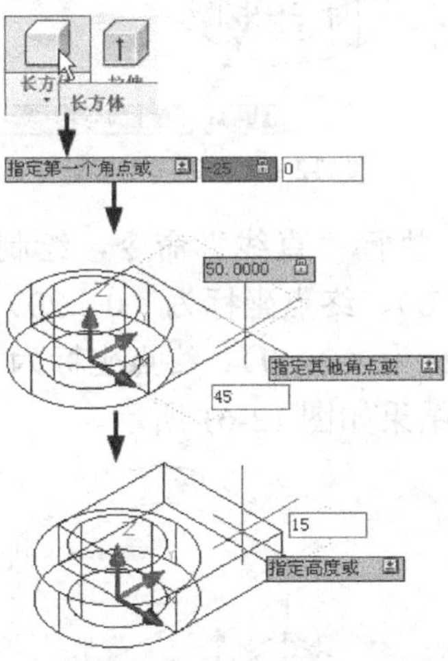

图 12-54 绘制第一个长方体

（4）单击“长方体”按钮，弹出“指定第一个角点或”提示之后，输入第一个角点的坐标（-37.5，45）。然后在弹出“指定其他角点或”提示之后，输入长方体底面长、宽值“75”和“12”。在弹出的“指定高度或”输入框中输入高度值“28”，即可完成绘制，如图 12-55 所示。

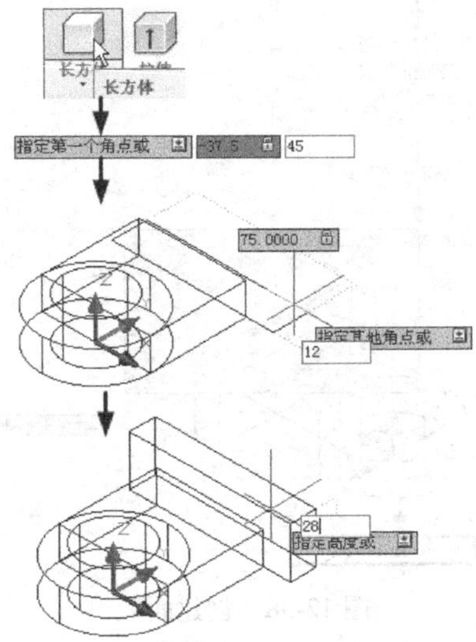

图 12-55 绘制第二个长方体

（5）执行“直线”和“圆角”命令，绘制不规则实体的底面，如图 12-56 所示。不规则实体底面的尺寸如图 12-57 所示。

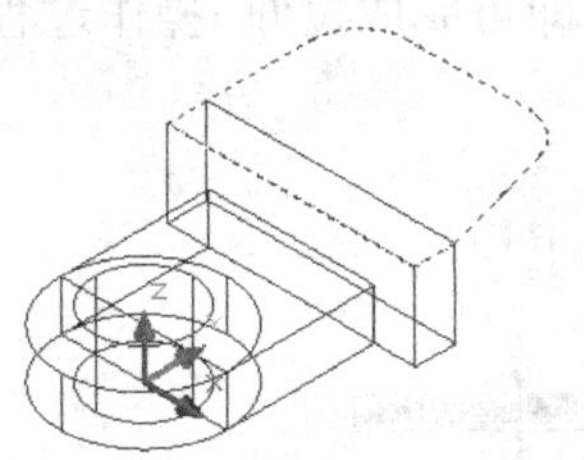

图 12-56 绘制不规则实体底面

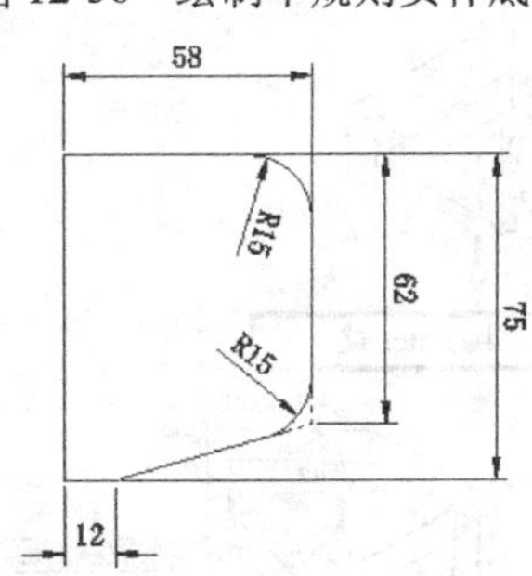

图 12-57 不规则实体底面的尺寸

（6）单击“绘图”面板的下拉符号，选择“面域”命令。弹出“选择对象”提示之后，利用窗口选择方法选择步骤（5）所绘制的线条作为对象，然后按 Enter 键完成命令，面域即创建成功，如图 12-58 所示。

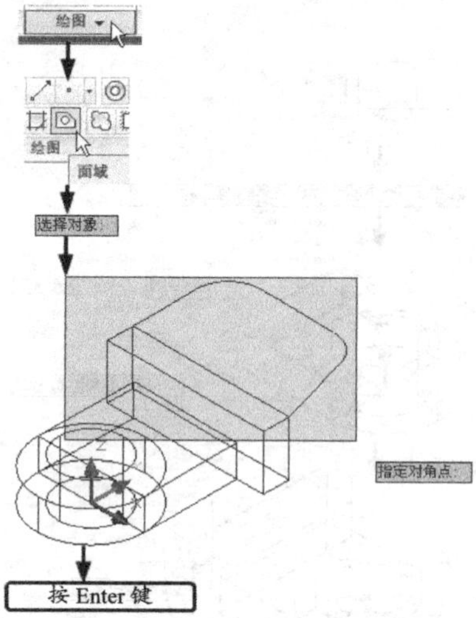

图 12-58　创建面域

（7）单击“拉伸”按钮，弹出“选择要拉伸的对象”提示之后，利用拾取框选取步骤（6）所创建的面域，然后按 Enter 键结束选取。随后在“指定拉伸的高度或”输入框中输入高度值“12”，即可完成拉伸，操作过程如图 12-59 所示。

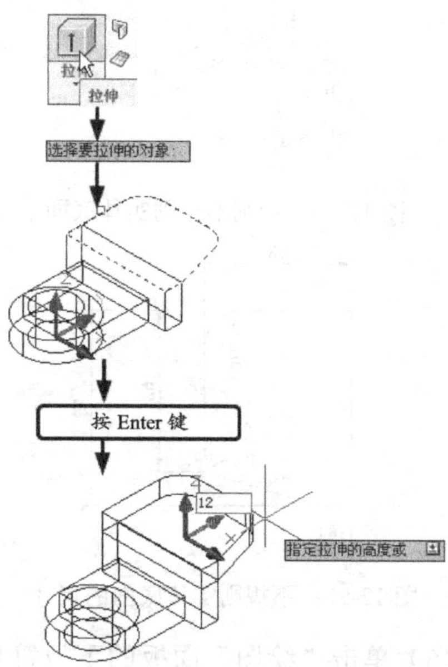

图 12-59　“拉伸”命令

（8）单击 ViewCube 下 WCS 的下拉符号，并选择其中的“新 UCS”命令。弹出“指定 UCS 的原点或”提示之后，选择箭头所指的中点作为原点；弹出“指定 X 轴上的点或〈接受〉”提示之后，单击箭头所指的中点；弹出“指定 XY 平面上的点或〈接受〉”提示之后，单击箭头所指的圆心，即可完成新 UCS 的创建，操作过程如图 12-60 所示。

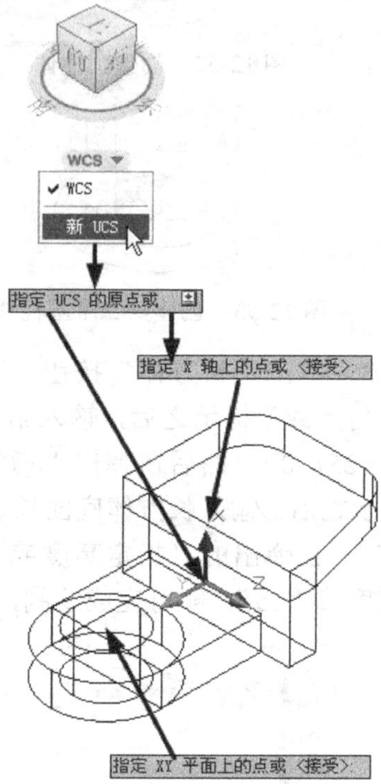

图 12-60　新建 UCS

（9）执行“直线”命令，绘制起始点坐标为（0，0）、终点坐标为（0，20）的直线及起始点坐标为（0，0）、终点坐标为（20，0）的直线，结果如图 12-61 所示。

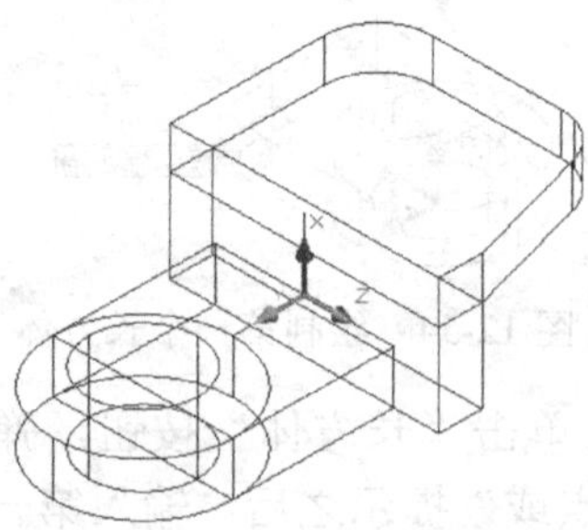

图 12-61　绘制直线

（10）在不进行修剪的模式下，对步骤（9）所绘制的两条直线执行“圆角”命令，圆角半径为 20，结果如图 12-62 所示。

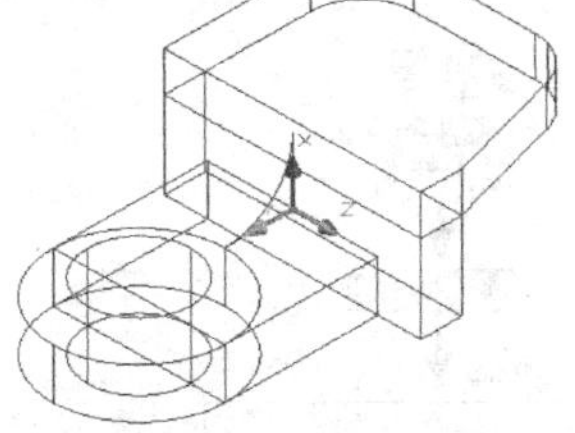

图 12-62 圆角处理

（11）对步骤（9）和步骤（10）所创建的直线和圆角创建面域。

（12）单击“拉伸”按钮，弹出“选择要拉伸的对象”提示之后，利用拾取框选取步骤（11）所创建的面域，然后按 Enter 键结束选取。随后在弹出的“指定拉伸的高度或”输入框中输入高度值“8”，即可完成拉伸，操作过程如图 12-63 所示。

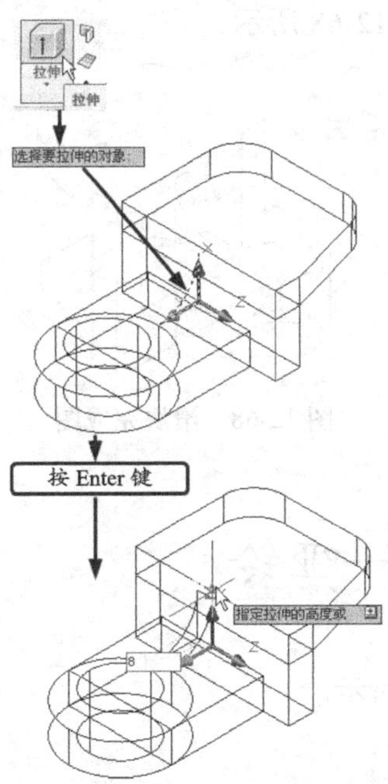

图 12-63 拉伸

（13）单击“三维镜像”按钮，弹出“选择对象”提示之后，利用拾取框选取步骤（12）所创建的实体作为镜像对象，然后按 Enter 键完成选择。弹出“指定镜像平面（三点）的第一个点或”提示之后，按下方向键“↓”，并在弹出的菜单中选择“XY 平面”命令，接着在弹出的“指定 XY 平面上的点”输入框中输入坐标值（0，0，0）。最后在“是否删除源对象？”菜单中选择“否”命令，即可完成镜像命令，如图 12-64 所示。

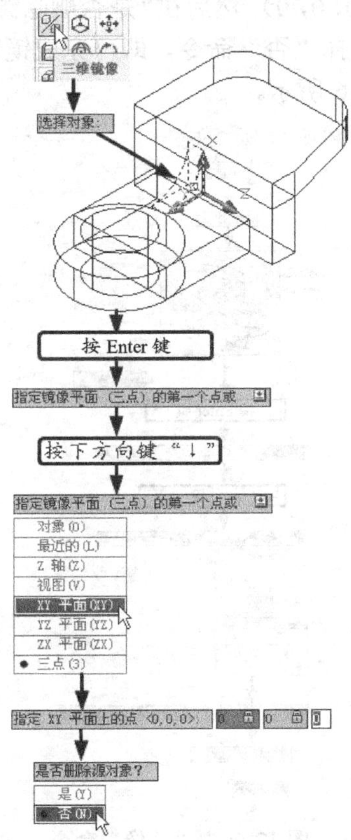

图 12-64 镜像操作

（14）单击 ViewCube 下部的坐标系下拉符号，选择 WCS 命令，切换世界坐标系为当前坐标系，如图 12-65 所示。

图 12-65 切换坐标系

（15）单击“镜像”按钮，弹出“选择对象”提示之后，利用窗口选择方式选择所有已创建的实体作为镜像对象，然后按 Enter 键完成选择。弹出“指定镜像平面（三点）的第一个点或”提示之后，按下方向键“↓”，并在弹出的菜单中选择“XY 平面”命令，接着在弹出的“指定 XY 平面上的点”输入框中输入坐标值（0，0，0）。然后在“是否删除源对象？”菜单中选择“否”命令，即可完成镜像命令，如图 12-66 所示。

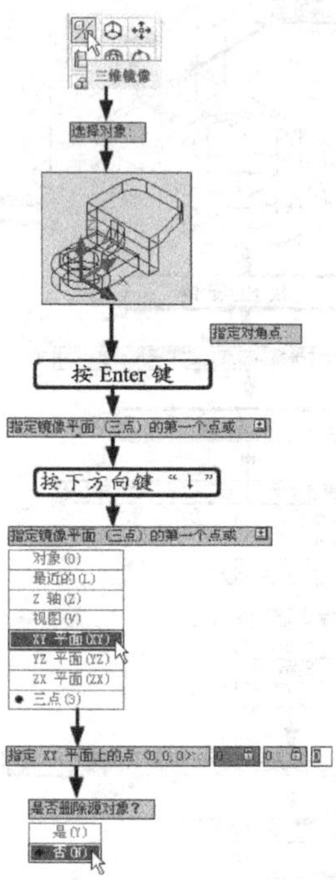

图 12-66 “镜像”命令

（16）单击“并集”按钮，弹出“选择对象”提示之后，利用窗口选择的方式选择所有已创建的实体作为合并对象，然后按 Enter 键即可完成命令，如图 12-67 所示。

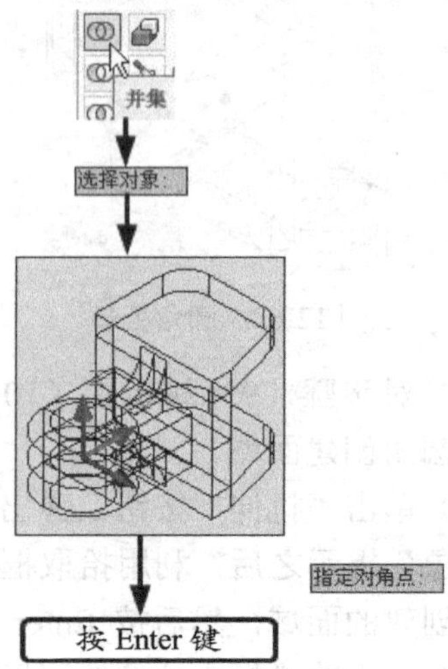

图 12-67 合并实体

（17）完成以上步骤之后，滑块即绘制完成，如图 12-68 所示。

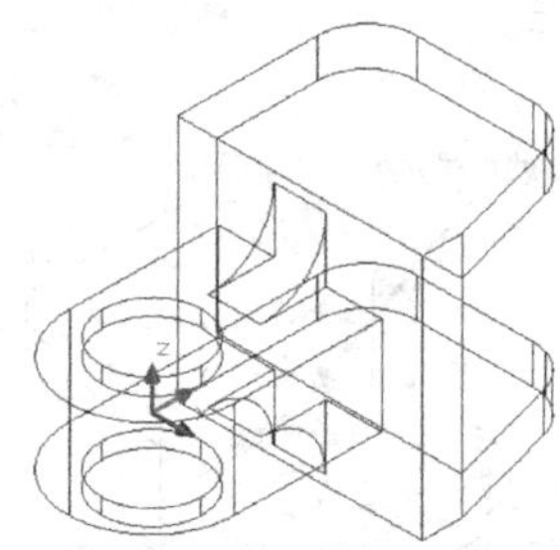

图 12-68 滑块完成图

12.6 实例·练习——哑铃

哑铃主体为旋转结构，并带有挖去的特征，如图 12-69 所示。

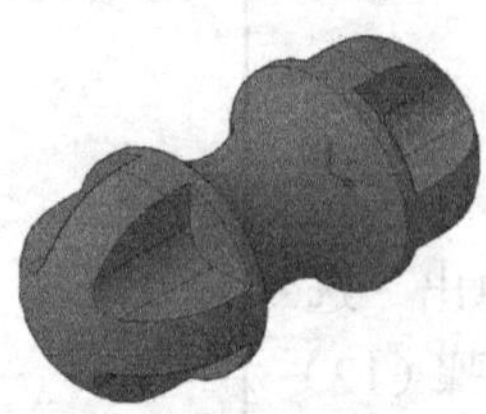

图 12-69 哑铃

【思路分析】

哑铃的主体结构为旋转体，比较简单，可以按照以下步骤完成绘制：首先绘制旋转体的截面，并创建旋转体；接着创建并阵列要挖去的实体；然后采用“差集”命令减去要挖去的部分；最后利用“镜像”命令完成绘制，如图 12-70 所示。

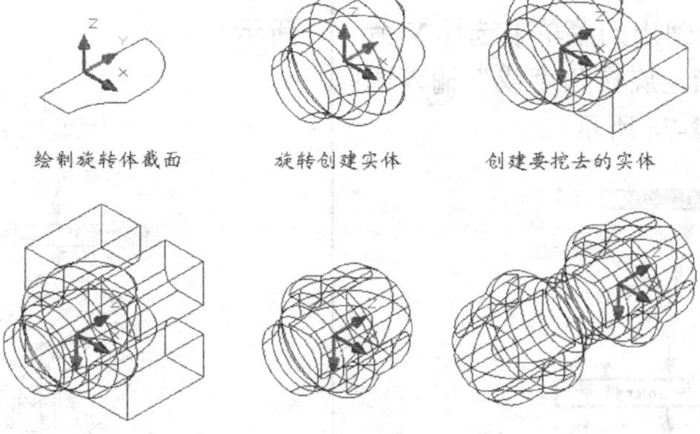

图 12-70　哑铃的绘制步骤

【光盘文件】

结果文件——参见附带光盘中的“END\Ch12\12-6.dwg”文件。

动画演示——参见附带光盘中的“AVI\Ch12\12-6.avi”文件。

【操作步骤】

（1）通过执行“直线”、“圆”和“圆角”命令，按照图 12-71 所示的尺寸绘制图 12-72。

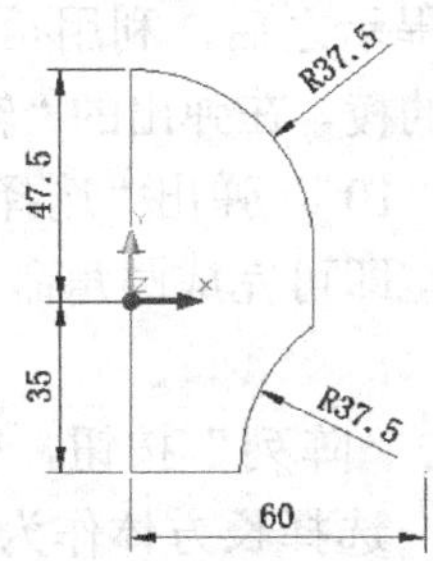

图 12-71　旋转体的截面尺寸

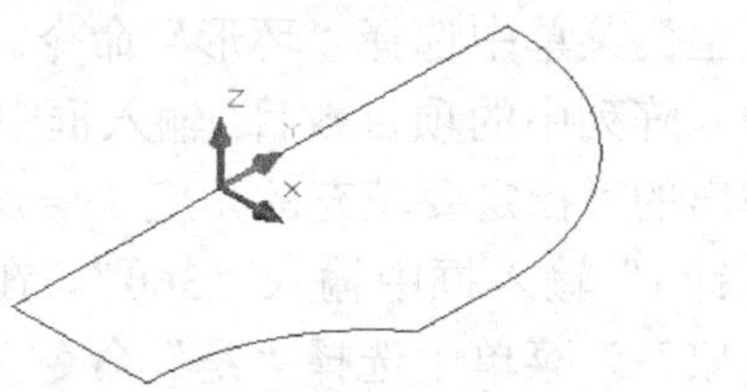

图 12-72　绘制旋转体的截面

（2）单击“绘图”面板的下拉符号，然后单击“面域”按钮。弹出“选择对象”提示之后，利用窗口选择方法选择步骤（1）所绘制的线条，然后按 Enter 键完成命令，面域创建成功，如图 12-73 所示。

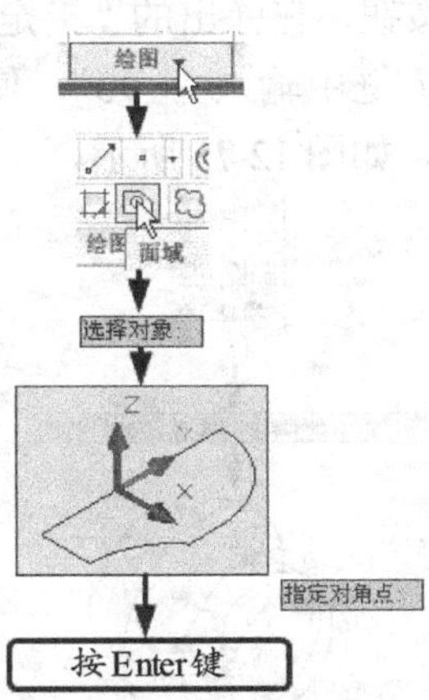

图 12-73　创建面域

（3）单击“拉伸”按钮下方的下拉符号，并选择“旋转”命令。弹出“选择要旋转的对象”提示之后，利用拾取框选择步骤（2）所创建的面域，按 Enter 键完成选取。弹出“指定轴起点或根据以下选项之一定义轴”提示时，按下方向键“↓”并在弹出的菜单中选择 Y 命令；然后在弹出的“指定旋转角度或”输入框中输入“360”，如图 12-74 所示。

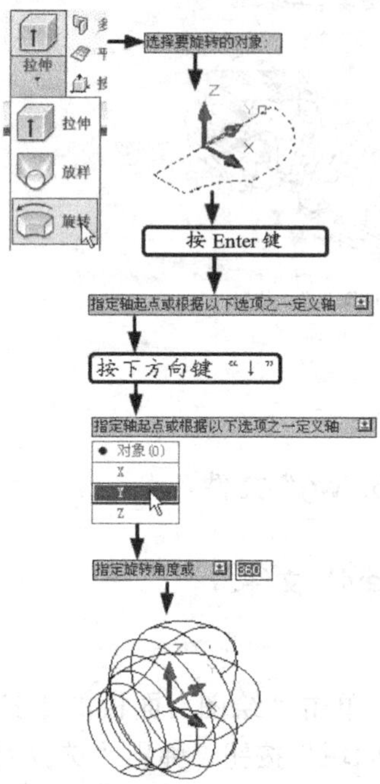

图 12-74　用“旋转”命令创建实体

（4）单击“视图”选项卡中“坐标”面板中的 X 按钮，在弹出的“指定绕 X 轴的旋转角度”输入框中输入“-90”，使坐标系绕 X 轴旋转 90°，如图 12-75 所示。

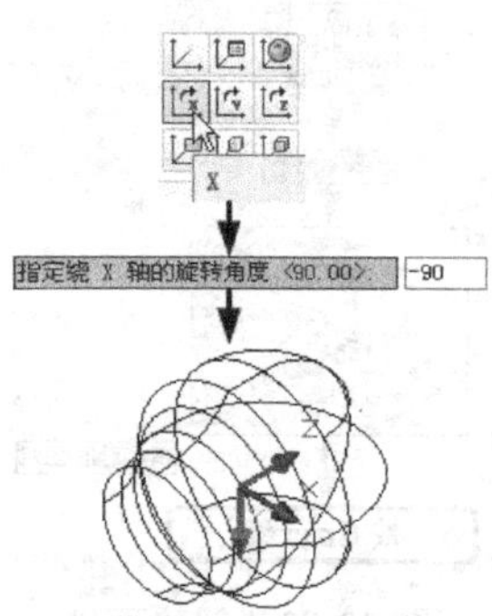

图 12-75　旋转坐标系

（5）单击“长方体”按钮，在弹出的“指定第一个角点或”输入框中输入坐标值（10，10），然后输入底面长、宽值分别为 30 和 30。然后在“指定高度或”输入框中输入高度值“70”，即可完成长方体的创建，如图 12-76 所示。

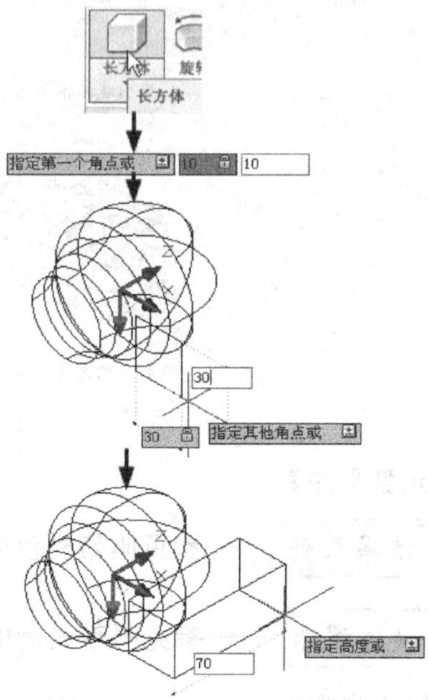

图 12-76　创建长方体

（6）单击“圆角”按钮，弹出“选择第一个对象或”提示之后，利用拾取框选取箭头所指的长方体的棱。在弹出的“输入圆角半径”输入框中输入“10”。弹出“选择边或”提示之后，按 Enter 键，即可完成圆角命令，如图 12-77 所示。

（7）单击“阵列”按钮，弹出“选择对象”提示之后，选择长方体作为阵列的对象，然后按 Enter 键完成选定。在弹出的“输入阵列类型”菜单中选择“环形”命令。在弹出的“输入阵列中的项目数目”输入框中输入“4”。在弹出的“指定要填充的角度（+=逆时针，-=顺时针）”输入框中输入“360”。在“旋转阵列对象？”菜单中选择“是”命令。然后在弹出的“指定阵列的中心点”输入框中输入坐标（0，0）。最后，在弹出“指定旋转轴上的第二点”提示之后，利用对象捕捉选择箭头所指的圆心，即可完成阵列命令，如图 12-78 所示。

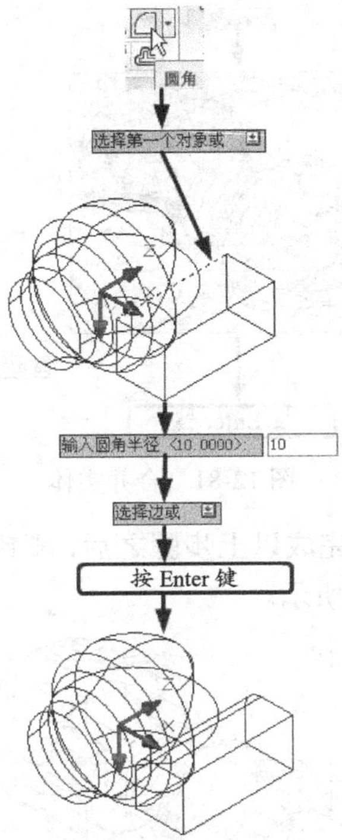

图 12-77　对长方体进行圆角处理

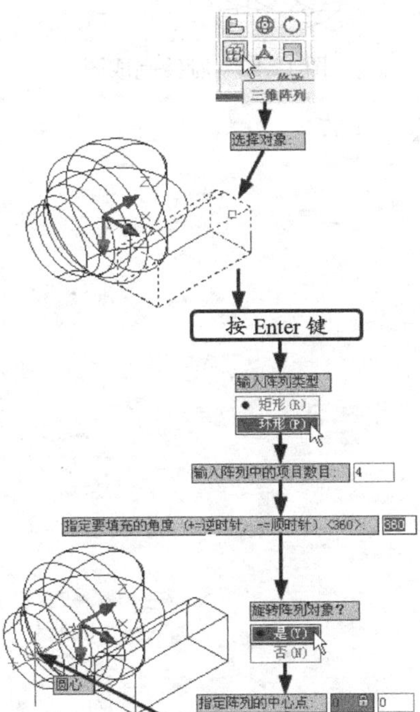

图 12-78　阵列命令

（8）单击“差集”按钮，弹出“选择对象”提示之后，利用拾取框拾取旋转体作为被减去的对象，然后按 Enter 键完成选取。再次弹出“选择对象”提示之后，利用拾取框选取 4 个长方体作为减去对象，按 Enter 键完成选取，结束命令，如图 12-79 所示。

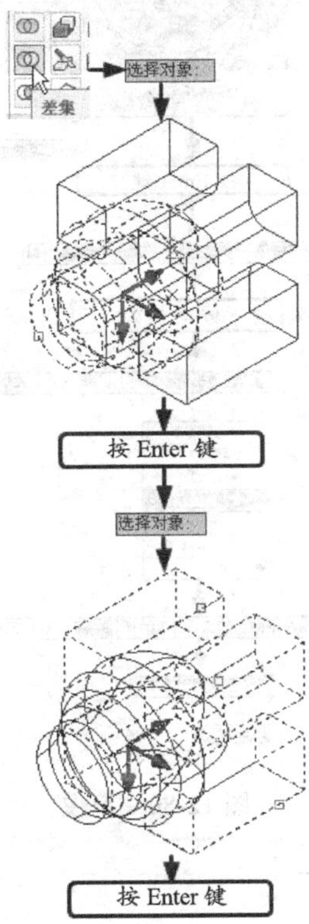

图 12-79　“差集”命令

（9）单击“镜像”按钮，弹出“选择对象”提示之后，利用窗口选择方式选择已创建的实体作为镜像对象，然后按 Enter 键完成选择。弹出“指定镜像平面（三点）的第一个点或”提示之后，按下方向键“↓”，并在弹出的菜单中选择“XY 平面”命令，接着在弹出“指定 XY 平面上的点”输入框中输入坐标值（0，0，-35）。然后在“是否删除源对象？”菜单中选择“否”命令，即可完成“镜像”命令，如图 12-80 所示。

（10）单击“并集”按钮，弹出“选择对象”提示之后，利用窗口选择的方式选择所有已创建的实体作为合并对象，然后按 Enter 键即可完成命令，如图 12-81 所示。

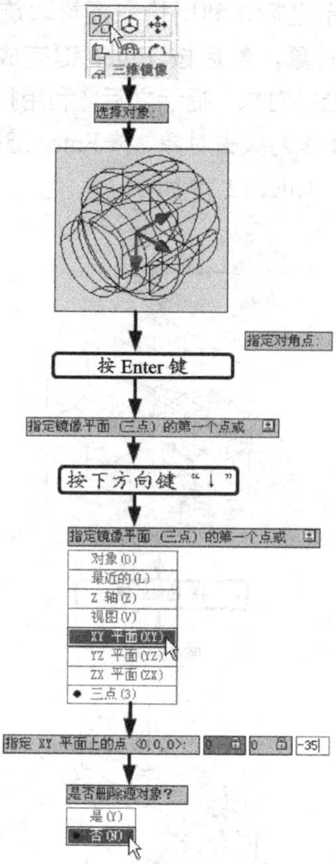

图 12-80　镜像

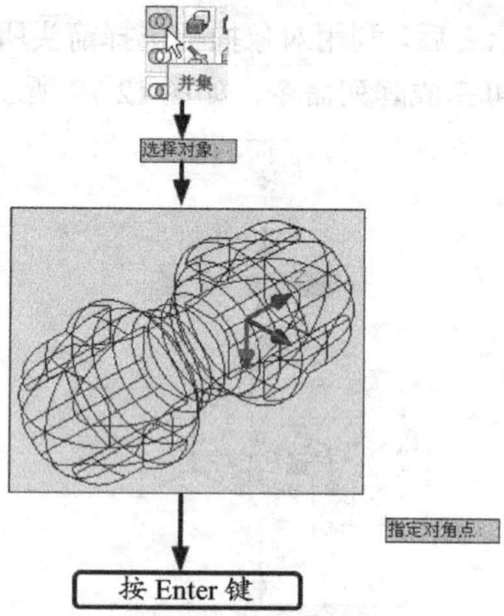

图 12-81　合并实体

（11）完成以上步骤之后，哑铃绘制完成，如图 12-82 所示。

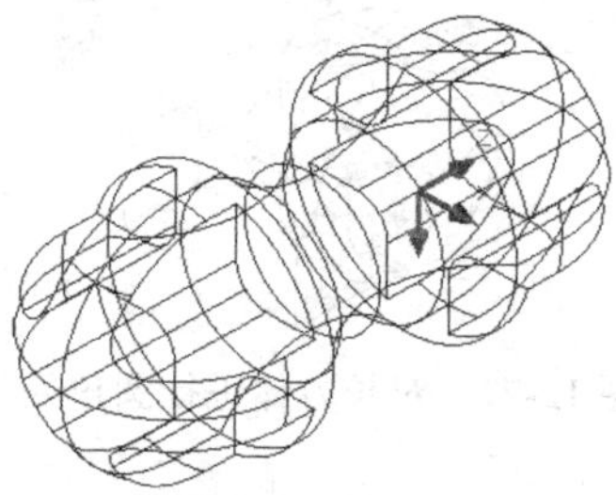

图 12-82　哑铃完成图

附录 A　AutoCAD 2012 安装方法

A.1　AutoCAD 2012 系统需求

在个人电脑上安装 AutoCAD 2012 之前，应该先确定计算机是否能够满足 AutoCAD 2012 的软硬件需求。表 A-1 给出了 32 位计算机系统的配置需求。表 A-2 给出了 64 位计算机系统的配置需求。

表 A-1　用于 32 位系统的 AutoCAD 2012 系统需求

说　明	需　求
操作系统	以下操作系统的 Service Pack 3（SP3）或更高版本： ◆ Microsoft® Windows® XP Professional ◆ Microsoft® Windows® XP Home 以下操作系统的 Service Pack 2（SP2）或更高版本： ◆ Microsoft Windows Vista® Enterprise ◆ Microsoft Windows Vista Business ◆ Microsoft Windows Vista Ultimate ◆ Microsoft Windows Vista Home Premium 以下操作系统： ◆ Microsoft Windows 7 Enterprise ◆ Microsoft Windows 7 Ultimate ◆ Microsoft Windows 7 Professional ◆ Microsoft Windows 7 Home Premium
浏览器	Internet Explorer® 7.0 或更高版本
处理器	Windows XP： Intel® Pentium® 4 或 AMD Athlon™双核，1.6GHz 或更高，采用 SSE2 技术 Windows Vista 或 Windows 7： Intel Pentium 4 或 AMD Athlon 双核，3.0GHz 或更高，采用 SSE2 技术
内存	2GB RAM（建议使用 4GB）
显示器分辨率	1024×768 真彩色
磁盘空间	安装 2.0GB
定点设备	MS-Mouse 兼容
介质（DVD）	从 DVD 下载并安装
.NET Framework	.NET Framework 版本 4.0
三维建模的其他需求	Intel Pentium 4 或 AMD Athlon 处理器，3.0GHz 或更高，或者 Intel 或 AMD 双核处理器，2.0GHz 或更高

续表

说　明	需　求
三维建模的其他需求	2GB RAM 2GB 可用硬盘空间（不包括安装需要的空间） 1280×1024 真彩色视频显示适配器 128MB（建议：普通图像为 256MB，中等图像材质库图像为 512MB），Pixel Shader 3.0 或更高版本，支持 Direct3D®功能的工作站级图形卡

表 A-2　用于 64 位系统的 AutoCAD 2012 系统需求

说　明	需　求
操作系统	以下操作系统的 Service Pack 2（SP2）或更高版本： ◆ Microsoft® Windows® XP Professional 以下操作系统的 Service Pack 2（SP2）或更高版本： ◆ Microsoft Windows Vista® Enterprise ◆ Microsoft Windows Vista Business ◆ Microsoft Windows Vista Ultimate ◆ Microsoft Windows Vista Home Premium 以下操作系统： ◆ Microsoft Windows 7 Enterprise ◆ Microsoft Windows 7 Ultimate ◆ Microsoft Windows 7 Professional ◆ Microsoft Windows 7 Home Premium
浏览器	Internet Explorer ® 7.0 或更高版本
处理器	AMD Athlon 64，采用 SSE2 技术 AMD Opteron™，采用 SSE2 技术 Intel Xeon ®，具有 Intel EM64T 支持并采用 SSE2 技术 Intel Pentium 4，具有 Intel EM 64T 支持并采用 SSE2 技术
内存	2GB RAM（建议使用 8GB）
显示器分辨率	1024×768 真彩色
磁盘空间	安装 2.0GB
定点设备	MS-Mouse 兼容
介质（DVD）	从 DVD 下载并安装
.NET Framework	.NET Framework 版本 4.0
三维建模的其他需求	2GB RAM 或更大 2GB 可用硬盘空间（不包括安装需要的空间） 1280×1024 真彩色视频显示适配器 128MB（建议：普通图像为 256MB，中等图像材质库图像为 512MB），Pixel Shader 3.0 或更高版本，支持 Direct3D®功能的工作站级图形卡

A.2　AutoCAD 2012 的安装

（1）将 AutoCAD 2012 源程序光盘放入光驱中，光盘自动运行之后，出现如图 A-1 所示的安装界面。如果没有出现该界面，到光盘根目录下双击运行 setup.exe 可执行文件，即可出现如图 A-1 所示的界面。

图 A-1　AutoCAD 2012 安装界面

（2）初始化完成后，出现如图 A-2 所示的安装起始界面，单击“安装”按钮，进入下一步。

图 A-2　安装起始界面

（3）在出现的“许可协议”界面中选中“我接受”单选按钮，然后单击“下一步”按钮，如图 A-3 所示。

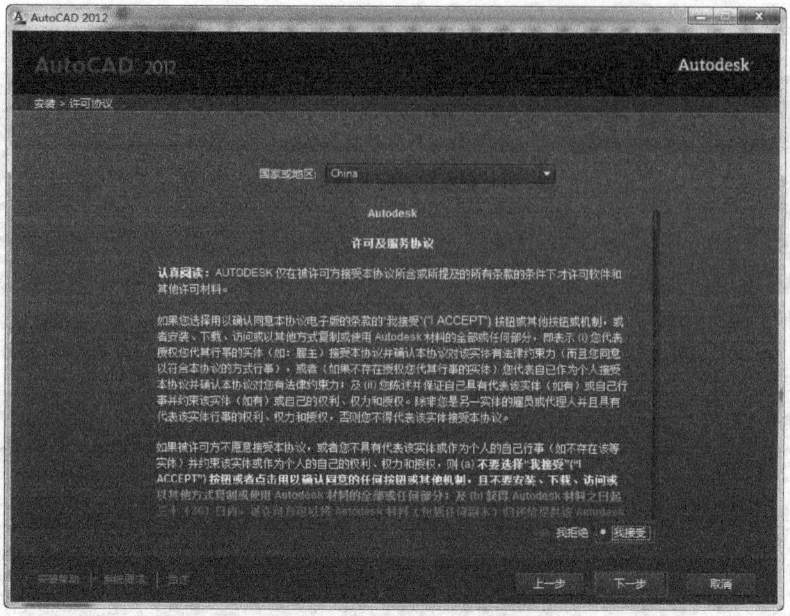

图 A-3 “许可协议”界面

（4）在弹出的“产品信息”界面中输入相关信息，完成后单击“下一步”按钮，如图 A-4 所示。

图 A-4 “产品信息”界面

（5）在弹出的“配置安装”界面中选中 AutoCAD 2012 复选框，单击“安装”按钮，开始安装，如图 A-5 所示。

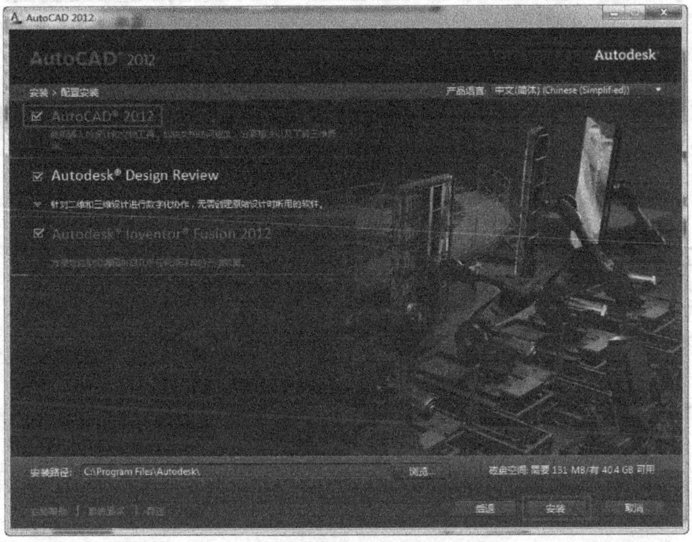

图 A-5　选择需要安装的软件

（6）出现安装界面，如图 A-6 所示，等待数分钟，AutoCAD 2012 即安装完成。

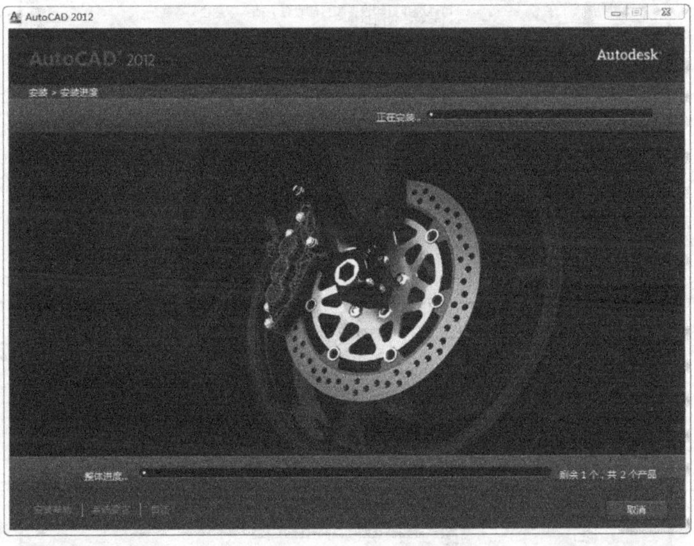

图 A-6　安装界面

附录 B　AutoCAD 2012 图纸的打印

图形绘制完成之后，便可以进行图形的输出了。图纸的输出有多种方式，如打印、网络、发布等。但是在输出之前，还应该对图纸创建布局以保证输出的图形的规范。

1. 创建图纸的布局

创建布局最简便的方法是利用布局向导来创建，用户可以通过菜单操作“插入”→“布局”→“创建布局向导”来开始创建新布局。

在弹出的创建布局向导中先输入新布局的名称，再选择打印图纸的打印机，如图 B-1 和图 B-2 所示。

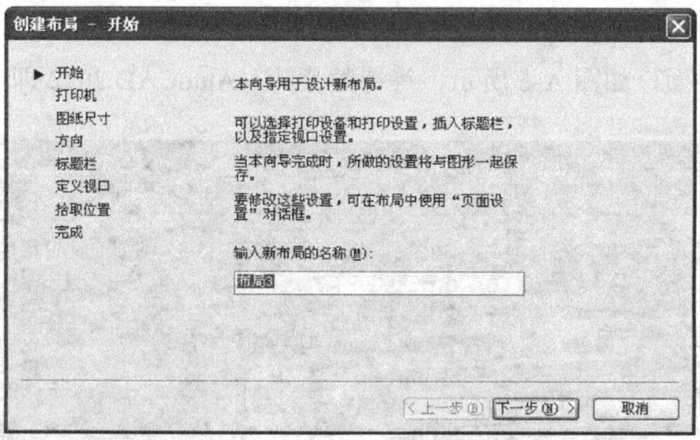

图 B-1　开始创建布局

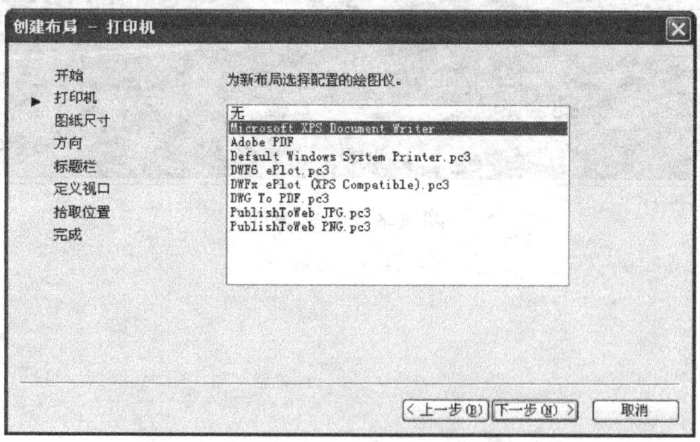

图 B-2　选择打印机

接着设置图纸的尺寸大小和打印的方向，如图 B-3 和图 B-4 所示。

选择一个适合的标题栏，如果已经在图纸中手工绘制了标题栏，则可以选择“无”，不添加标题栏，如图 B-5 所示。

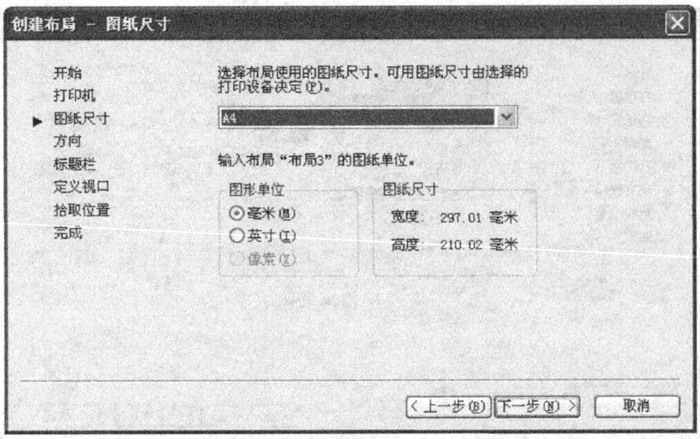

图 B-3　设置图纸尺寸

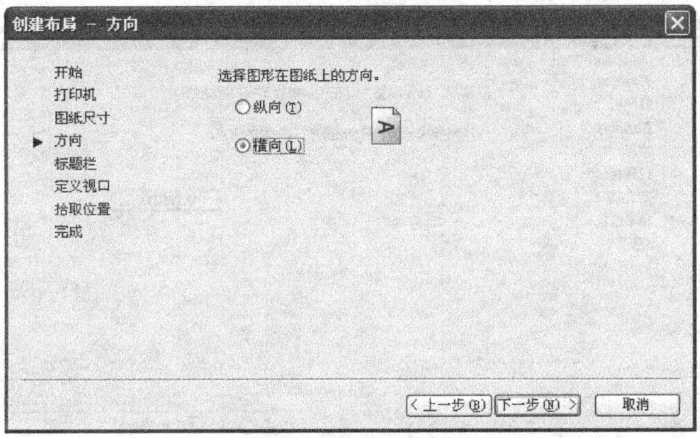

图 B-4　设置图纸方向

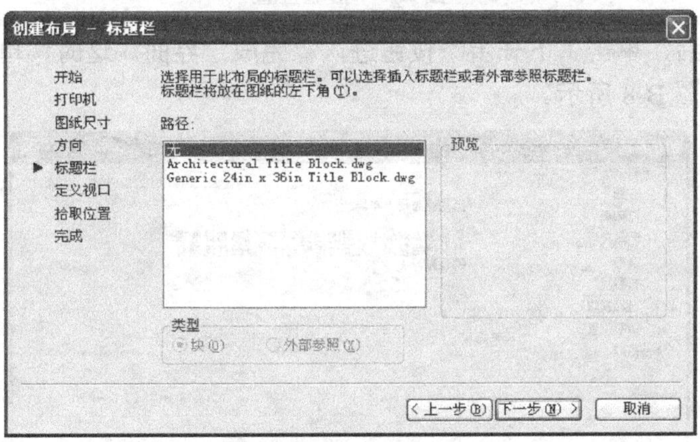

图 B-5　添加标题栏

标题栏选择之后，开始定义视口，定义视口需要指定设置类型、比例、行数、列数和间距，如图 B-6 所示。

完成视口定义之后，进行拾取位置操作。单击“选择位置”按钮，系统会自动隐藏“创建布局”对话框，这时可以在图纸空间选择要创建布局的区域，完成后按下 Enter 键，如图 B-7 所示。

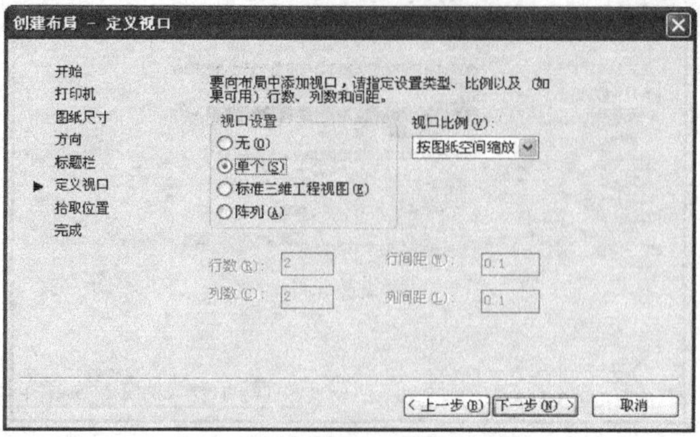

图 B-6　定义视口

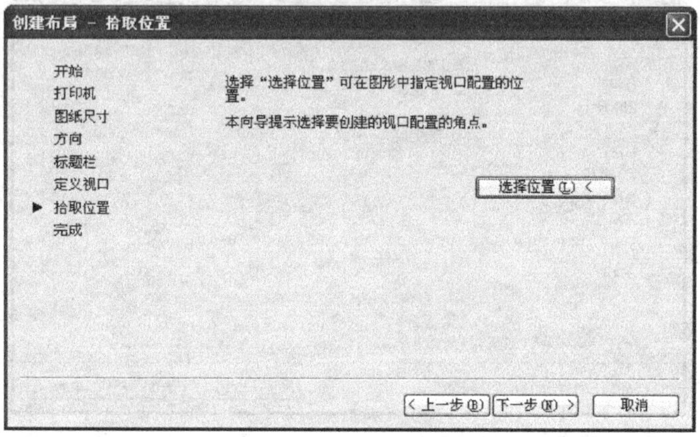

图 B-7　拾取位置

拾取位置完成之后，单击“下一步”按钮进入“完成”界面。这时，单击“完成”按钮即可完成布局的创建，如图 B-8 所示。

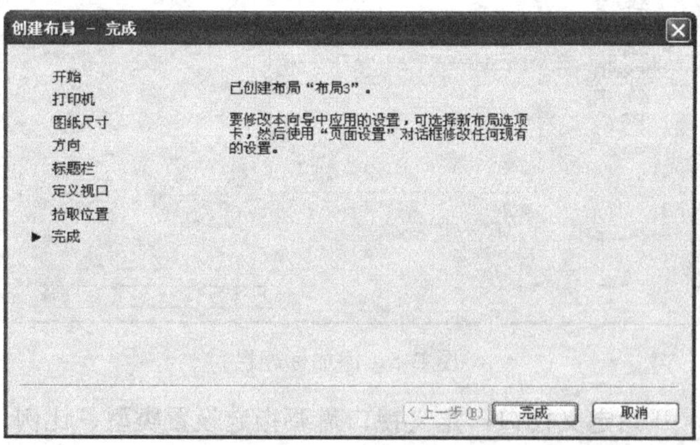

图 B-8　完成创建布局

2. 图形的打印

布局创建完成之后即可对布局进行打印。用户可以通过菜单操作“文件”→“打印”来开始打印操作。

弹出“打印”对话框，在“页面设置”选项组的“名称”下拉列表框中输入名称；在“打印机/绘图仪”选项组中选择打印机，在“图纸尺寸”选项组中选择合适的图纸，在“打印份数”微调框中输入要打印的数量，完成打印区域、打印比例和打印偏移的设置之后即可打印，如图 B-9 所示。

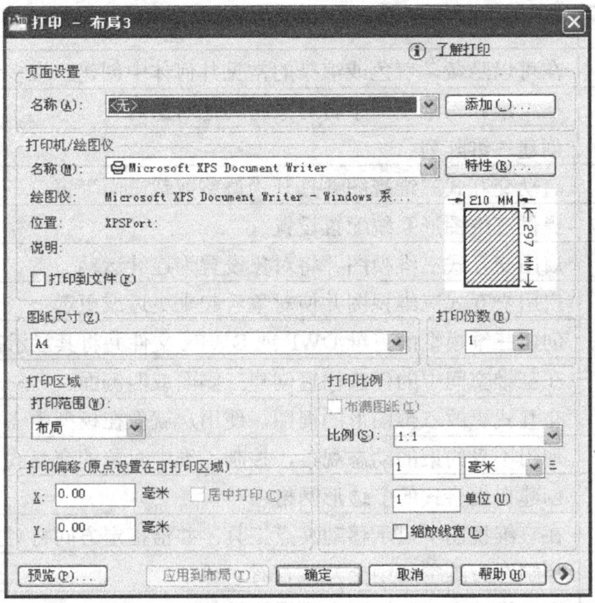

图 B-9 “打印”对话框

附录 C AutoCAD 2012 常用命令集

命　　令	说　　明
3D	在可以隐藏、着色或渲染的常见几何体中创建三维多边形网格对象
3DALIGN	在二维和三维空间中将对象与其他对象对齐
3DARRAY	创建三维阵列
3DCLIP	启动交互式三维视图并打开“调整剪裁平面”窗口
3DCONFIG	提供三维图形系统配置设置
3DCORBIT	启用交互式三维视图并将对象设置为连续运动
3DDISTANCE	启用交互式三维视图并使对象看起来更近或更远
3DDWF	创建三维模型的三维 DWF 或 DWFx 文件并将其显示在 DWFViewer 中
3DFACE	在三维空间中的任意位置创建三侧面或四侧面
3DFLY	交互式更改三维图形的视图，使用户就像在模型中飞行一样
3DFORBIT	使用不受约束的动态观察，控制三维中对象的交互式查看
3DMESH	创建自由格式的多边形网格
3DMOVE	在三维视图中显示移动夹点工具，并沿指定方向将对象移动指定距离
3DORBIT	控制在三维空间中交互式查看对象
3DORBITCTR	在三维动态观察视图中设置旋转的中心
3DPAN	图形位于“透视”视图时，启用交互式三维视图并允许用户水平和垂直拖动视图
3DPOLY	创建三维多段线
3DROTATE	在三维视图中显示旋转夹点工具并围绕基点旋转对象
3DSIN	输入 3DStudio（3DS）文件
3DSWIVEL	沿拖动的方向更改视图的目标
3DWALK	交互式更改三维图形的视图，使用户就像在模型中漫游一样
3DZOOM	在透视视图中放大和缩小
ABOUT	显示有关 AutoCAD 的信息
ADCCLOSE	关闭设计中心
ADCENTER	管理和插入块、外部参照和填充图案等内容
ADCNAVIGATE	加载指定的设计中心图形文件、文件夹或网络路径
ALIGN	在二维和三维空间中将对象与其他对象对齐
ANIPATH	保存在三维模型中沿路径的动画
ANNORESET	将注释性对象的所有比例图示的位置重置为当前比例图示的位置
ANNOUPDATE	更新现有的注释性对象，使之与其样式的当前特性相匹配
APERTURE	控制对象捕捉靶框大小
APPLOAD	加载和卸载应用程序，定义要在启动时加载的应用程序
ARC	创建圆弧
ARCHIVE	将当前要归档的图纸集文件打包

续表

命　令	说　明
AREA	计算对象或指定区域的面积和周长
ARRAY	创建按指定方式排列的多个对象副本
ATTDEF	创建用于在块中存储数据的属性定义
ATTDISP	保留每个属性的当前可见性设置
ATTEDIT	更改块中的属性信息
ATTEXT	将与块关联的属性数据、文字信息提取到文件中
ATTIPEDIT	更改块中属性的文本内容
ATTREDEF	重定义块并更新关联属性
ATTSYNC	使用所指定块定义新增和更改过的属性更新块参照
BACKGROUND	设置视图的背景
BACTION	向动态块定义中添加动作
BACTIONSET	指定与动态块定义中的动作相关联的对象选择集
BACTIONTOOL	向动态块定义中添加动作
BASE	设置当前图形的插入基点
BASSOCIATE	将动作与动态块定义中的参数相关联
BATTMAN	管理选定块定义的属性
BATTORDER	指定块属性的顺序
BAUTHORPALETTE	打开块编辑器中的“块编写选项板”窗口
BAUTHORPALETTECLOSE	关闭块编辑器中的“块编写选项板”窗口
BCLOSE	关闭块编辑器
BCYCLEORDER	更改动态块参照夹点的循环次序
BEDIT	打开块编辑器中的块定义
BGRIPSET	创建、删除或重置与参数相关联的夹点
BHATCH	用填充图案或渐变填充来填充封闭区域或选定对象
BLIPMODE	控制点标记的显示
BLOCK	从选定的对象中创建一个块定义
BLOCKICON	为 AutoCAD 设计中心中显示的块生成预览图像
BLOOKUPTABLE	显示或创建动态块定义查询表
BMPOUT	按与设备无关的位图格式将选定对象保存到文件中
BOUNDARY	从封闭区域创建面域或多段线
BOX	创建三维实体长方体
BPARAMETER	向动态块定义中添加带有夹点的参数
BREAK	在两点之间打断选定对象
BSAVE	保存当前块定义
BSAVEAS	用新名称保存当前块定义的副本
BVHIDE	使对象在动态块定义中的当前可见性状态或所有可见性状态中不可见
BVSHOW	使对象在动态块定义中的当前可见性状态或所有可见性状态中均可见
BVSTATE	创建、设置或删除动态块中的可见性状态
CAL	计算数学和几何表达式

续表

命　令	说　明
CAMERA	设置相机位置和目标位置，以创建并保存对象的三维透视视图
CHAMFER	给对象加倒角
CHANGE	修改现有对象的特性
CHECKSTANDARDS	检查当前图形的标准冲突情况
CHPROP	更改对象的特性
CHSPACE	在模型空间和图纸空间之间移动对象
CIRCLE	创建圆
CLASSICLAYER	管理图层和图层特性
CLOSE	关闭当前图形
CLOSEALL	关闭当前所有打开的图形
COLOR	设置新对象的颜色
CONE	创建三维实心圆锥体
CONVERTPSTYLES	将当前图形转换为命名或颜色相关打印样式
CONVTOSOLID	将具有厚度的多段线和圆转换为三维实体
CONVTOSURFACE	将对象转换为曲面
COPY	在指定方向上按指定距离复制对象
COPYBASE	使用指定基点复制对象
COPYCLIP	将选定的对象复制到剪贴板
COPYHIST	将命令提示历史记录文字复制到剪贴板
CUSTOMIZE	自定义工具选项板和工具选项板组
CUTCLIP	将选定的对象移至剪贴板，并将其从图形中删除
CYLINDER	创建三维实心圆柱体
DATAEXTRACTION	将对象特性、块属性和图形信息输出到数据提取处理表或外部文件中，并指定 Excel 电子表格的数据链接
DATALINK	显示“数据链接管理器”
DATALINKUPDATE	将数据更新至已建立的外部数据链接或从已建立的外部数据链接更新数据
DBCONNECT	提供到外部数据库表的接口
DBLIST	列出图形中每个对象的数据库信息
DDEDIT	编辑单行文字、标注文字、属性定义和特征控制框
DDPTYPE	指定点对象的显示样式及大小
DDVPOINT	设置三维观察方向
DELAY	在脚本文件中提供指定时间的暂停
DETACHURL	删除图形中的超链接
DGNADJUST	更改选定的 DGN 参考底图的显示选项
DGNATTACH	将 DGN 参考底图附着到当前图形
DGNCLIP	定义选定的 DGN 参考底图的剪裁边界
DGNEXPORT	从当前图形创建一个或多个 DGN 文件
DGNIMPORT	将数据从 DGN 文件输入到新的 DWG 文件
DGNLAYERS	控制 DGN 参考底图中图层的显示

续表

命令	说明
DIM 和 DIM1	访问标注模式
DIMALIGNED	创建对齐线性标注
DIMANGULAR	创建角度标注
DIMARC	创建圆弧长度标注
DIMBASELINE	从上一个标注或选定标注的基线处创建线性标注、角度标注或坐标标注
DIMBREAK	在标注和延伸线与其他对象的相交处打断或恢复标注和延伸线
DIMCENTER	创建圆和圆弧的圆心标记或中心线
DIMCONTINUE	从上一个标注或选定标注的第二条延伸线处开始，创建线性标注、角度标注或坐标标注
DIMDIAMETER	为圆或圆弧创建直径标注
DIMDISASSOCIATE	删除选定标注的关联性
DIMEDIT	编辑标注文字和延伸线
DIMINSPECT	为选定的标注添加或删除检验信息
DIMJOGGED	为圆和圆弧创建折弯标注
DIMJOGLINE	在线性标注或对齐标注中添加或删除折弯线
DIMLINEAR	创建线性标注
DIMORDINATE	创建坐标标注
DIMOVERRIDE	替代尺寸标注系统变量
DIMRADIUS	为圆或圆弧创建半径标注
DIMREASSOCIATE	将选定标注与几何对象相关联
DIMREGEN	更新所有关联标注的位置
DIMSPACE	调整线性标注或角度标注之间的间距
DIMSTYLE	创建和修改标注样式
DIMTEDIT	移动和旋转标注文字并重新定位尺寸线
DIST	测量两点之间的距离和角度
DIVIDE	将点对象或块沿对象的长度或周长等间隔排列
DONUT	创建实心的圆和环
DRAGMODE	控制拖动对象的显示方式
DRAWINGRECOVERY	显示可以在程序或系统失败后修复的图形文件的列表
DRAWINGRECOVERYHIDE	关闭“图形修复管理器”
DRAWORDER	修改图像和其他对象的绘图顺序
DSETTINGS	设置栅格和捕捉、极轴和对象捕捉追踪、对象捕捉模式、动态输入和快捷特性
DSVIEWER	打开“鸟瞰视图”窗口
DVIEW	使用相机和目标来定义平行投影或透视视图
DWGPROPS	设置和显示当前图形的特性
EATTEDIT	在块参照中编辑属性
EATTEXT	将特性数据从对象、块属性信息和图形信息输出到表格或外部文件
EDGE	修改三维面的边的可见性
EDGESURF	创建三维多边形网格

续表

命　　令	说　　明
ELEV	设置新对象的标高和拉伸厚度
ELLIPSE	创建椭圆或椭圆弧
ERASE	从图形中删除对象
EXPLODE	将合成对象分解为其部件对象
EXPORT	以其他文件格式保存对象
EXPORTLAYOUT	将所有可见对象从当前布局输出到新图形的模型空间
EXTEND	扩展对象以与其他对象的边相接
EXTRUDE	通过拉伸二维对象创建三维实体或曲面
FIELD	创建带字段的多行文字对象，该对象可以随着字段值的更改而自动更新
FILL	控制诸如图案填充、二维实体和宽多段线等对象的填充
FILLET	给对象加圆角
FILTER	创建一个要求的列表，对象必须符合这些要求才能包含在选择集中
FIND	查找、替换或缩放到指定的文字
FLATSHOT	创建当前视图中所有三维对象的二维表示
FREESPOT	创建与未指定目标的聚光灯相似的自由聚光灯
FREEWEB	创建与光域灯光相似但未指定目标的自由光域灯光
GRADIENT	使用渐变填充填充封闭区域或选定对象
GRAPHSCR	从文本窗口切换到绘图区域
GRID	在当前视口中显示栅格图案
GROUP	创建和管理已保存的对象集（称为编组）
HATCH	用填充图案、实体填充或渐变填充填充封闭区域或选定对象
HATCHEDIT	修改现有的图案填充或填充
HELIX	创建二维螺旋或三维弹簧
HELP	显示帮助
HIDE	重生成不显示隐藏线的三维线框模型
HIDEPALETTES	隐藏当前显示的选项板（包括命令行）
HLSETTINGS	控制模型的显示特性
HYPERLINK	在对象上附着超链接或修改现有超链接
HYPERLINKOPTIONS	控制超链接光标、工具提示和快捷菜单的显示
ID	显示位置的坐标
IMAGE	显示“外部参照”选项板
IMAGEADJUST	控制图像的亮度、对比度和褪色度
IMAGEATTACH	将新的图像附着到当前图形中
IMAGEFRAME	控制是否显示和打印图像边框
IMAGEQUALITY	控制图像的显示质量
IMPORT	以不同格式输入文件
IMPRESSION	通过输出 CAD 图形后在 AutodeskImpression 中渲染，使其具有手绘效果
IMPRINT	将边压印到三维实体上
INSERT	将块或图形插入到当前图形中

续表

命　　令	说　　明
INSERTOBJ	插入链接对象或内嵌对象
INTERFERE	亮显重叠的三维实体
INTERSECT	从重叠部分或区域创建三维实体或二维面域
ISOPLANE	指定当前等轴测平面
JOGSECTION	将折弯线段添加至截面对象
JOIN	将相似的对象合并以形成一个完整的对象
JPGOUT	将选定对象保存为 JPEG 格式的文件
JUSTIFYTEXT	改变选定文字对象的对齐点而不改变其位置
LAYCUR	将选定对象所在的图层更改为当前图层
LAYDEL	删除图层上的所有对象并清理图层
LAYER	管理图层和图层特性
LAYERCLOSE	关闭“图层特性管理器”
LAYERP	放弃对图层设置所做的上一个或一组更改
LAYERPMODE	打开或关闭对图层设置所做更改的追踪
LAYERSTATE	保存、恢复和管理已命名的图层状态
LAYFRZ	冻结选定对象所在的图层
LAYISO	隐藏或锁定除选定对象所在图层外的所有图层
LAYLCK	锁定选定对象所在的图层
LAYMCH	更改选定对象所在的图层，使之与目标图层相匹配
LAYMCUR	将选定对象所在的图层置为当前图层
LAYMRG	将选定图层合并到目标图层中，并将以前的图层从图形中删除
LAYOFF	关闭选定对象所在的图层
LAYON	打开图形中的所有图层
LAYOUT	创建并修改图形布局选项卡
LAYOUTWIZARD	创建新的布局选项卡并指定页面和打印设置
LAYTHW	解冻图形中的所有图层
LAYTRANS	将图形的图层更改为指定的图层标准
LAYULK	解锁选定对象所在的图层
LAYVPI	冻结除当前视口外所有布局视口中的选定图层
LAYWALK	显示选定图层上的对象并隐藏所有其他图层上的对象
LEADER	创建连接注释与几何特征的引线
LENGTHEN	修改对象的长度和圆弧的包含角
LIGHT	创建光源
LIGHTLIST	显示“模型中的光源”选项板
LIGHTLISTCLOSE	关闭“模型中的光源”选项板
LIMITS	在当前的“模型”或“布局”选项卡上，设置并控制栅格显示的界限
LINE	创建直线段
LINETYPE	加载、设置和修改线型
LIST	显示选定对象的特性数据

续表

命　令	说　明
LIVESECTION	打开选定截面对象的活动截面
LOGFILEON	将文本窗口中的内容写入文件
LTSCALE	设置全局线型比例因子
LWEIGHT	设置当前线宽、线宽显示选项和线宽单位
MARKUP	显示标记的详细信息并允许用户更改其状态
MARKUPCLOSE	关闭“标记集管理器”
MASSPROP	计算面域或三维实体的质量特性
MATCHCELL	将选定表格单元的特性应用到其他表格单元
MATCHPROP	将选定对象的特性应用到其他对象
MATERIALATTACH	将材质随层应用到对象
MATERIALMAP	显示材质贴图工具，以调整面或对象上的贴图
MATERIALS	管理、应用和修改材质
MATERIALSCLOSE	关闭“材质”选项板
MEASURE	将点对象或块在对象上指定间隔处放置
MENU	加载自定义文件
MINSERT	在矩形阵列中插入一个块的多个引用
MIRROR	创建选定对象的镜像副本
MIRROR3D	创建平面上选定对象的镜像副本
MLEADER	创建多重引线对象
MLEADERALIGN	沿指定的线组织选定的多重引线
MLEADERCOLLECT	将选定的包含块的多重引线作为内容组织为一组并附着到单引线
MLEADEREDIT	将引线添加至多重引线对象或从多重引线对象中删除引线
MLEADERSTYLE	创建和修改多重引线样式
MLEDIT	编辑多行交点、打断和顶点
MLINE	创建多条平行线
MLSTYLE	创建、修改和管理多行样式
MODEL	从“布局”选项卡切换到“模型”选项卡
MOVE	在指定方向上按指定距离移动对象
MREDO	恢复前面几个用 UNDO 或 U 命令放弃的效果
MSLIDE	创建当前模型视口或当前布局的幻灯片文件
MSPACE	从图纸空间切换到模型空间视口
MTEDIT	编辑多行文字
MTEXT	创建多行文字对象
MULTIPLE	重复下一条命令直到被取消
MVIEW	创建并控制布局视口
MVSETUP	设置图形规格
NAVSWHEEL	显示 SteeringWheels
NAVVCUBE	控制 ViewCube 的可见性和显示特性
NETLOAD	加载.NET 应用程序

续表

命　　令	说　　明
NEW	创建新图形
NEWSHEETSET	创建新图纸集
NEWSHOT	创建包含运动的命名视图，该视图将在使用 ShowMotion 查看时回放
NEWVIEW	创建不包含运动的命名视图
OBJECTSCALE	添加或删除注释性对象支持的比例
OFFSET	创建同心圆、平行线和平行曲线
OLELINKS	更新、改变和取消现有的 OLE 链接
OLESCALE	控制选定的 OLE 对象的大小、比例和其他特性
OOPS	恢复删除的对象
OPEN	打开现有的图形文件
OPENDWFMARKUP	打开包含标记的 DWF 或 DWFx 文件
OPENSHEETSET	打开选定的图纸集
OPTIONS	自定义程序设置
ORTHO	限定光标在水平方向或垂直方向移动
OSNAP	设置执行对象捕捉模式
PAGESETUP	控制每个新建布局的页面布局、打印设备、图纸尺寸和其他设置
PAN	在当前视口中移动视图
PARTIALOAD	在局部打开的图形中加载附加几何图形
PARTIALOPEN	将选定视图或图层中的几何图形和命名对象加载到图形中
PASTEASHYPERLINK	将剪贴板中的数据作为超链接插入
PASTEBLOCK	将复制对象粘贴为块
PASTECLIP	插入剪贴板数据
PASTEORIG	使用原图形的坐标将复制的对象粘贴到新图形中
PASTESPEC	插入剪贴板数据并控制数据格式
PCINWIZARD	显示向导，将 PC1 和 PC2 配置文件中的打印设置输入到“模型”选项卡或当前布局中
PEDIT	编辑多段线和三维多边形网络
PFACE	逐点创建三维多面网格
PLAN	显示指定用户坐标系的平面视图
PLANESURF	创建平面曲面
PLINE	创建二维多段线
PLOT	将图形打印到绘图仪、打印机或文件
PLOTSTAMP	在每一个图形的指定角度放置打印戳记并将其记录到文件中
PLOTSTYLE	设置新对象的当前打印样式或指定选定对象的打印样式
PLOTTERMANAGER	显示“绘图仪管理器”，从中可以添加或编辑绘图仪配置
PNGOUT	将选定对象保存为“便携式网络图形”格式的文件
POINT	创建点对象
POINTLIGHT	创建点光源
POLYGON	创建闭合的等边多段线

续表

命　令	说　明
POLYSOLID	创建三维墙状多段体
PRESSPULL	按住或拖动有限区域
PREVIEW	显示图形的打印效果
PROPERTIES	控制现有对象的特性
PROPERTIESCLOSE	关闭“特性”选项板
PSETUPIN	将用户定义的页面设置输入到新的图形布局中
PSPACE	从模型空间视口切换到图纸空间
PUBLISH	将图形发布到 DWF 或 DWFx 文件或绘图仪
PUBLISHTOWEB	创建包括选定图形的图像的网页
PURGE	删除图形中未使用的命名项目，如块定义和图层
PYRAMID	创建三维实体棱锥体
QCCLOSE	关闭“快速计算器”
QDIM	从选定的对象快速创建一系列标注
QLEADER	创建引线和引线注释
QNEW	通过使用默认图形样板文件的选项启动新图形
QSAVE	用“选项”对话框中指定的文件格式保存当前图形
QSELECT	基于过滤条件创建选择集
QTEXT	控制文字和属性对象的显示和打印
QUICKCALC	打开“快速计算器”
QUICKCUI	以收拢状态显示“自定义用户界面”对话框
QUIT	退出程序
QVDRAWING	在预览图像中显示打开的图形和图形中的布局
QVDRAWINGCLOSE	关闭打开的图形和图形中布局的预览图像
QVLAYOUT	显示模型空间和图形中布局的预览图像
QVLAYOUTCLOSE	关闭图形中模型空间和布局的预览图像
RAY	创建始于一点并继续无限延伸的直线
RECOVER	修复损坏的图形
RECOVERALL	修复损坏的图形和外部参照
RECTANG	创建矩形多段线
REDEFINE	恢复被 UNDEFINE 忽略的 AutoCAD 内部命令
REDO	恢复上一个用 UNDO 或 U 命令放弃的效果
REDRAW	刷新当前视口中的显示
REDRAWALL	刷新显示所有视口
REFCLOSE	保存或放弃在位编辑参照（外部参照或块）时所做的修改
REFEDIT	选择要编辑的外部参照或块参照
REFSET	在位编辑参照（外部参照或块）时在工作集中添加或删除对象
REGEN	从当前视口重生成整个图形
REGENALL	重生成图形并刷新所有视口
REGENAUTO	控制图形的自动重生成

续表

命　令	说　明
REGION	将包含封闭区域的对象转换为面域对象
REINIT	重新初始化数字化仪、数字化仪的输入/输出端口和程序参数文件
RENAME	更改命名对象的名称
RENDER	创建三维线框或实体模型的照片级真实感着色图像
RENDERCROP	选择图像中要进行渲染的特定区域（修剪窗口）
RENDERENVIRONMENT	提供对象外观距离的视觉提示
RENDEREXPOSURE	提供设置以交互调整最近渲染输出的全局光源
RENDERPRESETS	指定渲染预设和可重复使用的渲染参数来渲染图像
RENDERWIN	显示“渲染”窗口而不调用渲染任务
RESETBLOCK	将一个或多个动态块参照重置为块定义的默认值
RESUME	继续执行被中断的脚本文件
REVCLOUD	使用多段线创建修订云线
REVOLVE	通过绕轴扫掠二维对象来创建三维实体或曲面
REVSURF	创建绕选定轴旋转而成的旋转网格
ROTATE	围绕基点旋转对象
ROTATE3D	绕三维轴移动对象
RPREF	显示“高级渲染设置”选项板以访问高级渲染设置
RPREFCLOSE	关闭显示的“渲染设置”选项板
RSCRIPT	重复执行脚本文件
RULESURF	在两条曲线之间创建直纹网格
SAVE	用当前或指定的文件名保存图形
SAVEAS	用新文件名保存当前图形的副本
SAVEIMG	将渲染图像保存到文件
SCALE	放大或缩小选定对象，并且缩放后对象的比例保持不变
SCALELISTEDIT	控制布局视口、页面布局和打印的可用缩放比例列表
SCALETEXT	增大或缩小选定文字对象而不改变其位置
SCRIPT	从脚本文件执行一系列命令
SECTION	用平面和实体的交集创建面域
SECTIONPLANE	以通过三维对象创建剪切平面的方式创建截面对象
SHEETSET	打开“图纸集管理器”
SHEETSETHIDE	关闭“图纸集管理器”
SHELL	访问操作系统命令
SHOWPALETTES	恢复隐藏的选项板的显示
SIGVALIDATE	显示关于附加到文件的数字签名的信息
SKETCH	创建一系列徒手画线段
SLICE	用平面或曲面剖切实体
SOLID	创建实体填充的三角形和四边形
SOLIDEDIT	编辑三维实体对象的面和边
SOLPROF	在图纸空间中创建三维实体的轮廓图像
SOLVIEW	使用正交投影法创建布局视口以生成三维实体及体对象的多面视图与剖视图

续表

命　令	说　明
SPACETRANS	计算布局中等效的模型空间和图纸空间长度
SPELL	检查图形中的拼写
SPHERE	创建三维实心球体
SPLINE	创建通过或接近选定点的平滑曲线
SPLINEDIT	编辑样条曲线或样条曲线拟合多段线
SPOTLIGHT	创建聚光灯
STANDARDS	管理标准文件与图形之间的关联性
STATUS	显示图形的统计信息、模式和范围
STRETCH	拉伸与选择窗口或多边形交叉的对象
STYLE	创建、修改或指定文字样式
STYLESMANAGER	显示打印样式管理器
SUBTRACT	通过减法操作来合并选定的三维实体或二维面域
SWEEP	通过沿路径扫掠二维对象来创建三维实体或曲面
SYSWINDOWS	应用程序窗口与外部应用程序共享时，平铺窗口和图标
TABLE	创建空的表格对象
TABLESTYLE	创建、修改或指定表格样式
TABLET	校准、配置、打开和关闭已连接的数字化仪
TABSURF	沿路径曲线和方向矢量创建平移网格
TARGETPOINT	创建目标点光源
TASKBAR	控制图形在 Windows 任务栏上的显示方式
TEXT	创建单行文字对象
TEXTSCR	打开文本窗口
TEXTTOFRONT	将文字和标注置于图形中其他所有对象之前
THICKEN	通过加厚曲面创建三维实体
TIFOUT	将选定的对象以 TIFF 格式保存到文件中
TIME	显示图形的日期和时间统计信息
TINSERT	在表格单元中插入块
TOLERANCE	创建包含在特征控制框的形位公差
TOOLBAR	显示、隐藏和自定义工具栏
TOOLPALETTES	打开“工具选项板”窗口
TOOLPALETTESCLOSE	关闭“工具选项板”窗口
TORUS	创建圆环状的三维实体
TPNAVIGATE	显示指定的工具选项板或选项板组
TRACE	创建实线
TRANSPARENCY	控制两色图像的背景像素是否透明
TRAYSETTINGS	控制图标和通知在状态栏托盘中的显示
TREESTAT	显示关于图形当前空间索引的信息
TRIM	修剪对象以与其他对象的边相接
U	撤销上一次操作
UCS	管理用户坐标系

续表

命　令	说　明
UCSICON	控制 UCS 图标的可见性和位置
UCSMAN	管理已定义的用户坐标系
UNDEFINE	允许应用程序定义的命令替代内部命令
UNDO	撤销命令的效果
UNION	通过加法操作来合并选定的三维实体或二维面域
UNITS	控制坐标和角度的显示格式和精度
UPDATEFIELD	手动更新图形中所选对象的字段
VIEW	保存和恢复命名视图、相机视图、布局视图和预设视图
VIEWGO	恢复命名视图
VIEWPLAY	播放与命名视图关联的动画
VIEWPLOTDETAILS	显示关于完成的打印和发布作业的信息
VIEWRES	设置当前视口中对象的分辨率
VPCLIP	剪裁视口对象并调整视口边界形状
VPLAYER	设置视口中图层的可见性
VPMAX	展开当前布局视口以进行编辑
VPMIN	恢复当前布局视口
VPOINT	设置图形的三维直观观察方向
VPORTS	在模型空间或图纸空间中创建多个视口
VSCURRENT	设定当前视口的视觉样式
VSSAVE	保存视觉样式
VTOPTIONS	将视图中的改变显示为平滑过渡
WALKFLYSETTINGS	指定漫游和飞行设置
WBLOCK	将对象或块写入新图形文件
WEBLIGHT	创建光域灯光
WEDGE	创建三维实体楔体
WHOHAS	显示打开的图形文件的所有权信息
WIPEOUT	创建区域覆盖对象
WORKSPACE	创建、修改和保存工作空间，并将其设置为当前工作空间
WSSAVE	保存工作空间
WSSETTINGS	设置工作空间的选项
XATTACH	将外部参照附着到当前图形
XBIND	将外部参照中命名对象的一个或多个定义绑定到当前图形
XCLIP	定义外部参照或块剪裁边界，并设置前剪裁平面和后剪裁平面
XEDGES	通过从三维实体或曲面中提取边来创建线框
XLINE	创建无限长的直线
XOPEN	在新窗口中打开选定的图形参照（外部参照）
XPLODE	将合成对象分解为其部件对象
XREF	启动 EXTERNALREFERENCES 命令
ZOOM	放大或缩小显示当前视口中对象的外观尺寸